CONGRÈS INTERNATIONAL

DES

VALEURS MOBILIÈRES

PARIS, 5, 6, 7, 8 JUIN 1900.

DOCUMENTS
MÉMOIRES ET NOTES
MONOGRAPHIES

2e FASCICULE : 30 Avril 1900

PARIS
IMPRIMERIE PAUL DUPONT
4, RUE DU BOULOI, 4

MDCCCC

[illegible]

Les documents, mémoires, notes et monographies contenus dans le présent fascicule ont été séparément imprimés, de manière à en permettre ultérieurement le reclassement général dans les volumes définitifs.

Il a paru que ce reclassement devait être logiquement effectué dans l'ordre des questions portées au programme du Congrès.

On a inscrit dans ce but, rappelé sur chaque document — dans l'angle inférieur gauche de sa première page — la section du programme ainsi que le paragraphe et le numéro du questionnaire auxquels se rapporte le sujet traité.

C'est, d'ailleurs, en suivant cette méthode qu'on a classé les documents de ce fascicule.

Mais, afin de faciliter les recherches et d'utiliser les tables des matières placées à la fin du fascicule, chaque document porte en outre — dans l'angle inférieur droit de sa première page — un numéro d'ordre.

Ce numéro d'ordre est celui qui figure sur chacune des deux tables respectivement consacrées aux matières et aux auteurs.

CONGRÈS INTERNATIONAL

DES

VALEURS MOBILIÈRES

CONGRÈS INTERNATIONAL

DES

VALEURS MOBILIÈRES

PARIS, 5, 6, 7, 8 JUIN 1900.

DOCUMENTS MÉMOIRES ET NOTES MONOGRAPHIES

2e FASCICULE : 30 Avril 1900

PARIS
IMPRIMERIE PAUL DUPONT
4, RUE DU BOULOI, 4

MDCCCC

STATISTIQUE INTERNATIONALE

DES

VALEURS MOBILIÈRES

I. — MODES D'ÉVALUATION DU CAPITAL ET DU REVENU DES VALEURS MOBILIÈRES

Dans les sessions qu'il a tenues à Vienne (1891), Berne (1895), Saint-Pétersbourg (1897) et Christiania (1899), l'Institut international de statistique avait mis à son ordre du jour les questions multiples qui se rattachent à la statistique des valeurs mobilières, soit qu'il s'agisse de rechercher les meilleurs modes d'évaluation du capital et de revenu des fonds d'État et des autres titres mobiliers, ainsi que leur répartition dans les divers pays, soit qu'il s'agisse d'établir les grandes catégories et les subdivisions de ces placements.

Un comité composé de membres de l'Institut international de statistique a été élu ; il m'a fait l'honneur de me nommer rapporteur général, en me chargeant de faire l'enquête nécessaire pour élucider ces questions complexes. Cette enquête a donné lieu à plusieurs rapports qui ont été approuvés par l'Institut international de statistique; elle se poursuit encore, mais il est possible, dès à présent, pour les principaux pays d'Europe, d'indiquer, d'après les réponses insérées dans nos rapports, des faits et des chiffres qui ont leur utilité.

Cette analyse répondra, dans ses grandes lignes, aux questions inscrites au programme du congrès.

II. — PRINCIPALES RÈGLES A SUIVRE

En ce qui concerne les meilleurs modes d'évaluation du capital des valeurs mobilières, l'opinion unanime est qu'il convient d'adopter les cours cotés au moment où l'évaluation est faite, sous la réserve de compléter les renseignements ainsi obtenus par une seconde évaluation, établie d'après le prix d'émission.

La différence entre le prix d'émission et le cours coté indique la plus-value ou la moins-value des titres.

Les règles méthodiques à suivre pour établir ces statistiques doivent être les suivantes :

1. Relever d'abord le nombre des valeurs cotées à la bourse principale et dans les bourses locales de chacun des pays ;

2. Indiquer si ce sont des fonds d'État ; — des actions de chemins de fer, de sociétés de crédit, de compagnies industrielles ; — des obligations de ces diverses sociétés ; — des titres d'emprunts de villes, etc. ;

3. Chiffrer, d'après les cours cotés à la bourse, le capital que représentent les valeurs négociables, c'est-à-dire se négociant et ayant un cours coté en bourse, admises à cette cote officielle ;

4. Faire les mêmes évaluations et dresser les mêmes statistiques pour les valeurs non cotées à la bourse.

Pour l'évaluation du revenu des fonds d'État et autres valeurs mobilières, indiquer : s'il s'agit de titres à revenu variable, le montant du dernier dividende distribué ; s'il s'agit de valeurs à revenu fixe, le montant brut du coupon annuel ainsi que son montant net, déduction faite des impôts qui peuvent frapper ce coupon.

Pour faciliter et compléter ces statistiques, il serait désirable qu'il fût établi, dans tous les pays, une statistique uniforme :

Sur les émissions publiques de fonds d'État et de valeurs diverses ;

Sur les conversions de valeurs et titres divers ;

Sur les admissions de valeurs aux cotes de la bourse ; — sur le nombre des titres cotés, le capital qu'ils représentent au prix d'émission, au cours de la bourse, et au moment du remboursement ; — sur l'intérêt qu'ils produisent.

III. — RÉSOLUTIONS ADOPTÉES PAR LE CONSEIL SUPÉRIEUR DE STATISTIQUE

Ces règles générales, cette méthode de travail, dont les principes avaient été établis dans mes rapports et communications à l'Institut international de statistique à Vienne et à Berne (1891 et 1895) ont été adoptées et confirmées successivement aux sessions de Berne (1895), Pétersbourg (1897) et Christiania (1899). Elles ont déjà permis d'établir et de publier, en suivant un plan uniforme, des statistiques de valeurs mobilières pour l'Allemagne, l'Angleterre, l'Autriche, la Belgique, le Danemark, l'Italie, la Norvège, les Pays-Bas, la Roumanie, la Russie, la Turquie.

En France, le conseil supérieur de statistique, saisi depuis plusieurs années de cette question si importante, avait nommé une commission pour l'étudier et m'avait chargé de rédiger un rapport.

Dans sa dernière session (mars 1900), le conseil supérieur de statistique s'est réuni sous la présidence successive de M. Millerand, ministre du commerce, et de M. Levasseur, de l'Institut, vice-président du conseil supérieur de statistique, pour discuter le rapport que j'avais présenté.

Le *Journal officiel* du 29 mars dernier a publié le compte rendu résumé de cette réunion. Il n'est pas sans intérêt d'en reproduire les termes :

L'ordre du jour de la session portant en première ligne la discussion du rapport de M. Alfred Neymarck sur la statistique des valeurs mobilières, M. Neymarck constate que tout le monde est d'accord sur l'utilité et l'importance d'une statistique nationale et internationale des valeurs mobilières, du capital qu'elles représentent, du revenu qu'elles donnent, des pertes ou des bénéfices qu'elles procurent à ceux qui les possèdent.

Le libre développement des valeurs mobilières est un gage de prospérité.

Aujourd'hui, le capital des valeurs mobilières et fonds d'État négociables existant dans le monde entier peut déjà être évalué à 500 milliards. Si ces capitaux considérables n'avaient pas trouvé la forme qui convenait le mieux à leur expansion, aurait-on vu autant de grandes entreprises apportant du travail, des salaires et du bien-être ; l'État aurait-il pu pourvoir aussi largement aux dépenses nécessaires pour la défense nationale ou les grands travaux publics ?

Cette richesse mobilière si féconde est cependant mal connue, faute de statistiques précises ou complètes ; sa simple évaluation donne lieu à de graves erreurs. Aussi M. Neymarck a-t-il cru nécessaire de porter la question devant le conseil supérieur de statistique comme il l'avait portée devant l'Institut international de statistique. Aux diverses sessions de cet Institut, la question a été amplement discutée, et le congrès de Christiania a confirmé les cadres de la statistique qui est en voie d'exécution.

En France, nous possédons, grâce aux mesures fiscales, tous les éléments d'une statistique complète des valeurs mobilières françaises et étrangères; des fragments importants en sont déjà publiés : il y a à étendre et à perfectionner.

« Après une discussion à laquelle ont pris part MM. Coste, Delatour, Fernand Faure, Fontaine, Charles Laurent, Levasseur et Alfred Neymarck, la résolution suivante a été adoptée :

Après avoir entendu la lecture du rapport de M. Neymarck, le conseil supérieur de statistique, tenant compte des observations auxquelles ce rapport a donné lieu, émet le vœu suivant :

1° Que le cadre de publication de la statistique de la taxe sur le revenu soit élargi, en faisant connaître notamment :

a) La part correspondant aux actions et obligations diverses françaises et étrangères;

b) La part correspondant aux parts d'intérêt et aux commandites ;

c) La part correspondant aux valeurs à lots et primes de remboursement ;

d) La part correspondant aux congrégations religieuses;

2° Que la direction générale de l'enregistrement et du timbre continue à publier et à développer, autant que possible, la publication des renseignements statistiques qui permettent de connaître l'état de toutes les valeurs mobilières et d'en suivre le mouvement;

3° Qu'une statistique des émissions publiques, créations de valeurs nouvelles, remboursements de titres, conversions, soit instituée;

4° Que les renseignements statistiques contenus dans le compte annuel de l'administration de la dette soient publiés dans le *Bulletin de statistique et de législation comparée du ministère des finances;*

5° Qu'une statistique soit publiée pour les valeurs étrangères de toute nature émises ou introduites en France;

6° Que, tous les six mois, la chambre syndicale des agents de change de Paris adresse officiellement au ministre des finances un état mentionnant le nombre, le capital et le revenu des titres, rentes et valeurs diverses françaises admis à la cote officielle pendant le semestre écoulé, et un état semblable pour les valeurs et titres étrangers, en distinguant séparément les radiations sur l'un et l'autre état;

7° Que les autres chambres syndicales d'agents de change fournissent un état semblable pour les valeurs locales qui ne sont pas cotées à la bourse de Paris.

IV. — LE DÉVELOPPEMENT DES VALEURS MOBILIÈRES DEPUIS LE COMMENCEMENT DU SIÈCLE

Tel est donc, à l'heure actuelle, le point de départ et le point d'arrivée d'un des sujets de statistique les plus difficiles, les plus ardus, les plus compliqués. Ce sont, en effet, des travaux d'un nouveau genre. Au lieu de suivre l'homme depuis sa naissance jusqu'à sa mort, nous prenons des morceaux de papier qui forment autant de familles, suivant qu'ils s'appellent titres de rentes, actions, obligations, parts d'intérêt, parts industrielles, chemins de fer, charbonnages, titres à revenu fixe, titres à revenu variable, titres français, titres étrangers, etc. Nous cherchons à déterminer le nombre, le capital, le revenu qu'ils représentent. Nous les suivons depuis leur naissance, c'est-à-dire depuis leur création, jusqu'à leur mort, c'est-à-dire jusqu'à leur amortissement ou leur remboursement, ou bien hélas — ce qui est pour elles la mort violente, le gros accident — jusqu'à leur faillite ou leur liquidation judiciaire.

Si l'on songe qu'au commencement du siècle les valeurs mobilières n'existaient pour ainsi dire pas, on est étonné du développement considérable qu'elles ont prises dans le monde entier, surtout dans la seconde moitié de ce siècle, et plus particulièrement depuis la guerre de 1870. D'après les statistiques qui nous ont été adressées et que nous groupons plus loin dans un tableau synoptique, sans compter le montant des valeurs mobilières existant dans plusieurs autres pays et dont l'évaluation approximativement exacte n'a pu encore être faite, mais le sera avant peu, on peut dire que, en Europe, le total des valeurs mobilières négociables désignées sur cette statistique se rapproche du chiffre global de 452 milliards.

Mais nous nous hâtons d'ajouter que ces 452 milliards n'indiquent pas et ne peuvent indiquer la *fortune mobilière*, représentée par des valeurs de bourse, appartenant *en propre* à ces pays. Dans des matières aussi délicates, il faut se garder de totaliser pour éviter des erreurs. Des valeurs internationales, cotées à Paris, ont pu l'être à la fois à Londres, à Berlin, à Bruxelles, etc., sur plusieurs ou sur toutes ces places et, conséquemment, il y aurait là des doubles emplois. Il en serait de même si l'on cherchait à chiffrer séparément, pour les additionner ensuite, la richesse mobilière et immobilière d'un pays. On confondrait entre eux des éléments communs.

Ce que l'on peut dire en décomposant cette statistique générale, c'est que les valeurs cotées ou négociables sur les diverses places européennes, soit en fonds d'État, soit en actions ou obligations diverses, et appartenant en totalité ou en partie aux pays indiqués, forment, en chiffres ronds, un bloc de 450 milliards. C'est déjà un grand résultat d'avoir obtenu de divers grands pays des chiffres d'ensemble qui pourront, en suivant les règles déterminées par l'Institut international de statistique, être ultérieurement décomposés.

Voici les chiffres par pays :

DÉSIGNATION des PAYS 1	MONTANT des ÉVALUATIONS 2	AUTEURS DES ÉVALUATIONS 3	DATES auxquelles se rapportent les ÉVALUATIONS 4
	milliards de francs.	MM.	
Angleterre	182.6	Hendricks	1897
Allemagne	92.0 (1)	Christians	1896-1897
Autriche	27.1	Rauchberg	1898-1899
Belgique	8.8	Nicolaï — *le Moniteur des intérêts matériels*	1899
Danemark	2.7	Scharling	1898
France	80 à 85 (2)	A. Neymarck	1898
Italie	17.5	Stringher	1897
Norwège	0.8	Kiaer	1898
Pays-Bas	13.6	Pierson	1897-1898
Roumanie	1.8	Olanesco	1898-1899
Russie	25.5	*Bulletin de statistique*	1895
TOTAL	452.4		

(1) La première évaluation de M. Christians était exactement de 27.263.389.000 marks. Dans sa seconde évaluation, l'honorable M. Christians arrive à une évaluation de 73.641 millions de marks, mais il comprend l'or et autres métaux précieux, puis divers éléments qui ne sont pas des valeurs mobilières négociables.

(2) Ce chiffre de 80 à 85 milliards indique le montant des fonds d'État et valeurs mobilières appartenant à la France et non pas le montant des titres cotés en bourse, dont le total à la cote officielle seule, ne s'éloigne guère de 125 milliards.

V. — COMMENT SE DÉCOMPOSENT CES MILLIARDS

Sur ces 452 milliards de valeurs mobilières, on peut se demander combien de milliards sont représentés par des titres de rentes, à quels chiffres s'élève dans les divers pays la dette publique consolidée ?

Dans le relevé qui suit, nous avons établi, en nous approchant aussi près que possible de la réalité, le montant de la dette publique nominale, et celui de la dette consolidée :

	DETTE PUBLIQUE constituée en rentes. — milliards de francs
Angleterre	16.0
Allemagne et pays d'État	15.7
Autriche-Hongrie	13.9
Belgique	2.3
Danemark	2.7
France	26.1
Italie	12.9
Norwège	0.2
Pays-Bas	2.2
Roumanie	1.2
Russie	16.2
Total	109.4

La dette publique en rentes des États de l'Europe qui ne sont pas mentionnés dans ce tableau accuse les résultats suivants savoir :

	milliards de francs
Suède	0.4
Suisse	0.8
Serbie	0.4
Turquie	4.3
Espagne	9.5
Portugal	3.7
Bulgarie	0.2
Grèce	0.8

Le total général serait ainsi de 129.1 pour les dettes européennes constituées en rentes.

En ajoutant à ce chiffre celui des diverses dettes flottantes représentées par des bons du Trésor ou autres signes de crédit ou engagements, on peut dire que les dettes publiques européennes, qui s'élevaient à 70 milliards environ en 1870 et à 20 à 25 milliards au commencement du siècle, ne s'éloignent guère, en 1900, du chiffre formidable de 135 milliards, soit un accroissement de 110 à 115 milliards !

Sur les 300 milliards, en chiffres ronds, représentant les autres valeurs mobilières en circulation, il faut faire la part des titres de chemins de fer, des emprunts de villes, des titres de sociétés de crédit, valeurs industrielles, compagnies situées dans les divers pays. En décomposant tous ces gros chiffres dont le total paraît formidable, on s'aperçoit qu'ils se répartissent à l'infini sous forme d'emprunts coloniaux, municipaux, provinciaux, hypothécaires, industriels, etc., d'actions et d'obligations de chemins de fer, de compagnies minières, d'assurances, de sociétés de crédit. On peut approximativement diviser les 450 à 500 milliards dont se compose les valeurs négociables en Europe ainsi qu'il suit :

125 milliards en titres de rentes et fonds publics.
125 — — de chemins de fer, de villes, communes ou provinces.
50 — — de crédits fonciers.
125 à 150 milliards en titres de sociétés industrielles diverses sociétés et de crédit, charbonnages, assurances, transports, etc.

Les actions, bons, obligations de compagnies anglaises de banques, mines, transports, assurances, gaz, éclairage, etc., s'élèvent à plus de 50 milliards : en France, la valeur vénale des actions et obligations de chemins de fer d'après les cours cotés à la bourse dépasse 20 milliards.

Sur 200 milliards, en chiffres ronds, de valeurs se négociant à la bourse de Londres, plus de 80 milliards sont représentés par des actions, bons, obligations de compagnies diverses, nationales et étrangères ; le surplus, par des fonds d'État nationaux et étrangers.

Sur les 80 à 85 milliards de fonds d'État et valeurs mobilières diverses, françaises et étrangères, que possèdent nos rentiers français, la plus grande partie est placée en rentes sur l'État, en actions et obligations de chemins de fer, en obligations de la Ville de Paris et du Crédit foncier, savoir :

26 milliards en rentes sur l'État.
20 — en actions et obligations de chemins de fer.
5 — en obligations du Crédit foncier et de la ville de Paris.

Voilà déjà un total de 51 milliards sur lesquels 35 à 37 milliards sont en titres nominatifs, c'est-à-dire dans les portefeuilles de l'épargne qui veut la tranquillité et le repos et ne plus modifier ses placements.

Le surplus est représenté par 20 à 25 milliards de valeurs étrangères dont 12 à 15 milliards en fonds d'État étrangers, 10 à 15 milliards en titres industriels divers, à revenu variable, français et étrangers.

VI. — LES SOCIÉTÉS ANONYMES EN ANGLETERRE, EN PRUSSE, EN ITALIE, EN BELGIQUE

En Angleterre, il existait, au mois d'avril 1899, 27.969 sociétés anonymes représentant un capital versé de 1.512.098.098 £, soit 37,802 millions de francs en chiffres ronds (1).

(1) Dans la préface de son édition pour 1900 du *Stock-Exchange Year Book*, M. Th. Skinner a publié le tableau suivant du nombre des sociétés anonymes (Joint-Stock Companies) du Royaume-Uni enregistrées annuellement depuis 1889 et du montant de leur capital :

	Nombre des compagnies enregistrées.	Capital autorisé.
		livres sterling.
1889	2.788	241.277.468
1890	2.789	238.759.472
1891	2.686	134.261.673
1892	2.607	103.403.331
1893	2.617	96.654.161
1894	2.970	118.431.570
1895	3.892	231.368.077
1896	4.735	309.532.947
1897	5.229	291.117.559
1898	5.132	272.287.690

Beaucoup de ces compagnies n'ont eu qu'une vie éphémère, mais le chiffre des naissances est supérieur à celui des décès. Le tableau suivant, qui donne le nombre des compagnies existant à la fin de chacune de ces années et le montant de leur capital en fournit la constatation :

Avril.	Nombre des compagnies existantes.	Montant total du capital versé. Livres sterling.
1889	11.968	671.870.181
1890	13.323	775.139.553
1891	14.873	891.504.112
1892	16.173	989.283.631
1893	17.555	1.013.119 350
1894	18.361	1.035.029.835
1895	19.430	1.062.733.821
1896	21.223	1.145.402.993
1897	23.728	1.285.042.021
1898	25.267	1.383.593.162
1899	27.969	1.512.098.098

En Prusse, d'après une statistique établie pour servir de base à la perception de l'impôt sur le revenu, il existait, en 1899, 1.629 sociétés par actions ou en commandite, versant au trésor 12.151.461 marks de taxes. En 1898, il existait 1.517 de ces sociétés, avec 9.693.800 marks d'impôts. Comme base de cette perception d'impôts, on a calculé le revenu moyen des sociétés sujets à la taxe, pendant les trois derniers exercices. Ces revenus se sont élevés en 1899 à 434.334.494 marks (contre 368.212.536 marks en 1898), dont 309.568.061 marks (contre 248.371.226 marks en 1898) sont astreints à l'impôt. Le capital-action versé s'élevait à 4.909.6 millions, contre 4.423.0 millions en 1898, soit plus de 6 milliards de francs.

Il résulte de ces chiffres qu'au cours de l'année dernière le nombre des sociétés par actions et en commandite s'est accru de 112, soit de 7,4 % et que leur moyenne triennale a augmenté de 125 millions de marks, soit 40 %. Ce capital-action entièrement versé s'est augmenté de 688 millions de marks, soit de 16 %. Cette énorme augmentation de revenus s'explique par le fait que dans l'évaluation de la dernière période triennale sont compris les excellents exercices de 1897 et de 1898, alors que les rendements de 1894 et de 1895 avaient été médiocres. Le nombre des sociétés anonymes pour exploitation de mines a monté de 104 à 113; leur revenu annuel moyen pendant la période triennale a monté de 12.245.230 marks à 16.393.043 marks, et leur capital fondamental de 327.547.667 marks à 452.878.071 marks.

Parmi les sociétés enregistrées, 325 (contre 313 en 1898, étaient inscrites avec un revenu de 2.67 millions (contre 2.37 en 1898) et avec les parts d'actions versées de 24.17 millions (contre 22.70 millions en 1898); des sociétés de consommation, 195 (contre 190 en 1898) avec 6.61 millions (contre 6.01 en 1898), de parts d'actions et 3.80 millions (contre 3.39 millions) de chiffre d'impôts.

Il résulte d'un rapport de M. Pingaud, consul de France, que, de 1895 à 1898, il ne s'est pas créé en Allemagne moins de 971 sociétés par actions nouvelles, représentant un capital total de 1.367.000.000 de marks. Pendant les deux seules années 1897 et 1898, il s'en est fondé 583, au capital de 850 millions.

Pour les neuf premiers mois de 1899, les chiffres provisoires accuseraient l'existence de 200 nouvelles sociétés, travaillant avec 300 millions de marks. On estime à l'heure actuelle leur nombre à 4.500 et leurs capitaux à 8 milliards de marks en chiffres ronds. Pour juger du chemin parcouru dans cette voie par l'industrie allemande, il faut rappeler qu'en 1895 il n'existait que 2.000 sociétés, mettant en œuvre un capital de 4.400.000.000 de marks.

Mais à ce chiffre de 8 milliards, il faudrait ajouter celui des emprunts contractés par les compagnies, soit 6.800.000.000, et le montant des fonds de réserves s'élevant à 1 milliard 900 millions, de sorte que la concentration des capitaux sous forme de sociétés par actions s'élèverait à près de 17 milliards.

En Italie, d'après une statistique établie par l'*Economista*, statistique établie pour la première fois d'après la méthode indiquée par l'Institut international de statistique, le capital-action des banques et sociétés industrielles italiennes se divise comme suit :

DÉSIGNATION 1	CAPITAL ÉMIS AU 31 DÉCEMBRE 1899 2	NOMBRE D'ACTIONS 3	VALEUR en bourse AU 31 DÉCEMBRE 1899 4
	lires.		lires.
15 institutions de crédit	444.614.000	962.000	484.879.610
15 sociétés de transports	555.180.000	1.286.800	718.716.000
5 sucreries	26.800.000	159.000	48.140.000
15 sociétés minières et métallurgiques	70.800.000	481.100	189.505.000
12 filatures	61.850.000	267.000	93.277.000
4 sociétés d'éclairage	29.800.000	102.000	47.540.000
5 sociétés d'électricité	31.500.000	162.000	53.650.000
3 papeteries	7.300.000	42.000	16.370.000
5 sociétés d'eaux	37.400.000	107.800	56.903.000
2 moulins	22.000.000	128.000	20.608.000
3 sociétés d'assurances	44.812.500	185.000	86.416.250
17 sociétés industrielles diverses	64.640.000	417.500	67.997.000
TOTAUX	1.396.696.500	4.300.200	1.833.501.860

Auxquels il faut ajouter le capital nominal de 13 milliards de lires de la dette publique.

La dette publique italienne, au 31 décembre 1899, se chiffrait par 581.141.000 lires de rentes, représentant un capital nominal de 12 milliards 890.149.000 lires.

Voici le montant des dettes administrées par l'administration de la dette publique, en dehors des parties spéciales qu'administre la direction du Trésor :

Dettes perpétuelles :

	lires
Grand-Livre	471.164.000
Rente à porter au Grand-Livre	340.000
Rente au nom du Saint-Siège	3.225.000
Autres dettes perpétuelles	2.766.000
	477.495.000

Dettes rachetables :

Dettes incluses séparément dans le Grand-Livre.	12.169.000
Comptabilités diverses	55.528.000
	545.192.000

Les rentes consolidées se répartissent comme suit dans les trois catégories d'inscriptions : nominatives, au porteur et mixtes :

	31 décembre 1899 — lires
Rentes nominatives	233.536.000
Rentes au porteur	235.400.000
Rentes mixtes	2.228.000
	471.164.000

Du 5 0/0, 175.712.000 francs représentent des rentes nominatives et 222.755.000 francs des rentes au porteur.

En Belgique, la statistique et la subdivision des valeurs cotées en janvier 1900 peuvent s'établir comme suit (1) :

[TABLEAU.]

(1) Nous en empruntons les chiffres à M. E. de Laveleye qui publie régulièrement cette statistique dans son journal le *Moniteur des intérêts matériels*.

NUMÉROS d'ordre	DÉSIGNATION DES VALEURS	NOMBRE DE VALEURS cotées			VALEUR TOTALE AU COURS			VALEURS INTRODUITES A LA COTE				AUGMENTATIONS DE CAPITAL				RAPPEL DES NUMÉROS D'ORDRE
		Juillet 1899	Janvier 1900	Avril 1900	Juillet 1899	Janvier 1900	Avril 1900	Janvier 1900	COTATIONS	Avril 1900	COTATIONS	Janvier 1900	COTATIONS	Avril 1900	COTATIONS	
1	2	3	4	5	6	7	8	9	10	11	12	13	14	15	16	17
					francs.	francs.	francs.		francs.		francs.		francs.		francs.	
1	Fonds d'État, provinces et villes.	78	78	77	3.458.849.500	3.487.782.500	3.408.141.400	1	2.091.000	»	»	»	»	»	»	1
2	Obligations, actions privilégiées, actions à revenu fixe	265	254	266	1.155.734.675	1.166.919.692	1.184.680.695	11	21.568.800	7	6.481.100	4	10.877.070	3	9.662.000	2
3	Obligations à revenu variable	6	6	6	21.161.177	19.394.338	15.860.365	»	»	»	»	»	»	»	»	3
4	Banques, assurances et entreprises immobilières	46	53	55	719.532.548	848.153.000	778.965.819	7	71.985.000	2	9.787.550	»	»	»	»	4
5	Chemins de fer et canaux	37	36	34	252.987.779	258.307.690	299.717.654	»	»	»	»	2	790.000	»	»	5
6	Tramways et Chemins de fer économiques	87	99	108	404.695.582	404.035.210	436.167.090	6	34.892.000	2	2.680.000	2	3.343.600	1	3.590.000	6
7	Aciéries, ateliers de construction, fabriques de fer et hauts-fourneaux	98	94	113	571.134.921	587.239.450	624.011.760	11	71.149.000	6	9.924.000	5	17.214.500	1	7.300.000	7
8	Charbonnages	75	73	83	463.475.189	557.144.450	711.930.461	6	47.669.000	2	8.281.600	»	»	»	»	8
9	Zinc, plomb et mines	18	19	20	271.605.500	370.344.470	295.583.656	»	»	2	7.658.000	1	5.085.000	»	»	9
10	Glaceries et industries verrières.	19	19	20	62.010.290	57.862.960	62.595.300	»	»	»	»	2	1.855.000	»	»	10
11	Distributions d'eau	6	6	6	39.851.680	35.790.000	36.148.800	»	»	»	»	»	»	»	»	11
12	Entreprises de gaz et d'éclairage.	34	35	33	132.081.280	142.909.782	127.334.900	1	14.400.000	»	»	2	14.195.000	1	3.400.000	12
13	Industries textiles	10	12	12	33.352.000	34.533.000	37.871.750	2	1.405.000	»	»	»	»	»	»	13
14	Industries de la construction	27	27	27	51.050.890	46.932.080	46.640.050	2	»	»	»	»	»	»	»	14
15	Industries diverses	113	127	129	413.294.100	399.810.100	472.530.227	15	27.955.700	2	4.420.000	2	639.500	1	2.419.000	15
16	Actions étrangères	31	31	33	374.471.480	434.763.600	418.080.125	»	»	2	17.987.500	»	»	»	»	16
	TOTAUX	940	969	1.024	8.419.929.546	8.807.115.310	8.952.711.052	62	292.908.500	24	66.521.700	20	58.979.670	7	28.771.000	

NOTA. — Les chiffres des valeurs admises à la cote depuis le 1er janvier 1900 sont compris dans le nombre (premières colonnes) des valeurs cotées au 30 mars 1900, de même que leurs cotations, déduction faite des radiations.

Depuis 1897, la valeur des titres mobiliers *recensés par la cote de la bourse*, peut s'établir, pour la Belgique, ainsi qu'il suit :

DÉSIGNATION DES VALEURS	1897	1898	1899
1	2	3	
	francs.	francs.	francs.
Rentes et obligations	4.522.000.000	4.830.000.000	4.623.000.000
Banques et sociétés immobilières	483.000.000	526.000.000	843.000.000
Chemins de fer et canaux	286.000.000	316.000.000	298.000.000
Tramways	214.000.000	232.000.000	424.000.000
Charbonnages	311.000.000	352.000.000	558.000.000
Fers et métaux	282.000.000	344.000.000	958.000.000
Industries diverses	419.000.000	475.000.000	718.000.000
Actions étrangères	296.000.000	309.000.000	435.000.000
TOTAL	6.813.000.000	7.384.000.000	8.857.000.000
Titres à revenu fixe	66 %	65 %	52 %

La dette publique belge, représentée par des titres de rentes, sans parler des emprunts des provinces et des villes, s'élevait fin décembre 1899 à 2.607.081.651 francs et se divisait ainsi :

NATURE DES DETTES	CAPITAUX EN CIRCULATION AU 31 DÉCEMBRE		
	1897	1898	1899
1	2	3	4
	francs.	francs.	francs.
2 1/2 %	219.959.632	219.959.632	219.959.632
3 %, 1re série	348.962.625	348.962.625	348.121.100
3 %, 2e —	1.794.804.682	1.831.998.382	1.836.622.582
3 %, 3e —	200.040.000	200.040.000	199.551.800
3 %, servitudes militaires 1873	1.326.537	1.326.537	1.326.537
3 % — 1893	1.500.000	1.500.000	1.500.000
TOTAUX	2.566.593.476	2.603.787.176	2.607.081.651

(Nous consacrerons à l'Allemagne, une monographie particulière; nous y donnerons la statistique détaillée des dettes publiques.)

VII. — LES CONVERSIONS DE RENTES ET LA DIMINUTION DU REVENU

Pour répondre, aussi complètement que le permettent les statistiques relevées jusqu'à ce jour, aux questions inscrites au programme du

Congrès, il nous reste à indiquer quel peut être approximativement le montant des conversions de rentes et valeurs diverses qui ont été effectuées depuis plusieurs années, et quelle a pu être la diminution du revenu qui en a été la conséquence.

Nous nous bornerons, sur ce point, à reprendre ce que nous écrivions sur ce sujet, en 1897, dans notre rapport général à l'Institut international de statistique, lors de la session de Saint-Pétersbourg.

D'après nos recherches particulières, l'ensemble des conversions de fonds d'États, effectuées en 1889, 1890, 1892, 1894, 1895, 1896 a porté sur un chiffre de 25 milliards environ sur les fonds russes, américains, austro-hongrois, portugais, français, grecs, suisses, etc. Pendant les deux seules années 1895 et 1896, le total des conversions n'a pas été moindre de 8 milliards, en chiffres ronds. En supposant que le revenu de ces divers fonds ait été de 5 % en 1889, soit 1250 millions, et ne soit plus que de 4 %, soit 1 milliard, ce serait au minimum, *sur les fonds d'État seulement,* une diminution globale de 250 millions dans les revenus que les rentiers des divers pays possédaient en rentes de ces pays.

Mais à ces chiffres il conviendrait d'ajouter le montant des conversions effectuées par des sociétés particulières, compagnies industrielles, compagnies de chemins de fer, etc. La baisse du taux de l'intérêt s'est accentuée en Angleterre, en Allemagne, en Autriche-Hongrie, en France, et a conséquemment diminué le revenu des rentiers dans de fortes proportions.

Pour établir ce que coûte la crise du revenu aux rentiers de toute l'Europe, il ne faudrait donc pas se borner aux seules rentes d'Etat : il conviendrait d'examiner ce que rapportait, il y a huit ou dix ans, l'ensemble des valeurs internationales et ce qu'elles rapportent aujourd'hui. Si l'on admet, par exemple, qu'il y a dix ans, les 4 à 500 milliards de valeurs européennes rapportaient 5 % et ne donnent plus aujourd'hui que 4 %, ce serait une diminution de 800 millions à 1 milliard dans l'ensemble du revenu des rentiers européens. Ces chiffres n'ont rien d'exagéré. Les réponses que nous ont adressées, sur ce sujet, nos collègues de l'Institut international en font foi : en Allemagne, réduction de 1/3 sur les valeurs toute sécurité, soit 33 % ; en Angleterre, réduction de 10 % ; en Danemark, en Italie, en Norvège, réductions non moins importantes.

Pendant la seule année 1894, les conversions de fonds français et russes ont porté sur un capital de 11 milliards 280 millions. En Allemagne, pendant cette même année, elles se sont élevées à 287 millions ; dans la Grande-Bretagne et dans les colonies anglaises, à 289 millions en Suisse, à 372 millions ; en Turquie, à 205 millions. En ajoutant quelques petits pays, l'ensemble des conversions effectuées en 1894 s'est élevé à 12 milliards 641 millions. La réduction d'intérêts a varié de 0.40 % à 1/2, 1 %, 1 1/2 et 2 % ; elle s'est élevée à 119 millions 1/2, sans compter la conversion des titres italiens qui, effectuée sous forme d'une augmentation de l'impôt sur les valeurs mobilières, ne peut être comprise dans ce total (1).

En ce qui concerne la France, nous avons eu l'occasion de donner ailleurs une évaluation approximative, que nous croyons utile de reproduire (2).

Avant et après la guerre de 1870, et jusqu'en 1874 et 1875, on pouvait obtenir facilement ce revenu moyen de 5 %, taux auquel nos rentiers semblaient avoir droit et sur lequel ils avaient arrangé leur vie. En augmentant un peu ses placements en titres à revenu variable ou en quelques valeurs et fonds étrangers, il n'était pas difficile d'obtenir 6 %.

Depuis 25 ans, le revenu des valeurs de tout repos s'est abaissé, au minimum, de 5 à 3, c'est-à-dire des deux cinquièmes, et, dans la généralité des cas, de 6 à 3, c'est-à-dire de la moitié (3).

Il n'est pas téméraire de dire, en faisant une approximation d'ensemble, que la crise du revenu coûte aux rentiers français 300 millions au minimum par an (4).

Les diminutions ne sont pas moindres en Angleterre, et si on ajoute le montant de celles qui ont été subies par les rentiers des autres pays européens, le chiffre de 800 millions à 1 milliard établi plus haut apparaîtra comme des plus vraisemblables et se rapprochant beaucoup de la vérité.

Les conversions des rentes françaises 5 % et 4 1/2 %, seules, ont enlevé à nos rentiers français 103 millions. On peut tripler cette somme, si on ajoute les conversions des rentes russes, autrichiennes, hongroises, les réductions d'intérêt opérées par l'Italie, l'Egypte, la Turquie, l'Es-

---

(1) Voir à ce sujet la statistique des émissions de 1894, publiée par le *Moniteur des intérêts matériels* et le *Marché financier* de 1894-95, par A. Raffalovich, appendice, pages 608 et suivantes.

(2) *Le Rentier*, 27 juin 1899.

(3) Voir notre étude sur *La hausse des fonds d'Etat : ses causes, les dangers de son exagération* et sur *Le morcellement des valeurs mobilières, le salaire, la part du capital et du travail*, Librairie Guillaumin, 1894.

(4) Dans une récente conférence faite à la Société industrielle de Mulhouse, M. Cheysson a relevé approximativement les sommes énormes que perdent les rentiers comme diminution des revenus mobiliers, fonciers et industriels.

Il a fait remarquer que " la baisse du taux de l'intérêt a, d'une part, rongé dans une proportion très sensible le revenu mobilier de la France, et, de l'autre, développé cette fièvre de placements aléatoires qui a stérilement englouti tant de milliards. "

pagne ; si l'on ajoute encore les conversions du Crédit foncier, celles des compagnies industrielles, etc. (1).

Et si nous complétions ces pertes de revenus par celles autrement graves du capital, quels chiffres effrayants (2) !

Elles sont aussi une des conséquences de la diminution du taux de l'intérêt. Dans tous les pays où les ressources sont abondantes, où les capitaux disponibles cherchent des emplois sur les valeurs mobilières, aussi bien en France qu'en Angleterre, en Allemagne, en Belgique, dans les Pays-Bas, les petits capitalistes et les rentiers sont affolés par ces réductions de revenus. Ils sont la proie des émissions les plus aventureuses, et, comme le disait le maître éminent que la science économique, que la statistique, que nous tous, avons eu la douleur de perdre, M. Léon Say, « ils se brûlent à toutes les chandelles » (3).

(1) Voici, à ce sujet, quelques indications sur plusieurs émissions et conversions effectuées en France, en 1891, 1892 et 1893 :

	Millions
1891	
Conv. russe 4 1/2 1875	320.5
— foncier égyptien, obl	70.7
— dép. de Constantine 3 1/2	6.1
— obl. 4 % Omnibus	64.7
Ém. obl. Sud de la France	30.5
— Tabacs portugais	250.0
— obl. foncières de Tunisie	8.3
— obl. Télégr. sous-marins	7.1
— obl. commun. 1891	400.0
— emprunt russe 3 % 1891	500.0
— obl. Jaffa-Jérusalem	9.0
— emprunt espagnol	250.0
— emprunt français	869.0
Total	2,785.9
1892	
Conv. tunisienne	198.1
— Lits militaires	21.7
— obl. communales et foncières	250.0
— obl. Gaz et eaux	16.1
— obl. Établissements Duval	4.5
— obl. Gaz français et étranger	20.6
Ém. emprunt roumain	75.0
— Canton de Fribourg	17.3
— obl. Immeubles 4 %	60.0
— obl. Beyrouth-Damas	50.0
— Ville de Lausanne	8.3
— obl. Industrie méridionale	6.5
— obl. Omnibus et tramw. de Lyon	11.1
— obl. Chantiers de la Loire	10.0
Total	749.2
1893	
Conv. obl. Magasins généraux	20.0
— obl. Ville de Lille	22.5
— obl. Ouest-Algérien	16.8
Ém. dép. d'Alger	3.6
— emprunt bulgare	142.7
— Ville de Genève	5.0
— Tramways du Jura	3.0
— obl. Salonique-Constantinople	50.0
— obl. Nickel	7.2
Conv. obl. Dombrowa	5.0
Total	275.8

(2) Voir dans notre travail sur *Une nouvelle évaluation du capital et du revenu des valeurs mobilières*, le chapitre consacré aux pertes de l'épargne (Lecture à l'Académie des sciences morales et politiques, et communication à la Société de statistique de Paris).

(3) *Les interventions du Trésor à la bourse depuis cent ans.*

VIII. — LES ÉMISSIONS DE RENTES ET VALEURS DIVERSES DE 1871 A 1899

Pour compléter enfin cette statistique, il nous a semblé utile d'indiquer le total général des émissions de rentes et valeurs diverses qui ont eu lieu depuis 1871 :

ANNÉES 1	ÉMISSIONS 2	ANNÉES 3	ÉMISSIONS 4	ANNÉES 5	ÉMISSIONS 6
	milliards.		milliards.		milliards.
1871............	15.6	1881............	7.2	1891............	7.6
1872............	12.6	1882............	4.5	1892............	2.5
1873............	10.9	1883............	4.3	1893............	6.0
1874............	4.2	1884............	4.9	1894............	17.8
1875............	1.7	1885............	3.3	1895............	6.5
1876............	3.7	1886............	6.7	1896............	16.7
1877............	2.9	1887............	5.0	1897............	9.6
1878............	4.6	1888............	7.9	1898............	10.5
1879............	9.4	1889............	12.7	1899............	11.2
1880............	5.5	1890............	8.1		

En chiffres ronds, le total général des émissions effectuées s'élèverait depuis 1871 à 212 milliards; mais, dans ce chiffre, sont compris les conversions auxquelles il a été procédé. Il y aurait donc lieu de déduire de ce chiffre le montant de ces opérations.

Depuis 1889 seulement, le total général des émissions faites en Europe dépasse 95 milliards, dont 15 à 16 milliards en France, suivant la répartition suivante :

ANNÉES	TOTAL GÉNÉRAL pour l'Europe	FRANCE			
		EMPRUNTS d'États et de villes	ÉTABLISSEMENTS de crédit	CHEMINS DE FER et sociétés industrielles	TOTAUX pour la France
1	2	3	4	5	6
	milliards.	milliards.	milliards.	milliards.	milliards.
1889..............	12.678.198.000	274.320.000	95.500.000	341.518.000	711.838.000
1890..............	8.147.350.000	117.000.000	21.000.000	206.322.300	344.322.300
1891..............	7.558.893.122	872.252.000	400.000.000	305.960.990	1.578.212.990
1892..............	2.510.089.723	15.197.500	»	222.531.000	237.728.500
1893..............	6.009.133.035	41.182.500	2.500.000	210.945.000	254.627.500
1894..............	17.814.500.000	243.600.000	»	256.900.000	500.500.000
1895..............	6.530.021.869	6.140.500	278.450.000	402.586.500	687.177.000
1896..............	16.722.067.625	329.741.500	78.100.000	370.110.650	777.952.150
1897..............	9.596.755.680	15.343.150	18.400.000	361.886.750	395.629.900
1898..............	10.542.880.820	8.375.000	2.000.000	308.198.400	318.573.400
1899..............	11.273.696.550	258.639.680	334.865.000	890.791.860	1.484.296.490

IX. — LE SIÈCLE DES VALEURS MOBILIÈRES

Telle est dans ses grandes lignes, la statistique internationale des valeurs mobilières. Elle est aride comme les chiffres, mais ces chiffres mêmes ne démontrent-ils pas le rôle important et indispensable que remplissent les valeurs mobilières dans le monde ? Par elles, de nombreuses transformations économiques, financières, industrielles, politiques et sociales, que l'on ne pouvait soupçonner, se sont accomplies et s'accompliront encore. Elles ont exercé sur la vie des peuples et des individus, sur les conditions économiques universelles, une influence énorme.

Cette influence peut se déterminer par un simple rapprochement que chacun de nous peut faire.

Prenez une carte du monde : partout où les valeurs mobilières existent en grand nombre, où leur création et leur circulation sont entourées de facilités, on trouve des pays riches, industrieux, commerçants, des pays d'affaires, maîtres d'eux-mêmes, ne dépendant que d'eux-mêmes, de leur bonne administration, de leur sagesse.

Partout, au contraire, où les valeurs mobilières existent en plus petit nombre, la richesse est moins étendue, les pays sont moins entreprenants, moins actifs et dépendent de quelque autre puissance.

Partout enfin où les valeurs mobilières n'existent pas, vous trouvez des pays pauvres, à la merci de leurs voisins, car le capital, comme une rosée bienfaisante, n'est pas venu féconder leur commerce, leur industrie, leur travail.

L'état misérable et précaire des nations privées de richesses mobilières, comparé à la prospérité et à la sécurité dont jouissent celles qui sont en possession de ces sortes de richesses, démontre suffisamment leur influence dans les sociétés modernes.

S'il nous était permis de donner un nom à ce siècle qui s'achève, nous dirions qu'au point de vue financier, il restera le « siècle des valeurs mobilières ». Ces valeurs, par le rôle qu'elles ont joué dans le monde, surtout dans la seconde moitié et principalement dans le dernier quart de ce siècle, n'est cependant rien encore à côté de celui bien plus important, bien plus influent qu'elles sont appelées à exercer dans l'avenir.

Alfred NEYMARCK,

Membre du conseil supérieur de statistique.

LES VALEURS MOBILIÈRES EN FRANCE

I. — ROLE ÉCONOMIQUE ET SOCIAL DES VALEURS MOBILIÈRES

La valeur mobilière et la machine à vapeur, dont elle a généralisé l'usage, sont les deux principaux instruments de la grande évolution économique et sociale qui se poursuit depuis un demi-siècle.

C'est la valeur mobilière qui, en rendant possible le groupement et l'association des capitaux disséminés sur tous les points du territoire, a provoqué la transformation de nos moyens de production et créé les nouvelles richesses dont tous les membres de la collectivité française profitent aujourd'hui.

La petite épargne, stérile dans son isolement, a pu, grâce à la valeur mobilière, revenir dans la circulation monétaire publique dont elle était sortie, augmenter, par son activité nouvelle, la puissance créatrice de cette circulation et bénéficier elle-même des résultats obtenus.

Cent écus enfouis dans un bas de laine ne constituaient qu'une réserve improductive, puisqu'ils ne valaient toujours que cent écus... Mais leur propriétaire était dans l'obligation de conserver son épargne sous cette forme inerte, parce qu'il n'existait alors pas d'emplois productifs pour les capitaux d'aussi modeste importance.

Plus le nombre des bas de laine augmentait et plus l'épargne individuelle devenait nuisible aux intérêts généraux de la collectivité, car, en affaiblissant la circulation monétaire, elle privait cette collectivité de la partie la plus utile et la plus féconde de ses moyens d'action.

Les caisses d'épargne ont rendu un immense service à la collectivité, non seulement en habituant les classes laborieuses à des placements productifs pour les plus petites sommes, mais surtout en rendant à la circulation publique les capitaux prélevés par l'épargne individuelle. La liberté d'association, accordée aux capitaux privés, a continué l'œuvre des caisses d'épargne, et le développement des valeurs mobilières — qui n'est que le résultat direct de cette liberté d'association et de la productivité de l'épargne individuelle — en a été le couronnement.

Les cent écus de l'ancien bas de laine, transformés en valeur mobilière, en participant à la création des nouvelles sources de production dont la collectivité s'est enrichie, ont à la fois augmenté le capital de leur propriétaire et contribué au développement du bien-être général. Et, par voie de conséquence, la valeur mobilière, en constituant les grandes entreprises anonymes — dont les bénéfices dépassent aujourd'hui les revenus nets de la fortune immobilière — a divisé à l'infini la propriété industrielle et commerciale, et rendu cette propriété facilement accessible à la petite épargne.

La petite épargne s'accroît ainsi de deux manières : 1° par la continuation du travail qui l'a créée, car elle est insuffisante pour assurer l'existence de ses détenteurs ; 2° par le revenu proportionnel qui lui est maintenant acquis comme aux grands capitaux.

Grâce à ces deux facteurs d'accroissement, la petite épargne est déjà devenue, dans son ensemble, le grand réservoir de la fortune mobilière française, et c'est à ce point de vue particulier que le rôle économique et social de la valeur mobilière mérite d'être étudié.

En effet, la valeur mobilière transforme progressivement l'ancien caractère de la propriété qui devient, sous son influence, collective dans le vrai sens du mot, tout en restant cependant individuelle et transmissible. En d'autres termes, elle donne à la collectivité le bénéfice de l'association, pendant qu'elle conserve le stimulant de l'intérêt personne à chacun de ses membres.

D'ailleurs, s'il fallait établir l'importance énorme que la valeur mobilière a prise dans notre pays depuis seulement un demi-siècle, la statistique que nous allons présenter à nos lecteurs en serait la preuve irrécusable.

II. — PÉRIODE DE 1815 A 1850

1815 (30 décembre). — A cette date, il n'y avait que quatre valeurs mobilières inscrites à la cote officielle des agents de change de Paris : le 5 % français consolidé, qui valait 59 fr. 85 ; les actions de la Banque de France (1.020 fr.) ; les obligations du Trésor, dont l'intérêt annuel était de 7 1/2 % et les actions des ponts, qui cotèrent ce jour-là 840 francs.

Le capital nominal de ces valeurs mobilières représentait environ 1.500 millions de francs. La cote ne contenait aucune valeur mobilière étrangère.

Au point de vue du change proprement dit, le marché parisien traitait 20 devises sur l'étranger et 4 devises sur villes françaises : Lyon,

Bordeaux, Marseille et Montpellier. A cette époque, il existait, en effet, un change intérieur qui disparut après la fusion de la Banque de France avec les banques départementales d'émission, c'est-à-dire lorsque le privilège de la Banque de France fut étendu à l'ensemble du territoire français.

1830 (31 décembre). — Sous la Restauration, nous voyons apparaître à la cote officielle des agents de change de Paris d'abord les actions des compagnies d'assurances. La première en date fut autorisée par ordonnance du 22 avril 1818 sous le nom de Compagnie royale d'assurances maritimes, devenue depuis la Compagnie d'assurances générales maritimes (c'est dans les bureaux de cette compagnie que fut créée, le 15 novembre 1818, la première caisse d'épargne française); puis vinrent la Compagnie d'assurances générales contre l'incendie, ordonnance du 14 février 1819, et la Compagnie d'assurances générales sur la vie, ordonnance du 22 décembre 1819, etc... Au 31 décembre 1830, nous en trouvons 7 inscrites à la cote.

Nous y voyons également figurer les actions de 9 sociétés de canaux, 3 valeurs de crédit et 4 sociétés industrielles : la compagnie du Gaz Pawels, les Salines de l'est, la fonderie du Creuzot et la Société des pont, gare et port de Grenelle.

Les fonds d'Etat français y étaient représentés par cinq sortes de titres : le 5 % (93 fr. 40), le 4 1/2 % (81 fr.), le 4 % (76 fr.), le 3 % (62 fr. 60) et les bons royaux, qui rapportaient alors 4 1/4 % par an.

Les actions de la Banque de France valaient 1.515 francs et la Rente de la ville de Paris 5 %, 94 francs.

Ces 30 valeurs mobilières françaises représentaient un capital nominal d'environ 4,850 millions de francs.

Les fonds d'Etats étrangers inscrits à la cote étaient au nombre de 11 : Naples, Sicile, Espagne, Autriche, Bade, Prusse, Haïti, etc. Enfin, le marché parisien traitait 21 valeurs de change sur l'étranger et les mêmes devises sur villes françaises déjà négociées en 1815.

1850 (31 décembre). — La période 1830-1850 est marquée par la création des premières compagnies de chemins de fer. On ne prévoyait guère, au commencement de la monarchie de Juillet, les conséquences économiques de ce nouveau mode de locomotion... et c'était assez logique, eu égard aux médiocres résultats des expériences. Les premières concessions furent ainsi données à perpétuité, selon le système anglais. Mais lorsque la Compagnie de Saint-Etienne à Lyon, dont la concession datait de 1826, substitua, au mois de juillet 1832, les locomotives à la traction par chevaux, et ajouta des voitures à voyageurs à ses wagons de marchandises, les ingénieurs de l'Etat, pressentant les conséquences de la révolution qui allait s'accomplir dans l'industrie des transports, obtinrent la promulgation de deux lois (26 avril et 17 juillet 1833) qui furent le point de départ de la législation française des chemins de fer.

Par ces lois, l'Etat se réservait le droit du contrôle et de la surveillance des lignes et la fixation d'un tarif maximum que les concessionnaires ne pourraient relever sans l'autorisation expresse du Gouvernement. En outre, les concessions ne devaient être accordées que par un acte législatif et pour une période n'excédant pas 99 années. Enfin, à l'expiration des concessions, l'Etat devait entrer en possession des lignes concédées. Ce sont là les bases fondamentales du régime actuel.

Après quelques embarras financiers subis par les premières compagnies, la loi organique du 11 juin 1842 et le plan d'ensemble élaboré à cette époque par le Gouvernement donnèrent une impulsion définitive à la construction des chemins de fer français.

La période 1842-1846 fut très brillante pour l'Europe en général et pour la France en particulier; malheureusement la crise économique déterminée, en France d'abord, en Angleterre ensuite, par la très mauvaise récolte de 1846-1847, provoqua sur les actions des chemins de fer une débâcle d'autant plus violente que la spéculation européenne, encouragée par les résultats des premières exploitations, était, depuis deux années, frénétiquement engagée à la hausse sur toutes les valeurs mobilières.

Le commencement de l'année 1847 avait été très inquiétant pour le public français. La nécessité de faire face au déficit prévu sur les céréales ayant réduit l'encaisse métallique de la Banque de France à 60 millions de francs, celle-ci, afin de compenser l'énorme quantité d'espèces métalliques exportées pour les Etats-Unis et la Russie — qui nous avaient fourni des céréales — fut obligée d'emprunter 30 millions en lingots d'or à la Banque d'Angleterre et de vendre une grosse partie de ses rentes françaises 5 % à l'empereur de Russie. Ces énergiques mesures ramenèrent la confiance : le numéraire revint à la Banque de France, la circulation monétaire reprit son assiette et la bourse de Paris se remettait à la hausse sur les actions des chemins de fer lorsqu'une crise de crédit effroyable, due à une folle spéculation sur les grains, se déclara en Angleterre.

Les consolidés anglais tombèrent en septembre 1847 à 78 3/4, après avoir coté 93 7/8 le 1er janvier, et les défaillances des maisons de banque et de commerce furent si nombreuses que, du mois d'août à la fin de décembre, on eut à enregistrer à Londres 194 faillites avec un passif total de 568 millions de francs. La Banque d'Angleterre éleva son escompte jusqu'à 8 % et elle se trouva même acculée à une telle situation que le gouvernement anglais — sur l'injonction formelle des commerçants de la Cité — se vit obligé de suspendre, le 25 octobre 1847, les prescriptions de l'Act de 1844.

Les capitalistes anglais avaient souscrit une grande quantité d'actions des compagnies du Nord, d'Amiens à Boulogne, de Paris à Rouen et de Rouen au Havre. Il restait des versements à effectuer sur ces actions et, au plus fort de la crise monétaire anglaise, c'est par paquets que ces titres arrivèrent sur le marché de Paris. La baisse se généralisa, les versements furent refusés par un grand nombre de souscripteurs et il fallut réaliser à tout prix un nombre considérable d'actions de chemins de fer en construction abandonnées par leurs propriétaires.

Plusieurs compagnies se virent dans l'obligation de suspendre leurs travaux et la déchéance fut prononcée contre celles de Lyon, d'Avignon, et de Bordeaux à Cette par Toulouse. Cependant, au bout de quelques semaines, le calme finit par renaitre dans les esprits. Dans le courant de décembre 1847 et les premiers jours de janvier 1848, les rentes s'étaient sérieusement relevées et les actions des chemins de fer suivaient le mouvement de reprise, lorsque la révolution du 24 février vint de nouveau tout remettre en question.

L'année 1848 est une des dates les plus importantes de l'histoire de nos chemins de fer et de nos valeurs mobilières ; il est donc intéressant d'établir ici la situation de nos voies ferrées à cette époque, comparativement aux autres pays de l'Europe.

Dans le courant de l'année 1847, il avait été livré à l'exploitation, en France, 502 kil. de voies ferrées : Amiens à Abbeville, 45 kil. ; Rouen au Havre, 96 kil. ; Orléans à Bourges, 110 kil. ; Creil à Compiègne, 33 kil. ; Vierzon à Châteauroux, 57 kil. ; du pont de la Durance au Pas-des-Lanciers (Avignon, Marseille), 96 kil. ; Abbeville à Neufchâtel, 65 kil. Ces 502 kil., ajoutés aux 1.358 kil. déjà ouverts à la circulation au 31 décembre 1846, donnaient à l'ensemble du réseau français, exploité au 1er janvier 1848, un développement de 1.860 kilomètres.

Deux Etats de l'Europe étaient mieux partagés que nous : le réseau anglais atteignait, en effet, 5.900 kilomètres, et le réseau allemand 5.192 kilomètres ; puis venaient la Belgique avec 732 kilomètres ; la Pologne, 285 ; la Hollande, 246 ; l'Italie, 243 ; la Hongrie, 221 ; le Danemark, 184 ; la Russie, 67 et la Suisse 19. Soit, pour l'Europe entière, 14.949 kilomètres.

Nous savons qu'au 31 décembre 1899 le réseau européen devait dépasser 270.000 kilomètres.

L'année 1848 se présentait sous des auspices très favorables pour les chemins de fer français. La crise des céréales n'existait plus, la récolte de 1847 s'annonçait bien, la crise monétaire, dont la France et l'Angleterre avaient si cruellement souffert dans le courant de l'année écoulée, se trouvait absolument réduite et le numéraire affluait de nouveau aux Banques de France et d'Angleterre; le taux de l'escompte avait été abaissé à 4 % à Paris comme à Londres et la spéculation s'était de nouveau engagée à la hausse sur les valeurs mobilières..... lorsque la révolution de Février éclata.

Lors de la révolution de 1830 — qui se fit avec le concours des grands banquiers de l'époque, — la bourse de Paris resta fermée un seul jour et, le lendemain, le 5 % monta de 3 points.

Lors de celle du 24 février — faite surtout contre les banquiers — la bourse chôma deux semaines et se rouvrit le 7 mars avec une baisse effroyable sur toutes les valeurs.

A Paris, les agents de change conseillèrent en vain le calme à leur clientèle. Effrayés outre mesure des événements qui s'étaient produits depuis le 25 février : — démolition, par la populace, d'un grand nombre de gares sur les lignes du Nord, de Saint-Germain et de Rouen ; incendie de plusieurs ponts de chemins de fer, les ponts d'Asnières, de Bezons, de Rouen au Havre, etc., — et redoutant, par-dessus tout, les intentions qu'on prêtait au gouvernement provisoire à l'égard de la rente et des compagnies de chemins de fer, les banquiers et les capitalistes de tout ordre cherchèrent à vendre leurs valeurs, à n'importe quel prix, et comme la place était engagée à la hausse et que la contre-partie fit défaut sur toute la ligne, les cours s'effondrèrent sans aucune espèce de résistance.

Le 23 février, le 5 % avait clôturé à 116 fr. 15, le 3 % à 73 fr. 30, les actions de l'Orléans à 1,180, le Paris-Rouen à 858 75, l'Avignon-Marseille à 531 25 et le Nord à 540. Le 7 mars, jour de la réouverture de la bourse, le 5 % finit à 89, le 3 % à 56 50, l'Orléans à 950, le Paris-Rouen à 550, l'Avignon-Marseille à 250 et le Nord à 370.

Ce n'était que le commencement ! Bientôt on apprenait que plusieurs grandes maisons de banque (les maisons Charles Laffitte, Blount et Cie, Fourchon, la Caisse Baudon, le Comptoir Ganneron) et un grand nombre de maisons moins importantes, avaient suspendu leurs paiements; que la Banque de France avait été débordée par des demandes de remboursements de billets et qu'en une seule journée son encaisse, déjà réduite à 60 millions de francs, avait perdu par ce *run* 11.800.000 francs; que les actionnaires des compagnies refusaient en masse de verser les appels de fonds prévus pour leurs actions, etc... Et la baisse s'accentua de plus en plus.

Puis, vers le 20 mars, on annonça que plusieurs compagnies de chemins de fer, entre autres l'Orléans, qui était cependant la plus prospère des entreprises de cette nature, se trouvaient dans l'impossibilité de tenir leurs engagements et que le gouvernement provisoire voulait profiter de cette circonstance pour s'emparer des chemins de fer, sous le prétexte spécieux que toutes les sociétés concessionnaires se trouvaient dans l'impuissance de terminer leurs travaux.

Enfin, le 4 avril, les membres du gouvernement provisoire signèrent un décret par lequel, « considérant que les chemins de fer de Paris à Orléans et du Centre n'avaient plus un pouvoir suffisant pour assurer le service des transports », ces deux compagnies étaient placées sous le séquestre de l'État, et tous les produits appliqués aux besoins desdites entreprises.

Ce fut le coup de grâce et la bourse du 5 avril restera célèbre dans nos annales financières, car c'est ce jour-là que le 5 % français a coté 50 francs.

Pour donner à nos lecteurs une idée de la secousse effroyable que les valeurs mobilières françaises reçurent en cette circonstance, il nous suffira de rapprocher, d'après la cote officielle des agents de change de Paris, les cours de clôture du 23 février 1848 — c'est-à-dire de la veille de la révolution — des cours de clôture du 5 avril, pour les principales valeurs négociées à Paris :

VALEURS	1848		BAISSE	BAISSE
	23 FÉVRIER 2	5 AVRIL 3	4	5
	fr. c.	francs.	fr. c.	%
5 % français	116 15	50	66 15	57
3 % —	73 50	33	40 50	55
Actions Banque de France	3.180 »	1.050	2.130 »	67
— Saint-Germain	660 »	350	310 »	47
— Orléans	1.180 »	400	780	
— Paris-Rouen	858 »	280	578 »	67
— Avignon-Marseille	531 »	165	366 »	69
— Centre	501 »	190	311 »	62
— Nord	540 »	305	235 »	43
— Amiens-Boulogne	365 »	160	205 »	56

Si nous nous sommes étendu sur cette fameuse crise financière de 1848, c'est qu'elle fut la plus terrible secousse que les valeurs mobilières françaises aient subie au cours du siècle. Le gouvernement provisoire fit, par la suite, tous les efforts possibles pour relever la situation des compagnies de chemins de fer et le crédit public, mais la crise avait été trop violente et les valeurs mobilières — dont les quatre cinquièmes au moins étaient représentés par la rente française, des actions et des obligations de chemins de fer — ne reprirent leur marche ascensionnelle qu'après 1850, lorsqu'on songea à la formation des six grands réseaux actuels, par la fusion des petites compagnies qui végétaient misérablement.

Au 31 décembre 1850, la cote officielle des agents de change de Paris comptait 90 valeurs mobilières françaises, ainsi réparties : 5 types de fonds d'État français, 5 séries d'obligations de la Ville de Paris, 19 catégories d'actions et 19 catégories d'obligations de chemins de fer, 12 sortes d'actions de canaux intérieurs, 13 catégories d'actions de sociétés industrielles, financières ou d'assurances, et 17 valeurs diverses.

Le capital nominal des fonds d'État français était d'environ 6 milliards de francs et celui des autres valeurs mobilières françaises d'environ 3 milliards; calculés d'après les cours de clôture du 31 décembre 1850, ces 9 milliards valaient à peine 7 milliards.

A cette même date, 28 valeurs ou fonds d'État étrangers figuraient à la cote officielle, mais nous n'avons trouvé aucune indication, aucune évaluation, même approximative, nous permettant d'assigner un chiffre quelconque au capital des valeurs mobilières étrangères que les portefeuilles français pouvaient alors posséder.

III. — PÉRIODE DE 1851 A 1869

Au 31 décembre 1850, il n'y avait en exploitation, sur l'ensemble du territoire français, que 3.010 kilomètres de chemins de fer; au 31 décembre 1869, le réseau exploité en France atteignait 17.304 kilomètres, dont 16.938 d'intérêt général, 173 d'intérêt local et 193 kilomètres d'intérêt industriel privé.

Au 31 décembre 1850, le capital nominal des fonds d'État français ne dépassait pas 6 milliards de francs; au 31 décembre 1869, les 5 types de rentes françaises inscrites à la cote officielle des agents de change de Paris atteignaient, en capital nominal, la somme de 11.486.600.000 francs.

Au 31 décembre 1850, la cote officielle ne comprenait que les actions de 19 compagnies de chemins de fer et de 23 sociétés diverses par actions, soit au total 42 sociétés. Au 31 décembre 1869, nous y voyons figurer les actions de 25 compagnies de chemins de fer, de 25 sociétés financières, de 104 sociétés industrielles diverses et 30 sociétés d'assurances, soit un total de 182 catégories d'actions.

Les valeurs à revenu fixe : fonds d'État français, emprunts de villes et de départements, obligations foncières et communales, obligations de chemins de fer et industrielles, étaient, de leur côté, représentées par 116 catégories de titres.

Ces premières indications permettent déjà d'apprécier le progrès des valeurs mobilières françaises pendant cette période de dix-neuf années.

Le tableau suivant, établi d'après le nombre exact des valeurs inscrites à la cote officielle des agents de Paris, va nous indiquer d'une manière très précise le capital nominal de l'ensemble de ces valeurs et leur capital effectif, d'après les cours de clôture du même jour, déduction faite des versements restant à effectuer sur quelques-unes de ces valeurs.

VALEURS FRANÇAISES INSCRITES A LA COTE OFFICIELLE
CAPITAL NOMINAL ET CAPITAL AU COURS DU 30 DÉCEMBRE 1869.

DÉSIGNATION DES TITRES	NOMBRE de VALEURS	CAPITAL NOMINAL	CAPITAL aux COURS DU JOUR
1	2	3	4
		millions de francs.	millions de francs.
Fonds d'Etat français	5	11.486.6	8.665.5
Emprunts de villes et départements	14	808.6	794.3
Obligations foncières et communales	3	318.4	311.3
— Chemins de fer	61	8.944.3	6.232.6
— Sociétés industrielles	33	530.4	457.4
TOTAL des valeurs à revenu fixe	116	22.088.3	16.461.1
Actions de compagnies de chemins de fer	25	1.562.0	2.693.9
— Sociétés financières	23	684.5	1.169.2
— — industrielles	104	1.238.3	1.228.0
— Compagnies d'assurances	30	38.8	65.8
TOTAL des valeurs à revenu variable	182	3.523.6	5.156.9
TOTAL des deux groupes	298	25.611.9	21.618.0
A ajouter les valeurs mobilières françaises non négociables à la bourse officielle de Paris	»	1.569.5	1.569.5
TOTAL GÉNÉRAL	»	27.181.4	23.187.5

1

Le tableau ci-dessus représente d'une manière très fidèle, en ce qui concerne les valeurs mobilières françaises inscrites à la cote officielle des agents de change de Paris, le capital nominal et le capital aux cours du jour de l'ensemble de ces titres.

Mais toutes les valeurs mobilières françaises ne figurent pas à la cote officielle de la bourse de Paris : les bons du Trésor — qui peuvent être considérés comme des valeurs mobilières d'une nature spéciale — n'y sont point inscrits ; il en est de même de certaines valeurs locales qui se négocient spécialement aux bourses de Lyon, de Marseille, de Lille et de Bordeaux, et enfin d'une masse de petites Sociétés anonymes ou en commandite dont les titres : actions, obligations ou parts bénéficiaires, représentent un trop petit capital pour permettre leur inscription à la cote officielle de Paris.

Nous avons cherché à déterminer, en 1897, la proportion de ces divers titres, à l'aide des cotes particulières des parquets de Lyon, de Marseille, de Bordeaux, de Lille, de Toulouse et de Nantes, de la cote des valeurs en banque négociées par la coulisse, et de diverses indications recueillies à l'administration du timbre — où toutes les sociétés par actions du ressort de Paris sont tenues de déclarer le montant de leurs titres, à cause des droits et impôts dont ces titres sont frappés — et nous croyons pouvoir affirmer que la cote officielle des agents de change de Paris comprend, indépendamment des rentes françaises, au moins les neuf dixièmes de toutes les valeurs mobilières françaises.

C'est cette proportion que nous avons adoptée pour notre statistique d'ensemble des années 1869 (1), 1880, 1890 et 1899. Nous ne donnons, bien entendu, le chiffre qui en résulte pour les valeurs mobilières non négociables à la bourse officielle de Paris, que comme une évaluation approximative.

Entre le 31 décembre 1850 et le 31 décembre 1869, le nombre des valeurs mobilières inscrites à la cote officielle a passé de 64 à 298, et nous avons déjà vu que, dans ces chiffres, les sociétés par actions figurent respectivement pour 42 et 182. Cela signifie que, pendant cette période de 19 années, il a été créé en France 140 sociétés par actions avec capital social assez important pour donner lieu à des transactions suivies sur le marché officiel parisien.

Les valeurs à revenu fixe ont suivi une progression analogue, car nous voyons le nombre des catégories d'obligations de chemins de fer et de sociétés industrielles s'élever à 94 à la fin de 1869, contre seulement 10 à la fin de 1850.

---

(1) Pour le bilan du 31 décembre 1869, le chiffre de 1.569.5 millions de francs de valeurs mobilières françaises non inscrites à la cote officielle de Paris, et figurant dans notre tableau d'ensemble, se dégage de la manière suivante :

Capital nominal des valeurs inscrites : 25.611.9 millions, moins 11.486.6 millions de rentes françaises, reste 14.125.3 millions, dont le neuvième est égal aux 1.569.5 millions ajoutés à la colonne du *capital nominal* et à la colonne du *capital aux cours du jour*, parce qu'il est impossible de rechercher si le capital de l'ensemble de ces valeurs non inscrites à la cote officielle de Paris est au-dessus ou au-dessous de son pair nominal.

Enfin, le tableau précédent nous a montré que le capital nominal de toutes les valeurs mobilières françaises, abstraction faite des Rentes, atteignait le montant de 15.695 millions de francs en 1869 contre environ 3 milliards en 1850.

La période 1851-1869 a donc été le point de départ du développement des valeurs mobilières en France, provoqué lui-même par la transformation de notre outillage économique.

Pour donner une simple idée de cette transformation, il nous suffira de rappeler que notre réseau ferré avait 3.010 kilomètres en exploitation à la fin de 1850 et 17.304 kilomètres à la fin de 1869 ; que notre marine marchande comptait 150 navires à vapeur jaugeant 22.500 tonneaux en 1850 et 454 navires à vapeur jaugeant 143.000 tonneaux en 1869 ; que le mouvement général de la navigation de la France était de 3.735.152 tonneaux en 1850 et de 10.954.274 tonneaux en 1869 ; que notre industrie nationale utilisait 5.322 machines à vapeur engendrant 66.642 chevaux-vapeur de force en 1850, et 26.221 machines engendrant 320.447 chevaux-vapeur en 1869.

C'est l'association des capitaux privés, rendue possible par la valeur mobilière, qui a été le principal instrument de cette heureuse transformation.

D'après notre Code civil, l'association, considérée au point de vue économique, est " un contrat par lequel plusieurs personnes conviennent de mettre quelque chose en commun dans la vue de partager les bénéfices qui pourront en résulter ". Comme tous les contrats, l'association doit toujours avoir un objet licite ; elle serait considérée comme nulle, et les tribunaux refuseraient d'entendre les associés, si elle était constituée contrairement aux lois et à l'ordre public, ou dans un but criminel ou honteux, comme par exemple l'usure, la fausse monnaie, la contrebande ou la prostitution.

La société anonyme n'est qu'une association de capitaux, et la personne de l'associé ne se trouve engagée que jusqu'à concurrence de sa souscription ; il en est de même pour les associés en commandite par actions.

Pendant de longues années, la création des sociétés anonymes en France fut soumise à l'autorisation préalable du chef de l'Etat. Cette autorisation était donnée dans la forme d'un règlement d'administration publique, après examen des statuts sociaux par le conseil d'Etat.

Les sociétés en commandite par action étaient libres, mais les abus, les spéculations et l'agiotage auxquels la fondation de certaines de ces sociétés donna lieu au commencement du second Empire provoquèrent une réglementation très sévère (loi du 18 juillet 1856), destinée à sauvegarder l'intérêt des actionnaires et des obligataires de ces sociétés.

La loi du 23 mai 1863 introduisit dans notre droit commercial la société à responsabilité limitée, sorte d'anonymat libre dont les règles de constitution et d'administration devinrent, quatre ans plus tard, les bases de la loi libérale du 24 juillet 1867, qui a supprimé l'autorisation préalable et placé toutes les sociétés par actions sous un régime uniforme.

La fusion en six grands réseaux d'intérêt général (Nord et Orléans en 1852; Est et Midi en 1853; Ouest en 1855; Paris-Lyon-Méditerranée en 1852 et 1857) des petites compagnies qui divisaient le territoire de la France en vingt-huit exploitations étrangères les unes aux autres, fut, avec la loi du 24 juillet 1867, la conception financière la plus heureuse du second Empire.

Avant cette fusion, les voyageurs et les marchandises devaient subir de nombreux transbordements qui augmentaient considérablement la durée et les frais des trajets et nuisaient au développement de toutes les transactions. Le service se faisait sans règle et sans unité, au grand préjudice du commerce et de l'industrie, et le gouvernement impérial, se rendant aux légitimes réclamations qui s'élevaient de toutes parts en faveur de l'unification générale des services de transport, poussa les compagnies à se grouper et profita de cette concentration pour mettre à la charge des grandes unités ainsi créées l'exploitation onéreuse des petites lignes, et la charge des voies nouvelles dont le pays réclamait impérieusement la création.

On peut dire que la fusion en six grands réseaux des 28 compagnies qui existaient au 1er janvier 1852, et les conventions de 1859 qui vinrent couronner l'œuvre de cette concentration, ont eu pour conséquence la construction du second réseau, comme d'ailleurs les conventions de 1883 — si injustement attaquées aujourd'hui — auront eu pour résultat absolument certain l'achèvement du troisième réseau, que l'Etat n'aurait pu mener à bonne fin sans graves inconvénients pour ses finances.

La formation des six grands réseaux d'intérêt général, les conventions de 1859 et la mise en vigueur des traités de commerce provoquèrent, de 1860 à 1863, un tel développement de nos transactions commerciales qu'on dut bientôt se préoccuper de donner satisfaction aux nouveaux besoins de communications rapides et économiques qui se manifestaient sur tous les points du territoire, et dont les conseils généraux et les chambres de commerce traduisaient l'expression par des vœux répétés.

Les conventions de 1859 prévoyaient évidemment la construction d'un grand nombre de lignes nouvelles, puisque au moment de la signature desdites conventions le réseau d'intérêt général comprenait à peine 16.352 kilomètres de voies, dont 9.061 en exploitation et 7.291 kilomètres en construction ou à construire, tandis qu'à la fin de 1864 l'ensemble du même réseau embrassait 21.111 kilomètres, dont 13.047 en exploitation et 8.064 en construction ou à construire..

Mais en jetant un simple coup d'œil sur une carte française de cette époque, on constate que d'immenses régions dans l'ouest, le sud-ouest et le centre étaient restées en dehors du tracé des lignes alors en exploitation ou définitivement concédées aux grandes compagnies; et la même raison qui avait poussé le gouvernement à s'entendre avec ces compagnies pour l'achèvement du deuxième réseau l'amena à faire étudier d'abord, et à faciliter la construction ensuite, d'une catégorie de nouvelles lignes, qui furent désignées sous le nom de chemins de fer d'intérêt local.

La loi du 12 juillet 1865 donna satisfaction aux réclamations des conseils généraux et des chambres de commerce en traçant le rôle que les chemins de fer d'intérêt local devaient jouer dans l'économie générale de l'industrie des transports, et en établissant une règle précise pour la participation de l'Etat, des départements et des communes à desservir.

Ces chemins — disait la circulaire ministérielle qui portait à la connaissance des préfets la loi nouvelle — devront avoir pour objet de relier les localités secondaires entre elles ou avec les grandes lignes actuellement décrétées en suivant, soit une vallée, soit un plateau, mais en évitant de traverser les grandes vallées ou les faîtes de montagnes, points sur lesquels se trouvent généralement accumulés les ouvrages les plus dispendieux. Ce n'est qu'en se renfermant dans ces limites qu'il sera possible de réaliser, dans la construction de ces nouvelles voies, les conditions d'économie qui, seules, permettront au département d'en supporter les charges.

Malheureusement, les sages dispositions de la loi de 1865 n'ont pas été fidèlement observées et, soit par amour-propre, soit pour d'autres raisons, beaucoup de ces lignes locales — qui ne devaient fatalement desservir que des besoins restreints — furent plus tard concédées et construites à grands frais, absolument comme les voies à grand trafic.

Les ingénieurs y ont trouvé la gloire et d'abondantes décorations; les entrepreneurs de grands bénéfices... mais le budget de l'Etat de graves mécomptes.

Nous avons donné une certaine importance à l'histoire des chemins de fer français parce que, jusqu'en 1870, cette histoire s'est confondue avec celle de nos valeurs mobilières. Le bilan du 31 décembre 1869 nous a montré, en effet, que sur un capital nominal de 15.695 millions de francs — représentant, à cette date, l'ensemble des valeurs mobilières françaises inscrites à la cote officielle de Paris, sauf les fonds d'Etat, — les obligations de nos chemins de fer figuraient pour 8.944 millions de francs et les actions pour 1.562 millions, soit environ 67 % de l'ensemble.

Nous devons cependant constater que presque toutes les grandes sociétés françaises par actions, existant actuellement, ont été créées pendant la période 1851-1869.

La Banque d'Algérie a été fondée par la loi du 4 août 1851 ; le Crédit foncier de France a été autorisé par décret du 28 mars 1852, le Crédit mobilier par décret du 15 novembre 1852, le Crédit industriel et commercial par décret du 7 mai 1859, le Crédit foncier colonial par décret du 24 octobre 1860 ; le Crédit lyonnais date du 6 juillet 1863, la Société générale du 4 mai 1864 et la Société marseillaise de crédit du 2 octobre 1865.

La création des Messageries maritimes remonte au 22 janvier 1852, celle des Docks du Havre au 29 juillet 1852, celle de la Compagnie générale des eaux au 14 décembre 1853, celle de la Compagnie générale des omnibus de Paris au 22 février 1855, celle de la Compagnie parisienne d'éclairage et de chauffage par le gaz au 22 décembre 1855, celle des Forges et Chantiers de la Méditerranée au 17 juin 1857, celle de la Compagnie maritime de Suez au 2 décembre 1858, celle de la Compagnie générale transatlantique au 25 août 1861, celle de Châtillon-Commentry au 10 juillet 1862, celle des Docks et entrepôts de Marseille le 30 novembre 1863, celle des Entrepôts et Magasins généraux de Paris le 18 juin 1864, celle de la Compagnie générale des voitures au 5 août 1866, celle de Fives-Lille le 5 novembre 1868, etc.

Le Comptoir d'escompte, reconstitué en 1889, avait été fondé, en pleine crise politique et financière, le 8 mars 1848, par décret du gouvernement provisoire.

IV. — PÉRIODE DE 1870 A 1880

Voici quel était, à la date du 1er juillet 1880, le capital nominal et le capital aux cours du jour de l'ensemble des valeurs mobilières françaises françaises inscrites à la cote officielle des agents de change de Paris.

VALEURS FRANÇAISES INSCRITES A LA COTE OFFICIELLE
CAPITAL NOMINAL ET CAPITAL AU COURS DU 1er JUILLET 1880

DÉSIGNATION DES TITRES 1	NOMBRE de VALEURS 2	CAPITAL NOMINAL 3	CAPITAL aux COURS DU JOUR 4
		millions de francs.	millions de francs.
Fonds d'État français	8	20.614.7	20.232.9
Emprunts de villes et départements	28	1.971.4	2.022.0
Obligations foncières et communales	10	1.334.9	1.252.9
— Chemins de fer	89	13.125.5	10.039.1
— Sociétés industrielles	55	1.022.2	887.5
Total des valeurs à revenu fixe	190	38.068.7	34.434.4
Actions de compagnies de chemins de fer	55	1.718.6	3.754.5
— Sociétés financières	46	938.5	2.091.7
— — industrielles	140	1.437.2	2.065.7
— Compagnies d'assurances	35	111.0	713.5
Total des valeurs à revenu variable	276	4.205.3	8.625.4
Total des deux groupes	466	42.274.0	43.059.8
A ajouter les valeurs mobilières françaises non négociables à la bourse officielle de Paris	»	2.400.0	2.400.0
Total général	»	44.674.0	45.459.8

Le tableau ci-dessus nous prouve que, du 31 décembre 1869 au 1er juillet 1880, le capital nominal des valeurs mobilières françaises a augmenté de 17.492.600.000 francs, mais, sur ce chiffre, les emprunts de l'État, des villes et des départements français figurent pour 10.290.900.000 francs et les nouveaux titres de chemins de fer (actions et obligations), pour 4.337.800.000 francs.

Ces deux chiffres sont la caractéristique de cette période qui a été à la fois une période de liquidation, de réorganisation budgétaire et de grands travaux publics.

Les valeurs mobilières françaises, gravement atteintes en 1870 et 1871, prirent un nouvel essor après le grand succès de l'emprunt de libération des 28 et 29 juillet 1872. Ce furent, d'abord, les nouvelles rentes 5 %, émises à 82 fr. 50, en 1871, et à 84 fr. 50 en 1872, qui profitèrent du relèvement de notre crédit public, car elles atteignirent successivement, aux plus hauts cours, 93 fr. 45 en 1873 ; 100 fr. 50 en 1874 ;

— 106 fr. 40 en 1875; — 107 fr. 25 en 1876; — 108 fr. 70 en 1877; — 115 fr. 95 en 1878; — 118 fr. 20 en 1879 — et 120 fr. 85 en 1880.

A ce dernier cours, les 6.920.032.100 francs en capital nominal empruntés par l'État français en 1871 et 1872 — et pour lesquels les souscripteurs n'avaient réellement versé que 5.792 millions — valaient 8,363 millions de francs

Toutes les catégories de nos valeurs mobilières participèrent à la hausse et, pour ne parler que des titres inscrits à la cote officielle des agents de change de Paris, nous constaterons que leur valeur nominale n'augmenta, pendant la période, que de 16.662 millions de francs, alors que l'augmentation de leur valeur au cours du jour atteignit le chiffre colossal de 21.442 millions de francs.

La hausse des actions des compagnies de chemins de fer, des sociétés financières, des sociétés industrielles diverses et des compagnies d'assurances, fut, d'ailleurs, encore plus importante que celle relevée sur les valeurs à revenu fixe, y compris les rentes françaises. Pour le prouver, il nous suffira de dire que le capital nominal des valeurs à revenu variable ne progressa, pendant la période, que de 681.700.000 francs, contre une augmentation de 3.468.500.000 francs de leur valeur aux cours du jour.

Les compagnies d'assurances furent surtout l'objet d'une ardente spéculation : la division des actions de la Compagnie d'assurances générales, branche-vie et branche-incendie, détermina, dès 1876, une hausse générale sur toutes les actions des compagnies d'assurances et provoqua la création d'une foule de sociétés concurrentes. Entre le 1er janvier 1876 et le 31 décembre 1880, il ne se constitua pas moins de quarante compagnies d'assurances à Paris, mais beaucoup de ces sociétés n'eurent qu'une existence éphémère, et les neuf dixièmes d'entre elles disparurent peu après leur création.

La période 1870-1880 a été, malgré la crise survenue dans le courant de cette dernière année, l'une des plus brillantes pour l'industrie des assurances en France, et des plus prospères pour les actionnaires de de ces sociétés. Pour en donner une idée à nos lecteurs, il nous suffira de constater que les actions de la Compagnie d'assurances générales sur la vie, divisées en cinquièmes en 1876, et qui cotèrent, pendant cette année, 13.225 francs et 14.800 francs au plus bas et au plus haut cours, atteignirent 26,500 francs et 40.000 francs en 1879 ; que les actions de la branche-incendie, également divisées en cinquièmes, passèrent de 23.160 et 24.800 francs à 35.000 et 36.200 francs et que les actions de toutes les autres compagnies suivirent ce mouvement ascensionnel.

Au 31 décembre 1869, la cote officielle de Paris comprenait les actions de 30 compagnies d'assurances, ayant un capital nominal versé de 38.800.000 francs et une valeur aux cours du jour de 65.800.000 francs.

Aux 1er juillet 1880, le nombre des compagnies d'assurances inscrites à la cote officielle s'élève à 35, leur capital nominal à 111 millions de francs, et la valeur aux cours du jour de l'ensemble de leurs actions à 713.500.000 francs.

Les actions des sociétés financières suivirent l'impulsion donnée par la hausse des assurances et, dès l'année 1877, la spéculation les engagea dans le mouvement qui devait aboutir au fameux krack de janvier 1882.

Le tableau suivant donne les cours de clôture des actions de nos cinq principales sociétés de crédit au 31 décembre de chacune des années 1877 à 1880; il va nous montrer la force de ce mouvement :

SOCIÉTÉS	1877	1878	1879	1880
1	2	3	4	5
	francs.	francs.	francs.	francs.
Crédit lyonnais	575	691	877	1.032
Comptoir d'escompte	690	760	880	1.002
Société générale	460	477	555	612
Crédit industriel	650	680	705	736
Crédit foncier	630	814	1.112	1.447

L'Union générale, dont nous parlerons plus amplement au chapitre suivant, fut créée le 3 juin 1878, au capital de 25 millions libéré d'un quart; la Banque d'escompte de Paris vient ensuite (29 octobre 1878), avec un capital de 100 millions; puis la Banque hypothécaire de France (7 avril 1879), avec 100 millions de capital, puis la Banque nationale (9 août 1879), avec 30 millions; l'Union mobilière (14 août 1879), avec 10 millions; la Société nouvelle de banque et de crédit (15 octobre 1879) avec 20 millions; la Caisse mutuelle de reports (2 novembre 1879), avec 30 millions; la Banque russe-française (28 février 1880) avec 25 millions; l'Epargne populaire (28 avril 1880), avec 20 millions; le Crédit provincial (10 mars 1880), avec 12.500.000 francs... et le flot montait, montait toujours.

Nous ne venons que d'énumérer les principales créations de l'époque, mais les journaux d'annonces légales de Paris publièrent, pendant les années 1878, 1879 et le premier semestre 1880, les statuts de plus de 150 sociétés financières dont 10 à peine existent aujourd'hui.

V. — PÉRIODE DE 1880 A 1890

Le krach de janvier 1882 a été l'événement capital de la période 1880-1890, et il nous paraît intéressant de résumer ici l'historique que nous avons fait dans notre étude de 1897 sur les valeurs mobilières en France.

L'année 1881 avait commencé sous de fâcheux auspices; le marché financier français, encore mal remis de la crise des chemins de fer secondaires, s'était ensuite trouvé aux prises avec des difficultés beaucoup plus sérieuses : crise des fonds d'Etat étrangers provoquée par la faillite de la Turquie et de l'Espagne, spéculation sur les assurances, mauvaises récoltes, resserrement général du crédit, etc.

Pendant l'année 1880 les changes nous avaient été défavorables; le déficit de la balance de notre commerce extérieur, qui s'établissait à 996 millions de francs en 1878, s'était successivement élevé à 1.364 millions en 1879 et à 1.565 millions en 1880.

L'encaisse-or de la Banque de France, qui atteignait 982 millions de francs à la fin de 1878, s'était réduite à 741 millions à la fin de 1879, pour tomber à 546 millions au dernier bilan hebdomadaire de l'année 1880.

Cette situation défavorable fut encore aggravée par l'échec de l'emprunt de 1 milliard de francs de 3 % amortissable que l'Etat émit, le 17 mars 1881, au prix de 83 fr. 25 pour 3 francs de rente. Ce taux, en tenant compte de la prime d'amortissement, constituait un placement de 4 % net; les banquiers et la spéculation le jugèrent suffisant, car ils souscrivirent l'emprunt plusieurs fois, mais la véritable épargne fit défaut et la place, déjà surchargée de titres flottants, dut subir pour ses reports des conditions absolument ruineuses.

En effet, vers la fin du 1er trimestre 1881, les bonnes valeurs payaient couramment 15 et 20 % par an pour se faire reporter; certains titres à crédit discuté ne trouvaient pas de reporteur à moins de 50 et 60 %; les rentes françaises, elles-mêmes, subissaient la loi générale, car nous relevons, dans le courant de 1881, sur le 5 %, par exemple, des reports de 70, 80 et même 85 centimes, représentant, pour douze liquidations mensuelles, 10 fr. 20, contre un coupon de 5 francs.

Le taux de l'escompte, qui était à 3 1/2 % à la fin de 1880, fut successivement porté à 4 % le 25 août et à 5 % le 20 octobre 1881.

Les circonstances ne semblaient donc guère se prêter à une campagne de hausse, mais la place en avait besoin : on commença par enlever les cours du 3 % amortissable et du 3 % perpétuel, lesquels sérieusement atteints par l'insuccès de l'emprunt du 17 mars, étaient respectivement tombés à 83 fr. 80 le 11 avril et 82 francs le 12 avril (les deux plus bas cours de l'année). La campagne de hausse fut conduite avec une singulière énergie car, le 6 juin suivant, les deux fonds d'Etat inscrivaient leur plus haut cours de l'année : 89 francs pour le 3 % amortissable et 87 fr. 25 pour le 3 % perpétuel.

Une hausse, en huit semaines, de 6.20 % et 6.40 % sur les deux fonds d'Etat français non visés par une conversion prochaine — on parlait déjà depuis plusieurs années de la conversion du 5 % — ne s'était point produite sans entraîner les actions des sociétés de crédit qui obtenaient — grâce à la cherté des reports, de l'escompte et des avances sur titres — des profits importants. Mais ce fut l'emballement des valeurs du groupe de l'Union générale qui donna finalement, au marché de Paris d'abord, et au marché de Lyon ensuite, l'allure désordonnée dont on connaît le dénouement.

Sans refaire l'histoire de l'Union générale, il nous suffira de rappeler que cette société, créée modestement au capital de 25 millions de francs en juillet 1878 (dont seulement 6.250.000 francs versés), réalisa rapidement — grâce à l'activité de M. Bontoux, qui en avait pris la présidence vers la fin du premier exercice — des bénéfices qui attirèrent l'attention du public.

En 1878, pour un semestre d'exercice, les opérations sociales n'avaient laissé qu'un produit net de 1 million de francs ; en 1879, le bilan fin d'année accusa un bénéfice net de 11 millions, et ce bénéfice atteignit 13.500.000 francs pour l'exercice 1880. Il est vrai que, pendant l'intervalle, la société avait successivement porté son capital de 25 à 100 millions de francs, et qu'en novembre 1880, une assemblée générale extraordinaire décidait de porter ce capital à 150 millions à partir du 1er janvier 1882.

Les dépôts à vue avaient suivi le développement des affaires sociales : à la fin de 1878, l'Union générale n'accusait que 8 millions de francs de dépôts environ ; au 31 décembre 1880, ce chiffre dépassait 100 millions.

Ses actions, cotées à 750 francs à la fin de 1879, s'étaient élevées à 930 à la fin de 1880. En avril 1881, au commencement de la hausse du 3 %, leur cours moyen s'établit à 1.202 fr. 50. Ce cours moyen passe successivement à 1.268 fr. 75 en mai, à 1.387 fr. 50 en juin et à 1.445 francs en juillet.

C'est à cette époque que la lutte engagée par un syndicat à la baisse, dont les premières attaques avaient été infructueuses, reprit de plus belle ; mais cette lutte ne fit qu'accentuer la hausse des actions de l'Union générale, que nous trouvons à 1.682 fr. 50 à la fin du mois d'août, à 2.015 francs à la fin de septembre, à 2.490 francs à la fin d'octobre et, enfin, à 2.925 francs au cours de clôture du 31 décembre 1881.

Le groupe de l'Union générale semblait définitivement maître de la situation et ses adversaires allaient se trouver à sa merci, lorsqu'un événement imprévu vint changer la face des choses.

Dans leurs calculs, les administrateurs de l'Union générale ne visaient que le marché de Paris — où le syndicat à la baisse s'était organisé — et ne tenaient guère compte de la place de Lyon, qui, cependant, avait entraîné et maintenait encore le marché du groupe dans le sens de la hausse. Or, c'est précisément de cette place que vint l'armée de Blücher qui transforma la victoire un moment acquise en défaite irrémédiable.

La spéculation lyonnaise avait dépassé toutes les folies de la rue Quincampoix sous la Régence. La hausse de l'Union générale ayant rapidement enrichi un certain nombre de négociants de la ville engagés dans les opérations du groupe, la fièvre du jeu gagna brusquement toutes les classes de la population, et bientôt les marchands de soieries, les directeurs de fabrique, les commerçants, les boutiquiers même, laissant à des commis — qui se mirent d'ailleurs à jouer de leur côté — le soin de diriger industrie, négoce, fabrique ou magasin, ne s'occupèrent plus que de la bourse financière et des valeurs parisiennes ou locales qui s'y traitaient.

Une valeur locale, la Banque de Lyon et de la Loire, jouit surtout des faveurs de la spéculation lyonnaise; cette société, créée à Lyon le 26 mars 1881 (au capital de 50 millions de francs, divisés en 100.000 actions de 500 francs chacune, dont le quart seulement fut appelé) se négocia, dès le mois de mai, aux environs de 530 francs. La Banque, présidée par M. Charles Savary, avait pour directeur M. de Zielinsky et, pour administrateurs, des personnalités que l'on savait engagées dans les affaires de l'Union générale.

Les acheteurs lyonnais — car tous les spéculateurs de la ville étaient à la hausse et il n'y avait jamais assez de titres pour servir leurs demandes — en conclurent de suite que la Banque de Lyon et de la Loire valait l'Union générale, et quand celle-ci montait de 100 francs, celle-là suivait son exemple. A la fin du mois d'août les actions de la Banque de Lyon et de la Loire clôturaient à 625 francs et nous les trouvons ensuite à 680 francs fin septembre, 715 fin octobre, 1.100 fin novembre. Enfin, le 12 décembre, juste neuf mois et demi après sa fondation, les actions clôturaient à 1.750 francs!

Ce qui revient à dire que les 12.500.000 francs versés le 26 mars 1881 valaient alors, au cours du jour — déduction faite des 37.500.000 francs qui restaient à appeler sur les 100.000 actions — la somme fantastique de 137.500.000 francs, soit une prime de 1.000 pour cent.

Mais la chute de la Banque de Lyon et de la Loire fut encore plus extraordinaire que sa fortune : cet établissement, marchant sur les brisées de l'Union générale qui s'était réservée l'Autriche-Hongrie comme champ d'exploitation, eut la malencontreuse idée de lancer à Lyon le Crédit maritime de Trieste dont la concession, précédemment accordée à un tiers, devait être ensuite rétrocédée à la Banque de Lyon et de la Loire par le gouvernement autrichien.

Pour fonder une banque en Autriche il fallait, en effet, une concession spéciale présentée par le ministre des finances et approuvée par le parlement. L'émission du Crédit maritime de Trieste eut lieu dans les premiers jours de 1881 et ce fut son grand succès qui poussa les actions de la Banque de Lyon et de la Loire de 1.100 à 1.750 francs en moins de deux semaines. Vers le milieu de décembre, M. Charles Savary se rendit à Vienne, emportant avec lui le dépôt (25 millions de francs) exigé par la loi autrichienne et dont le versement était nécessaire pour obtenir l'autorisation définitive d'ouvrir le Crédit maritime à Trieste.

M. Bontoux, à qui, paraît-il, la nouvelle " timbale milanaise " commençait à porter ombrage, précéda de quelques jours M. Savary à Vienne... et celui-ci, qui ignorait absolument les dispositions de la loi autrichienne, eut la désagréable surprise d'apprendre de la bouche du ministre des finances que la concession qu'il avait entre les mains n'était pas transmissible, et qu'il fallait que le titulaire de la concession fondât, lui-même, le Crédit maritime de Trieste et non une société quelconque.

M. Savary fut donc obligé de rapporter les 25 millions à Lyon, où l'histoire de sa mésaventure ébranla rapidement la confiance de ses admirateurs. Le 20 décembre, les actions de la Banque de Lyon et de la Loire se négociaient encore à 1.725 francs ; le 31, elles étaient offertes à 1.500, et, comme à ce cours elles ne trouvèrent que de rares contre-parties, elles clôturèrent à 1.150 à la fin de la séance du lundi 3 janvier 1882, pour s'écrouler à 600 à la liquidation du 16.

On sait avec quelle merveilleuse habileté le syndicat parisien à la baisse de l'Union générale exploita l'effondrement du marché lyonnais et la débâcle qui s'ensuivit sur les valeurs du groupe Bontoux.

Quand M. Bontoux partit pour Vienne, les actions de l'Union générale valaient un peu plus de 3.000 francs. Après le départ de M. Savary, il était resté en Autriche pour conclure — disaient les journaux — des traités encore plus fructueux que les précédents. Une dépêche désespérée de son conseil le rappela en toute hâte. A son retour, le 25 ou 26 janvier, les actions de l'Union générale, que l'on avait compensées le 16 à 2.750 francs, étaient invendables à 900.

Le jeudi 1er février, MM. Bontoux et Feder, président du Conseil et directeur de l'Union générale, étaient arrêtés; le lendemain matin, le Tribunal de commerce de la Seine prononçait la faillite de la Société.

La crise fut terrible; elle atteignit toutes les valeurs et les rentes elles-mêmes; on calcula que dans la seule journée du jeudi 19 janvier 1882, le vrai jour du krach, les valeurs mobilières françaises se déprécièrent de plus de 4 milliards de francs, sur lesquels le groupe de l'Union générale perdit environ 800 millions.

A Lyon, quatorze agents sur trente ayant suspendu leurs paiements en restant débiteurs, à l'égard de leurs seize confrères, d'un solde d'environ 65 millions de francs, la liquidation de la crise fut extrêmement laborieuse et les bons de la caisse syndicale des agents de change de Lyon que le parquet de cette place, réorganisé en mars, dut émettre, ne sont pas encore aujourd'hui complètement amortis.

A Paris, au contraire — et malgré les défaillances d'un grand nombre de débiteurs qui ne purent régler leurs différences faute de fonds, ou qui, peu scrupuleux, profitèrent de l'article 1965 du Code civil pour opposer l'exception de jeu — le parquet des agents de change paya rigoureusement tous ses créditeurs et sauva ainsi la place d'une catastrophe dont les effets eussent été terribles pour la fortune publique française.

Le parquet de Paris donna, en cette cruelle circonstance, une preuve décisive de sa raison d'être.

De toutes les valeurs inscrites à la cote officielle de Paris, ce furent naturellement les actions des sociétés de crédit qui subirent la plus rude dépréciation.

Le tableau suivant donnera une idée de l'étendue du désastre dont M. Bontoux et les administrateurs de l'Union générale ne sont pas seuls responsables devant l'histoire :

[TABLEAU.]

VALEURS	COURS DE CLOTURE A LA BOURSE DE PARIS					
	9 janvier 1882	17 janvier 1882	21 janvier 1882	31 janvier 1882	30 juin 1882	30 décembre 1882
1	2	3	4	5	6	7
	fr. c.	fr. c.	fr. c.	fr. c.	fr. c.	fr. c.
Rentes françaises.						
3 % perpétuel	84 45	83.90	81 85	81 60	80 55	79 32
5 %	114 90	114 72	113 00	114 42	113 85	114 87
Actions des sociétés de crédit.						
Banque de France	5.995 00	5.850 00	4.900 00	5.200 00	5.125 00	5.325 00
Banque de Paris et des Pays-Bas.	1.282 00	1.200 00	1.250 00	1.095 00	1.140 00	1.050 00
Comptoir d'escompte	1.060 00	1.045 00	1.000 00	1.020 00	1.010 00	990 00
Crédit foncier	1.765 00	1.650 00	1.575 00	1.510 00	1.445 00	1.332 00
Crédit lyonnais	887 00	845 00	825 00	750 00	685 00	560 00
Société générale	877 00	810 00	720 00	680 00	610 00	587 00
Banque d'escompte	870 00	825 00	770 00	700 00	565 00	545 00
Banque hypothécaire	675 00	670 00	655 00	625 00	610 00	605 00
Crédit mobilier	727 00	695 00	630 00	610 00	530 00	375 00
Société financière de Paris	465 00	450 00	425 00	400 00	295 00	270 00
Société générale française de crédit	895 00	820 00	800 00	660 00	252 00	87 00
Banque nationale	695 00	640 00	600 00	600 00	380 00	287 00
Union générale	3.075 00	2.625 00	1.200 00	500 00	»	»
Banque des prêts à l'industrie	500 00	435 00	425 00	425 00	200 00	230 00
Crédit général français	860 00	850 00	830 00	785 00	425 00	300 00
Société française financière	1.030 00	1.035 00	1.040 00	1.045 00	590 00	480 05
Société nouvelle de banque et de crédit	840 00	800 00	725 00	620 00	355 00	220 00
Banque de Lyon et de la Loire	917 00	500 00	350 00	375 00	»	»

Dans son laconisme, ce tableau explique plus éloquemment les conséquences du krach de l'Union générale que tous les commentaires possibles.

Ces conséquences eurent cependant un résultat inattendu : l'augmentation de l'encaisse de la Banque de France et la diminution du taux de l'escompte.

Le premier phénomène s'explique par ce fait que, pendant la deuxième quinzaine de janvier, et pendant la première quinzaine de février, les ventes — même de valeurs internationales — étant devenues impossibles sur les marchés de Paris et de Lyon, l'arbitrage dut s'adresser aux places de Londres, de Bruxelles et de Berlin, où des réalisations importantes furent opérées pour le compte français.

La Banque d'Angleterre s'empressa de relever le taux de son escompte à 6 %, la Banque nationale de Belgique à 7 %, et à 9 % pour les effets étrangers tirés sur la Belgique, la Banque d'Allemagne à 6 %, etc... Cela n'empêcha point l'or étranger d'affluer à la Banque de France ; au bilan du 19 janvier on constata une augmentation de l'encaisse-or de 15 millions de francs ; le 26 janvier — en pleine crise — une augmentation de 23 millions ; le 2 février, 43 millions ; le 9 février, 77 millions ; le 16 février, 10 millions, et le 23 février, 9 millions.

Entre la dernière situation de 1881 (29 décembre) et le 23 février 1882, l'encaisse-or de la Banque de France avait augmenté de 170 millions de francs ; le conseil de régence en profita pour réduire successivement le taux de l'escompte à 4 ½ % le 2 mars et à 3 ½ le 23 mars.

La Banque de France contribua puissamment à ramener le calme dans les esprits : elle vint au secours des sociétés de crédit compromises en réescomptant une partie de leur portefeuille, des particuliers en prenant en compte courant les sommes qu'ils retiraient des sociétés de crédit menacées, de tout le monde en ramenant le taux de l'escompte à 3 ½ %.

Avant le krach de 1882, la Banque de France était la véritable régulatrice du taux du loyer de l'argent en France. Le taux de son escompte, et celui de ses avances sur titres constituaient, en quelque sorte, des taux minima, au-dessous desquels les banques privées ne descendaient presque jamais.

Après 1882, celles de ces banques qui, ayant une situation bien assise, des capitaux intacts, une administration habile et prévoyante, restèrent debout, recueillirent la clientèle des sociétés sinistrées. Tel fut le cas du Crédit lyonnais, du Comptoir d'escompte, de la Société générale, du Crédit industriel et de la Société marseillaise qui virent, peu à peu, les déposants reprendre le chemin de leurs guichets et leur chiffre de dépôts à vue ou à terme augmenter d'année en année.

Ces sociétés, profitant de la leçon que l'Union générale venait de leur donner, se tournèrent progressivement vers les affaires de banque proprement dites et cherchèrent à employer les capitaux de leurs déposants en opérations facilement réalisables, telles que : les avances sur titres, les reports et l'escompte des effets de commerce.

Par la force des choses, elles enlevèrent à la Banque de France une partie de sa clientèle d'escompte, et cela leur était d'autant plus facile qu'elles pouvaient, selon la valeur des signatures, consentir des taux divers à leurs emprunteurs... ce qui est absolument interdit à la Banque de France.

La catastrophe de l'ancien Comptoir d'escompte, survenue en avril 1889, faillit cependant mettre en péril la situation de toutes les sociétés de dépôts. On se souvient avec quel esprit de décision et quelle habileté d'exécution M. Maurice Rouvier, alors ministre des finances, conjura, avec le concours de la Banque de France et des autres sociétés de crédit, cette crise, dont les conséquences pouvaient compromettre le succès de l'Exposition universelle qui allait s'ouvrir.

Le Comptoir national d'escompte remplaça, le 2 mai 1889, l'ancien Comptoir d'escompte mis en liquidation et, quelques mois après, le souvenir de cette crise partielle était effacé de tous les esprits.

Au 1er juillet 1890, le bilan des valeurs mobilières françaises s'établissait ainsi :

VALEURS FRANÇAISES INSCRITES A LA COTE OFFICIELLE
CAPITAL NOMINAL ET CAPITAL AU COURS DU 1er JUILLET 1890.

DÉSIGNATION DES TITRES 1	NOMBRE de VALEURS 2	CAPITAL NOMINAL 3	CAPITAL AUX COURS DU JOUR 4
		millions de francs.	millions de francs.
Fonds d'État français	6	25.482.9	24.437.3
Emprunts de villes et départements	85	1.815.7	1.908.0
Obligations foncières et communales	19	5.320.8	4.369.8
— Chemins de fer	92	16.683.1	14.349.2
— Sociétés industrielles	68	1.227.2	1.157.9
TOTAL des valeurs à revenu fixe	220	50.529.7	46.217.2
Actions de compagnies de chemins de fer	37	1.694.9	4.304.2
— Sociétés financières	53	1.341.2	2.104.0
— — industrielles	167	1.811.6	3.067.1
— Compagnies d'assurances	47	157.6	608.6
TOTAL des valeurs à revenu variable	304	5.005.3	10.083.9
TOTAL des deux groupes	524	55.535.0	56.301.1
A ajouter les valeurs mobilières françaises non négociables à la bourse officielle de Paris	»	3.340.0	3.340.0
TOTAL GÉNÉRAL	»	58.875.0	59.641.1

Ce tableau nous indique que le krach de 1882 n'a pas arrêté le développement des valeurs mobilières françaises, car, à dix années d'intervalle, leur capital nominal s'est augmenté de 14.201 millions de francs et leur valeur aux cours du jour de 14.181 millions.

Entre le 1er juillet 1880 et le 1er juillet 1890, le capital nominal des fonds d'Etat français a progressé de 4.868 millions de francs, dont 3.968 millions en 3 % amortissable, créé pour l'exécution du plan Freycinet, et 900 millions en 3 % perpétuel, émis le 1er mars 1886. On peut affirmer que, sans les conventions de 1883, l'accroissement du capital nominal de notre dette publique aurait été beaucoup plus considérable.

Le 3 % perpétuel, qui valait 85 fr. 25 le 1er juillet 1880, clôturait à 91 fr. 30 le 1er juillet 1890 ; le 3 % amortissable progressait de son côté de 86 fr. 80 à 93 fr. 75; mais le 5 % de 1871 et 1872, devenu du 4 1/2 % par la conversion Tirard de 1883, baissait de 119 fr. 30 à 106 fr. 65. Son plus haut cours coté avait été de 121 fr. 20, le 25 mars 1881, et son plus bas cours (après la conversion) de 103 fr. 30, le 27 novembre 1888.

Entre 1880 et 1890, et indépendamment des sociétés de crédit disparues par suite de faillite, nous devons signaler la transformation de la Banque franco-égyptienne, qui est devenue la Banque internationale actuelle, et la liquidation de la Banque hypothécaire, qui a été absorbée par le Crédit foncier.

Le baron de Soubeyran créa la Banque hypothécaire de France, le 7 août 1879, au capital de 100 millions de francs, divisés en 200.000 actions de 500 francs, libérées de 125 francs. Elle avait pour objet social les prêts sur hypothèques aux propriétaires et aux constructeurs et les prêts aux communes et aux départements.

C'est pendant la même période que la Compagnie de Panama est née et morte. Formée par M. Ferdinand de Lesseps, suivant acte du 20 octobre 1880, modifié le 29 novembre de la même année, elle fut définitivement constituée le 3 mars 1881 au capital de 300 millions de francs, divisés en 600.000 actions de 500 francs ; 590.000 de ces actions avaient été souscrites au pair les 8 et 9 décembre 1880, 10.000 ayant été remises à la société civile qui avait fait apport de la concession accordée par le gouvernement colombien.

La Compagnie de Panama a été dissoute et mise en liquidation par un jugement du tribunal civil de la Seine en date du 4 février 1889 ; un second jugement du tribunal de commerce de Paris a décidé qu'en raison de son objet principal la compagnie était une société civile immobilière et non une société commerciale.

La Compagnie de Panama n'existant pas encore au 1er juillet 1880, et n'existant déjà plus au 1er juillet 1890, nous n'avons pas compris dans notre bilan de cette dernière date les 4.097.696 actions, obligations ou bons à lots qu'elle a émis depuis sa constitution.

Cependant, et à titre indicatif, nous avons dressé le tableau suivant, qui donne à la fois le nombre des actions, obligations et bons à lots en circulation, leur valeur au remboursement, leur prix d'émission, et les sommes réellement versées par les souscripteurs.

TITRES 1	NOMBRE des TITRES ÉMIS 2	VALEUR DES TITRES au remboursement 3	TAUX D'ÉMISSION 4	SOMMES VERSÉES par les souscripteurs 5
	unités.	francs.	fr. c.	francs.
Actions....................	600.000	300.000.000	500 00	300.000.000
Obligations 5 %..........	250.000	125.000.000	437 50	109.375.000
— 3 %..........	600.000	300.000.000	285 00	171.000.000
— 4 %..........	477.387	238.693.500	333 00	159.969.870
Nouvelles séries (remboursables à 1.000 fr.)........	458.802	458.802.000	450 00	206.460.900
Nouvelles séries : 2e.......	258.887	258.887.000	440 00	113.910.280
— 3e.......	89.802	89.802.000	460 00	41.308.920
Obligations à lots, 1888.....	849.332	339.732.800	300 00	254.799.600
Bons à lots, 1889.........	513.486	205.394.400	105 00	53.916.030
TOTAUX...........	4.097.696	2.316.311.700		1.410.740.600

Les souscripteurs des actions et des obligations de la Compagnie de Panama avaient donc versé environ 1.400 millions de francs au moment de l'émission des obligations à lots effectuée le 26 juin 1888. Mais il faut observer qu'entre le 3 mars 1881 et la fin de 1888, les actionnaires et les obligataires ont reçu sous forme d'intérêt environ 221 millions de francs, et les obligataires environ 29 millions en remboursement des titres amortis : soit au total 250 millions sur les 1.400 millions versés.

L'émission des obligations à lots de 1888 eut lieu au taux de 360 francs par obligation remboursable à 400 francs, avec libération échelonnée en 7 paiements. Sur 2 millions d'obligations offertes au public, 849.332 furent seulement souscrites à l'émission ou placées depuis. Par suite de la baisse survenue après la dissolution de la société, un certain nombre de souscripteurs ne libérèrent pas complètement leurs titres et le taux de 300 francs porté dans le tableau ci-dessus en regard de ces 9.332 obligations, représente à peu près la moyenne des versements opérés.

La loi du 15 juillet 1889 ayant autorisé le liquidateur de la compagnie à négocier, sans limitation de prix et sans intérêts, les obligations à lots non placées à la dissolution (4 février 1889), ces obligations devinrent des bons à lots et 513.486 ont été successivement émis, du 27 juillet 1889 au 31 décembre 1894, à un prix moyen de 105 francs environ.

Ces deux catégories de titres — obligations et bons à lots — ne rapportent aucun intérêt, mais participent aux tirages des lots dont la société civile des obligations à lots du Panama assure le service grâce aux 60 francs, par obligation ou bon à lots émis, qui lui ont été versés à cet effet. (Loi du 8 juin 1898.) Indépendamment de ces lots, les obligations et les bons non primés devront être amortis à 400 francs, du 16 août 1913 au 15 mai 1987.

VI. — PÉRIODE DE 1890 A 1900

Afin de bien apprécier la tendance de cette période, il convient de donner immédiatement le bilan du 31 décembre 1899 pour le comparer à celui du 1er juillet 1890 :

VALEURS FRANÇAISES INSCRITES A LA COTE OFFICIELLE
CAPITAL NOMINAL ET CAPITAL AU COURS DU 31 DÉCEMBRE 1899.

DÉSIGNATION DES TITRES 1	NOMBRE de VALEURS 2	CAPITAL NOMINAL 3	CAPITAL aux COURS DU JOUR 4
		millions de francs.	millions de francs.
Fonds d'État français	7	26.192.2	26.080.8
Emprunts de villes et départements	56	2.151.6	2.119.0
Obligations foncières et communales	22	5.360.5	4.517.1
— Chemins de fer	99	17.278.5	15.709.1
— Sociétés industrielles	133	1.575.9	1.408.7
TOTAL des valeurs à revenu fixe	317	52.558.7	49.834.7
Actions de compagnies de chemins de fer	65	1.730.7	5.152.5
— Sociétés financières	52	1.468.0	2.386.2
— — industrielles	269	2.175.5	4.835.3
— Compagnies d'assurances	44	117.3	786.6
TOTAL des valeurs à revenu variable	430	5.491.5	13.160.6
TOTAL des deux groupes	747	58.050.2	62.995.3
A ajouter les valeurs mobilières françaises non négociables à la bourse officielle de Paris	»	3.540.0	3.540.0
TOTAL GÉNÉRAL	»	61.590.2	66.535.3

Le capital nominal des rentes sur l'Etat et Pays de protectorat français, inscrites à la cote officielle, qui était de 25.483 millions au 1er juillet 1890, s'élevait à 26.192 millions au 31 décembre 1899, soit une augmentation de 709 millions de francs provenant de l'emprunt 3 % perpétuel, autorisé par la loi du 24 décembre 1890; de l'emprunt de l'Annam et du Tonkin 2 1/2 %, autorisé par la loi du 10 février 1896; de l'emprunt de Madagascar 2 1/2 %, autorisé par la loi du 5 avril 1897, et de l'emprunt des chemins de fer du Tonkin 3 1/2 %, autorisé par la loi du 25 décembre 1898.

L'augmentation aurait été plus considérable si, pendant cette période, il n'avait pas été amorti 10 séries de 3 % amortissable, soit environ 245 millions de francs.

Mais en regard de cet accroissement de 709 millions, en capital nominal, le bilan du 31 décembre 1899, comparé à celui du 1er juillet 1890, nous indique une majoration de 1.643 millions dans la valeur, aux cours du jour, des mêmes fonds. Cette majoration s'explique par la hausse survenue, dans l'intervalle, sur le 3 % perpétuel (8 fr. 35 ou 9.19 %) et sur le 3 % amortissable (5 fr. 85 ou 6.27 %). Cette hausse a largement compensé la baisse du 4 1/2 1883, converti en 3 1/2 par la loi du 17 janvier 1894 (4 fr. 90 de baisse ou 4.61 %) et laissé une majoration provenant de la hausse, de 1643 — 709 = 934 millions de francs.

Prise dans son ensemble, la période 1890-1900 est donc une période de hausse des valeurs à revenu fixe, c'est-à-dire de baisse du taux du loyer de l'argent. En effet, toutes les obligations des chemins de fer français ont haussé d'une moyenne de 3.50 % et les actions de nos six grandes compagnies ont bénéficié d'un relèvement de cours qui mérite d'être signalé : Est : 120 francs ou 13.95 % ; — Paris-Lyon-Méditerranée : 395 francs ou 27.91 % ; — Midi : 65 francs ou 5.10 % ; — Nord : 280 francs ou 15.05 % ; — Orléans : 245 francs ou 16.95 % ; — Ouest : 89 francs ou 9.04 %.

Pour l'ensemble des actions de toutes les compagnies françaises de chemins de fer (65), leur capital nominal est passé de 1.695 millions de francs en 1890, à 1.731 millions en 1899, soit une augmentation totale de 36 millions de francs. Mais leur valeur d'après les cours de clôture du 1er juillet 1890 et du 31 décembre 1899 a progressé de 4.304 millions de francs en 1890, à 5.152 millions en 1899, soit une majoration nette provenant de la hausse de 848 — 36 = 812 millions de francs.

Les obligations de chemins de fer ont vu leur capital nominal s'augmenter de 595 millions de francs, déduction faite des amortissements pratiqués pendant la période, et leur capital au cours du jour de 1.360 millions, laissant à la hausse seule une majoration de 765 millions de francs.

Cette majoration aurait été plus importante si les compagnies n'avaient pas émis, depuis 1895, des obligations 2 1/2 %.

Les actionnaires des 52 sociétés de crédit inscrites à la cote officielle ont été moins bien partagés, car leur capital nominal s'est accru pendant la période (soit par créations nouvelles, soit par augmentation de capital) de 127 millions de francs et leur capital au cours du jour de

285 millions, ne laissant qu'une majoration de hausse de 155 millions de francs.

Un examen comparatif des cours de clôture du 1er juillet 1890 et du 31 décembre 1899 nous indique cependant qu'entre ces deux dates les actions de la Banque de France ont haussé de 195 francs, celles de la Banque de Paris de 258 francs, celles du Crédit lyonnais de 253 francs, celles de la Société générale de 120 francs et celles de la Banque internationale de 100 francs.

Malheureusement, pendant la même période, les 341.000 actions du Crédit foncier ont baissé chacune de 519 fr. 50, créant ainsi à la rubrique un déficit de 177 millions de francs que la hausse des actions des autres sociétés a dû combler.

Plusieurs sociétés de second ordre ont également payé un fort tribut à la baisse; parmi elles nous citerons le Crédit mobilier, qui est tombé de 435 francs à 83 francs, soit une perte de 21.120.000 francs pour ses 60.000 actions, et la Banque d'escompte, disparue de la cote au 31 décembre 1899, et dont la valeur des actions aux cours du jour représentait 35.469.500 francs au 1er juillet 1890.

Le fait le plus saillant de la période a été la hausse des actions de la Compagnie de Suez, qui se sont élevées de 2.350 francs (1er juillet 1890) à 3.510 francs (31 décembre 1899) et qui ont ainsi bénéficié d'une majoration de 1.160 francs par titre, soit 49,36 % de leur valeur de 1890.

La Compagnie de Suez eut des débuts très pénibles : constituée par statuts du 2 décembre 1858, elle a été modifiée onze fois entre cette date et le 29 mai 1884. Son capital social fut fixé à 200 millions de francs, divisés en 400.000 actions de 500 francs : 176.602 de ces actions furent souscrites par le vice-roi d'Egypte et 223.398 par le public français.

Ces dernières, inscrites à la cote officielle de la bourse de Paris, le 19 mai 1862, restèrent au-dessous du pair jusqu'à la fin de 1874; leur plus bas cours moyen annuel a été celui de 1871, soit 208 fr. 13.

En 1875, sur le refus de la France, le gouvernement égyptien vendit au gouvernement anglais les 176.602 actions qui lui appartenaient, au prix total de 3 millions 976.583 livres sterling, soit 567 francs par action. Au 31 décembre 1899, les actions de Suez cotaient à la bourse de Paris 3.510 francs, ce qui revient à dire que les 176.602 actions que le gouvernement anglais s'est procurées en 1875 pour la somme de 100.210.000 fr., valaient à la fin de l'année dernière 519.663.000 francs de plus que leur prix d'achat.

En vertu d'un accord intervenu en 1869 entre le vice-roi d'Égypte et la Compagnie, 50 coupons semestriels de ces actions (du 1er juillet 1870 au 1er juillet 1894 inclus) furent remis à la Compagnie qui les transforma, le 2 août 1869, en 120.000 délégations de coupons émises à 270 francs, rapportant 25 francs d'intérêt annuel et remboursables à 500 francs en vingt-cinq années. Les dernières délégations ont été amorties en 1894 et rayées de la cote le 9 juin de la même année. Depuis cette époque, les actions du gouvernement anglais touchent le même dividende que les 223.398 souscrites par le public et, de ce chef, le gouvernement britannique a encaissé, pour l'exercice 1898, une somme supérieure à 19 millions de francs.

Il n'y a donc à l'heure actuelle que 223.298 actions de Suez en circulation; nous établissons nos calculs en négligeant les 10.032 actions amorties à la date du 1er janvier 1899 et remplacées par un nombre égal d'actions de jouissance.

Au 1er juillet 1880, l'action Suez clôturait à 1.087 fr. 50. La spéculation, qui suivait avec soin la marche ascendante des recettes de la compagnie, s'était mise à ramasser les titres que les souscripteurs primitifs, tentés par la hausse survenue depuis 1875, se décidaient alors à vendre.

Au krach de janvier 1882, le Suez qui était devenu une des valeurs favorites de la bourse de Paris, et dont les cours avaient été poussés jusqu'à 3.500 francs fut gravement atteint par la baisse : ses actions se dépréciérent dans une énorme proportion; mais les recettes du canal, publiées semaine par semaine, ayant continué à progresser, la faveur du public leur revint très vite.

Leur cours moyen pour l'année 1880 s'établit à 1.075 fr. 88; leur cours moyen de 1881 fut 1.975; celui de 1882 de 2.537.

De 1882 à 1890, les prix se maintiennent : le cours moyen de cette dernière année reste à 2.348 francs et le cours du 1er juillet à 2.355 francs. Mais à partir de cette époque, une nouvelle étape de hausse commence pour aboutir finalement au cours de 3.510 francs le 31 décembre 1899, le cours moyen de 1898 ayant même été de 3.583 fr. 37.

Les résultats de l'exploitation justifient une partie de la hausse; mais la baisse du taux du loyer de l'argent y a également beaucoup contribué.

En 1880, le nombre des navires qui franchirent le canal fut de 2.026, le tonnage net de 3.057.321,881 tonnes, le nombre des passagers de 101.551 et les recettes provenant du droit spécial de navigation de 36.492.620 francs.

En 1890, le nombre des navires s'élève à 3.289, le tonnage net à 6.890.000 tonnes, le nombre des passagers à 161.354 et les recettes de navigation à 65.427.230 francs.

En 1899, les mêmes éléments de l'exploitation progressent aux chiffres suivants : navires, 3.607; tonnage net, 9,895.000 tonnes; passagers, 221.347; recettes de navigation, 88.712.100 francs.

Le dividende brut des actions a été de 46 fr. 88 en 1880; de 92 fr. 68 en 1890 et de 107 fr. 75 en 1898, soit un revenu brut, sur le capital nominal de 500 francs, de 9,37 %, 18,53 % et 21,55 %. Voilà qui justifie une partie de la hausse des actions constatée entre les trois dates; mais le rapport de ces dividendes au capital au cours du jour démontre que le phénomène général de la baisse du taux du loyer de l'argent a exercé ses effets sur les actions de Suez, absolument comme sur celles des sociétés financières et de nos compagnies de chemins de fer.

En 1880, leur rendement brut, d'après les cours du 1er juillet, était en effet de 4,31 %; en 1890, ce rendement s'abaisse à 3,93 %, et nous le trouvons à 3,07 % au 31 décembre 1899.

Le capital nominal des 223.398 actions en circulation est exactement de 111.699.000 francs. Leur capital en bourse de Paris, d'après les cours de clôture du 1er juillet 1880, était de 242.900.000 francs; il s'est élevé à 526.100.000 francs au 1er juillet 1890 pour atteindre 784 millions le 31 décembre 1899. Ce qui revient à dire que les actionnaires de Suez qui ont reçu, dans leur ensemble, 10.472.900 francs de dividende brut en 1880, 20.704.500 francs en 1890 et 24.071.134 francs en 1899, ont vu la valeur de leurs actions se majorer, entre le 1er juillet 1880 et le 31 décembre 1899, de 541 millions de francs ou environ 223 %, alors que leur rendement brut total n'a lui-même augmenté que de 130 environ.

Mais en dehors des actions de capital proprement dites, des obligations 5 % et 3 % et des bons de coupons arriérés, il existe encore deux sortes de titres à revenu variable, auxquels la Compagnie de Suez a donné naissance, et qui tirent leurs dividendes de son exploitation : ce sont les parts de fondateur et les parts de la Société civile. En groupant les trois séries de titres à revenu variable de la Compagnie de Suez, on arrive, 31 décembre 1899, au tableau d'ensemble suivant :

DÉSIGNATION des TITRES	NOMBRE de TITRES	DIVIDENDE de L'EXERCICE 1899	TOTAL des DIVIDENDES distribués	COURS DES TITRES au 31 décembre 1899	CAPITAL TOTAL aux cours du jour
1	2	3	4	5	6
			milliers de francs.		milliers de francs.
Actions	223.398	107 75	24.071	3.510	784.127
Parts de fondateur	100.000	46.62	4.662	1.360	136.000
Société civile	84.507	82.75	6.993	2.265	191.408
TOTAUX			35.726		1.111.535

Les parts de fondateur, auxquelles il est attribué 10 % des bénéfices de l'entreprise, étaient, à l'origine, au nombre de 100; elles ont été ensuite divisées en dixièmes, puis en millièmes. Aujourd'hui, elles sont au nombre de 100.000 et rapportent chacune un cent-millième des 10 % de bénéfices nets réservés aux fondateurs.

Les parts de la Société civile ont été créées le 17 avril 1880 pour la mise en commun du recouvrement des 15 % des bénéfices nets de l'exploitation attribués au gouvernement égyptien pour toute la durée de la concession du canal. Le fonds social de cette création, évalué à 22.040.000 francs, est divisé en 84.507 titres au porteur, qui reçoivent chacun 1/84.507ᵐᵉ des 15 % des bénéfices nets en question.

La période 1890-1900 a été, d'une façon générale, très favorable aux valeurs à revenu variable, puisque le capital nominal de ces valeurs n'a augmenté que de 486 millions de francs, alors que leur capital, aux cours des 1er juillet 1890 et 31 décembre 1899, a progressé de 3.077 millions, laissant à la hausse proprement dite, une plus-value de 2.591 millions de francs.

Pendant ces dix années, les applications industrielles de l'électricité ont fait naître une foule de petites entreprises de transport et d'éclairage dont la cote des agents de change de Paris porte la trace. En effet, de 1890 à 1900, le nombre des compagnies de chemins de fer ou tramways dont les actions ont été admises aux négociations officielles, a augmenté de 28 et celui des sociétés industrielles françaises de toute nature, de 102. Pendant la même période, le nombre des catégories d'obligations de compagnies de chemins de fer et de tramways a progressé de 7, et celui des obligations industrielles de 65.

Les valeurs à revenu fixe, dans leur ensemble, ont été moins favorisées par la hausse que les valeurs variables, à cause de la conversion du 4 1/2 % en 3 1/2 % (loi du 17 janvier 1894), qui a fait baisser ce type de rente de 4,61 %, du 1er juillet 1890 au 31 décembre 1899; à cause des conversions pratiquées sur les obligations du Crédit foncier, de la ville de Paris et d'un grand nombre de villes, départements ou sociétés industrielles et, enfin, à cause des émissions d'obligations 2 1/2 % par les grandes compagnies de chemins de fer, émissions qui ont pour conséquence de relever le capital nominal de cette catégorie de titres et d'en réduire la valeur en bourse.

Sans les conversions multiples effectuées au cours de cette période, les valeurs françaises à revenu fixe auraient haussé dans de fortes proportions, parce que le total des émissions nouvelles, en rentes françaises et en obligations du Crédit Foncier, des villes, des départements, des compagnies de chemins de fer et des sociétés industrielles — déduction faite des amortissements réalisés du 1er juillet 1890 au 31 décembre 1899 — n'a été que de 2.029 millions de francs, alors que ce même total s'était élevé à 12.461 millions de francs pendant la période de 1880-1890, et à 15.980 millions de francs pendant la période 1869-1880.

L'arrêt des grandes émissions françaises a provoqué un relèvement considérable des valeurs nationales à revenu fixe, non menacées par les conversions : 3 % perpétuel (9.19 %), 3 % amortissable (6.27 %), obligations 3 % des compagnies de chemins de fer (3.40 % en moyenne) ; c'est-à-dire une baisse du revenu des capitaux disponibles employés sur ces valeurs. C'est ce double phénomène qui a facilité les conversions dont nous venons de parler et qui a poussé la nouvelle épargne française à se porter sur les valeurs étrangères à revenu plus élevé.

Nous établirons, en effet, que pendant la période 1890-1900, les portefeuilles français ont absorbé un stock de nouvelles valeurs mobilières étrangères beaucoup plus considérable que le stock des deux périodes précédentes.

VII. — REVENU DES VALEURS MOBILIÈRES FRANÇAISES

Les sociétés anonymes et les sociétés en commandite par actions ont à supporter, en France, les impôts généraux que les sociétés privées et les simples particuliers ont à payer au fisc pour l'industrie et le commerce qu'ils exercent. Mais indépendamment de ces impôts généraux toutes les valeurs mobilières françaises, sauf nos rentes d'Etat et les emprunts de nos pays de protectorat, sont soumises aux impôts spéciaux suivants :

1° *Droit de timbre.* — Ce droit est de 1 fr. 20 %, décimes compris. Mais les sociétés, compagnies, départements, communes, etc., usent généralement de la faculté d'abonnement que leur réservent les articles 22 et 31 de la loi du 5 juin 1850. Le droit représente, pour elles, une charge annuelle fixe de 6 centimes % de la valeur nominale, soit 30 centimes pour un titre de 500 francs en capital nominal. Ce droit de timbre est généralement supporté par les frais généraux des sociétés abonnées, les porteurs d'actions et d'obligations n'ayant à payer directement que le droit de transmission et la taxe sur le revenu, qui sont des impôts proportionnels.

2° *Droit de transmission.* — Cette taxe, établie par l'article 6 de la loi du 23 juin 1857, est, pour les titres nominatifs, de 50 centimes %, perçus à chaque transfert, et pour les titres au porteur, de 20 centimes %, perçus annuellement sur le cours moyen de l'année précédente. (Loi du 23 juin 1872, article 3.)

3° *Taxe sur le revenu.* — Etabli par la loi du 29 juin 1872, qui en avait fixé le montant à 3 %, cet impôt a été élevé à 4 % par l'article 4 de la loi du 26 décembre 1890.

Ces trois éléments peuvent nous permettre d'établir le montant des impôts spéciaux que les valeurs mobilières françaises subissent depuis une quarantaine d'années et pour donner une idée très précise de la progression de ces impôts, nous allons prendre l'exemple d'une obligation au porteur 3 % ancienne de la Compagnie d'Orléans, et calculer ce que cette obligation — rapportant 15 francs par an — a dû payer pour chacune des années 1859, 1869, 1879, 1889 et 1899 :

ANNÉES	COURS MOYEN de l'année précédente	IMPOTS				POURCENTAGE du REVENU
		DROITS de timbre	DROITS de transmission	TAXE sur le revenu	TOTAL	
1	2	3	4	5	6	7
	fr. c.	fr. c.	fr. c.	fr. c.	fr. c.	%
1859	287 41	0 30	0 57	»	0 87	5.80
1869	323 13	0 30	0 65	»	0 95	6.33
1879	352 48	0 30	0 70	0 45	1 45	9.66
1889	402 68	0 30	0 81	0 45	1 56	10.40
1899	478 01	0 30	0 96	0 60	1 86	12.40

On peut objecter, il est vrai, que le droit de timbre est habituellement payé par les sociétés abonnées, mais il n'en est pas moins encaissé par le fisc et c'est alors le dividende de l'action qui en supporte la charge.

En ne comptant que le droit de transmission et l'impôt sur le revenu — directement soldé par l'obligataire — on arrive à cette constatation que les capitaux employés en obligations de chemins de fer 3 % rapportaient net en moyenne: 5.02 % en 1859; — 4.44 % en 1869; — 3.92 % en 1879; — 3.41 % en 1889 — et 2.81 % en 1899.

Cet exemple donne une première idée de la baisse progressive du taux de loyer de l'argent en France et du rendement actuel des capitaux disponibles employés en valeurs mobilières françaises.

Le calcul du revenu de la rente française en 1850, 1859, 1869, 1879, 1889 et 1899 nous fournira une nouvelle base d'appréciation :

En 1850, les obligations de chemins de fer remboursables à 1.000,

1.125 ou 1.250 francs rapportaient en moyenne 6.06 % net, y compris leur prime de remboursement; pendant la même année, le cours moyen du 5 % 1793, dit 5 % consolidé, fut de 92 fr. 05 et le cours moyen du 3 % perpétuel de 56 fr. 35. A ces prix moyens les capitaux employés sur ces fonds rapportaient 5.43 % et 5.32 %.

Le 5 % consolidé disparut de la cote le 14 mars 1852 (conversion Bineau). En 1859, le 4 1/2 %, qui le remplaça, eut un cours moyen de 93 fr. 12 et le cours moyen du 3 % perpétuel fut de 66 fr. 50 pendant la même année, soit un revenu moyen annuel de 4.83 % et 4.51 %.

En 1869, le cours moyen du 4 1/2 s'établit à 102 fr. 50 et celui du 3 % perpétuel à 71 fr. 85, soit un revenu moyen annuel de 4.28 % et 4.17 %.

En 1879, les cours du 4 1/2 %, menacés par une conversion alors possible, ne donnent plus la véritable capitalisation des fonds d'Etat français, car nous relevons, comme cours extrêmes de cette année, 116 francs et 107 fr. 75. Le 3 % perpétuel, quoique très mouvementé, se présente avec un cours moyen de 80 fr. 40, laissant un revenu net de 3.73 %.

En 1889, le cours moyen du 3 % perpétuel s'établit à 85 fr. 45, soit 3.51 % de revenu net. Nous le trouvons enfin à 100 fr. 90 en 1899, offrant ainsi un revenu de 2.97 % aux nouveaux capitaux.

Au 31 décembre 1899, l'ensemble des valeurs mobilières françaises représentait un capital nominal de 62.050 millions et la valeur de ce capital, aux cours de clôture du jour, atteignait 66.995 millions.

Sur ces deux chiffres, les fonds d'Etat français, les obligations des villes et des départements, les obligations foncières et communales et les obligations des chemins de fer — valeurs considérées comme garanties ou contrôlées par l'Etat français — figuraient pour une somme de 50.983 millions et de 48.426 millions de francs : soit 82.16 % et 72.28 % de l'ensemble.

Or, d'après les cours de clôture du 31 décembre 1899, cette masse de valeurs mobilières produisait un revenu moyen annuel net d'à peine 3 %.

Voici, d'ailleurs, un tableau exact des intérêts ou dividendes nets d'impôts que les porteurs de valeurs mobilières françaises ont reçus en 1899 pour la totalité de ces valeurs.

[TABLEAU.]

VALEURS MOBILIÈRES FRANÇAISES. — INTÉRÊTS ET DIVIDENDES PAYÉS EN 1899.

DÉSIGNATION DES VALEURS	INTÉRÊTS et DIVIDENDES payés nets d'impôts	RAPPORT DU REVENU	
		d'après la VALEUR NOMINALE	d'après la VALEUR aux cours du 31 décembre 1899
1	2	3	4
	millions de francs.	%	%
Fonds d'État français	819.4	3.13	3.14
Emprunts de villes et départements	58.4	2.71	2.76
Obligations foncières et communales	124.0	2.81	2.74
— chemins de fer	462.8	2.67	2.95
— Sociétés industrielles	50.9	3.23	3.61
TOTAL des valeurs à revenu fixe	1.515.5	2.88	3.04
Actions de Chemins de fer	151.1	8.73	2.93
— Sociétés financières	84.9	5.79	3.56
— — industrielles	176.4	7.12	3.64
— Compagnies d'assurances	31.3	26.69	3.98
TOTAL des valeurs à revenu variable	443.7	7.66	3.36
TOTAL des deux groupes	1.959.2	3.77	3.11
A ajouter pour les valeurs mobilières françaises non négociables à la bourse officielle de Paris.	177.0	5.00	5.00
TOTAL GÉNÉRAL	2.136.2	3.47	3.21

Pour toutes les valeurs mobilières françaises négociables à la bourse officielle de Paris, les intérêts et dividendes portés dans la première colonne du tableau précédent sont l'expression même de la vérité, puisque le relevé en a été fait d'après la cote hebdomadaire officielle des agents de change du 31 décembre 1899, qui donne les éléments du dernier revenu net de chaque catégorie de valeurs.

Pour les autres valeurs mobilières françaises non inscrites à cette cote, et dont nous avons évalué le montant à 3.540 millions de francs en capital nominal et en capital aux cours du jour, on estime, à l'administration de l'enregistrement et du timbre, que leur revenu moyen annuel net doit être environ de 5 %.

En tenant cette évaluation pour exacte, le revenu net de l'ensemble des valeurs mobilières françaises aurait été de 3.21 % en 1899. Celui des valeurs inscrites à la cote officielle n'a pas dépassé 3.11 %.

D'après les calculs que nous avons pu établir, grâce aux documents que la Chambre syndicale des agents de change de Paris a bien voulu nous communiquer, l'ensemble des valeurs mobilières françaises inscrites à la cote officielle et dont nous avons donné, d'autre part, le capital nominal et le capital aux cours du jour, a produit, d'après le capital aux cours du jour, un revenu net de 3 60 % en 1890, de 4.25 % en 1880, de 5.30 % en 1869, de 5.65 % en 1859 et de 6.05 % en 1850.

Ces chiffres démontrent que depuis un demi-siècle, le loyer de l'argent en France a diminué d'environ 50 %. Nous pouvons ajouter que cette diminution aurait été plus importante sans les valeurs mobilières étrangères.

VIII. — VALEURS ÉTRANGÈRES CIRCULANT EN FRANCE

La statistique des valeurs mobilières françaises négociables à la bourse officielle de Paris peut s'établir d'une manière mathématique parce qu'elle s'appuie sur deux documents précis : 1° l'*Annuaire officiel* des Agents de change, qui indique le nombre exact des valeurs négociables, addition faite des émissions nouvelles et déduction faite des amortissements; 2° la *Cote officielle*, qui donne les cours de ces valeurs.

L'administration de l'enregistrement et du timbre peut, avec les éléments dont elle dispose, calculer, à quelques centaines de millions près, le capital nominal (actions et obligations) de toutes les sociétés françaises, et à l'aide de ces deux totaux, il est facile de dégager — comme nous l'avons fait pour les bilans des années 1869, 1880, 1890 et 1899 — le pourcentage des valeurs françaises non cotées à la bourse officielle de Paris.

Mais nous pouvons affirmer, sans craindre d'être démenti, qu'il est impossible de dresser avec précision le nombre et le capital des valeurs étrangères possédées par les capitalistes français.

Ce qui rend ce problème insoluble, c'est que toutes les valeurs étrangères inscrites à la cote officielle sont à la fois négociables à la bourse de Paris, dans leur pays d'origine et sur un ou plusieurs des grands marchés internationaux de l'Europe : Londres, Berlin, Francfort, Vienne, Bruxelles, Anvers, Amsterdam, Genève, etc.

Le mouvement incessant desdites valeurs entre ces diverses places et le marché financier français, provoqué à la fois par le jeu de l'arbitrage et par les demandes ou les offres réelles du capital français, échappe d'autant plus facilement à toute espèce de contrôle, que les coupons des fonds d'Etat étrangers — comme ceux des fonds d'Etat français — ne sont soumis à aucun des impôts annuels qui pèsent sur les autres valeurs mobilières.

Bien mieux : les 24 sociétés de crédit ou maisons de banque particulières qui sont chargées d'effectuer, en France, le paiement des coupons des valeurs étrangères négociables à Paris, dresseraient-elles, chaque année — ce qu'elles ne font pas — un inventaire général et détaillé des coupons réglés par elles, que cet inventaire ne fournirait que des indications relatives, parce que, soit pour échapper à l'impôt français, soit pour profiter d'un meilleur change, les porteurs peuvent avoir intérêt à toucher leurs coupons sur une autre place.

Il ne faut pas oublier, en effet, que, sauf quelques rares exceptions, les coupons de toutes ces valeurs étrangères sont payables en or sur plusieurs marchés internationaux à la fois, et qu'ils subissent — par cela même — l'influence attractive ou répulsive des changes.

Les coupons des fonds d'État russes, par exemple, qui sont payables en francs à Paris, en livres sterling à Londres, en florins de Hollande à Amsterdam, en marks à Berlin et en roubles à Saint-Pétersbourg, constituent de la monnaie internationale au premier chef, et les grandes sociétés de crédit ou maisons de banque, ayant des succursales ou des correspondants dans ces diverses villes, peuvent les utiliser comme de véritables lingots d'or, selon la position respective des changes de ces places.

Ces quelques considérations suffisent, pensons-nous, pour faire comprendre l'impossibilité matérielle dans laquelle on se trouve, en France et ailleurs, d'établir un inventaire, tant soit peu exact, des valeurs étrangères possédées par les capitalistes nationaux.

On l'a cependant essayé en s'appuyant sur des indications indirectes.

En 1875, M. Léon Say estimait à 10 ou 12 milliards de francs le capital des valeurs étrangères possédées par des Français avant la guerre de 1870-71.

Pour 1880, M. Paul Leroy-Beaulieu portait ce capital à 12 ou 15 milliards;

En 1888, M. de Foville calculait qu'il y avait en France 2 milliards de francs, en capital, de valeurs étrangères soumises à l'impôt de 3 % sur le revenu, et 16.500 millions de francs de valeurs non taxées, fonds d'États ou autres, soit au total 18.500 millions.

En 1888, M. Neymarck, dans une communication à la Société de statistique de Paris (qu'avait provoquée précisément l'étude ci-dessus de M. de Foville) avançait le chiffre de 20 milliards.

Dans une étude publiée dans la *Revue des Deux-Mondes* en mars 1897, M. Raphaël Georges Lévy estimait à 26 milliards de francs le total des capitaux français placés à l'étranger. D'après cette étude, nos principaux débiteurs étaient : Russie, 6 milliards ; — Espagne, 5 milliards ; — Autriche-Hongrie, 2 milliards ; — Egypte, 1,700 millions ; — Italie, 1,500 millions ; — Turquie, 1 milliard ; — Angleterre et ses colonies, 1 milliard ; — Belgique, Suisse et Hollande, 1 milliard ; — Mines d'or, 800 millions.

Dans notre monographie des valeurs mobilières en France (novembre 1897) nous avons expliqué que cette évaluation devait s'approcher de la vérité pour le total, mais que nos observations personnelles nous poussaient à croire que les chiffres donnés pour la Russie, l'Autriche-Hongrie et la Turquie étaient trop faibles et que celui de l'Espagne était au contraire trop élevé.

En effet, notre excellent collaborateur Pierre des Essars, chef du service économique de la Banque de France, a présenté le 3 mars 1897, à la Société de statistique de Paris, un très intéressant travail dont nous tenons à reproduire quelques extraits. Notre savant ami a dépouillé le portefeuille de 1.032 déposants de titres — pris au hasard sur les 50.000 dépôts de titres de la Banque de France — et il a établi la valeur des titres de chaque portefeuille d'après les cours de la bourse du 30 juin 1896.

Le capital total de ces 1.032 déposants — a dit M. des Essars — s'élève à 69.876.797 fr. 13, soit une moyenne de 67.729 francs par déposant.

Ce chiffre représente probablement mieux la moyenne générale des portefeuilles individuels que la moyenne générale (73.202 fr.), car, parmi les portefeuilles examinés, il y en a un qui s'élevait à une quarantaine de millions de francs et qui a été éliminé parce qu'il n'appartenait pas à un particulier, mais à une compagnie d'assurances. L'existence d'un certain nombre de portefeuilles de cette nature suffit pour relever notamment la moyenne générale, mais si l'on s'en tient aux dépôts des particuliers, la moyenne ne doit pas sensiblement dépasser 68.000 francs en capital et 2.260 francs en revenus.

Les 1.032 portefeuilles observés contiennent en capital :

	fr. c.	%
Rentes françaises	16.887.866 32	24
Valeurs françaises	26.664.768 15	39
Total des titres français	43.552.63 47	634
Rentes étrangères	22.744.699 94	31
Valeurs étrangères	3.599.462 72	6
Total des titres étrangers	26.354.162 66	37
Total général	69.896.797 13	100

Le dépouillement des portefeuilles permet de se faire une idée de la manière dont se constitue la fortune mobilière : elle commence invariablement par des valeurs à lots ; puis, arrivent les rentes françaises, les rentes russes, les actions et les obligations de chemins de fer français et les rentes étrangères. On ne voit apparaître les valeurs étrangères que plus tard.

Voici maintenant quelques tableaux relatifs à la classification des portefeuilles qu'on examinera avec intérêt :

Classification des portefeuilles

VALEUR des PORTEFEUILLES	NOMBRE de DÉPOSANTS	RENTES FRANÇAISES	VALEURS FRANÇAISES	RENTES ÉTRANGÈRES	VALEURS ÉTRANGÈRES	TOTAL
1	2	3	4	5	6	7
		francs.	francs.	francs.	francs.	francs.
0 à 2.000	85	17.200	65.600	12.600	»	95.600
2 3.000	38	1.500	73.500	20.700	»	95.800
3 4.000	28	12.700	65.600	14.900	3.300	96.700
4 5.000	31	5.600	106.800	26.100	»	138.500
5 6.000	37	32.200	105.600	55.300	7.200	200.500
6 7.000	22	16.100	108.800	18.500	3.800	142.300
7 8.000	28	33.900	121.200	31.200	25.000	211.300
8 9.000	27	84.500	94.600	46.200	3.700	229.100
9 10.000	28	43.200	160.000	52.600	11.800	267.800
10 15.000	99	124.600	607.400	384.200	80.500	1.196.800
15 20.000	69	211.500	589.100	338.200	59.300	1.198.300
20 25.000	67	413.700	612.000	361.000	109.400	1.496.200
25 30.000	54	345.500	691.400	418.400	26.400	1.481.900
30 40.000	62	475.200	876.900	638.200	135.600	2.126.000
40 50.000	57	403.000	1.130.300	791.700	223.600	2.548.700
50 60.000	52	610.900	1.098.300	1.027.200	118.700	2.855.200
60 75.000	45	430.100	1.482.800	911.400	176.500	3.001.000
75 100.000	52	1.135.600	1.944.100	1.135.200	294.300	4.509.400
100 150.000	53	1.386.200	2.178.200	2.395.800	487.800	6.448.100
150 200.000	28	883.400	2.177.200	1.513.600	265.300	4.839.600
200 300.000	25	1.374.700	2.104.900	2.110.900	479.400	6.070.000
300 400.000	12	636.600	1.526.600	1.796.400	261.100	4.220.700
400 500.000	9	1.008.900	1.794.500	1.252.000	72.300	4.127.800
500 1.000.000	15	3.793.200	3.709.200	2.646.800	587.700	10.737.100
Au-dessus.......	9	3.406.500	3.244.100	4.744.600	165.700	11.561.000
TOTAUX.....	1.032	16.887.800	26.664.700	22.744.600	3.599.400	69.896.700

La composition des 85 portefeuilles de 2.000 francs et au-dessous s'établit ainsi :

	CAPITAL fr. c.	%
Rentes françaises...................	17.284 39 =	18
Valeurs à lots........................	60.162 85 =	64
Valeurs françaises diverses............	5.513 » =	5.2
Rentes russes.........................	12.463 25 =	12.6
Autres rentes étrangères...............	215 » =	0.2
Valeurs étrangères.....................	»	»
	95.638 49 =	100

Dans ce qu'on peut appeler les portefeuilles moyens, c'est-à-dire les 45 qui sont compris entre 60 et 75.000 francs on trouve :

	CAPITAL fr c.		%
Rentes françaises	430.175 57	—	15
Valeurs à lots	259.531 50	=	9
Valeurs françaises diverses	1.223.319 75	=	41
Rentes russes	612.626 11	—	20
Autres rentes étrangères	298.854 18	=	10
Valeurs étrangères	176.558 10	=	5
	3.001.065 21	=	100

Enfin, la composition des 9 portefeuilles supérieurs à 1 million est la suivante :

	CAPITAL fr. c.		%
Rentes françaises	3.406.566 42	=	30
Valeurs à lots	162.186 25	—	2
Valeurs françaises diverse	3.081.927 50	=	26
Rentes russes	2.037.752 10	=	17
Autres rentes étrangères	2.706.884 49	=	23
Valeurs étrangères	165.740 »	=	2
	11.561.056 76	=	100

A la fin de sa très remarquable étude, M. des Essars fait observer que la proportion des valeurs étrangères, par rapport aux autres valeurs des déposants, est plus forte à la Banque de France que dans le reste du pays, parce que la garde gratuite que cet établissement fait des fonds d'État russes déposés par nos nationaux (les frais sont supportés par le Trésor russe lui-même) y a augmenté, d'une manière anormale, les existences de ces titres.

De même, la proportion des rentes françaises est trop faible par rapport à l'ensemble des valeurs mobilières françaises, à cause du stock des rentes des caisses d'épargne et des compagnies d'assurances qui ne circulent pas dans le public, et des titres nominatifs qui ne sont jamais déposés à la Banque de France.

Par contre, tout le monde sait à la bourse — et le tableau ci-dessus démontre le fait — que les fonds internationaux à revenu plus élevé que le revenu des fonds français, sont surtout absorbés par les gros portefeuilles dont les propriétaires : rentiers, capitalistes ou banquiers, sont en posture d'en apprécier la valeur intrinsèque et d'en suivre les variations.

La majeure partie de ces capitalistes ne dépose pas ses titres à la Banque de France, de telle sorte que si la composition moyenne des portefeuilles de la Banque est influencée par les causes indiquées par M. des Essars, elle doit être également influencée, mais en sens inverse, par le fait que nous signalons ici.

En résumé, le portefeuille français doit contenir, par 100 francs de capital, au minimum 30 à 32 francs de fonds d'État étrangers et valeurs étrangères de toute sorte, proportion sensiblement inférieure à celle qui se présente cependant dans le portefeuille moyen des déposants de la Banque de France.

Cette proportion de 30 à 32 % est d'ailleurs, à peu de chose près, celle des dépôts libres des grandes sociétés françaises de crédit qui ont bien voulu nous renseigner à ce sujet.

M. Neymarck estime que 10 % des valeurs mobilières françaises appartiennent à des étrangers. Cette proportion a été admise par le plus grand nombre des statisticiens français qui ont étudié la matière : en la tenant pour exacte, sur les 66.535 millions de francs de valeurs mobilières françaises existant à la date du 31 décembre 1899, les portefeuilles français en détiendraient pour environ 59.882 millions de francs,

Si sur 100 francs de valeurs mobilières de toute nature, possédées par nos compatriotes au 31 décembre 1899, les valeurs étrangères figuraient pour 30 ou 32 %, le capital représenté par ces dernières valeurs serait exactement de :

$$\frac{59.882}{100-31} \times 31 = 26\,900 \text{ millions.}$$

Ce chiffre n'est, bien entendu, qu'une évaluation approximative très discutable, car elle ne se dégage que d'une série d'observations partielles, de quelques coups de sonde jetés dans la masse des fortunes privées (dépôts de titres à la Banque de France et dans les grandes sociétés françaises de crédit) et embrassant à peine un capital de 12 à 14 milliards de francs, c'est-à-dire 16 % environ du capital probable des valeurs mobilières existant dans l'ensemble des portefeuilles français. Elle peut être contestée comme toutes les statistiques de ce genre : mais nous affirmons, sans démenti possible, qu'en ce qui concerne les valeurs mobilières étrangères circulant en France, il n'existe pas d'autre moyen rationnel d'évaluation.

Par exemple, ce que l'on peut admettre sans crainte d'erreur, c'est que la quantité des valeurs mobilières circulant en France va toujours en augmentant. Ce qui le prouve d'une manière indubitable, c'est le nombre de ces valeurs figurant à la cote officielle aux dates ci-après et dont nous donnons l'importance par catégorie de valeurs.

VALEURS ÉTRANGÈRES INSCRITES A LA COTE OFFICIELLE
NOMBRE PAR CATÉGORIES.

DATES 1	FONDS D'ÉTAT 2	OBLIGATIONS 3	ACTIONS 4	TOTAL des CATÉGORIES de valeurs 5
1850 (31 décembre).........	24	2	2	28
1869 —	58	24	27	109
1880 (1er juillet)............	85	26	26	137
1890 —	104	39	40	183
1899 (31 décembre).........	150	58	65	273

Ce tableau n'a qu'une valeur indicative, car nous savons fort bien que les capitalistes français ne possèdent pas — et il s'en faut de beaucoup — la totalité des valeurs étrangères inscrites à la cote officielle de la bourse de Paris. Mais, enfin, quand un gouvernement étranger demande cette cote, quand une société étrangère s'astreint aux dépenses lourdes de l'abonnement pour l'obtenir : c'est qu'il existe déjà, en France, des porteurs du nouveau titre, ou qu'il y a des chances sérieuses pour qu'il s'y établisse un marché dans l'avenir.

D'ailleurs, le tableau précédent ne donne que le nombre des catégories de valeurs étrangères négociables au parquet parisien : l'augmentation constatée par ce tableau, entre le 1er juillet 1890 et le 31 décembre 1899, serait bien plus considérable si elle comprenait les actions de mines d'or et toutes les petites valeurs industrielles étrangères introduites sur le marché libre pendant la même période.

On resterait certainement dans le domaine des choses possibles en supposant que le capital des valeurs étrangères circulant en France a progressé de la manière suivante depuis 1869 :

1869 (31 décembre)	10	milliards de francs.
1880 (1er juillet).......................	15	—
1890 (1er juillet)........................	20	—
1899 (31 décembre)......................	27	—

Dans notre monographie des valeurs mobilières en France (novembre 1897) nous avons essayé de calculer le revenu des 26.150 millions de francs de valeurs étrangères circulant en France, chiffre que la méthode d'évaluation ci-dessus exposée nous indiquait pour le 1er juillet 1897. En utilisant les chiffres donnés par M. Neymarck en 1893, par M. Raphaël Georges Lévy en 1897, en tenant compte des indications générales fournies par la décomposition du portefeuille des déposants de la Banque de France, et des renseignements particuliers recueillis dans les grandes sociétés parisiennes de crédit, nous avions dressé le bilan approximatif de ces valeurs par pays d'origine et constaté que leur rendement annuel net s'établissait en moyenne à 4.28 %.

Le taux moyen des émissions de valeurs étrangères effectuées en France du mois de juillet 1897 au 31 décembre 1899, nous permet de maintenir la moyenne de 1897. Les valeurs mobilières étrangères circulant en France apporteraient ainsi sur notre marché intérieur une somme annuelle d'environ 1.200 millions de francs.

Cette simple indication prouve les immenses services que les placements en valeurs étrangères rendent, actuellement, à la fortune publique française dont le revenu annuel est progressivement augmenté par le travail étranger.

On peut dire, il est vrai, que chaque fois qu'un de nos compatriotes consacre 1.000, 10.000 ou 100.000 francs en achat de valeurs étrangères, c'est, théoriquement, comme s'il envoyait 1.000, 10.000 ou 100.000 francs d'or français à l'extérieur, parce que la France est au régime de l'étalon d'or et que la monnaie française (louis d'or, écus d'argent ou billets de la Banque de France) vaut son pair en or.

Mais, réciproquement, quand un de nos compatriotes, touche 40, 400 ou 4.000 francs de coupons étrangers, c'est comme si le stock d'or français s'augmentait réellement de 40, 400 ou 4.000 francs d'or étranger.

En pratique le capitaliste français porteur de fonds étrangers payables en or, ne réclame point de l'or en règlement de ses coupons ou de ses titres amortis : il se contente du numéraire français (billets, louis d'or ou écus que les pays débiteurs sont d'ailleurs obligés d'acheter avec de l'or, ou avec de nouveaux titres), parce qu'il sait à merveille que 100 fr. de ce numéraire équivalent toujours à 100 francs d'or.

Ceux qui ont souci de la grandeur économique de notre pays et de sa puissance matérielle, auraient donc tort de se plaindre de nos placements à l'étranger, car ces placements constituent, aujourd'hui, non seulement des sources de profits considérables pour notre épargne — qui ne trouve plus d'emploi rémunérateur sur notre propre territoire — mais aussi des réserves précieuses pour l'avenir.

S'il fallait en donner une preuve décisive, nous invoquerions le souvenir de la vaste opération de change réalisée par le Gouvernement français en 1872 et 1873, au moment du règlement de l'indemnité de guerre, opération qui permit à la France de transformer, en quelques mois, environ 4.375 millions de francs de billets de banque français et de lettres de change sur l'étranger, en monnaie libératoire allemande, sans ruiner notre circulation monétaire et sans dépense appréciable pour notre Trésor.

En effet, tous les détails de cette colossale opération de change, unique dans l'histoire du monde, ont été mis en relief par le lumineux rapport que M. Léon Say adressa à l'Assemblée Nationale, au nom de la commission du budget de 1875, et M. Léon Say a formellement reconnu, à ce propos, que c'était l'exportation des valeurs étrangères alors possédées par le portefeuille français, c'est-à-dire leur vente sur les marchés étrangers, qui avait fourni la presque totalité de ces 4.375 millions de francs de change étranger.

IX. — RÉCAPITULATION GÉNÉRALE

En ne considérant que les valeurs françaises inscrites à la cote officielle des agents de change de Paris — c'est-à-dire les valeurs dont nous pouvons calculer d'une manière rigoureuse le montant en capital nominal, la valeur aux cours du jour et le revenu net annuel, — les tableaux qui précèdent peuvent se résumer ainsi :

VALEURS FRANÇAISES INSCRITES A LA COTE OFFICIELLE
CAPITAL ET REVENU ANNUEL.

ANNÉES 1	NOMBRE de VALEURS 2	CAPITAL NOMINAL 3	VALEUR AUX COURS DU JOUR 4	REVENU NET D'IMPÔT d'après les cours du jour 5
	millions de francs.	millions de francs.	millions de francs.	%
1815 (31 décembre).........	4	1.500	955	8.40
1830 —	30	4.850	3.880	5.80
1850 —	90	8.980	7.025	6.05
1869 —	298	25.612	21.618	5.30
1880 (1er juillet)............	466	42.274	43.060	4 25
1890 —	524	55.535	56.301	3.60
1899 (31 décembre).........	747	58.050	62.995	3.11

Ce tableau prouve que depuis 1850 le développement des valeurs mobilières en France a pris une extension considérable, grâce à la construction des chemins de fer et à l'exécution des grands travaux publics dont notre génération profite aujourd'hui ; mais il prouve également que la puissance de production de l'épargne publique française augmente d'année en année et que les nouveaux capitaux — provenant, à la fois, de l'épargne accumulée et de l'épargne en formation — dépassent maintenant les besoins de la consommation, c'est-à-dire les demandes des créations nouvelles.

100 francs de nouveau capital, placés en valeurs mobilières françaises, rapportaient 6 fr. 05 en 1850, — 5 fr. 30 en 1869, — 4 fr. 25 en 1880, — 3 fr. 60 en 1890 et 3 fr. 11 au commencement de 1900. C'est la loi naturelle de l'offre et de la demande qui a provoqué cette diminution progressive du rendement du capital nouveau, et un examen attentif de la situation permet d'affirmer que sauf graves événements d'ordre politique ou d'ordre extérieur, cette diminution du taux du loyer de l'argent s'accentuera fatalement dans l'avenir.

En effet jusqu'en 1890 c'étaient l'Etat, les compagnies de chemins de fer et le Crédit foncier qui absorbaient la majeure partie de l'épargne nouvelle. Entre le 31 décembre 1869 et le 1er juillet 1880 le capital nominal des valeurs mobilières inscrites à la Cote officielle des agents de change de Paris s'est accru par émissions nouvelles (et déduction faite des amortissements) de 16.662 millions de francs. Sur montant, les emprunts de l'Etat français représentent 9.128 millions, les obligations de chemins de fer 4.181 millions et les obligations foncières et communales 942 millions, soit au total 14.251 millions de francs.

Entre les 1er juillet 1880 et 1890, l'accroissement net des valeurs mobilières françaises inscrites à la même cote a été de 13.261 millions de francs, en capital nominal, sur lesquels les emprunts de l'État figurent pour 4.868 millions, les obligations des chemins de fer pour 3.558 millions et les obligations foncières et communales pour 3.986 millions : soit, pour les trois catégories, un total de 12.412 millions de francs sur 13.261 millions de francs d'émissions nouvelles.

Entre le 1er juillet 1890 et le 31 décembre 1899, l'ensemble du capital nominal des mêmes valeurs mobilières n'a augmenté que de 2.515 millions de francs, dont 709 millions au compte des emprunts de l'État ou de nos pays de protectorat, 595 millions pour les obligations des chemins de fer et 40 millions pour les obligations foncières et communales, soit un total de 1.344 millions.

L'État français n'emprunte plus; bien mieux, l'examen des budgets nous démontre que, depuis 1895, les amortissements pratiqués sur le 3 % amortissable et sur les obligations du Trésor ont réduit de plus de 500 millions le capital nominal de notre dette publique.

Les compagnies de chemins de fer n'empruntent plus, puisque leurs amortissements, aujourd'hui, atteignent presque leurs émissions nouvelles..., et les obligations 2 1/2 %, que le public achète à 410 francs, préparent admirablement le terrain aux futures conversions de leurs obligations 3 %, puisqu'à ce prix ces obligations ne rapportent que 2.25 % nets à leurs acheteurs.

L'État est lui-même intéressé à ce que ces conversions se fassent le plus vite possible, car l'économie qui en résultera pour l'exploitation des compagnies avancera, pour le Trésor, l'heure du partage des bénéfices prévue par les conventions de 1883.

Les grandes entreprises françaises : sociétés financières, industrielles, commerciales ou de transports, dont les actions valent maintenant deux, trois et même quatre fois le capital nominatif primitif ont été créées entre 1850 et 1879. Celles qui se fondent actuellement n'ont qu'une importance très relative, et, pour donner une idée de la faible quantité de capitaux qu'elles absorbent, il nous suffira de dire que le capital des actions inscrites à la cote officielle de Paris (valeurs à revenu variable), qui avait augmenté de 2.614 millions de francs entre 1850 et 1869, soit une moyenne de 137.500.000 francs par année, ne s'est accru que d'une moyenne annuelle de 65 millions de francs pendant la période 1869-1880; d'une moyenne annuelle de 80 millions pendant la période 1880-1890 et, enfin, d'une moyenne d'à peine 51 millions pendant la période allant du 1er juillet 1890 au 21 décembre 1899.

Voici, d'ailleurs, un tableau donnant, par période, l'accroissement, en capital nominal et en capital aux cours du jour, des valeurs mobilières françaises divisées en deux groupes : les valeurs à revenu fixe, comprenant les fonds de l'État et les obligations de toute nature; les valeurs à revenu variable, réunissant les actions de capital, les actions de jouissance et les parts de fondateurs.

Valeurs françaises inscrites a la cote officielle. — Accroissement.

Périodes	Valeurs à revenu fixe		Valeurs à revenu variable		Total des valeurs	
	Capital nominal	Aux cours du jour	Capital nominal	Aux cours du jour	Capital nominal	Aux cours du jour
1	2	3	4	5	6	7
	millions de francs.	millions de francs.	millions de francs.	millions de francs.	millions de francs.	millions de francs.
1850-1869..........	14.318	10.746	2.314	3.847	16.632	14.593
1869-1880..........	15.980	17.973	682	3.469	16.662	21.442
1880-1890..........	12.461	11.783	800	1.458	13.261	13.241
1890-1900..........	2.029	3.617	486	3.077	2.515	6.694
Totaux.....	44.788	44.119	4.282	1.851	49.070	55.970

Les deux tableaux suivants donnent la situation d'ensemble, à chacune des dates indiquées, de toutes les valeurs mobilières françaises, y compris celles qui ne sont pas inscrites à la cote officielle :

I. — Valeurs françaises inscrites ou non a la cote officielle capital nominal.

DATES	VALEURS FRANÇAISES INSCRITES A LA COTE OFFICIELLE DE PARIS				VALEURS NON INSCRITES à la cote	TOTAL DES VALEURS mobilières françaises
	Fonds d'État	Obligations	Actions	TOTAL des valeurs inscrites		
1	2	3	4	5	6	7
	millions de francs.	millions de francs.	millions de francs.	millions de francs.	millions de francs.	millions de francs.
1850 (31 décembre).	5.950	1.820	1.210	8.980	336	9.316
1869 (—).	11.487	10.601	3.524	25.612	1.569	27.181
1880 (1er juillet)....	20.615	17.454	4.205	42.274	2.400	44.674
1890 (—)....	25.483	25.047	5.005	55.535	3.340	58.875
1899 (31 décembre).	26.191	26.367	5.492	58.050	3.540	61.590

II. — Valeurs françaises inscrites ou non a la cote officielle capital au cours du pair.

DATES	VALEURS FRANÇAISES INSCRITES A LA COTE OFFICIELLE DE PARIS				VALEURS NON INSCRITES à la cote	TOTAL DES VALEURS mobilières françaises
	Fonds d'État	Obligations	Actions	TOTAL des valeurs inscrites		
1	2	3	4	5	6	7
	millions de francs.	millions de francs.	millions de francs.	millions de francs.	millions de francs.	millions de francs.
1850 (31 décembre).	4.460	1.255	1.310	7.025	338	7.363
1869 (—).	8.665	7.796	5.157	21.618	1.569	23.187
1880 (1er juillet)....	20.233	14.202	8.625	43.060	2.400	45.460
1890 (—)....	24.437	21.780	10.084	56.301	3.340	59.641
1899 (31 décembre).	26,080	23.754	13.161	62.995	3.540	66.535

Nous rappelons que nous avons admis que le capital des valeurs mobilières françaises non inscrites à la cote officielle des agents de change de Paris devait être égal au dixième du capital nominal de toutes les valeurs mobilières françaises, sauf les fonds de l'État, c'est-à-dire à la neuvième partie du capital nominal des actions et obligations inscrites.

Pour essayer de calculer la valeur des titres mobiliers de toute nature composant le portefeuille français—et en dégager la moyenne par habitant — il faut d'abord défalquer du total des valeurs mobilières françaises aux cours du jour, les 10 % de ces valeurs que nous avons supposé appartenir aux capitalistes étrangers; puis, ajouter au reste, le capital probable des valeurs étrangères possédées par nos compatriotes.

En procédant à cette double opération, nous arriverons aux résultats suivants :

VALEUR DU PORTEFEUILLE FRANÇAIS.

DATES	TOTAL des valeurs mobilières françaises	A DÉDUIRE les valeurs françaises à l'étranger	RESTE comme constituant le portefeuille français — Valeurs françaises	Valeurs étrangères	TOTAL du portefeuille français	MOYENNE par habitant
1	2	3	4	5	6	7
	millions de francs.	millions de francs.	millions de francs.	millions de francs.	millions de francs.	francs.
1850 (31 décembre).	7.363	736	6.627	2.500	9.127	255
1860 — .	23.187	2.318	20.869	10,000	30.869	835
1880 (1er juillet)....	45.465	4.546	40.914	15.000	55.914	1.487
1890 —	59.641	5.964	53.677	20.000	73.677	1.921
1899 (31 décembre).	66.535	6.653	59.882	27.000	86.882	2.255

Ce tableau tend à démontrer que les placements en valeurs étrangères ont absorbé, pendant la période 1890-1900, une large part de l'épargne française nouvelle, et il convient de s'en féliciter, car on peut affirmer que, sans ces placements, la baisse du taux du loyer de l'argent aurait fait de nouveaux progrès en France, au grand détriment de la nouvelle épargne française elle-même.

On conseille aux Français de porter leurs capitaux disponibles vers l'industrie, vers le commerce, vers l'agriculture ou vers les entreprises coloniales françaises: Le conseil est bon au point de vue théorique et, tout le premier, nous le donnons à ceux qui nous font l'honneur de nous consulter. Mais, pratiquement, comment le rentier peut-il découvrir ces placements? Quels moyens a-t-il pour en étudier la valeur intrinsèque? Et, enfin, quelle influence les quelques centaines de millions que ces placements absorbent annuellement, peuvent-ils avoir en présence des trois milliards de francs d'épargne française nouvelle qui, chaque année, cherchent à s'employer soit sur les valeurs mobilières, soit sur les immeubles urbains ou ruraux?

Il faut voir les choses telles qu'elles sont : Le groupement des capitaux privés et la spéculation — ces deux grands principes créateurs qui ont déjà si profondément modifié la face du vieux monde économique et social — augmentent incessamment le volume du capital existant : mais l'épargne nouvelle, c'est-à-dire le nouveau capital produit par l'association du capital ancien et du travail permanent, vient elle-même réduire la puissance d'action du capital ancien en lui disputant ses emplois.

Sans le groupement, sous une forme collective, des capitaux isolés que l'espoir de plus-values sérieuses ou de revenus importants a su mettre en mouvement, les grandes compagnies de chemins de fer n'auraient pu se créer, ni les grandes compagnies de transports maritimes, ni ces multiples agents du bien-être public : éclairage, télégraphie terrestre et sous-marine, téléphonie, tramways, etc., dont notre génération profite aujourd'hui.

Quant on réfléchit aux progrès réalisés depuis seulement un demi-siècle, à ce point de vue particulier du bien-être public, quand on apprécie la manière dont la propriété moderne se constitue et se subdivise ensuite dans la masse des citoyens, quand on peut, enfin, se rendre compte exactement des causes générales qui provoquent ces résultats : on n'est guère troublé par les revendications théoriques des collectivistes, car on sait que la transformation qu'ils préconisent est déjà en pleine voie d'exécution.

Que le nouveau capital — résultant de l'association du capital argent ancien et du capital travail qui le met en œuvre — ne soit pas toujours réparti dans une juste proportion entre les deux éléments qui lui donnent naissance, c'est un fait certain que nous n'avons pas à discuter ici.

Mais il nous sera permis de dire que les vieilles critiques contre la propriété individuelle, contre la propriété capitaliste, comme on l'appelle aujourd'hui, perdent une notable partie de leur force dans une société où le nombre des possédants va toujours en augmentant, et où le nouveau capital argent, par la simple loi de la concurrence, attaque et réduit la puissance du capital argent déjà constitué.

Depuis environ cinquante années, l'élévation progressive des salaires — provoquée par une demande incessante de travail — a augmenté du simple au double le taux du loyer du capital travail.

Pendant la même période, le taux du loyer du capital argent — sous l'influence de l'offre toujours croissante des capitaux de formation récente — a diminué de la moitié.

En 1850, le revenu net de 100 francs de capital permettait de payer environ quatre journées de travail d'un ouvrier agricole ; en 1900, le revenu net du même capital représente à peine une journée de travail du même ouvrier.

Si l'on ajoute à cela que l'élévation progressive du taux de loyer du capital travail, sous toutes ses formes, tout en apportant dans les classes laborieuses des habitudes de bien-être autrefois inconnues, y a considérablement développé cette tendance à l'épargne qui est l'une des qualités fondamentales de notre race; que les statistiques les plus rigoureuses: caisses d'épargne, dépôts dans les sociétés de crédit, certificats d'inscriptions nominatives de rentes et de valeurs mobilières, valeurs successorales, etc., prouvent en effet, que sous l'influence des remplois de la petite épargne, la propriété en France — qu'elle se présente sous la forme de valeurs mobilières ou d'immeubles — se morcelle de plus en plus... et l'on comprendra, peut-être, que point n'est besoin de faire appel à une révolution sociale pour subordonner le capital argent au capital travail; cette révolution est déjà un fait accompli.

Les travailleurs sont évidemment plus intéressants que les rentiers: mais du train où vont les choses, il n'y aura bientôt plus de rentiers en France et chacun — selon la conception collectiviste — devra y travailler pour vivre. Dans son ensemble, la société ne peut que gagner à cette évolution, qui s'accomplit pacifiquement sous nos yeux et avec une force d'autant plus irrésistible qu'elle est naturelle et conforme aux grandes lois du progrès humain.

Nous avons dit en commençant cette étude :

« La petite épargne s'accroît de deux manières : 1° Par la continuation du travail qui l'a créée, car elle est insuffisante pour assurer l'existence de ses détenteurs; 2° par le revenu proportionnel qui lui est maintenant acquis comme aux grands capitaux.

« Grâce à ces deux facteurs d'accroissement, la petite épargne est déjà devenue, dans son ensemble, le grand réservoir de la fortune mobilière française et c'est à ce point de vue particulier que le rôle économique et social de la valeur mobilière mérite d'être étudié.

« En effet, la valeur mobilière transforme progressivement l'ancien caractère de la propriété qui devient, sous son influence, collective dans le vrai sens du mot, tout en restant individuelle et transmissible. En d'autres termes, elle donne à la collectivité le bénéfice de l'association, pendant qu'elle conserve le stimulant de l'intérêt personnel à chacun de ses membres. »

Nous serions très heureux si les tableaux que nous venons de produire avaient justifié cet exorde.

EDMOND THÉRY,

Directeur de l' " Economiste européen " membre du Conseil supérieur de statistique.

LES DETTES LOCALES

DU

ROYAUME-UNI DE GRANDE-BRETAGNE ET D'IRLANDE

I. — CONSTITUTION DES DETTES LOCALES

§ 1er. — *Aperçu sur l'administration locale.*

Avant d'étudier la constitution des dettes locales du Royaume-uni, il n'est pas inutile de rappeler en quelques mots la façon dont il est administré.

Le " Local government board " dont l'institution remonte à 1871, est l'autorité centrale du gouvernement local, en Angleterre et au pays de Galles. L'Irlande en 1871, l'Ecosse en 1889, ont été dotées de la même institution.

C'est, en réalité, une sorte de ministère, dont la mission est de surveiller et de contrôler les diverses administrations locales en ce qui concerne : l'assistance publique (poor law) ; — la santé publique (public health) ; — et la comptabilité publique (audit of accounts).

Quant aux divers rouages subsidiaires de l'administration anglaise, ils sont si nombreux et si bien enchevêtrés les uns dans les autres que les Anglais eux-mêmes renoncent volontiers à s'y reconnaître.

Voici néanmoins l'essentiel :

L'Angleterre et le pays de Galles sont divisés en 61 comtés, y compris celui de Londres, qui se distingue notamment des autres par sa grande superficie.

A la tête de chaque comté est placé, depuis le 1er avril 1889, un conseil élu, appelé " county council " ou conseil de comté (act du 13 août 1888). Cette institution a été étendue depuis à l'Ecosse et à l'Irlande.

Les comtés administratifs, à l'exception de celui de Londres, sont divisés en districts sanitaires. Ces districts sont urbains ou ruraux (rural and urban districts councils). De façon générale, un district urbain comprend une ville ou une agglomération plus ou moins importante ; un district rural englobe plusieurs paroisses.

Les propriétaires et contribuables des paroisses urbaines élisent tous les trois ans les membres du " board of guardians" (bureau des gardiens des pauvres), qui dirigent et administrent les workhouses, en se conformant aux instructions du local government board. Il n'y a pas d'élection de gardiens dans les paroisses rurales ; les conseillers de districts ruraux agissent en qualité de gardiens pour leurs paroisses.

Dans toute paroisse d'un district rural, il y a une assemblée de la paroisse (parish meeting). Dans toute paroisse comptant plus de trois cents habitants, il y a, en outre, un conseil de la paroisse (parish council).

Dans toutes les grandes villes, y compris les bourgs des comtés (county boroughs) (1), les affaires locales sont administrées par la " municipal corporation ". L'act de 1835 a profondément modifié l'ancienne organisation des municipalités.

L'elementary education act de 1870 a institué dans l'Angleterre et le pays de Galles ce qu'on appelle le système du " school board " ou bureau des écoles. Dans tout district où les écoles sont en nombre insuffisant pour recevoir les élèves, doit être institué un school board, dont la mission est de remédier à l'insuffisance des écoles existantes par la création de board schools. Les districts qui ont un assez grand nombre d'écoles peuvent néanmoins voter l'établissement d'un school board. Les school boards peuvent emprunter pour bâtir ou reconstruire des écoles. Les dispositions de cet act ont été déclarées applicables à l'Ecosse en 1872.

En résumé, l'Angleterre est divisée, au point de vue administratif, en comtés, dans l'intérieur desquels se trouvent les bourgs. Ces derniers jouissent d'une autonomie presque complète et sont indépendants des autorités des comtés. A côté des comtés et des bourgs prend place la paroisse qui, bien que comprise dans les limites des uns et des autres, possède à certains égards une part du gouvernement local. Le self-government de ces trois grandes divisions n'est tempéré que par l'autorité supérieure du local government board. La caractéristique de l'administration locale anglaise est donc la décentralisation.

Malgré l'institution du bureau du gouvernement local, qui est un premier essai de contrôle et de direction générale des affaires locales, les tendances administratives de la Grande-Bretagne sont bien restées celles de l'autonomie la plus large en ce qui concerne les affaires intérieures du pays. C'est, on le voit, absolument l'opposé du système qui

(1) Bourgs dont la population est supérieure à 50.000 âmes.

prévaut chez nous. L'étude comparée des résultats de ces deux systèmes, en matière d'emprunts, ne peut donc manquer d'intérêt.

Le comté de Londres possède une organisation administrative spéciale. Il est divisé en "vestries" placées sous l'autorité du conseil du comté. Les vestries exercent des pouvoirs un peu plus étendus que ceux des conseils de district urbains. D'après le London government act de 1899, l'ensemble du comté administratif de Londres, à l'exclusion de la Cité, sera divisé en bourgs (boroughs) au nombre d'environ 29, ayant chacun à leur tête un maire (mayor), des adjoints (aldermen) et des conseillers (councillors). La première élection doit avoir lieu le 1er novembre 1900. A cette date, les nouvelles institutions (borough councils) prendront la place des vestries qui cesseront d'exister le jour de la première réunion des nouveaux conseils.

Depuis 1858, ces administrations sont surveillées et contrôlées par le local government board.

L'act de 1855, sur l'administration de la métropole, a créé en même temps une institution spéciale à la Cité : le bureau métropolitain des travaux (metropolitan board of works).

En 1875, il a été institué, par act du parlement, un bureau spécial des prêts destinés à couvrir les dépenses de travaux publics. Ce bureau est commun aux trois parties du royaume. C'est le " public works loan board ".

Telles sont les principales institutions dont nous aurons à parler au cours de cette étude.

§ 2. — *Autorisation des emprunts.*

D'une façon générale, le local government board, de même qu'il es l'autorité supérieure en matière administrative et pour cette raison même, doit être consulté sur tout objet d'emprunt par les autorités locales placées sous son contrôle ; son consentement est indispensable dans la plupart des cas.

Parmi les autorités locales qui peuvent recourir à l'emprunt, nous examinerons successivement : les conseils de comtés, les districts sanitaires, les conseils de paroisse, les bourgs municipaux, les boards of guardians, les school boards et le bureau métropolitain des travaux.

Conseils de comtés. — Ils ne peuvent emprunter sans autorisation que dans un seul cas : lorsqu'ils entreprennent de prêter, sous les réserves prévues, aux paroisses de leurs territoires, les capitaux qui leur sont nécessaires. (Loi de 1894, art. 12.)

A cette exception près, ils doivent recourir à l'autorisation du local government board et ne peuvent emprunter que pour des objets déterminés : consolidation des dettes du comté, achats de terres ou de bâtiments, travaux publics, avances pour favoriser l'émigration ou la colonisation et tout objet pour lequel un act les a autorisés à emprunter. (Act de 1888, part. IX, sect. 69.)

Si la somme à emprunter, jointe au total des autres emprunts, est supérieure à 1/10e de la valeur imposable (rateable value) du comté, l'emprunt ne peut être autorisé que par une ordonnance provisoire, dont la validité est subordonnée à sa confirmation par le parlement.

Le délai de remboursement est de trente ans au maximum.

Districts sanitaires. — Ils doivent obtenir l'autorisation du local government board, qui règle toutes les conditions de l'emprunt.

En principe, le montant de chaque emprunt, joint à celui des emprunts précédents, ne doit pas dépasser deux années de valeur imposable (rateable value) et doit être remboursé dans un délai maximum de soixante ans. (Loi sur la santé publique de 1875, art. 233 à 237.) Au-dessus d'un an de valeur imposable, une enquête et un rapport des inspecteurs du local government board doivent précéder la décision de celui-ci.

Conseils de paroisse. — Ne peuvent emprunter sans le consentement du conseil de comté et du local government board et pour des objets déterminés. Le délai de remboursement ne peut dépasser soixante ans. Le total des sommes empruntées ne doit jamais dépasser la moitié d'une année de valeur imposable. (Section 12 du local government act 1894).

Bourgs municipaux. — Ne peuvent emprunter qu'avec l'autorisation du local government board, qui fixe toutes les conditions de l'emprunt. (Loi de 1888, art. 72.) Ces emprunts étaient autorisés autrefois par la Trésorerie.

Boards of guardians. — Le local government board intervient toujours pour examiner la question de l'opportunité de l'emprunt et les diverses conditions de l'opération, qu'il se réserve d'approuver s'il juge les garanties suffisantes. (Section 8 de l'union assessment committe act 1864.)

School boards. — Ils peuvent emprunter dans le but de bâtir et d'agrandir les écoles. Ils doivent, à cet effet, obtenir la sanction de l'éducation department, ou ministère de l'instruction publique, à moins qu'ils n'empruntent pour des travaux concernant une école industrielle. Dans ce cas, la sanction du home secretary est nécessaire. Les emprunts ne peuvent être consentis pour un délai supérieur à cinquante ans.

Bureau métropolitain des travaux. — Le bureau métropolitain des travaux avait été autorisé, en 1869, à contracter des emprunts avec l'autorisation de la Trésorerie et, en 1875, à consentir des avances aux diverses administrations métropolitaines pour l'exécution de travaux publics à utilité permanente. Depuis la loi du 13 août 1888, ses pouvoirs sont passés intégralement au conseil du comté de Londres.

Il convient de ne pas oublier que le gouvernement peut, en dehors du local government board, autoriser des emprunts. Il l'a fait souvent et même à la légère, accordant à des municipalités des délais parfois considérables pour se libérer, jusqu'à 100 et 110 ans. C'est à partir de 1792, pendant la crise financière produite par les guerres de la République et de l'Empire, que diverses lois ont autorisé le gouvernement à avancer des fonds aux localités pour l'exécution de travaux publics.

En 1875, a été créé l'organe spécial, dont nous avons parlé, "the public works loan commission" pour diriger ce service des prêts. Le gouvernement, de ce fait, est, depuis lors, représenté, pour l'autorisation des emprunts concernant les travaux publics, par les "public works loan commissioners" qui donnent leur consentement aux emprunts, sur l'avis conforme du local government board.

II. — IMPORTANCE ET ACCROISSEMENT DES DETTES LOCALES

Le tableau suivant donne l'évaluation de la dette totale de l'Angleterre et du pays de Galles, ainsi que de l'Écosse et de l'Irlande, pour l'année fiscale 1896-97.

Il eût été intéressant de pouvoir établir une comparaison avec les résultats des années antérieures ; mais, de l'aveu même du local government board, il n'est pas possible d'établir le montant des dettes locales de l'Ecosse, ni de l'Irlande avant l'année 1896-97. Ces chiffres figurent pour la première fois dans le rapport du local government board pour l'année 1898-99.

		livres sterling
1896-97.	Angleterre et pays de Galles (1).............	252.135.574
—	Ecosse............................	35.683.453
—	Irlande	10.548.265
	Total...............	298.367.292

Soit au taux de 2.25............................	7.533.774.123 fr.
Au 31 mars 1896, le montant de la dette communale de la France était de (2)	3.511.982.522 fr.
La dette des départements s'élevait, à la même date, à...	423.716.228
Ensemble (3)............	3.935.700.480 fr.
Soit une différence de............................	3.598.073.643

L'accroissement considérable des dettes locales de leur pays n'est pas sans préoccuper vivement les Anglais. Tandis que la dette nationale est

---

(1) Le tableau suivant montre la proportion qui existe entre la valeur imposable et le chiffre de la population, pour l'ensemble des dettes locales de l'Angleterre et du pays de Galles pendant l'exercice 1896-97. On y voit que la part supportée par les districts ruraux est très inférieure à celle qui incombe aux districts urbains.

LOCALITÉS 1	DETTE 2	POPULATION (RECENSEMENT de 1891) 3	MONTANT DE LA DETTE par tête d'habitant 4	VALEUR IMPOSABLE lady day 1896 5	MONTANT DE LA DETTE par livres sterling de valeur imposable 6
	livres sterling		l. s. d.		livres sterling
Londres..............	43.390.840	4.211.743	11 0 4	35.935.283	1 5 10
Autres villes..........	184.456.972	16.683.761	11 1 1	19.045.624	2 6 8
Localités suburbaines partie urbaines partie rurales..........	18.814.018	[24.790.782]	0 5 2	[130.053.802]	0 2 11
Villages..............	5.473.749	8.107.021	0 6 1	51.009.178	0 1 0
	252.135.574	29.002.525	8 13 10	165.990.085	1 10 5

(2) La Ville de Paris figure dans ce total pour 2.043.883.752 francs; les autres communes pour 1.468.100.500 francs.

(3) *Rapports sur la situation financière des communes et des départements en* 1898, publiés par le ministère de l'intérieur.

tombée de 768.943.767 livres sterling à 648.474.143 livres sterling, de 1875 à 1896, la dette locale de l'Angleterre et du pays de Galles est passée, pendant la même période, de 92.820.100 livres sterling à 243.209.862 livres sterling.

Ce qui est plus grave encore, c'est que la dette s'accroît, tandis que la propriété imposable reste stationnaire. Un examen des différentes statistiques montre que la dette locale s'accroît de façon régulière d'environ 6 millions de livres par an, soit plus de 150 millions de francs.

Voici d'ailleurs, le tableau de ces dettes, pour les dix dernières années, d'après le rapport annuel du local government board (1898-1899) :

ANNÉES	IMPORTANCE DES DETTES livres sterling
1887-88	192.222.099
1888-89	195.442.397
1890-91	198.671.312
1891-92	201.215.458
1892-93	207.524.093
1893-94	215.343.545
1894-95	224.158.370
1895-96	235.335.049
1896-97	243.209.862
1897-98	252.135.574

Accroissement en 10 ans : 59.913.475 livres sterling.

Il faut se rappeler cependant qu'une grande partie de cette dette locale est représentée par des travaux importants d'amélioration, qui sont rémunérateurs par eux-mêmes à plus ou moins longue échéance. Ce sont, en effet, pour la plupart, des travaux d'installation d'eau et de gaz, des constructions de marchés, la création ou l'amélioration de ports de commerce ; en un mot tous travaux qui, s'ils entraînent de fortes dépenses, sont cependant un jour producteurs d'intérêt.

L'accroissement de la dette est particulièrement dû en ces dernières années à la conscience avec laquelle ont été appliquées les lois récentes sur l'enseignement, la santé publique et les logements ouvriers. Mais peut-être la cause majeure des énormes dépenses de ces derniers temps est-elle bien plus encore dans la tendance de plus en plus grande des municipalités à se substituer aux entreprises individuelles, en vue de centraliser la possession de tout ce qui intéresse la santé, l'instruction, l'agrément et, de façon générale, le bien-être public.

C'est ainsi que certaines villes sont devenues ou cherchent à devenir propriétaires des usines, réservoirs et canalisations de l'eau et du gaz.

des hôpitaux, lavoirs et bains publics, des musées, bibliothèques, théâtres et lieux de récréation en plein air, foot-ball et cricket grounds, etc.

D'autres vont même plus loin, jusqu'à prendre à leur charge les services de traction : lignes d'omnibus et de bateaux, toutes entreprises et institutions laissées autrefois à l'initiative des particuliers.

Nous avons pu suffisamment nous rendre compte, en passant en revue les différentes institutions administratives de l'Angleterre, que leur caractère est bien celui de la décentralisation, parfois poussé à l'extrême, de la division des autorités à l'infini : conseils de districts, autorité pour la santé publique; bureau des gardiens, autorité pour l'assistance publique; bureau des écoles, autorité pour l'instruction publique, pour ne rappeler que les principales. Cependant l'institution du local government board est venue déjà mettre un peu d'unité dans cette division; c'est un premier pas vers l'unification et le contrôle des pouvoirs locaux, disons le mot, vers la centralisation. Cette tendance moderne des municipalités anglaises n'est-elle pas un nouvel indice de l'évolution qui est en train de s'accomplir non seulement dans l'organisation municipale, mais encore dans l'ensemble de l'administration locale en Angleterre? Il ne semble pas, jusqu'ici du moins, que ce changement de système ait eu pour résultat d'améliorer les finances, ni de diminuer les dettes locales. Bien au contraire, la nouvelle façon de voir des municipalités anglaises n'a fait que contribuer à obérer leurs budgets.

UNION COLONIALE FRANÇAISE.

LES VALEURS MOBILIÈRES

ADMISES A LA COTE OFFICIELLE DE LA BOURSE DE PARIS

Les valeurs admises à la cote officielle de la bourse de Paris, déduction faite des titres amortis, représentent dans leur ensemble, au cours du 28 février 1900, un capital supérieur à 124 milliards (124.962.681.800) fr. dont :

64 milliards pour les valeurs françaises,

60 milliards pour les valeurs étrangères.

Les valeurs françaises comprennent notamment :

	milliards de francs.
Rentes françaises	26.2
Grandes Compagnies de chemins de fer	19.5
Crédit Foncier	4.2
Banques et sociétés de crédit	2.2
Ville de Paris	1.9
Divers	10.3
Total	64.3

Les valeurs étrangères se divisent en fonds d'État et valeurs proprement dites :

		milliards de francs.	milliards de francs.
Fonds	d'États divers	42.9	53.8
	Russie	10.9	
Valeurs			6.8
	Total		60.6

Le montant brut des rentes, intérêts et dividendes payés sur ces valeurs de février 1899 à février 1900, a été, savoir :

	millions de francs.
Valeurs françaises	2.075.0
Valeurs étrangères	2.334.0
Total	4.409.0

Ces chiffres font ressortir une moyenne d'intérêt annuel de 3.20 % pour les valeurs françaises, et de 3.85 % pour les valeurs étrangères.

Il a paru intéressant d'établir en regard du capital au cours du 28 février 1900 le capital au taux d'émission. Pour chacun des groupes de valeurs françaises, la comparaison montre une progression importante des cours ; au total, le capital au cours actuel dépasse le capital d'émission de 16 milliards environ. Quant aux valeurs étrangères, la dépréciation subie par certains titres de fonds d'État se trouve compensée et même légèrement dépassée par la progression réalisée dans les cours des Fonds russes et de la plupart des sociétés étrangères.

Sur les 124 milliards de valeurs mobilières admises à la cote officielle, combien sont la propriété de capitalistes français, autrement dit à combien s'élève la fortune mobilière en France, c'est ce qu'il est bien difficile d'établir exactement. Quoi qu'il en soit et simplement pour compléter ce travail de statistique, voici un essai d'évaluation basé sur les proportions admises par les économistes :

	millions de francs.
Montant des valeurs françaises cotées officiellement à la bourse de Paris....................................	64.307.0
Montant des valeurs françaises non admises à la cote officielle (Théry)....................................	4.000.0
Total.....	68.307.0
A déduire un dixième appartenant à des étrangers (Neymarck)....................................	6.830.0
Différence.....	61.477.0
Si l'on admet, avec Théry, que les valeurs étrangères entrent pour 30 % dans le portefeuille français, on doit ajouter....................................	26.523.0
Total général.....	88.000.0

Le chiffre de 88 milliards, qui ne paraît pas d'ailleurs s'écarter sensiblement de la moyenne généralement admise, est donné ici, nous le répétons, à titre de simple indication.

DECOUDU,
Chef du service de la cote
Chambre syndicale des agents de change.

[TABLEAUX]

ORDRE DES TABLEAUX

I. — Valeurs françaises.

§ 1er. — *Emprunts de l'État, des départements et des villes.*

§ 2. — *Titres de sociétés.*

II. — Valeurs étrangères.

§ 1er. — *Fonds d'État.*

§ 2. — *Titres de sociétés.*

Tableau I

VALEURS FRANÇAISES : RENTES SUR L'ÉTAT

NUMÉROS d'ordre	DÉSIGNATION DES VALEURS	NOMBRE DE TITRES en circulation (28 février 1900)	VALEUR EN CAPITAL			RENTES, INTÉRÊTS et DIVIDENDES	RAPPEL des numéros d'ordre
			CAPITAL nominal	TAUX d'émission	CAPITAL au cours du 28 février 1900		
1	2	3	4	5	6	7	8
			francs.	francs.	francs.	francs.	
1	Rente 3 %	»	15.200.648.400	11.400.486.800	15.440.058.600	456.019.454	1
2	— 3 % amortissable	»	3.836.833.000	3.107.834.700	3.836.833.000	115.104.990	2
3	— 3 1/2 %	»	6.789.668.400	6.789.668.400	6.966.199.800	237.638.396	3
	Total	»	26.827.149.800	21.297.989.400	26.243.091.400	808.762.840	

Tableau II

VALEURS FRANÇAISES : EMPRUNTS DES COLONIES ET DES PAYS DE PROTECTORAT

NUMÉROS d'ordre	DÉSIGNATION DES VALEURS	NOMBRE DE TITRES en circulation (28 février 1900)	VALEUR EN CAPITAL			RENTES, INTÉRÊTS et DIVIDENDES	RAPPEL des numéros d'ordre
			CAPITAL nominal	TAUX d'émission	CAPITAL au cours du 28 février 1900		
1	2	3	4	5	6	7	8
			francs.	francs.	francs.	francs	
1	Colonie de la Guadeloupe, 3 1/2 %, 1898	2.450	1.230.000	1.211.550	1.211.550	43.050	1
2	Indo-Chine, Emprunt 3 1/2 %	110.000	55.000.000	49.500.000	51.507.500	1.925.000	2
3	Madagascar, Emprunt 2 1/2 % 1897	50.000	25.000.000	22.625.000	20.625.000	625.000	3
4	Annam et Tonkin, 2 1/2 %, 1896	891.600	89.160.000	77.369.200	71.778.800	2.229.000	4
5	Tunisie, Emprunt 3 %, 1892	390.356	195.178.000	185.907.050	189.420.250	5.855.340	5
	Total	1.444.416	365.568.000	336.612.800	334.538.100	10.677.390	

Tableau III

VALEURS FRANÇAISES : DÉPARTEMENTS

NUMÉROS D'ORDRE	DÉSIGNATION DES VALEURS	NOMBRE DE TITRES EN CIRCULATION (28 février 1900)	VALEUR EN CAPITAL			RENTES, INTÉRÊTS ET DIVIDENDES	RAPPEL DES NUMÉROS D'ORDRE
			CAPITAL NOMINAL	TAUX D'ÉMISSION	CAPITAL AU COURS DU 28 février 1900		
1	2	3	4	5	6	7	8
			francs.	francs.	francs.	francs.	
1	Constantine, 3 1/2 %, 1897	5.682	5.682.000	5.632.000	5.519.860	197.120	1
2	Dordogne, 3 %, 1887	12.500	6.250.000	4.468.750	5.500.000	187.500	2
3	Haute-Garonne, 3 30 %, 1898	3.244	1.622.000	1.615.510	1.578.840	53.520	3
4	Haute-Marne, 4 %, 1889	5.920	2.960.000	2.848.800	2.996.550	118.400	4
5	Jura, 3 40 %, 1896	6.590	3.295.000	3.295.000	3.150.020	112.080	5
6	Loire, 3 %, 1897	8.996	4.498.000	4.486.750	4.363.060	184.940	6
7	Nord, 3 %, 1870	59.548	5.954.800	4.763.840	6.490.730	178.640	7
8	Nord, 3 1/2 %, 1894	5.207	2.603.500	2.603.500	2.603.500	91.120	8
9	Sarthe, 3 1/2 %, 1894	6.260	3.130.000	3.114.380	3.092.440	109.550	9
	TOTAL	113.897	36.945.300	32.806.500	35.288.000	1.182.820	

Tableau IV

VALEURS FRANÇAISES : VILLE DE PARIS

NUMÉROS D'ORDRE	DÉSIGNATION DES VALEURS	NOMBRE DE TITRES EN CIRCULATION (28 février 1900)	VALEUR EN CAPITAL			RENTES, INTÉRÊTS ET DIVIDENDES	RAPPEL DES NUMÉROS D'ORDRE
			CAPITAL NOMINAL	TAUX D'ÉMISSION	CAPITAL AU COURS DU 28 février 1900		
1	2	3	4	5	6	7	8
		francs.	francs.	francs.	francs.	francs.	
1	Emprunt 1865	451.481	225.740.500	208.166.450	247.411.800	9.029.620	1
2	— 1869	274.044	109.617.600	94.545.200	116.468.700	8.288.530	2
3	— 1871	1.090.740	486.296.000	302.135.000	445.021.900	13.088.880	3
4	— 1875	456.099	228.049.500	200.683.560	255.187.400	9.121.980	4
5	— 1876	235.484	117.742.000	109.500.000	131.871.000	4.709.080	5
6	— 1892	588.560	233.424.000	198.410.400	214.750.050	5.885.600	6
7	— 1894-1896	444.781	177.892.400	175.668.700	162.826.900	4.447.810	7
8	— 1898	685.498	342.749.000	298.287.600	292.022.150	6.854.980	8
9	— 1899	280.487	140.243.500	114.999.600	111.914.300	2.804.870	9
	TOTAL	4.502.124	2.011.754.500	1.697.396.500	1.976.674.000	59.181.450	

TABLEAU V

VALEURS FRANÇAISES : EMPRUNTS DE VILLES

NUMÉROS D'ORDRE	DÉSIGNATION DES VALEURS	NOMBRE DE TITRES en CIRCULATION (28 février 1900)	VALEUR EN CAPITAL: CAPITAL NOMINAL	VALEUR EN CAPITAL: TAUX D'ÉMISSION	VALEUR EN CAPITAL: CAPITAL au cours du 28 février 1900	RENTES, INTÉRÊTS et DIVIDENDES	RAPPEL des NUMÉROS D'ORDRE
1	2	3	4	5	6	7	8
			francs.	francs.	francs.	francs.	
1	Amiens, 4 %, 1871	47.516	4.751.600	3.801,280	5,606.880	190.060	1
2	Armentières, 3 1/2 %, 1886	4.934	2.467.000	2.368.320	2.368.320	88,340	2
3	Beauvais, 3 1/2 %, 1898	3.517	1.758.500	1.722,120	1.727.390	61.540	3
4	Besançon, 3 1/2 %, 1893	8.892	4.446.000	4.357.080	4.392.640	155.810	4
5	Blida, 3 1/2 %, 1895	2.181	1.090.500	1.090,500	1.062,140	88.160	5
6	Blois, 3 40 %, 1896	4.183	2.091.500	2.081.040	2,070.580	71.110	6
7	Bône, 3 1/2, 1895	1.974	987.000	987.000	959.280	34.540	7
8	Bordeaux, 4 % 1881	43.269	21.634.500	21.634,500	22,153.720	865.380	8
9	— , 3 1/2 %, 1891	12.500	6.250.000	6.125.000	6,200.000	218.750	9
10	Caen, 4 %, 1889	5.789	2.894.500	2.851.080	2.935,020	115,780	10
11	Cannes, 4 %, 1881	2.234	2.234.000	2.200.490	2,256,340	89.360	11
12	Castres, 3,40 %, 1897	6.181	3.090.500	3.090.500	2.966.880	105.070	12
13	Chaumont, 3 %, 1898	1.530	765.000	765.000	765.000	22.950	13
14	Cognac, 3 1/2 %, 1896	5.113	2.556.500	2.556,500	2.505.870	89.470	14
15	Constantine, 3,30 %, 1893	5.475	5.475.000	5.405.560	5.338.120	180.670	15
16	Grasse, 3 1/2 %, 1895	2.357	1.178.500	1.159.970	1.178.500	41.070	16
17	Hyères, 3 3/4 %, 1892	1.578	789.000	785.840	761.110	29.580	17
18	Lille, 3 %, 1860	18.465	1.846.500	1.680.310	2.437.380	55.890	18
19	Lyon, 3 %, 1880	258.535	25.853.500	25,465,690	26.887.640	775.600	19
20	Marseille, 3 %, 1877	149.041	59.616.400	52.536.950	60.212.560	1.788.490	20
21	— , 3 1/2 %, 1890	20.010	10.005.000	9.604.800	9.804.900	350.170	21
22	Montpellier, 3 1/2 %, 1894	2.076	1.038.000	1.027,620	1.035.920	36.330	22
23	Nîmes, 3 %, 1887	16.540	8.270.000	8.270.000	7.939.200	248,100	23
24	Niort, 3,60 %, 1894	2.593	1.296.500	1.293,250	1,288.530	46.670	24
25	Nouméa, 5 %, 1892	3.836	1.918.000	1.884.800	2.008.050	95.650	25
26	Noyon, 3 3/4 %, 1892	2.383	1.191.500	1.186,730	1.179.580	44.680	26
27	Périgueux, 3 1/2 %, 1893	7.004	3.502.000	3.442.460	3.466.980	122.570	27
28	Roubaix, 3,60 %, 1893	2.126	1.063.000	1.025.790	1.075.750	38,260	28
29	Roubaix-Tourcoing, 1860	25.790	1.289.500	1.160.550	1.134,760		29
30	— — , 3,40 %, 1893	12.307	6.153.500	5.895.050	5.968,890	209.210	30
31	Saint-Nazaire, 3 1/2 %, 1894	5.425	2.712.500	2.685.870	2.712.500	94.930	31
32	Souk-Ahras, 4 1/4 %, 1895	1.801	900.500	900.500	910.400	38.270	32
33	Tourcoing, 4 %, 1878	2.423	1.211.500	1.147.290	1.221.190	48.460	33
34	— , 1888 (1re et 2e)	5.614	2.807.000	2,807.000	2.812.660	110.330	34
35	Troyes, 3,60 %, 1894	11.985	5.992.500	5.962.550	5.992.500	215.730	35
36	Vienne, 3 1/2 %, 1893	5.599	2.799.500	2.757.500	2.796.700	97.980	36
	TOTAL	712.756	208.916.500	193.786,500	206.163.900	6.812.250	

TABLEAU VI

VALEURS FRANÇAISES : ASSURANCES

NUMÉROS D'ORDRE	DÉSIGNATION DES VALEURS	NOMBRE DE TITRES EN CIRCULATION (28 février 1900)	VALEUR EN CAPITAL: CAPITAL NOMINAL	VALEUR EN CAPITAL: TAUX D'ÉMISSION	VALEUR EN CAPITAL: CAPITAL AU COURS DU 28 FÉVRIER 1900	INTÉRÊTS ET DIVIDENDES	RAPPEL DES NUMÉROS D'ORDRE
1	2	3	4	5	6	7	8
			francs	francs	francs	francs	
1	L'Abeille Grêle	16.000	1.600.000	1.600.000	6.240.000	560.000	1
2	— Incendie	12.000	3.000.000	3.000.000	24.300.000	900.000	2
3	L'Aigle Incendie	4.000	2.000.000	2.000.000	21.400.000	968.400	3
4	— Vie	6.000	3.000.000	3.000.000	1.080.000	30.000	4
5	Assurances générales Incendie	2.000	2.000.000	2.000.000	60.400.000	2.708.300	5
6	— — Maritimes	400	2.000.000	2.000.000	2.120.000	187.500	6
7	— — Vie	4.000	3.000.000	3.000.000	115.300.000	8.339.400	7
8	Caisse générale des Familles	12.000	1.200.000	1.200.000	2.280.000	»	8
9	Caisse Paternelle Vie	10.000	5.000.000	5.000.000	1.850.000	»	9
10	Capitalisation	10.000	1.250.000	1.250.000	750.000	50.000	10
11	Clémentine Incendie	12.000	1.500.000	1.500.000	360.000	»	11
12	Confiance Incendie	20.000	4.000.000	4.000.000	11.800.000	350.000	12
13	— Vie	6.000	1.500.000	1.500.000	900.000	»	13
14	Foncière Incendie	80.000	10.000.000	10.000.000	22.800.000	880.000	14
15	— Transports	50.000	6.250.000	6.250.000	7.750.000	375.000	15
16	— Vie	20.000	5.000.000	10.000.000	3.800.000	125.000	16
17	France Incendie	2.000	2.500.000	2.500.000	25.000.000	1.000.000	17
18	— Vie	10.000	2.500.000	2.500.000	7.100.000	150.000	18
19	Mélusine Prévoyance-Réassurances	800	800.000	800.000	380.000	20.000	19
20	Métropole	40.000	2.400.000	19.000.000	2.880.000	140.000	20
21	Monde Incendie	12.000	2.400.000	2.400.000	2.700.000	120.000	21
22	— Vie	10.000	2.500.000	2.500.000	2.250.000	100.000	22
23	Nationale Incendie	4.000	2.500.000	2.500.000	57.200.000	2.400.000	23
24	— Vie	3.000	»	»	90.000.000	3.300.000	24
25	Nord Incendie	2.000	500.000	500.000	6.900.000	240.000	25
26	— Vie	3.000	750.000	1.050.000	1.380.000	37.500	26
27	Paternelle Incendie	6.000	2.400.000	2.400.000	27.000.000	1.188.000	27
28	Patrimoine Vie	5.000	1.250.000	1.250.000	350.000	»	28
29	Phénix Incendie	4.000	4.000.000	4.000.000	49.600.000	1.600.000	29
30	— Vie	800	1.000.000	1.000.000	28.000.000	1.000.000	30
31	Préservatrice Accidents	5.000	1.250.000	1.250.000	12.500.000	400.000	31
32	Providence Accidents	10.000	1.250.000	1.500.000	8.500.000	270.000	32
33	— Accidents obligations	4.550	2.275.000	2.002.000	2.200.000	79.500	33
34	— Incendie	2.000	1.250.000	1.250.000	17.000.000	729.000	34
35	— Vie	12.000	1.500.000	3.600.000	1.200.000	»	35
36	Secours Accidents	20.000	1.500.000	2.500.000	4.200.000	180.000	36
37	Soleil Incendie	12.000	6.000.000	6.000.000	49.920.000	2.250.000	37
38	— Vie	12.000	8.000.000	8.000.000	3.000.000	124.800	38
	A reporter	444.550	95.325.000	120.802.000	682.390.000	30.785.500	

TABLEAU VI (*Suite et fin*).

VALEURS FRANÇAISES : ASSURANCES

NUMÉROS D'ORDRE	DÉSIGNATION DES VALEURS	NOMBRE DE TITRES EN CIRCULATION (28 février 1900)	VALEUR EN CAPITAL: CAPITAL NOMINAL	VALEUR EN CAPITAL: TAUX D'ÉMISSION	VALEUR EN CAPITAL: CAPITAL AU COURS DU 28 février 1900	INTÉRÊTS ET DIVIDENDES	RAPPEL DES NUMÉROS D'ORDRE
1	2	3	4	5	6	7	8
			francs	francs	francs	francs	
	Report	444.550	95.325.000	120.303.000	682.390.000	30.786.500	
39	Sphère Maritimes	600	500.000	500.000	250.000	»	39
40	Union Incendie	2.000	2.500.000	2.500.000	33.000.000	1.354.000	40
41	— Vie	2.000	»	»	10.700.000	364.500	41
42	Urbaine et Seine	24.000	3.000.000	6.000.000	12.840.000	432.000	42
43	Urbaine Incendie	5.000	1.250.000	1.250.000	23.750.000	1.041.250	43
44	— Vie	3.407	3.407.000	3.407.000	6.439.200	255.625	44
		8.693	1.718.600	1.718.600	7.604.800	300.755	
	TOTAL	490.050	107.700.600	135.677.600	776.974.000	34.584.530	

TABLEAU VII.

VALEURS FRANÇAISES : CRÉDIT FONCIER DE FRANCE

NUMÉROS D'ORDRE	DÉSIGNATION DES VALEURS	NOMBRE DE TITRES EN CIRCULATION (28 février 1900)	VALEUR EN CAPITAL: CAPITAL NOMINAL	VALEUR EN CAPITAL: TAUX D'ÉMISSION	VALEUR EN CAPITAL: CAPITAL AU COURS DU 28 février 1900	INTÉRÊTS ET DIVIDENDES	RAPPEL DES NUMÉROS D'ORDRE
1	2	3	4	5	6	7	8
			francs	francs	francs	francs	
1	Actions	341.000	170.500.000	170.500.000	241.428.000	8.525.000	1
2	Obligations communales 1879	838.533	419.266.500	406.888.500	401.876.600	10.900.930	2
3	— foncières 1879	1,509.442	754.721.000	739.626.500	757.739.900	22.641.630	3
4	— communales 1880	835.882	417.941.000	374.893.000	416.896.200	12.538.230	4
5	— foncières 1883	1,631.670	815.835.000	538.451.100	780.988.200	24.475.050	5
6	— foncières 1885	981.710	490.855.000	427.048.800	409.748.800	13.748.940	6
7	— communales 1891	962.894	887.957.600	368.569.700	383.835.600	11.838.780	7
8	— communales 1892	451.730	225.865.000	228.832.200	213.442.500	6.776.950	8
9	— foncières 1895	496.399	248.199.500	243.235.500	234.300.400	6.949.580	9
10	— communales 1899	499.860	249.930.000	242.432.100	248.431.800	6.498.180	10
11	— foncières 1899	101.490	50.745.000	49.730.100	50.018.100	1.902.940	11
12	Bons 1887	224.504	22.450.400	22.450.400	11.225.200	»	12
13	— 1888	148.349	14.834.900	14.884.900	7.343.300	»	13
14	Banque hypothécaire 1880	96.507	96.507.000	45.323.800	54.022.900	1.447.600	14
15	— — 1881	94.200	47.100.000	38.131.900	42.050.000	1.413.000	15
	TOTAL	9.221.170	4.412.707.900	3.901.783.000	4.259.557.000	129.450.760	

VALEURS FRANÇAISES : BANQUES ET INSTITUTIONS DE CRÉDIT

NUMÉROS D'ORDRE	DÉSIGNATION DES VALEURS	NOMBRE DE TITRES EN CIRCULATION (28 février 1900)	VALEUR EN CAPITAL — CAPITAL NOMINAL	VALEUR EN CAPITAL — TAUX D'ÉMISSION	VALEUR EN CAPITAL — CAPITAL AU COURS DU 28 février 1900	INTÉRÊTS ET DIVIDENDES	RAPPEL DES NUMÉROS D'ORDRE
1	2	3	4	5	6	7	8
			francs.	francs.	francs.	francs.	
1	Banque de l'Algérie	40.000	20.000.000	28.000.000	43.900.000	650.000	1
2	Banques coloniales. Guadeloupe	6.000	3.000.000	3.000.000	1.800.000	»	2
3	Banques coloniales. Guyane	1.200	600.000	600.000	1.500.000	118.800	3
4	Banques coloniales. Martinique	6.000	3.000.000	3.000.000	1.800.000	»	4
5	Banques coloniales. Réunion	6.000	3.000.000	3.000.000	1.350.000	75.000	5
6	Banque commerciale et industrielle	10.000	5.000.000	12.750.000	4.020.000	175.000	6
7	— de consignations	8.000	2.000.000	2.000.000	1.600.000	80.000	7
8	— des fonds publics et des valeurs industrielles	6.000	3.000.000	3.000.000	1.752.000	150.000	8
9	— de France	182.500	182.500.000	191.625.000	759.200.000	24.710.500	9
10	— française de l'Afrique du Sud	400.000	40.000.000	50.000.000	84.800.000	1.600.000	10
11	— nationale d'Haïti	20.000	5.000.000	5.000.000	5.080.000	580.000	11
12	— de l'Indo-Chine	24.000	3.000.000	3.000.000	12.600.000	600.000	12
13	— industrielle et coloniale	12.000	1.500.000	1.500.000	3.900.000	300.000	13
14	— internationale de Paris	80.000	40.000.000	42.400.000	50.000.000	2.400.000	14
15	— de Paris	125.000	62.500.000	62.500.000	145.312.500	6.250.000	15
16	Banque parisienne. Actions	40.000	20.000.000	25.000.000	21.420.000	1.100.000	16
17	Banque parisienne. 20 parts de fondateur	20.000	»	»	800.000	34.600	17
18	Banque régionale du Nord	16.000	4.000.000	4.000.000	4.000.000	256.000	18
19	— de Saint-Domingue	8.000	4.000.000	4.000.000	»	»	19
20	— spéciale des valeurs industrielles	200.000	20.000.000	24.500.000	12.700.000	8.400.000	20
21	— suisse et française	20.000	10.000.000	10.900.000	12.570.000	600.000	21
22	— transatlantique	40.000	10.000.000	10.000.000	7.800.000	500.000	22
23	Caisse Lécuyer	24.000	6.000.000	6.000.000	9.840.000	»	23
24	Compagnie algérienne	80.000	15.000.000	15.760.000	28.880.000	1.050.000	24
25	— foncière de France	50.000	25.000.000	25.000.000	2.800.000	»	25
26	Compagnie franco-algérienne. Actions	60.000	30.000.000	30.000.000	8.900.000	»	26
27	Compagnie franco-algérienne. Obligations	100.000	10.000.000	22.000.000	7.250.000	250.000	27
	A reporter	1.534.700	528.100.000	588.525.000	1.175.974.500	44.859.900	

TABLEAU VIII (*Suite*). VALEURS FRANÇAISES : BANQUES ET INSTITUTIONS DE CRÉDIT

NUMÉROS d'ordre	DÉSIGNATION DES VALEURS	NOMBRE DE TITRES en circulation (28 février 1900)	VALEUR EN CAPITAL — CAPITAL nominal	TAUX d'émission	CAPITAL au cours du 28 février 1900	INTÉRÊTS et DIVIDENDES	RAPPEL des numéros d'ordre
1	2	3	4	5	6	7	8
			francs.	francs.	francs.	francs.	
	Report	1.134.700	628.100.000	588.525.000	1.175.974.500	44.859.900	
28	Comptoir national d'escompte de Paris. — Actions	200.000	100.000.000	102.500.000	129.700.000	5.250.000	28
29	Comptoir national d'escompte de Paris. — Parts de fondateurs	60.000	»	»	2.820.000	»	29
30	Comptoir Naud	51.600	5.160.000	5.160.000	8.901.000	387.000	30
31	Crédit algérien	16.000	8.000.000	8.000.000	16.520.000	520.000	31
32	Crédit foncier et agricole d'Algérie	60.000	15.000.000	15.000.000	15.540.000	750.000	32
33	Crédit foncier colonial. — Actions	24.000	12.000.000	12.000.000	2.304.000	»	33
34	Crédit foncier colonial. — Obligations 420	30.697	12.892.750	14.681.075	8.710.270	368.360	34
35	Crédit foncier colonial. — — 350	12.130	4.245.500	5.579.800	2.777.770	121.300	35
36	Crédit industriel et commercial	120.000	15.000.000	19.000.000	31.200.000	1.500.000	36
37	Société marseillaise de crédit industriel et commercial	60.000	30.000.000	80.000.000	47.100.000	2.187.000	37
38	Crédit lyonnais	400.000	200.000.000	266.260.000	456.000.000	16.000.000	38
39	— mobilier	60.000	30.000.000	78.000.000	4.980.000	»	39
40	Société foncière lyonnaise. — Actions	100.000	50.000.000	75.000.000	35.400.000	1.500.000	40
41	Société foncière lyonnaise. — Obligations	59.483	29.741.500	23.793.200	25.280.275	892.245	41
42	Société française de banque et de dépôts	12.000	4.500.000	4.500.000	5.400.000	144.000	42
43	— de reports et de dépôts	25.000	12.500.000	12.500.000	14.125.000	687.500	43
44	Société générale pour favoriser le développement du commerce et de l'industrie en France	320.000	80.000.000	85.300.000	115.200.000	4.000.000	44
45	Sous-Comptoir des entrepreneurs	50.000	5.000.000	5.000.000	11.725.000	500.000	45
46	Immeubles de France. — Actions	30.000	15.000.000	15.000.000	2.520.000	»	46
47	Immeubles de France. — Obligations 400	118.206	47.282.400	47.282.400	15.544.090	709.280	47
48	Immeubles de France. — — 475	52.038	24.718.050	24.718.050	8.222.000	364.270	48
49	Société immobilière marseillaise	70.947	35.473.500	36.723.500	42.568.200	1.773.675	49
50	Rente foncière	40.000	20.000.000	25.000.000	17.880.000	650.000	50
51	Sociétés civiles. — Lérouville à Sedan	14.746	7.373.000	7.225.500	8.267.760	368.650	51
52	Sociétés civiles. — Annuités Nord	120.153	60.076.500	42.058.550	63.468.085	1.802.295	52
53	Sociétés civiles. — Orléans à Châlons	42.055	21.027.500	18.293.925	25.053.550	1.051.375	53
	TOTAL	3.083.765	1.373.090.700	1.556.986.000	2.283.371.500	86.396.800	

n° 44.
**

TABLEAU IX.

VALEURS FRANÇAISES : CANAUX

NUMÉROS D'ORDRE	DÉSIGNATION DES VALEURS		NOMBRE DE TITRES en CIRCULATION (28 février 1900)	VALEUR EN CAPITAL: CAPITAL NOMINAL	VALEUR EN CAPITAL: TAUX D'ÉMISSION	VALEUR EN CAPITAL: CAPITAL AU COURS du 28 février 1900	INTÉRÊTS et DIVIDENDES	RAPPEL des NUMÉROS D'ORDRE
1	2		3	4	5	6	7	8
				francs.	francs.	francs.	francs.	
1	Canal de la Bourne		4.000	2.000.000	2.000.000	84.000	»	1
2	Canaux de l'Ourcq et de Saint-Denis		14.216	7.108.000	7.108.000	7.818.800	355.400	2
3	Canal Saint-Martin		2.497	2.369.650	2.369.650	2.497.000	68.840	3
4	— de Pierrelatte		12.000	6.000.000	6.000.000	84.000	»	4
5	— de la Sambre à l'Oise		11.550	9.240.000	9.240.000	4.620.000	288.750	5
6	Canal maritime de Suez.	Actions	216.000 (1)	108.000.000	108.000.000	768.960.000	23.274.000	6
7		— de jouissance	7.398 (1)	»	»	21.464.200	612.180	7
8		Parts de fondateurs	100.000	»	»	135.250.000	4.661.700	8
9		Bons de coupons	393 382	33.437.450	33.437.450	35.994.450	1.671.870	9
10		Obligations 5 %	218.108	109.054.000	65.482.400	188.716.700	5.452.700	10
11		— 3 %, 1re série	68.498	34.249.000	22.604.350	32.879.000	1.027.470	11
12		— 3 %, 2e —	217.708	108.854.000	89.260.250	102.758.150	3.265.620	12
13		Bons trentenaires	16.780	2.097.500	1.678.000	2.181.400	134.240	13
14		Société civile	84.507	42.253.500	42.253.500	193.732.300	6.992.950	14
	TOTAL		1.366.644	464.663.100	389.883.500	1.447.030.000	47.805.420	

(1) Non compris les 176.602 actions cédées au gouvernement anglais en 1875, et immobilisées depuis cette époque.

TABLEAU X.

VALEURS FRANÇAISES : CHEMINS DE FER (GRANDES COMPAGNIES)

NUMÉROS D'ORDRE 1	DÉSIGNATION DES VALEURS 2		NOMBRE DE TITRES EN CIRCULATION (28 février 1900) 3	VALEUR EN CAPITAL — CAPITAL NOMINAL 4	VALEUR EN CAPITAL — TAUX D'ÉMISSION 5	VALEUR EN CAPITAL — CAPITAL AU COURS du 28 FÉVRIER 1900 6	INTÉRÊTS et DIVIDENDES 7	RAPPEL des NUMÉROS D'ORDRE 8
				francs.	francs.	francs.	francs.	
1	Compagnie des chemins de fer de l'Est	Actions	515.433	257.716.500	257.716.500	546.358.980	18.297.870	1
2		— de jouissance	68.567	»	»	34.263.500	1.062.790	2
3		Obligations 5 %	312.830	208.320.000	156.400.000	206.917.200	7.820.000	3
4		— 3 % anciennes	1.955.400	977.700.000	635.505.000	888.596.370	29.331.000	4
5		— 3 % nouvelles	1.848.580	924.290.000	693.217.500	842.952.485	27.728.700	5
6		— 2 1/2 %	52.485	26.240.000	22.304.000	21.306.885	656.000	6
7		Ardennes	392.411	196.205.500	117.723.850	176.584.950	5.886.170	7
8		Strasbourg à Bâle	5.965	3.726.120	2.982.500	3.683.380	149.120	8
9		Dieuze	4.959	2.479.500	1.388.520	2.181.960	74.880	9
10		Montereau à Troyes	2.822	2.902.500	2.322.000	2.907.140	116.100	10
		Ensemble	5.158.017	2.594.582.120	1.889.559.310	2.720.772.840	91.122.130	
11	Compagnie des chemins de fer de Paris à Lyon et à la Méditerranée	Actions	800.000	400.000.000	450.642.500	1.482.000.000	45.630.000	11
12		Fusion ancienne	4.430.500	2.215.250.000	1.550.875.000	2.007.016.500	66.457.500	12
13		— nouvelle	4.856.600	2.448.300.000	1.821.225.000	2.219.466.200	72.849.000	13
14		2 1/2 %	171.262	85.631.000	74.498.970	69.917.710	2.140.770	14
15		Lyon 5 %	19.517	24.396.250	20.492.850	25.176.930	975.850	15
16		— 3 %	211.000	105.500.000	61.190.000	96.427.000	3.165.000	16
17		Bessèges à Alais	19.227	9.618.500	5.287.420	8.556.010	288.400	17
18		Bourbonnais	286.000	143.000.000	82.940.000	129.544.000	4.290.000	18
19		Dauphiné	151.000	75.500.000	45.300.000	68.214.250	2.265.000	19
20		Dombes et Sud-Est anciennes	35.569	17.784.500	10.492.850	16.006.050	533.530	20
21		— — nouvelles	37.797	18.898.500	10.772.150	17.008.650	566.950	21
22		Genève 1855	73.902	36.951.000	21.062.070	33.274.380	1.108.530	22
23		— 1857	46.113	28.050.500	12.450.510	20.702.380	691.690	23
24		Méditerranée 5 %	73.025	45.640.020	39.068.380	47.247.170	1.825.620	24
25		— 1852-55	224.912	112.455.000	62.975.360	101.868.340	3.378.880	25
26		Rhône-et-Loire 4 %	91.141	56.963.120	45.570.500	67.874.530	2.278.520	26
27		— — 3 %	52.788	28.394.000	15.836.400	23.701.810	791.820	27
28		Saint-Étienne à Lyon	1.629	2.036.250	1.629.000	2.288.750	81.450	28
29		Emmanuel 1862	84.526	42.318.000	22.425.890	38.420.200	1.269.390	29
		Ensemble	11.606.698	5.869.684.240	4.354.534.850	6.464.890.880	210.552.700	
30	Compagnie des chemins de fer du Midi	Actions	237.487	118.743.500	139.440.000	315.020.220	11.874.350	30
31		— de jouissance	12.513	»	»	9.071.920	312.820	31
32		Obligations 3 % anciennes	2.565.210	1.282.605.000	833.693.250	1.156.909.710	38.478.150	32
33		— 3 % nouvelles	534.164	267.082.000	213.093.600	242.510.450	8.012.460	33
34		— 2 1/2 %	145.380	72.690.000	63.240.300	58.878.900	1.817.250	34
		Ensemble	3.494.754	1.741.120.500	1.250.089.150	1.782.991.200	60.495.030	

Tableau X (*Suite et fin*).

VALEURS FRANÇAISES : CHEMINS DE FER (GRANDES COMPAGNIES)

NUMÉROS d'ordre 1	DÉSIGNATION DES VALEURS 2		NOMBRE DE TITRES en circulation (28 février 1900) 3	VALEUR EN CAPITAL — CAPITAL nominal 4	VALEUR EN CAPITAL — TAUX d'émission 5	VALEUR EN CAPITAL — CAPITAL AU COURS du 28 février 1900 6	INTÉRÊTS et DIVIDENDES 7	RAPPEL des numéros d'ordre 8
				francs.	francs.	francs.	francs.	
35	Compagnie du chemin de fer du Nord	Actions	507.434	202.978.600	281.774.550	1.145.532.260	33.998.080	35
36		— de jouissance	17.566	»	»	31.530.980	895.870	36
37		Obligations 3 % anciennes	3.014.700	1.507.850.000	1.055.145.000	1.379.978.920	45.220.500	37
38		— 3 % nouvelles	136.317	68.158.500	54.750.580	62.589.500	2.044.750	38
39		— 2 1/2 %	91.150	45.575.000	40.106.000	37.827.250	1.139.370	39
40		Lille à Béthune	26.777	13.388.500	7.497.560	12.183.630	401.650	40
41		Nord-Est	142.602	71.301.000	42.780.600	64.568.080	2.139.080	41
42		Picardie et Flandres	39.686	19.843.000	10.913.650	17.848.780	595.290	42
43		Nord Belges	112.403	56.201.500	33.720.900	55.976.700	1.686.050	43
		Ensemble	4.088.635	1.984.791.100	1.516.688.840	2.808.010.980	88.120.590	
44	Compagnie du chemin de fer de Paris à Orléans	Actions	500.301	250.150.500	250.150.500	880.529.760	29.267.610	44
45		— de jouissance	99.690	»	»	125.122.250	4.386.910	45
46		Obligations 4 % 1848	10.593	13.241.250	7.944.750	13.347.180	529.650	46
47		— 3 % anciennes	3.391.771	1.695.885.500	1.102.325.570	1.529.864.030	50.876.560	47
48		— 3 % nouvelles	1.170.700	585.850.000	497.547.500	585.887.930	17.560.500	48
49		— 2 1/2 %	243.954	121.977.000	107.339.760	99.189.280	3.049.420	49
50		Grand Central 1855	259.911	129.955.500	77.973.800	117.739.580	3.898.670	50
51		Orsay	1.463	731.500	374.960	738.820	29.260	51
		Ensemble	5.678.392	2.797.791.250	2.043.656.840	3.312.418.930	109.648.580	
52	Compagnie des chemins de fer de l'Ouest	Actions	263.045	131.522.500	131.522.500	288.560.400	10.127.230	52
53		— de jouissance	30.955	»	»	22.912.100	776.060	53
54		Obligations 3 % anciennes	3.325.467	1.662.733.500	997.640.100	1.503.111.100	49.882.000	54
55		— 3 % nouvelles	1.132.841	566.420.500	453.136.400	515.159.440	16.992.620	55
56		— 2 1/2 %	211.912	105.956.000	93.241.350	86.460.100	2.648.900	56
57		— 5 % 1852-53-54	1.423	1.778.750	1.423.000	1.778.060	71.150	57
58		— 5 % 1855	298	372.500	298.000	379.900	14.900	58
59		— 4 %	4.911	2.455.500	1.964.400	2.470.230	98.220	59
60		Havre 1845-47	3.692	4.615.000	3.692.000	4.688.840	184.600	60
61		— 1848	1.213	1.516.250	909.750	1.552.640	72.780	61
62		Rouen 1845	863	1.078.750	863.000	1.074.440	34.520	62
63		— 1847-49-54	7.644	9.555.000	7.644.000	9.631.440	382.200	63
		Ensemble	4.990.264	2.488.004.250	1.692.834.600	2.437.778.690	81.285.180	
		Total	35.077.570	17.495.978.500	12.740.818.000	19.526.858.500	641.124.210	

TABLEAU XI.

VALEURS FRANÇAISES : CHEMINS DE FER ET TRAMWAYS (1)

NUMÉROS D'ORDRE	DÉSIGNATION DES VALEURS	NOMBRE DE TITRES en CIRCULATION (28 février 1900)	VALEUR EN CAPITAL — CAPITAL NOMINAL	VALEUR EN CAPITAL — TAUX D'ÉMISSION	VALEUR EN CAPITAL — CAPITAL AU COURS du 28 février 1900	INTÉRÊTS et DIVIDENDES	RAPPEL des NUMÉROS D'ORDRE
1	2	3	4	5	6	7	8
			francs.	francs.	francs.	francs.	
1	Aïn-Thizy à Mascara	4.456	2.228.000	1.559.600	1.893.800	66.840	1
2	Méchéria à Aïn-Sefra	22.205	11.102.500	7.549.700	9.658.685	333.080	2
3	Modzbah à Méchéria	5.036	2.518.000	1.762.600	2.152.890	75.540	3
4	Mostaganem à Tiaret	63.272	31.636.000	20.878.760	27.839.680	949.080	4
5	Arpajon	10.000	5.000.000	5.000.000	5.000.000	68.600	5
6	— obligations	6.220	3.110.000	1.928.200	2.815.990	93.300	6
7	Bois de Boulogne, obligations	2.400	720.000	600.000	693.600	28.800	7
8	Bône-Guelma	58.639	29.269.500	29.269.500	42.440.780	1.756.170	8
9	— obligations	378.770	189.385.000	122.000.250	187.416.340	5.591.550	9
10	Bonsecours (Rouen Eauplet à)	1.460	730.000	730.000	730.000	»	10
11	Bouches-du-Rhône (Chemins régionaux)	14.046	7.023.000	7.023.000	7.233.700	341.320	11
12	— obligations	19.889	9.694.500	6.883.100	8.240.880	290.840	12
13	Brésiliens … actions	20.000	10.000.000	10.000.000	10.000.000	400.000	13
14	Brésiliens … obligations 1887	98.909	49.454.500	43.618.870	35.409.420	2.225.450	14
15	Brésiliens … — 1893	67.814	33.907.000	29.363.460	24.073.970	1.525.820	15
16	Caen à la Mer	3.945	1.972.500	1.972.500	1.972.500	»	16
17	— — obligations	6.013	3.006.500	2.059.450	2.453.300	90.190	17
18	Camargue	4.000	2.000.000	2.000.000	2.620.000	100.000	18
19	— obligations	5.369	2.684.500	2.093.910	2.292.560	80.530	19
20	Colonies françaises	4.722	2.361.000	2.361.000	2.998.470	141.650	20
21	— — obligations	8.654	4.327.000	2.769.280	3.606.910	129.810	21
22	Croix-Rousse (Lyon à la)	3.545	1.772.500	1.772.500	886.250	28.360	22
23	— — obligations	1.600	800.000	432.000	680.000	24.000	23
24	Dakar à Saint-Louis	10.040	5.020.000	5.020.000	5.777.000	297.180	24
25	Départementaux	60.000	15.000.000	15.000.000	26.340.000	1.200.000	25
26	— obligations (jaune)	18.944	9.472.000	7.104.000	8.411.130	284.160	26
27	— (bleue)	54.375	27.187.500	20.353.120	23.881.000	814.120	27
28	— (rouge)	67.866	33.933.000	25.449.750	30.200.370	1.017.990	28
29	Drôme	9.000	4.500.000	4.500.000	4.365.000	90.000	29
30	— obligations	11.013	5.506.500	4.405.200	4.047.480	165.190	30
31	Économiques (Société générale)	50.000	8.750.000	8.750.000	13.750.000	568.750	31
	À reporter	1.091.502	514.021.600	394.209.850	481.126.130	18.876.330	

(1) Grandes compagnies, voir le tableau X.

VALEURS FRANÇAISES : CHEMINS DE FER ET TRAMWAYS

NUMÉROS d'ordre 1	DÉSIGNATION DES VALEURS 2	NOMBRE DE TITRES en circulation (28 février 1900) 3	VALEUR EN CAPITAL — CAPITAL nominal 4	VALEUR EN CAPITAL — TAUX d'émission 5	VALEUR EN CAPITAL — CAPITAL AU COURS du 28 février 1900 6	INTÉRÊTS et DIVIDENDES 7	RAPPEL des numéros d'ordre 8
			francs.	francs.	francs.	francs.	
	Reports	1.091.502	514.021.000	394.209.750	486.126.130	18.876.330	
32	Economiques (Société générale), obligations	161.642	80.821.000	60.615.750	70.314.270	2.424.630	32
33	Economiques du Nord	23.335	11.667.500	11.667.500	11.784.170	625.030	33
34	— — Obligations 4 %	17.503	8.751.500	8.401.440	8.663.980	350.060	34
35	— — — 3 1/2 %	6.907	3.453.500	3.418.960	3.108.150	120.870	35
36	Epernay à Romilly	10.000	5.000.000	5.000.000	5.000.000	»	36
37	— — obligations	9.234	4.617.000	2.770.200	3.924.450	138.510	37
38	Est Algérien	49.700	24.850.000	24.850.000	37.026.500	1.491.000	38
39	— — obligations	494.700	247.350.000	173.145.000	218.657.400	7.420.500	39
40	Est de Lyon, actions privilégiées	10.800	5.400.000	5.400.000	5.400.000	253.800	40
41	— — obligations	16.450	8.225.000	5.757.500	6.974.800	246.750	41
42	Ethiopiens	28.000	3.500.000	3.500.000	3.500.000	»	42
43	— obligations	56.000	28.000.000	18.200.000	14.000.000	840.000	43
44	Grande Ceinture, obligations	152.477	76.238.500	49.555.020	69.681.980	2.287.150	44
45	Hérault	10.000	5.000.000	5.000.000	850.000	»	45
46	— titres privilégiés	10.000	5.000.000	2.500.000	3.020.000	125.000	46
47	Landes	20.000	9.000.000	9.000.000	10.600.000	450.000	47
48	Médoc	20.000	10.000.000	10.000.000	3.400.000	»	48
49	— obligations	37.211	18.605.500	10.233.020	13.954.120	558.160	49
50	Métropolitain de Paris, actions libérées	60.750	15.187.500	15.187.500	34.323.750	»	50
51	— — — non libérées	39.250	2.453.100	2.453.100	14.601.000	»	51
52	Meusienne de chemins de fer (Cie)	7.904	3.952.000	3.952.000	3.952.000	181.790	52
53	— — — obligations	8.470	4.235.000	3.472.700	3.050.570	127.050	53
54	Miramas à Port-de-Bouc	900	450.000	450 000	405.000	18.000	54
55	Nogentais	20.000	10.000.000	10.000.000	10.000.000	»	55
56	Omnium lyonnais de chemins de fer et tramways	100.000	10.000.000	10.000.000	12.500.000	»	56
57	Ouest Algérien	33.257	16.628.500	16.628.500	20.951.910	831.420	57
58	— — obligations	183.195	91.597.500	65.034.220	82.437.750	2.747.920	58
59	Réunion, obligations	149.224	74.612.000	49.243.920	67.001.570	2.238.360	59
60	Saint-Etienne, Firminy, Rive-de-Gier	12.000	6.000.000	6.000.000	5.900.000	300.000	60
61	Santa-Fé, actions	20.000	10.000.000	10.000.000	»	»	61
	A reporter	2.860.411	1.314.616.100	995.546.080	1.227.709.500	42.652.330	

Tableau XI (*Suite et fin*).

VALEURS FRANÇAISES : CHEMINS DE FER ET TRAMWAYS

NUMÉROS D'ORDRE 1	DÉSIGNATION DES VALEURS 2	NOMBRE DE TITRES en circulation (28 février 1900) 3	VALEUR EN CAPITAL — CAPITAL NOMINAL 4	VALEUR EN CAPITAL — TAUX D'ÉMISSION 5	VALEUR EN CAPITAL — CAPITAL AU COURS du 28 février 1900 6	INTÉRÊTS ET DIVIDENDES 7	RAPPEL des NUMÉROS D'ORDRE 8
			francs.	francs.	francs.	francs.	
	Reports	2.880.411	1.314.616.100	995.046.080	1.227.709.500	42.652.380	
62	Santa-Fé, obligations	165.000	82.500.000	70.537.500	28.050.000	594.000	62
63	Sud de la France	49.409	24.704.500	24.704.500	16.206.150	592.900	63
64	— — obligations	243.128	121.564.000	92.388.600	106.760.080	3.040.920	64
65	Toulouse à Boulogne-sur-Gesse	6.000	3.000.000	3.000.000	2.850.000	120.000	65
66	Tramways d'Angers	8.500	4.250.000	4.250.000	4.581.500	178.500	66
67	Tramways et omnibus de Bordeaux	100.000	25.000.000	25.000.000	33.600.000	1.250.000	67
68	Compagnie générale française de Tramways	50.000	25.000.000	36.300.000	62.500.000	1.375.000	68
69	— — obligations	41.071	20.535.500	19.919.430	20.905.140	821.420	69
70	Lyonnaise de Tramways	10.000	5.000.000	5.000.000	6.300.000	300.000	70
71	Tramways d'Oran	8.000	4.000.000	4.000.000	4.240.000	»	71
72	Générale parisienne de Tramways	101.948	25.487.000	25.487.000	25.487.000	»	72
73	Tramways Roubaix-Tourcoing	6.000	3.000.000	3.000.000	6.840.000	210.000	73
74	— de Rouen	24.814	12.407.000	12.407.000	16.327.600	620.350	74
75	— Paris à Saint-Germain	6.000	3.000.000	3.000.000	1.500.000	»	75
76	— — — obligations	5.478	2.739.000	1.572.180	2.273.370	82.170	76
77	— Paris et Seine	18.037	9.018.500	9.018.500	20.562.180	505.030	77
78	— — — actions de jouissance	1.368	»	»	795.320	4.040	78
79	— des Deux-Sèvres, actions privilégiées	6.200	3.100.000	3.100.000	2.989.800	98.080	79
80	— — — ordinaires	2.800	1.400.000	1.400.000	1.330.000	44.890	80
81	— de l'Ouest parisien	16.000	8.000.000	8.000.000	10.496.000	»	81
82	Société parisienne pour l'industrie des chemins de fer et tramways électriques	100.000	25.000.000	25.000.000	32.500.000	»	82
83	Vénézuéliens	6.000	3.000.000	3.000.000	»	»	83
84	— obligations	44.568	22.284.000	16.267.320	891.860	»	84
85	Voies ferrées du Dauphiné	6.000	3.000.000	3.000.000	2.700.000	120.000	85
86	— — — obligations (janvier-juillet)	2.467	1.233.500	1.011.470	1.028.740	87.000	86
87	— — — — (avril-octobre)	4.000	2.000.000	1.680.000	1.784.000	60.000	87
88	Voies ferrées économiques	10.000	5.000.000	5.000.000	8.150.000	400.000	88
89	— — Parts de fondateur	1.000	»	»	2.550.000	150.000	89
90	Wassy à Saint-Dizier	2.092	1.046.000	1.046.000	585.800	33.470	90
91	— obligations	2.862	1.431.000	858.600	944.460	42.980	91
	Total	3.909.133	1.702.316.100	1.404.594.200	1.652.418.500	53.836.430	

Tableau XII.

VALEURS FRANÇAISES : DOCKS ET ENTREPOTS

NUMÉROS d'ordre	DÉSIGNATION DES VALEURS		NOMBRE DE TITRES en circulation (28 février 1900)	VALEUR EN CAPITAL			INTÉRÊTS et DIVIDENDES	RAPPEL des NUMÉROS D'ORDRE
				CAPITAL NOMINAL	TAUX D'ÉMISSION	CAPITAL AU COURS du 28 février 1900.		
1	2		3	4	5	6	7	8
				francs.	francs.	francs.	francs.	
1	Docks-Entrepôts du Havre	actions	9.883	4.891.500	4.891.500	8.632.860	469.150	1
		actions de jouissance	617			185.100	15.425	
		obligations 3 %	19.812	9.906.000	5.645.420	9.014.460	297.180	
2	Docks-Entrepôts de Marseille	actions	75.296	37.648.000	37.648.000	32.829.055	1.505.920	2
		actions de jouissance	2.704			27.040		
		obligations 3 %	53.279	26.639.500	14.918.120	23.123.095	799.185	
3	Docks-Entrepôts de Rouen	actions	10.000	2.500.000	2.500.000	500.000		3
		obligations 4 %	4.200	2.100.000	2.079.000	2.058.000	84.000	
4	Entrepôts et Magasins Généraux de Paris	actions	60.000	30.000.000	30.000.000	35.940.000	1.710.000	4
		actions de jouissance	1.000			130.000	3.500	
		obligations 4 %	44.847	22.423.500	21.538.060	22.558.000	896.940	
5	Parc de Bercy		6.000	1.500.000	1.500.000	6.000.000	240.000	5
	Total		287.138	137.408.600	120.621.700	140.997.100	6.021.800	

VALEURS FRANÇAISES : EAUX

NUMÉROS D'ORDRE	DÉSIGNATION DES VALEURS		NOMBRE DE TITRES en CIRCULATION (28 février 1900)	VALEUR EN CAPITAL — CAPITAL NOMINAL	VALEUR EN CAPITAL — TAUX D'ÉMISSION	VALEUR EN CAPITAL — CAPITAL AU COURS du 28 février 1900.	INTÉRÊTS et DIVIDENDES	RAPPEL des NUMÉROS D'ORDRE
1	2		3	4	5	6	7	8
				francs.	francs.	francs.	francs.	
1	Compagnie générale des eaux	actions	73.842	36.921.000	46.151.250	150.837.680	5.242.780	1
		actions de jouissance	6.158			9.237.000	314.055	
		obligations 3 %	72.983	36.466.500	26.255.880	32.965.710	1.093.995	
		obligations 5 %	7.179	3.589.500	3.287.990	3.733.080	179.475	
		obligations 4 %	29.361	14.680.500	14.386.890	15.170.915	587.220	
		obligations 4 %	18.918	9 459.000	8,986.050	9.742.770	378.360	
2	Eaux de la banlieue	actions	22.760	2.276.000	2,276.000	9.788.800	318.640	2
		actions de jouissance	2.240			604.800	20.160	
		obligations 3¾ %	6.542	3.271.000	3.271.000	3.192.495	122.662	
3	Eaux de la Bourboule...	actions	3.241	1,620.500	1.620.500	810.250	19.446	3
		obligations 5 %	5.343	2,671.500	2.404.350	2.684.100	133.575	
4	Eaux pour l'étranger...	actions	80.000	40.000.000	41.000.000	36.000.000	1,080,000	4
		obligations 4 %	62.621	31.310.500	30.684.290	31.310.500	1.252,420	
5	Lyonnaise des Eaux (Cie)	actions	36.000	18.000.000	18.000.000	19.260.000	900.000	5
		obligations 4 %	17.540	8.770.000	8.419.200	8.699.840	350.800	
6	Eaux minérales et Bains de mer	actions	24.000	4.800.000	12.00 .000	8.280.000	288.000	6
		obligations 4½ %	7.249	3.624.500	3.624.500	3.624.500	163.102	
7	Eaux de Vichy, actions		32.000	12.000.000	12.000.000	61.760.000	4.000.000	7
8	Compagnie urbaine d'eau et d'électricité	actions	25.000	2.500.000	2.500.000	1.750.000		8
		obligations 200 4 %	1.830	366.000	347.700	351.360	14.640	
		obligations 300 4 %	3.000	1.500.000	1.895.000	1.437.000	60.000	
	TOTAL		537.757	288.826.500	238.610.600	410.938.800	15.519.380	

Tableau XIV.

VALEURS FRANÇAISES : ÉLECTRICITÉ

NUMÉROS d'ordre	DÉSIGNATION DES VALEURS		NOMBRE DE TITRES en circulation (26 Février 1900)	VALEUR EN CAPITAL — CAPITAL nominal	VALEUR EN CAPITAL — TAUX d'émission	VALEUR EN CAPITAL — CAPITAL au cours du 26 Février 1900.	INTÉRÊTS et dividendes	RAPPEL des numéros d'ordre
1	2		3	4	5	6	7	8
				francs.	francs.	francs.	francs.	
1	Eclairage électrique....	actions libérées	4.000	2.000.000	2.000.000	2.360.000	120.000	1
		actions non libérées	4.000	500.000	600.000	820.000		
2	Compagnie Continentale Edison	actions	20.000	10.000.000	10.000.000	14.700.000	600.000	2
		parts de fondateur	14.000			1.750.000	42.000	
3	Compagnie Générale d'Électricité	actions	20.000	10.000.000	10.000.000	14.400.000	550.000	
		obligations 4 % J. J.	9.865	4.932.500	4.888.200	4.784.800	197.300	3
		obligations 4 % A. O.	10.000	5.000.000	4.950.000	4.880.000	200.000	
4	Eclairage et Force par l'Electricité		20.000	10.000.000	10.000.000	12.770.000	600.000	4
5	Société Générale Electrique et Industrielle		25.000	12.500.000	12.500.000	15.062.500		5
6	Société Industrielle d'Energie Electrique	actions	40.000	2.500.000	2.500.000	3.100.000		6
		parts bénéficiaires	10.000			1.000.000		
7	Secteur de la Place Clichy	actions	12.000	6.000.000	6.000.000	13.308.000	300.000	
		obligations 1000 5 %	2.500	2.500.000	2.500.000	2.500.000	125.000	
		obligations 500 5 %	1.904	952.000	952.000	1.009.100	47.600	7
		obligations 4 ½ %	4.000	2.000.000	2.000.000	2.000.000	90.000	
		obligations 4 ½ % 2e série	6.000	3.000.000	3.000.000	3.000.000	135.000	
8	Secteur Rive gauche ...	actions	18.000	9.000.000	9.000.000	11.340.000		
		obligations 5 %	18.760	9.380.000	9.380.000	9.567.600	469.000	8
		obligations 5 % 2e série	4.000	2.000.000	2.000.000	2.064.000	100.000	
9	Société Electrique des Pyrénées	actions	800	400.000	400.000	400.000		
		parts de fondateur	4.000					9
		obligations 200 5 %	2.000	400.000	380.000	380.000	20.000	
10	Union Electrique, actions		8.000	4.000.000	4.000.000	4.420.000		10
	Total		258.829	97.064.500	97.045.200	125.596.000	3.495.900	

Tableau XV.

VALEURS FRANÇAISES : FILATURES

NUMÉROS d'ordre	DÉSIGNATION DES VALEURS	NOMBRE DE TITRES en circulation (28 février 1900)	VALEUR EN CAPITAL — CAPITAL nominal	VALEUR EN CAPITAL — TAUX d'émission	VALEUR EN CAPITAL — CAPITAL au cours du 28 Février 1900.	INTÉRÊTS et dividendes	RAPPEL des numéros d'ordre
1	2	3	4	5	6	7	8
			francs.	francs.	francs.	francs.	
1	Industrie linière	18.000	9.000.000	9.000.000	15.030.000	720.000	1
2	Industries textiles, Léon Allart	20.000	10.000.000	10.000.000	9.600.000	500.000	2
	Total	38.000	19.000.000	19.000.000	24.630.000	1.220.000	

Tableau XVI.

VALEURS FRANÇAISES : GAZ

NUMÉROS D'ORDRE	DÉSIGNATION DES VALEURS		NOMBRE DE TITRES en circulation (28 février 1900)	VALEUR EN CAPITAL: CAPITAL NOMINAL	TAUX D'ÉMISSION	CAPITAL au cours du 28 février 1900	INTÉRÊTS et DIVIDENDES	RAPPEL des NUMÉROS D'ORDRE
1	2		3	4	5	6	7	8
				francs.	francs.	francs.	francs.	
1	Gaz de Beauvais, actions		1.000	500.000	500.000	500.000	35.000	1
2	Gaz de Bordeaux	actions	1.029	514.500	514.500	2.008.550	8.280	2
		actions de jouissance	4.971			5.816.070	273.400	
3	Gaz et eaux	actions	20.000	10.000.000	10.000.000	11.040.000	550.000	3
		obligations 4 %	32.891	16.445.500	16.623.220	16.445.500	657.820	
4	Gaz de Bucharest		12.000	6.000.000	6.000.000	9.600.000	65.700	4
5	Gaz central Lebon et Cie	actions	26.000	13.000.000	13.000.000	37.414.000	1.560.000	5
		obligations 5 %	25.690	12.845.000	12.845.000	13.333.110	642.250	
		obligations 4 %	50.000	25.000.000	25.000.000	25.250.000	1.000.000	
		obligations 3 %	39.390	19.695.000	17.726.500	16.740.750	590.850	
6	Gaz pour la France et l'étranger	actions	40.000	20.000.000	20.000.000	24.840.000	1.300.000	6
		obligations 4 %	45.257	22.628.500	22.175.980	22.492.730	905.140	
7	Compagnie française d'éclairage et de chauffage par le gaz	actions	21.400	12.700.000	12.700.000	19.260.000	855.000	7
		obligations 4 %	2.370	711.000	711.000	699.150	28.440	
8	Compagnie française continentale d'éclairage	actions	20.000	10.000.000	10.000.000	6.000.000	150.000	8
		obligations 4 %	9.895	2.968.500	2.968.500	2.909.130	118.740	
9	Fusion des gaz, actions		8.000	4.000.000	4.000.000	2.640.000	120.000	9
10	Gaz de Gand	actions	6.000	3.000.000	3.000.000	774.000		10
		obligations 5 %	7.852	3.926.000	3.808.250	3.926.000	196.300	
11	Gaz général	actions	12.000	6.000.000	6.000.000	5.400.000	264.000	11
		obligations 5 %	14.984	4.495.200	4.495.200	4.570.120	224.760	
		obligations 4 %	8.400	2.520.000	2.478.000	2.562.000	100.800	
12	Société départementale d'usines à gaz, Georgi et Cie		2.400	1.200.000	1.200.000	600.000		12
	A reporter		411.529	198.149.200	194.745.100	234.819.110	9.647.630	

Tableau XVI (*Suite*).

VALEURS FRANÇAISES : GAZ

NUMÉROS d'ordre	DÉSIGNATION DES VALEURS		NOMBRE DE TITRES en circulation (28 février 1900)	VALEUR EN CAPITAL — CAPITAL nominal	TAUX d'émission	CAPITAL au cours du 28 février 1900	INTÉRÊTS et DIVIDENDES	RAPPEL des numéros d'ordre
1	2		3	4	5	6	7	8
				francs.	francs.	francs.	francs.	
	Report		411.829	198.149.200	194.745.100	284.819.110	9.647.430	
13	Société internationale de gaz et électricité	actions	9.000	4.500.000	4.500.000	2.250.000	»	13
		obligations 5 %	14.950	7.475.000	7.250.750	6.606.250	873.750	
14	Gaz d'huile		1.000	500.000	500.000	300.000	10.000	14
15	Gaz de Marseille	actions	4.591	2.754.600	2.754.600	5.394.420	229.550	15
		actions de jouissance	81.409			17.337.760	628.180	
	Gaz de Mulhouse	actions	1.660	830.000	830.000	2.863.500	149.400	16
		actions de jouissance	2.340	585.000	585.000	3.276.000	175.500	
		obligations 4 %	9.834	4.917.000	4.917.000	5.015.340	196.680	
17	Gaz du Nord et de l'Est		15.850	7.925.000	7.925.000	9.430.750	427.950	17
	Gaz parisien	actions	105.321	1.330.250	26.330.250	117.432.950	5.160.720	18
		actions de jouissance	230.679			191.694.250	8.419.780	
		obligations 4 %	228.085	1.042.500	114.042.500	114.498.670	4.561.700	
19	Union des gaz	actions	50.000	25.000.000	25.000.000	44.500.000	2.500.000	19
		obligations 4 ½ % 1888	7.066	3.533.000	3.427.010	3.462.340	158.980	
		obligations 4 ½ % 1892	5.258	2.629.000	2.629.000	2.613.220	118.350	
		obligations 4 % 1896	10.203	5.101.500	5.101.500	5.009.670	204.060	
		obligations 4 % 1900	6.763	3.381.500	3.313.870	3.320.630	135.260	
		obligations 3 ½ %	14.495	7.247.500	7.030.070	6.406.790	253.665	
20	Gaz Ville de Versailles	actions	2.901	725.250	725.250	2.465.850	130.540	20
		actions de jouissance	5.099			3.050.400	165.720	
21	Éclairage des villes et fabrication des compteurs	actions	8.000	4.000.000	4.100.000	4.680.000	200.000	21
		obligations 5 %	10.000	3.000.000	3.000.000	3.060.000	150.000	
	Total		1.180.038	422.026.300	418.706.900	788.437.900	33.997.160	

TABLEAU XVII.

VALEURS FRANÇAISES : FORGES ET FONDERIES

NUMÉROS D'ORDRE	DÉSIGNATION DES VALEURS		NOMBRE DE TITRES EN CIRCULATION (28 février 1900)	VALEUR EN CAPITAL			INTÉRÊTS et DIVIDENDES	RAPPEL des NUMÉROS D'ORDRE
				CAPITAL NOMINAL	TAUX D'ÉMISSION	CAPITAL au cours du 28 février 1900		
1	2		3	4	5	6	7	8
				francs.	francs.	francs.	francs.	
1	Aciéries de France	Actions	20.000	10.000.000	10.000.000	20.900.000	1.069.000	1
2		Parts de fondateurs	16.000	»	»	3.220.000	162.400	2
3		Obligations 4 %	17.091	8.545.500	7.246.410	8.460.040	341.820	3
4	Aciéries de Longwy		40.000	20.000.000	20.000.000	55.080.000	1.800.000	4
5	Aciéries de Micheville		22.000	11.000.000	11.000.000	29.656.000	1.100.000	5
6	Aciéries de Trignac	Actions	24.000	12.000.000	12.000.000	14.280.000	600.000	6
7		Obligations 5 %	11.254	5.627.000	5.430.160	5.694.530	281.350	7
8	Ateliers et chantiers de la Loire.	Actions	20.000	10.000.000	10.000.000	19.200.000	800.000	8
9		Obligations 4 %	18.250	9.125.000	8.217.500	9.179.750	365.000	9
10	Chantiers et ateliers de la Gironde		6.600	3.300.000	3.300.000	5.082.000	198.000	10
11	Compagnie générale de construction		5.066	506.600	506.600	820.690	25.330	11
12	Constructions de Levallois-Perret		22.500	2.250.000	2.812.500	2.812.500	112.500	12
13	Constructions mécaniques du midi de la Russie		8.000	4.000.000	4.000.000	6.456.000	280.000	13
14	Creusot		76.000	27.000.000	27.000.000	149.250.000	6.375.000	14
15	Dyle et Bacalan	Actions	21.000	10.500.000	12.000.000	10.017.000	525.000	15
16		obligations 4 %	19.183	9.591.500	8.728.270	9.035.200	383.660	16
17	Electro-Métallurgie	Actions	30.000	15.000.000	17.000.000	24.800.000	1.200.000	17
18		Obligations 4 %	7.916	3.958.000	3.760.100	3.744.270	158.320	18
19	Etablissements Decauville aîné.	Actions	70.500	7.050.000	7.050.000	7.755.000	»	19
20		Bons au porteur	35.000	»	»	393.750	»	20
21		Obligations 4 %	4.916	2.458.000	2.212.200	2.268.780	98.320	21
22	Etablissements Lazare-Weiller.	Actions	30.000	15.000.000	18.000.000	15.405.000	»	22
23		Obligations fonderie 4 %	6.772	3.386.000	3.148.980	2.817.150	135.440	23
24		Obligations établissements 4 %	10.252	5.126.000	4.408.360	4.323.820	205.040	24
25	Fers et aciers Robert		80.000	8.000.000	8.000.000	12.360.000	480.000	25
26	Fives-Lille	Actions	24.000	12.000.000	12.000.000	14.160.000	»	26
27		Obligations 6 %	5.161	2.064.400	2.064.400	2.425.670	123.860	27
28		Obligations 4 %	25.000	12.500.000	11.925.000	12.500.000	500.000	28
	A reporter		675.461	229.988.000	231.810.480	451.997.100	17.320.040	

TABLEAU XVII (*Suite et fin*).

VALEURS FRANÇAISES : FORGES ET FONDERIES

NUMÉROS d'ordre	DÉSIGNATION DES VALEURS		NOMBRE DE TITRES en circulation (28 février 1900)	VALEUR EN CAPITAL			INTÉRÊTS et DIVIDENDES	RAPPEL des numéros d'ordre
				CAPITAL nominal	TAUX d'émission	CAPITAL au cours du 28 février 1900		
1	2		3	4	5	6	7	8
				francs.	francs.	francs.	francs.	
	Report		675.461	299.988.000	281.810.480	451.997.100	17.322.040	
29	Forges d'Alais		18.000	9.000.000	9.000.000	3.600.000	270.000	29
30	Châtillon, Commentry, Neuves-Maisons		37.000	18.500.000	18.500.000	51.892.500	1.480.000	30
31	Commentry, Fourchambault, Decazeville.	Actions	23.182	11.591.000	11.591.000	25.268.380	811.370	31
32		Actions de jouissance	5.321	»	»	3.027.850	53.210	32
33	Forges et aciéries du Nord et de l'Est		24.000	12.000.000	12.000.000	44.100.000	1.680.000	33
34	Forges et chantiers de la Méditerranée.	Actions	26.000	13.000.000	13.000.000	24.180.000	960.000	34
35		Obligations 4 %	7.100	3.550.000	3.550.000	3.592.600	142.000	35
36	Forges et fonderies de Montataire.	Actions	7.730	3.865.000	3.865.000	3.671.750	154.600	36
37		Obligations 4 ½ % J. D.	7.561	3.780.500	3.425.180	3.780.500	170.120	37
38		Obligations 4 ½ % A. O.	4.090	2.045.000	2.004.100	2.004.100	92.030	38
39	Hauts-fourneaux de la Chiers		6.000	3.000.000	3.000.000	4.110.000	210.000	39
40	Hauts-fourneaux, forges et aciéries de la Marine		40.000	20.000.000	20.000.000	75.100.000	2.400.000	40
41	Hauts-fourneaux de Maubeuge		6.000	3.000.000	3.000.000	2.520.000	360.000	41
42	Hauts-fourneaux de Pauillac	Actions	5.000	2.500.000	2.500.000	2.812.500	»	42
43		Actions non libérées	5.000	625.000	625.000	625.000	»	43
44	Hauts-fourneaux, Forges et aciéries de Pompey.	Actions	22.000	11.000.000	11.000.000	18.200.000	616.000	44
45		Obligations 4 %	11.756	5.878.000	5.701.660	5.584.100	235.120	45
46	Hauts-fourneaux, forges et aciéries en Russie		32.000	16.000.500	16.000.000	20.160.000	»	46
47	Compagnie française des métaux.	Actions	50.000	25.000.000	25.000.000	25.750.000	500.000	47
48		Obligations 4 %	32.823	16.411.500	15.098.580	16.075.070	656.460	48
49	Société métallurgique de Montbard.	Actions	8.000	4.000.000	4.000.000	4.808.000	»	49
50		Parts bénéficiaires	50.000	»	»	2.100.000	»	50
51	Oural-Volga	Actions	50.000	25.000.000	25.000.000	23.875.000	»	51
52		Obligations 4 %	35.432	17.716.000	17.095.960	16.682.160	708.640	52
	TOTAL		1.189.456	457.460.000	456.780.900	830.916.400	28.819.690	

Tableau XVIII.

VALEURS FRANÇAISES : HOUILLÈRES ET MINES

NUMÉROS D'ORDRE (1)	DÉSIGNATION DES VALEURS (2)		NOMBRE DE TITRES en CIRCULATION (28 février 1900) (3)	VALEUR EN CAPITAL — CAPITAL NOMINAL (4)	VALEUR EN CAPITAL — TAUX D'ÉMISSION (5)	VALEUR EN CAPITAL — CAPITAL au COURS du 28 février 1900 (6)	INTÉRÊTS et DIVIDENDES (7)	RAPPEL des NUMÉROS D'ORDRE (8)
				francs.	francs.	francs.	francs.	
1	Charbonnages du Tonkin	Actions	16.000	4.000.000	7.000.000	14.400.000	»	1
		Obligations 5 %	10.000	5.000.000	4.300.000	4.950.000	260.000	
2	Houillères d'Ahun	Actions	32.000	4.000.000	4.000.000	7.264.000	»	2
		Obligations	1.601	480.300	400.250	497.900	24.020	
3	Houilles d'Annezin	Actions	3.500	1.750.000	1.750.000	1.295.000	»	3
		Obligations 4 %	5.971	2.985.500	2.388.400	2.627.240	119.420	
4	Houillères Dombrowa	Actions	12.000	6.000.000	6.000.000	13.440.000	420.000	4
		Obligations 4 %	9.163	4.581.500	4.352.430	4.673.130	183.260	
5	Epinac		2.400	3.600.000	3.600.000	1.341.600	75.000	5
6	Haute-Loire		5.200	2.600.000	2.600.000	3.900.000	270.820	6
7	Mines de la Loire	Actions	80.000	8.000.000	8.000.000	23.580.000	»	7
		Obligations 5 %	3.352	3.352.000	3.352.000	4.205.750	167.600	
		Obligations 4 %	9.444	4.722.000	4.674.800	4.750.380	188.880	
8	Montrambert		80.000	10.000.000	10.000.000	76.160.000	3.200.000	8
9	Rive-de-Gier		80.000.	16.000.000	16.000.000	2.400.000	»	9
10	Saint-Etienne		80.000	8.000.000	8.000.000	40.800.000	1.600.000	10
11	Aguilas	Actions	60.000	15.000.000	37.500.000	31.620.000	»	11
		Bons hypothécaires 4 %	28.975	2.897.500	2.897.500	2.948.210	115.900	
12	Béthune		17.000	8.400.000	5.950.000	60.150.000	1.275.000	12
13	Boléo	Actions	24.000	12.000.000	12.000.000	74.120.000	2.672.800	13
		Parts de fondateur	9.200	»	»	16.790.000	481.620	
		Obligations 4 1/2 %	7.747	3.873.500	3.879.835	3.935.480	174.310	
14	Campagnac		3.500	3.500.000	3.500.000	2.625.000	175.000	14
15	Carmaux		23.200	5.960.000	6.960.000	36.424.000	1.276.000	15
16	Escombrera Bleyberg		20.000	7.000.000	17.000.000	27.100.000	1.200.000	16
17	Graissessac (Quatre-mines réunies de)		17.925	3.585.000	3.585.000	4.839.750	94.110	17
18	Grand'Combe		25.500	6.375.000	6.375.000	35.700.000	765.000	18
19	Kanguet		8.000	4.000.000	4.000.000	6.760.000	»	19
20	Krivoi-Rog		10.000	5.000.000	5.000.000	30.700.000	600.000	20
21	Laurium		32.600	16.300.000	16.300.000	20.212.000	978.000	21
22	Malfidano	Actions	18.880	4.720.000	4.720.000	26.243.200	944.000	22
		Actions de jouissance	31.120	»	»	35.165.500	1.187.000	
23	Mokta-el-Hadid		40.000	20.000.000	20.000.000	53.960.000	1.600.000	23
24	Mines d'or et d'exploration		125.000	12.500.000	12.500.000	18.500.000	625.000	24
25	Le Nickel	Actions	40.000	10.000.000	16.860.000	20.160.000	»	25
		Obligations 4 %	13.841	6.920.500	6.159.250	6.380.700	276.820	
26	Peñarroya		22.000	11.000.000	11.000.000	64.570.000	2.090.000	26
27	Pontgibaud		13.100	3.930.000	6.550.000	5.161.400	262.000	27
28	Puertollano		4.000	2.000.000	2.000.000	2.000.000	80.000	28
29	Placers de Junction City		4.000	2.000.000	2.000.000	2.000.000	»	29
30	Saint-Elie		8.000	»	»	840.000	44.000	30
31	Sels gemmes et houilles de la Russie méridionale	Actions	40.000	20.000.000	20.000.000	33.580.000	»	31
		Obligations 4 %	9.865	4.932.500	4.710.540	4.086.800	197.300	
	Total		1.088.084	272.965.300	317.186.000	817.437.000	23.492.860	

TABLEAU XIX.

VALEURS FRANÇAISES : TRANSPORTS

NUMÉROS D'ORDRE	DÉSIGNATION DES VALEURS		NOMBRE DE TITRES EN CIRCULATION 28 février 1900	VALEUR EN CAPITAL — CAPITAL NOMINAL	VALEUR EN CAPITAL — TAUX D'ÉMISSION	VALEUR EN CAPITAL — CAPITAL AU COURS du 28 février 1900	INTÉRÊTS ET DIVIDENDES	RAPPEL DES NUMÉROS D'ORDRE
1	2		3	4	5	6	7	8
				francs.	francs.	francs.	francs.	
1	Bateaux parisiens.	Actions	20.000	10.000.000	10.000.000	15.400.000	500.000	1
2		Parts bénéficiaires	6.000	»	»	720.000	»	2
3		Obligations 4 %	8.000	2.400.000	2.400.000	2.440.000	96.000	3
4	Chargeurs réunis		25.000	12.500.000	12.500.000	30.500.000	1.250.000	4
5	Compagnie générale de navigation.	Actions	32.800	16.400.000	16.400.000	15.596.000	738.000	5
6		Obligations 4 %	8.065	4.032.500	3.951.850	4.113.150	161.300	6
7	Compagnie havraise péninsulaire		10.000	5.000.000	8.000.000	7.100.000	300.000	7
8	Messageries maritimes.	Actions	120.000	60.000.000	60.000.000	67.080.000	2.100.000	8
9		Obligations	107.617	53.808.500	51.118.050	53.189.700	1.883.300	9
10	Omnibus.	Actions	14.720	7.360.000	7.360.000	25.782.080	956.800	10
11		Actions de jouissance	19.280	»	»	23.521.600	771.200	11
12		Obligations 4 %	121.418	60.709.000	59.798.350	60.709.000	2.428.360	12
13		3 1/2 %	18.478	9.239.000	9.140.600	8.961.830	323.360	13
14	Navale de l'Ouest.	Actions	2.650	1.325.000	2.650.000	795.000	39.750	14
15		Obligations 5 %	1.231	615.500	585.265	589.650	30.770	15
16	Conflans à la mer		2.750	1.375.000	1.375.000	288.750	13.750	16
17	Compagnie générale transatlantique.	Actions	80.000	40.000.000	40.000.000	28.880.000	1.200.000	17
18		Obligations 3 %	302.347	151.173.500	105.079.580	105.021.140	4.535.800	18
19		Obligations Valéry	6.977	3.488.500	3.418.730	3.[illegible]	174.400	19
20	Transports maritimes à vapeur		18.000	9.000.000	11.700.000	11.070.000	450.000	20
21	Voitures.	Actions	58.265	29.132.500	29.132.500	31.637.900	873.970	21
22		Actions de jouissance	26.735	»	»	4.264.280	42.775	22
23		Obligations 3 1/2 %	55.433	27.716.500	27.023.[illegible]	25.[illegible]	970.080	23
24	Voitures pour le service des chemins de fer		1.600	800.000	1.600.000	1.680.000	96.000	24
25	Compagnie générale de traction.	Actions	200.000	20.000.000	20.000.000	67.400.000	1.200.000	25
26		Obligations 4 %	25.106	12.553.000	11.[illegible]	11.305.850	482.[illegible]	26
27	Compagnie industrielle de traction pour la France et l'Étranger.	Actions	10.000	5.000.000	5.000.000	9.650.000	160.000	27
28		Parts de fondateur	4.000	»	»	3.[illegible]	»	28
	TOTAL		1.355.619	543.168.500	499.[illegible]	616.718.000	21.707.730	

VALEURS FRANÇAISES DIVERSES.

NUMÉROS D'ORDRE	DÉSIGNATION DES VALEURS		NOMBRE DE TITRES EN CIRCULATION (28 février 1900)	VALEUR EN CAPITAL — CAPITAL NOMINAL	VALEUR EN CAPITAL — TAUX D'ÉMISSION	VALEUR EN CAPITAL — CAPITAL AU COURS DU 28 FÉVRIER 1900	INTÉRÊTS ET DIVIDENDES	RAPPEL DES NUMÉROS D'ORDRE
1	2		3	4	5	6	7	8
				francs.	francs.	francs.	francs.	
1	Agence Havas		17.000	8.500.000	10.625.000	8.875.000	425.000	1
2	Annuaire Didot-Bottin.	Actions	15.000	7.500.000	7.500.000	21.555.000	750.000	2
3		Parts de fondateurs	1.500	»	»	2.557.500	118.000	3
4	Appontement de Pauillac.	Actions	7.200	3.600.000	3.600.000	3.600.000		4
5		Obligations 3 %	11.828	5.914.000	3.548.400	6.743.020	177.420	5
6	Ardoisière de l'Anjou.	Actions	32.000	8.000.000	12.000.000	7.680.000	400.000	6
7		Obligations 4 %	12.000	6.000.000	5.462.000	5.655.000	240.000	7
8	Bénédictine de Fécamp		5.000	2.500.000	2.575.000	34.752.000	840.000	8
9	Biskra et Oued Rirh		20.000	2.000.000	2.000.000	2.450.000	»	9
10	Blanchisserie de Courcelles		12.500	1.250.000	1.250.000	2.162.500	85.500	10
11	Blanchisserie et Teinturerie de Thaon		1.400	3.500.000	3.500.000	11.200.000	595.000	11
12	Briqueteries de Vaugirard		13.000	6.500.000	9.100.000	5.192.000	123.500	12
13	Câbles télégraphiques	Actions	96.000	24.000.000	27.750.000	7.968.000	»	13
14		Obligations 5 %	13.257	6.628.500	6.462.780	6.589.870	331.420	14
15		— 5 % 2me série	29.244	15.622.000	12.181.480	13.830.910	731.102	15
16		— 4 % (Australie)	9.192	4.596.000	4.596.000	4.612.160	183.840	16
17		— 4 % (Transatlantique)	42.067	21.033.500	19.981.820	19.761.160	841.340	17
18	Carrières de l'Ouest.	Actions	5.550	2.775.000	2.775.000	2.998.500	[illegible]	18
19		Obligations 4 1/2 %	5.367	2.683.500	2.683.500	[illegible]	[illegible]	19
20	Carrières et Scieries de Bourgogne		5.100	2.550.000	2.550.000	2.856.000	178.500	20
21	Chalets de Commodité		12.000	1.200.000	6.000.000	1.608.000	»	21
22	Chalets de Nécessité		6.576	1.372.800	1.372.800	5.948.800	341.160	22
23	Chaucrey		2.521	1.260.500	1.260.500	1.091.000	75.630	23
24	Chaussures " Incroyable "		14.150	1.345.000	1.345.000	1.859.500	176.870	24
25	Ciments français		20.000	10.000.000	10.000.000	12.750.000	560.000	25
26	Ciments de laitier de Donjeux		1.200	600.000	600.000	600.000	36.000	26
27	Ciments Portland du Boulonnais		10.000	5.000.000	7.000.000	5.580.000	300.000	27
28	Cirages français		16.000	8.000.000	8.000.000	9.600.000	560.000	28
29	Compteurs et Matériels d'Usines à Gaz	Actions	28.000	7.000.000	7.000.000	47.824.000	1.960.000	29
30		Obligations 4 %	10.000	5.000.000	4.850.000	4.850.000	200.000	30
31	Crau (Cie agricole de la)	Actions	12.000	6.000.000	6.000.000	3.000.000	»	31
32		Obligations 4 %	5.200	2.600.000	2.262.000	2.496.000	104.000	32
33	Deux Cirques.	Actions	8.375	1.075.000	1.075.000	2.135.600	133.000	33
34		Actions de jouissance	375	»	»	46.875	1.875	34
35	Dynamite centrale		40.000	[illegible]	[illegible]	18.800.000	400.000	35
36	Dynamite (Société générale de)	Actions de jouissance	8.000	»	»	3.500.000	160.000	36
37		Obligations 4 %	2.823	1.162.500	[illegible]	1.196.670	46.460	37
	A reporter		548.916	206.430.500	218.641.130	298.298.890	11.555.230	

Tableau XX *Suite.*

VALEURS FRANÇAISES DIVERSES

NUMÉROS D'ORDRE	DÉSIGNATION DES VALEURS		NOMBRE DE TITRES EN CIRCULATION (28 février 1902)	VALEUR EN CAPITAL — CAPITAL NOMINAL	VALEUR EN CAPITAL — TAUX D'ÉMISSION	VALEUR EN CAPITAL — CAPITAL AU COURS DU 28 FÉVRIER 1902	INTÉRÊTS ET DIVIDENDES	RAPPEL DES NUMÉROS D'ORDRE
1	2		3	4	5	6	7	8
				francs.	francs.	francs.	francs.	
	Report		545.915	205.632.300	218.641.130	293.078.870	11.558.230	
38	Économiste français		2.000	200.000	200.000	1.000.000	"	38
39	Émeris et produits à polir	Actions	5.200	2.600.000	2.600.000	3.250.000	130.000	39
40		Obligations 5 %	1.600	800.000	768.000	792.000	40.000	40
41	Entreprises militaires et civiles		14.000	2.380.000	2.380.000	2.100.000	"	41
42	Établissements Duval	Actions	9.023	4.511.500	4.511.500	26.845.530	857.180	42
43		Obligations 4 %	9.506	4.753.000	4.586.650	4.943.120	190.120	43
44	Établissements Jules Jaluzot		25.000	625.000	625.000	1.125.000	44.250	44
45	Établissements Jacques Leclaire		10.000	1.000.000	1.000.000	1.150.000	55.000	45
46	Établissements Malétra	Actions	10.000	5.000.000	10.000.000	8.300.000	250.000	46
47		Obligations 5 %	7.980	3.990.000	3.910.200	4.149.600	199.500	47
48		Obligations 4 1/2 %	2.816	1.408.000	1.337.600	1.426.850	63.360	48
49	Établissements Orosdi Back		100.000	10.000.000	10.000.000	17.000.000	900.000	49
50	Exportateurs et importateurs réunis		4.000	2.000.000	2.000.000	2.000.000	140.000	50
51	Exposition de 1889 (Bons à lots)		1.197.917	29.947.900	29.947.920	8.385.400	"	51
52	Exposition de 1900 (Bons à lots)		3.246.335	64.926.700	64.926.700	51.941.360	"	52
53	Figaro		19.200	1.200.000	1.200.000	13.440.000	768.000	53
54	Forces motrices du Rhône	Actions	40.000	20.000.000	20.000.000	20.700.000	"	54
55		Parts de fondateurs	6.000	"	"	3.810.000	"	55
56		Obligations 5 %	40.000	20.000.000	19.600.000	20.161.000	1.000.000	56
57	Glaces de Saint-Gobain		4.600	18.400.000	18.400.000	144.000.000	6.210.000	57
58	Glace hygiénique		42.500	4.250.000	4.250.000	3.527.500	"	58
59	Glacières de Paris		6.272	3.136.000	3.136.000	5.649.350	282.240	59
60	Grande distillerie Cusenier		20.000	10.000.000	10.480.000	19.000.000	850.000	60
61	Grand-Hôtel	Actions	8.000	4.000.000	2.000.000	8.800.000	"	61
62		Obligations 4 %	5.481	2.740.500	2.465.450	2.712.100	109.620	62
63	Grands moulins de Corbeil	Actions	24.000	12.000.000	14.000.000	7.820.000	480.000	63
64		Parts bénéficiaires	4.000	"	"	180.000	"	64
65		Obligations 4 1/2 %	9.400	4.700.000	4.512.000	4.700.000	211.500	65
66		Obligations 4 %	10.000	5.000.000	4.750.000	4.700.000	200.000	66
67	Hôtel continental		13.000	6.500.000	6.500.000	6.110.000	286.000	67
68	Huileries du Sahel-Tunisien		4.300	2.150.000	2.150.000	2.150.000	"	68
69	Imprimerie Paul Dupont	Actions	3.534	1.767.000	1.767.000	1.130.850	53.010	69
70		Actions de jouissance	665	"	"	31.300	"	70
71		Obligations 4 %	2.737	1.368.500	1.250.650	1.327.400	54.740	71
	A reporter		5.457.982	475.788.420	453.859.800	693.867.230	24.929.750	

VALEURS FRANÇAISES DIVERSES

NUMÉROS d'ordre	DÉSIGNATION DES VALEURS		NOMBRE DE TITRES en circulation (28 février 1906)	VALEUR EN CAPITAL — CAPITAL nominal	TAUX d'émission	CAPITAL au cours du 28 février 1906	INTÉRÊTS et DIVIDENDES	RAPPEL des numéros d'ordre
1	2		3	4	5	6	7	8
				francs.	francs.	francs.	francs.	
	Report		5.467.982	457.785.420	473.852.800	693.807.230	24.929.750	
72	Imprimerie Chaix		10.000	3.000.000	3.000.000	10.500.000	450.000	72
73	Incandescence par le gaz (Auer)		20.000	2.000.000	2.000.000	12.700.000	1.100.000	73
74	Industrie en France et à l'étranger		24.000	12.000.000	12.000.000	12.744.000	360.000	74
75	Jardin d'Acclimatation.	Actions	3.000	1.500.000	1.500.000	723.000	"	75
76		Obligations 5 %	6.677	3.338.500	3.038.030	3.605.250	166.920	76
77		Obligations 4 %	9.377	4.688.500	3.667.030	4.200.850	187.550	77
78	Jumelles de théâtre		7.000	700.000	1.000.000	637.500	35.000	78
79	Laiterie (Société générale)	Actions	19.895	9.947.500	9.947.500	3.818.000	238.740	79
80		Obligations 5 %	5.000	1.500.000	1.250.000	1.625.000	75.000	80
81	Laiterie des Fermiers réunis, obligations 3 %		6.600	2.640.000	2.046.000	1.980.000	79.200	81
82	Librairies-Imprimeries réunies		10.000	5.000.000	5.500.000	1.500.000	125.000	82
83	Lits militaires.	Actions	10.000	6.000.000	6.000.000	14.300.000	500.000	83
84		Obligations 4 %	28.636	16.821.650	16.641.240	17.045.850	672.865	84
85	Littoral de la Méditerranée		20.000	2.000.000	2.000.000	1.040.000	"	85
86	Machines et matériel de chemins de fer (Franco-Belge)		16.000	8.000.000	8.000.000	7.280.000	480.000	86
87	Maison Breguet.	Actions	8.000	4.000.000	4.000.000	5.544.000	240.000	87
88		Obligations 4 1/2 %	2.250	1.125.000	1.085.625	1.125.000	50.625	88
89	Compagnie maritime de Pauillac	Actions	4.000	2.000.000	2.000.000	2.000.000	"	89
90		Obligations 3 %	9.998	4.835.000	3.770.620	3.673.850	145.020	90
91	Matériel agricole et industriel	Actions	5.000	2.500.000	2.600.000	3.665.000	200.000	91
92		Obligations 5 %	5.161	1.648.990	1.381.100	1.574.716	77.445	92
93	Matériel de chemins de fer		7.000	3.500.000	3.500.000	3.360.000	105.000	93
94	Matières colorantes de Saint-Denis		18.000	9.000.000	9.000.000	6.480.000	352.000	94
95	Musée Grévin.	Actions	2.000	1.000.000	1.000.000	2.220.000	80.700	95
96		Parts bénéficiaires	2.000	"	"	910.000	26.800	96
97	Nouveaux quartiers de Paris	Actions	29.600	14.800.000	14.800.000	14.800.000	692.840	97
98		Obligations 3 %	24.161	12.130.500	10.917.450	9.625.700	363.916	98
99	Nouvelles galeries réunies	Actions	40.188	20.094.000	20.094.000	33.757.920	2.170.150	99
100		Obligations 4 %	20.000	10.000.000	9.600.000	8.760.000	400.000	100
101	Papeteries Gouraud.	Actions	10.000	5.000.000	5.000.000	7.130.000	400.000	101
102		Obligations 5 %	4.650	2.325.500	2.265.735	2.385.965	116.275	102
103	Petit Journal.	Actions	50.000	25.000.000	25.000.000	61.000.000	3.250.000	103
104		Obligations 5 %	1.486	743.000	705.850	783.120	37.150	104
105	Petit Parisien.	Actions	12.000	3.000.000	3.000.000	16.620.000	720.000	105
106		Parts bénéficiaires	25.000	"	"	37.975.000	2.300.000	106
	A reporter		5.947.834	658.653.420	669.942.881	1.012.131.950	[illegible].783.950	

Tableau XX (*Suite et fin*).

VALEURS FRANÇAISES DIVERSES

NUMÉROS D'ORDRE	DÉSIGNATION DES VALEURS		NOMBRE DE TITRES EN CIRCULATION (28 février 1900)	VALEUR EN CAPITAL — CAPITAL NOMINAL	VALEUR EN CAPITAL — TAUX D'ÉMISSION	VALEUR EN CAPITAL — CAPITAL AU COURS DU 28 février 1900	INTÉRÊTS ET DIVIDENDES	RAPPEL DES NUMÉROS D'ORDRE
1	2		3	4	5	6	7	8
				francs.	francs.	francs.	francs.	
	Report		6.953.884	658.128.420	669.952.880	1.012.121.940	40.738.930	
107	Phosphates et Chemin de fer de Gafsa	Actions	36.000	16.000.000	18.000.000	33.480.000	352.800	107
108		Parts bénéficiaires	14.400	»	»	8.856.000	»	108
109	Ports de Tunis, Sousse et Sfax	Actions	6.000	3.000.000	3.000.000	3.600.000	210.000	109
110		Obligations 4 %	13.700	6.808.900	6.850.000	6.713.000	274.000	110
111	Presse (Bons des associations de la)		493.200	9.864.000	9.864.000	5.918.400	»	111
112	Printemps (Jaluzot et Cie)		80.000	40.000.000	40.000.000	54.000.000	2.500.000	112
113	Procédés Raoul Pictet		6.000	1.350.000	2.850.000	1.872.000	108.000	113
114	Procédés Thomson Houston	Actions	80.000	40.000.000	65.000.000	124.800.000	4.000.000	114
115		Obligations 5 %	18.452	9.226.000	8.303.400	9.761.110	461.300	115
116		Obligations 4 %	40.000	20.000.000	19.000.000	19.800.000	800.000	116
117	Produits chimiques et explosifs (Franco-russe)		35.000	3.500.000	3.500.000	3.080.000	»	117
118	Produits chimiques de Saint-Denis	Actions	7.150	715.000	715.000	2.466.750	103.075	118
119		Actions de jouissance	7.850	»	»	2.276.500	68.725	119
120		Obligations 4 %	2.349	1.174.500	1.057.050	1.033.560	46.980	120
121	Raffinerie et sucrerie Say.	Actions	64.000	32.000.00	32.000.000	73.600.000	3.200.000	121
122		Obligations 4 %	59.375	29.687.500	28.796.870	29.212.500	1.187.500	122
123	Richer (Fresne et Cie)		28.000	8.400.000	8.400.000	65.100.000	3.080.000	123
124	Salines de l'est.	Actions	15.000	3.000.000	3.000.000	3.300.000	97.500	124
125		Obligations	4.337	2.710.625	2.168.500	2.688.940	108.425	125
126	Salins du midi, actions de jouissance		14.075	»	»	14.075.000	351.875	126
127	Standard russe		5.950	2.975.000	2.975.000	714.000	»	127
128	Stéarinerie Frédéric Fournier		85.000	8.500.000	8.500.000	21.250.000	595.000	128
129	Taxes municipales, bon de délégation		6.161	3.080.500	2.464.400	3.012.730	123.220	129
130	Téléphones (Société industrielle)	Actions	62.000	18.000.000	18.000.000	21.300.000	990.000	130
131		Obligations 4 %	19.222	9.611.000	8.553.800	9.322.670	384.440	131
132	Le Temps.	Actions	1.800	900.000	900.000	1.774.800	81.000	132
133		Actions de jouissance	2.200	»	»	1.562.000	99.000	133
134	Tour Eiffel.	Actions de jouissance	10.200	»	»	6.171.000	»	134
135		Parts bénéficiaires	10.200	»	»	5.457.000	»	135
136	Travaux d'éclairage et de force		4.000	2.000.000	2.000.000	2.400.000	125.000	13
137	Usine Cliff		3.200	1.600.000	1.600.000	5.280.000	256.000	137
138	Usine du Rhône		60.000	6.000.000	6.000.000	6.900.000	»	138
139	Wagons-Citernes		6.000	600.000	600.000	480.000	18.000	13
	TOTAL		7.242.655	941.226.500	974.040.400	1.463.885.900	60.364.870	

Tableau XXI.

VALEURS FRANÇAISES EN LIQUIDATION

NUMÉROS D'ORDRE	DÉSIGNATION DES VALEURS	NOMBRE DE TITRES EN CIRCULATION (28 février 1900)	VALEUR EN CAPITAL			INTÉRÊTS ET DIVIDENDES	RAPPEL DES NUMÉROS D'ORDRE
			CAPITAL NOMINAL	TAUX D'ÉMISSION	CAPITAL AU COURS du 28 février 1900		
1	2	3	4	5	6	7	8
			francs	francs	francs	francs	
1	Banque russe et française	33.850	8.450.000	8.450.000	4.732.000	»	1
2	Canaux agricoles, obligations	65.000	19.500.000	18.037.500	585.000	»	2
3	Canal de Corinthe (Société internationale)	60.000	30.000.000	30.000.000	300.000	»	3
4	— Parts de fondateur	6.000	»	»	»	»	4
5	— Obligations	60.000	30.000.000	29.400.000	540.000	»	5
6	Panama	600.000	300.000.000	300.000.000	8.700.000	»	6
7	— Parts de fondateur	9.000	»	»	1.485.000	»	7
8	— Obligations 500 5 %	247.350	123.675.000	108.215.600	7.791.500	»	8
9	— — 500 3 %	590.950	295.475.000	158.420.750	14.478.275	»	9
10	— — 500 4 %	472.147	236.073.500	157.224.950	12.276.825	»	10
11	— — remboursables à 1.000 francs, 1re série	445.675	222.837.500	200.658.750	16.489.975	»	11
12	— — — à 1.000 — 2e série	251.884	125.942.000	110.828.950	8.564.050	»	12
13	— — — à 1.000 — 3e série	88.955	44.477.500	40.919.300	8.628.650	»	13
14	— — à lots 1888	849.332	424.666.000	305.759.500	86.631.875	»	14
15	— Bons à lots 1889	513.486	53.916.000	53.916.000	49.808.150	»	15
16	Méridionaux français	9.000	4.500.000	1.980.000	45.000	»	16
17	Rio Grande do Sul	3.483	1.741.500	992.620	1.219.050	»	17
18	Anciens établissements Cail	20.000	10.000.000	20.000.000	6.720.000	»	18
19	Aguas Tenidas	20.000	9.500.000	19.500.000	920.000	»	19
20	Touage Basse-Seine et Oise	2.649	1.324.500	1.324.500	1.324.500	»	20
21	— — Actions de jouissance	1.851	»	»	»	»	21
22	— — Obligations	1.500	750.000	875.000	875.000	»	22
23	Voitures l'Urbaine	18.000	10.800.000	18.000.000	3.780.000	»	23
24	— Obligations	33.410	16.705.000	14.700.400	8.185.450	»	24
25	Télégraphe Paris New-York	85.000	42.500.000	42.500.000	1.704.000	»	25
26	Warf de Kotonou	2.000	1.000.000	1.000.000	»	»	26
27	— Parts de fondateur	2.000	»	»	»	»	27
28	— Bons de délégation	2.614	784.200	784.200	653.500	»	28
	TOTAL	4.492.086	2.018.817.700	1.652.383.000	245.976.800	»	

Tableau XXII.

VALEURS ÉTRANGÈRES : FONDS D'ÉTAT RUSSES

NUMÉROS d'ordre	DÉSIGNATION DES VALEURS	NOMBRE DE TITRES en circulation (28 février 1900)	VALEUR EN CAPITAL — CAPITAL nominal	VALEUR EN CAPITAL — TAUX d'émission	VALEUR EN CAPITAL — CAPITAL AU COURS du 28 février 1900	MONTANT en rentes	RAPPEL des numéros d'ordre
1	2	3	4	5	6	7	8
			francs	francs	francs	francs	
1	Emprunt 5 % 1822	»	115.350.000	115.350.000	158.606.250	5.767.500	1
2	— 4 % 1867-1869	1.045.456	522.733.000	425.708.125	583.187.650	20.909.320	2
3	— 4 % 1880	1.142.181	571.090.500	456.872.400	583.083.600	22 853.620	3
4	— 4 % 1889	978.275	489.137.500	420.658.250	502.099.650	19.565.500	4
5	— 4 % 1890, 2e émission	704.350	352.175.000	327.522.750	360.803.300	14.087.000	5
6	— 4 % 1890, 3e —	589.175	294.587.500	273.966.375	301.804.900	11.783.500	6
7	— 4 % 1890, 4e —	79.900	39.950.000	37.952.500	40.709.050	1.598.000	7
8	— 4 % 1893, 5e —	352.425	176.212.500	171.366.650	179.736.750	7.048.500	8
9	— 4 % 1894, 6e —	899.475	449.787.500	449.787.500	458.229.025	17.989.500	9
10	— Consolidé 4 %, 1re série	1.371.350	685.675.000	615.393.300	699.388.500	27.427.000	10
11	— 4 %, 2e série	2.433.134	1.216.567.000	1.113.158.800	1.240.898.350	48.662.680	11
12	— — 4 %, 3e série	626.900	313.450.000	305.515.675	322.226.800	12.538.000	12
13	— 3 % 1891	975.375	487.687.500	358.980.775	437.699.525	14.630.625	13
14	— 3 % 1894	326.800	163.400.000	147.060.000	155.051.500	4.902.000	14
15	— 3 % 1896	800.000	400.000.000	359.200.000	357.000.000	12.000.000	15
16	— 3 1/2 % 1894	791.375	395.687.500	374.913.900	381.835.450	13.849.065	16
17	— Intérieur 4 1/2 %, 1re émission	»	197.304.500	167.708.850	202.237.100	8.878.700	17
18	— 4 % 1894 (112 séries)	»	2.987.040.000	2.777 947.200	2.972.104.800	119.481.600	18
19	— Donetz 4 %	54.268	27.134.000	27.134.000	26.591.300	1.085.360	19
20	— Dvinsk-Vitebsk	146.712	73.356.000	73.356.000	74.566.400	2.934.240	20
21	— Koursk 4 % 1889	273.178	168.684.300	153.933.000	170.733.125	6.747.375	21
22	— — 4 % 1894	55.058	27.529.000	27.529.000	26.950.900	1.101.160	22
23	— Orel Griasi 4 % 1889	90.459	58.945.900	58.945.900	58.945.900	2.357.835	23
24	— Riga Dwinsk 4 %	71.488	35.744.000	35.744.000	35.100.600	1.429.760	24
25	4 % Grande société des chemins de fer russes	67.664	116.128.000	116.128.000	118.581.850	4.645.120	25
26	— Transcaucasien 3 %	401.976	200.987.500	111.769.050	176.891.125	6.029.625	26
27	— 4 %	47.144	23.572.000	23.572.000	24.161.300	942.880	27
28	Billets de la banque de Russie	29.757	24.908.400	24.908.400	24.908.400	996.340	28
29	— Lettre de gage 3 1/2 % de la banque de la noblesse	»	835.000.000	821.600.000	812.387.500	11.796.000	29
	TOTAL	»	10.958.775.100	9.912.163.400	10.931.191.800	453.916.800	

Tableau XXIII.

VALEURS ÉTRANGÈRES : FONDS D'ÉTAT ÉTRANGERS

NUMÉROS d'ordre	DÉSIGNATION DES VALEURS	NOMBRE DE TITRES en circulation (28 février 1900)	VALEURS EN CAPITAL — CAPITAL nominal	VALEURS EN CAPITAL — TAUX d'émission	VALEURS EN CAPITAL — CAPITAL AU COURS du 28 février 1900	MONTANT en rentes	RAPPEL des numéros d'ordre
1	2	3	4	5	6	7	8
			francs	francs	francs	francs	
1	Angleterre consolidés 2 1/2 %	»	802.019.500	802.019.500	804.425.500	20.050.480	1
2	— — 2 3/4 %	»	13.171.242.650	13.171.242.650	13.566.379.800	362.209.170	2
3	— Local Loan Stock 3 % 1887	»	»	»	»	»	3
4	Argentin 6 % 1881	17.567	8.783.500	8.063.250	7.641.650	527.010	4
5	— 5 % 1884	73.195	36.597.500	31.199.350	35.618.250	1.829.870	5
6	— 5 % 1886	376.915	188.457.500	158.324.300	174.511.630	9.422.870	6
7	— 6 % 1891 (Consolidation)	381.534	190.767.000	190.767.000	179.320.980	11.446.020	7
8	— 4 % 1896 (Rescision)	»	248.015.000	248.015.000	167.940.970	9.920.650	8
9	Autriche Dette convertie 5 % 1868 (argent et papier)	»	3.904.899.600	3.904.899.600	3.241.066.600	195.244.980	9
10	— Rente 4 % or	»	1.310.765.500	1.037.308.650	1.321.907.000	52.430.620	10
11	— Emprunt 5 % 1860 (Lots)	229.400	240.870.000	240.870.000	331.483.000	12.043.500	11
12	— Domaniales	245.900	73.770.000	56.657.000	78.883.000	3.688.500	12
13	Bahia 5 % 1888	34.410	17.205.000	16.516.850	14.624.900	860.250	13
14	Belgique 2 1/2 %	»	219.959.600	219.959.600	183.165.200	5.498.990	14
15	— 3 % 1re série	»	140.974.300	140.974.300	135.154.850	4.229.230	15
16	— 3 % 2e série	»	1.619.547.000	1.619.547.000	1.588.346.200	48.586.410	16
17	— 3 % 3e série	»	200.040.000	200.040.000	195.439.080	6.001.200	17
18	Berne 3 % 1895	97.394	48.697.000	47.893.500	43.827.300	1.460.910	18
19	— 3 % 1897	100.000	50.000.000	49.250.000	48.950.000	1.500.000	19
20	— 3 1/2 % 1899	30.000	15.000.000	14.775.000	14.775.000	525.000	20
21	Brésil 4 1/2 % 1863	»	82.958.400	73.832.976	48.530.650	3.733.120	21
22	— 4 1/2 % 1888	»	133.524.700	119.018.959	86.457.200	6.008.610	22
23	— 4 % 1889	»	463.382.600	417.044.340	295.564.800	18.535.300	23
24	— 5 % 1898 (Funding)	»	120.030.400	120.030.400	103.226.100	6.001.520	24
25	Bulgarie 5 % 1896	59.010	29.505.000	26.554.500	23.485.900	1.475.250	25
26	Canada 4 % garanti	»	158.760.000	158.760.000	187.336.800	6.350.400	26
27	— 4 % non garanti	»	226.800.000	226.800.000	255.717.000	9.072.000	27
28	Cap de Bonne-Espérance 4 1/2 % 1878	»	»	»	»	»	28
29	Catamarca 6 % 1888	29.373	14.686.500	13.915.460	6.285.800	614.027	29
30	Chine 4 % or 1895	756.219	378.109.500	375.084.630	385.671.690	15.124.380	30
31	— 5 % or 1896	133.556	66.778.000	64.440.771	65.175.300	3.338.900	31
32	Congo, obligations de 100 francs	680.000	68.000.000	57.120.000	57.120.000	»	32
33	Cordoba 6 % 1888	97.880	48.940.000	47.217.100	15.078.500	»	33
34	Corrientes 6 % 1888	49.232	24.616.000	22.837.800	9.378.700	»	34
35	Danemark 3 1/2 % 1886	»	88.391.800	88.391.800	84.856.100	3.093.710	35
36	— 3 % or 1894	»	105.000.000	100.800.000	95.[illegible]	3.150.000	36
37	3 % or 1897	»	100.800.000	99.666.000	97.97[illegible]	3.024.000	37
38	Egypte Dette Unifiée	»	1.299.9[illegible]	1.299.9[illegible]	1.479.763.900	[illegible]	38
39	— Daïra Sanieh 4 % 1890	»	154.070.000	154.070.000	157.911.700	6.162.800	39
	A Reporter	»	26.101.551.000	25.733.711.125	25.557.801.134	889.479.120	

TABLEAU XXIII (*Suite*). VALEURS ÉTRANGÈRES : FONDS D'ÉTAT ÉTRANGERS

NUMÉROS D'ORDRE	DÉSIGNATION DES VALEURS	NOMBRE DE TITRES EN CIRCULATION (28 février 1902)	VALEUR EN CAPITAL — CAPITAL NOMINAL	VALEUR EN CAPITAL — TAUX D'ÉMISSION	VALEUR EN CAPITAL — CAPITAL AU COURS du 28 février 1902	MONTANT DES RENTES	RAPPEL DES NUMÉROS D'ORDRE
1	2	3	4	5	6	7	8
			francs	francs	francs	francs	
	Reports	»	26.161.262.600	25.783.711.125	25.547.801.980	889.479.120	
40	Egypte Dette privilégiée 3 1/2 % 1890	»	734.839.500	673.847.800	742.188.000	25.719.380	40
41	— Domaniales 4 1/4 %	»	78.524.975	57.393.200	81.635.900	3.337.310	41
42	— 3 % garanti 1885	»	210.270.000	200.807.800	215.596.700	6.308.100	42
43	Espagne Extérieure 4 % estampillée	201.811	1.089.746.300	1.089.746.300	714.825.580	41.589.850	43
44	— Intérieure 4 %	»	»	»	»	»	44
45	Cuba 6 % 1886	1.171.500	585.750.000	534.285.000	309.679.500	17.903.950	45
46	— — 5 % 1890	1.080.600	540.300.000	513.285.000	284.197.820	13.777.650	46
47	Espirito-Santo 5 % 1894	33.116	16.558.000	13.763.160	11.175.650	827.900	47
48	Etats-Unis d'Amérique Consolidé 4 %	»	»	»	»	»	48
49	Finlande 3 1/2 % 1889	63.746	39.331.145	38.343.219	37.928.870	1.376.690	49
50	— 3 1/2 % 1895	35.104	17.552.000	17.552.000	17.025.440	614.320	50
51	— 3 % 1898	108.988	54.494.000	53.267.855	45.456.130	1.635.820	51
52	Fribourg 3 % 1892	33.705	16.852.000	15.976.578	15.168.620	505.620	52
53	— 3 1/2 % 1899	24.000	12.000.000	11.820.000	11.910.000	420.000	53
54	Grisons 3 % 1897	20.000	10.000.000	9.700.000	8.800.000	300.000	54
55	Haïti Emprunt 1875	58.750	17.625.000	25.262.500	12.925.000	881.250	55
56	— 6 % 1896	96.500	48.250.000	43.425.000	33.775.000	2.895.000	56
57	Hellénique 5 % 1881	207.000	103.500.000	77.211.000	40.365.000	1.759.500	57
58	— 5 % 1884	181.062	90.531.000	62.737.983	35.307.090	1.539.030	58
59	— 4 % 1887	259.090	133.045.000	105.105.550	69.136.340	2.913.680	59
60	— 2 1/2 % or 1898	69.800	124.600.000	125.192.600	124.375.600	3.112.500	60
61	Hollande 2 1/2 %	»	»	»	»	»	61
62	— 3 % 1895-1898	»	375.710.700	375.710.790	353.168.140	11.271.130	62
63	— 3 % 1844-1896 C. B.	»	»	»	»	»	63
64	Honduras	207.509	51.250.700	46.089.525	2.891.870	»	64
65	Hongrie 4 % or	»	1.705.000.000	1.395.000.000	1.693.065.000	58.200.000	65
66	— 4 1/2 % or	»	455.000.000	439.985.000	458.412.500	20.475.000	66
67	— 3 % or 1895	»	48.809.000	40.723.835	34.343.380	1.464.270	67
68	Italie Rente 5 % (net 4 %)	»	8.012.034.940	6.811.180.600	7.526.796.160	320.323.797	68
69	— Rente 3 % (net 2.40 %)	»	161.318.900	96.191.180	93.946.900	3.847.655	69
70	— Victor-Emmanuel 1863	238.062	119.031.000	71.418.600	78.560.460	2.856.740	70
71	Pontificaux 1860-64	»	7.797.275	7.797.260	7.562.160	311.890	71
72	— Pontifical 1866	»	32.995.000	32.895.600	31.873.650	1.319.800	72
73	Mendoza 6 % 1888	48.571	24.286.000	22.828.849	10.200.125	655.720	73
74	Minas Geraes 5 % 1897	86.300	43.150.000	33.657.000	30.984.700	2.157.500	74
75	Norwège 3 % 1886	»	41.614.900	40.685.685	36.118.650	1.248.449	75
76	— 3 % 1888	»	85.626.025	76.865.685	74.679.300	2.568.750	76
77	— 3 1/2 1894	»	63.477.440	59.942.665	60.105.100	1.871.710	77
78	— 3 1/2 1895	»	15.474.200	15.474.200	15.190.660	541.597	78
	A reporter	»	41.986.671.931	38.861.619.881	38.910.355.650	1.456.165.881	

VALEURS ÉTRANGÈRES : FONDS D'ÉTAT ÉTRANGERS (1)

NUMÉROS D'ORDRE	DÉSIGNATION DES VALEURS	NOMBRE DE TITRES EN CIRCULATION (28 février 1900)	VALEUR EN CAPITAL — CAPITAL NOMINAL	VALEUR EN CAPITAL — TAUX D'ÉMISSION	VALEUR EN CAPITAL — CAPITAL AU COURS du 28 février 1900	MONTANT EN RENTES	RAPPEL des NUMÉROS D'ORDRE
1	2	3	4	5	6	7	8
			francs	francs	francs	francs	
	Reports	»	41.266.471.230	34.880.619.880	33.910.848.640	1.456.166.680	
79	Norwège 3 1/2 1895	»	34.852.000	34.077.750	31.227.390	1.045.860	79
80	— 3 1/2 1898	»	29.000.000	28.884.000	28.492.600	1.015.000	80
81	Portugal Dette 3 % extérieure (intérêt réduit à 1 %)	»	1.053.011.000	626.803.500	250.232.600	11.428.900	81
82	— 4 1/2 1888-89 (— 1 1/2 %)	871.900	435.950.000	422.871.500	157.813.900	7.106.000	82
83	— 4 % 1890 (— 1 1/3 %)	93.000	46.500.000	40.694.600	13.950.000	674.000	83
84	— obligations Tabacs 4 1/2 % 1891	438.650	219.325.000	191.909.400	220.202.300	9.869.620	84
85	Québec 4 1/2 1880	22.157	11.078.500	10.856.930	11.565.950	498.530	85
86	— 4 % 1888	7.290	18.230.500	18.206.500	19.313.500	729.220	86
87	— 3 % 1894	55.264	27.632.000	23.026.060	23.763.820	828.960	87
88	Roumanie 5 % 1881 à 1888	»	345.099.000	345.099.000	334.740.030	17.254.950	88
89	— 5 % 1892-93	»	118.250.000	118.250.000	113.401.750	5.912.500	89
90	— 4 % 1890	»	255.396.500	222.951.110	214.533.060	10.215.860	90
91	— 4 % 1894	»	114.423.500	99.548.440	98.690.270	4.576.940	91
92	— 4 % 1896	»	87.590.500	75.765.780	73.225.860	3.503.620	92
93	— 4 % 1898	»	179.255.500	166.707.630	161.919.050	7.170.220	93
94	— Bons du trésor 5 % 1899	200.000	100.000.000	94.750.000	96.000.000	5.000.000	94
95	Serbie 4 % amortissable 1895	210.000	105.000.000	105.000.000	65.415.000	4.200.000	95
96	Suède 3 % 1898	30.000	37.020.000	37.020.000	35.850.000	1.110.600	96
97	3 % 1894	50.000	25.001.000	22.750.000	23.030.000	750.000	97
98	— 3 1/2 1890	73.664	45.453.100	45.225.890	44.338.160	1.590.860	98
99	— 3 1/2 1895	»	136.987.200	136.987.200	134.655.730	4.794.550	99
100	— 3 1/2 1899	100.000	50.000.000	50.000.000	49.500.000	1.750.000	100
101	Suisse 3 1/2 % 1889	20.006	20.006.000	20.006.000	20.206.060	700.210	101
102	— 3 1/2 % 1892	5.000	5.000.000	5.100.000	5.050.000	175.000	102
103	— 3 1/2 % 1895	20.000	20.000.000	20.260.000	20.400.000	700.000	103
104	— Rente 3 % des Chemins de Fer	»	69.333.000	67.740.360	69.333.000	2.079.990	104
105	— 3 % 1897	24.248	24.248.000	24.248.000	23.278.080	727.440	105
106	Turquie Dette Convertie B	»	158.079.600	158.079.600	81.014.280	1.580.790	106
107	— — C	»	714.695.230	714.695.230	200.829.760	7.146.950	107
108	— — D	»	1.045.828.100	1.045.828.100	253.831.600	10.458.280	108
109	— Ottomanes consolidation 4 %	201.350	100.675.000	80.540.000	87.989.950	4.027.000	109
110	— — priorité 4 %	349.517	174.758.000	153.824.180	172.658.950	6.990.240	110
111	— — douanes	239.177	119.588.000	95.668.800	120.782.000	4.979.800	111
112	— Tribut d'Égypte 4 % 1891	»	162.716.100	162.716.000	167.298.470	6.108.690	112
113	— priorité Tombac 4 %	41.830	20.915.000	16.732.000	16.732.000	836.600	113
114	— 4 % 1894	78.193	39.081.600	33.202.270	35.976.580	1.562.460	114
115	— tribut d'Égypte 3 1/2 % 1894	»	201.501.840	201.501.840	197.491.440	7.053.260	115
116	— Ottoman 5 % 1896	104.000	52.000.000	49.920.000	50.128.000	2.600.000	116
117	Uruguay 3 1/2 %	»	499.076.840	249.512.570	247.017.200	17.455.850	117
	TOTAL	»	48.170.865.700	44.754.797.000	42.864.179.000	1.628.494.490	

(1) Russie. Voir le tableau XXII.

Tableau XXIV.

VALEURS ÉTRANGÈRES : ASSURANCES ET BANQUES

NUMÉROS d'ordre	DÉSIGNATION DES VALEURS	NOMBRE DE TITRES en circulation (28 février 1900)	VALEUR EN CAPITAL — CAPITAL nominal	VALEUR EN CAPITAL — TAUX d'émission	VALEUR EN CAPITAL — CAPITAL AU COURS du 28 février 1900	INTÉRÊTS et DIVIDENDES	RAPPEL des numéros d'ordre
1	2	3	4	5	6	7	8
			francs	francs	francs	francs	
1	Phénix autrichien à Vienne	30.000	6.300.000	6.300.000	6.300.000	»	1
2	Phénix espagnol	60.000	12.000.000	12.000.000	26.460.000	1.200.000	2
3	Banque des Pays autrichiens	200.000	84.000.000	105.000.000	104.100.000	4.184.000	3
4	— Crédit foncier central d'Autriche	20.000	8.400.000	8.400.000	12.100.000	630.000	4
5	— Hypothécaire d'Espagne	100.000	20.000.000	20.000.000	22.100.000	1.200.000	5
6	— Nationale du Mexique	200.000	80.000.000	80.000.000	115.400.000	2.700.000	6
7	— Impériale ottomane	500.000	125.000.000	125.000.000	165.500.000	6.250.000	7
8	— République sud-africaine	100.000	25.000.000	25.000.000	32.000.000	2.500.000	8
9	— Robinson South-African	744.000	74.400.000	74.400.000	63.812.000	3.720.000	9
10	— Hypothécaire de Suède, obligations	87.165	43.582.500	40.095.900	43.669.700	1.743.300	10
11	Crédit foncier d'Autriche	120.000	24.000.000	24.000.000	111.000.000	4.500.000	11
12	— — Égyptien, actions	160.000	20.000.000	20.000.000	24.560.000	1.280.000	12
13	— — — Obligations 4 %	100.000	50.000.000	46.500.000	50.300.000	2.020.000	13
14	— — — 3 1/2 %	119.290	61.434.350	59.048.550	58.929.260	2.087.570	14
15	— — Franco Canadien actions	50.000	6.250.000	6.250.000	600.000	400.000	15
16	— — — Obligations 3 %	28.881	14.440.500	10.252.750	11.408.000	433.210	16
17	— — — — 3.40 %	53.954	26.982.000	26.210.000	24.051.640	917.300	17
18	— — Hongrois, actions	150.000	37.500.000	37.500.000	75.150.000	3.600.000	18
19	— — Obligations	40.000	20.000.000	18.600.000	18.600.000	700.000	19
20	— Mobilier espagnol, actions de jouissance	95.000	»	»	10.735.000	»	20
21	— — Obligations	31.270	15.981.000	13.317.500	15.981.000	750.000	21
22	Société générale alsacienne de banque	30.000	9.000.000	9.000.000	9.000.000	»	22
	Total	3.041.670	791.770.300	756.954.700	1.002.966.500	46.083.510	

TABLEAU XXV.

VALEURS ÉTRANGÈRES : CHEMINS DE FER

NUMÉROS D'ORDRE	DÉSIGNATION DES VALEURS	NOMBRE DE TITRES en circulation (28 février 1900)	VALEUR EN CAPITAL			INTÉRÊTS et DIVIDENDES	RAPPEL des NUMÉROS D'ORDRE
			CAPITAL NOMINAL	TAUX D'ÉMISSION	CAPITAL AU COURS du 28 février 1900		
1	2	3	4	5	6	7	8
			francs	francs	francs	francs	
1	Andalous	60.000	30.000.000	30.000.000	16.780.000	"	1
2	— obligations 3 %, 1re série	275.865	137.632.500	85.369.350	81.759.850	8.304.020	2
3	— — 2e	99.337	49.668.500	33.526.250	28.211.700	1.192.040	3
4	Autrichiens	522.579	261.289.500	261.289.500	367.865.700	16.193.950	4
5	— actions de jouissance	27.421	"	"	3.976.050	164.620	5
6	— obligations 3 %, 1re hyp.	650.519	325.259.500	162.629.750	292.783.550	9.757.785	6
7	— — 3 %, 2e hyp.	147.403	73.701.500	42.746.870	64.557.500	2.211.045	7
8	— — 3 %, 4e hyp.	188.452	94.226.000	70.669.500	80.469.000	2.896.780	8
9	— — 3 %, série A	389.724	194.862.000	120.814.450	171.868.280	5.845.860	9
10	Beira Alta	20.000	10.000.000	10.000.000	100.000	"	10
11	— obligations	121.717	60.858.500	35.123.930	10.652.710	462.075	11
12	Beyrouth Damas Hauran, obligations	98.695	49.347.500	29.115.070	22.408.765	1.480.425	12
13	Cacérès	50.000	25.000.000	25.000.000	1.900.000	"	13
14	— obligations	139.202	69.601.000	41.760.600	14.755.410	730.810	14
15	Est Egyptien	[illegible]	5.000.000	5.000.000	7.600.000	"	15
16	— — obligations	12.457	6.228.500	5.555.800	6.580.735	219.751	16
17	Lombards	730.874	365.437.000	365.437.000	122.055.950	730.874	17
18	— actions de jouissance	16.697	"	"	"	"	18
19	— obligations 3 %	3.852.030	1.926.015.000	953.007.500	1.368.618.700	57.780.450	19
20	Méridionaux Italiens	408.750	204.375.000	204.375.000	283.672.500	13.488.750	20
21	— bons 6 %	4.605	2.302.500	1.888.050	2.394.600	138.150	21
22	Nitrate Railways	94.316	23.578.700	23.578.750	19.240.265	1.102.485	22
23	Nord de l'Espagne	492.000	246.000.000	245.000.000	98.000.000	"	23
24	— obligations, 1re série	602.007	301.003.500	165.850.700	172.776.000	7.224.085	24
25	2e	245.180	122.590.000	30.647.500	68.160.650	2.942.160	25
26	3e	46.181	23.090.500	14.085.200	12.677.410	554.172	26
27	4e	46.535	23.267.500	16.774.850	12.610.985	558.420	27
28	5e	94.264	47.132.000	29.218.750	25.731.340	1.131.048	28
	A reporter	9.483.719	4.676.271.500	2.955.364.820	[illegible]	[illegible]	

Tableau XXV (*Suite et fin*).

VALEURS ÉTRANGÈRES : CHEMINS DE FER

NUMÉROS D'ORDRE	DÉSIGNATION DES VALEURS	NOMBRE DE TITRES EN CIRCULATION 28 février 1900	VALEUR EN CAPITAL — CAPITAL NOMINAL	TAUX D'ÉMISSION	CAPITAL AU COURS du 28 février 1900	INTÉRÊTS ET DIVIDENDES	RAPPEL DES NUMÉROS D'ORDRE
1	2	3	4	5	6	7	8
			francs	francs	francs	francs	
	Report	9.483.719	4.676.271.500	2.955.944.820	3.350.436.545	130.026.238	
29	Nord de l'Espagne obligations Pampelune	196.980	97.996.000	55.857.720	52.329.855	2.351.995	29
30	— — Barcelone	210.250	105.125.000	48.357.500	57.638.500	2.523.000	30
31	— — Ségovie Médina	19.126	9.563.000	6.737.600	4.495.610	229.512	31
32	— — Asturies, 1re	232.081	116.040.500	66.143.100	64.982.680	2.784.970	32
33	— — — 2e	93.649	46.824.500	29.031.190	25.659.825	1.123.788	33
34	— — — 3e	56.472	28.236.000	17.280.430	16.180.275	677.664	34
35	— — Est de l'Espagne	33.671	16.835.500	15.151.950	10.438.010	505.065	35
36	— — Lérida Reus Tarragone	45.604	22.802.000	22.802.000	11.537.810	547.248	36
37	Orientaux	100.000	40.000.000	40.000.000	32.000.000	1.600.000	37
38	Ouest de l'Espagne, obligations	76.751	38.375.500	31.611.450	4.605.060	»	38
39	Portugais	69.297	35.048.500	34.645.500	4.573.602	»	39
40	— actions de jouissance	743	»	»	»	»	40
41	— obligations à revenu fixe 3 %	396.618	198.309.000	124.935.670	118.192.200	5.949.270	41
42	— — — 4 %	32.593	16.299.500	14.343.560	12.681.020	651.980	42
43	— — à revenu variable 3 %	371.379	185.689.500	18.568.950	31.309.970	»	43
44	— — — 4 %	65.198	32.599.000	3.911.880	6.845.792	»	44
45	Salonique Constantinople	318.100	159.050.000	95.430.000	92.658.500	4.771.500	45
46	Sao Paulo et Rio-Grande	49.865	24.932.500	20.195.300	16.954.100	1.246.625	46
47	Saragosse	497.006	248.503.000	248.503.000	135.682.050	»	47
48	— obligations, 1re hyp.	1.107.627	553.813.500	335.697.470	339.919.051	16.614.405	48
49	— — 2e —	137.171	68.585.500	41.800.250	45.678.270	2.057.565	49
50	— — 3e —	76.718	38.359.000	20.336.000	22.016.456	1.900.770	50
51	Smyrne à Cassaba, obligations 1894	117.605	56.802.500	47.058.900	47.877.130	2.262.100	51
52	— — 1895	139.685	69.842.500	64.418.750	60.786.600	2.793.700	52
53	Sud de l'Espagne	70.000	10.000.000	10.000.000	2.100.000	»	53
54	— obligations	56.000	28.000.000	27.850.000	21.160.000	»	54
	TOTAL	14.077.487	6.918.003.000	4.361.619.100	4.616.993.000	179.797.800	

Tableau XXVI.

VALEURS ÉTRANGÈRES DIVERSES.

NUMÉROS d'ordre	DÉSIGNATION DES VALEURS	NOMBRE DE TITRES en circulation (28 février 1900)	VALEUR EN CAPITAL: CAPITAL nominal	TAUX d'émission	CAPITAL au cours du 28 février 1900	INTÉRÊTS et DIVIDENDES	RAPPEL des numéros d'ordre
1	2	3	4	5	6	7	8
			francs.	francs.	francs.	francs.	
1	Société Hellénique du canal de Corinthe	10.000	5.000.000	5.000.000	250.000	»	1
	— — obligations	46.667	23.333.500	21.933.490	2.123.340	»	
2	Compagnie Madrilène d'électricité	8.000	4.000.000	4.000.000	5.520.000	770.000	2
	— — obligations	11.753	5.876.500	5.582.070	5.935.265	293.820	
3	Thomson Houston Méditerranée	20.000	10.000.000	10.000.000	17.850.000	500.000	3
4	Société Cotonnière Saint-Étienne du Rouvray	8.000	4.000.000	4.000.000	3.000.000	80.000	4
5	Gaz Belge	23.355	11.677.500	11.677.500	23.355.000	1.167.750	5
6	Gaz de Madrid	42.134	21.067.000	21.067.000	6.688.770	»	6
	— actions de jouissance	5.866	»	»	179.020	»	
	— obligations	59.425	29.712.500	28.226.870	24.661.350	1.188.500	
7	Héraclée	20.000	10.000.000	10.000.000	7.800.000	»	7
8	Nicopol-Marioupol	36.000	18.000.000	19.260.000	19.260.000	2.052.000	8
9	Rio Tinto Company, actions de préférence	325.000	40.625.000	40.625.000	69.725.000	1.579.250	9
	— actions ordinaires	325.000	40.625.000	40.625.000	413.762.500	19.415.500	
10	Houillères de la Russie Méridionale	25.000	12.500.000	14.050.000	20.312.500	787.500	10
	— obligations	19.635	9.817.000	9.600.650	9.897.630	392.680	
11	Mines et usines de Sosnowice	52.000	26.000.000	26.000.000	157.300.000	3.380.000	11
	— obligations	39.363	19.681.500	19.681.500	19.956.400	787.260	
12	Charbonnages de Trifail	70.000	10.290.000	10.290.000	35.160.000	1.289.500	12
	— obligations	28.033	14.016.500	13.666.090	14.176.660	560.660	
13	Treasury Gold Mines	135.000	13.500.000	13.500.000	16.335.000	1.087.500	13
14	Lagunas Nitrate Company	120.000	15.000.000	15.000.000	5.760.000	»	14
15	Lautaro Nitrate Company	110.000	13.750.000	13.750.000	11.880.000	500.500	15
16	Série Française d'éclairage et voies ferrées, obligations	4.000	2.000.000	1.400.000	1.600.000	80.000	16
17	Sucreries et Raffinerie d'Égypte	125.000	12.500.000	19.500.000	28.625.000	1.250.000	17
	— part de fondateur	38.600	»	»	9.457.000	325.890	
	— — obligations Janvier-Juillet	3.537	1.768.500	1.591.650	1.800.940	88.500	
	— — —	35.410	17.705.000	16.819.750	18.200.740	885.250	
	— mai-novembre	19.635	9.817.500	9.326.600	10.172.900	490.870	
18	Tabacs Ottomans	200.000	40.000.000	40.000.000	64.000.000	2.000.000	18
19	Tabacs des Philippines	45.000	22.500.000	22.500.000	30.825.000	1.760.000	19
20	Tabacs de Portugal	100.000	25.000.000	25.000.000	45.500.000	2.300.000	20
21	Télégraphes du Nord	150.000	37.500.000	37.500.000	49.000.000	4.087.500	21
22	Union Espagnole des Explosifs	50.000	25.000.000	25.000.000	44.000.000	1.276.000	22
23	Wagons-Lits	100.000	50.000.000	61.500.000	74.500.000	3.500.000	23
	— obligations	55.546	27.268.000	26.905.400	27.476.660	1.090.800	
	TOTAL	2.466.908	679.121.000	655.719.200	1.240.109.000	55.926.600	

TABLEAU XXVII

VALEURS FRANÇAISES ET ÉTRANGÈRES : RÉCAPITULATION

NUMÉROS D'ORDRE	DÉSIGNATION DES VALEURS	NOMBRE DE TITRES EN CIRCULATION (28 février 1900)	VALEUR EN CAPITAL — CAPITAL NOMINAL (versé)	VALEUR EN CAPITAL — TAUX D'ÉMISSION	VALEUR EN CAPITAL — CAPITAL AU COURS DU 28 février 1900	MONTANT EFFECTIF EN RENTES, INTÉRÊTS ET DIVIDENDES (pour 1899)	RAPPEL DES NUMÉROS D'ORDRE
1	2	3	4	5	6	7	8
			francs.	francs.	francs.	francs.	
		I. — VALEURS	FRANÇAISES				
1	Rentes françaises	»	25.827.150.000	21.297.990.000	26.243.092.000	858.732.840	1
2	Colonies et protectorats	1.444.416	365.568.000	336.012.800	334.538.100	10.677.390	2
3	Départements	113.897	35.945.300	32.806.600	35.288.000	1.182.820	3
4	Ville de Paris	4.502.124	2.011.754.500	1.697.395.500	1.975.074.000	59.181.450	4
5	Villes diverses	712.756	258.916.500	193.730.500	206.163.900	6.812.260	5
6	Assurances	492.050	107.702.630	135.677.630	771.974.000	35.534.530	6
7	Crédit foncier de France	9.221.170	4.412.707.900	3.921.783.000	4.259.657.000	129.457.760	7
8	Banques et institutions de crédit	3.888.755	1.373.092.700	1.556.986.000	2.283.371.500	83.396.800	8
9	Canaux	1.366.644	461.653.100	369.383.000	1.447.030.000	47.865.420	9
10	Chemins de fer (Grandes compagnies) d'intérêt général, Est, Lyon, Midi, Nord, Orléans, Ouest	35.077.570	17.475.978.800	12.786.813.000	19.526.858.500	641.124.210	10
11	Chemins de fer et tramways	3.929.133	1.762.316.100	1.405.694.200	1.652.418.600	53.835.430	11
12	Docks et entrepôts	287.138	137.405.500	129.621.700	140.997.100	6.021.300	12
13	Eaux	537.757	283.626.500	238.610.800	410.935.800	16.519.830	13
14	Électricité	258.829	97.064.500	97.045.200	126.595.000	3.465.900	14
15	Filatures	38.000	19.000.000	19.000.000	24.672.000	1.220.000	15
16	Gaz	1.185.038	422.626.300	418.706.900	788.487.900	33.997.161	16
17	Forges et fonderies	1.182.456	457.452.000	455.756.900	832.916.400	28.519.690	17
18	Houillères et mines	1.088.084	272.955.300	317.165.000	817.487.000	23.492.850	18
19	Transports	1.385.612	543.148.500	493.449.700	616.718.000	21.757.750	19
20	Valeurs diverses	7.242.655	951.276.600	974.040.900	1.673.385.900	65.354.370	20
21	Valeurs en liquidation (Panama, etc.)	4.692.086	2.013.817.700	1.652.384.000	245.976.800	»	21
	TOTAL (VALEURS FRANÇAISES)	78.147.065	59.179.320.000	48.487.659.600	64.307.359.500	2.075.464.170	
		II. — VALEURS	ÉTRANGÈRES				
22	Fonds d'État — Russie	»	10.948.774.100	9.912.563.400	10.971.091.800	423.916.800	22
23	Fonds d'État — Divers	»	48.171.596.700	44.784.797.000	42.894.179.000	1.633.494.400	23
	ENSEMBLE	»	59.119.339.800	54.697.360.400	53.791.270.800	2.057.411.200	
24	Sociétés — Assurances et Banques	8.041.670	764.772.300	766.905.700	1.092.955.500	40.864.500	24
25	Sociétés — Chemins de fer	14.027.887	5.978.014.000	4.341.619.100	4.616.991.000	179.717.320	25
26	Sociétés — Divers	2.455.928	679.521.000	644.719.200	1.260.102.000	55.928.600	26
	ENSEMBLE	19.535.385	8.282.295.300	5.752.243.000	6.969.051.500	276.498.420	
	TOTAL (VALEURS ÉTRANGÈRES)	19.535.385	67.401.636.100	60.452.603.400	60.755.322.300	2.333.909.620	
	TOTAL GÉNÉRAL	97.681.451	126.581.956.100	109.938.263.000	124.962.681.800	4.409.374.800	

LA DETTE PUBLIQUE DE L'ALLEMAGNE

I. — Dette publique de l'Allemagne, de 1871 à 1898

A la fin de 1871, la dette de l'empire, qui avait pris à sa charge les engagements de la Confédération du Nord, s'élevait à 769 millions et demi de marks, dont 692 millions portant intérêt.

Au 31 décembre 1873, 2 millions de marks restaient seulement à rembourser sur ce capital de 769 millions et demi.

A la fin de cette année 1873, la dette totale de l'empire s'élevait à 1.845.100 marks (1), soit 2.277.775 francs. Elle ne tarda pas à prendre un grand développement.

En 1875, elle s'élevait à 120.323.000 marks; — en 1880, à 387.520.600 marks; — en 1885, à 586.209.700 marks: — à la fin de 1896, le capital de la dette s'élevait à 2.127,075.928 marks; — au 31 octobre 1898, elle s'élevait à 2.842.044.000 marks, soit, en francs, 3 milliards 550 millions, en chiffres ronds (2).

II. — Composition de la dette publique

Au 31 octobre 1898, ce capital était représenté jusqu'à concurrence de 2 208.853.700 marks, par les titres suivants :

RENTES	VALEUR NOMINALE TOTALE (millions de marks)	VALEUR D'ÉMISSION TOTALE (millions de marks)
4 %	450	445.705
3 1/2	790	798.698
3 %	968.853	842.044
Totaux	2.208.853	2.086.447 (3)

(1) 1 mark = 100 pfennigs = 1 fr. 235
1 pfennig = 0 fr. 0123

(2) *Bulletin de statistique et de législation comparée du ministère des finances*, 1887, page 439; 1889, page 556.

Le Marché financier, par A. Raffalovich, années 1894 à 1898.

(3) D'après le rapport annuel présenté l'année dernière au Reichstag, le capital de la

Les cours moyens d'émission de ces rentes ont été les suivants

		INTÉRÊT RÉEL PAYÉ PAR LA CAISSE DE L'EMPIRE
Rente 4 %	99.045 %	3.53 %
— 3 1/2	101.102 %	3.46 %
— 3 %	86.91 %	3.45 %

D'après la *Gazette libérale*, organe de M. Eugène Richter, la dette allemande aurait suivi les accroissements suivants depuis 1888.

	marks.
1888 31 mars	721.000.000
1889 —	803.755.900
1890	1.117.981.800
1891 —	1.371.797.700
1892 —	1.685.567.400
1893 —	1.741.000.000
1894 —	1.916.000.000
1895 —	2.081.000.000
1896 —	2.125.000.000
1897 —	2.141.242.000
1898	2.182.246.800
1898 31 octobre	2.208.853.000

Les chiffres de M. Richter diffèrent peu de ceux fournis par les statistiques officielles.

Le chiffre de la dette de l'empire allemand, à la fin de l'exercice budgétaire 1898-1899, s'élève, y compris 120 millions de marks de Reichs-Kassenscheine (sans intérêt) et 175 millions de marks de dette flottante, à 2.503 millions de marks.

Si l'on ajoute le montant des dettes des divers Etats qui constituent l'empire, la dette totale des pays allemands ne s'élève pas à moins de 13 milliards de marks, soit, en chiffres ronds, 16 milliards de francs.

La moyenne du taux de l'intérêt payé par la caisse impériale de l'em-

dette 3 % s'élevait, en 1899, à 1.058.481.700 marks. Il a été négocié de novembre 1898 à octobre 1899, un total de 89 millions de marks 6, en 3 %, au prix de 91.697 %. Il a été remis 75 millions à 91 3/8 % à la Banque d'Allemagne ; 14 millions 6 ont été remis à la Caisse des invalides et à différentes institutions, ou vendus en bourse. Une somme peu importante a été cédée au Luxembourg.

pire, au 31 octobre 1898, pour les rentes des différents types, était de 3.47 %.

Presque tous les ans, la caisse impériale de l'empire s'est adressée au crédit public et a fait de nombreux emprunts. Ces emprunts ont été souscrits par des Etats particuliers, des institutions publiques ou vendus à la bourse. Il ont servi à exécuter des voies ferrées, des travaux pour la poste et le télégraphe, l'armée, la marine, et à payer les frais de la réforme monétaire.

En 1899, le 27 janvier, la *Deustche Bank* a traité directement la prise ferme d'un emprunt de 75 millions de marks de l'empire, en même temps que de 125 millions de marks 3 % en consolidés prussiens. L'emprunt a été émis le 9 février, à 92 %, avec un grand succès : il a été couvert vingt fois.

Malgré la situation financière excellente de l'empire allemand, les cours du 3 % allemand sont sensiblement au-dessous du pair et valent, en ce moment, 85 %. Les capitalistes allemands recherchent plus volontiers les valeurs industrielles et les titres de sociétés financières qui donnent des revenus plus élevés que les rentes d'Etat.

III. — Administration et la dette de l'empire

Le *Reichsanzeiger* a publié, dans son numéro du 13 mars 1900, une ordonnance qui réglemente l'administration de la dette de l'empire. Cette réglementation est particulièrement intéressante en ce qui concerne les émissions, remboursements, conversions de titres d'Etat, émissions de bons du Trésor, pertes ou vols de titres de rentes, publication des titres de bons du Trésor frappés de nullité au cours de l'exercice financier.

Nous croyons utile de reproduire intégralement cette ordonnance dont beaucoup de pays pourraient s'inspirer. Nous la donnons en annexe.

IV. — Recettes et dépenses budgétaires

Les budgets de l'empire allemand, depuis 1872, sont intéressants à suivre. Comme ceux des autres pays d'Europe, ils ont suivi une progression ininterrompue. Si l'on met de côté les années 1872 et 1873, dans lesquelles les dépenses et les recettes comprennent des capitaux à répartir ultérieurement entre les autres Etats allemands, on voit que, depuis 1874, année normale, les dépenses totales se sont élevées de 672 millions de marks à 1.551 millions de marks, en chiffres ronds, c'est une augmentation de 879 millions de marks, soit 1.098 millions de francs.

Le tableau suivant résume les budgets de l'empire allemand depuis l'exercice 1872 jusqu'à l'exercice 1898-1899 (1). Faisons remarquer, à ce propos, qu'en 1876-1877 le point de départ de l'exercice financier ayant été reporté du 1er janvier au 1er avril, un exercice exceptionnel de 15 mois (1er janvier-31 mars 1877) a servi de transition entre les deux régimes.

RECETTES ET DÉPENSES TOTALES DE L'EMPIRE

EXERCICES 1	RECETTES TOTALES 2	DÉPENSES TOTALES 3	EXCÉDENTS DE RECETTES 4	EXCÉDENTS DE DÉPENSES 5
	marks	marks	marks	marks
1872	1.418.962.000	1.407.362.700	11.599.300	..
1873	1.432.939.000	1.369.799.900	63.139.100	..
1874	675.271.000	672.812.500	2.458.500	..
1875	571.525.900	634.448.100	..	62.922.200
1876-77	638.977.000	679.081.200	.	40.124.200
1877-78	535.120.300	569.388.500	.	34.268.200
1878-79	772.631.700	784.209.700	..	11.578.000
1879-80	584.083.300	550.264.800	33.818.500	.
1880-81	530.387.500	550.065.700	.	19.678.200
1881-82	634.041.000	612.505.300	21.535.700	..
1882-83	602.073.100	604.896.200	.	2.823.100
1883-84	566.965.200	587.251.800	.	20.286.600
1884-85	593.696.400	614.594.600	..	20.898.200
1885-86	615.872.000	637.672.500	..	22.800.500
1886-87	671.898.300	693.532.000	.	21.633.700
1887-88	949.263.300	876.934.700	72.328.600	.
1888-89	995.679.300	1.020.221.400	.	24.542.100
1889-90	1.206.400.900	1.110.674.900	95.726.000	..
1890-91	1.253.216.600	1.353.620.600	.	100.404.000
1891-92	1.410.895.100	1.245.053.600	165.842.500	..
1892-93	1.136.637.000	1.244.231.300	.	107.594.300
1893-94	1.289.587.700	1.269.952.000	19.635.700	.
1894-95	1.344.092.400	1.336.940.600	7.151.800	.
1895-96	1.204.116.800	1.217.180.800	.	13.064.500
1896-97	1.392.050.500	1.365.762.200	26.288.300	.
1897-98	1.360.744.800	1.372.852.500	.	12.107.700
1898-99	1.412.886.500	1.441.578.600	.	28.692.100
1899	1.526.188.000	1.551.709.400	.	25.521.400

(1) *Statistisches Jahrbuch fur das Deustche Reich.*
Bulletin de statistique et de législation comparée du ministère des finances, 1898, II, 460

D'après le projet de budget de l'empire pour 1899 (1), les principaux chapitres de dépenses et recettes s'élèveraient aux chiffres suivants :

NATURE DES DÉPENSES	EXERCICE 1899	EXERCICE 1898 chiffres rectifiés
1	2	3
	marks	marks
Dépenses permanentes du budget ordinaire..	1.300.845.810	1.241.836.897
Dépenses transitoires du budget ordinaire ..	162.473.651	162.314.720
Dépenses transitoires du budget extraordinaire..	91.211.189	57.426.991
TOTAL des dépenses	1.554.530.650	1.441.578.608
Recettes du budget ordinaire..	1.463.819.461	1.384.151.617
Ressources extraordinaires	91.211.189	57.426.991
TOTAL des recettes	1.554.530.650	1.441.578.608

Les recettes se décomposent ainsi :

NATURE DES RECETTES	EXERCICE 1899	EXERCICE 1898
1	2	2
	marks	marks
Douanes et impôts de consommation...	742.260.960	701.489.460
Timbre impérial....	61.648.000	60.842.000
Postes et télégraphes..........	47.065.305	39.771.218
Imprimerie impériale......	1.873.890	1.639.280
Chemins de fer.	26.583.600	25.320.900
Banques	9.789.600	5.958.800
Produits divers	14.974.167	14.470.252
Fonds des invalides ..	27.938.539	26.646.554
Aliénations de terrains des fortifications.	1.013.263	564.970
Excédents sur exercices précédents	25.521.430	28.692.115
Contributions matriculaires...	489.953.828	475.726.568
Ressources extraordinaires ...	91.211.189	57.426.991
Ressources à créer. ...	14.696.878	»
TOTAL des recettes	1.554.530.650	1.441.578.608

(1) *Bulletin de statistique et de législation comparée du ministère des finances*, janvier 1898 ; page 101 ; février 1899, page 176.

Voici, d'autre part, comment se subdivisent les crédits entre les dépenses ordinaires, transitoires et extraordinaires :

1. *Dépenses permanentes du budget ordinaire*

DÉSIGNATION DES SERVICES DOTÉS 1	EXERCICE 1899 2	EXERCICE 1898 3
	marks	marks
Reichstag	639.600	689.600
Chancelier et chancellerie	236.620	228.370
Ministère des affaires étrangères	12.002.192	11.360.749
Ministère de l'intérieur	44.348.031	40.755.646
Administration de l'armée	520.361.974	511.892.464
Marine	69.103.119	62.750.898
Ministère de la justice	2.117.882	2.008.292
Trésor impérial	481.908.430	446.750.520
Chemins de fer	390.610	373.250
Dette publique	75.613.300	73.858.800
Cour des comptes	840.110	858.970
Pensions	65.235.603	61.713.074
Fonds des invalides	27.938.539	28.646.554
TOTAL des dépenses ordinaires	1.300.795.810	1.241.836.897

2. *Dépenses transitoires du budget ordinaire*

DÉSIGNATION DES SERVICES DOTÉS 1	EXERCICE 1899 2	EXERCICE 1898 3
	marks	marks
Ministère des affaires étrangères	16.645.110	10.794.687
Ministère de l'intérieur	4.823.700	1.763.000
Postes et télégraphes	12.649.453	9.589.594
Imprimerie impériale	300.000	101.700
Administration de l'armée	70.849.688	81.439.744
Marine	82.481.800	21.617.650
Trésor impérial	125.200	278.800
Chemins de fer	8.955.000	4.680.000
Dette de l'Empire	140.000	»
Dépenses de Kiao-Tchéou	8.500.000	5.000.000
TOTAL des dépenses transitoires	162.673.651	142.316.720
TOTAL des dépenses du budget ordinaire	1.463.819.461	1.384.151.617

3. *Dépenses extraordinaires*

DÉSIGNATION DES SERVICES DOTÉS	EXERCICE 1899	EXERCICE 1898
	marks	marks
Administration de l'armée	44.606.689	15.869.791
— de la marine	33.879.000	24.636.000
— des chemins de fer	12.725.500	11.921.200
TOTAL des dépenses extraordinaires	91.211.189	57.426.991
Les ressources extraordinaires créées par voie d'emprunt se chiffrent par	85.921.189 marks.	

Le service de la dette réclame 75.613.300 marks, soit environ 5 1/2 % du montant total des recettes.

Si de l'ensemble des recettes de 1897-1898 (1.360 millions de marks) on déduit les contributions matriculaires (436 millions de marks) qui se répartissent entre les divers États allemands : Prusse, Bavière, Saxe, Wurtemberg, Bade, Hesse, Mecklembourg-Saxe-Weimar, Mecklembourg-Strelitz, Oldenbourg, Brunswick, Saxe-Meiningen, Saxe-Altenbourg, Saxe-Cobourg et Gotha, Schaw-Sondershausen, Schaw-Rudolstadt, Waldeck, Reuss branche ainée et cadette, Schaumbourg-Lippe, Lippe, Lubeck, Brême, Hambourg, Alsace-Lorraine, on voit que l'Empire allemand dispose encore de 924 millions de ressources propres.

Nous avons eu plusieurs fois l'occasion de faire remarquer que la comptabilité budgétaire de l'Allemagne était établie d'une autre façon que la nôtre (1). Nous écrivons, nous, d'un côté, la totalité des dépenses, et de l'autre côté, la totalité des recettes pour certains services. Ainsi, pour les tabacs, les postes et télégraphes, les chemins de fer de l'État, nous inscrivons, d'une part, ce que coûtent ces divers services et, d'autre part, les produits qu'ils donnent. La comptabilité allemande n'inscrit que la différence nette entre les recettes et les dépenses. Ainsi, le budget de l'empire allemand ne porte que les recettes nettes des postes, de l'imprimerie, des chemins de fer.

Si nous appliquions chez nous le même système, plusieurs centaines

(1) Voir, notamment, *Les Dettes publiques européennes*.

de millions disparaîtraient de notre budget qui ne comprendrait plus que les résultats nets et réels des opérations.

C'est ce que, dans une série d'articles très curieux, M. Jules Roche établissait dans *Le Matin*, à l'occasion du budget de 1895. Il rappelait, dans un article intitulé *Impôt et Budget* (1), « que le budget d'État du territoire allemand dépassait au moins d'un milliard et demi le budget d'État de la France, et *qu'il a triplé depuis* 1870, *tandis que le nôtre n'a augmenté que de* 75 % ».

Ajoutons que l'organisation financière de l'empire repose sur l'idée maîtresse d'alimenter le budget des dépenses communes à l'aide du produit des impôts indirects, en réservant l'impôt direct aux États particuliers.

Les recettes de l'empire se composent des douanes, des contributions sur les tabacs, le sucre, le sel, l'alcool, la bière, le timbre sur les cartes à jouer, les effets de commerce, les valeurs mobilières, les transactions de bourse, les recettes des postes et télégraphes, de l'imprimerie de l'empire, de la participation aux bénéfices de la Banque d'Allemagne, des contributions matriculaires.

Les dépenses comprennent les ministères des affaires étrangères, de l'intérieur, de la guerre, de la marine, de la justice, de la dette publique. Parmi les dépenses, figurent la subvention pour l'assurance contre la vieillesse et l'invalidité et les allocations aux États de l'empire.

V. — Dépenses militaires : guerre et marine

Depuis 1872, il a été autorisé, pour la marine, des dépenses s'élevant à 1.500 millions de marks. De 1872 à 1889, les dépenses ont progressé de 31 à 52 millions de marks; de 1890 à 1898, elles passent de 54 à 116 millions. Dans le projet de budget de 1899, les dépenses pour la marine se détaillent comme suit :

	marks.
Dépenses permanentes du budget ordinaire........	69.103.119
— transitoires..........................	30.431.500
— extraordinaires.......................	33.879.000
Total....	133.413.619

(1) *Le Matin*, n° 3688, *Impôt et budget*, par Jules Roche.

Les dépenses militaires pour l'armée de terre ont progressé de 335 millions, en 1872, à 540 millions, en 1897-98.

Pour 1899, elles se décomposent comme suit :

	marks.
Dépenses permanentes, y compris organisation nouvelle de l'armée	520.361.974
Dépenses transitoires y compris organisation nouvelle de l'armée	79.893.688
Dépenses extraordinaires y compris organisation nouvelle de l'armée	44.606.689
Total....	644.862.351

Par tête d'habitant, on calcule que les dépenses militaires et navales ont été de 7.12 marks en 1872 et de 13.41 marks en 1895-96 ; la marine y figure pour 0.2 en 1872 et pour 1.75 en 1896.

Dans les dépenses permanentes ordinaires, voici les chiffres du budget de l'armée et de la marine pour les exercices 1897-1898 et l'année 1898 :

	1897-98 millions de marks.	1898 millions de marks.
Armée	493.0	511.9
Marine	59.4	62.6

Il faut ajouter à ces chiffres les dépenses ordinaires non annuelles, transitoires, et les dépenses extraordinaires.

1° *Depenses ordinaires annuelles, transitoires :*

	1897-98 millions de marks.	1898 millions de marks.
Armée	39.5	83.5
Marine	29.4	29.4

2° *Depenses extraordinaires :*

	1897-98 millions de marks	1898 millions de marks.
Armée	58.0	15.9
Marine	28.7	29.6

En réunissant ces chiffres divers, on trouve que les dépenses pour l'armée et la marine s'élèvent, pour 1899, à :

	millions de marks.
Armée	644.9
Marine	133.4
Totaux	778.3

Soit en chiffres ronds, 950 millions de francs.

Avec le service de la dette, 75 millions de marks (93.750.000 fr.) ces trois chapitres de dépenses coûteraient à l'Allemagne 1.025 millions par an.

Si l'on prend pendant une série d'années les dépenses nettes, permanentes et ordinaires, moins les recettes des divers départements, on constate que l'armée, la marine et la dette coûtaient les sommes suivantes :

ANNÉES	DÉPENSES — millions de marks.
1891-92	624.8
1892-93	632.4
1893-94	667.3
1894-95	697.4
1895-96	714.4
1896-97	725.0
1899	778.0

On peut dire que depuis 1891-92, sur les budgets de l'armée et de la marine, et le service de la dette, il y a eu un accroissement de dépenses nouvelles de 155 millions de marks (193 millions de francs).

En vingt ans, de 1878 à 1898, les dépenses pour l'armée, la marine, les pensions et la dette publique ont doublé.

Dans la même période, ce qui prouve le développement économique de l'Allemagne, les recettes — douanes, sucre, sel, alcool, bière, cartes à jouer, timbre, impôt de bourse — ont plus que triplé. Plus de 80 % des plus values ont été absorbées par les dépenses de la guerre, de la marine, des colonies (1).

(1) Pour les dépenses comparées de la guerre, de la marine et de la dette, voir le *Marché financier* de A. Raffalovich, 1895-1896, page 207 ; 1898-1899, pages 253 et 294.

VI. — Situation économique

Malgré ces dépenses militaires considérables, la situation financière de l'empire d'Allemagne est excellente et sa situation économique n'est pas moins prospère. Quelques chiffres, extraits de documents officiels, le prouvent.

En ce qui concerne la population, l'excédent annuel des naissances sur les décès, qui était, depuis un quart de siècle, d'environ un demi-million, s'est élevé en 1895 à 725.790 âmes, et en 1896 à 815.783 âmes. Les naissances se chiffrent pour ces deux années respectivement à 1.941,644 et 1.979.747 enfants.

D'autre part, l'émigration, qui atteignait naguère jusqu'à 200.000 personnes par an, est descendue en 1896 à 33.824 et en 1897 à 24,631 expatriations. Une immigration assez marquée vient compenser ces pertes : il y a aujourd'hui plus d'un demi-million d'étrangers en Allemagne : leur nombre a doublé depuis vingt ans.

D'après le mouvement de la population, l'empire comptait :

40	millions	d'habitants	en 1870	47	millions	d'habitants	en 1885
43	—	—	1875	49	—	—	1890
45	—	—	1880	52	—	—	1895

Sa population actuelle dépasse 54 millions et s'approche même assez près du chiffre de 55 millions d'habitants.

Cette population a une grande valeur comme capital humain. Elle est instruite, disciplinée, laborieuse, économe : elle constitue une grande force de travail.

D'autre part, le développement de la consommation du charbon est passé en moins de vingt ans, de 50 millions à 114 millions de tonnes par an ; soit, par tête d'habitant, de 1.160 à 2.153 kilogrammes.

De même, le fer brut est passé dans la consommation industrielle allemande, en vingt ans, de 2 millions 1/4 à 6 millions 1/2 de tonnes par an.

En 10 ans, le produit des taxes des télégrammes a plus que doublé.

De 1893 à 1896, le transport des marchandises sur les chemins de fer allemands est passé de 168 à 205 millions de tonnes.

De 1889 à 1896, le commerce général voit presque doubler le poids des marchandises importées et exportées.

Le commerce spécial voit plus que doubler le poids de ses marchandises, passé, pour l'importation, de 26 à 40 millions, et, pour l'exportation, de 18 à 28 millions de tonnes.

La valeur du commerce spécial est estimée, pour l'importation, en

1895, à 5 milliards, et, en 1897, déjà au delà de 6 milliards de francs ; l'exportation vaut, en 1897, 5 millards de francs, en progrès également de 1 milliard en 4 ans.

De 1889 à 1897, les produits fabriqués représentent 62 % de l'exportation totale.

Les affaires financières se sont considérablement développées en Allemagne, ainsi que le prouvent les statistiques des émissions et des créations de sociétés et le produit de l'impôt sur le revenu : l'épargne a pris aussi un grand accroissement, à en juger par les chiffres toujours croissants des dépôts dans les caisses d'épargne (1).

Un fait résume tous ces progrès incontestables : le mouvement total de la Banque de l'Empire était, en 1876, de 36 milliards de marks ; en 1890, de 108 milliards ; il s'est élevé, en 1898, à 163 milliards.

VII. — Ce qu'a rapporté l'indemnité de guerre.

Avant de terminer cette étude, rappelons un souvenir qui pèse douloureusement sur notre pays : le coût de la guerre. D'après des documents officiels que nous avons relevés dans les discussions du Reichstag, nous pouvons établir, d'après les Allemands eux-mêmes, le total des milliards que nous avons payés à l'Allemagne à la suite de la guerre de 1870.

Au mois d'avril 1880, le gouvernement allemand a soumis à la sanction du Reichstag le compte définitif de l'indemnité de guerre française à la fin de l'année 1878-1879 :

	millions de marks.
1° Les recettes de l'indemnité de guerre, y compris les intérêts payés par la France, suivant la convention, se sont élevées à.	1.242.587.753
2° Le compte de la contribution de guerre de la Ville de Paris s'est élevé à..	160.517.593
3° Les impôts prélevés en France et les contributions locales non affectées à un but militaire, déduction faite des frais d'administration et du montant des contributions prélevées pour les Allemands renvoyés, se sont élevées à........................	55.926.022
Total............	1.459.031.369

(1) Sur *l'Impôt sur le revenu en Prusse*, voir le *Bulletin de statistique et de législation comparée du ministère des finances*, 1896, fascicule de mars, page 120, et 1898, fascicule de novembre, pages 179 et 180.

Sur les *Caisses d'épargne*, voir les fascicules de janvier 1891, 1893, 1894, novembre 1898. Sur les *Statistiques des banques d'émission*, consulter le *Deutsche Œkonomist* de 1898. Pour les créations de *Sociétés par actions*, voir le *Deutsche Œkonomist*, du 21 janvier 1898; — les *Comptes rendus de l'année commerciale* par la Société des commerçants de Berlin ; le *Moniteur des intérêts matériels* du 25 mai 1899, page 1826.

Soit, en francs (le mark étant calculé à 1 fr. 25), 5 milliards 564 millions, en chiffres ronds.

De ces chiffres, qui dépassent tout ce que l'imagination pouvait concevoir, il faut déduire les 325 millions pour lesquels " ont été pris " les chemins de fer d'Alsace-Lorraine.

Ce n'est pas tout. Les capitaux de l'indemnité de guerre, placés provisoirement pour le compte de la communauté de guerre, ont rapporté, en intérêts, près de 8 millions de marks, soit 10 millions de francs.

Déduction des dépenses faites ou restant à faire en exécution des lois et budgets, il est " resté à partager ", suivant l'expression littérale de ce document que nous analysons, 2.380.679.754 marks 52 pfennigs, en francs 2 milliards 975 millions !

Les trois quarts de cette somme ont été partagés proportionnellement aux services militaires fournis par les divers Etats allemands et le quatrième quart proportionnellement aux contributions matriculaires de 1871.

Tous comptes faits, les dépenses de la communauté de guerre acquittées, de la communauté de Wurtemberg, de Bade, de la Hesse du Sud, de la Confédération du Nord, les parts à répartir pour solde se sont élevées comme suit :

	marks.
	—
A la Bavière...............	270.792.297 67
Au Wurtemberg...........	85.444.733 76
A Bade....................	61.360.828 82
A la Hesse du Sud.........	28.893.184 52
A la Confédération du Nord.	443.908.446 68

Nous avions, en réalité, payé à l'Allemagne :

	millions de francs
	—
1° Pour l'entretien de son armée d'occupation..........	248.6
2° Pour impôts divers..............................	62.6
3° Pour l'indemnité de guerre........................	5.315.7
4° Pour indemnités des villes.........................	251.0
Total............	5.877.9

5 milliards 877 millions, voilà le résumé des sommes touchées par l'Allemagne (1).

Dans cette fin de siècle enfiévrée, agitée, se fait-on une idée des efforts que la France a dû accomplir pour trouver et payer ces capitaux énormes? 5 milliards 878 millions d'indemnités de guerre, plus 6 milliards de dépenses, soit 11 à 12 milliards, tel a été le coût de la guerre de 1870-1871.

Nous avons payé à l'Allemagne les milliards qu'elle nous avait imposés, mais nous continuons toujours à acquitter les intérêts des emprunts contractés; les 12 milliards du coût de la guerre pèsent de tout leur poids sur notre situation économique et financière. Il est un document officiel que nous voudrions voir entre les mains de tous : c'est le rapport de M. Léon Say sur le paiement de l'indemnité de guerre ; de même que nous ne devrions pas oublier les concours patriotiques que la haute banque et les établissements financiers, groupés autour de MM. de Rothschild, ont alors donnés au Trésor. La France a fait des efforts et des sacrifices gigantesques pour se relever ; les chiffres cités plus haut prouvent qu'aucun pays n'aurait pu, en aussi peu de temps, réparer comme le nôtre les désastres qu'il a subis.

VIII. — Résumé.

Résumons ces chiffres :

1. Le montant des dettes des divers Etats qui composent l'Allemagne, s'ajoutant à celle de l'Empire allemand seul, ne s'élève pas à moins de 13 milliards de marks soit 16 milliards de francs, en chiffres ronds, exigeant à 4 % une annuité minima de 640 millions ;

2. La dette publique de l'Empire allemand s'élève, en chiffres ronds, au 31 octobre 1898, à 3.550 millions de francs :

3. Contractée en rente 4 %, 3 ½, 3 %, elle exige 93 millions 750.000 francs d'intérêts :

4. Les dépenses militaires, guerre et marine, permanentes et extraordinaires, s'élèvent à 950 millions de francs :

5. Le service de la dette et les dépenses militaires dépassent 1 milliard en chiffres ronds, sur un budget total de recettes d'environ 1.900 millions de francs ;

(1) *Dictionnaire des finances* de M. Léon Say, tome II, p. 3841, les *Indemnités de guerre* par M. E. de Bray.

Voir le rapport de M. Léon Say sur le paiement de l'indemnité de guerre : voir aussi son introduction magistrale au livre de M. Goschen, sur la *Théorie des changes étrangers*.

6. L'ensemble de l'indemnité de guerre prélevée par les Allemands, s'est chiffré par 4.359.031.369 marks, soit, en francs, 5 milliards 564 millions ;

7. Déduction faite de diverses charges et dépenses, les divers Etats allemands se sont partagés près de 3 milliards :

8. Avec les indemnités de villes et le remboursement d'impôts déduits nous avons en réalité payé 5 milliards 878 millions ;

9. La population de l'empire allemand, qui était de 40 millions en 1870, se rapproche d'assez près aujourd'hui de 53 millions ;

10. Tous les indices commerciaux et industriels indiquent un grand développement économique de l'Allemagne et une situation générale prospère, malgré la progression des charges fiscales et des dépenses militaires ;

11. C'est une erreur de croire que l'Allemagne ne peut supporter facilement ces lourdes charges : elle possède des ressources nombreuses et pourrait, au besoin, pour les augmenter, créer des impôts nouveaux qui existent dans d'autres pays et dont elle ne s'est pas encore servi.

Alfred Neymarck,

Membre du Conseil supérieur de statistique.

[Annexe].

ORDONNANCE DU 19 MARS 1900

RÉGLEMENTANT L'ADMINISTRATION DE LA DETTE DE L'EMPIRE ALLEMAND

ARTICLE 1er. — Les ressources extraordinaires destinées à couvrir les dépenses exceptionnelles de l'Empire, et qui doivent être obtenues en faisant appel au crédit, sont réalisées sur autorisation donnée par une loi au Chancelier de l'Empire jusqu'à concurrence du montant nominal de la somme accordée, soit par voie d'emprunt produisant intérêt, soit par émission de bons du Trésor. Le Chancelier de l'Empire doit rendre compte au Reichstag, lors de sa plus prochaine réunion, de l'exécution de la loi qui a accordé l'autorisation nécessaire.

L'autorisation au Chancelier de l'Empire pour émettre, au fur et à mesure des besoins, des Bons du Trésor, en vue d'augmenter les ressources ordinaires de la Caisse centrale de l'Empire, doit être également donnée par une loi.

2. — Il appartient au Chancelier de l'Empire de fixer l'époque et l'endroit où l'émission de l'Emprunt, portant intérêt, devra avoir lieu, ainsi que les conditions dans lesquelles les titres devront être émis, à moins qu'il en soit décidé autrement dans l'autorisation mentionnée à l'alinéa 1er de l'article 1er. La même disposition est applicable en ce qui concerne le taux de l'intérêt, les conditions de remboursement et le taux d'émission.

3. — Les titres, ainsi que les coupons et les talons de renouvellement qui en dépendent, seront délivrés par l'administration de la Dette de l'Empire.

4. — Les inscriptions manuscrites sur les titres nominatifs, coupons et talons de renouvellement ne seront valables que si elles sont faites conformément aux règlements. La reproduction de cette disposition sur les titres n'est pas nécessaire.

La validation se fait sur le titre par une signature manuscrite au-dessous de la mention " expédié " (ausgefertigt) et, sur les coupons et talons de renouvellement, par l'apposition d'un timbre sec à l'effigie de l'aigle impériale, par les fonctionnaires compétents.

5. — Les amortissements d'emprunts se font au moyen de crédits spécialement prévus au budget et destinés à l'achat d'un nombre correspondant de titres.

Toute diminution de la dette, ordonnée par des lois spéciales et par voie de réduction de la somme à emprunter, doit être considérée comme un amortissement.

6. — L'État conserve le droit d'opérer, dans un délai fixé par une loi, le remboursement au pair de la totalité ou d'une partie des titres en circulation.

Les porteurs de titres n'ont pas le droit d'en exiger le remboursement.

7. — Il appartient au Chancelier de l'Empire de fixer l'époque et les conditions auxquelles l'émission des Bons du Trésor doit avoir lieu, à moins qu'il en soit décidé autrement dans l'autorisation mentionnée à l'article 1er. La même disposition est applicable en ce qui concerne la fixation du taux de l'intérêt et de l'échéance du remboursement; le terme d'échéance doit être mentionné sur les Bons du Trésor.

Avant l'arrivée à échéance des Bons du Trésor, le Chancelier de l'Empire pourra, par ordonnance, les renouveler, mais seulement jusqu'à concurrence des Bons en circulation.

Les Bons du Trésor, émis pour l'augmentation temporaire des ressources ordinaires de la Caisse centrale de l'Empire, ne doivent pas avoir une durée de plus de six mois au delà de l'expiration de l'exercice considéré.

Les Bons du Trésor seront émis par les soins de l'Administration de la Dette de l'Empire; les dispositions de l'article 4 sont applicables à leur *expédition* (Ausfertigung).

Les Bons du Trésor seront délivrés par la Caisse de l'Empire.

8. — Les sommes nécessaires au paiement des intérêts et aux amortissements d'emprunts, ainsi que celles destinées au paiement des intérêts et au remboursement des Bons du Trésor, doivent être, à l'échéance, prélevées par l'Administration de la Dette de l'Empire sur les revenus de l'Etat affectés à cet objet.

Les parties d'emprunts qui doivent être amorties seront, à défaut de dispositions légales particulières, désignées par le Chancelier de l'Empire.

9. — L'Administration centrale de la Dette de l'Etat prussien reste chargée, jusqu'à nouvel ordre, de l'administration des emprunts de l'Empire, sous la dénomination d' « Administration de la Dette de l'Empire ». Cette Administration est régie par les dispositions de la loi prussienne du 24 février 1850. La responsabilité absolue de l'Administration de la Dette de l'Empire, spécifiée à l'article 6 de la loi mentionnée, existe également en ce qui concerne la transformation des titres qui ne peut être entreprise qu'en vertu d'une loi l'ordonnant ou l'autorisant et après obtention des crédits nécessaires.

10. — La direction supérieure de l'Administration de la Dette de l'Empire appartient au Chancelier de l'Empire en tout ce qui est conciliable avec l'indépendance de cette Administration.

11. — Le président et les membres de l'Administration supérieure de la Dette de l'Etat prussien doivent déclarer, dans un procès-verbal, qu'ils reconnaissent également valable, pour l'Administration de la Dette de l'Empire qui leur est confiée par prescriptions fédérales ou impériales, le serment qu'ils ont prêté en vertu de l'article 9 de la loi prussienne du 24 février 1850 et de l'article 1er de la loi prussienne du 29 janvier 1879.

Ce procès-verbal sera remis au Conseil fédéral et au Reichstag.

12. — Les affaires du ressort de la Commission de la Dette de l'Etat, instituée par l'article 1er de la loi prussienne du 24 février 1850, seront traitées par une commission de la Dette de l'Empire.

La commission de la Dette de l'Empire se compose de six plénipotentiaires ou représentants de plénipotentiaires du Conseil fédéral, du président du comité de la comptabilité ou d'un représentant du président de ce comité, de cinq membres de ce comité, de six membres du Reichstag et, jusqu'à la création d'un contrôle des comptes spécial à l'Empire, du premier président de la Chambre supérieure des comptes de Prusse, faisant fonctions de premier président de la Cour des comptes de l'Empire; le premier président doit spécialement prêter serment pour les pouvoirs qui lui sont provisoirement conférés en vertu de la présente loi.

13. — Le Conseil fédéral élit annuellement, parmi les membres du comité de la comptabilité, les membres devant faire partie de la Commission de la Dette de l'Empire. Les membres du Reichstag, délégués auprès de la Commission, seront élus à la majorité des voix pour la durée de la législature.

Si un membre de la commission cesse de faire partie du Conseil fédéral ou du Reichstag avant l'époque fixée par l'alinéa 1er, il perd également sa qualité de membre de la Commission.

Les fonctions des membres qui, d'après les alinéas 1 et 2, cessent de faire partie de la commission, ne prennent fin que lors de l'entrée en exercice de leurs successeurs.

14. — La Commission est présidée par le président du comité de comptabilité du conseil fédéral ou par son représentant et, en cas d'empêchement, par un autre membre du Conseil fédéral faisant partie de la commission.

Les décisions de la Commission sont prises à la majorité des voix. En cas de partage, la voix du président est prépondérante.

La présence de cinq membres au minimum est nécessaire pour qu'une décision puisse être prise.

15. — La Commission de la Dette de l'Empire a, vis-à-vis du conseil fédéral et du Reichstag, les mêmes obligations que celles que la commission de la dette de l'État prussien a vis-à-vis des deux Chambres du Landtag prussien.

16. — Si l'Administration de la Dette de l'Empire est prévenue par le possesseur d'un titre ou d'un bon du Trésor que le titre a été perdu, avec l'affirmation qu'il a été détruit, l'administration de la Dette de l'Empire doit lui délivrer un nouveau titre ou un nouveau bon du Trésor, si elle admet que le titre a réellement été détruit. Les frais seront supportés par le possesseur du titre et payés d'avance.

Si un coupon est égaré ou détruit, la réclamation prévue par l'article 804, alinéa 1er du code civil, n'est pas recevable, sans cependant qu'il soit nécessaire de mentionner cette disposition sur le coupon.

Si le possesseur d'un coupon déclare qu'il a été détruit, les prescriptions de l'alinéa 1er sont applicables.

17. — Le tribunal du district dans lequel l'Administration de la Dette de l'Empire a son siège est seul compétent pour la procédure tendant à faire déclarer la nullité d'un titre nominatif ou d'un bon du Trésor en circulation.

Par ordonnance du chancelier de l'Empire, la prescription précédente peut être déclarée, à l'avance, non applicable à certaines parties des emprunts. Le Chancelier de l'Empire doit rendre compte au Reichstag, si celui-ci est réuni, et, au cas contraire, immédiatement lors de sa plus prochaine réunion, des motifs qui l'ont amené à rendre cette ordonnance.

18. — S'il y a lieu de frapper de nullité un titre ou un bon du Trésor, la requête et le jugement devront, sans préjudice de l'application des articles 1009, 1017 du code de procédure civile, être publiés, par insertion unique, dans un des journaux paraissant à Hambourg, à Leipzig, à Francfort-sur-le-Mein et à Munich; la désignation de ces journaux sera faite chaque année dans le *Journal officiel de l'empire allemand*, par les soins du Chancelier de l'Empire.

19. — L'Administration de la Dette de l'Empire doit publier annuellement dans le *Journal officiel de l'Empire allemand* et dans les journaux spécifiés à l'article 18, ainsi que par voie d'affiche à la bourse de Berlin et à la bourse des villes mentionnées à l'article 18, la liste officielle des titres et des bons du Trésor frappés de nullité au cours de l'exercice financier.

L'Administration de la Dette de l'Empire peut faire encore d'autres publications.

20. — La présente loi entrera en vigueur le jour de sa promulgation. L'article 6 de la loi du 9 novembre 1867, la loi du 12 mai 1873 ainsi que l'article 3 de la loi du 23 février 1876 sont abrogés.

Sont annulés les mots : " Un membre nommé par l'empereur, à cet effet", contenus à l'article 16, alinéa 2 de la loi sur les banques du 14 mars 1875.

Les membres de la Commission de la Dette de l'Empire, élus en vertu de l'article 3 de la loi du 23 février 1876, ainsi que le membre nommé par l'empereur en vertu de l'article 16 de la loi du 14 mars 1875, sont, de plein droit, pendant la période pour laquelle ils ont été élus ou nommés, membres de la commission.

21. — Les dispositions des articles 798 à 802, 805 et de la première phrase de

l'article 806 du code civil, les dispositions du code de procédure civile, en ce qui concerne la procédure à suivre pour faire frapper de nullité un titre égaré ou détruit, ainsi que les prescriptions des articles 17 à 19 de la présente loi, sont applicables aux titres, coupons et bons du Trésor émis avant l'entrée en vigueur de la présente loi.

Les titres, coupons et bons du Trésor, qui ont été émis avant l'entrée en vigueur de la présente loi seront assimilables aux titres, coupons et bons du Trésor émis postérieurement, mais en vertu d'une autorisation légale antérieure.

22. — Toute procédure ayant pour but de faire frapper de nullité un titre ou un bon du Trésor en vertu de l'article 21-alinéa 1er, qui sera entamée avant l'entrée en vigueur de la présente loi, sera terminée d'après les prescriptions des lois antérieures. En ce cas, les effets de la procédure et le jugement seront soumis aux prescriptions de ces mêmes lois.

LES BANQUES D'ÉMISSION

Ce travail contient la statistique des banques d'émission européennes pour les vingt dernières années, réduite autant que possible à des termes comparables; il peut être considéré comme une mise à jour de la *statistique internationale des banques d'émission* publiée en 1880 par les soins de M. le commandeur Bodio.

Bien qu'il eût été intéressant d'adopter le cadre de la statistique internationale qui a fait ses preuves, nous avons dû y renoncer tant parce que cette étude aurait pris des développements trop considérables, que parce que les documents auraient manqué pour remplir un grand nombre de tableaux qui exigent, pour être dressés, la comptabilité même des banques (1).

Dans ces conditions, la méthode la plus simple était de donner une courte notice résumant les principaux éléments de l'organisation et des opérations de chaque banque au moment même où s'arrête la statisque et de la faire suivre du tableau des comptes qui indiquent le mieux la marche de l'établissement et sa situation économique.

Tous chiffres calculés, tous rapports et proportions — par exemple, le rapport de l'encaisse à la circulation, l'échéance moyenne, la moyenne de l'effet, etc. — ont été systématiquement écartés, ils sont virtuellement contenus dans la statistique, et les chiffres donnés permettent aux économistes de faire les calculs dont ils auraient besoin.

Nous avons ajouté une statistique aussi complète que possible, des dépôts de titres dans les banques d'émission Ce renseignement, qui ne figure pas dans la statistique internationale, est donné ici pour la première fois.

Si la présente statistique est moins étendue et moins détaillée que la

(1) Les chiffres des encaisses ne concordent pas toujours avec ceux qui sont donnés dans les bilans de diverses institutions qui comptent comme valeurs métalliques le portefeuille étranger ou des crédits à l'étranger. Nous appelons " encaisse " l'or, l'argent et la monnaie de billon que nous réunissons à l'argent existant matériellement dans les banques.

statistique internationale, elle est, à certains égards, plus complète (car elle traite de presque toutes les banques européennes).

Il n'est pas parlé des banques nationales des Etats-Unis, le Contrôleur de la circulation publiant chaque année un rapport qui, sous une forme commode, donne tous les détails que l'on peut désirer, ou tout au moins que l'on peut se procurer sur ces institutions.

Toutes les notices et tous les tableaux qui figurent dans cette étude ont été rédigées ou établis à l'aide de documents originaux, lois, statuts, règlements intérieurs, comptes rendus; rien n'a été admis sur la foi d'un auteur. Toutefois, comme il est souvent difficile de se procurer les pièces originales, nous croyons utile d'indiquer en note les principaux ouvrages traitant de l'ensemble des banques d'émission (1).

Pierre des Essars.

Ordre des monographies

(1) O. Noel, *Les banques d'émission en Europe*, 1 volume in-8°, Berger-Levrault, 1888.

Statistique internationale des banques d'émissions, 11 fascicules in-8°. Rome, héritiers Botta 1880.

History of Banking in all leading nations, 4 vol. in-8°. Published by *Journal of Commerce and commercial Bulletin*, 19, Beaver street, New-York.

Charles A. Conant, *A history of modern banks of issue*. 1 vol. in-8°. Putnam's sons New-York.

Report of the Comptroler of the currency of United-States, années 1875 et 1876.

Lisbona, *Los Bancos de emision de Europa*, 1 vol. in 4°, 1896. Madrid, Ricardo Alvarez.

I. — BANQUE IMPÉRIALE D'ALLEMAGNE.

La Banque impériale d'Allemagne a été créée par la loi du 14 mars 1875, elle a absorbé la Banque de Prusse. Son titre est " Banque de l'Empire " (Reichsbank).

Elle partage le privilège d'émettre des billets avec les sept établissements suivants :

Badische Bank,
Bank für Sudden Deutschland,
Bayerische Notenbank,
Frankfürter Bank,
Sächsische Bank,
Würltemberg Notenbank,
Braunschweige Bank.

Le privilège pouvait être supprimé le 1er janvier 1891 ; après cette période, il est révocable de dix en dix ans.

Il a été renouvelé pour une première période de dix ans par la loi du 18 décembre 1889, et pour une seconde période, par celle du 7 juin 1899.

Capital

Le capital originaire est de 120 millions de marks, divisé en 40.000 actions de 3.000 marks chacune.

La loi du 7 juin 1899 a élevé le capital à 180 millions de marks ; le capital additionnel de 60 millions sera divisé en 60.000 actions de 1.000 marks dont 30.000 à émettre avant le 31 décembre 1900 et 30.000 avant le 31 décembre 1905.

Direction

La direction supérieure de la banque appartient au chancelier de l'empire. La direction immédiate est confiée à un conseil composé d'un président et d'un certain nombre de membres nommés à vie par l'empereur sur la présentation du Conseil fédéral.

La surveillance de l'empire sur la banque est exercée par un comité de censure, présidé par le chancelier de l'empire, et composé de trois membres nommés par le Conseil fédéral et d'un membre nommé par l'empereur.

L'assemblée des actionnaires nomme une commission centrale de 15 titulaires et de 15 suppléants chargés d'examiner les opérations de la banque et de faire les observations qu'elles comportent.

Trois délégués de la commission centrale assistent aux séances du conseil de direction, ils y ont voix consultative.

Siège central et succursales

Le siège central de la banque est à Berlin, elle est autorisée à établir des succursales dans toute l'étendue de l'empire; le conseil féderal peut en exiger la création dans les villes les plus importantes.

Les succursales se divisent en :

Sièges principaux (Hauptstellen);
Sièges (Stellen);
Comptoirs (Commanditen);
Sous-Sièges (Nebenstellen);
Dépôts de marchandises (Waaren dépôts).

Le nombre des places possédant des établissements de la banque au 1er janvier 1900, est de 310.

Opérations

Les opérations de la banque consistent ;

1° — à escompter, acheter et vendre des traites, billets et autres effets de commerce sur l'Allemagne et l'étranger, revêtus de 3 ou au moins de 2 signatures solvables, ainsi que des bons de l'empire, des Etats allemands et des villes allemandes, à trois mois d'échéance ;

2° — à faire, pour trois mois, des avances sur titres allemands et étrangers déterminés, sur marchandises et métaux précieux ;

3° — à vendre et acheter pour le compte de tiers des titres et métaux précieux ;

4° — à ouvrir des comptes courants productifs ou non productifs d'intérêt ;

5° — à émettre, moyennant provision, des mandats sur ses succursales ;

6° — à recevoir des dépôts fermés ou des dépôts de titres qu'elle se charge d'administrer.

Circulation fiduciaire

La Banque émet des billets selon les besoins de ses affaires, elle est tenue de donner des billets contre l'or en lingots sur le pied de 1.392 marks la livre de fin.

L'encaisse en or monnayé et en lingots, en bons du Trésor impérial et billets des autres banques doit représenter au moins le tiers de la circulation ; le surplus doit être couvert par des effets de commerce.

Les billets sont remboursables à vue à Berlin et dans les succursales si l'état de l'encaisse le permet. Ils n'ont pas cours légal.

La Banque peut émettre des billets à concurrence de l'encaisse, des billets d'Etat, des billets des autres banques et d'une somme primitivement fixée à 250 millions de marks, portée aujourd'hui à 293 millions et demi par suite de l'abandon du droit d'émission de plusieurs banques locales qui a grossi celui de la Banque de l'empire.

A partir du 1er janvier 1901, la limite des billets excédant cette réserve sera de 425 millions. La circulation excédant cette limite est frappée d'un impôt de 5 %. L'impôt est calculé à raison de 5/48 % de l'excédent accusé par chaque bilan.

Relations de la banque et de l'État

La Banque exécute gratuitement le service de trésorerie de l'empire ; elle peut faire des traités particuliers avec les Etats confédérés. Actuellement, elle a ouvert des comptes à la Prusse et au Grand-Duché de Bade.

La Banque et ses succursales, dans toute l'étendue de l'empire, sont affranchies de l'impôt sur le revenu et de la patente. La Banque n'est soumise qu'à l'impôt sur les billets dépassant la limite légale.

L'Etat partage les bénéfices de la Banque.

Sur les produits nets de l'année, il est d'abord distribué un intérêt aux actionnaires de 4 1/2 depuis la fondation jusqu'au 1er janvier 1891.

3 1/2 depuis cette époque.

20 % du surplus servent à former la réserve ; cette réserve était primitivement du quart du capital, la loi du 7 juin 1899 l'a fixée à 60 millions.

Le surplus était, à l'origine, partagé par moitié entre l'Etat et la Banque jusqu'à ce que les actionnaires eussent un dividende de 8 % ;

au-dessus de ce chiffre, l'excédent appartenait pour 3/4 à l'État et pour 1/4 aux actionnaires.

Depuis le 1er janvier 1891, le partage dans la proportion des 3/4 pour l'État et de 1/4 pour les actionnaires commence à partir du dividende de 6 %, d'après la loi du 7 juin 1899, à dater du 1er janvier 1901, les actionnaires continueront à toucher un intérêt de 3 1/2 et après prélèvement de 20 % sur le surplus pour porter la réserve à 60 millions, le bénéfice restant sera attribué pour les 3/4 à l'État et pour 1/4 aux actionnaires.

En cas de dissolution de la Banque, l'État reprendrait ses immeubles à dire d'expert ou rachèterait ses actions, le fonds de réserve serait partagé par moitié entre l'État et la Banque.

(Tableaux.)

TABLEAU I

BANQUE D'ALLEMAGNE

ANNÉES	ENCAISSE			COMPOSITION DE L'ENCAISSE AU 31 DÉCEMBRE			CIRCULATION		
	MAXIMUM	MINIMUM	MOYENNE	OR	ARGENT	TOTAL	MAXIMUM	MINIMUM	MOYENNE
1	2	3	4	5	6	7	8	9	10
	millions de marks	millions de marks	millions de marks	millions de marks	millions de marks	millions de marks	millions de marks.	millions de marks.	millions de marks.
1880	598.3	520.8	562.1	»	»	»	814.3	631.7	735.0
1881	596.8	501.5	556.7	179.9	334.6	514.5	859.4	663.8	739.7
1882	591.5	503.2	549.0	172.6	330.7	503.3	841.5	669.0	747.0
1883	644.3	536.5	601.9	»	»	»	829.7	673.1	737.2
1884	636.9	517.8	591.7	223.8	294.0	517.8	854.1	666.2	732.9
1885	642.0	521.2	586.1	»	»	»	858.9	664.9	727.4
1886	738.2	629.4	693.1	382.7	286.9	669.6	1.009.5	680.0	802.2
1887	824.1	676.3	772.3	»	»	»	1.010.5	738.3	860.6
1888	1.011.9	779.6	903.4	»	»	»	1.093.4	812.2	933.0
1889	963.0	734.6	871.6	471.2	263.4	734.6	1.169.5	879.5	987.3
1890	843.0	678.1	801.0	483.2	275.5	758.7	1.131.7	856.1	983.9
1891	949.0	770.1	893.8	»	»	»	1.122.5	888.6	971.7
1892	1.008.2	837.8	942.0	»	»	»	1.140.2	878.7	984.7
1893	979.1	738.6	841.7	435.3	303.3	736.8	1.110.1	904.6	984.8
1894	1.075.6	808.8	934.3	714.4	299.8	1.014.2	1.211.2	892.9	1.099.4
1895	1.112.1	858.1	1.011.8	575.9	282.2	858.1	1.820.1	963.2	1.095.6
1896	965.0	804.2	897.0	531.4	273.2	804.6	1.267.9	973.5	1.083.5
1897	940.8	768.2	871.5	568.1	258.6	826.6	1.320.0	948.4	1.085.7
1898	983.6	726.1	850.9	504.7	247.8	752.5	1.357.4	990.0	1.124.6
1899	979.2	646.7	825.5	469.0	231.9	700.9	1.382.7	1.013.1	1.161.8

TABLEAU II

BANQUE D'ALLEMAGNE

ANNÉES	COMPTES COURANTS PRIVÉS					OPÉRATIONS POUR LE COMPTE DE L'EMPIRE et des États		
	MOUVEMENT		SITUATION					
	Versements	Paiements	Maximum	Minimum	Moyenne	Recettes	Paiements	Solde au 31 décembre
1	2	3	4	5	6	7	8	9
	millions de marks.	millions de marks.	millions de marks.	millions de marks.	millions de marks.	millions de marks.	millions de marks.	millions de marks.
1880	17.618.4	17.615.8	177.8	87.8	125.0	680.5	691.6	18.0
1881	18.724.2	18.734.6	181.3	83.0	126.9	910.7	918.7	15.0
1882	18.100.4	18.089.7	155.1	87.0	112.0	926.3	891.8	49.5
1883	21.903.1	21.890.5	155.9	105.7	129.8	931.3	958.5	22.3
1884	26.335.0	26.302.9	193.7	121.5	155.2	1.144.3	1.111.8	54.8
1885	26.932.8	26.914.7	194.5	127.8	162.5	1.387.0	1.419.8	22.0
1886	28.625.6	28.604.3	255.4	167.6	206.6	1.337.7	1.331.2	28.5
1887	29.437.3	29.405.8	262.6	181.4	229.1	1.480.9	1.462.9	46.5
1888	31.896.0	31.928.9	294.9	168.3	235.1	1.531.1	1.548.3	29.3
1889	37.855.0	37.821.3	301.8	175.8	240.0	1.680.6	1.669.2	40.7
1890	39.877.0	39.872.4	252.7	169.3	208.8	2.030.2	2.024.3	46.6
1891	40.519.0	40.503.8	281.4	198.3	237.9	2.127.8	2.082.7	91.8
1892	39.092.2	39.122.9	357.8	216.7	264.4	2.193.9	2.201.7	84.0
1893	41.192.9	41.170.4	325.8	180.8	248.9	2.200.1	2.220.8	63.3
1894	42.237.4	42.217.2	345.9	208.8	262.5	2.109.1	2.084.9	87.8
1895	46.862.7	46.83.66	360.8	241.7	290.0	2.097.7	2.135.2	59.3
1896	52.827.2	52.775.5	328.5	192.8	289.0	(1) 6.794.6	5.767.6	»
1897	57.648.0	57.665.0	290.2	199.4	235.4	7.574.0	7.580.8	»
1898	68.901.9	68.881.9	317.2	205.7	248.1	9.226.7	9.223.1	»
1899	78.010.0	77.976.8	377.9	207.7	253.9	12.254.4	12.286.6	»

1. A partir du 1er avril 1896, les caisses principales de l'empire et des États confédérés ont été autorisées à se faire ouvrir des comptes courants à la Reichsbank ; elles compensent par voie de virements, la plus grande partie de leurs opérations.

TABLEAU III

BANQUE D'ALLEMAGNE

ANNÉES	MOUVEMENT						PORTEFEUILLE		
	PAPIER ALLEMAND		PAPIER ÉTRANGER		RÉUNION				
	NOMBRE d'effets	SOMMES	EFFETS	SOMMES	NOMBRE d'effets	SOMMES	MAXIMUM	MINIMUM	MOYENNE
1	2	3	4	5	6	7	8	9	10
		millions de marks.		millions de marks		millions de marks.	millions de marks	millions de marks	millions de marks
1880	2.314.437	3.485.8	7.582	57.4	2.322.019	3.543.2	394.6	301.4	345.7
1881	2.302.614	3.663.0	7.662	56.6	2.310.276	3.719.6	451.6	286.6	345.7
1882	2.384.408	4.001.7	6.637	42.8	2.391.045	4.044.5	475.3	292.5	372.2
1883	2.288.452	3.802.6	6.208	45.8	2.294.660	3.848.4	467.4	306.0	366.4
1884	2.226.156	3.780.9	6.418	43.6	2.232.574	3.824.5	511,5	296.7	377.7
1885	2.183.852	3.560.2	9.748	77.3	2.193.600	3.637.5	475.6	316.9	372.7
1886	2.177.878	3.559.8	11.914	105.2	2.189.792	3.665.0	546.1	318.6	397.1
1887	2.377.858	3.954.9	10,249	66.6	2.388.107	4.021.5	564.2	367.6	443.7
1888	2.468.642	3.919.5	10.272	54.8	2.478.914	3.974.3	531.7	381.6	430.9
1889	2.727.099	4.637.9	10.825	61.6	2.737.924	4.699.5	659.1	409.6	510.3
1890	3.163.764	5.427.7	11.313	64.0	3.155.077	5.491.7	665.3	434.1	534.1
1891	3 307.807	5.413.8	13.376	78.3	3.321.183	5.492.1	625,0	433.7	525.8
1892	3.114.676	4 825.5	13.819	68.5	3.131.746	4.859.5	647.0	471.9	541.7
1893	3.294.130	5.359.8	14.408	67.2	3.308.538	5.426.2	725.0	465.5	581.5
1894	3.138.439	4.730.2	13.705	52.7	3.152.144	4.782.9	619.7	478.8	557.4
1895	3.201.100	5.166.3	13.793	54.0	3.214.893	5.220.3	769.0	455.4	573.9
1896	3.585.963	6.234.4	14.288	54.4	3.600.251	6.288.8	799.5	500.9	646.3
1897	3.826.057	6.697.0	12.837	64.1	3.838.894	6.761.0	858.7	771.7	644.7
1898	4.097.003	7.282.3	14.688	81.4	4.111.691	7.363.8	954.0	517.2	718.8
1899	4.262.144	8.175.4	16.221	131.0	4.278.365	8.306.4	1.127.4	546.2	817.0

Tableau IV

BANQUE D'ALLEMAGNE

ANNÉES	AVANCES SUR TITRES MARCHANDISES ET MÉTAUX PRÉCIEUX — MOUVEMENT		AVANCES SUR TITRES MARCHANDISES ET MÉTAUX PRÉCIEUX — SITUATION			OPÉRATIONS sur MÉTAUX PRÉCIEUX et monnaies d'or étrangères	
	Nombre	Sommes	Maximum	Minimum	Moyenne	Achats	Ventes
1	2	3	4	5	6	7	8
		millions de marks.	millions de marks.	millions de marks.	millions de marks.	millions de marks.	millions de marks.
1880	6.283	839.7	104.6	37.1	51.3	46.2	38.0
1881	4.634	1.046.5	126.9	41.9	57.3	47.1	43.9
1882	4.797	900.8	102.8	39.0	54.4	110.9	34.2
1883	4.500	704.2	81.2	33.9	45.8	55.9	83.5
1884	5.224	705.2	140.1	35.0	49.2	13.5	57.0
1885	5.150	760.0	102.5	39.8	52.4	129.7	7.9
1886	5.170	775.8	115.5	37.2	50.1	132.3	36.4
1887	5.617	620.3	104.6	39.9	51.1	172.3	117.6
1888	4.754	709.6	93.1	41.2	52.0	235.9	161.9
1889	5.318	1.045.5	186.2	41.5	69.8	12.1	203.7
1890	6.596	1.315.2	146.1	60.7	89.4	88.0	96.1
1891	7.095	1.208.1	156.3	70.3	99.0	176.5	59.2
1892	7.159	907.0	128.4	84.4	97.6	61.5	99.9
1893	6.796	1.054.4	149.2	75.2	93.7	187.0	123.5
1894	6.567	825.0	129.2	72.2	81.1	241.1	156.9
1895	6.149	1.110.9	211.2	64.7	83.2	65.3	107.7
1896	6.372	1.428.2	107.2	75.3	100.0	62.0	117.7
1897	8.707	1.653.0	178.1	84.6	108.3	124.0	183.5
1898	4.176	1.616.6	186.0	73.8	96.4	101.4	174.4
1899	8.912	1.479.0	141.7	68.8	80.7	98.4	144.8

Tableau V

BANQUE D'ALLEMAGNE

ANNÉES	DÉPOTS DE TITRES situation au 31 décembre		TAUX DE L'ESCOMPTE		
	Nombre de dossiers	Valeur	MAXIMUM	MINIMUM	MOYENNE
1	2	3	4	5	6
		millions de marks.			
1880	79.192	866.4	5 ½ %	4 %	4.24
1881	83.661	975.0	5 ½ %	4 %	4.42
1882	101.051	1.107.4	6 %	4 %	4.54
1883	114.544	1.236.9	5 %	4 %	4.05
1884	127.568	1.384.7	4 %	4 %	4 »
1885	138.935	1.522.4	5 %	4 %	4.12
1886	148.053	1.623.0	5 %	3 %	3.28
1887	161.745	1.747.5	5 %	3 %	3.41
1888	175.992	1.900.5	4 ½ %	3 %	3.32
1889	188.161	2.042.3	5 %	8 %	3.67
1890	200.938	2.198.1	5 ½ %	4 %	4.52
1891	220.869	2.356.6	5 ½ %	3 %	3.80
1892	237.994	2.473.0	4 %	3 %	3.20
1893	249.410	2.604.7	5 %	3 %	4.07
1894	255.695	2.636.6	6 %	3 %	4.12
1895	264.735	2.721.0	4 %	3 %	3.14
1896	266.051	2.798.1	5 %	3 %	3.66
1897	265.618	2.763.6	5 %	3 %	3.81
1898	267.064	2.749.3	6 %	3 %	4.27
1899	273.685	2.862.4	7 %	4 %	5.04

TABLEAU VI

BANQUE D'ALLEMAGNE

ANNÉES	BÉNÉFICES BRUTS	FRAIS D'ADMINISTRATION, impôts et redevances charges diverses	RÉSERVE	PRÉLÈVEMENTS divers et reports	AUX ACTIONNAIRES	DIVIDENDES	COURS des ACTIONS au 31 décembre
1	2	3	4	5	6	7	8
	marks.	marks.	marks.	marks.	marks		%
1880	17.650.428	9.168.991	896.253	385.184	7.200.000	180.00	147.70
1881	19.483.534	10.183.058	1.299.295	1.181	8.000.000	200.00	152.70
1882	21.338.299	10.579.415	1.532.154	766.730	8.460.000	211.50	148.00
1883	18.387.042	9.825.255	1.052.100	9.687	7.500.000	187.50	149.50
1884	18.569.071	10.014.872	1.048.171	6.028	7.500.000	187.50	144.00
1885	19.334.211	10.090.964	1.041.436	713.811	7.488.000	187.20	132.50
1886	15.924.622	9.101.078	474.214	1.330	6.348.000	158.70	140.90
1887	18.890.568	10.424.389	1.021.617	4.562	7.440.000	186.00	133.75
1888	16.620.103	9.593.739	540.934	5.430	6.480.000	162.00	135.00
1889	22.143.118	12.236.536	1.500.049	6.528	8.400.000	210.00	136.50
1890	30.869.084	16.952.071	3.068.154	276.859	10.572.000	264.30	140.10
1891	28.431.380	18.364.426	997.091	9.863	9.060.000	226.50	144.40
1892	22.365.079	14.665.738	»	43.341	7.656.000	191.40	149.90
1893	28.833.922	19.231.408	542.484	24.030	9.036.000	225.90	152.50
1894	22.468.443	14.955.905	»	538	7.512.000	187.80	159.10
1895	21.713.791	14.653.535	»	4.256	7.056.000	176.40	163.10
1896	30.482.630	21.476.067	»	6.563	9.000.000	225.00	158.80
1897	32.705.665	23.199.894	»	1.771	9.504.000	237.60	163.60
1898	38.205.889	27.542.043	»	451.846	10.212.000	255.30	167.25
1899	48.617.752	35.979.902	»	61.850	12.576.000	314.40	159.60

TABLEAU VII

BANQUE D'ALLEMAGNE

CIRCULATION PAR COUPURES

DÉSIGNATION DES COUPURES	31 DÉCEMBRE 1880	31 DÉCEMBRE 1890
1	2	3
1.000 marks	260.582.000	380.343.000
500 —	108.724.500	323.000
100 —	434.838.250	976.540.500
Billets en thalers	1.974.120	1.726.290
TOTAUX	806.118,870	1.358.932.790

II. — BANQUE D'ANGLETERRE

Origine

La Banque d'Angleterre a été fondée en 1694, par une loi qui constitue en quelque sorte ses statuts ; le dernier acte législatif important qui la concerne est la loi connue sous le nom d'Act de 1844, qui lui a donné son organisation actuelle.

Elle partage le droit d'émettre des billets avec 37 banques privées et 28 banques par actions "Joint stock Banks".

Son titre est le Gouverneur et la Compagnie de la Banque d'Angleterre, "The Governor and Company of the bank of England".

Le privilège de la Banque peut prendre fin à tout moment après avoir été dénoncé un an à l'avance.

Capital

Le capital primitif de 1.200.000 £ a été porté, par des augmentations successives, à 14.553.000 £ ; le capital forme un stock ; il n'est pas divisé en actions.

Direction

La Banque d'Angleterre est dirigée par un gouverneur et un sous-gouverneur élus pour un an par l'Assemblée des propriétaires du capital, sur la proposition des directeurs.

Les directeurs, élus par l'assemblée des propriétaires du capital, sont au nombre de vingt-quatre, trois sortent annuellement, mais ils peuvent être réélus un an après l'expiration de leur mandat.

Siège central et succursales

Le siège central est à Londres; la Banque possède neuf succursales (branches), savoir : à Birmingham, Bristol, Hull, Leeds, Liverpool, Manchester, Newcastle, Plymouth, Portsmouth et deux bureaux à Londres.

Opérations

La Banque d'Angleterre escompte du papier de commerce sur l'Angleterre à 96 jours au plus d'échéance, revêtu de deux signatures, fait des avances sur titres anglais ou des colonies anglaises; achète de l'or sur le pied de 76 sh., 9 d., l'once standard, délivre des billets payables à 7 jours; sert d'entrepositaire pour l'or expédié dans le pays; ouvre des comptes-courants sans intérêts et reçoit de ses clients des dépôts en garde.

Circulation fiduciaire

En vertu de la loi de 1844, la Banque d'Angleterre peut émettre des billets à concurrence de la dette du Gouvernement, vis-à-vis d'elle, qui s'élève à 11.015.100 £, d'une somme de consolidés qui est aujourd'hui de 5.784.900 £, et qui peut être augmentée, et de l'or qu'elle possède. Les billets ainsi émis par le département de l'émission " issue département " sont versés au département de la Banque " Banking département " qui s'en sert pour faire ses paiements; ce qui reste de billets au " Banking département", augmenté des espèces dans la caisse courante, constitue la réserve; le rapport de la réserve aux engagements, comprenant les dépôts de l'Etat et des administrations publiques, les dépôts des particuliers et les billets à sept jours, règle le taux de l'escompte.

Les billets sont remboursables à vue en or, ils ont cours légal.

Relations de la banque et de l'État

Le Trésor, certaines villes, administrations publiques et colonies ont un compte courant à la Banque. La Banque fait le service entier de la dette publique, transferts et paiements d'arrérages pour l'Angleterre et certaines colonies et perçoit certains impôts. Ces services sont rémunérés.

La Banque paie à l'Etat 60.000 £, comme droit de timbre sur ses billets, 120.000 £, sur les billets émis à l'origine, en représentation de la dette de l'Etat, et le bénéfice qu'elle obtient des billets émis au delà de 14 millions £,

La Banque d'Angleterre ne publiant qu'une situation hebdomadaire succinte, la statistique des opérations de cet établissement est forcément très incomplète.

[Tableaux.]

Tableau I

BANQUE D'ANGLETERRE

Années	Encaisse			Circulation			Comptes courants privés		
	Maximum	Minimum	Moyenne	Maximum	Minimum	Moyenne	Maximum	Minimum	Moyenne
1	2	3	4	5	6	7	8	9	10
	millions de livres sterling.	millions de livres sterling.	millions de livres sterling.	millions de livres sterling.	millions de livres sterling.	millions de livres sterling.	millions de livres sterling.	millions de livres sterling.	millions de livres sterling.
1880	29.3	24.1	»	28.1	25.6	26.9	32.1	24.0	»
1881	26.9	20.3	»	27.9	25.3	26.7	28.7	22.2	»
1882	24.4	19.8	22.0	27.3	24.5	26.0	27.7	21.8	24.0
1883	24.4	19.9	22.2	26.7	24.5	25.5	26.0	21.6	23.2
1884	25.4	19.3	22.9	26.6	24.0	25.4	27.1	21.9	24.0
1885	28.1	20.1	24.4	25.7	23.6	24.5	34.2	22.9	27.2
1886	23.0	18.8	20.5	25.8	23.0	24.9	27.9	22.1	24.0
1887	24.8	19.9	21.5	25.6	23.3	24.2	27.8	21.6	24.0
1888	23.5	18.3	20.8	25.9	23.0	24.7	27.4	22.2	24.5
1889	23.9	17.8	21.4	25.7	23.0	24.4	30.7	22.5	25.4
1890	25.7	17.3	21.8	25.6	23.1	24.0	36.4	22.6	27.5
1891	28.3	20.8	24.3	26.8	23.6	25.2	37.8	28.2	31.4
1892	27.9	22.5	25.5	27.2	24.5	25.2	35.2	27.3	30.4
1893	30.0	23.5	26.4	27.5	24.4	25.0	36.9	27.2	30.3
1894	39.9	24.8	34.3	26.9	23.9	25.3	39.9	27.3	33.6
1895	44.7	33.1	38.9	27.1	24.0	25.9	51.2	29.9	40.5
1896	49.2	33.8	44.8	28.2	24.9	27.0	57.7	41.5	49.3
1897	40.0	30.5	35.5	28.5	26.5	27.2	46.8	35.9	39.8
1898	38.5	29.8	33.8	28.5	25.9	27.3	47.8	34.6	40.7
1899	35.9	29.3	32.2	29.2	26.2	27.9	45.2	35.9	39.5

Tableau II

BANQUE D'ANGLETERRE

Années	Comptes courants publics			Portefeuille effets de commerce et autres valeurs			Portefeuille de fonds publics		
	Maximum	Minimum	Moyenne	Maximum	Minimum	Moyenne	Maximum	Minimum	Moyenne
1	2	3	4	5	6	7	8	9	10
	millions de livres sterling.	millions de livres sterling.	millions de livres sterling.	millions de livres sterling.	millions de livres sterling.	millions de livres sterling.	millions de livres sterling.	millions de livres sterling.	millions de livres sterling.
1880	11.9	4.1	»	24.2	16.8	»	20.7	14.3	»
1881	11.8	3.0	»	24.5	18.3	»	17.6	13.2	»
1882	10.2	2.5	5.6	26.6	20.6	23.1	15.0	10.4	12.4
1883	11.6	3.6	6.6	29.1	19.6	22.1	15.0	11.3	13.3
1884	12.9	3.3	7.3	27.3	20.9	22.5	15.5	12.4	13.5
1885	12.4	2.8	6.3	24.9	19.5	21.5	19.1	11.6	15.0
1886	11.3	2.5	5.2	24.6	18.7	20.9	18.0	12.3	14.7
1887	10.5	2.9	5.4	22.8	18.5	19.6	17.9	12.4	14.2
1888	14.6	3.2	6.5	23.3	17.9	19.9	18.7	13.9	16.4
1889	12.6	3.6	7.2	29.3	19.0	21.6	20.2	14.5	15.8
1890	11.2	2.5	5.8	33.2	20.5	23.6	17.6	9.8	14.4
1891	13.7	3.1	6.5	35.2	26.0	29.6	12.7	9.4	10.9
1892	11.5	3.5	5.8	32.5	22.1	26.1	15.5	10.2	11.9
1893	10.9	3.3	5.7	30.2	23.1	25.6	15.1	8.9	11.5
1894	12.9	4.0	6.9	29.4	18.3	20.1	15.9	8.9	11.4
1895	12.5	4.6	7.6	27.0	17.5	22.1	16.5	12.5	14.1
1896	19.2	5.1	10.6	34.6	26.4	30.0	16.9	13.6	15.2
1897	17.1	6.6	10.0	35.1	26.0	28.8	15.8	12.4	13.8
1898	19.6	5.8	10.5	39.0	26.6	28.0	14.2	9.9	13.1
1899	18.0	5.6	10.0	44.1	27.7	32.6	15.8	12.1	13.6

TABLEAU III

BANQUE D'ANGLETERRE

ANNÉES	TAUX DE L'ESCOMPTE			COURS de 100 livres du CAPITAL au 31 décembre	DIVIDENDE par 100 livres de CAPITAL
	MAXIMUM	MINIMUM	MOYENNE		
1	2	3	4	5	6
	%	%	%	%	
1880	3	2 1/2	2.76	279	9 1/2
1881	5	2 1/2	3.48	285	9 1/2
1882	6	3	4.14	289 1/2	10 1/2
1883	4	3	3.58	296	10 1/4
1884	5	2	2.95	308	9 3/4
1885	4	2	2.92	298	10 %
1886	5	2	3.05	296	9 1/2
1887	4	2	3.34	303	9 3/4
1888	5	2	3.30	320	10
1889	6	2 1/2	3.55	330 1/2	10.24
1890	6	3	4.69	332 1/2	10.57
1891	5	2 1/2	3.35	341 1/2	11
1892	3 1/2	2	2.52	340 1/2	10 25
1893	5	2 1/2	3.06	326 1/2	10
1894	3	2	2.11	327 1/2	8 25
1895	2	2	2	325	8 25
1896	4	2	2.48	327 1/2	9.25
1897	4	2	2.64	347	10
1898	4	2 1/2	3.19	355	10
1899	6	3	3.75	332 1/2	10

III. — BANQUE D'AUTRICHE-HONGRIE

Origine

La Banque d'Autriche-Hongrie est la suite de la Banque nationale privilégiée autrichienne. Elle a été fondée le 1er juillet 1816. Son titre est " Banque austro-hongroise " (Oesterreichisch-ungarische Bank).

Son privilège, qui expirait le 31 décembre 1897, a été prorogé d'abord par tacite reconduction, puis il a été renouvelé jusqu'au 31 décembre 1910 par ordonnance impériale-royale du 21 septembre 1899. Deux ans avant l'expiration du privilège, la Banque devra déclarer si elle en sollicite le renouvellement ; elle peut être dissoute, sur sa demande, avant l'expiration de son privilège. Dans ce cas, les gouvernements autrichien et hongrois acquerront la propriété de la Banque, sauf de la section du Crédit foncier, en prenant la charge du passif.

Capital

Le capital social est de 210 millions de couronnes divisé en 150.000 actions de 1.400 couronnes chacune entièrement versées.

Direction

La direction est composée d'un gouverneur nommé par l'empereur pour cinq ans, sur la proposition des ministres des finances d'Autriche et de Hongrie. Le gouverneur peut être renommé; il est assisté de deux sous-gouverneurs résidant, l'un à Vienne, l'autre à Buda-Pesth. Le premier est nommé sur la proposition du ministre des finances d'Autriche, le second sur celle du ministre des finances de Hongrie. La durée de leurs fonctions est de cinq ans ; ils peuvent être renommés.

L'assemblée des actionnaires est composée des sujets autrichiens et hongrois, propriétaires de vingt actions depuis le mois de juillet qui précède l'assemblée.

L'assemblée entend le compte rendu, élit les administrateurs et les censeurs chargés de vérifier le bilan.

Les administrateurs sont au nombre de douze, six autrichien et six hongrois, nommés pour quatre ans et rééligibles.

L'assemblée choisit parmi ses membres cinq censeurs et cinq suppléants pour vérifier les opérations de l'année et les comptes présentés par l'administration.

Le conseil général a le pouvoir délibératif, il choisit de plus un comité composé du gouverneur et de quatre membres du conseil qui exécute les décisions du conseil général. Le gouverneur préside ce comité.

Siège central. — Succursales

Le siège central de la Banque est à Vienne; elle a un siège à Buda-Pesth; elle est tenue d'ouvrir des succursales dans les localités où la nécessité en est reconnue.

Les succursales ont le nom de filiales (Filialen).

Les bureaux auxiliaires qui dépendent des succursales sont appelés sous-sièges (Nebenstellen).

Au 1er janvier 1900, la Banque possède 56 succursales et 144 bureaux auxiliaires auxquels sont rattachées un grand nombre de places.

Opérations

La Banque est autorisée à escompter des effets de commerce payables sur le territoire de la monarchie, revêtus de trois ou au moins de deux bonnes signatures, et ayant au plus 3 mois d'échéance.

Elle peut escompter des coupons et des titres sortis au tirage, acheter et vendre des devises étrangères, consentir des avances sur titres austro-hongrois spécialement désignés, sur effets de commerce indigènes ou étrangers et sur métaux précieux.

Elle ouvre des comptes courants, reçoit des dépôts fermés et des titres qu'elle se charge d'administrer, délivre des mandats sur ses succursales et sur l'étranger, achète et vend des métaux précieux, fait les encaissements d'effets et de valeurs, et exécute des opérations de bourse pour le compte des tiers.

Elle a une section spéciale qui consent des prêts hypothécaires et émet en représentation des lettres de gage.

Circulation

La Banque a le privilège exclusif d'émettre des billets au porteur et à vue dans les deux parties de la monarchie; ces billets sont payables, en espèces, à Vienne et à Buda-Pesth et dans les succursales si l'état de l'encaisse le permet.

La circulation doit être couverte pour les 2/5 par des monnaies légales austro-hongroises ou des monnaies d'or et des lingots d'or étrangers. Le surplus est représenté par le portefeuille des effets escomptés, les avances en cours sur lingots et monnaies, par des fonds publics et des traites sur l'étranger.

Si la circulation dépasse l'encaisse de plus de 400 millions de couronnes, la Banque paie sur l'excédent une taxe de 5 % par an comptée à raison de 5/48 % pour chaque bilan où l'excédent apparait. Les billets ont cours légal.

Relations de la Banque et de l'État

Les gouvernements autrichien et hongrois nomment auprès de la Banque chacun un commissaire chargé de veiller à l'observation des lois et statuts, et de dénoncer les actes de la Banque contraires aux intérêts de l'Etat. En cas de désaccord entre la Banque et les commissaires, le litige est tranché par un tribunal arbitral spécialement nommé à cet effet.

La Banque peut escompter les traites de l'administration des finances; elle ouvre des comptes courants aux deux gouvernements et opère gratuitement leurs mouvements de fonds.

Sur les bénéfices de l'année, les actionnaires ont droit à un intérêt de 4 %; de l'excédent, 10 % sont versés au fonds de réserve et 2 % au fonds des pensions des employés.

Le surplus est partagé par moitié entre les actionnaires et l'Etat; mais lorsque le dividende total atteint 6 %, le reliquat est attribué pour 1/3 aux actionnaires et pour 2/3 à l'Etat.

[Tableaux.]

Tableau I

BANQUE AUSTRO-HONGROISE

ANNÉES	ENCAISSE					
	SITUATION			COMPOSITION AU 31 DÉCEMBRE		
	Maximum	Minimum	Moyenne	Or	Argent	Total
1	2	3	4	5	6	7
	millions de florins.	millions de florins.	millions de florins.	millions de florins.	millions de florins.	millions de florins.
1880	173.2	164.0	168.6	65.0	108.3	173.3
1881	198.6	168.6	178.8	68.7	122.1	190.8
1882	194.5	173.3	182.6	79.2	114.6	193.8
1883	201.9	186.9	193.5	77.7	121.7	199.4
1884	205.4	184.8	191.8	78.8	126.6	205.4
1885	206.7	194.0	198.9	69.1	129.7	198.8
1886	205.8	194.7	200.0	66.7	138.8	205.5
1887	219.9	202.5	209.4	71.0	145.1	216.1
1888	216.1	207.0	211.7	59.0	154.0	213.0
1889	216.5	210.1	212.9	54.3	162.2	216.5
1890	220.6	215.9	218.1	54.0	165.5	219.5
1891	247.6	243.3	245.2	54.5	166.6	221.1
1892	289.2	244.9	260.1	103.2	169.0	272.2
1893	295.0	275.5	284.4	101.8	162.0	263.8
1894	296.2	264.8	276.7	155.3	139.2	294.5
1895	371.8	292.3	332.5	244.1	126.6	370.7
1896	434.7	370.9	404.9	302.1	125.7	427.8
1897	508.5	428.8	474.4	363.8	123.3	487.1
1898	493.9	474.1	481.7	359.4	128.9	488.3
1899	510.0	482.3	490.3	393.0	106.0	499.0

TABLEAU II

BANQUE AUSTRO-HONGROISE

ANNÉES	CIRCULATION			COMPTES COURANTS				
				MOUVEMENT		SITUATION		
	MAXIMUM	MINIMUM	MOYENNE	Versements	Paiements	Maxim.	Minim.	Moyenne
1	2	3	4	5	6	7	8	9
	millions de florins	millions de florins	millions de florins	millions de florins	millions de florins	millions de florins	millions de florins	millions de florins
1880	352.0	296.0	316.6	367.6	365.1	5.3	0.02	1.4
1881	366.1	307.8	327.2	370.2	375.2	10.7	1.1	2.6
1882	380.6	320.0	345.2	362.3	361.7	5.8	0.9	2.8
1883	389.3	341.8	357.7	436.7	436.4	4.2	0.9	1.9
1884	382.7	337.0	358.4	461.6	454.6	11.3	0.8	2.1
1885	371.8	330.0	347.4	350.5	356.0	11.3	1.1	2.7
1886	384.5	330.5	356.5	407.3	409.9	4.8	0.7	1.7
1887	400.7	342.8	366.0	408.8	408.6	8.6	1.1	2.2
1888	428.0	346.1	384.6	1.523.7	1.521.0	9.0	0.7	5.6
1889	440.9	365.1	399.3	1.934.5	1.927.1	13.7	4.4	7.2
1890	471.4	387.9	415.6	2.235.3	2.241.3	13.7	5.1	7.3
1891	466.7	392.8	421.1	2.504.6	2.503.2	12.1	4.4	7.6
1892	491.7	381.4	425.9	2.631.2	2.630.4	12.6	6.2	8.3
1893	504.3	427.3	464.0	3.415.3	3.413.5	17.2	7.5	11.1
1894	517.7	409.3	458.9	3.523.3	3.526.2	13.7	7.3	10.7
1895	620.4	446.7	527.4	3.966.6	3.963.2	17.2	8.7	11.4
1896	663.0	536.8	587.6	2.969.5	3.971.9	20.7	7.5	10.9
1897	706.6	574.4	630.7	4.385.4	4.384.6	18.4	9.5	12.4
1898	741.9	607.0	657.5	4.933.3	4.933.8	19.6	9.6	12.5
1899	736.4	636.3	676.4	5.296.2	5.283.1	30.2	11.8	17.9

Tableau III

BANQUE AUSTRO-HONGROISE

ANNÉES	ESCOMPTES					LETTRES DE CHANGE SUR L'ÉTRANGER payables en or.		
	MOUVEMENT		PORTEFEUILLE					
	Effets	Sommes	Maximum	Minimum	Moyenne	Maxim.	Min.	Moyenne
1	2	3	4	5	6	7	8	9
		millions de florins	millions de florins	millions de florins	millions de florins	millions de florins	millions de florins	millions de florins
1880	413.729	658.8	146.5	89.8	113.4	20.6	9.2	19.0
1881	514.346	780.4	156.5	103.0	123.2	24.2	3.6	16.9
1882	567.033	817.6	169.6	109.7	138.5	16.8	0.1	10.0
1883	611.688	871.0	175.9	122.9	144.2	11.2	0.1	6.1
1884	688.114	863.1	167.7	119.0	136.4	15.8	0.3	12.5
1885	625.822	721.0	161.8	95.4	117.5	10.6	0.3	8.9
1886	617.971	730.7	153.3	103.6	125.2	16.6	10.2	14.5
1887	704.608	779.3	163.3	108.3	129.1	16.6	5.6	12.8
1888	693.667	787.9	177.0	115.4	141.7	20.0	8.2	18.4
1889	766.064	852.7	182.7	119.2	149.2	25.0	20.0	24.2
1890	847.536	939.8	201.0	133.7	156.7	25.0	25.0	25.0
1891	858.639	928.2	204.9	133.	158.6	25.0	24.8	24.9
1892	929.660	889.2	186.0	124.9	151.2	25.0	10.4	19.2
1893	1.058.530	1.039.6	205.9	135.0	168.3	16.9	10.8	14.3
1894	1.134.749	1.076.1	199.0	106.8	151.6	14.3	9.6	12.6
1895	1.320.390	1.250.4	227.7	117.0	164.4	12.2	6.1	7.8
1896	1.355.036	1.260.8	217.6	129.4	159.9	27.9	4.8	14.3
1897	1.396.441	1.217.5	206.9	94.8	141.6	29.2	16.8	23.8
1898	1.659.465	1.411.2	268.5	121.6	175.0	21.7	2.5	11.0
1899	1.638.986	1.507.2	248.2	144.8	185.6	26.2	5.2	16.7

TABLEAU IV

BANQUE AUSTRO-HONGROISE

ANNÉES	AVANCES SUR TITRES				EFFETS à L'ENCAISSEMENT		OPÉRATIONS DE BOURSE pour le compte de tiers		TAUX de L'ESCOMPTE		
	COUVERT	PORTEFEUILLE									
		Maxim.	Minim.	Moyenne	Nombre	Sommes	Achats	Ventes	Max^{m}	Min^{m}	Moy^{e}
1	2	3	4	5	6	7	8	9	10	11	12
	millions de florins	millions de florins	millions de florins	millions de florins	millions de florins	millions de florins	millions de florins	millions de florins	%	%	%
1880	192.5	25.5	18.3	21.0	30.788	8.5	3.3	2.7	4	4	4
1881	230.8	25.7	16.6	19.3	37.100	14.1	20.5	8.2	4	4	4
1882	177.1	36.8	17.9	23.6	49.698	22.3	14.5	6.3	5	4	4.20
1883	135.5	31.7	21.9	24.5	46.992	20.0	9.1	6.6	5	4	4.11
1884	135.7	34.2	21.9	25.8	56.285	21.3	16.1	10.8	4	4	4
1885	126.3	34.4	23.9	26.7	75.788	20.9	13.8	12.2	4	4	4
1886	114.2	26.5	20.7	23.0	74.799	21.1	15.6	15.0	4	4	4
1887	133.8	29.6	20.9	24.7	81.293	24.3	15.5	14.4	4½	4	4.12
1888	129.1	31.3	20.8	23.3	105.055	28.7	18.1	16.1	4½	4	4.17
1889	132.9	36.7	19.6	27.7	113.204	29.3	22.9	19.1	5	4	4.19
1890	159.3	41.4	18.0	24.7	125.113	31.1	24.5	19.6	5½	4	4.48
1891	142.3	35.8	19.4	24.7	121.420	33.0	25.1	19.6	5½	4	4.40
1892	149.4	31.8	22.6	24.9	144.837	33.5	27.6	20.9	5	4	4.02
1893	152.0	43.3	19.8	24.7	152.497	41.7	26.9	20.1	5	4	4.24
1894	154.8	40.8	22.5	28.1	163.005	43.	26.7	22.6	5	4	4.08
1895	189.9	46.3	26.1	32.4	164.104	42.7	24.3	21.0	5	4	4.30
1896	163.8	43.8	27.6	30.1	178.551	45.2	20.1	22.3	5	4	4.09
1897	118.9	31.7	22.6	24.5	176.679	42.7	20.4	20.8	4	4	4
1898	129.8	34.6	21.1	25.3	192.752	47.3	23.0	17.4	5	4	4.16
1899	132.1	38.2	20.7	24.5	196.070	62.7	16.9	16.9	6	4½	5.04

TABLEAU V

BANQUE AUSTRO-HONGROISE

ANNÉES	DÉPOTS DE TITRES											
	TITRES EN GARDE (IN VERWAHRUNG)						TITRES ADMINISTRÉS (IN VERWALTUNG)					
	ENTRÉES		SORTIES		SITUATION au 31 décembre		ENTRÉES		SORTIES		SITUATION au 31 décembre	
	Dépôts	Valeur	Dépôts	Valeur	Dépôts	Valeur	Dépôts	Valeur	Dépôts	Valeur	Dépôts	Valeur
1	2	3	4	5	6	7	8	9	10	11	12	13
		millions de florins		millions de florins		millions de florins		millions de florins		millions de florins		millions de florins
1880	»	»	»	»	3.643	120.6	»	»	»	»	»	»
1881	4.161	120.4	4.289	139.6	3.515	107.4	5.333	38.3	617	6.7	4.716	31.6
1882	4.243	105.7	3.942	111.5	3.816	101.6	5.207	44.5	1.578	16.0	8.345	60.1
1883	4.258	102.6	4.054	105.4	4.020	98.8	6.186	47.8	2.534	23.6	11.997	84.3
1884	4.709	108.7	4.843	115.9	3.886	91.6	11.080	72.0	3.917	33.9	19.080	122.4
1885	4.304	102.7	4.172	103.2	4.018	91.1	10.544	77.7	4.316	35.0	25.308	165.1
1886	4.838	114.0	4.434	118.0	4.422	87.1	12.935	83.6	6.029	48.1	32.214	200.6
1887	4.844	104.4	4.673	111.1	4.593	80.4	12.700	83.4	6.860	51.9	38.054	232.1
1888	4.821	101.1	4.586	106.0	4.828	73.5	13.010	79.2	7.316	53.2	43.748	258.1
1889	5.254	109.4	5.315	112.2	4.767	75.7	17.505	121.5	11.056	80.3	50.207	299.3
1890	4.032	65.7	3.583	60.8	5.216	80.6	21.846	142.7	10.204	79.0	61.349	363.0
1891	3.279	41.7	3.426	45.8	5.069	76.6	17.869	112.5	11.110	77.3	68.108	398.3
1892	2.997	44.0	3.160	48.1	4.906	72.5	19.791	145.0	12.004	85.9	75.895	457.4
1893	3.289	46.8	3.224	47.4	4.971	71.3	26.704	189.6	19.320	148.2	83.279	498.8
1894	2.765	37.9	3.100	42.8	4.636	66.4	26.254	174.6	14.659	113.6	94.874	559.8
1895	2.080	28.1	2.680	34.8	4.036	54.7	29.075	190.0	18.461	142.5	105.308	607.6
1896	1.863	20.5	2.268	26.2	3.631	49.0	27.158	180.5	17.179	111.0	115.377	646.9
1897	1.624	19.0	1.921	23.1	3.334	44.9	24.972	148.8	18.125	121.5	122.816	674.2
1898	1.364	15.4	1.610	18.2	3.088	42.1	25.375	157.7	18.906	126.8	129.288	705.1
1899	1.171	11.3	1.370	14.6	2.889	38.8	24.917	149.8	18.481	110.7	135.662	744.2

Tableau VI

BANQUE AUSTRO-HONGROISE

ANNÉES	PRÊTS HYPOTHÉCAIRES						LETTRES DE GAGE		
	PRÊTS		REMBOURSEMENTS		SITUATION AU 31 DÉCEMBRE		MOUVEMENT		CIRCULATION au 31 décembre
	Nombre	Sommes	Nombre	Sommes	Nombre	Sommes	Émission	Remb^t	
1	2	3	4	5	7	8	9	10	11
		millions de florins		millions de florins		millions de florins	millions de florins	millions de florins	millions de florins
1880	166	4.0	181	13.2	3.377	97.8	4.0	16.4	91.5
1881	499	32.0	586	34.6	3.290	95.3	35.4	47.8	79.1
1882	469	20.4	600	25.6	3.159	90.1	17.0	13.4	82.7
1883	239	5.7	285	8.8	3.113	87.0	5.7	4.8	83.6
1884	208	6.8	236	7.0	3.085	86.6	6.8	6.4	84.0
1885	306	10.3	233	7.7	3.158	89.4	10.3	13.1	81.2
1886	300	15.3	264	12.3	3.194	92.3	15.3	11.3	85.2
1887	377	16.4	317	12.0	3.254	96.7	16.3	11.5	90.0
1888	454	21.0	308	12.0	3.400	105.7	21.0	11.1	93.9
1889	370	12.9	278	7.2	3.497	111.4	16.9	13.3	103.5
1890	305	11.1	279	8.2	3.523	114.3	11.6	9.0	106.1
1891	335	12.7	288	10.2	3.570	116.8	12.7	6.9	109.9
1892	375	14.3	309	11.6	3.635	121.4	11.6	4.6	116.9
1893	343	11.7	277	7.9	3.691	125.3	12.7	9.0	120.6
1894	479	19.1	286	12.9	3.884	131.5	19.6	12.7	127.5
1895	356	10.6	247	7.9	3.993	134.3	10.6	9.6	128.5
1896	400	11.7	260	9.2	4.123	136.8	11.7	6.8	133.5
1897	379	9.3	240	7.7	4.272	138.4	9.3	8.6	134.2
1898	369	10.5	216	9.4	4.425	139.5	10.5	9.2	135.5
1899	319	16.3	171	6.0	4.573	148.8	15.7	5.0	146.2

Tableau VII

BANQUE AUSTRO-HONGROISE

ANNÉES	BÉNÉFICES BRUTS	FRAIS d'administration impôts et redevances charges diverses	RÉSERVE	PRÉLÈVEMENTS DIVERS et Reports	AUX ACTIONNAIRES	DIVIDENDE	COURS des ACTIONS au 31 décembre
1	2	3	4	5	6	9	10
	florins.	florins.	florins.	florins	florins.	florins.	florins.
1880	8.378.830	2.627.832	»	6.008	5.745.000	38.30	817
1881	8.721.313	2.860.654	»	10.659	5.850.000	39.00	849
1882	9.555.108	3.090.800	»	14.308	6.450.000	43.00	830
1883	9.460.678	2.999.504	»	11.174	6.450.000	43.00	843
1884	9.407.884	2.864.783	186.909	11.192	6.345.000	42.30	845
1885	8.616.812	2.805.296	»	5.516	5.805.000	38.70	872
1886	8.635.270	2.831.739	»	13.531	5.790.000	38.60	877
1887	8.955.454	2.982.238	»	3.216	5.970.000	39.80	858
1888	9.891.000	3.331.523	»	94.477	6.465.000	43.10	881
1889	9.999.814	3.366.891	»	107.923	6.525.000	43.50	971
1890	11.440.142	4.202.971	»	142.171	7.095.000	47.30	988
1891	11.391.027	4.250.261	»	135.766	7.005.000	46.70	1.007
1892	10.118.745	3.667.762	»	90.984	6.360.000	42.40	982
1893	10.823.825	4.061.895	»	116.430	6.645.000	44.30	1.040
1894	11.730.185	3.928.012	»	1.367.173	6.435.000	42.90	1.002
1895	13.147.620	4.762.428	»	1.755.192	6.630.000	44.20	977
1896	12.599.999	4.674.920	»	1.595.070	6.510.000	43.40	985
1897	11.543.705	4.226.670	»	1.527.035	5.790.000	38.60	932
1898	13.398.510	4.951.989	105.612	1.726.099	6.615.000	44.10	911
1899	16.887.211	6.262.436	24.168	1.961.507	7.650.000	51.00	929

TABLEAU VIII

BANQUE AUSTRO-HONGROISE

CIRCULATION PAR COUPURE		
DÉSIGNATION DES COUPURES 1	31 DÉCEMBRE 1880 2	31 DÉCEMBRE 1899 3
1.000 florins	104.386.000	118.118.000
100	102.776.500	262.608.900
10	121.460.390	348.254.870
	328.622.890	728.981.770

IV. — BANQUE NATIONALE DE BELGIQUE

Organisation

La Banque nationale de Belgique a été créée par une loi du 5 mai 1850, pour une durée de 25 ans, son privilège a été prorogé de vingt ans à partir du 1er janvier 1873; une loi votée le 20 février 1900, lui accorde une période nouvelle de 30 années à compter du 1er janvier 1899.

Le titre actuel de la banque, qui était "Banque nationale", est transformé en "Banque nationale de Belgique".

La banque n'a pas le privilège de l'émission des billets au porteur et à vue au sens rigoureux du mot, mais elle en jouit pratiquement.

Capital

Le capital primitif était de 25 millions, divisé en 25.000 actions de 1,000 francs chacune; il a été porté à 50.000 actions de 1.000 francs; la loi nouvelle ne l'a pas modifié.

Direction

La banque est dirigée par un gouverneur nommé par le roi, pour 5 ans, il est rééligible; il est assisté par un vice-gouverneur choisi par le roi, parmi les directeurs de la banque.

L'assemblée des actionnaires, composée des propriétaires d'au moins 10 actions, élit 6 directeurs pour 6 ans et 7 censeurs pour 3 ans.

Le conseil d'administration, composé du gouverneur et des directeurs, est le pouvoir délibérant, les censeurs contrôlent les opérations et les écritures.

Le gouverneur, les directeurs et les censeurs forment le conseil général qui détermine la répartition des bénéfices, élabore les règlements intérieurs et décide tout ce qui est relatif à la circulation des billets.

Siège central, succursales, agences et comptoirs d'escompte

Le siège central de la banque est à Bruxelles. La banque a une succursale à Anvers, elle a des agences qui sont considérées comme des bureaux du caissier de l'Etat ; les agents sont nommés par le roi sur la présentation du conseil général de la banque.

Indépendamment du service de Trésorerie de l'Etat, les agences sont chargées des opérations que leur confie la banque.

Autant que possible, dans les agences, il y a des comptoirs d'escompte. Ces derniers sont des associations de personnes agréées par le conseil général qui font, aux taux et conditions fixés par la banque, l'escompte des effets de commerce réunissant les conditions exigées par les statuts.

Les effets de commerce admis par les comptoirs doivent porter au moins deux signatures, les comptoirs avalisent ces effets et reçoivent un tantième du produit de l'escompte.

Les agences prêtent leur concours aux comptoirs d'escompte et, en tenant compte des autres opérations qu'elles exécutent pour la banque, elles fonctionnent comme de véritables succursales.

Au 31 décembre 1900, la banque avait une succursale et 39 agences.

Opérations

La banque escompte et achète des effets de commerce sur la Belgique et l'étranger, des bons du Trésor belge et des warrants. Les effets de commerce admis à l'escompte doivent être revêtus de trois signatures et avoir, au plus, 100 jours d'échéance. Toutefois, il peut être admis des effets à deux signatures, à Bruxelles et à Anvers, les warrants sont escomptés à deux signatures.

Les bons du Trésor sont escomptés, quant au taux et à la durée, aux mêmes conditions que les effets de commerce, mais le portefeuille n'en peut excéder 10 millions.

La banque achète et vend des métaux précieux, consent des avances sur titres belges déterminés, se charge de l'encaissement des effets pour le compte de sa clientèle, ouvre des comptes-courants, délivre gratuitement des mandats appelés accréditifs payables dans ses comptoirs et reçoit des dépôts fermés et des dépôts de titres qu'elle administre.

Circulation fiduciaire

Les billets de la banque ont cours légal ; ils sont payables au porteur et à vue ; toutefois, les agences peuvent ajourner le paiement jusqu'à réception des fonds nécessaires.

L'encaisse doit représenter le tiers au moins de la circulation et du passif à vue, le surplus de la circulation doit être couvert par des valeurs facilement réalisables.

Le ministre des finances peut autoriser la banque à émettre des billets pour une somme supérieure au triple de l'encaisse.

La banque acquitte un droit de timbre de 1/2 ‰ sur la circulation moyenne de l'année et une taxe de 1/4 % sur la circulation moyenne excédant 275 millions.

Relations de la Banque et de l'État

La surveillance de l'Etat sur la banque est exercée par un commissaire du gouvernement, nommé par l'Etat, qui contrôle toutes les opérations, notamment les émissions de billets et l'escompte, et qui vérifie les écritures; il assiste au conseil général et aux comités lorsqu'il le juge utile; il y a voix consultative.

La banque est le caissier de l'Etat, elle fait gratuitement le service de trésorerie et en tient une comptabilité séparée, elle est chargée de la réception des titres de la dette publique destinés à être convertis en inscriptions nominatives et de la restitution des titres mis au porteur, elle place les fonds disponibles du Trésor et est garante des placements; elle gère gratuitement les fonds de la caisse d'épargne et de retraite.

Elle est justiciable de la Cour des comptes.

Indépendamment des impôts sur la circulation dont il a été parlé et des impôts de droit commun, la banque verse une subvention de 230.000 francs pour les frais de trésorerie.

L'Etat a droit au quart des bénéfices excédant 4 % du capital et à la totalité des bénéfices résultant pour la banque entre l'intérêt de 3 1/2 % et le taux perçu.

Sur ses bénéfices nets, la banque constitue une réserve de 10 % de l'excédent de ces mêmes bénéfices après qu'il a été prélevé 4 % au profit des actionnaires. La réserve sert à réparer les pertes subies sur le capital et à compléter le dividende de 4 % aux actionnaires lorsque les bénéfices sont insuffisants.

Les administrateurs et les censeurs ont droit à une part des bénéfices; le surplus est partagé entre les actionnaires et l'Etat comme il est dit ci-dessus.

[Tableaux]

Tableau I

BANQUE NATIONALE DE BELGIQUE

Années	Encaisse								Circulation		
	Situation			Composition au 31 décembre							
	Maximum	Minimum	Moyenne	Monnaies d'or	Écus	Monnaies d'appoint et billon	Métaux précieux	Total	Maximum	Minimum	Moyenne
1	2	3	4	5	6	7	8	9	10	11	12
	Millions de francs	Millions de francs	Millions de francs	Millions de francs	Millions de francs	Millions de francs	Millions de francs	Millions de francs	Millions de francs	Millions de francs	Millions de francs
1880	106.4	89.1	99.1	60.5	15.9	9.8	12.6	98.8	340.6	294.1	313.6
1881	107.5	85.4	96.5	51.1	14.6	7.0	26.8	99.5	341.5	313.9	330.5
1882	109.7	90.2	99.2	59.5	18.6	8.4	13.0	99.5	355.8	319.3	333.2
1883	100.3	91.2	95.2	62.3	17.3	8.3	10.1	98.0	349.4	321.3	336.6
1884	105.0	89.3	95.6	57.8	21.2	8.8	8.6	96.4	367.5	322.7	341.5
1885	107.2	89.5	96.6	60.5	25.6	9.8	9.7	105.6	364.3	328.8	345.4
1886	114.1	86.8	103.3	54.2	27.1	15.8	3.4	100.5	380.4	334.5	355.9
1887	104.5	91.7	96.6	58.2	22.0	18.3	0.5	99.0	382.9	351.2	370.3
1888	112.8	86.5	100.2	57.4	15.6	20.1	0.5	93.6	385.0	341.5	361.0
1889	106.8	92.7	99.8	65.2	17.2	20.7	0.5	103.6	378.4	343.0	363.3
1890	111.8	101.6	105.7	59.6	22.4	21.4	»	103.4	402.1	364.0	382.3
1891	115.3	100.8	108.4	67.8	18.7	16.1	0.1	102.7	416.7	365.1	391.1
1892	118.5	102.8	109.9	67.8	15.7	17.5	13.6	114.6	421.3	386.9	405.8
1893	116.8	97.6	106.2	68.8	21.4	14.4	7.0	111.6	435.3	389.2	411.9
1894	131.1	108.5	116.2	84.5	19.9	7.3	19.1	130.8	446.7	409.6	429.4
1895	134.0	98.8	113.6	87.8	7.5	6.8	4.5	101.1	478.9	427.0	450.4
1896	104.6	94.7	100.1	86.4	9.9	5.7	»	102.0	471.8	430.4	451.7
1897	108.7	99.4	104.8	88.8	8.9	5.6	»	103.3	487.6	454.5	476.8
1898	118.2	101.7	108.2	91.9	20.1	5.0	»	117.0	526.8	472.5	495.5
1899	121.4	108.0	113.3	97.6	11.2	4.1	»	107.9	564.9	513.1	538.1

TABLEAU II

BANQUE NATIONALE DE BELGIQUE

ANNÉES	COMPTES COURANTS				
	MOUVEMENT		SITUATION		
	Recettes	Paiements	Maximum	Minimum	Moyenne
1	2	3	4	5	6
	Millions de francs	Millions de francs	Millions de francs	Millions de francs	Millions de francs
1880	3.721.0	3.717.9	»	»	49.3
1881	3.805.2	3.806.9	»	»	37.8
1882	3.853.1	3.863.9	44.3	23.3	32.2
1883	3.957.1	3.949.2	44.3	24.8	31.0
1884	3.632.1	3.632.2	43.2	25.1	32.3
1885	3.281.0	3.273.9	41.9	26.4	34.2
1886	3.376.8	3.363.5	49.2	23.8	34.9
1887	3.728.8	3.726.1	47.6	26.4	33.0
1888	4.312.9	4.305.0	45.4	24.9	34.9
1889	4.435.7	4.439.5	38.2	21.1	29.5
1890	4.527.2	4.518.3	43.8	21.5	30.9
1891	4.484.2	4.486.7	51.5	23.2	31.7
1892	4.036.7	4.025.2	43.2	22.8	30.8
1893	4.019.9	4.014.3	49.9	28.0	34.5
1894	4.132.2	4.125.3	43.7	23.6	32.6
1895	5.476.2	5.461.9	61.5	28.6	37.6
1896	5.214.3	5.207.2	57.5	25.9	38.8
1897	5.416.2	5.396.4	66.7	28.5	43.0
1898	6.388.3	6.384.7	68.5	32.3	48.5
1899	7.254.2	7.240.8	64.3	24.3	41.2

Tableau III

BANQUE NATIONALE DE BELGIQUE

ANNÉES	ESCOMPTES								
	PAPIER BELGE		PAPIER ÉTRANGER		RÉUNION		PORTEFEUILLE		
	Effets	Sommes	Effets	Sommes	Effets	Sommes	Maximum	Minimum	Moyenne
1	2	3	4	5	6	7	8	9	10
	millions de francs	millions de francs	millions de francs	millions de francs	millions de francs	millions de francs	millions de francs	millions de francs	millions de francs
1880	2.185.914	1.647.0	20.737	347.6	2.206.651	1.994.6	367.3	328.1	345.8
1881	2.331.610	1.785.6	12.770	248.6	2.344.380	2.034.2	361.7	307.3	325.7
1882	2.383.558	1.838.6	11.131	220.4	2.394.679	2.059.1	298.9	259.9	279.1
1883	2.495.449	1.652.4	18.912	360.0	2.514.361	2.012.4	291.9	271.8	279.6
1884	2.649.040	1.660.3	21.976	411.4	2.671.016	2.071.7	305.9	269.3	282.7
1885	2.716.208	1.666.2	19.966	422.4	2.736.174	2.088.6	306.4	275.7	289.5
1886	2.804.695	1.624.6	20.497	434.7	2.825.192	2.059.3	328.2	278.8	295.5
1887	3.008.336	1.795.0	17.259	358.8	3.025.595	2.153.8	325.2	289.7	309.0
1888	3.097.843	1.818.2	15.690	349.1	3.113.533	2.167.3	323.3	282.5	297.0
1889	3.204.360	1.865.7	15.053	362.4	3.219.403	2.228.1	314.7	280.0	297.6
1890	3.079.937	1.958.6	15.423	396.9	3.095.360	2.355.5	356.4	293.9	313.7
1891	2.998.563	2.022.2	20.553	490.7	3.019.116	2.512.9	367.4	304.1	324.2
1892	2.995.429	1.872.7	22.696	557.7	3.018.125	2.430.4	353.3	314.4	329.8
1893	3.039.964	1.880.7	21.059	582.9	3.061.023	2.463.6	363.1	316.1	335.6
1894	3.147.805	1.874.8	24.261	671.3	3.172.065	2.546.1	370.2	328.9	344.4
1895	3.182.551	2.168.1	24.028	726.2	3.206.579	2.894.3	394.7	347.6	368.1
1896	3.342.533	2.148.6	21.388	637.0	3.363.921	2.785.6	427.5	364.3	383.6
1897	3.419.580	2.163.6	24.638	758.6	3.444.218	2.922.2	450.8	394.0	417.9
1898	3.559.492	2.391.5	21.328	635.5	3.580.820	3.027.0	463.5	394.8	421.1
1899	3.673.886	2.495.2	19.384	647.1	3.693.270	3.142.3	475.7	400.0	433.4

TABLEAU IV

BANQUE NATIONALE DE BELGIQUE

ANNÉES	AVANCES SUR TITRES					EFFETS À L'ENCAISSEMENT		AVANCES sur MÉTAUX précieux
	MOUVEMENT		PORTEFEUILLE					
	Nombre	Sommes	Maximum	Minimum	Moyenne	Nombre	Sommes	
1	2	3	4	5	6	7	8	9
		millions de francs	millions de francs	millions de francs	millions de francs		millions de francs	millions de francs
1880	1.439	30.8	8.2	3.8	»	365.505	355.7	»
1881	1.935	74.0	13.1	7.8	»	360.236	313.0	»
1882	2.104	83.4	19.6	7.6	11.0	353.588	267.0	»
1883	2.215	96.1	25.4	12.8	17.9	364.841	243.1	»
1884	2.237	53.2	20.2	10.9	15.1	385.430	210.8	»
1885	2.152	45.2	12.9	9.6	10.7	414.965	192.8	»
1886	2.049	50.6	19.1	7.6	9.7	252.077	113.4	»
1887	2.558	61.6	14.8	11.5	13.1	131.224	51.4	»
1888	2.470	54.0	13.8	9.6	11.6	136.636	65.1	»
1889	2.402	60.1	14.0	9.5	11.5	119.545	73.5	»
1890	2.224	84.3	11.3	5.3	7.6	129.028	74.1	»
1891	2.545	36.8	10.5	5.4	6.6	155.360	71.5	»
1892	2.743	41.5	10.7	6.1	8.7	161.515	58.7	8.5
1893	2.877	41.7	10.7	8.1	8.9	166.017	35.0	»
1894	2.938	52.1	12.7	9.0	10.0	175.248	39.5	1.9
1895	3.508	89.4	22.8	12.0	18.4	200.519	44.6	»
1896	3.632	82.0	23.0	19.5	20.7	231.939	53.1	19.7
1897	3.657	74.8	21.5	18.8	20.1	243.845	56.6	9.7
1898	4.518	118.6	85.1	21.5	25.5	255.891	68.3	»
1899	6.860	236.7	53.9	32.4	42.9	310.658	75.2	»

Tableau V

BANQUE NATIONALE DE BELGIQUE

ANNÉES	OPÉRATIONS SUR MÉTAUX PRÉCIEUX		VALEUR DES TITRES en dépôt au 31 décembre	TAUX DE L'ESCOMPTE		
	Achat	Vente		Maximum	Minimum	Moyenne
1	2	3	4	5	6	7
	millions de francs	millions de francs	millions de francs			
1880	12.7	17.5	50.1	3 1/2	3	3.35
1881	15.0	0.8	55.0	5 1/2	3 1/2	4.08
1882	16.2	30.0	63.2	6	3 1/2	4.42
1883	0.5	3.4	71.1	4	3 1/2	3.60
1884	4.2	5.7	79.3	4	3	3.32
1885	6.5	5.5	91.5	4	3	3.28
1886	6.4	12.7	105.1		2 1/2	2.80
1887	0.3	3.1	110.0	3 1/2	2 1/2	3.10
1888	»	»	133.9	5	2 1/2	3.32
1889	2.1	2.1	143.6	5	3	3.58
1890	0.2	0.7	165.5	4	3	3.22
1891	»	»	168.2	3	3	3
1892	»	»	174.9	3	2 1/2	2.70
1893	»	0.2	178.4	3	2 1/2	2.83
1894	»	»	184.7	3	3	3
1895	»	»	185.6	3	2 1/2	2.60
1896	»	»	187.6	3	2 1/2	2.84
1897	»	»	255.7	3	3	3
1898	»	»	330.5	4	3	3.04
1899	»	»	357.6	5	3 1/2	3.92

TABLEAU VI

BANQUE NATIONALE DE BELGIQUE

ANNÉES	OPÉRATIONS POUR LE COMPTE DE L'ÉTAT									
	COMPTE COURANT					PORTEFEUILLE		DÉPÔTS Entrée et Sortie réunies		NOMBRE de coupons payés pour l'État
	Mouvement		Situation							
	Recettes	Paiements	Maximum	Minimum	Moyenne	Entrées et sorties réunies	Solde au 31 décembre	Titres	Numéraire	
1	2	3	4	5	6	7	8	9	10	11
	millions de francs	millions de francs	millions de francs	millions de francs		millions de francs	millions de francs	millions de francs	millions de francs	
1880	801.1	804.1	»	»	27.0	578.0	16.6	638.2	18.8	1.624.506
1881	893.2	886.8	»	»	32.0	204.4	11.1	352.7	20.5	1.706.589
1882	1.021.9	1.017.1	52.6	24.0	35.8	219.2	37.4	321.6	12.1	1.710.247
1883	1.016.7	1.017.1	52.0	26.8	38.4	401.6	53.5	943.3	8.5	1.849.930
1884	835.4	840.5	46.4	24.9	33.3	452.9	46.6	777.5	10.6	1.939.990
1885	815.2	814.5	44.4	22.5	31.8	366.9	24.6	391.6	13.8	1.869.937
1886	892.3	891.4	55.0	16.7	34.9	300.6	49.0	578.8	10.8	1.844.816
1887	895.0	902.0	44.6	21.0	30.6	658.9	54.5	2.175.2	10.8	1.785.594
1888	935.1	940.6	42.6	22.2	27.6	531.0	50.5	961.8	18.3	1.842.597
1889	979.9	975.9	44.2	21.5	32.2	606.3	63.9	802.5	12.3	1.943.532
1890	1.100.1	1.100.3	49.2	19.3	28.2	526.2	25.9	302.2	14.8	1.982.967
1891	1.165.4	1.155.6	49.3	22.0	32.8	269.3	22.7	321.5	15.5	2.061.245
1892	1.147.2	1.151.8	52.0	25.7	35.1	265.8	38.3	423.0	16.0	3.341.928
1893	1.194.0	1.196.0	38.6	18.0	29.5	473.1	40.6	450.7	16.9	3.068.974
1894	1.193.1	1.184.6	45.9	15.8	27.6	423.5	39.1	352.2	16.8	3.745.822
1895	1.238.1	1.250.1	55.7	20.5	32.9	601.8	41.5	2.362.8	15.2	7.574.630
1896	1.299.2	1.280.9	52.4	19.7	36.0	497.5	52.3	1.272.3	15.8	5.591.330
1897	1.332.4	1.337.9	64.2	19.8	40.0	535.8	52.8	357.1	20.8	3.386.212
1898	2.249.2	2.262.4	51.5	12.2	29.9	719.4	29.7	1.447.9	20.0	2.867.550
1899	1.945.6	1.964.6	50.7	18.4	29.0	474.6	31.3	512.5	22.7	2.619.618

TABLEAU VII

BANQUE NATIONALE DE BELGIQUE

ANNÉES	OPÉRATIONS POUR LE COMPTE DE LA CAISSE D'ÉPARGNE					
	COMPTE COURANT			PORTEFEUILLE		
	Mouvement		Situation au 31 décembre	Escomptes	Avances	Solde au 31 décembre
	Recettes	Paiements				
1	2	3	4	5	6	7
	millions de francs	millions de francs	millions de francs	millions de francs	millions de francs	millions de francs
1880	38.8	64.2	13.4	277.8	14.3	81.0
1881	37.4	71.3	8.7	244.9	43.6	66.6
1882	31.7	73.0	3.6	146.6	37.1	44.5
1883	32.5	73.6	11.6	150.8	11.2	52.9
1884	33.3	74.8	14.9	275.0	16.1	66.1
1885	40.1	76.4	11.2	308.7	16.0	82.0
1886	44.8	89.0	6.0	296.2	21.6	90.3
1887	41.7	98.0	12.3	308.4	14.8	86.4
1888	36.1	97.0	12.9	281.9	14.9	84.6
1889	34.7	96.5	6.0	256.3	16.8	82.4
1890	40.4	184.0	10.1	73.4	30.0	104.6
1891	38.0	224.4	1.6	358.4	43.6	100.1
1892	40.9	231.4	8.1	362.0	31.9	101.8
1893	42.8	235.2	9.0	365.2	37.9	111.4
1894	44.2	249.8	3.4	414.9	67.1	130.0
1895	42.6	270.2	6.1	404.1	133.7	132.5
1896	43.3	263.9	5.4	406.8	103.5	148.2
1897	46.5	295.0	13.0	417.0	94.4	146.6
1898	49.2	315.6	7.9	439.8	124.1	162.9
1899	45.9	329.2	4.5	423.4	172.9	184.4

TABLEAU VIII

BANQUE NATIONALE DE BELGIQUE

ANNÉES	BÉNÉFICES BRUTS	FRAIS D'ADMINISTRATION impôts et redevances charges diverses	RÉSERVE	PRÉLÈVEMENTS DIVERS et reports	AUX ACTIONNAIRES	DIVIDENDES	COURS des ACTIONS
1	2	3	4	5	6	7	8
	francs	francs	francs	francs	francs	francs	francs
1880	9.854.985	3.705.874	627.493	271.618	5.250.000	105 »	2.890
1881	11.522.499	4.548.477	835.772	138.250	6.000.000	120 »	3.045
1882	13.781.017	4.924.719	1.058.068	973.330	6.825.000	136.50	3.121
1883	12.176.986	4.565.816	859.171	653.999	6.100.000	122 »	3.290
1884	11.072.438	4.250.500	724.258	497.680	5.600.000	112 »	3.220
1885	11.114.498	4.146.432	668.683	899.383	5.400.000	108 »	3.045
1886	10.894.626	4.132.137	613.863	948.626	5.200.000	104 »	2.985
1887	11.202.106	4.354.671	709.678	587.757	5.550.000	111 »	2.882
1888	10.723.509	4.282.674	668.513	372.322	5.400.000	108 »	2.895
1889	11.947.140	4.557.294	778.150	811.735	5.800.000	116 »	2.970
1890	12.344.883	4.590.808	763.687	1.240.888	5.750.000	115 »	3.070
1891	11.402.607	4.498.147	654.773	899.487	5.850.000	107 »	3.085
1892	10.789.281	4.311.409	518.287	1.109.585	4.850.000	97 »	3.060
1893	11.702.820	4.877.590	518.287	1.456.943	4.850.000	97 »	2.865
1894	11.470.306	4.444.710	518.282	1.657.814	4.850.000	97 »	2.700
1895	11.103.777	4.454.162	477.493	1.472.122	4.700.000	94 »	2.860
1896	11.730.218	4.717.802	690.293	1.262.623	5.160.000	103 »	2.470
1897	12.665.855	5.179.012	682.004	1.854.839	5.450.000	109 »	2.885
1898	13.005.177	6.806.999	695.648	1.563.630	5.600.000	110 »	2.805
1899	14.099.865	6.148.809	846.218	1.864.838	6.050.000	121 »	2.792

Tableau IX

BANQUE NATIONALE DE BELGIQUE

CIRCULATION PAR COUPURE		
DÉSIGNATION DES COUPURES 1	MOYENNE DE 1880 2	MOYENNE DE 1899 3
1.000 francs	128.285.000	159.424.000
500 —	28.254.600	80.793.000
100 —	124.271.200	225.841.600
50 —	22.953.100	42.437.800
20 —	14.850.720	79.580.600
	813.624.620	638 076.400

V. — BANQUE NATIONALE BULGARE

Origine

La Banque nationale bulgare a été instituée en vertu d'une loi du 27 janvier et 8 février 1885. La Banque nationale bulgare est une banque d'État ; elle a le privilège exclusif d'émettre des billets de banque qui ont cours légal. Son titre est : « Banque nationale bulgare ».

Capital

Le capital est de 10 millions de levs en or ; il est versé par l'État et est la propriété de la Banque, il ne peut être réduit, mais il peut être augmenté ; par une loi le capital versé n'est actuellement que de 9.120.340 levs.

Direction

La direction est confiée à un gouverneur nommé par le prince sur la proposition du ministre des finances. Le gouverneur est assisté par quatre administrateurs ou chefs de division nommés par le prince sur la proposition du ministre des finances.

Le gouverneur et les administrateurs constituent le conseil d'administration. Le gouverneur a le pouvoir exécutif, le conseil, le pouvoir délibérant.

Les conseils municipaux et départementaux élisent les conseils d'escompte de la Banque centrale et des succursales.

Siège central et succursales

Le siège central est à Sofia, la Banque ouvre des succursales dans les villes où le besoin en est constaté. Au 31 décembre 1899, la Banque nationale bulgare avait cinq succursales.

Opérations

La Banque ouvre des comptes courants et reçoit des dépôts à vue et à terme à intérêts ou sans intérêts ; elle reçoit les dépôts judiciaires et les capitaux de la caisse d'épargne postale; fait des avances sur titres, métaux précieux, marchandises, hypothèques et sur engagements des propriétaires, fait des prêts aux départements, aux communes et aux caisses agricoles, ouvre des crédits aux commerçants et aux industriels sous la garantie de deux cautions.

Elle escompte des effets à trois mois d'échéance, garantis par deux signatures, ainsi que des bons du Trésor. Elle achète et vend des métaux précieux, encaisse les effets sur la Bulgarie et l'étranger, délivre des mandats sur la Bulgarie et l'étranger, exécute les opérations de bourse pour le compte de tiers, reçoit des titres en dépôt.

Circulation fiduciaire

La circulation fiduciaire ne peut dépasser le triple de l'encaisse; les billets non couverts par l'encaisse doivent être garantis par des valeurs facilement réalisables, la circulation ne peut dépasser le double du capital et du fonds de réserve.

Les billets sont payables à vue, au porteur, en or, au siège central et dans les succursales. La Banque peut également émettre des billets stipulés payables en argent. Dans les villes où la Banque n'a pas de succursales les caisses de l'État remboursent les billets pour le compte de la Banque, mais elles peuvent différer le paiement jusqu'à ce qu'elles aient reçu les fonds nécessaires.

Relations de la banque et de l'État

La Banque est sous la surveillance de l'État qui s'exerce par deux délégués : un conseiller à la Cour des comptes et un délégué du ministère des finances.

Sur les bénéfices nets de la Banque, il est prélevé : 1/3 pour former la réserve, cette retenue cesse lorsque la réserve atteint le tiers du capital : 3 % en faveur des fonctionnaires et des employés de la Banque, le surplus est versé à l'État.

[Tableaux].

Tableau I

BANQUE NATIONALE BULGARE

ANNÉES	ENCAISSE						CIRCULATION		
	SITUATION			COMPOSITION AU 31 DÉCEMBRE					
	Maximum	Minimum	Moyenne	Or	Argent	TOTAL	Maximum	Minimum	Moyenne
1	2	3	4	5	6	7	8	9	10
	millions de levs.	millions de levs.	millions de levs.	millions de levs.	millions de levs.	millions de levs.	millions de levs.	millions de levs.	millions de levs.
1885	»	»	»	»	»	3.7	»	»	»
1886	»	»	»	0.5	1.0	1.5	»	»	»
1887	»	»	»	1.9	0.5	2.4	»	»	»
1888	»	»	»	2.5	0.6	3.1	»	»	»
1889	»	»	»	10.7	0.8	11.5	»	»	»
1890	»	»	»	2.9	1.7	4.6	»	»	»
1891	8.7	2.1	4.2	6.6	0.8	7.4	2.0	1.1	1.4
1892	7.8	1.8	4.0	2.5	0.4	2.9	1.3	0.2	0.6
1893	10.9	3.8	7.0	4.9	1.3	6.2	1.6	0.5	1.2
1894	14.0	4.5	8.9	2.9	7.2	10.1	2.6	0.8	1.6
1895	12.0	3.5	7.6	1.6	4.8	6.4	2.7	0.7	1.8
1896	10.1	3.1	6.4	3.9	2.6	6.5	3.4	1.3	2.3
1897	17.2	6.6	9.7	4.3	4.6	8.9	3.4	1.9	2.6
1898	10.6	4.6	7.8	8.0	6.2	9.2	4.4	1.9	3.3
1899	12.2	2.7	7.2	8.2	4.2	7.4	8.0	2.0	3.5

Tableau II

BANQUE NATIONALE BULGARE

ANNÉES	COMPTES COURANTS ET DÉPÔTS DE FONDS — Situation			ESCOMPTES — Mouvement		ESCOMPTES — Portefeuille		
	Maximum	Minimum	Moyenne	Effets	Sommes	Maximum	Minimum	Moyenne
1	2	3	4	5	6	7	8	9
	millions de levs.	millions de levs.	millions de levs.	millions de levs.	millions de levs.	millions de levs.	millions de levs.	millions de levs.
1885	»	»	»	»	»	»	»	»
1886	»	»	»	6.820	16.8	»	»	»
1887	»	»	»	9.479	13.4	»	»	»
1888	»	»	»	15.342	16.3	»	»	»
1889	»	»	»	21.502	23.4	»	»	»
1890	»	»	»	21.320	34.3	»	»	»
1891	20.6	16.1	18.4	21.679	26.0	8.1	3.8	6.8
1892	22.1	16.1	18.4	14.037	18.7	6.0	3.6	4.5
1893	28.7	21.2	25.2	21.025	27.6	8.1	4.0	6.4
1894	39.2	28.7	34.5	63.682	64.3	13.8	7.9	11.1
1895	45.7	36.3	40.0	72.979	75.6	20.4	16.2	17.6
1896	57.2	45.8	48.1	73.498	69.1	18.3	15.2	16.6
1897	67.8	47.8	55.8	79.620	78.2	22.8	15.8	18.5
1898	72.2	57.8	64.9	93.442	98.3	27.8	21.3	24.1
1899	72.5	61.8	65.9	94.841	94.7	26.4	22.4	24.6

TABLEAU III

BANQUE NATIONALE BULGARE

ANNÉES	AVANCES SUR TITRES ET MÉTAUX PRÉCIEUX			
	Mouvement	Portefeuille		
	Sommes	Maximum	Minimum	Moyenne
1	2	3	4	5
	millions de levs.	millions de levs.	millions de levs.	millions de levs.
1885	"	"	"	"
1886	2.4	"	"	"
1887	1.4	"	"	"
1888	1.1	"	"	"
1889	4.1	"	"	"
1890	8.9	"	"	"
1891	9.9	0.5	0.2	0.4
1892	11.0	5.3	3.6	4.5
1893	20.4	9.1	4.8	6.6
1894	33.4	14.3	8.9	11.7
1895	35.0	10.9	9.0	10.0
1896	35.5	12.7	10.7	11.4
1897	48.5	17.4	11.5	14.2
1898	54.3	29.1	16.7	18.2
1899	39.6	19.9	17.7	18.5

TABLEAU IV

BANQUE NATIONALE BULGARE

ANNÉES	PRÊTS HYPOTHÉCAIRES				PRÊTS AUX CAISSES AGRICOLES		PRÊTS AUX MUNICIPALITÉS		DÉPOTS LIBRES	
	Nombre	Sommes	Situation au 31 décembre	Obligations en circulation au 31 décembre	Sommes	Situation au 31 décembre	Sommes	Situation au 31 décembre	Situation au 31 décembre: Dépôts	Sommes
1	2	3	4	5	6	7	8	9	10	11
		millions de levs.	millions de levs.	millions de levs.	millions de levs.	millions de levs.	millions de levs.	millions de levs.	millions de levs.	millions de levs.
1885	»	»	»	»	»	2.9	»	1.9	4	0.2
1886	226	1.4	1.4	»	»	2.7	»	1.1	42	0.8
1887	569	2.9	2.2	»	1.8	4.0	»	1.1	42	0.9
1888	698	4.0	2.4	»	0.3	3.9	»	1.1	49	1.9
1889	1.545	7.5	4.6	3.9	0.3	3.3	4.4	3.8	50	1.2
1890	2.027	8.4	12.2	3.8	0.2	3.2	3.1	6.5	39	1.5
1891	236	1.1	12.3	3.6	0.4	2.8	0.1	6.3	47	1.5
1892	»	0.4	11.6	3.5	0.1	2.7	0.3	6.4	58	1.3
1893	1.074	4.9	15.0	9.9	0.3	2.9	2.8	8.8	54	1.4
1894	1.147	5.0	18.5	14.8	1.1	4.0	3.0	11.4	65	2.3
1895	2.230	8.1	24.5	19.4	2.7	6.6	1.5	12.7	77	3.7
1896	2.060	7.0	28.6	19.2	1.5	3.5	0.9	12.4	130	4.3
1897	776	5.3	29.9	19.0	0.4	1.4	5.4	13.6	119	7.6
1898	602	5.7	31.0	18.7	0.5	1.5	8.7	14.6	192	11.8
1899	679	3.8	32.1	18.5	0.1	1.4	1.0	15.1	216	11.0

TABLEAU V

BANQUE NATIONALE BULGARE

ANNÉES	TAUX DE L'ESCOMPTE			PROFITS ET PERTES		
	MAXIMUM	MINIMUM	MOYENNE	BÉNÉFICES bruts	FRAIS de toute nature	BÉNÉFICES nets
1	2	3	4	5	6	7
	%	%	%	levs.	levs.	levs.
1885	»	»	»	»	»	»
1886	7.50	7.50	7.50	926.696	276.608	650.088
1887	7.50	7.50	7.50	1.062.962	282.314	780.648
1888	8	7.50	7.75	1.123.719	449.199	674.520
1889	9	8	8.66	1.955.876	909.185	1.046.691
1890	8	8	8	2.374.322	1.374.221	1.000.101
1891	8	8	8	2.960.126	1.626.999	1.333.127
1892	8	8	8	2.784.398	1.752.711	1.031.687
1893	8	8	8	3.719.286	2.541.978	1.177.308
1894	8	8	8	4.916.330	3.648.695	1.265.635
1895	8	8	8	5.879.795	4.387.918	1.491.877
1896	8	8	8	6.713.882	5.043.924	1.669.958
1897	8	7	7.50	6.695.759	5.460.052	1.235.707
1898	8	7	7.46	7.459.122	6.182.613	1.276.509
1899	8	8	8	7.508.672	6.222.325	1.286.347

VI. — BANQUE NATIONALE DE DANEMARK

ORIGINE

La Banque nationale de Danemark a été fondée en 1818 ; elle a succédé à la Banque d'Etat (Rigsbanken) établie en 1813. C'est une société par actions ; le premier capital a été formé par un emprunt forcé de 6 % sur les immeubles urbains et de 1 % sur les immeubles ruraux ; les personnes taxées devinrent actionnaires de la banque, mais avant toute distribution de dividende, la banque eut à rembourser les billets et les bons de l'ancienne banque d'Etat.

La banque a, seule, le droit d'émettre des billets au porteur et à vue ; son privilège lui a été accordé pour 90 ans à compter de 1818.

Le titre de la banque est " Banque nationale de Copenhague " (National Banken i Kjobenhavn).

CAPITAL

Le capital est de 27 millions de couronnes.

DIRECTION

La banque est dirigée par un directeur, nommé par le roi, par quinze représentants et quatre administrateurs nommés par les actionnaires.

Le ministre de la justice remplit auprès de la banque les fonctions de commissaire du gouvernement.

SIÈGE CENTRAL — SUCCURSALES

Le siège de la banque est à Copenhague ; au 30 juin 1899, elle avait un comptoir (bank kontoret) à Aarhus et deux filiales à Aalborg et Nykjobing et une banque filiale à Flensborg dans le Sleswig.

OPÉRATIONS

Les opérations de la banque consistent à escompter, acheter et vendre des effets de commerce sur le Danemark et l'étranger ; à prêter su valeurs de bourse, sur obligations hypothécaires et, directement, sur maisons et autres immeubles; la durée des prêts est de un mois au moins et de six mois au plus, le taux des prêts ne doit pas dépasser 6 % l'an.

La banque émet des obligations gagées par les prêts hypothécaires, elle ouvre des comptes courants avec ou sans intérêts, effectue les encaissements de lettres de change, coupons et autres valeurs, reçoit des titres en dépôt libre.

CIRCULATION FIDUCIAIRE

La banque émet des billets suivant les besoins de ses affaires, elle est autorisée à avoir en circulation 30 millions de kröner à découvert, mais la réserve métallique ne peut, en aucun cas, tomber au-dessous des $^{3}/_{8}$ de la valeur totale des billets; la partie de la circulation non couverte par l'encaisse doit être représentée par des valeurs facilement réalisables dans la proportion de 150 kröner pour 100 kröner de billets. L'encaisse doit comprendre au moins 12 millions de kröner d'or monnayé ou en cours de monnayage; le surplus peut être composé de lingots et de monnaies étrangères, mais sans que cette dernière partie soit supérieure au tiers de l'encaisse totale.

Les billets ont cours légal et sont payables à vue et en espèces. La banque est tenue d'acheter tout l'or qui lui est présenté aux prix de 2.480 kröner par kilo de fin sous déduction de 1 % pour frais de monnayage.

[TABLEAUX.]

TABLEAU I

BANQUE NATIONALE DE DANEMARK

ANNÉES	ENCAISSE			CIRCULATION			FONDS A L'ÉTRANGER		
	MAXIMUM	MINIMUM	MOYENNE	MAXIMUM	MINIMUM	MOYENNE	MAXIMUM	MINIMUM	MOYENNE
1	2	3	4	5	6	7	8	9	10
	millions de couronnes	millions de couronnes	millions de couronnes	millions de couronnes	millions de couronnes	millions de couronnes	millions de couronnes	millions de couronnes	millions de couronnes
1880-81	55.5	42.6	47.7	73.2	57.4	68.7	»	»	»
1881-82	51.7	40.9	44.9	75.2	61.3	66.4	»	»	»
1882-83	51.1	40.3	45.2	76.2	63.4	68.4	»	»	»
1883-84	51.5	41.8	45.2	75.6	61.8	67.8	»	»	»
1884-85	49.6	42.6	45.2	72.7	58.6	63.1	13.4	5.2	9.9
1885-86	50.9	41.6	45.2	73.5	58.6	63.5	16.0	3.6	10.1
1886-87	57.6	45.3	48.6	82.5	58.0	69.3	29.9	13.9	20.6
1887-88	57.5	47.0	52.2	78.1	63.5	72.9	28.0	17.4	22.3
1888-89	57.0	43.9	48.4	85.5	63.7	70.0	25.1	8.4	27.3
1889-90	61.1	44.4	52.8	78.8	65.1	71.6	22.2	9.0	14.9
1890-91	60.0	46.9	52.2	82.5	67.7	73.8	17.7	5.1	11.7
1891-92	58.7	47.8	52.2	82.1	70.6	75.0	16.5	4.1	11.7
1892-93	59.1	48.7	54.4	81.1	69.5	75.8	16.1	7.5	12.5
1893-94	61.8	50.0	53.9	81.2	68.6	74.8	18.1	8.1	13.8
1894-95	72.0	49.0	56.6	85.8	70.9	76.9	20.7	14.2	17.2
1895-96	62.9	53.1	59.6	90.8	74.2	82.7	19.6	9.6	15.6
1896-97	67.4	52.2	59.8	92.5	75.6	83.3	18.7	6.2	13.8
1897-98	66.3	54.1	59.4	94.1	80.8	87.1	27.2	6.1	15.7
1898-99	77.0	55.1	64.9	98.0	82.7	89.4	15.5	7.5	10.8

TABLEAU II

BANQUE NATIONALE DE DANEMARK

ANNÉES	COMPTES COURANTS					ESCOMPTES					
	MOUVEMENT		SITUATION			MOUVEMENT			SITUATION		
	Recettes	Payement	Maximum	Minimum	Moyenne	Papier Danois	Papier étranger	Total	Maximum	Minimum	Moyenne
1	2	3	4	5	6	7	8	9	10	11	12
	millions de couronnes	millions de couronnes	millions de couronnes	millions de couronnes	millions de couronnes	millions de couronnes	millions de couronnes	millions de couronnes	millions de couronnes	millions de couronnes	millions de couronnes
1880-81	297.7	296.7	»	»	»	73.1	40.9	114.0	»	»	»
1881-82	302.6	307.4	»	»	»	93.0	59.3	152.3	»	»	»
1882-83	299.7	298.8	»	»	»	106.0	66.3	172.3	»	»	»
1883-84	291.8	293.3	»	»	»	117.4	43.1	160.5	»	»	»
1884-85	323.8	322.3	17.0	12.1	14.4	114.2	44.6	158.8	28.6	18.5	22.9
1885-86	329.7	329.2	22.6	13.3	15.4	98.4	48.4	146.8	29.4	13.0	20.5
1886-87	414.8	409.4	26.5	10.1	17.9	62.3	56.4	118.7	16.8	9.8	13.2
1887-88	329.4	333.3	20.5	11.1	16.6	53.4	39.7	93.1	13.3	8.0	11.3
1888-89	332.4	337.7	13.4	9.7	11.9	52.8	57.0	109.8	15.0	7.3	10.5
1889-90	344.4	345.6	14.8	8.6	10.8	77.5	59.8	137.3	16.8	8.1	12.3
1890-91	283.7	287.1	11.0	5.4	7.4	66.9	74.0	140.9	19.5	11.2	16.8
1891-92	309.2	306.2	8.4	3.5	6.1	56.9	68.3	125.2	18.6	12.0	15.6
1892-93	301.1	298.6	13.2	6.8	9.4	61.3	74.7	131.9	23.5	12.5	16.5
1893-94	331.8	334.8	13.0	3.2	8.7	72.5	76.5	149.0	22.5	14.3	17.8
1894-95	433.0	479.9	17.1	7.7	11.8	67.1	117.1	184.2	19.9	15.4	17.6
1895-96	410.1	410.4	14.0	8.7	12.2	80.9	79.0	159.9	19.6	16.1	17.2
1896-97	472.6	478.8	14.3	7.4	10.5	130.5	60.4	190.9	21.0	15.5	17.8
1897-98	400.0	451.6	12.9	5.8	8.9	155.0	69.6	224.6	27.5	17.2	19.8
1898-99	388.6	388.3	10.5	2.6	6.9	191.0	73.8	264.8	24.0	17.7	22.0

Tableau III

BANQUE NATIONALE DE DANEMARK

ANNÉES	AVANCES SUR GAGES MOBILIERS				PRÊTS HYPOTHÉCAIRES		TAUX DE L'ESCOMPTE		
	MONTANT des avances	SITUATION Maximum	SITUATION Minimum	SITUATION Moyenne	MONTANT des prêts	SITUATION au 31 juillet	Maximum	Minimum	Moyenne
1	2	3	4	5	6	7	8	9	10
	millions de couronnes	millions de couronnes	millions de couronnes	millions de couronnes			%	%	%
1880-81	9.0	»	»	»	0.1	9.2	»	»	»
1881-82	11.7	»	»	»	0.1	8.9	»	»	»
1882-83	17.0	»	»	»	»	8.5	»	»	»
1883-84	15.8	»	»	»	0.2	8.3	»	»	»
1884-85	14.9	17.9	13.4	15.9	0.1	8.2	»	»	»
1885-86	17.8	19.7	14.8	16.2	0.2	8.1	»	»	»
1886-87	11.5	16.5	12.9	14.6	»	7.3	3	3	3
1887-88	7.8	13.9	12.5	12.9	0.1	6.7	3	3	3
1888-89	12.3	18.6	12.5	13.8	»	5.9	3	3	3
1889-90	11.7	15.4	11.8	13.2	»	5.7	4	3	3.47
1890-91	17.9	20.2	16.1	18.0	»	5.7	5	3 1/2	4
1891-92	16.5	19.9	17.3	18.6	»	5.5	5	3 1/2	3.9[illegible]
1892-93	11.3	14.7	10.1	12.7	»	5.3	3 1/2	3 1/2	3.5[illegible]
1893-94	9.5	12.2	9.4	10.5	»	5.1	4	3 1/2	3.7[illegible]
1894-95	8.9	11.4	8.7	10.1	»	4.7	3 1/2	3 1/2	3.59
1895-96	14.2	15.3	9.0	11.6	0.9	4.2	3 1/2	3	3.39
1896-97	14.3	27.0	13.7	16.4	0.6	3.5	4 1/2	3 1/2	4.0[illegible]
1897-98	14.1	17.6	13.5	15.3	»	3.1	5	4	4.35
1898-99	17.2	19.6	15.5	17.3	0.3	3.0	5 1/2	4	4.68

TABLEAU IV

BANQUE NATIONALE DE DANEMARK

ANNÉES	PROFITS ET PERTES			
	BÉNÉFICES bruts	FRAIS de toute nature	BÉNÉFICES nets	DIVIDENDES %
1	2	3	4	5
	couronnes	couronnes	couronnes	%
1880-81	2.700.413	474.630	2.225.783	»
1881-82	2.880.062	495.852	2.384.210	»
1882-83	2.998.144	571.946	2.426.198	»
1883-84	2.854.614	621.694	2.232.920	8.50
1884-85	2.834.095	524.853	2.309.242	7.75
1885-86	2.537.844	635.079	1.902.765	8.00
1886-87	2.573.646	649.972	1.923.674	7.00
1887-88	2.433.682	597.313	1.836.369	7.00
1888-89	2.401.524	461.676	1.939.848	6.75
1889-90	2.610.569	457.532	2.153.032	7.00
1890-91	2.507.749	495.842	2.011.907	7.25
1891-92	2.397.945	462.211	1.935.734	7.00
1892-93	2.211.068	456.728	1.754.340	6.40
1893-94	2.365.387	481.100	1.884.287	6.80
1894-95	2.301.225	469.806	1.831.420	6.70
1895-96	2.439.428	580.108	1.859.320	6.85
1896-97	2.727.850	854.662	1.873.188	6.60
1897-98	3.055.618	991.499	2.064.114	6.60
1898-99	3.253.939	1.343.655	1.910.284	7.00

Tableau V

BANQUE NATIONALE DE DANEMARK

	Émission par coupure	
Désignation des coupons	31 juillet 1899	31 juillet 1900
1	2	3
500 couronnes	9.400.000	9.825.000
100 —	30.390.000	32.110.000
50 —	6.440.000	8.120.000
10 —	23.770.000	45.945.000
	70.000.000	96.000.000

VII. — BANQUE D'ESPAGNE

ORIGINE

La Banque d'Espagne a remplacé en vertu de la loi du 28 janvier 1856 la Banque de San Fernando; son organisation actuelle lui a été donnée par le décret-loi du 19 mars 1874.

Son titre est Banque d'Espagne (Banco de España); elle a le privilège d'émettre des billets payables au porteur et à vue dans la Péninsule et les îles avoisinantes y compris les îles Canaries.

Le privilège, accordé pour 30 ans à compter du 19 mars 1874, a été prolongé jusqu'au 31 décembre 1921 par la loi du 14 juillet 1891.

CAPITAL

Le capital fixé par le décret-loi du 19 mars 1874 à 100 millions de pesatas, a été porté à 150 millions par délibération de l'assemblée des actionnaires du 17 décembre 1882, approuvée par ordonnance royale du 23 du même mois.

Le capital est divisé en 300.000 actions nominatives de 500 pesetas.

DIRECTION

La Banque est dirigée par un gouverneur et deux sous-gouverneurs nommés par le Roi, qui ont le pouvoir exécutif. Le pouvoir délibérant est exercé par 12 administrateurs et 6 suppléants élus par l'assemblée des actionnaires composée des propriétaires de 50 actions au moins. La durée des fonctions des administrateurs qui, avec le gouverneur et les sous-gouverneurs, forment le conseil de gouvernement, est de 4 années.

SIÈGE CENTRAL — SUCCURSALES

Le siège central de la Banque est à Madrid; d'accord avec le gouvernement, elles ouvre des succursales et des caisses subalternes dans les localités où les besoins du commerce et de l'industrie les rendent nécessaires. Au 31 décembre 1899, la Banque comptait 58 succursales.

OPÉRATIONS

Les opérations de la Banque consistent à escompter des effets de commerce à deux signatures et à 90 jours d'échéance, ou à 120 jours d'échéance avec 3 signatures, mais ces derniers escomptes ne sont autorisés qu'à concurrence de ce qui reste disponible à la banque après qu'elle a couvert avec son encaisse et son portefeuille à 90 jours tout son passif exigible.

Elle fait des opérations de change et, dans ce but, elle vend des traites payables aux lieux où elle a des fonds disponibles, elles achète des effets de commerce nationaux ou étrangers.

Elle fait des avances sur fonds publics espagnols, sur obligations hypothécaires, obligations de chemins de fer et établissements industriels, sur warrants et connaissements à condition que l'emprunteur souscrive pour le montant du prêt un billet à ordre à 90 jours s'il ne porte qu'une signature et à 120 jours s'il en porte deux. Elle fait le commerce des métaux précieux.

Elle ouvre des comptes courants sans intérêts; toutefois, lorsqu'elle le juge utile, elle peut bonifier des intérêts.

Elle se charge de l'encaissement des effets sur l'Espagne et l'étranger, reçoit des dépôts d'objets précieux et des dépôts de titres qu'elle administre.

CIRCULATION FIDUCIAIRE

La limite maximum de la circulation fiduciaire de la Banque, fixée d'abord à 5 fois le montant du capital, soit 500 millions en 1874 et à 750 millions en 1883, a été portée à 1.500 millions par la loi du 14 juillet 1891 et à 2.500 millions par le décret du 9 août 1898. En vertu d'une convention des 7-12 mars 1899, la limite a été ramenée à 2 milliards.

La réserve métallique en or et argent doit être de moitié de la circulation tant que celle-ci est comprise entre 1.500 et 2.000 millions, et des 2/3 lorsque la circulation excède 2.000 millions; la moitié de la réserve doit se composer d'or.

Les billets sont payables à la caisse centrale; les succursales ne sont tenues de payer que les billets émis par elles : ils ont cours légal et, en pratique, cours forcé car, la Banque usant du droit qu'elle a de les rembourser en écus, ne donne pas d'or.

RELATIONS AVEC L'ÉTAT

L'État n'intervient dans la direction de la Banque que par la nomination du gouverneur et des sous-gouverneurs, mais il a obtenu de la Banque un prêt sans intérêts de 150 millions pour toute la durée du privilège.

La Banque fait le service de trésorerie de l'État ; elle lui a ouvert un compte courant dont le solde peut être débiteur. Ce solde est représenté par des bons du Trésor remis à la Banque et portant à son profit intérêt à 1 % au-dessous du taux de l'escompte ; elle administre la dette flottante, paie les arrérages de la dette publique, recouvre les contributions directes et reçoit les dépôts et consignations.

De plus, elle a organisé la compagnie fermière des tabacs et elle y possède un intérêt considérable.

L'État ne participe pas aux bénéfices de la Banque ; elle paie l'impôt territorial et l'impôt sur les dividendes.

Sur les bénéfices nets, il est d'abord servi un intérêt de 6 % aux actionnaires, le surplus se partage par moitié entre les actionnaires et la réserve jusqu'à ce qu'elle ait atteint 10 % du capital.

TABLEAU I

BANQUE D'ESPAGNE

ANNÉES	ENCAISSE						SOMMES À L'ÉTRANGER			CIRCULATION		
	SITUATION			DÉCOMPOSITION au 31 décembre								
	Maximum	Minimum	Moyenne	Or	Argent	Total	Maximum	Minimum Situation au 31 décembre	Moyenne	Maximum	Minimum	Moyenne
1	2	3	4	5	6	7	8	9	10	11	12	13
	millions de pesetas	millions de pesetas	millions de pesetas	mill. de pesetas	mill. de pesetas	mill. de pesetas	millions de pesetas	millions de pesetas	millions de pesetas	millions de pesetas	millions de pesetas	millions de pesetas
1880	»	»	»	»	»	200.6	»	»	»	269.0	185.1	227.5
1881	»	»	»	»	»	194.3	»	»	»	256.1	241.4	294.8
1882	»	»	»	»	»	101.9	»	»	»	475.0	259.2	357.6
1883	»	»	»	»	»	90.0	»	»	»	469.9	280.0	349.5
1884	»	»	»	»	»	166.0	»	»	»	389.0	336.3	365.4
1885	»	»	»	»	»	127.2	»	»	»	469.0	388.9	424.4
1886	245.0	163.9	194.2	»	»	193.9	»	»	»	526.6	473.1	493.7
1887	326.6	237.6	295.5	»	»	283.3	»	»	»	612.1	529.6	582.9
1888	358.0	297.6	328.9	77.0	221.7	298.7	»	»	»	722.7	699.6	658.0
1889	326.4	231.4	287.8	102.9	129.0	231.9	»	»	»	749.7	705.3	724.1
1890	297.3	234.8	261.8	151.8	82.2	234.0	»	»	»	748.7	726.3	740.9
1891	274.0	225.8	243.8	160.0	114.0	274.0	37.6	8.2	20.5	811.7	728.6	750.4
1892	321.8	285.0	308.9	190.3	130.8	321.1	62.9	12.6	31.8	894.6	805.6	846.4
1893	372.6	315.9	349.2	197.9	174.7	372.6	74.1	17.5	42.0	944.4	877.9	911.9
1894	475.7	375.0	420.9	200.1	275.6	475.7	72.3	42.3	56.4	947.5	902.9	931.5
1895	512.6	456.5	494.2	200.1	256.4	456.5	67.2	36.8	48.5	997.0	904.7	952.7
1896	500.8	452.6	471.1	213.2	255.2	468.4	48.4	23.3	36.0	1.092.3	996.4	1.043.0
1897	512.9	465.2	487.0	235.8	258.0	493.8	67.7	23.2	40.0	1.206.3	1.034.4	1.119.6
1898	512.2	351.0	431.7	276.5	195.8	472.3	204.2	27.1	117.8	1.458.0	1.217.9	1.349.0
1899	702.5	489.4	625.0	340.0	362.5	702.5	130.9	43.2	77.7	1.530.5	1.449.2	1.491.2

TABLEAU II

BANQUE D'ESPAGNE

ANNÉES	COMPTES COURANTS				
	MOUVEMENT		SITUATION		
	Versements	Paiements	Maximum	Minimum	Moyenne
1	2	3	4	5	6
	millions de pesetas	millions de pesetas	millions de pesetas	millions de pesetas	millions de pesetas
1880	2.216.6	2.169.4	257.2	164.4	»
1881	2.142.7	2.110.2	257.4	172.7	»
1882	2.027.3	2.082.2	244.5	152.7	197.2
1883	1.773.9	1.799.4	185.9	127.4	153.9
1884	2.677.3	2.619.3	229.9	130.1	181.8
1885	4.534.5	3.502.2	286.3	193.1	243.6
1886	4.094.2	4.055.5	337.3	238.7	273.2
1887	4.247.9	4.228.4	401.2	251.8	325.7
1888	4.270.3	4.231.2	402.8	300.0	342.8
1889	5.169.7	5.163.9	380.1	343.4	361.1
1890	6.147.1	6.127.1	401.9	334.6	365.8
1891	5.841.5	5.799.4	443.6	399.5	413.1
1892	5.170.8	5.243.8	437.6	361.8	387.7
1893	4.874.4	4.894.6	372.9	311.3	330.0
1894	4.797.5	4.859.1	373.4	267.3	319.5
1895	5.211.7	5.127.1	418.6	259.9	346.4
1896	5.942.2	5.903.0	510.5	358.5	403.4
1897	6.522.6	6.473.2	618.6	379.1	446.4
1898	9.184.6	8.939.3	892.0	438.6	674.8
1899	8.440.7	8.509.1	821.4	710.0	803.7

TABLEAU III

BANQUE D'ESPAGNE

ANNÉES	ESCOMPTES							
	MOUVEMENT					PORTEFEUILLE		
	PAPIER SUR L'ESPAGNE		PAPIER SUR L'ÉTRANGER					
	Nombre	Sommes	Sommes	Sommes	Sommes	Maximum	Minimum	Moyenne
1	2	3	4	5	6	7	8	9
		millions de pesetas.	millions de francs	milliers de livres sterling	millions de marks	millions de pesetas.	millions de pesetas.	millions de pesetas.
1880	»	177.5	27.3	528	»	»	»	»
1881	»	214.7	29.8	856	»	»	»	»
1882	»	221.9	29.8	1.391	»	»	»	»
1883	»	329.9	37.5	1.709	»	»	»	»
1884	»	392.1	85.2	1.384	»	»	»	»
1885	»	618.0	25.4	1.182	»	»	»	»
1886	»	1.043.4	65.0	2.795	»	»	»	»
1887	»	1.337.7	43.7	2.922	27.2	»	»	»
1888	»	1.631.2	59.6	3.445	31.3	»	»	»
1889	»	1.773.8	29.5	2.722	2.4	214.7	143.0	173.4
1890	315.681	2.155.9	55.3	2.918	6.8	198.3	157.9	179.2
1891	366.782	1.815.8	74.3	1.931	18.1	192.6	156.6	172.4
1892	396.460	1.679.8	48.8	2.012	5.1	161.2	143.5	142.2
1893	416.798	1.366.5	35.2	2.182	7.0	145.3	127.3	135.2
1894	463.181	1.058.8	22.0	1.350	0.8	171.1	122.7	134.8
1895	495.309	1.858.8	13.16	312	0.3	138.1	118.0	129.3
1896	498.056	2.076.8	32.7	776	1.1	383.4	135.7	217.1
1897	468.587	2.063.9	25.9	1.354	0.9	516.2	186.4	305.0
1898	434.779	4.559.1	105.9	2.825	6.3	1.193.2	565.4	849.9
1899	432.641	4.699.8	16.3	1.004	0.2	1.258.8	1.020.2	1.085.7

TABLEAU IV

BANQUE D'ESPAGNE

ANNÉES	AVANCES				FONDS PUBLICS et VALEURS EN PORTEFEUILLE		
	MOUVEMENT	PORTEFEUILLE					
		Maximum	Minimum	Moyenne	Maximum	Minimum	Moyenne
1	2	3	4	5	6	7	8
	millions de pesetas.	millions de pesetas.	millions de pesetas.	millions de pesetas.	millions de pesetas.	millions de pesetas.	millions de pesetas.
1880	486.7	»	»	»	»	»	»
1881	804.8	»	»	»	»	»	»
1882	1.303.8	»	»	»	»	»	»
1883	1.128.4	»	»	»	»	»	»
1884	929.8	»	»	»	»	»	»
1885	918.7	»	»	»	»	»	»
1886	823.8	»	»	»	»	»	»
1887	737.2	»	»	»	»	»	»
1888	759.9	»	»	»	»	»	»
1889	738.5	203.1	167.2	183.1	»	»	»
1890	845.9	251.3	197.2	214.4	»	»	»
1891	931.4	256.8	233.0	257.7	459.6	452.0	455.9
1892	770.4	263.6	169.4	203.2	652.8	619.3	633.9
1893	519.7	171.4	132.9	144.0	720.5	615.3	653.5
1894	361.4	135.1	98.1	110.1	697.1	482.2	606.9
1895	565.9	224.1	93.7	163.0	608.7	523.6	579.4
1896	522.7	273.7	192.3	226.0	657.4	575.4	605.0
1897	414.5	252.6	115.3	191.9	679.5	571.0	654.5
1898	848.0	144.7	63.6	101.9	743.0	564.5	654.3
1899	452.0	133.3	56.0	90.6	696.4	501.4	538.2

TABLEAU V

BANQUE D'ESPAGNE

ANNÉE	DÉPOTS LIBRES						
	NUMÉRAIRE — SITUATION			TITRES — SOLDE au 31 décembre	TAUX de L'ESCOMPTE		
	Maximum	Minimum	Moyenne		Maximum	Minimum	Moyenne
1	2	3	4	5	6	7	8
	millions de pesetas.	millions de pesetas.	millions de pesetas.	millions de pesetas.	%	%	%
1880	»	»	»	»	4.00	4.00	4.00
1881	»	»	»	4.750.4	4.00	4.00	4.00
1882	»	»	»	3.482.1	5.00	4 1/2	4.58
1883	»	»	»	3.418.1	5.00	4 1/2	4.97
1884	»	»	»	2.971.6	5.00	4 1/2	4.63
1885	»	»	»	2.888.4	4 1/2	4.00	4.16
1886	»	»	»	2.821.4	4.00	4.00	4.00
1887	»	»	»	3.295.1	4.00	4.00	4.00
1888	»	»	»	3.160.3	4.00	4.00	4.00
1889	»	»	»	3.285.3	4.00	4.00	4.00
1890	54.0	40.8	51.0	3.404.6	4.00	4.00	4.00
1891	44.7	34.5	40.6	4.308.3	4.00	4.00	4.00
1892	36.3	32.8	34.3	5.241.6	5.00	4.00	4.95
1893	34.9	26.4	32.2	5.803.7	5.00	5.00	5.00
1894	30.7	24.4	27.0	5.651.8	5.00	5.00	5.00
1895	29.0	24.6	26.9	5.891.2	5.00	4 1/2	4.61
1896	29.6	21.5	26.4	6.551.0	5.00	4 1/2	4.73
1897	29.3	21.8	25.2	4.955.7	5.00	5.00	5.00
1898	61.5	24.1	40.2	6.218.3	5.00	5.00	5.00
1899	48.5	42.0	45.8	6.175.9	5.00	4.00	4.59

TABLEAU VI

BANQUE D'ESPAGNE

ANNÉES	OPÉRATIONS AVEC L'ÉTAT									
	COMPTE COURANT AU TRÉSOR								COMPTE DE VALEURS	
	MOUVEMENT		SOLDES							
			Débiteurs			Créditeurs				
	Versements	Paiements	Maxim.	Minim.	Moyenne	Maxim.	Minim.	Moyenne	Entrées	Sorties
1	2	3	4	5	6	7	8	9	10	11
	millions de pesetas	millions de pesetas	millions de pesetas.	millions de pesetas.	millions de pesetas.	millions de pesetas.	millions de pesetas.	millions de pesetas.	millions de pesetas.	millions de pesetas.
1880	»	»	»	»	»	»	»	»	»	»
1881	»	»	»	»	»	»	»	»	»	»
1882	»	»	»	»	»	»	»	»	»	»
1883	»	»	»	»	»	»	»	»	»	»
1884	»	»	»	»	»	»	»	»	»	»
1885	»	»	»	»	»	»	»	»	»	»
1886	»	»	»	»	»	»	»	»	»	»
1887	»	»	»	»	»	»	»	»	»	»
1888	439.5	476.0	»	»	»	»	»	»	1.183.3	828.6
1889	818.8	875.4	»	»	»	»	»	»	421.8	543.1
1890	962.6	944.5	»	»	»	»	»	»	474.2	459.4
1891	904.2	927.4	86.8	46.5	69.5	»	»	»	840.1	814.3
1892	988.5	924.5	118.0	2.3	64.7	»	»	»	1.405.0	1.084.4
1893	1.122.1	1.077.1	56.4	2.7	26.0	50.9	13.7	30.3	735.5	993.7
1894	1.159.6	1.204.9	38.5	1.3	16.8	38.5	1.3	16.8	1.715.6	1.032.9
1895	1.148.8	1.161.9	45.0	0.2	10.5	19.5	0.3	2.1	2.228.6	2.334.8
1896	1.647.1	1.610.5	22.4	2.6	1.4	61.2	0.3	2.6	2.200.1	2.487.6
1897	1.180.4	1.282.4	29.2	2.0	15.5	»	»	»	1.050.7	1.263.0
1898	1.678.0	1.623.7	68.8	1.1	17.1	36.7	1.1	16.3	71.7	271.0
1899	1.675.8	1.619.0	34.1	0.5	12.7	54.0	0.6	8.1	261.7	37.6

TABLEAU VII

BANQUE D'ESPAGNE

ANNÉES	BÉNÉFICES BRUTS	FRAIS D'ADMINISTRATION, impôts et redevances, charges diverses	RÉSERVE	PRÉLÈVEMENTS DIVERS et reports	AUX ACTIONNAIRES	DIVIDENDES	COURS des ACTIONS au 31 décembre
1	2	3	4	5	6	7	8
	pesetas	pesetas	pesetas	pesetas	pesetas	pesetas	pesetas
1880	»	»	»	»	»	»	»
1881	35.931.568	7.985.987	»	3.945.581	24.000.000	120	2.470
1882	64.497.553	17.069.948	27.500.000	1.927.605	18.000.000	90	1.995
1883	43.091.148	15.890.431	»	3.200.717	24.000.000	80	1.317.50
1884	41.038.491	8.927.672	»	3.610.819	28.500.000	95	1.512.50
1885	41.469.940	10.109.401	»	2.860.539	28.500.000	95	1.675
1886	47.663.226	11.324.413	»	3.344.813	33.000.000	110	1.950
1887	47.873.993	12.316.764	»	2.557.229	33.000.000	110	2.090
1888	49.216.219	12.555.090	»	6.661.129	30.000.000	100	2.095
1889	51.391.618	13.665.146	»	7.726.472	30.000.000	100	2.057.50
1890	54.099.134	15.284.942	»	8.814.192	30.000.000	100	2.000
1891	56.798.170	17.477.528	»	9.320.642	30.000.000	100	1.920
1892	54.618.926	20.893.688	»	3.725.218	30.000.000	100	1.870
1893	54.204.695	18.729.482	»	2.475.215	33.000.000	110	1.880
1894	49.405.670	15.566.115	»	3.839.655	30.000.000	100	1.957.50
1895	45.085.502	18.628.776	»	2.956.726	28.500.000	95	1.965
1896	56.188.026	17.619.724	»	5.768.302	33.000.000	110	1.942.50
1897	67.638.161	22.953.232	»	8.474.929	36.000.000	120	2.126.25
1898	94.859.163	43.690.778	»	15.159.375	36.000.000	120	1.712.50
1899	89.988.610	38.013.196	4.000.000	10.475.414	37.500.000	125	2.672.50

TABLEAU VIII

BANQUE D'ESPAGNE

CIRCULATION PAR COUPURE

DÉSIGNATION DES COUPURES	1er AVRIL 1880	30 DÉCEMBRE 1890
1	2	3
1.000 pesetas.................	100.000.000	377.742.000
—	75.000.000	313.918.000
250 —	»	191.000
125 —	»	132.000
100 —	120.000.000	433.775.600
50 —	55.000.000	236.383.600
25 —	»	167.438.075
TOTAUX.......	350.000.000	1.529.580.275

VIII. — BANQUE DE FINLANDE

ORIGINE

La Banque de Finlande est une banque d'État; elle a été créée en 1811, mais elle a reçu son organisation actuelle le 19 février 1895.

Le titre de la banque est Banque de Finlande « (Finlands Bank). »

CAPITAL

Le capital de la Banque est de 10 millions de marks finlandais; il a été fourni par l'Etat.

SIÈGE CENTRAL. — SUCCURSALES

Le siège central est à Helsingfors; il y a treize comptoirs ou succursales dont l'un est à Saint-Pétersbourg. La Banque a des correspondants dans les grandes villes étrangères avec lesquelles elle fait des opérations de change.

DIRECTION

La Banque est dirigée par un président nommé par l'Empereur de Russie, grand-duc de Finlande, sur la proposition du département économique du Sénat. Deux assesseurs ordinaires, dont l'un doit être un juriste expérimenté, sont aussi nommés par l'Empereur; un assesseur extraordinaire est nommé par le département économique du Sénat, sur la proposition des fondés de pouvoirs de l'État de Finlande élus par la diète.

Les fondés de pouvoirs vérifient les comptes de la Banque.

OPÉRATIONS

Les opérations de la Banque consistent à escompter des effets de commerce sur les places finlandaises, acheter et vendre du change étranger, des valeurs d'État, des obligations et des coupons; — à faire des prêts à échéance déterminée sur métaux précieux, fonds d'État, obligations, actions, certificats hypothécaires et marchandises; — ouvrir des comptes courants sans intérêts; faire des encaissements pour le compte de tiers; émettre des mandats; recevoir des dépôts en garde simple ou administrés.

CIRCULATION FIDUCIAIRE

La Banque a, seule, le privilège d'émettre des billets; ceux-ci n'ont pas cours légal. La Banque peut émettre une somme de 35 millions de marks finlandais au delà de son encaisse, des crédits à vue à l'étranger et du portefeuille de titres payables à l'étranger.

RELATIONS DE LA BANQUE ET DE L'ÉTAT

La Banque appartient à l'État; ses bénéfices sont partiellement appliqués au budget; le surplus est versé à la réserve, et forme une créance de l'Etat sur la Banque.

TABLEAU I

BANQUE DE FINLANDE

ANNÉES	ENCAISSE					
	MAXIMUM	MINIMUM	MOYENNE	COMPOSITION AU 31 DÉCEMBRE		
				Or	Argent	Total
1	2	3	4	5	6	7
	millions de marks finlandais.	millions de marks finlandais.	millions de marks finlandais.	millions de marks finlandais.	millions de marks finlandais.	millions de marks finlandais.
1880	26.7	25.4	26.0	18.2	8.6	26.8
1881	27.4	26.6	26.9	18.7	8.2	26.9
1882	26.8	25.8	26.0	20.3	5.8	26.1
1883	26.8	25.8	26.3	21.0	5.8	26.8
1884	27.4	27.0	27.2	21.6	5.9	27.5
1885	27.8	27.4	27.6	21.6	5.9	27.5
1886	27.9	27.5	27.7	22.0	5.9	27.9
1887	28.0	27.1	27.7	22.1	5.0	27.1
1888	27.1	26.8	26.9	22.2	4.7	26.9
1889	26.9	25.2	26.4	22.0	3.2	25.2
1890	25.7	24.9	25.2	22.2	3.5	25.7
1891	25.8	25.3	25.5	22.0	3.5	25.5
1892	25.5	24.9	25.2	21.7	3.2	24.9
1893	26.4	24.9	25.4	21.6	3.5	25.1
1894	25.6	25.1	25.2	21.9	3.5	25.4
1895	26.4	24.7	25.2	21.7	3.0	24.7
1896	26.2	23.1	25.5	19.6	3.5	23.1
1897	25.1	23.4	24.0	22.3	2.4	24.7
1898	24.9	23.1	24.2	21.5	2.5	24.0
1899	28.8	24.0	24.3	22.7	2.5	25.2

Tableau II

BANQUE DE FINLANDE

ANNÉES	CIRCULATION			COMPTES-COURANTS				
				MOUVEMENT		SITUATION		
	MAXIMUM	MINIMUM	MOYENNE	Versements	Paiements	Maximum	Minimum	Moyenne
1	2	3	4	5	6	7	8	9
	millions de marks finlandais.	millions de marks finlandais.	millions de marks finlandais.	millions de marks finlandais.	millions de marks finlandais.	millions de marks finlandais.	millions de marks finlandais.	millions de marks finlandais.
1880	»	»	»	16.0	11.4	»	»	»
1881	»	»	»	19.8	18.7	»	»	»
1882	»	»	»	19.1	25.4	»	»	»
1883	»	»	»	19.0	12.5	»	»	»
1884	»	»	»	18.7	18.7	»	»	»
1885	»	»	»	20.7	23.7	»	»	»
1886	»	»	»	28.4	28.7	»	»	»
1887	»	»	»	28.9	29.6	»	»	»
1888	»	»	»	19.3	23.8	»	»	»
1889	»	»	»	23.3	20.8	»	»	»
1890	»	»	»	43.5	37.9	»	»	»
1891	»	»	»	38.0	38.1	»	»	»
1892	»	»	»	44.6	50.8	»	»	»
1893	45.6	42.2	44.2	45.3	43.5	6.0	2.2	3.1
1894	51.0	44.0	46.8	48.4	43.0	11.6	5.6	8.7
1895	57.5	48.1	52.6	89.9	85.0	21.6	11.3	17.2
1896	66.7	65.6	62.4	69.1	72.5	16.3	12.6	14.1
1897	74.4	63.3	70.7	70.7	69.2	17.2	8.5	14.1
1898	81.6	71.2	76.8	89.8	93.1	13.1	7.4	10.4
1899	81.0	73.4	77.0	108.7	105.1	17.5	9.2	12.8

TABLEAU III

BANQUE DE FINLANDE

ANNÉES	ESCOMPTES					
	MOUVEMENT			PORTEFEUILLE		
	Papier indigène	Papier étranger	Total	MAXIMUM	MINIMUM	MOYENNE
1	2	3	4	5	6	7
	millions de marks finlandais.	millions de marks finlandais.	millions de marks finlandais.	millions de marks finlandais.	millions de marks finlandais.	millions de marks finlandais.
1880	26.6	39.5	66.1	»	»	»
1881	29.6	22.2	51.8	»	»	»
1882	31.4	16.1	47.5	»	»	»
1883	32.9	19.6	52.5	»	»	»
1884	32.0	18.6	50.6	»	»	»
1885	33.9	16.0	49.9	»	»	»
1886	31.3	18.1	49.4	»	»	»
1887	37.3	16.1	53.4	»	»	»
1888	43.8	22.5	66.3	»	»	»
1889	53.9	23.6	77.5	»	»	»
1890	71.4	22.2	93.6	»	»	»
1891	73.5	22.1	95.6	»	»	»
1892	74.4	24.2	98.6	»	»	»
1893	61.9	21.6	83.5	22.4	19.5	20.9
1894	59.4	26.5	85.9	22.0	19.4	20.5
1895	59.4	21.3	80.7	21.5	17.8	19.4
1896	66.2	21.3	87.5	23.5	21.2	22.0
1897	77.6	22.2	99.8	25.7	21.8	23.3
1898	105.8	21.2	127.0	33.6	24.9	29.8
1899	125.4	27.3	152.7	40.9	29.0	35.8

TABLEAU IV

BANQUE DE FINLANDE

ANNÉES	AVANCES ORDINAIRES ET EN COMPTE-COURANT			
	MONTANT des Prêts	PORTEFEUILLE		
		Maximum	Minimum	Moyenne
1	2	3	4	5
	millions de marks finlandais.	millions de marks finlandais.	millions de marks finlandais.	millions de marks finlandais.
1880	27.0	»	»	»
1881	25.2	»	»	»
1882	36.2	»	»	»
1883	31.9	»	»	»
1884	33.6	»	»	»
1885	34.9	»	»	»
1886	32.9	»	»	»
1887	43.0	»	»	»
1888	49.5	»	»	»
1889	56.2	»	»	»
1890	53.8	»	»	»
1891	64.9	»	»	»
1892	55.0	»	»	»
1893	34.8	17.6	16.0	16.7
1894	30.4	15.7	13.1	14.2
1895	19.2	12.8	9.4	11.0
1896	32.1	13.6	10.0	11.2
1897	43.2	13.6	8.7	11.7
1898	86.7	17.6	12.9	14.9
1899	82.8	17.4	12.8	15.0

TABLEAU V

BANQUE DE FINLANDE

ANNÉES	PROFITS ET PERTES			TAUX DE L'ESCOMPTE		
	BÉNÉFICE BRUT	FRAIS de toute nature	BÉNÉFICE NET	MAXIMUM	MINIMUM	MOYENNE
1	2	3	4	5	6	7
	millions de marks finlandais.	millions de marks finlandais.	millions de marks finlandais.	%	%	%
1880	2.236.082	841.700	1.394.382	5.00	4.50	4.87
1881	2.511.440	819.755	1.691.685	5.00	4.50	4.66
1882	2.518.417	503.444	2.014.973	4.50	4.50	4.50
1883	2.725.290	702.357	2.022.933	4.50	4.50	4.50
1884	2.745.413	985.054	1.760.359	4.50	4.50	4.50
1885	2.900.871	748.150	2.152.721	4.50	4.50	4.50
1886	2.801.420	666.018	2.135.402	4.50	4.00	4.46
1887	2.015.158	675.260	1.339.898	4.00	4.00	4.00
1888	2.388.824	702.484	1.686.340	4.00	4.00	4.00
1889	2.626.271	762.525	1.863.846	4.00	4.00	4.00
1890	3.175.839	743.929	2.431.910	5.00	4.00	4.51
1891	3.372.938	814.139	2.558.799	5.50	5.00	5.04
1892	3.291.022	754.328	2.536.694	5.50	5.50	5.50
1893	2.863.538	955.512	1.908.026	5.50	5.00	5.46
1894	2.717.300	888.851	1.828.459	5.00	5.00	5.00
1895	3.828.898	959.832	2.869.066	5.00	4.00	4.43
1896	3.421.844	726.022	2.695.822	4.50	4.00	4.10
1897	3.503.656	700.343	2.803.318	4.50	4.50	4.50
1898	3.826.334	948.628	2.877.706	5.00	4.50	4.61
1899	4.640.535	1.231.941	3.408.594	6.00	5.00	5.20

IX. — BANQUE DE FRANCE

ORIGINE

La Banque de France a été fondée en 1800 (an VIII) par un groupe de commerçants et de financiers, avec l'appui du gouvernement consulaire ; ses statuts primitifs ont subi plusieurs modifications. La dernière loi organique est celle du 17 novembre 1897, qui a renouvelé son privilège.

La Banque de France a seule le droit d'émettre des billets à vue au porteur.

Son titre est « Banque de France ».

Son privilège expire le 31 décembre 1920 ; néanmoins une loi votée par les deux Chambres, dans le cours de l'année 1911, peut le faire cesser à la date du 31 décembre 1912.

CAPITAL

Le capital primitif de 30 millions a été porté, par des augmentations successives, à 182.500.000 francs; il est divisé en 182.500 actions nominatives.

DIRECTION

La Banque de France est dirigée par un gouverneur et deux sous-gouverneurs nommés par l'État ; elle est administrée par quinze régents et surveillée par trois censeurs.

Les régents et les censeurs sont élus par l'assemblée des actionnaires, composée des deux cents principaux propriétaires d'actions inscrites depuis plus de six mois.

Les régents sont nommés pour cinq ans, les censeurs pour trois ans ; ils sont rééligibles.

Le gouverneur a le pouvoir exécutif; il est assisté et suppléé par les sous-gouverneurs : les régents exercent le pouvoir délibérant ; les censeurs contrôlent les opérations de la Banque.

Le gouverneur, les sous-gouverneurs, les régents et les censeurs forment le conseil général.

SIÈGE CENTRAL — SUCCURSALES

Le siège central est à Paris ; il y a 126 succursales, 47 bureaux auxiliaires et 201 villes rattachées.

Les bureaux auxiliaires sont des établissements secondaires rendant les mêmes services que les succursales, mais ils transmettent aux succursales le papier présenté à leurs guichets. Les villes rattachées sont celles où la Banque possède un simple service d'encaissement.

OPÉRATIONS

La Banque de France escompte des effets de commerce, payables en France, à trois mois d'échéance au plus, revêtus de trois signatures, ou de deux signatures ; dans ce cas, la troisième signature doit être suppléée par un nantissement de titres.

Elle fait des avances directement ou en compte courant sur fonds publics français, obligations des départements, des villes et des chambres de commerce françaises, actions et obligations de certaines compagnies de chemins de fer, bons du Mont-de-Piété de Paris ; et des avances sur lingots et monnaies.

Elle ouvre des comptes courants et des comptes de chèques, sans intérêts, délivre des mandats sur les caisses de ses différents établissements, encaisse les effets qui lui sont remis par ses clients, reçoit les titres en dépôt libre et exécute les ordres de bourse.

CIRCULATION FIDUCIAIRE

La Banque émet des billets suivant ses besoins, mais sans que le total de la circulation, aux termes de la loi du 17 novembre 1897, puisse dépasser 5 milliards.

Les billets sont remboursables à vue et au porteur : ils ont cours légal.

RELATIONS DE LA BANQUE ET DE L'ÉTAT

Le Trésor possède à la Banque un compte courant qui fonctionne comme celui d'un particulier ; de plus, il dispose, sans payer d'intérêts, suivant ses besoins, d'un crédit de 180 millions.

La Banque encaisse gratuitement les effets qui lui sont remis par le Trésor, paie les coupons des rentes et valeurs du Trésor, et ouvre ses guichets à l'émission des emprunts publics.

Outre les impôts de droit commun, la Banque paie sur sa circulation productive une taxe égale au huitième du taux de l'escompte ; le montant de cette taxe ne peut être inférieur à 2 millions.

La circulation productive est celle avec laquelle la Banque fait ses opérations d'escompte et d'avances ; on y ajoute la circulation des billets à ordre.

Elle paie sur ses billets un droit de timbre de 1/5 °/₀₀ sur la circulation improductive, et de 1/2 °/₀₀ sur la circulation productive.

L'État participe aux bénéfices de la Banque par la taxe sur la circulation productive, laquelle équivaut à peu près au huitième des produits industriels bruts ; mais il ne vient pas au partage avec les actionnaires ; il est ainsi désintéressé dans la répartition du solde bénéficiaire.

TABLEAU I

BANQUE DE FRANCE

ANNÉES	ENCAISSE			COMPOSITION DE L'ENCAISSE AU 31 DÉCEMBRE (a)			CIRCULATION		
	MAXIMUM	MINIMUM	MOYENNE	OR	ARGENT	TOTAL	MAXIMUM	MINIMUM	MOYENNE
1	2	3	4	5	6	7	8	9	10
	millions de francs	millions de francs	millions de francs	millions de francs	millions de francs	millions de francs	millions de francs	millions de francs	millions de francs
1880	2.103.6	1.763.7	1.974.1	552.4	1.221.8	1.774.2	2.481.3	2.206.8	2.365.4
1881	1.896.6	1.750.5	1.824.0	645.8	1.155.9	1.801.7	2.825.5	2.398.1	2.576.4
1882	2.158.1	1.791.9	2.046.5	954.7	1.087.4	2.042.1	2.953.3	2.626.9	2.732.3
1883	2.083.4	1.964.1	2.027.6	951.3	997.5	1.948.8	3.097.5	2.775.8	2.926.1
1884	2.093.6	1.934.9	2.035.0	1.001.4	1.028.4	2.029.8	3.167.5	2.814.9	2.928.1
1885	2.281.5	2.019.9	2.176.4	1.155.2	1.083.6	2.238.8	3.063.9	2.719.4	2.846.0
1886	2.525.8	2.220.5	2.422.7	1.233.1	1.140.0	2.373.1	2.973.7	2.658.1	2.789.2
1887	2.491.8	2.316.0	2.361.5	1.105.6	1.190.0	2.295.6	2.929.8	2.551.4	2.719.3
1888	2.347.1	2.252.1	2.301.0	1.006.0	1.228.0	2.234.0	2.891.3	2.516.8	2.676.4
1889	2.598.6	2.223.7	2.398.4	1.261.7	1.242.2	2.503.9	3.123.1	2.616.8	2.876.1
1890	2.592.8	2.262.6	2.513.2	1.120.2	1.240.8	2.361.0	3.259.8	2.893.4	3.060.4
1891	2.641.8	2.358.2	2.553.8	1.336.8	1.252.7	2.589.5	3.288.8	2.922.9	3.084.6
1892	2.983.5	2.587.2	2.826.5	1.704.9	1.267.0	2.971.9	3.335.7	3.037.0	3.151.3
1893	3.004.6	2.786.1	2.946.0	1.702.5	1.261.3	2.963.8	3.589.7	3.255.9	3.445.5
1894	3.305.6	2.951.1	3.083.7	2.060.8	1.238.0	3.298.8	3.675.1	3.310.7	3.476.5
1895	3.391.8	3.177.0	3.291.6	1.950.3	1.234.6	3.184.9	3.749.7	3.325.0	3.526.7
1896	3.331.4	3.156.0	3.222.4	1.912.0	1.227.5	3.139.5	3.764.1	3.456.5	3.607.0
1897	3.265.1	3.129.8	3.184.7	1.945.5	1.205.2	3.150.7	3.872.6	3.542.3	3.687.0
1898	3.170.4	3.034.0	3.100.1	1.818.4	1.205.5	3.023.9	3.923.6	3.462.4	3.644.5
1899	3.133.1	3.055.5	[illegible]	1.866.4	1.151.6	3.018.0	4.053.7	3.632.3	3.820.2

(a) Les écritures de la Banque étant arrêtées le 24 décembre, l'encaisse au 31 décembre appartient à l'exercice suivant.

Tableau II

BANQUE DE FRANCE

COMPTES COURANTS PARTICULIERS ET DÉPOTS DE FONDS

Années	Mouvement		Situation		
	Versements.	Paiements.	Maximum.	Minimum.	Moyenne.
1	2	3	4	5	6
	millions de francs	millions de francs	millions de francs	millions de francs	millions de francs
1880	43.775.0	43.768.9	482.8	321.7	411.5
1881	59.882.2	59.781.0	765.6	366.6	468.2
1882	50.775.3	50.902.7	1.004.4	341.9	498.1
1883	44.146.0	44.214.3	580.9	315.6	416.0
1884	42.601.7	42.728.5	476.9	313.7	387.3
1885	40.522.0	40.486.3	507.6	288.9	378.2
1886	45.505.8	45.527.9	1.461.6	197.6	462.9
1887	42.762.3	42.766.2	556.5	287.0	371.5
1888	47.702.4	47.358.8	457.8	298.8	373.5
1889	52.270.7	52.255.1	645.3	243.1	461.3
1890	54.329.8	54.306.5	492.3	311.5	401.9
1891	60.198.2	60.189.3	1.442.6	257.5	433.1
1892	48.693.3	48.736.7	536.3	323.7	419.5
1893	48.795.2	48.822.2	501.5	329.8	405.3
1894	66.950.5	66.783.9	1.083.5	351.9	455.1
1895	63.604.2	63.633.9	1.698.1	396.4	546.8
1896	64.020.2	64.120.0	976.7	418.0	666.0
1897	64.859.8	64.881.2	611.4	482.9	497.4
1898	67.367.8	* 69.429.0	641.4	400.0	490.7
1899	64.306.0	64.227.0	608.2	417.9	477.7

TABLEAU III

BANQUE DE FRANCE

COMPTE COURANT DU TRÉSOR

ANNÉES	MOUVEMENT		SITUATION		
	Versements.	Paiements.	Maximum.	Minimum.	Moyenne.
1	2	3	4	5	6
	millions de francs	millions de francs	millions de francs	millions de francs	millions de francs
1880	2.179.6	2.313.1	347.9	146.2	»
1881	3.607.2	3.362.1	755.7	83.0	250.9
1882	2.614.1	2.684.9	499.7	273.0	308.0
1883	2.751.1	3.026.6	294.7	55.0	142.8
1884	3.306.3	3.231.8	416.7	54.6	146.1
1885	2.852.4	2.857.6	243.7	70.9	162.1
1886	4.588.8	4.384.8	1.451.0	45.3	212.2
1887	2.584.8	2.646.0	327.9	134.9	243.0
1888	2.686.0	2.578.0	399.6	95.1	253.2
1889	2.588.9	2.556.8	352.2	61.4	219.9
1890	2.831.2	2.951.9	360.3	67.3	177.8
1891	4.877.9	4.758.4	1.834.2	68.1	243.8
1892	2.972.2	3.037.6	459.6	138.9	292.7
1893	3.662.2	3.732.2	311.7	36.5	127.8
1894	3.673.6	3.664.1	264.6	74.4	160.0
1895	3.149.0	3.087.5	346.0	106.7	202.2
1896	4.046.1	3.999.0	975.1	144.9	237.1
1897	3.320.9	3.278.3	305.7	141.1	220.9
1898	3.240.0	3.254.8	353.9	125.9	252.0
1899	3.218.5	3.224.1	357.5	74.4	207.1

TABLEAU IV

BANQUE DE FRANCE

ANNÉES	ESCOMPTE				
	MOUVEMENT		PORTEFEUILLE		
	Effets.	Sommes.	Maximum.	Minimum.	Moyenne.
1	2	3	4	5	6
	millions de francs	millions de francs	millions de francs	millions de francs	millions de francs
1880	9.185.577	8.696.9	1.018.2	579.3	758.5
1881	10.494.849	11.374.0	1.524.9	917.0	1.166.7
1882	11.049.169	11.322.2	1.724.0	891.0	1.151.1
1883	11.602.333	10.827.3	1.248.6	896.5	1.027.7
1884	11.801.364	10.335.2	1.351.2	797.9	996.7
1885	11.665.589	9.250.1	1.116.4	582.7	784.3
1886	11.377.405	8.302.9	1.125.6	413.7	620.8
1887	11.579.661	8.268.7	792.2	430.6	577.9
1888	11.958.143	8.685.7	816.7	495.1	621.1
1889	12.368.434	9.180.3	1.076.7	491.0	713.8
1890	12.583.225	9.609.8	984.6	493.2	669.6
1891	13.277.234	9.968.8	1.437.0	533.3	760.7
1892	13.089.468	8.415.8	870.7	409.7	550.4
1893	13.353.915	8.922.2	802.4	475.9	579.3
1894	13.489.606	8.725.0	1.030.7	360.0	564.6
1895	13.382.494	8.622.0	1.090.5	367.1	543.6
1896	14.198.820	9.924.7	1.016.8	510.8	693.4
1897	14.682.679	10.364.8	1.061.4	535.1	732.4
1898	16.801.041	11.032.1	1.116.5	662.8	797.8
1899	16.172.162	11.746.0	1.240.8	584.7	828.3

TABLEAU V

BANQUE DE FRANCE

ANNÉES	AVANCES SUR TITRES				DÉPOTS LIBRES	
	SOMMES avancées	PORTEFEUILLE			SOLDE AU 31 DÉCEMBRE	
		Maximum.	Minimum.	Moyenne.	Titres en caisse.	Évaluation au cours de la bourse.
1	2	3	4	5	6	7
	millions de francs.	millions de francs.	millions de francs.	millions de francs.	millions de francs.	millions de francs.
1880	325.8	168.9	131.8	143.3	2.601.467	1.901.2
1881	1.123.5	875.3	154.9	247.9	3.200.810	2.549.6
1882	884.1	376.9	278.3	302.5	3.522.797	2.587.7
1883	664.6	310.8	287.6	295.7	3.814.058	2.717.8
1884	626.5	328.9	283.9	300.1	4.199.871	2.947.7
1885	584.6	312.4	273.9	285.2	4.513.104	3.113.1
1886	993.5	728.3	254.1	276.0	4.599.959	3.403.8
1887	589.7	289.2	258.3	270.6	4.614.614	3.265.1
1888	634.5	276.7	250.0	258.7	4.682.658	3.333.3
1889	712.6	288.6	240.2	255.0	5.277.035	3.642.4
1890	811.5	280.3	236.5	248.9	5.795.167	3.988.5
1891	1.980.0	1.294.4	264.1	298.4	6.262.449	4.214.6
1892	751.4	333.1	278.9	296.9	6.234.822	4.281.1
1893	807.1	344.8	283.5	302.8	6.261.908	4.281.2
1894	1.001.8	438.6	273.5	291.8	6.634.650	4.525.4
1895	1.423.4	681.0	266.5	312.0	7.266.063	4.939.0
1896	1.378.5	525.3	348.2	363.7	7.672.507	5.295.1
1897	1.211.8	388.6	338.6	358.0	8.116.096	5.682.8
1898	1.852.6	479.2	301.6	392.6	8.675.682	5.821.8
1899	1.495.3	497.0	433.8	444.4	9.082.172	.063.96

n° 46
6

TABLEAU VI

BANQUE DE FRANCE

ANNÉES	TAUX DE L'ESCOMPTE		
	MAXIMUM	MINIMUM	MOYENNE
1	2	3	4
	%	%	%
1880	3 ½	2 ½	2.81
1881	5	3 ½	3.84
1882	5	3 ½	3.80
1883	3 ½	3	3.08
1884	3	3	3
1885	3	3	3
1886	3	3	3
1887	3	3	3
1888	4 ½	2 ½	3.10
1889	4 ½	3	3.16
1890	3	3	3
1891	3	3	3
1892	3	2 ½	2.70
1893	2 ½	2 ½	2.50
1894	2 ½	2 ½	2.50
1895	2 ½	2	2.10
1896	2	2	2
1897	2	2	2
1898	3	2	2.20
1899	4 ½	3	3.06

TABLEAU VII

BANQUE DE FRANCE

ANNÉES	BÉNÉFICES BRUTS	FRAIS d'administration impôts et redevances (Charges diverses)	RÉSERVES DIVERSES	PRÉLÈVEMENTS DIVERS et Reports	AUX ACTIONNAIRES	DIVIDENDES	COURS des ACTIONS au 24 décembre
1	2	3	4	5	6	7	8
	francs.	francs.	francs.	francs.	francs.	francs.	fr. c.
1880	41.203.407	11.056.072	»	2.772.335	27.375.000	150	3.797 50
1881	70.362.496	13.271.610	5.400.000	6.065.866	45.625.000	250	5.845 »
1882	77.898.718	15.336.275	4.500.000	5.137.443	52.925.000	290	5.430 »
1883	60.528.238	15.724.548	»	3.599.690	41.244.000	226	5.165 »
1884	57.171.710	15.776.978	»	2.339.732	39.055.000	214	5.170 »
1885	51.658.157	15.529.718	»	2.365.539	33.762.900	185	4.690 »
1886	45.297.718	15.643.284	»	1.366.934	28.287.500	155	4.300 »
1887	44.137.844	15.371.732	»	1.391.112	27.375.000	150	4.280 »
1888	43.846.744	15.891.427	»	2.130.317	25.915.000	142	3.932 50
1889	49.635.822	15.588.583	»	5.707.234	27.740.000	152	4.067 50
1890	46.839.474	15.931.446	»	2.265.453	28.652.500	157	4.320 »
1891	48.990.050	16.202.509	1.000.000	2.770.041	29.017.500	159	4.580 »
1892	41.324.555	16.279.661	»	1.319.894	23.725.000	130	3.875 »
1893	40.311.895	16.436.873	»	1.253.017	22.630.000	124	4.160 »
1894	34.789.492	17.292.792	»	874.200	20.622.500	113	3.645 »
1895	38.157.755	17.105.300	»	2.254.955	18.797.500	103	3.600 »
1896	42.001.385	17.379.098	150.000	1.484.787	20.987.500	115	3.700 »
1897	42.191.817	20.775.922	175.000	1.348.415	19.892.500	109	3.750 »
1898	44.974.472	21.068.800	1.710.987	2.069.685	20.075.000	110	3.830 »
1899	57.339.452	23.838.437	6.142.000	2.836.030	23.725.000	130	4.200 »

TABLEAU VIII

BANQUE DE FRANCE

CIRCULATION PAR COUPURES

DÉSIGNATION DES COUPURES 1	27 JANVIER 1881 2	25 JANVIER 1900 3
francs.	francs.	francs.
5.000	25.000	»
1.000	1.370.596.000	1.290.647.000
500	356.121.500	269.249.000
200	577.800	»
100	755.534.500	1.968.557.100
50	83.555.950	515.294.650
25	639.675	394.400
20	5.659.980	1.378.820
5	945.475	698.980
Anciens types	425.900	»
	2.574.081.780	4.046.219.850

X. — BANQUE NATIONALE DE GRÈCE.

ORIGINE.

Il y a en Grèce deux banques d'émission :

La Banque nationale de Grèce.

La Banque des îles ionnennes.

Une troisième, la Banque d'Epiro-Thessalie, a fusionné le 2 décembre 1899 avec la Banque nationale.

La Banque nationale de Grèce a été fondée par les lois des 30 mars et 9 août 1841, ses statuts, rédigés par un agent du ministère des finances français, furent approuvés par décret royal du 12 juillet 1843.

Le privilège consiste à émettre des billets dans tout le royaume, sauf dans les îles ioniennes; il a été renouvelé en 1892 et prend fin le 31 décembre 1916.

Le titre de la banque est « Banque nationale de Grèce (Ἐθνι τραπεζα τῆς Ἑλλαγος). »

CAPITAL

Le capital fixé à l'origine à 1.500.000 drachmes a été porté par augmentations successives à drachmes 20 millions, il est divisé en 20.000 actions de 1.000 drachmes.

SIÈGE SOCIAL — SUCCURSALES

Le siège social est à Athènes. Au 31 décembre 1899, la banque comptait 25 succursales ou comptoirs auxquels sont venues s'ajouter celles de Volo, Larisse, Tricala et Arta, anciens établissements de la Banque d'Epiro-Thessalie et une filiale, la Banque de Crète.

DIRECTION

La Banque est dirigée par un gouverneur nommé pour deux ans par l'assemblée générale des actionnaires, il est rééligible, il exerce le pouvoir exécutif.

L'assemblée générale des actionnaires se compose des propriétaires de 5 actions nominatives ou de 10 actions au porteur. Aucun membre de l'assemblée ne peut cumuler plus de 12 voix.

L'assemblée élit un conseil composé de 12 administrateurs nommés pour trois ans, ils sont rééligibles.

Le gouvernement nomme un commissaire du roi, qui veille à l'observation des lois et statuts, dénonce les infractions et signe les billets avant leur mise en circulation.

Le directeur, les administrateurs et le commissaire du roi forment le conseil qui délibère sur toutes les questions intéressant la Banque.

OPÉRATIONS

Les opérations de la Banque consistent : 1° à escompter des lettres de change et autres effets de commerce payables en Grèce, revêtus de deux signatures solvables et des bons du Trésor à 3 mois d'échéance, le taux de l'escompte ne peut dépasser 8 %.

2° A consentir des prêts hypothécaires sur immeubles situés dans le royaume. La Banque est tenue d'employer des 3/4 au 4/5 de son capital et de ses réserves en prêts hypothécaires et d'emprunter, soit sous forme d'obligations, soit au moyen de dépôts à terme, les ressources nécessaires aux prêts hypothécaires, aux prêts sur gages et aux prêts agricoles et communaux. Les emprunts, ainsi contractés par la Banque ne peuvent excéder 10 fois son capital.

3° La banque fait des prêts sur métaux précieux et sur garanties personnelles, mais ces opérations n'ont aucune importance.

4° Elle reçoit des dépôts et ouvre des comptes-courants avec ou sans intérêts, elle ne paie aujourd'hui d'intérêts qu'aux dépôts à échéance fixe.

5° Elle consent des avances sur fonds publics helléniques et sur warrants.

6° Elle achète et vend du change sur l'étranger et délivre des billets à ordre sur ses comptoirs.

7° Elle reçoit des dépôts d'objets précieux et de titres.

8° Elle peut prendre des intérêts dans des sociétés de transports terrestres et maritimes et dans des banques à concurrence du tiers de ses réserves et consentir des avances à l'Etat ou participer aux emprunts nationaux.

9° Elle tient une caisse d'épargne.

CIRCULATION FIDUCIAIRE

En Grèce, la circulation fiduciaire se compose de deux parties : l'une formée de billets émis pour le compte de l'Etat par les soins des banques — cette partie est de 71 millions de drachmes plus 10 millions en billets de une à deux drachmes ; — l'autre est émise en représentation des opérations de la Banque.

Les billets ont cours légal et cours forcé depuis le 1er octobre 1885.

D'après les statuts, l'encaisse métallique ne peut être inférieure au tiers du passif exigible : la différence entre l'encaisse et la circulation ne peut dépasser le capital et les réserves ; une partie de l'encaisse peut être en dépôt à l'étranger.

RELATIONS DE LA BANQUE ET DE L'ÉTAT

La surveillance du gouvernement s'exerce par un commissaire royal ainsi qu'il a été dit plus haut.

En 1892, l'Etat s'est réservé une participation aux bénéfices de la Banque mais cette participation a été capitalisée et rachetée par la Banque en février 1892 moyennant 3.512.320 drachmes.

La banque fait le service de trésorerie de l'Etat et celui de divers emprunts nationaux.

L'Etat, en dehors de la somme une fois payée représentant sa part dans les bénéfices de la banque, ne perçoit que les impôts de droit commun.

Sur les bénéfices nets, la banque prélève un intérêt de 3 1/2 % par semestre pour le capital actions ; 25 % de l'excédent servent, à concurrence de 20 %, à former une réserve et 5 % sont attribués à la direction et aux employés.

Le prélèvement pour la réserve cesse lorsqu'elle atteint 20 % du capital social. La réserve est aujourd'hui complète et même s'est augmentée d'un fonds de prévoyance ; aussi, il n'est plus prélevé que les 5 % pour le personnel, les actionnaires profitent par suite, de 95 % des bénéfices sous déduction des amortissements.

(TABLEAUX.)

TABLEAU I

BANQUE NATIONALE DE GRÈCE

ANNÉES	ENCAISSE			CIRCULATION			FONDS À L'ÉTRANGER		
	MAXIMUM	MINIMUM	MOYENNE	MAXIMUM	MINIMUM	MOYENNE	MAXIMUM	MINIMUM	MOYENNE
1	2	3	4	5	6	7	8	9	10
	millions de drachmes.	millions de drachmes.	millions de drachmes.	millions de drachmes.	millions de drachmes.	millions de drachmes.	millions de drachmes.	millions de drachmes.	millions de drachmes.
1880	25.9	13.9	21.4	65.3	50.8	56.9	7.1	0.4	2.0
1881	10.9	2.7	6.5	98.4	69.3	87.0	10.7	4.8	7.5
1882	8.5	6.5	7.7	107.1	93.7	98.3	9.7	4.9	6.4
1883	7.8	5.9	6.6	101.7	91.7	97.6	9.0	5.7	7.6
1884	34.4	5.9	10.2	93.8	69.6	80.4	13.6	0.6	7.7
1885	33.7	7.1	21.9	77.0	56.1	63.4	10.3	1.0	4.4
1886	7.0	4.1	5.2	101.7	83.0	94.9	5.5	0.8	3.4
1887	4.1	3.6	3.9	101.9	93.6	97.3	8.8	2.0	4.8
1888	3.5	3.1	3.4	95.5	82.4	89.0	12.0	2.3	6.9
1889	3.8	2.9	3.3	87.9	82.7	85.6	9.9	6.0	8.2
1890	3.2	2.5	2.9	98.7	86.0	91.9	7.2	3.5	5.5
1891	3.7	3.0	3.4	120.9	108.8	100.8	10.5	6.3	8.1
1892	2.9	2.3	2.6	120.8	112.0	116.0	9.8	3.8	7.3
1893	2.5	2.1	2.3	111.2	104.1	107.2	8.8	3.6	6.2
1894	2.2	1.8	2.0	112.9	108.0	110.3	8.2	5.7	7.2
1895	2.1	1.8	1.9	114.6	104.3	108.7	8.9	4.4	6.9
1896	1.9	1.7	1.8	118.4	101.1	106.9	13.0	5.0	8.5
1897	2.8	1.8	2.2	138.0	112.6	126.9	15.4	7.5	11.4
1898	2.5	1.6	1.8	129.9	121.5	125.6	11.2	6.9	8.6
1899	4.4	1.9	3.0	129.2	116.4	122.1	13.6	9.7	12.2

TABLEAU II

BANQUE NATIONALE DE GRÈCE

ANNÉES	COMPTES COURANTS ET DÉPOTS DE FONDS										
	MOUVEMENT								SITUATION		
	Comptes courants à intérêts		Comptes courants sans intérêts		Comptes courants payables en espèces		Réunion		Maxi-mum	Mini-mum	Moyenne
	Verse-ments	Paie-ments	Verse-ments	Paie-ments	Verse-ments	Paie-ments	Verse-ments	Paie-ments			
1	2	3	4	5	6	7	8	9	10	11	12
	millions de drachmes.	millions de drachmes.	millions de drachmes.	millions de drachmes.	millions de drachmes.	millions de drachmes.	millions de drachmes.	millions de drachmes.	millions de drachmes.	millions de drachmes.	millions de drachmes.
1880	21.1	5.0	26.6	25.4	1.4	6.1	49.1	36.5	»	»	»
1881	19.8	5.1	39.5	38.9	0.7	0.8	60.0	44.8	»	»	»
1882	18.4	4.8	20.7	19.1	1.1	0.4	49.2	24.3	82.8	71.7	77.1
1883	16.8	4.8	26.4	26.3	0.1	0.1	33.3	31.2	87.8	76.0	80.9
1884	22.5	5.9	29.8	30.8	0.4	0.4	52.7	37.1	101.9	88.6	92.8
1885	8.2	8.0	25.8	25.4	0.1	0.1	34.1	33.5	104.2	101.0	102.3
1886	7.7	5.7	54.6	48.8	»	»	63.3	54.5	116.0	101.8	107.7
1887	8.9	6.3	40.3	43.8	»	»	49.7	50.1	113.0	109.1	110.9
1888	8.1	8.8	61.7	51.9	0.4	1.1	70.2	61.8	125.4	110.1	117.7
1889	6.6	6.9	47.7	50.4	0.3	0.3	54.6	57.6	125.1	115.0	119.9
1890	6.0	8.6	64.5	62.2	0.1	»	70.6	70.8	130.2	111.6	121.2
1891	9.3	11.4	45.0	51.3	0.3	0.3	54.6	63.0	115.4	105.6	110.9
1892	4.2	6.9	50.9	49.0	2.2	2.1	57.3	59.0	111.1	105.6	108.5
1893	3.4	5.9	68.6	59.7	0.3	0.3	72.3	65.9	114.4	105.0	109.6
1894	4.6	6.5	41.7	54.4	0.1	0.1	46.4	61.0	108.0	97.1	103.8
1895	5.1	6.6	19.5	22.0	»	»	24.6	28.6	97.3	93.6	95.6
1896	6.1	6.0	22.6	20.5	0.2	0.2	28.9	26.7	97.0	93.6	94.7
1897	5.7	4.8	25.1	24.2	0.9	0.8	31.7	30.8	95.3	93.6	94.5
1898	5.8	5.1	72.3	64.6	0.2	0.4	78.3	70.1	104.4	95.8	100.4
1899	»	»	»	»	»	»	»	»	51.3	41.8	44.6

TABLEAU III

BANQUE NATIONALE DE GRÈCE

ANNÉES	ESCOMPTES							
	MOUVEMENT					SITUATION		
	Papier sur place		Papier déplacé	Papier étranger	Réunion	Maximum	Minimum	Moyenne
	Effets	Sommes						
1	2	3	4	5	6	7	8	9
		millions de drachmes.	millions de drachmes.	millions de drachmes.	millions de drachmes.	millions de drachmes.	millions de drachmes.	millions de drachmes.
1880	76.393	118.7	7.3	7.5	133.5	»	»	»
1881	82.502	128.7	7.4	9.6	145.7	»	»	»
1882	88.726	135.0	9.8	13.5	158.3	30.3	16.9	24.9
1883	86.971	149.9	39.9	8.2	198.0	26.7	20.5	23.8
1884	96.384	163.5	45.7	20.7	234.9	28.7	22.9	25.6
1885	85.583	133.1	28.2	13.0	174.3	28.8	24.2	26.2
1886	71.492	97.6	17.2	3.7	118.5	27.3	20.6	24.0
1887	71.802	92.4	11.3	6.5	110.2	22.9	20.5	21.5
1888	73.914	89.3	11.4	»	100.7	17.7	11.7	15.6
1889	77.611	89.8	13.5	»	103.3	13.1	10.5	11.7
1890	77.817	92.5	16.5	»	109.0	13.2	9.2	10.9
1891	75.198	87.0	19.1	»	106.1	13.6	9.0	10.7
1892	67.472	86.0	19.5	»	105.5	13.2	10.4	11.3
1893	58.873	82.5	20.3	»	102.8	12.7	10.4	11.5
1894	54.536	66.0	16.5	»	82.5	11.1	10.2	10.9
1895	66.247	70.9	19.2	»	90.1	13.0	10.8	12.0
1896	51.217	68.3	11.9	»	80.2	14.4	12.4	13.2
1897	66.051	65.8	»	»	65.8	14.8	12.7	13.7
1898	63.294	71.4	»	»	71.4	16.6	13.1	14.7
1899	»	»	»	»	»	29.6	16.9	21.6

Tableau IV

BANQUE NATIONALE DE GRÈCE

ANNÉES	AVANCES sur titres et métaux précieux				PRÊTS HYPOTHÉCAIRES		PRÊTS REMBOURSABLES par annuités		AVANCES AUX COMMUNES et aux corporations		PRÊTS à l'État
	Sommes avancées	Situation			Montant des prêts	Situation au 31 décembre	Montant des prêts	Situation au 31 décembre	Montant des prêts	Situation au 31 décembre	Situation au 31 décembre
		Maximum	Minimum	Moyenne							
1	2	3	4	5	6	7	8	9	10	11	12
	millions de drachmes	millions de drachmes	millions de drachmes	millions de drachmes	millions de drachmes	millions de drachmes	millions de drachmes	millions de drachmes	millions de drachmes	millions de drachmes	millions de drachmes
1880	0.7	»	»	»	37.7	41.4	»	0.5	»	»	59.2
1881	6.5	»	»	»	24.3	44.0	»	0.1	5.2	5.0	101.1
1882	11.1	»	»	»	35.1	45.4	0.2	0.3	2.2	6.8	96.5
1883	6.3	»	»	»	37.1	45.2	»	0.3	2.3	7.7	96.2
1884	7.6	»	»	»	33.1	52.5	»	0.1	1.4	8.2	58.1
1885	4.1	»	»	»	16.0	57.8	»	»	4.1	10.2	89.0
1886	0.6	»	»	»	5.3	56.4	»	»	1.4	10.5	130.6
1887	0.4	»	»	»	9.2	54.1	»	»	3.1	12.2	162.6
1888	0.7	1.3	1.0	1.1	8.8	53.0	0.2	0.2	3.8	14.1	134.1
1889	1.0	1.2	0.7	0.8	6.9	47.6	»	0.2	5.1	16.3	133.7
1890	11.2	4.8	1.1	2.3	6.6	43.8	»	0.2	15.9	29.7	155.9
1891	20.0	5.5	2.8	4.5	7.4	50.6	»	0.2	4.1	29.2	148.1
1892	9.5	4.8	3.5	4.0	6.2	41.0	»	0.2	10.8	29.1	145.9
1893	5.5	3.7	2.2	2.7	4.5	31.9	»	0.2	2.8	28.2	143.3
1894	7.9	3.2	2.3	2.5	4.1	37.1	0.1	0.2	3.4	27.3	135.1
1895	6.0	4.5	2.4	3.1	4.8	37.1	»	0.2	2.7	28.8	126.2
1896	9.4	4.9	3.1	3.7	5.9	33.0	0.3	0.4	3.5	28.0	86.0
1897	13.7	6.7	4.0	5.1	4.2	38.1	0.1	0.4	3.8	27.0	109.8
1898	10.7	5.0	4.2	4.6	4.2	35.6	1.0	1.3	6.0	28.3	82.4
1899	»	9.5	4.9	6.5	»	41.8	»	1.3	»	30.0	86.9

TABLEAU V

BANQUE NATIONALE DE GRÈCE

ANNÉES	TAUX DE L'ESCOMPTE			PROFITS ET PERTES			
	MAXIMUM	MINIMUM	MOYENNE	BÉNÉFICES bruts	FRAIS de toute nature	BÉNÉFICES nets	DIVIDENDES
1	2	3	4	5	6	7	8
	%	%	%	drachmes.	drachmes.	drachmes.	drachmes.
1880	8	7	7.41	7.786.484	3.046.946	4.739.538	240
1881	8	7	7.26	9.179.432	4.149.633	5.029.799	255
1882	8	7	7.19	11.078.998	5.241.108	5.837.890	300
1883	8	7	7.43	10.768.061	5.249.296	5.518.765	285
1884	8	7	7.10	12.253.269	6.162.641	6.090.628	300
1885	7	7	7	12.949.254	6.462.759	6.486.495	260
1886	7	7	7	14.226.533	7.515.681	6.710.852	265
1887	7	7	7	12.722.503	6.936.893	5.785.610	245
1888	7	7	7	12.329.001	7.242.475	5.086.526	235
1889	7	7	7	12.045.098	6.804.924	5.240.174	240
1890	7	6 1/2	6 78	11.820.469	6.649.086	5.171.383	230
1891	6 1/2	6 1/2	6 1/2	11.688.758	7.139.200	4.549.558	210
1892	6 1/2	6 1/2	6 1/2	11.249.02	7.197.588	4.051.474	185
1893	6 1/2	6 1/2	6 1/2	10.467.128	7.258.663	3.208.465	135
1894	6 1/2	6 1/2	6 1/2	9.923.254	7.450.584	2.472.670	110
1895	6 1/2	6 1/2	6 1/2	9.496.026	7.541.070	1.954.950	90
1896	6 1/2	6 1/2	6 1/2	9.635.682	7.723.476	1.912.206	90
1897	6 1/2	6 1/2	6 1/2	9.895.323	7.819.216	2.076.107	90
1898	6 1/2	6 1/2	6 1/2	10.106.675	7.732.040	2.374.635	105
1899	6 1/2	6 1/2	6 1/2	11.097.807	8.156.042	2.941.865	135

BANQUES ITALIENNES

BANQUE D'ITALIE — BANQUE DE NAPLES — BANQUE DE SICILE

ORIGINE

L'Italie possède actuellement trois banques d'émission : la Banque d'Italie, la Banque de Sicile, la Banque de Naples.

Antérieurement à l'unification italienne, il y avait à Gênes et à Turin deux banques d'émission qui fusionnèrent en 1849 et formèrent la Banque nationale des États sardes qui, après l'unification, absorba les banques de Parme, la banque des quatre Légations et l'établissement mercantile de Venise. La Banque nationale des Etats sardes prit alors le nom de " Banque nationale du royaume d'Italie. "

Après ces fusions, outre la Banque nationale du royaume d'Italie, il y avait dans la péninsule la Banque nationale toscane, la Banque toscane de crédit, la Banque romaine, la Banque de Naples et la Banque de Sicile.

En 1893, certaines malversations de la Banque romaine furent découvertes et l'attention se porta sur la question des banques d'émission dont le privilège, depuis longtemps expiré, se renouvelait chaque année par voie de tacite reconduction.

La Banque romaine qui était alors en déconfiture fut supprimée et une loi du 10 août 1893 réorganisa les instituts d'émission.

La Banque nationale du Royaume d'Italie, la Banque nationale toscane et la Banque toscane de crédit fusionnèrent et formèrent la Banque d'Italie ; la Banque de Naples et la Banque de Sicile subsistèrent.

La Banque de Naples a été formée par la fusion de divers monts-de-piété et établissements charitables fondés à Naples dans le courant du seizième siècle. La Banque de Sicile a été formée par la réunion des deux succursales de la Banque de Naples établies à Palerme et à Messine qui furent séparées en 1848 de l'établissement principal.

Le titre de la Banque d'Italie est " Banco d'Italia ".

Celui de la Banque de Naples " Banco di Napoli ".

Celui de la Banque de Sicile " Banco de Sicilia ".

Le privilège des banques italiennes prend fin le 31 décembre 1913.

CAPITAL

La Banque d'Italie est une société anonyme; son capital est de lires 240 millions, dont 180 millions versés; il est divisé en 240.000 actions de 1.000 lires.

Le capital des banques de Naples et de Sicile est appelé *patrimoine*; il est pour la première de 65 millions, pour la seconde, de 12 millions. Le capital de ces deux banques n'a pas de propriétaire ou pour mieux dire il appartient aux instituts qui n'ont pas d'actionnaires; il a été fourni par des aumônes et des fondations pieuses.

SIÈGE CENTRAL — SUCCURSALES

Le siège central de la Banque d'Italie est à Rome; celui de la Banque de Naples à Naples et celui de la Banque de Sicile à Palerme.

Au 31 décembre 1898, la Banque d'Italie comptait 183 sièges, et succursales ou agences et des correspondants dans la plupart des villes italiennes; la Banque de Naples avait 5 bureaux à Naples, 6 sièges, 18 succursales et 228 correspondants; la Banque de Sicile a 5 sièges, 6 succursales, une agence et des correspondants en Italie et à l'étranger.

DIRECTION

Les pouvoirs de la Banque d'Italie sont exercés :

1° Par l'assemblée des actionnaires;

2° Par le conseil supérieur;

3° Par la direction générale.

L'assemblée générale des actionnaires se compose des propriétaires de 20 actions inscrits depuis plus de trois mois.

L'assemblée générale entend le compte rendu : elle vote l'établissement et la suppression des succursales.

Les assemblées d'actionnaires se tiennent dans les succursales de la Banque, elles nomment les régents de la Banque et les censeurs des sièges.

Les régents sont au nombre de huit au moins par siège et de douze au plus, ils sont nommés pour six ans, renouvelables par moitié et sont rééligibles.

Chaque conseil de régence élit chaque année trois de ses membres qui forment le conseil supérieur de la Banque. Le conseil supérieur élit un président, deux vices-présidents et un secrétaire; les membres du conseil supérieur peuvent être réélus, mais après trois élections successives, le président ne peut faire partie du bureau pendant un an.

Le conseil supérieur se réunit à Rome, il délibère sur toutes les affaires de la Banque; il nomme et révoque le directeur général, mais avec l'assentiment du gouvernement.

Le directeur général représente la Banque et fait exécuter les décisions du conseil supérieur; il a voix délibérative dans ce conseil.

Des contrôleurs nommés par l'assemblée des actionnaires veillent à l'observation des lois et statuts.

L'administration de la Banque de Naples est confiée à un directeur général, nommé par le roi sur la proposition du ministre du Trésor; il a le pouvoir exécutif.

Le conseil d'administration se compose du maire de Naples, du président du conseil provincial de Naples, du président de la chambre de commerce de Naples, de membres élus par le conseil municipal, le conseil provincial et la chambre de commerce de Naples, de délégués élus par divers conseils provinciaux et par toutes les chambres de commerce des provinces où la Banque possède un siège et de deux délégués nommés par le roi; les membres élus au conseil se renouvellent tous les deux ans.

La direction de la Banque de Sicile est identique: les membres faisant partie de droit du conseil sont: le maire, le président du conseil provincial, le président de la chambre de commerce de Palerme, les maires de Messine, de Catane et de Girgenti.

OPÉRATIONS

Les banques ne peuvent faire que les opérations suivantes:

1° Escompter à quatre mois, au plus, les effets de commerce revêtus de deux signatures au moins, les bons du Trésor, les coupons et les warrants, acheter et vendre du change étranger;

2° Consentir, pour 6 mois au plus, des avances sur titres italiens garantis sur l'État, sur obligation des instituts de crédit foncier, sur titres payables en or émis ou garantis par les États étrangers, sur métaux précieux, sur soies, sur récépissés de dépôt de soufre et d'alcool;

3° Émettre des billets à ordre et mandats endossables;

4° Ouvrir des comptes courants et de dépôt avec ou sans intérêts et faire le service de caisse des tiers;

5° Recevoir des dépôts en garde, les conserver et les administrer;

6° Se charger du recouvrement des recettes provinciales et des impôts directs.

La Banque de Naples est autorisée à continuer les opérations de prêts sur gage et à agir comme mont-de-piété.

CIRCULATION FIDUCIAIRE

Le maximum de la circulation fiduciaire a été ainsi fixé au moment de la promulgation de la loi du 10 août 1893 :

Banque d'Italie à	lires	800 millions
— de Naples à..............	»	242 —
— Sicile à..............	»	55 —

Cette limite était valable pour quatre années.

Au bout de ces 4 ans, chaque institut devait réduire sa circulation progressivement et la ramener au bout de 14 ans aux chiffres ci après:

Banque d'Italie.....................	630 millions
— de Naples.....................	190 —
— de Sicile.....................	44 —

Au bout de quatorze ans, le capital ou patrimoine des banques doit être égal au tiers, au moins, du maximum légal de la circulation.

La circulation pourra excéder ces limites à condition que les billets émis en surplus soient entièrement couverts par des monnaies légales ou des barres d'or.

La circulation doit être couverte par une réserve de 40 % dont 33 % de monnaies légales et d'or et 7 % de devises étrangères de premier ordre, la partie métallique de la réserve doit comprendre au moins trois quarts d'or.

Lorsque la circulation dépasse les limites légales ou le rapport fixé par la loi, l'excédent est frappé d'une taxe égale au double du taux de l'escompte.

Les billets à ordre et mandats émis par les banques doivent être couverts à concurrence de 40 % comme les billets.

Une loi du 22 juillet 1894 a réduit la taxe sur la circulation dépassant les limites légales aux 2/3 du taux de l'escompte, si le rapport prescrit avec la réserve métallique est maintenu et si le dépassement n'est pas supérieur à 45 millions pour la Banque d'Italie, à 14 millions pour la Banque de Naples, à 3 millions 1/2 pour la Banque de Sicile; si les billets en excédent n'atteignent pas le double de ces sommes, la taxe est égale au taux de l'escompte; au delà, ils acquittent un impôt double du taux de l'escompte.

Les billets ont théoriquement cours légal; en pratique, ils ont cours forcé; chaque banque reçoit en paiement les billets des autres banques et toutes compensent entre elles les billets reçus.

RELATIONS DES BANQUES ET DE L'ÉTAT

La surveillance des banques est confiée au ministre du Trésor; elle est exercée par un office central d'inspection composé de trois sénateurs, trois députés et cinq membres nommés par un décret.

Un inspecteur assiste aux assemblées générales des banques et a le droit de suspendre l'exécution des délibérations contraires aux lois, statuts et règlements.

L'office de l'inspection vérifie les opérations des banques, leur portefeuille, les émissions et retraits de billets, compulse leurs registres; en outre, il y a des inspections ordinaires et extraordinaires.

Les banques doivent statutairement à l'État les avances ci-après :

Banque d'Italie	115	millions
— de Sicile	10	—

La Banque d'Italie fait le service de trésorerie de l'État; les 3 banques entreprennent la perception des impôts directs en province. Outre les taxes extraordinaires dont il a été parlé ci-dessus, les banques paient une taxe ordinaire de 1 % l'an sur la circulation dépassant la réserve; cette taxe pourra être réduite à partir de 1901 au cinquième du taux de l'escompte, sans pouvoir dépasser 1 %.

La Banque d'Italie paie tous les impôts de droit commun et opère, à ses frais, la liquidation de la Banque romaine.

L'État ne participe pas aux bénéfices des banques; les bénéfices de la Banque d'Italie sont employés à liquider, tous les deux ans, un cinquième des opérations immobilières et autres des anciennes banques dont elle a pris la suite, puis à servir un dividende aux actionnaires.

Tous les bénéfices des Banques de Naples et de Sicile servent à liquider les opérations anciennes non autorisées par la loi de 1893, mais elles peuvent faire des versements n'excédant pas 10 % de leurs bénéfices à des œuvres de charité et d'utilité publique.

[Tableau]

TABLEAU I

BANQUE D'ITALIE

ANNÉES	ENCAISSE							CIRCULATION		
	SITUATION			DÉCOMPOSITION DE L'ENCAISSE au 31 décembre.						
	Maxim.	Minim.	Moyenne	Or.	Argent	Billon etc.	Total.	Maxim.	Minim.	Moyenne
1	2	3	4	5	6	7	8	9	10	11
	millions de lires.	millions de lires.	millions de lires.	millions de lires.	millions de lires.	millions de lires.	millions de lires.	millions de lires.	millions de lires.	millions de lires.
1894	369.4	312.4	349.9	292.7	67.9	1.0	361.1	959.2	798.9	852.6
1895	377.7	348.9	357.0	299.8	50.2	3.5	353.5	813.2	712.4	785.5
1896	372.6	354.3	363.0	299.4	60.5	3.8	363.7	800.9	722.9	766.8
1897	357.3	351.2	357.6	300.2	52.4	4.1	356.7	807.8	715.2	766.2
1898	367.4	351.3	359.5	303.3	54.4	4.7	367.4	831.4	723.2	778.2
1899	370.1	344.0	358.9	295.1	54.4	4.6	354.1	951.3	764.4	839.1

TABLEAU II

ANNÉES	SITUATION DES COMPTES COURANTS DÉPOTS ET ENGAGEMENTS								
	A VUE			A TERME			TOTAL		
	Maxim.	Minim.	Moyenne	Maxim.	Minim.	Moyenne	Maxim.	Minim.	Moyenne
1	2	3	4	5	6	7	8	9	10
	millions de lires.	millions de lires.	millions de lires.	millions de lires.	millions de lires.	millions de lires.	millions de lires.	millions de lires.	millions de lires.
1894	91.3	67.8	77.1	152.9	125.8	139.7	231.3	205.2	216.8
1895	92.3	62.8	71.6	170.4	231.0	149.7	249.1	197.6	221.1
1896	93.7	62.4	71.4	164.9	122.5	144.8	240.0	189.2	216.2
1897	95.2	79.3	79.3	174.2	129.0	169.7	235.4	168.1	229.0
1898	112.5	79.8	91.2	166.8	122.0	143.8	261.1	210.4	235.0
1899	128.3	81.6	96.7	146.7	93.6	122.3	249.0	179.5	219.0

TABLEAU III

ANNÉES	ESCOMPTE						
	MOUVEMENT				PORTEFEUILLE		
	Effets de commerce.		Titres et Cédules (montant).	Montant total des escomptes.	Maximum.	Minimum.	Moyenne.
	Nombre	Montant.					
1	2	3	4	5	6	7	8
	millions de lires.	millions de lires.	millions de lires.	millions de lires.	millions de lires.	millions de lires.	millions de lires.
1894	1 537 473	1 678.9	"	1 678.9	479.4	191.5	323.7
1895	1 204 020	1 104.6	"	1 104.6	207.4	175.5	197.6
1896	1 216 109	1 169.9	9.9	1 179.8	237.6	149.5	180.2
1897	1 222 646	1 224.7	2.5	1 227.2	135.4	168.1	194.6
1898	1 174 771	1 628.0	2.6	1 631.6	317.7	198.1	221.5
1899	1 355 137	2 046.5	"	2 046.5	340.1	268.9	297.9

TABLEAU IV

BANQUE D'ITALIE

ANNÉES	AVANCES SUR GAGES MOBILIERS					DÉPOTS DE VALEURS		
	MOUVEMENT		PORTEFEUILLE			En garde.	En garantie.	Cautionnements.
	Nombre.	Montant.	Maximum.	Minimum.	Moyenne.			
1	2	3	4	5	6	7	8	9
	millions de lires.	millions de lires.	millions de lires.	millions de lires.	millions de lires.	millions de lires.	millions de lires.	millions de lires.
1894	13.553	127.9	129.4	26.8	59.7	302.5	»	61.5
1895	11.555	70.9	16.8	18.6	22.6	301.4	62.2	4.9
1896	11.600	73.4	24.1	19.7	21.6	262.8	121.0	1.9
1897	10.064	65.1	24.0	18.0	20.4	266.8	110.6	2.6
1898	7.181	65.0	18.4	14.1	16.0	529.1	132.0	30.7
1899	3.805	263.1	51.0	13.4	31.4	340.7	207.6	1.3

TABLEAU V.

ANNÉES	TRÉSOR PUBLIC								TAUX DE L'ESCOMPTE		
	COMPTE D'AVANCES			COMPTE COURANT			RECETTES provinciales.		Maxima.	Minima.	Moyenne
	Maxim.	Minim.	Moyenne	Maxim.	Minim.	Moyenne	Recettes.	Paiem^ts			
1	2	3	4	5	6	7	8	9	10	11	12
	millions de lires.	millions de lires.	millions de lires.	millions de lires.	millions de lires.	millions de lires.	millions de lires.	millions de francs	%	%	%
1894	77.5	39.5	59.2	6.1	1.2	3.1	243.6	242.8	6	5	5.74
1895	79.5	20.0	31.6	67.8	1.7	33.2	248.8	249.2	5	5	5
1896	81.0	11.0	36.1	74.3	30.1	41.9	255.2	253.7	5	5	5
1897	55.0	10.0	23.8	82.1	30.0	39.6	255.1	253.8	5	5	5
1898	92.0	14.0	43.5	54.8	30.9	39.6	286.5	285,2	5	5	5
1899	90.0	5.0	38.8	85.7	33.5	54.1	294.0	294.3	5	5	5

TABLEAU VI.

ANNÉES	BÉNÉFICES BRUTS	FRAIS D'ADMINISTRATION Impôts et redevances charges diverses.	PRÉLÈVEMENTS pour la LIQUIDATION de la Banque romaine et des opérations non permises par la loi.	TOTAL des DÉPENSES	RÉSERVE	PRÉLÈVEMENTS DIVERS et reports.	AUX ACTIONNAIRES.	DIVIDENDES.	COURS MOYENS des actions
1	2	3	4	5	6	7	8	9	10
	lires.	lires.	lires.	lires.	lires.	lires.	lires.	lires.	lires.
1894	33.338.660	21.619.835	6.000.000	27.619.835	239.711	979.114	4.500.000	16	819 40
1895	30.890.546	17.624.382	7.000.000	24.624.382	271.279	894.885	5.100.000	17	816 »
1896	31.830.727	17.110.621	8.000.000	25.110.621	286.389	1.033.717	5.400.000	18	792 »
1897	31.344.875	16.407.444	8.000.000	24.407.444	308.236	1.229.196	5.400.000	18	769 »
1898	30.924.683	16.210.675	8.000.000	24.210.675	291.662	1.022.451	5.400.000	18	871 »
1899	32.451.682	17.423.511	8.000.000	25.423.511	286.162	1.341.949	5.400.000	18	923 »

XII. — BANQUE DE NORVÈGE

La Banque de Norvège a été fondée le 14 juin 1816. Son capital primitif a été formé au moyen d'un emprunt forcé sur la propriété foncière ; les prêteurs devinrent actionnaires de la banque.

Les statuts ont été revisés par la loi du 23 avril 1892.

Le titre de la banque est " Banque de Norvège " (Norges Bank).

CAPITAL

Le capital primitif de la banque était de 2 millions de speciedalers valant 3 fr. 62 ; il est aujourd'hui de kr : 12.509.909 ; il est divisé en actions au porteur de valeurs différentes, mais dont le montant doit être divisible par 5. Le capital est donc un stock. L'Etat est actionnaire de la banque pour kr 2 millions $^1/_2$.

SIÈGE CENTRAL — SUCCURSALES

Le siège central de la banque a été transféré de Trondhjem à Kristiania ; la banque possède 12 comptoirs ou succursales.

DIRECT

Les membres de l'administration de la banque sont nommés par le Storthing (parlement).

La direction se compose de quinze représentants formant la commission supérieure et le comité de surveillance ; de cinq directeurs au siège principal et de trois administrateurs dans les succursales.

Le Parlement nomme, chaque année, des commissaires chargés de vérifier les comptes et la situation de la caisse.

OPÉRATIONS

Les opérations de la banque consistent à escompter des effets à trois signatures et à six mois, au plus, d'échéance ; à acheter et vendre du change sur l'étranger ; à prêter pour six mois, au plus, sur titres, sur métaux précieux, sur marchandises et sur hypothèques ; elle ouvre des crédits (Kassacreditiv) sous caution.

Elle ouvre des comptes, courants reçoit des dépôts à intérêt et émet sur les succursales des mandats ou billets à ordre.

CIRCULATION FIDUCIAIRE

La Banque de Norvège a le privilège exclusif d'émettre des billets au porteur ; ils ont cours légal et sont payables à vue, en espèces, au siège central et dans des succursales déterminées.

La circulation ne peut dépasser la réserve de plus de kr. 24 millions ; le tiers de la réserve peut se composer de change étranger ou de crédits dans les banques étrangères.

RELATIONS ENTRE LA BANQUE ET L'ÉTAT

Le gouvernement n'intervient pas dans l'administration de la banque, c'est le parlement, seul, qui nomme les administrateurs et exerce le contrôle des opérations.

La banque est exempte d'impôts ; elle fait gratuitement le service de trésorerie depuis 1892.

[TABLEAUX.]

TABLEAU I

BANQUE DE NORVÈGE

ANNÉES	ENCAISSE			FONDS A L'ÉTRANGER			CIRCULATION		
	MAXIMUM	MINIMUM	MOYENNE	MAXIMUM	MINIMUM	MOYENNE	MAXIMUM	MINIMUM	MOYENNE
1	2	3	4	5	6	7	8	9	10
	millions de couronnes	millions de couronnes	millions de couronnes	millions de couronnes	millions de couronnes	millions de couronnes	millions de couronnes	millions de couronnes	millions de couronnes
1880	»	»	»	»	»	»	»	»	»
1881	»	»	»	»	»	»	»	»	»
1882	»	»	»	»	»	»	»	»	»
1883	»	»	»	»	»	»	»	»	»
1884	»	»	»	»	»	»	»	»	»
1885	»	»	»	»	»	»	»	»	»
1886	»	»	»	»	»	»	»	»	»
1887	»	»	»	»	»	»	»	»	»
1888	»	»	»	»	»	»	»	»	»
1889	33.2	27.1	30.5	17.0	14.3	15.8	50.7	41.4	47.2
1890	29.0	21.5	26.9	14.2	11.9	13.6	54.6	45.5	50.0
1891	27.3	24.4	25.8	12.4	10.0	11.5	52.3	44.7	48.4
1892	27.6	23.6	25.6	12.4	11.1	11.8	48.8	42.3	45.8
1893	27.1	22.7	24.5	11.5	9.0	10.5	49.1	41.5	45.3
1894	24.7	21.9	23.0	11.7	8.7	10.7	51.2	43.8	47.6
1895	30.0	21.1	24.8	14.9	10.6	12.0	52.9	44.5	50.1
1896	29.9	22.1	25.1	13.4	10.7	11.6	56.9	49.7	52.2
1897	31.1	25.0	28.3	15.6	11.6	13.2	59.6	49.9	56.0
1898	35.1	31.2	32.2	17.2	15.0	15.8	67.1	55.2	62.2
1899	32.4	32.1	32.1	16.0	13.7	14.6	69.9	59.1	64.8

TABLEAU II

BANQUE DE NORWÈGE

ANNÉES	DÉPOTS ET COMPTES COURANTS					ESCOMPTES			
	MOUVEMENT		SITUATION			MOUVEMENT	PORTEFEUILLE		
	Recettes	Paiements	Maximum	Minimum	Moyenne		Maximum	Minimum	Moyenne
1	2	3	4	5	6	7	8	9	10
	millions de couronnes	millions de couronnes	millions de couronnes	millions de couronnes	millions de couronnes	millions de couronnes	millions de couronnes	millions de couronnes	millions de couronnes
1880	96.9	98.8	»	»	»	135.5	»	»	»
1881	79.7	82.4	»	»	»	154.9	»	»	»
1882	57.5	59.6	»	»	»	150.4	»	»	»
1883	53.0	50.9	»	»	»	138.0	»	»	»
1884	67.4	68.2	»	»	»	130.8	»	»	»
1885	72.2	72.4	»	»	»	143.2	»	»	»
1886	77.5	78.6	»	»	»	144.1	»	»	»
1887	89.4	85.1	»	»	»	118.4	»	»	»
1888	82.8	83.9	»	»	»	108.4	»	»	»
1889	96.5	97.3	11.6	8.1	10.3	116.8	19.6	17.3	18.9
1890	73.0	74.2	10.4	5.6	8.0	138.7	27.3	21.0	23.1
1891	71.6	69.0	9.6	6.0	8.0	154.2	32.5	25.4	28.2
1892	67.8	63.6	11.9	5.3	8.8	162.5	30.6	25.1	27.8
1893	92.7	92.7	10.4	6.5	8.8	163.9	30.1	25.9	28.9
1894	121.7	121.6	10.0	6.1	7.8	157.5	30.1	27.2	28.2
1895	151.2	148.5	14.1	5.9	10.0	161.7	31.9	27.6	29.6
1896	136.2	139.1	11.9	6.4	8.5	169.7	33.8	29.5	31.4
1897	156.2	153.8	10.7	5.3	8.6	187.0	33.9	30.6	31.9
1898	214.5	214.1	12.0	7.7	10.4	223.9	39.5	30.7	34.0
1899	231.3	222.9	19.3	7.5	13.1	332.7	51.5	36.4	45.7

TABLEAU III

BANQUE DE NORWÈGE

ANNÉES	PRÊTS ET AVANCES DE TOUTE NATURE					
	MOUVEMENT Prêts sur gage et hypothécaires	SITUATION DES PRÊTS SUR GAGE			SITUATION au 31 décembre	
		Maximum	Minimum	Moyenne	Prêts sur gage	Prêts hypothécaires
1	2	3	4	5	6	7
	millions de couronnes.	millions de couronnes.	millions de couronnes.	millions de couronnes.	millions de couronnes.	millions de couronnes.
1880	0.6	»	»	»	0.6	12.3
1881	0.6	»	»	»	0.5	11.7
1882	0.6	»	»	»	0.5	10.1
1883	0.7	»	»	»	0.5	10.7
1884	0.6	»	»	»	0.5	10.0
1885	0.5	»	»	»	0.4	9.3
1886	0.3	»	»	»	0.1	8.3
1887	0.2	»	»	»	»	7.4
1888	0.1	»	»	»	»	6.5
1889	2.1	»	»	»	1.1	6.2
1890	4.9	1.2	1.0	1.1	1.2	7.0
1891	0.4	1.2	1.0	1.1	1.2	7.0
1892	0.7	1.2	1.0	1.1	1.0	6.8
1893	1.8	0.6	0.5	0.5	0.5	6.6
1894	3.1	1.5	0.5	1.0	1.0	6.4
1895	8.3	1.3	0.9	1.0	1.1	6.0
1896	3.7	1.1	1.0	1.0	1.0	5.6
1897	3.0	1.0	0.8	1.0	0.8	5.3
1898	2.8	0.9	0.8	0.8	0.9	4.9
1899	8.2	1.1	0.8	1.0	1.0	4.6

Tableau IV

BANQUE DE NORWÈGE

ANNÉES	TAUX DE L'ESCOMPTE			PROFITS ET PERTES		DIVIDENDES
	MAXIMUM	MINIMUM	MOYENNE	BÉNÉFICES BRUTS	FRAIS de toute nature	
1	2	3	4	5	6	7
	%	%	%	couronnes.	couronnes.	%
1880	»	»	»	1.679.563	546.230	9
1881	»	»	»	1.545.655	444.804	8.75
1882	»	»	»	1.565.720	435.827	9
1883	»	»	»	1.534.688	454.691	8.50
1884	»	»	»	1.488.051	420.565	8
1885	»	»	»	1.580.560	540.243	8
1886	»	»	»	1.763.461	427.702	8
1887	»	»	»	4.858.511	3.492.858	6
1888	»	»	»	2.213.225	1.648.758	4.50
1889	3.50	3.50	3.50	3.322.246	2.745.310	4 6/10
1890	4	3.50	3.75	2.215.010	1.377.493	6 6/10
1891	6	4.50	4.61	2.802.602	1.656.980	9
1892	6	5	5.50	3.279.654	2.026.903	10
1893	5	5	5	3.394.225	1.885.352	9
1894	5	4	4.50	3.487.657	2.185.264	8 2/10
1895	4	3.50	3.87	3.174.343	1.897.579	8 1/10
1896	5	3.50	4.05	2.503.911	1.925.668	9 3/10
1897	5	4.50	4.57	3.990.508	2.309.688	9 3/10
1898	4.50	4	4.15	3.914.436	2.357.436	9 2/10
1899	6.50	5	5.95	5.183.401	3.545.948	9 1/2

XIII. — BANQUE DES PAYS-BAS

ORIGINE

La Banque des Pays-Bas a été fondée en 1814; le privilège, accordé pour une première période de vingt-cinq ans, a été successivement renouvelé; la dernière prorogation est du 7 août 1888, elle expire le 31 mars 1904; à partir de cette dernière date, s'il n'est dénoncé ni par l'État ni par la banque, il continuera de dix en dix ans. La dénonciation doit avoir lieu deux ans avant l'expiration de la période en cours.

Aucune banque d'émission ne peut se créer en Hollande; aucune banque étrangère ne peut émettre des billets qu'en vertu d'une loi spéciale.

Le titre de la banque est " Banque des Pays-Bas " (Nederlandsche Bank).

CAPITAL

Le capital originaire de 5 millions de florins a été porté, par augmentations successives, à 20 millions de florins; il est divisé en actions nominatives de 1,000 florins entièrement versés, mais il a été délivré des moitiés, des quarts et des huitièmes d'actions aux premiers souscripteurs. Actuellement, les actions sont indivisibles.

DIRECTION

La direction se compose d'un président et d'un secrétaire nommés par le roi pour sept ans et rééligibles et de cinq régents.

L'assemblée générale, composée des propriétaires de 5 actions — sujets hollandais ou naturalisés — nomme cinq régents pour cinq ans sur une liste triple présentée par la direction et les commissaires, les régents sortants sont rééligibles. Quinze commissaires sont choisis parmi les membres de l'assemblée; la durée de leur mandat est de trois ans, ils sont rééligibles.

Les questions qui ne sont pas du ressort exclusif de la direction sont tranchées par l'assemblée de la direction et des commissaires. Les fonctions des commissaires sont de contrôler les actes de la direction et de vérifier les comptes.

Les fonctions des régents et des commissaires sont rémunérées par des honoraires, des jetons de présence et une part dans les bénéfices.

SIÈGE CENTRAL. — SUCCURSALES. — CORRESPONDANTS

Le siège central de la banque est à Amsterdam ; elle a une succursale à Rotterdam; au 31 mai 1899, elle avait 18 agences ou bureaux auxiliaires; elle possède des correspondants, divisés en trois classes.

Les correspondants de 3e classe ne sont chargés que des recouvrements ; ceux de 1re et de 2e classe transmettent les demandes d'escompte au comptoir dont ils dépendent; les correspondants de 1re classe font, en plus, l'échange des billets. Au 16 mai 1899, la banque avait 51 correspondants de 1re classe, 11 de 2e classe et 10 de 3e classe.

OPÉRATIONS.

La banque escompte les effets de commerce ayant, au plus, six mois d'échéance, revêtus de deux signatures et payables sur les places hollandaises et les coupons de valeurs hollandaises ou étrangères payables en Hollande dans le délai de trois mois.

Elle fait des avances sur fonds publics, actions et obligations nationales et des pays étrangers, sur métaux précieux et marchandises.

Elle fait le commerce de métaux précieux. Elle ouvre des comptes courants et émet des mandats ou assignations, mais seulement à concurrence de la partie de l'encaisse dépassant 40 % du passif exigible.

Elle émet des billets à ordre sur ses comptoirs et reçoit des dépôts en garde.

CIRCULATION FIDUCIAIRE

Outre les billets de la banque, il existe en Hollande des billets d'État qui ont cours légal tandis que les billets à la banque ont cours libre.

Les billets de banque sont remboursables à vue de la Banque centrale et à la succursale; les agences ne sont tenues de les rembourser que dans le délai nécessaire pour faire venir les fonds de la Banque centrale.

Le rapport de l'encaisse à la circulation doit être, au moins, de 40 %.

RELATIONS ENTRE LA BANQUE ET L'ÉTAT

Le gouvernement surveille la banque par l'intermédiaire d'un commissaire royal nommé par le roi ; le commissaire a le droit d'assister à l'assemblée des actionnaires et à l'assemblée des commissaires, il y a voix consultative.

La banque garde gratuitement les fonds de l'État à Amsterdam et à Rotterdam ; elle remplit les fonctions de caissier de l'État à Amsterdam, à Rotterdam et dans ses agences ; elle verse à l'État une indemnité de 100.000 florins pour les agents du gouvernement dont elle ne remplit pas les fonctions ; elle fait gratuitement l'office de caissier de la caisse d'épargne. Elle est responsable de sa gestion et justiciable de la Cour des comptes.

Elle fabrique et administre sans rémunération le papier-monnaie de l'État.

La banque est tenue d'avancer à l'Etat en compte courant une somme qui ne peut dépasser 5 millions de florins au taux des avances ; mais elle doit refuser les avances qui feraient descendre l'encaisse au-dessous de 5 millions de florins.

Sur les bénéfices de l'année il est tout d'abord attribué 5 % aux actionnaires : le dividende peut être au besoin complété par un prélèvement sur les réserves ; sur l'excédent, 10 % sont versés à la réserve jusqu'à ce qu'elle atteigne 25 % du capital. (La réserve est aujourd'hui complète.) Le surplus des bénéfices est partagé par moitié entre l'Etat et les actionnaires, mais lorsque le dividende atteint 7 % le surplus est partagé dans la proportion du tiers pour les actionnaires et des deux tiers pour l'Etat.

La banque est assujettie à une patente proportionnelle aux dividendes distribués.

La direction reçoit 5 % et les commissaires ont droit à 1 % des bénéfices disponibles après le prélèvement de la part de l'État, du 5 % en faveur des actionntires, et de la partie à verser à la réserve

[TABLEAUX.]

Tableau I

BANQUE DES PAYS-BAS

ANNÉES	ENCAISSE						CIRCULATION		
	Maxim.	Minim.	Moyenne	DÉCOMPOSITION en fin d'exercice.			Maxim.	Minim.	Moyenne
				Or.	Argent.	Total.			
1	2	3	4	5	6	7	8	9	10
	millions de florins	millions de florins	millions de florins	millions de florins	millions de florins	millions de florins	millions de florins	millions de florins	millions de florins
1880	162.7	135.6	150.2	»	»	»	205.4	183.6	194.4
1881	140.8	97.8	119.9	»	»	»	213.0	173.6	195.0
1882	114.6	97.3	105.5	16.6	94.9	111.5	196.5	174.8	185.8
1883	142.4	112.4	125.3	23.7	95.1	118.8	197.6	173.3	186.2
1884	139.7	118.3	129.0	34.9	94.8	129.7	204.6	179.5	192.3
1885	164.3	130.4	142.6	64.1	98.2	162.3	206.6	183.4	193.8
1886	178.9	150.6	170.3	57.8	93.3	157.1	217.8	192.3	204.4
1887	161.4	145.1	153.2	55.0	100.1	155.1	208.4	192.5	197.6
1888	165.6	144.7	157.1	60.7	84.0	144.7	219.6	194.4	207.1
1889	140.9	124.8	137.7	56.2	69.5	125.7	223.9	202.9	212.5
1890	129.5	103.4	119.3	50.5	67.6	118.1	224.8	192.0	208.4
1891	123.6	113.6	117.0	33.1	82.0	120.1	229.8	186.0	198.4
1892	127.3	117.8	123.1	38.2	86.4	124.6	204.1	185.2	194.2
1893	137.4	111.3	122.9	52.0	85.2	137.2	210.8	183.5	195.7
1894	139.1	129.7	135.0	51.4	84.9	136.3	216.6	195.4	205.9
1895	136.9	114.2	129.9	31.4	83.7	115.1	222.6	193.5	209.0
1896	116.3	112.0	114.8	31.6	84.2	115.8	211.2	193.3	201.3
1897	117.1	111.3	114.0	33.1	83.6	116.7	216.1	195.3	205.2
1898	134.6	116.2	128.8	48.0	83.1	131.1	227.3	201.1	213.1

Tableau II

BANQUE DES PAYS-BAS

ANNÉES	COMPTES COURANTS			COMPTE COURANT DU TRÉSOR		
	Maximum.	Minimum.	Moyenne.	Maximum.	Minimum.	Moyenne.
1	2	3	4	5	6	7
	millions de florins.	millions de florins.	millions de florins.	millions de florins.	millions de florins.	millions de florins.
1880	29.1	11.0	19.4	»	»	»
1881	26.7	2.0	11.7	»	»	»
1882	18.2	0.7	4.8	»	»	»
1883	27.7	1.3	9.6	»	»	»
1884	19.6	3.1	8.7	»	»	»
1885	25.6	13.1	18.4	»	»	»
1886	32.8	14.7	21.4	»	»	»
1887	36.3	14.2	24.9	»	»	»
1888	28.8	13.1	21.9	»	»	»
1889	5.4	1.0	3.1	28.5	6.3	14.5
1890	26.4	0.8	3.4	24.4	0.1	10.0
1891	9.1	1.9	3.8	16.1	0.4	2.6
1892	7.8	0.7		15.9	2.1	7.8
1893	5.8	»	1.7	14.6	0.1	2.2
1894	9.7	1.6	.0	6.3	0.1	0.8
1895	8.1	2.2	4.8	6.6	0.05	1.5
1896	5.6	2.2	8.7	6.8	0.1	1.0
1897	5.6	0.6	8.6	4.8	0.04	0.8
1898	8.3	2.4	4.9	25.7	0.01	4.6

Tableau III

BANQUE DES PAYS-BAS

Années	Escomptes					Avances			
	Mouvement		Portefeuille			Mouvement des avances	Situation		
1	Effets. 2	Sommes. 3	Maxim. 4	Minim. 5	Moyenne 6	7	Maxim. 8	Minim. 9	Moyenne 10
		millions de florins	millions de florins	millions de florins	millions de florins	millions de florins	millions de florins	millions de florins	millions de florins
1880	107.070	286.6	56.8	27.0	40.5	179.0	99.7	63.2	80.6
1881	120.344	365.1	73.5	39.4	58.3	198.4	49.7	42.5	45.9
1882	114.360	379.3	81.3	51.0	63.5	177.1	47.6	32.8	39.9
1883	113.064	335.6	61.3	38.1	47.7	189.8	43.5	32.5	40.9
1884	106.735	286.2	61.3	29.7	44.8	204.5	54.3	40.9	44.8
1885	107.757	255.3	55.8	33.0	44.4	187.2	49.7	37.1	42.8
1886	97.417	221.6	51.9	25.4	35.9	170.0	41.9	32.9	36.7
1887	110.828	258.0	58.4	28.2	40.9	221.1	51.3	40.5	45.6
1888	105.451	318.6	67.6	37.9	52.1	170.0	44.4	33.2	37.3
1889	126.346	294.1	90.9	51.1	69.1	184.8	50.6	30.6	36.1
1890	135.075	416.6	101.1	43.2	69.2	226.9	61.4	39.6	41.5
1891	136.841	398.5	83.7	44.4	59.9	185.2	51.7	33.2	39.2
1892	118.695	331.6	75.0	44.5	58.0	179.8	53.4	34.8	41.3
1893	117.840	316.9	74.6	34.0	55.4	204.5	53.6	34.6	44.5
1894	100.038	281.8	62.1	43.6	53.0	170.7	47.1	32.4	38.5
1895	104.539	297.0	71.7	33.5	55.4	200.2	67.2	36.5	44.9
1896	122.837	323.4	71.8	46.6	58.8	211.4	62.5	39.9	49.7
1897	126.721	342.7	82.6	59.9	69.5	198.2	55.1	37.5	43.5
1898	131.207	391.4	82.2	53.9	68.1	196.7	56.8	32.4	42.2

TABLEAU IV

BANQUE DES PAYS-BAS

ANNÉES	DÉPOTS LIBRES				TAUX DE L'ESCOMPTE		
	DÉPOTS		RETRAITS		MAXIMUM	MINIMUM	MOYENNE
	Dépôts.	Valeur.	Dépôts.	Valeur.			
1	2	3	4	5	6	7	8
		millions de florins.		millions de florins.	millions de florins.	millions de florins.	millions de florins.
1880	409	36.6	392	33.5	3 »	3 »	3 »
1881	381	32.2	382	32.5	5 »	3 »	3 72
1882	372	30.3	348	29.1	5 50	3 50	4 63
1883	407	32.9	386	33.9	5 »	3 50	3 64
1884	587	49.9	479	45.0	3 50	3 »	3 06
1885	694	52.8	535	40.1	3 »	2 50	2 58
1886	880	83.0	787	74.2	2 50	2 50	2 50
1887	781	68.9	696	60.0	2 50	2 50	2 50
1888	1.047	83.5	821	77.9	2 50	2 50	2 50
1889	1.120	98.7	1.032	90.3	2 50	2 50	2 50
1890	1.126	109.9	984	94.1	4 50	3 »	3 02
1891	1.410	128.2	1.173	105.6	3 »	3 »	3 »
1892	1.519	135.2	1.243	120.2	3 »	2 50	2 70
1893	1.706	163.4	1.532	132.0	5 »	2 50	3 43
1894	1.898	165.2	1.691	154.6	3 »	2 50	2 58
1895	2.905	231.5	2.585	210.5	3 »	2 50	2 54
1896	2.282	175.6	1.959	158.5	3 50	3 »	3 03
1897	2.172	174.8	1.781	123.3	3 50	3 »	3 13
1898	2.309	156.8	1.944	144.0	3 »	2 50	2 70

TABLEAU V

BANQUE DES PAYS-BAS

ANNÉES	BÉNÉFICES BRUTS	FRAIS D'ADMINISTRATION impôts et redevances charges diverses.	RÉSERVE	PRÉLÈVEMENTS divers et reports.	AUX ACTIONNAIRES	DIVIDENDES	COURS des ACTIONS au 31 mars.
1	2	3	4	5	6	7	8
	florins.	florins.	florins.	florins.	florins.	florins.	%
1880	3.423.855	801.368	»	286.487	2.336.000	146 »	»
1881	4.667.563	1.013.713	»	501.850	3.152.000	197 »	»
1882	5.725.529	1.009.849	»	619.689	4.096.000	256 »	»
1883	4.363.615	976.955	»	428.660	3.008.000	188 »	»
1884	3.708.023	853.971	»	358.052	2.496.000	156 »	»
1885	3.267.516	998.383	»	317.133	1.952.000	122 »	227 »
1886	2.767.726	777.460	»	278.266	1.712.000	107 »	225 »
1887	3.215.244	792.216	»	311.028	2.112.000	132 »	205 ½
1888	3.289.915	787.195	»	414.720	2.088.000	130 50	245 ½
1889	3.639.418	1.645.030	87.936	376.447	1.580.000	79 »	238 ½
1890	4.700.329	2.431.265	63.600	345.464	1.860.000	93 »	236 ¼
1891	4.208.936	2.082.107	»	406.829	1.720.000	86 »	237 ½
1892	3.468.505	1.608.497	»	360.008	1.500.000	75 »	237 ½
1893	4.342.849	2.242.658	»	320.191	1.780.000	89 »	218 »
1894	2.967.105	1.269.313	»	317.892	1.380.000	69 »	210 »
1895	3.622.505	1.698.679	»	363.876	1.560.000	78 »	201 »
1896	4.965.847	2.613.594	»	552.248	1.800.000	90 »	205 »
1897	4.935.342	2.576.193	»	519.149	1.900.000	95 »	205 »
1898	4.391.256	2.209.248	»	444.008	1.740.000	87 »	207 ½

Tableau VI

BANQUE DES PAYS-BAS

CIRCULATION PAR COUPURES

Désignation des coupures	31 mars 1880	31 mars 1899
1	2	3
1.000 florins	54.318.000	51.062.000
500 —	6.000	6.000
300 —	21.963.000	18.246.000
200 —	20.863.000	17.508.800
100 —	38.854.700	46.472.900
80	2.880	1.860
60 —	12.727.040	29.928.740
40 —	16.884.400	28.482.040
25 —	15.457.925	31.908.700
Total	189.600.945	218.609.140

XIV. — BANQUE DE PORTUGAL

La Banque de Portugal a pris la suite de la Banque de Lisbonne crée en 1822 et la Banque Confiança nacional qui lui succéda ; elle a été fondée par décret du 19 novembre 1846. En même temps que la Banque de Portugal existaient six autres banques d'émission ; celle-ci, en vertu d'un arrangement du 8 juin 1891, renoncèrent à leur droit en faveur de la Banque de Portugal.

La Banque de Portugal jouit du privilège de l'émission des billets de banque pour une durée de quarante ans à compter du 1er janvier 1888 Le titre de la banque est « Banque de Portugal » (Banco de Portugal).

CAPITAL

Le capital de la banque est de 13.500 contos de reis, divisé en 135.000 actions de 1.000 milreis ; les actions sont nominatives ou au porteur. Le capital peut être augmenté, les anciens actionnaires ont un droit d'option sur les actions nouvelles au taux de 120 %.

SIÈGE CENTRAL, SUCCURSALES

Le siège central est à Lisbonne ; la banque doit avoir des caisses filiales ou des agences dans les capitales des districts administratifs. Au 31 décembre 1899, la banque possédait une succursale ou caisse filiale à Porto et 19 agences.

DIRECTION

La banque est dirigée par un gouverneur nommé par le gouvernement, pour cinq ans et rééligible et par un vice-gouverneur élu pour un an par le gouvernement sur une liste de trois candidats présentée par le conseil général.

Le gouverneur a le pouvoir exécutif.

L'assemblée des actionnaires est formée des 240 principaux propriétaires d'actions ; elle élit dix administrateurs et cinq suppléants, sept censeurs et trois suppléants. Les administrateurs et les censeurs sont élus pour deux ans, les suppléants pour un an, tous sont rééligibles.

Le conseil d'administration dirige et surveille les affaires de la banque; le conseil des censeurs vérifie la comptabilité; le conseil général formé du gouverneur, des sous-gouverneurs, des administrateurs et des censeurs, fixe le taux de l'escompte, vote le budget, surveille les succursales et autorise les opérations à l'étranger.

OPÉRATIONS

La banque escompte les effets de commerce à trois signatures, les titres sortis au tirage et coupons de la dette publique; elle achète et vend du change sur les places portugaises et étrangères; elle fait le commerce des métaux précieux.

Elle consent des avances sur or, argent et pierres précieuses; sur fonds de l'État portugais, sur obligations des municipalités et de sociétés cotées à la bourse de Lisbonne; en principe, les avances ne doivent pas dépasser 60 % du capital, mais la marge peut être étendue moyennant l'autorisation du gouvernement; les avances sur actions de la banque ne peuvent dépasser 5 % du capital.

La banque ouvre des comptes courants et des comptes de dépôt, encaisse les effets de ses clients, délivre des lettres de crédit sur le royaume et l'étranger, achète et vend certaines valeurs pour le compte des tiers. Elle reçoit des dépôts libres.

CIRCULATION FIDUCIAIRE

La banque a, seule, le privilège d'émettre des billets; les billets ont cours légal là où la banque a des sièges et des agences et dans un rayon de 5 kilomètres autour de ces établissements; mais depuis le 7 mai 1891, les billets ont cours forcé car la banque est autorisée à ne les payer qu'en argent. La circulation ne peut dépasser le triple des réserves métalliques de la banque.

RELATIONS ENTRE LA BANQUE ET L'ÉTAT.

La surveillance de l'État sur la banque est exercée par un fonctionnaire du gouvernement qui a le titre de secrétaire général. Le secrétaire général veille à l'observation des lois, statuts et règlements ; il assiste aux séances des conseils et comité, avec voix délibérative.

La banque exécute gratuitement le service de trésorerie et perçoit les impôts dans ses succursales et ses agences; le Trésor a un compte courant d'avances portant intérêt à 4 % au profit de la banque, à 3 % au profit du Trésor, dont le débit ne peut excéder 2.000 contos de reis, mais ce débit a été largement dépassé.

La banque est chargée du service des pensions de retraite des fonctionnaires civils et militaires; elle en fait l'avance et l'État la rembourse par annuités. Pour faire face aux dépenses des retraites, la Banque émet des obligations gagées sur l'annuité que l'État doit payer.

La banque acquitte les impôts de droit commun ; elle prélève 5 % sur les bénéfices pour former une réserve dite réserve permanente, jusqu'à ce qu'elle atteigne 2 % du capital, puis elle prélève 7 % des bénéfices au profit d'une seconde réserve dite réserve variable, qui doit atteindre 10 % du capital, le surplus sert à payer un dividende de 7 % aux actionnaires et l'excédent est partagé par moitié entre la banque et l'État.

[TABLEAUX.]

TABLEAU I

BANQUE DU PORTUGAL

ANNÉES	ENCAISSE — Situation — Maximum	Minimum	Moyenne	Composition au 31 décembre — Or	Argent	Bronze	Total	CIRCULATION — Maximum	Minimum	Moyenne
1	2	3	4	5	6	7	8	9	10	11
	contos de reis	contos de reis	contos de reis	contos de reis	contos de reis	contos de reis	contos de reis	contos de reis	contos de reis	contos de reis
1880	»	»	»	»	»	»	2 450	»	»	»
1881	»	»	»	»	»	»	2 530	»	»	»
1882	»	»	»	»	»	»	1.778	»	»	»
1883	»	»	»	»	»	»	1.875	»	»	»
1884	»	»	»	»	»	»	2.486	»	»	»
1885	»	»	»	»	»	»	1.512	»	»	»
1886	»	»	»	»	»	»	3 208	»	»	»
1887	»	»	»	»	»	»	4 204	»	»	»
1888	»	»	»	»	»	»	5 683	»	»	»
1889	»	»	»	»	»	»	5 097	»	»	»
1890	6 070	2 700	4 193	2.609	1 812	73	4 494	10.950	8.010	9.194
1891	»	»	»	376	2 342	55	4 339	»	»	»
1892	6 960	4.136	4 865	1.821	4 770	369	6.960	50.217	39.044	45.060
1893	8 914	6.965	7 984	2.690	5 607	617	8 914	52.252	48 451	50.304
1894	10 826	8 925	9 577	4 004	6 187	607	10 798	53.132	49.621	51.160
1895	12 261	10.795	11 942	4.763	6 745	596	12 104	55.922	51.678	53.705
1896	13 528	12.034	12 932	4 763	7 790	582	13 135	59 225	52.596	55.810
1897	13 460	13 258	13 361	4 795	8 039	374	13 208	65 241	57 100	61.000
1898	14 352	13 141	13.471	4 835	8 426	425	13 686	70 298	62.895	67.382
1899	14 651	13 652	13 957	4 836	8 261	598	13 695	69 886	67 335	68 170

TABLEAU II

BANQUE DE PORTUGAL

ANNÉES	COMPTES COURANTS PARTICULIERS ET CAISSE D'ÉPARGNE				ESCOMPTES				
	Mouvement entrées et sorties réunies	Situation			Mouvement		Portefeuille		
		Maximum	Minimum	Moyenne	Effets	Sommes	Maximum	Minimum	Moyenne
1	2	3	4	5	6	7	8	9	10
	contos de reis	contos de reis	contos de reis	contos de reis		contos de reis	contos de reis	contos de reis	contos de reis
1880	81.525	»	»	»	16.613	10.995	»	»	»
1881	94.687	»	»	»	19.896	12.245	»	»	»
1882	112.328	»	»	»	23.267	14.759	»	»	»
1883	128.749	»	»	»	19.108	12.315	»	»	»
1884	167.825	»	»	»	18.896	12.496	»	»	»
1885	136.883	»	»	»	19.131	14.030	»	»	»
1886	186.571	»	»	»	16.674	11.366	»	»	»
1887	196.389	»	»	»	14.654	9.036	»	»	»
1888	131.448	»	»	»	14.861	10.031	»	»	»
1889	178.650	»	»	»	15.601	11.976	»	»	»
1890	154.757	3.340	1.420	2.662	20.042	21.952	10.770	6.592	8.863
1891	99.504	»	»	»	27.906	29.893	»	»	»
1892	48.876	2.149	1.358	1.638	35.933	28.358	17.968	13.198	15.862
1893	51.641	2.699	1.492	1.920	39.722	28.215	15.017	9.242	10.894
1894	54.548	6.141	1.844	2.193	49.312	32.085	12.697	11.175	11.980
1895	49.345	3.064	1.150	2.004	52.096	32.746	12.931	10.840	11.794
1896	61.675	2.470	1.395	1.900	69.913	38.454	15.010	12.562	13.222
1897	66.714	2.492	1.123	1.760	64.592	33.797	14.755	12.480	13.672
1898	93.973	4.265	1.166	2.380	47.675	33.730	15.480	12.396	13.853
1899	102.122	3.139	2.061	2.568	46.769	32.501	15.210	13.445	14.179

TABLEAU III

BANQUE DE PORTUGAL

ANNÉES	AVANCES SUR NANTISSEMENT — Mouvement		AVANCES EN COMPTE COURANT — Mouvement	SITUATION GÉNÉRALE		
	Nombre	Sommes	Prêts et remboursements	MAXIMUM	MINIMUM	MOYENNE
1	2	3	4	5	6	7
		contos de reis	contos de reis	contos de reis	contos de reis	contos de reis
1880	1 106	3 761	»	»	»	»
1881	1 010	3 275	»	»	»	»
1882	1.110	4.993	»	»	»	»
1883	1.078	5.081	»	»	»	»
1884	915	4.203	»	»	»	»
1885	956	6 115	»	»	»	»
1886	826	4 584	26.346	»	»	»
1887	651	4 862	9 839	»	»	»
1888	755	7 059	24 812	»	»	»
1889	765	11 341	21 852	»	»	»
1890	747	14 843	20 338	»	»	»
1891	1 117	16 682	19 064	»	»	»
1892	»	16 882	17 259	8 853	7.034	8 004
1893	»	356	8.090	7 165	6 558	6 854
1894	»	337	9 557	6 947	5 298	6 237
1895	»	783	13 320	5.730	5.070	5.460
1896	»	702	18 304	5 087	3.050	4 512
1897	»	497	25 276	4 840	2 338	3 598
1898	»	240	22 662	4 858	3.676	4 083
1899	»	164	21 928	5 097	3 601	4.065

Tableau IV

BANQUE DE PORTUGAL

Années	Dépôts de titres Valeur au 31 décembre	Opérations de change achat et vente de papier étranger	Importation de numéraire	Opérations pour le compte de l'État — Trésor public compte courant débiteur Situation			Pensions		Prêts divers Situation au 31 décembre
				Maxim.	Minim.	Moyenne	Découvert du gouvernement au 31 décembre	Obligations émises par la Banque au 31 décembre	
1	2	3	4	5	6	7	8	9	10
	contos de reis.	contos de reis.	contos de reis.	contos de reis.	contos de reis.	contos de reis.	contos de reis.	contos de reis.	contos de reis.
1880	6.820	10.978	»	»	»	»	150	»	449
1881	4.446	11.767	»	»	»	»	150	»	437
1882	8.410	22.059	3.150	»	»	»	191	»	426
1883	7.898	27.162	4.500	»	»	»	199	»	413
1884	5.698	43.700	2.250	»	»	»	204	»	402
1885	7.028	71.186	4.185	»	»	»	207	»	386
1886	5.564	54.689	8.280	»	»	»	207	»	370
1887	4.975	35.028	4.410	»	»	»	742	»	352
1888	5.240	42.168	6.075	»	»	»	4.034	»	368
1889	4.766	66.439	9.675	»	»	»	4.945	900	348
1890	10.521	98.835	13.275	»	»	»	5.829	900	327
1891	15.675	52.408	3.240	»	»	»	6.644	890	7.304
1892	32.748	8.914	1.858	11.817	5.378	9.034	7.017	879	9.863
1893	41.886	6.755	1.012	13.587	9.984	11.260	6.900	867	15.254
1894	40.156	12.086	1.650	14.918	10.123	11.900	6.818	856	15.226
1895	35.070	8.167	961	17.064	13.816	15.775	6.730	843	15.179
1896	41.643	7.695	»	18.713	13.618	16.233	6.640	»	14.611
1897	41.966	8.716	»	24.292	17.966	20.440	8.344	»	14.593
1898	43.454	11.434	»	29.296	21.937	24.965	9.593	1.861	14.571
1899	55.824	8.875	»	26.992	24.828	26.493	10.387	4.188	14.190

TABLEAU V

BANQUE DE PORTUGAL

ANNÉES	PROFITS ET PERTES				TAUX DE L'ESCOMPTE		
	BÉNÉFICES bruts	FRAIS de toute nature	BÉNÉFICES nets	DIVIDENDES %	MAXIMUM	MINIMUM	MOYENNE
1	2	3	4	5	6	7	8
	contos de reis.	contos de reis.	contos de reis.	%	contos de reis.	contos de reis.	contos de reis.
1880	766	126	640	7	»	»	»
1881	807	162	645	7	»	»	»
1882	908	228	680	7	»	»	»
1883	757	240	517	6	»	»	»
1884	821	204	617	6	»	»	»
1885	852	310	542	5.50	6	6	6
1886	847	212	635	6	6	5	5.24
1887	802	130	672	6	5	5	5
1888	1.061	249	812	5.50	5	5	5
1889	1.198	260	938	5.50	5	5	5
1890	1.054	315	739	5	7	5	6.30
1891	1.290	243	1.047	4	7	6	6.05
1892	2.297	386	1.911	7	6	6	6
1893	2.101	376	1.725	7	6	6	6
1894	2.195	420	1.775	8	6	6	6
1895	2.000	474	1.526	8	6	6	8
1896	2.014	475	1.539	8	6	5.50	5.70
1897	2.024	497	1.527	8	5.50	5.50	5.50
1898	2.091	526	1.565	8	5.50	5.50	5.50
1899	2.126	516	1.610	8	5.50	5.50	5.50

Tableau VI

BANQUE DE PORTUGAL

CIRCULATION PAR COUPURE

DÉSIGNATION DES COUPURES		30 DÉCEMBRE 1899
1		2
Or	100 $000	7.858.500 $000
	50 $000	5.959.600 $000
	50 $000 Açores	36.920 $000
	20 $000	33.141.300 $000
	20 $000 Açores	156.976 $000
	20 $000 Madère	165 $750
	10 $000	162.950 $000
	10 $000 Açores	73.344 $000
	10 $000 Madère	37 $500
	5 $000	5.195 $000
Argent	5 $000	12.688.105 $000
	5 $000 Açores	93.036 $000
	2 $500	3.076.055 $000
	1 $000	3.053.934 $000
	0 $500	3.269.752 $500
Cuivre	10 $000	10.131 $000

XV. — BANQUE DE ROUMANIE

ORIGINE

La Banque de Roumanie a été créée par les lois des 27 et 31 mars 1880 dans le but de retirer et de remplacer le papier-monnaie émis en 1877 sur le gage des domaines de l'État.

Le privilège de l'émission accordé jusqu'au 1er juillet 1900, a été prorogé jusqu'au 31 décembre 1912.

Le titre de la banque est " Banque nationale roumaine " (Banca Nationala Romania).

CAPITAL

Le capital de la Banque est de 30 millions dont 10 à fournir par l'État et 20 par les actionnaires, sur ces 30 millions, il n'a été émis que 12 millions ; les 18 millions ne seront appelés que si le besoin s'en fait sentir.

Les actions sont de 500 lei et entièrement libérées.

SIÈGE CENTRAL ET SUCCURSALES.

Le siège central de la Banque est à Bucharest ; elle avait au 31 décembre 1898, 4 succursales et 12 agences.

DIRECTION

La Banque est dirigée par un gouverneur; seize administrateurs composent le conseil d'administration ; sept censeurs surveillent la Banque. Le conseil d'administration et les censeurs forment le conseil général.

Le gouverneur est nommé pour cinq ans par le gouvernement, il est rééligible.

L'assemblée des actionnaires est composée de tous les porteurs de quatre actions au moins : un actionnaire ne peut cumuler plus de dix voix ; elle élit quatre administrateurs; le gouverneur en élit deux ; elle nomme quatre censeurs et le gouvernement, trois.

Les administrateurs élus par l'assemblée restent quatre ans en fonctions ; les administrateurs nommés par le gouvernement, restent seulement deux ans.

La durée des fonctions des censeurs est de quatre ans pour les censeurs élus et de trois ans pour les censeurs nommés.

OPÉRATIONS

Les opérations de la Banque consistent à escompter des effets de commerce à cent jours d'échéance et revêtus de trois et au moins de deux signatures, à escompter des warrants, à acheter et vendre du change étranger, à faire le commerce des métaux précieux, à ouvrir des comptes courants, à recevoir des dépôts libres, à se charger des recouvrements d'effets échus, à faire des avances sur fonds publics et titres garantis par l'État.

CIRCULATION FIDUCIAIRE

La Banque a le privilège exclusif d'émettre des billets, ils ont cours légal vis-à-vis des caisses publiques ; ils sont payables à vue à Bucharest et dans les succursales; toutefois les succursales peuvent ajourner le paiement jusqu'à ce qu'elles aient reçu les fonds nécessaires de Bucarest.

L'encaisse doit être au moins égale au tiers de la circulation, le surplus doit être couvert par des valeurs de facile réalisation.

RELATIONS ENTRE LA BANQUE ET L'ÉTAT

Le gouvernement exerce son contrôle sur la Banque par le gouverneur, les deux directeurs et les trois censeurs qui sont à sa nomination et par un commissaire spécial.

Le gouvernement a fourni le quart du capital de la Banque, il a tous les droits des actionnaires et vient, pour sa part, dans le partage des bénéfices, il reçoit aussi les bénéfices résultant de l'élévation du taux de l'escompte et des avances au-dessus de 6 %.

Les bénéfices, après prélèvement de 20 % qui sont portés à la réserve, sont partagés entre les actionnaires et l'État à raison de leur part dans le capital social.

[TABLEAUX.]

TABLEAU I

BANQUE NATIONALE DE ROUMANIE

ANNÉES	ENCAISSE			CIRCULATION			COMPTES COURANTS		
	MAXIMUM	MINIMUM	MOYENNE	MAXIMUM	MINIMUM	MOYENNE	MAXIMUM	MINIMUM	MOYENNE
1	2	3	4	5	6	7	8	9	10
	millions de lei.	millions de lei	millions de lei.	millions de lei.	millions de lei.	millions de lei.	millions de lei.	millions de lei.	millions de lei.
1881	»	»	»	»	»	»	»	»	»
1882	»	»	»	»	»	»	»	»	»
1883	»	»	»	»	»	»	»	»	»
1884	»	»	»	»	»	»	»	»	»
1885	»	»	»	»	»	»	»	»	»
1886	»	»	»	»	»	»	»	»	»
1887	»	»	»	»	»	»	»	»	»
1888	»	»	»	»	»	»	»	»	»
1889	»	»	»	»	»	»	»	»	»
1890	»	»	»	»	»	»	»	»	»
1891	72.1	45.3	59.0	143.7	104.0	123.8	12.1	3.7	7.1
1892	61.3	45.2	51.9	131.6	93.6	114.0	15.2	3.1	4.7
1893	66.9	49.4	59.0	146.4	108.3	131.4	14.7	4.5	7.4
1894	69.3	49.0	52.7	132.0	105.8	116.9	14.4	6.2	8.3
1895	70.1	46.9	61.4	154.4	95.3	119.3	12.7	7.1	9.9
1896	67.4	58.3	63.2	161.8	115.3	137.4	25.1	7.4	13.8
1897	64.0	59.6	61.3	153.7	129.3	139.0	29.5	11.9	15.2
1898	62.9	58.9	61.8	183.6	137.5	161.7	34.2	11.7	24.0
1899	61.9	57.9	52.7	162.3	140.8	151.0	28.6	15.7	20.6

TABLEAU II

BANQUE NATIONALE DE ROUMANIE

ANNÉES	ESCOMPTE								
	PAPIER ROUMAIN		COUPONS	EFFETS agricoles	PAPIER étranger	MOUVEMENT total des escomptes	PORTEFEUILLE		
	Effets	Sommes					Maximum	Minimum	Moyenne
1	2	3	4	5	6	7	8	9	10
		millions de lei.	millions de lei.	millions de lei.	millions ed lei.	millions de lei.	millions de lei.	millions de lei.	millions de lei.
1881	2.818	26.8	3.2	»	36.2	66.2	»	»	»
1882	9.349	30.7	8.0	0.5	64.1	103.3	»	»	»
1883	12.426	36.2	6.0	9.4	52.4	104.0	»	»	»
1884	11.088	34.2	5.9	33.0	35.0	108.1	»	»	»
1885	10.251	30.7	3.3	47.0	40.8	121.8	»	»	»
1886	10.945	31.6	4.2	54.8	31.0	121.6	»	»	»
1887	14.558	40.1	2.4	52.3	38.1	132.9	»	»	»
1888	15.566	35.5	2.6	53.1	24.2	115.4	»	»	»
1889	18.241	40.8	2.4	47.4	85.8	176.4	»	»	»
1890	18.828	42.2	2.2	48.8	128.2	221.4	»	»	»
1891	34.567	65.8	2.4	52.0	106.7	226.9	47.6	31.2	38.6
1893	38.962	68.6	1.4	46.6	67.0	183.6	41.8	24.2	30.0
1892	53.304	100.2	1.6	»	128.4	230.2	50.2	21.6	37.7
1894	59.086	86.4	1.9	»	57.3	145.6	32.6	15.5	24.6
1895	65.454	88.9	2.1	»	104.4	195.4	33.0	17.6	19.4
1896	82.493	115.9	2.0	»	173.2	291.1	31.8	20.5	23.8
1897	99.576	149.1	2.8	»	104.0	255.9	39.5	23.2	28.6
1898	131.760	216.0	4.4	»	149.4	369.8	82.8	47.7	61.3
1899	»	»	»	»	»	»	65.5	51.9	60.1

Tableau III

BANQUE NATIONALE DE ROUMANIE

ANNÉES	AVANCES SUR TITRES				DÉPOTS LIBRES	TAUX DE L'ESCOMPTE		
	MOUVEMENT	SITUATION			Situation au 31 décembre	Maximum	Minimum	Moyenne
		Maximum	Minimum	Moyenne				
1	2	3	4	5	6	7	8	9
	millions de lei.	millions de lei.	millions de lei.	millions de lei.	millions de lei.	%	%	%
1881	75.3	»	»	»	1.7	5	4	4.09
1882	79.7	»	»	»	13.1	4	4	4.00
1883	89.1	»	»	»	10.3	4	4	4.00
1884	76.9	»	»	»	20.1	5	4	4.08
1885	51.1	»	»	»	14.1	5	5	5.00
1886	37.3	»	»	»	22.4	5	5	5.00
1887	43.5	»	»	»	29.6	6	5	5.33
1888	39.4	»	»	»	13.9	6	6	6.00
1889	44.1	»	»	»	16.6	6	6	6.00
1890	48.1	»	»	»	19.9	6	5	5.24
1891	51.8	16.4	11.8	13.7	21.8	5	5	5.00
1892	55.1	18.2	15.0	16.2	25.4	6	5	5.82
1893	62.3	22.8	13.3	17.0	40.3	6	5	5.31
1894	65.4	23.8	19.3	20.9	72.2	7	6	6.12
1895	59.8	19.6	16.3	17.4	65.3	6	5	5.31
1896	58.7	19.9	17.4	18.6	52.0	5	5	5.00
1897	65.8	20.0	17.1	18.2	91.3	5	5	5.00
1898	61.6	18.8	11.0	13.6	74.7	6	5	5.20
1899	»	25.7	11.3	19.3	»	9	5	6.85

TABLEAU IV

BANQUE NATIONALE DE ROUMANIE

ANNÉES	PROFITS ET PERTES				
	BÉNÉFICES nets	PART de l'État	FRAIS de toute nature	DIVIDENDES	COURS moyen des actions
1	2	3	4	5	6
	lei.	lei.	lei.	lei.	lei.
1881	2.164.668	231.147	522.360	60	»
1882	1.921.842	180.615	619.572	54.45	»
1883	2.737.823	322.819	587.157	73.70	»
1884	2.770.934	328.059	619.397	74.60	»
1885	2.823.970	336.450	734.437	75.60	»
1886	2.908.154	350.069	678.741	77.40	»
1887	2.942.814	355.595	729.573	78.15	»
1888	2.860.729	342.448	780.882	76.35	»
1889	2.893.866	347.661	732.662	76.35	»
1890	2.929.350	353.342	760.647	83	»
1891	3.150.114	389.778	896.540	88.45	»
1892	3.082.988	373.078	934.584	86.70	»
1893	3.054.260	373.482	1.015.128	86	»
1894	3.202.006	397.270	1.046.273	89.65	1.524.00
1895	3.202.326	397.172	1.174.257	89.50	1.545.00
1896	3.225.348	400.856	1.160.429	92.40	1.625.40
1897	3.367.659	422.025	1.194.569	93.80	1.569.00
1898	4.138.078	646.892	1.261.370	112.00	2.308.00
1899	»	»	»	»	2.067.00

TABLEAU V

BANQUE NATIONALE DE ROUMANIE

ÉMISSION PAR COUPURE		
DÉSIGNATION DES COUPURES	31 DÉCEMBRE 1881	31 DÉCEMBRE 1898
1	2	
1.000 lei	30.783.000	6.795.000
500 —	1.459.600	
100 —	19.645.800	156.873.700
50 —	2.646.050	»
20 —	15.355.180	89.445.560
TOTAUX............	69.889.530	253.110.260

XVI. — BANQUE IMPÉRIALE DE RUSSIE

La Banque impériale de Russie est une banque d'État : elle a été fondée par un ukase du 21 mai 1860 pour liquider le papier-monnaie et garantir la circulation monétaire.

Les statuts ont été modifiés par ukase du 24 juin 1894.

Le titre de la banque est " Banque impériale ".

CAPITAL

Le capital, primivement fixé à 15 millions de roubles crédit, a été porté à 25 millions en 1878 ; il est actuellement de 50 millions : il a été fourni par l'État, mais il est la propriété inviolable de la Banque et il ne peut, non plus que les réserves, être considéré comme faisant partie des ressources de l'État.

SIÈGE CENTRAL — SUCCURSALES

Le siège central est à Saint-Pétersbourg, il est créé des comptoirs et des établissements de moindre importance — succursales et agences — dans les principales villes commerçantes et industrielles : dans certains endroits, il y a des succursales temporaires; on compte, au 1er janvier 1899, 111 comptoirs, succursales et agences.

DIRECTION

Le pouvoir exécutif et la surveillance des opérations sont confiés à un gouverneur nommé par le Sénat dirigeant; deux sous-gouverneurs, nommés par le ministre des finances, assistent et suppléent le gouverneur.

La Banque est administrée par six directeurs nommés par le ministre des finances, sur la proposition du gouverneur, pour une durée indéterminée.

Le conseil comprend le gouverneur, les sous-gouverneurs, les directeurs, le directeur de la chancellerie des opérations de crédit du ministère des finances, un fonctionnaire du contrôle de l'empire, le directeur du comptoir de Saint-Pétersbourg et deux membres nommés par l'empereur sur la proposition du ministre des finances, auquel sont présentées deux listes de trois noms chacune, dressées respectivement par la noblesse et le commerce.

Deux délégués du conseil des établissements de crédit, choisis l'un dans la noblesse, l'autre dans le commerce, et un délégué représentant plus spécialement le gouvernement, remplissent les fonctions de censeurs; ils sont nommés pour trois ans, renouvelables par tiers et rééligibles.

Les censeurs assistent au conseil avec voix consultative.

Un comité des prêts et escomptes est chargé de la distribution du crédit; il compte 8 membres : 4 élus par le commerce parmi les négociants faisant le commerce intérieur et par le comité de la bourse de Saint-Pétersbourg parmi les négociants trafiquant avec l'étranger; chaque année, deux membres de chaque catégorie sortent d'exercice : ils sont rééligibles.

OPÉRATIONS

La Banque escompte les effets de commerce et les valeurs de l'État sorties au tirage; les effets doivent porter, au moins, deux signatures, être d'origine russe ou acceptés en Russie, payables dans une place bancable et avoir, au plus, six mois d'échéance. Toutefois, le ministre des finances peut autoriser l'escompte d'effets à neuf mois.

La Banque peut, avec l'autorisation du ministre, acheter et vendre des effets de commerce.

Elle peut escompter à une seule signature les effets souscrits par des propriétaires fonciers ou des industriels, mais avec une garantie hypothécaire, une caution ou des sûretés agréées par le ministre des finances; dans certains cas, elle peut ouvrir des crédits de 300 roubles au plus, sans exiger les garanties précédentes.

La Banque fait le commerce des métaux précieux, encaisse les effets de commerce, reçoit des dépôts libres en garde ou avec charge de les administrer; elle exécute les opérations de bourse pour le compte de tiers.

Elle ouvre des comptes courants, reçoit des dépôts à intérêt remboursables à vue ou à terme, délivre des mandats sur ses caisses de province.

Elle fait des prêts sur métaux précieux, sur marchandises, sur fonds d'État, obligations de villes et de crédits fonciers, actions et obligations de chemins de fer russes garanties par l'État, l'avance est faite pour six mois au plus; elle avance des fonds aux monts-de-piété de Saint-Pétersbourg et de Moscou.

CIRCULATION FIDUCIAIRE

La banque a seule le droit d'émettre des billets à concurrence de 600 millions de roubles, garantis par une encaisse or de 300 millions de roubles au moins; au delà, chaque rouble de papier doit être gagé par un rouble or.

RELATIONS DE LA BANQUE ET DE L'ÉTAT

La Banque paie les arrérages des dettes publiques, elle effectue les tirages des titres amortissables et rembourse ceux qui sont sortis; la trésorerie centrale et les trésoreries de district versent à la banque leurs fonds disponibles. Le trésor a, à la Banque, divers comptes courants productifs d'intérêts.

Les bénéfices de la Banque sont partagés entre la réserve qui, fixée à roubles 3 millions, est maintenant complète, l'amortissement d'obligations anciennes et des dettes des établissements de crédits supprimé; le surplus des bénéfices est versé à l'État.

TABLEAU I

BANQUE IMPÉRIALE DE RUSSIE

ANNÉES	ENCAISSE					
	SITUATION			DÉCOMPOSITION AU 31 DÉCEMBRE		
	Maximum.	Minimum.	Moyenne.	Or.	Argent.	Total.
1	2	3	4	5	6	7
	millions de roubles.	millions de roubles.	millions de roubles.	millions de roubles.	millions de roubles.	millions de roubles.
1880	»	»	»	233.4	2.6	236.0
1881	»	»	»	229.8	2.4	232.2
1882	»	»	»	228.9	2.5	231.4
1883	»	»	»	233.8	2.9	236.2
1884	»	»	»	256.8	4.1	260.9
1885	»	»	»	300.8	5.6	306.4
1886	»	»	»	315.9	6.6	322.5
1887	»	»	»	299.5	6.7	306.2
1888	»	»	»	304.1	5.6	309.7
1889	»	»	»	292.4	5.9	298.3
1890	»	»	»	330.5	6.8	337.3
1891	481.7	336.7	409.4	477.1	6.0	483.1
1892	625.1	483.1	566.7	572.1	6.0	578.1
1893	710.9	628.8	664.0	636.1	5.0	641.1
1894	616.6	601.8	611.9	602.3	5.5	607.8
1895	794.7	627.3	708.1	763.5	8.3	771.8
1896	918.4	726.3	834.6	904.8	16.3	1.067.8
1897	1.202.7	1.103.6	1.154.5	1.160.8	38.6	1.199.4
1898	1.163.3	973.0	1.064.4	990.8	41.8	1.032.6
1899	1.033.3	876.6	966.4	825.5	56.5	883.6

Antérieurement à la réforme monétaire qui a fixé la valeur à 2 fr. 67, la Banque établissait le compte du fonds d'échange des billets de crédit en roubles à 4 francs, et le bilan des opérations de banque en roubles au cours du jour, dans la précédente statistique les roubles métalliques ont été convertis en roubles crédit sur les bases ci-après :

Valeur en francs du rouble crédit :

1880 à 1892 : 3 francs. — 1893 : 2 fr. 35. — 1894 et 1895 : 2 fr. 50. — 1896 et 1897 : 2 fr. 67.

TABLEAU II

BANQUE IMPÉRIALE DE RUSSIE

ANNÉES	FONDS A L'ÉTRANGER			CIRCULATION		
	MAXIMUM	MINIMUM	MOYENNE	MAXIMUM	MINIMUM	MOYENNE
1	2	3	4	5	6	7
	millions de roubles.	millions de roubles.	millions de roubles.	millions de roubles.	millions de roubles.	millions de roubles.
1880	»	»	»	»	»	»
1881	»	»	»	»	»	»
1882	»	»	»	»	»	»
1883	»	»	»	»	»	»
1884	»	»	»	»	»	»
1885	»	»	»	»	»	»
1886	»	»	»	»	»	»
1887	25.6	21.9	23.6	»	»	»
1888	36.6	8.2	28.1	»	»	»
1889	87.8	46.5	67.7	»	»	»
1890	146.5	91.0	103.6	»	»	»
1891	150.9	57.9	117.9	1.264.5	1.153.6	1.208.9
1892	129.3	60.9	112.0	1.448.9	1.322.7	1.362.1
1893	79.5	14.9	42.3	1.759.8	1.646.9	1.639.1
1894	19.8	14.5	17.3	1.629.9	1.529.3	1.573.8
1895	32.3	11.9	19.4	1.776.5	1.670.0	1.720.8
1896	10.7	3.6	8.0	1.646.1	1.570.8	1.600.2
1897	18.9	8.4	12.6	1.067.8	919.4	963.7
1898	25.0	13.3	17.8	901.2	683.2	807.0
1899	»	»	»	»	»	»

TABLEAU III

BANQUE IMPÉRIALE DE RUSSIE

ANNÉES	COMPTES COURANTS ET DÉPOTS DE FONDS				
	MOUVEMENT		SITUATION		
	Réunion des comptes courants et de dépôts.				
	Versements.	Retraits.	Maximum.	Minimum.	Moyenne.
1	2	3	4	5	6
	millions de roubles.	millions de roubles.	millions de roubles.	millions de roubles.	millions de roubles.
1880	1.753.3	1.754.7	»	»	»
1881	2.030.2	2.024.8	»	»	»
1882	1.916.6	1.900.5	»	»	»
1883	1.878.0	1.866.8	»	»	»
1884	1.811.2	1.791.3	»	»	»
1885	1.963.3	1.925.9	»	»	»
1886	2.054.2	2.055.0	»	»	»
1887	1.976.2	1.930.4	»	»	»
1888	1.742.0	1.736.2	»	»	»
1889	1.677.8	1.701.4	»	»	»
1890	1.685.6	1.675.3	»	»	»
1891	1.915.4	1.903.6	330.5	290.9	314.3
1892	2.131.7	2.103.5	435.4	309.5	356.8
1893	2.008.8	2.010.7	379.1	302.3	343.1
1894	1.976.4	2.026.5	382.0	332.2	352.1
1895	2.095.8	2.162.9	294.7	236.2	265.8
1896	2.497.6	2.463.7	318.9	217.2	270.7
1897	3.120.4	3.102.6	220.2	152.9	173.6
1898	3.744.8	3.797.8	65.7	153.6	183.8
1899	»	»	185.5	182.3	164.6

TABLEAU IV

BANQUE IMPÉRIALE DE RUSSIE

ANNÉES	ESCOMPTES							AVANCES DE TOUTE NATURE			
	MOUVEMENT				PORTEFEUILLE			MONTANT des avances ordinaires et en compte courant réunies.	SITUATION		
	Effets de commerce.		Coupons et autres titres.	Total.	Maxim.	Minim.	Moyenne		Maxim.	Minim.	Moyenne
	Nombre.	Sommes.									
1	2	3	4	5	6	7	8	9	10	11	12
	millions de roubles.	millions de roubles.	millions de roubles.	millions de roubles.	millions de roubles.	millions de roubles.	millions de roubles.	millions de roubles.	millions de roubles	millions de roubles	millions de roubles
1880	104.026	200.8	22.5	223.3	»	»	»	283.1	»	»	»
1881	109.257	192.8	29.0	221.8	»	»	»	172.1	»	»	»
1882	128.208	231.6	57.3	288.9	»	»	»	223.5	»	»	»
1883	148.307	254.8	62.8	317.6	»	»	»	212.1	»	»	»
1884	156.141	262.5	60.2	322.7	122.5	111.2	116.1	207.7	»	»	»
1885	155.065	219.3	59.0	278.3	120.8	96.1	100.2	154.3	»	»	»
1886	227.384	218.4	62.4	280.8	107.6	90.0	97.8	162.8	»	»	»
1887	241.342	256.5	80.3	336.8	123.8	93.9	104.1	274.4	»	»	»
1888	293.952	324.4	102.5	426.9	136.3	118.4	125.2	307.7	»	»	»
1889	304.252	289.5	97.3	386.8	133.6	106.6	117.1	285.3	»	»	»
1890	288.861	237.1	84.6	321.7	125.2	92.7	104.6	294.7	»	»	»
1891	275.993	221.7	77.7	299.4	102.2	79.3	88.6	246.9	130.7	85.8	106.4
1892	224.148	165.3	62.2	227.5	102.8	61.5	76.0	161.3	139.0	71.7	93.1
1893	441.778	346.2	105.8	452.0	151.6	75.2	104.3	259.8	116.7	75.8	86.0
1894	614.937	463.4	56.3	520.7	195.3	149.3	164.2	323.0	143.8	105.0	119.5
1895	738.260	601.2	»	601.2	199.4	172.5	184.1	391.3	187.9	127.7	149.9
1896	855.428	556.8	»	556.8	198.4	165.1	182.9	443.8	199.8	125.5	152.2
1897	895.140	486.0	»	486.0	188.4	120.6	153.4	403.7	170.4	102.9	121.4
1898	1022.087	501.9	»	501.9	146.1	116.8	134.3	386.3	122.7	76.7	98.2
1899	»	»	»	»	235.2	153.8	179.7	»	160.8	84.6	95.5

TABLEAU V

BANQUE IMPÉRIALE DE RUSSIE

ANNÉES	DÉPÔTS LIBRES TITRES ET MÉTAUX PRÉCIEUX			DÉPÔT du TRÉSOR	PROFITS ET PERTES		
	Entrées.	Sorties.	Situation au 31 décembre.	Situation au 31 décembre.	BÉNÉFICES bruts.	DÉPENSES de toute nature.	BÉNÉFICES nets.
1	2	3	4	5	6	7	8
	millions de roubles	millions de roubles	millions de roubles	roubles métal	millions de roubles	millions de roubles.	millions de roubles
1880	529.1	491.8	1.050.2	»	18.4	10.6	7.8
1881	655.8	519.4	1.186.6	»	18.1	10.2	7.9
1882	974.1	840.7	1.320.0	»	19.1	12	7.1
1883	881.5	722.1	1.479.4	»	19.2	11.9	7.3
1884	633.4	585.8	1.527.0	»	18.4	12.8	5.6
1885	793.9	687.3	1.632.7	»	16.9	13.2	3.7
1886	757.0	719.6	1.680.1	»	19.1	14.1	5.0
1887	893.0	779.4	1.793.8	21.7	19.9	12.4	7.5
1888	786.3	739.0	1.841.0	34.1	23.6	14.2	9.4
1889	776.2	726.2	1.891.0	60.9	22.7	17.4	5.4
1890	733.1	702.9	1.923.2	35.7	20.5	15.2	5.3
1891	1.180.9	1.126.3	1.977.8	32.3	23.7	13.3	10.4
1892	1.061.1	862.3	2.176.6	92.9	16.6	10.6	6.0
1893	1.237.9	1.154.2	2.660.3	198.5	17.4	8.1	9.3
1894	1.724.2	1.647.5	2.337.0	199.8	20.1	9.4	10.7
1895	1.411.2	1.242.6	2.510.6	152.7	26.8	16.8	10.0
1896	1.587.8	1.496.2	2.611.7	115.8	27.0	17.0	10.0
1897	1.098.5	1.022.1	2.688.1	»	23.0	14.2	8.8
1898	1.823.1	1.614.8	2.896.4	»	27.9	18.6	9.3
1899							

Valeur en francs du rouble crédit :

1881 à 1892 : 3 francs. — 1893 : 2 fr. 35. — 1894 et 1895 : 2 fr. 50. — 1896 et 1897 : 2 fr. 67. — 1898 : 0 fr. 00. 1899 : 0 fr. 00.

Tableau VI

BANQUE IMPÉRIALE DE RUSSIE

ÉMISSION PAR COUPURES

DÉSIGNATION DES COUPURES	1er JANVIER 1880	1er JANVIER 1899
1	2	3
	millions de roubles.	millions de roubles.
100 roubles	369.4	417.8
50 »	0.9	0.1
25 »	240.6	116.6
10 »	141.6	82.9
5 »	152.6	3.1
3 »	167.0	84.9
1 »	110.4	19.6
Totaux	1,182.5	725.0

XVII. — BANQUE NATIONALE DE SERBIE

ORIGINE

La banque nationale de Serbie a été fondée par une loi du 6 janvier 1883; les statuts ont été modifiés en 1885. La Banque est une société par actions. Sa durée est de 25 ans à partir de sa constitution.

Son titre est Banque nationale privilégiée du Royaume de Serbie (Privilegovana Narodna Banka).

CAPITAL

Le capital est de 20 millions, divisé en 40.000 actions de 500 dinars; 20.000 actions seulement ont été émises et sont libérées de moitié; toutefois, le capital reçu par la banque n'est que de 4.952.330 dinars.

SIÈGE CENTRAL — SUCCURSALES

Le siège central est à Belgrade; la banque établit des succursales ou agences dans les localités du territoire serbe où le besoin s'en fait sentir; le Gouverneur y a statutairement une succursale à Nisch.

DIRECTION

La direction de la banque est confiée à un gouverneur nommé par le roi sur une liste de 3 candidats présentés par le ministre du commerce; le gouverneur est nommé pour 5 ans et rééligible.

L'assemblée des actionnaires est composée des porteurs d'au moins 5 actions; elle entend le compte rendu, approuve les comptes de l'année, élit les administrateurs et les censeurs. Les administrateurs sont au nombre de 12 élus pour 4 ans et rééligibles; les censeurs sont au nombre de 7 élus pour 5 ans et rééligibles; un censeur sort d'exercice pendant les trois premières années et 2 pendant les deux années suivantes.

Le conseil d'administration délibère sur toutes les affaires de la banque; le conseil des censeurs surveille et vérifie les opérations.

Le gouverneur, les administrateurs et les censeurs forment le conseil supérieur, qui fixe le dividende à proposer à l'assemblée des actionnaires, fait les règlements intérieurs et tranche toutes les questions relatives à l'émission des billets.

OPÉRATIONS

La banque achète et escompte des effets de commerce à 92 jours au plus d'échéance et revêtus de 3 ou au moins de 2 signatures, des warrants, des bons du Trésor et des coupons de rente nationale; elle fait le commerce des métaux précieux, fait des prêts sur métaux précieux, sur fonds de l'Etat serbe et obligations garanties par l'Etat, ouvre des comptes courants, émet des mandats, négocie les titres des emprunts de l'Etat, de villes et de sociétés privées.

CIRCULATION FIDUCIAIRE

La banque émet des billets au porteur et à vue; la circulation ne peut dépasser 2 fois 1/2 le montant de l'encaisse, dont les 3/4 doivent être de l'or et 1/4 au plus de l'argent; les billets ont cours légal.

RELATIONS DE LA BANQUE ET DE L'ÉTAT

Le gouvernement surveille la banque par le moyen d'un commissaire nommé par décret et payé par la banque.

Les bénéfices annuels servent d'abord à payer aux actionnaires un dividende de 6 %, 15 % sont versés à la réserve jusqu'à ce qu'elle atteigne 20 % du capital versé, 10 % sont répartis entre la direction et les agents de la banque, 20 % sont versés à l'Etat et le surplus forme un dividende complémentaire.

[TABLEAUX]

TABLEAU I

BANQUE NATIONALE DE SERBIE

ANNÉES	ENCAISSE						FONDS À L'ÉTRANGER		
	SITUATION			COMPOSITION AU 31 DÉCEMBRE					
	Maximum	Minimum	Moyenne	Or	Argent	Total	Maximum	Minimum	Moyenne
1	2	3	4	5	6	7	8	9	10
	millions de dinars	millions de dinars	millions de dinars	millions de dinars	millions de dinars	millions de dinars	millions de dinars	millions de dinars	millions de dinars
1884	2.4	0.2	1.0	»	»	»	0.8	0.2	0.6
1885	2.0	0.3	1.0	»	»	»	0.9	»	0.3
1886	2.7	1.2	1.9	1.2	1.4	2.6	0.5	0.2	0.3
1887	4.6	2.7	3.4	1.2	2.8	4.0	0.4	»	0.2
1888	7.4	4.3	5.4	2.0	4.0	6.0	0.6	»	0.1
1889	10.2	6.0	7.3	4.4	4.4	8.8	0.9	0.2	0.4
1890	13.1	7.1	9.6	7.9	4.5	12.4	2.3	0.3	0.7
1891	10.0	5.0	7.2	8.7	4.2	12.9	0.9	0.2	0.5
1892	13.6	10.5	12.0	9.2	4.1	13.3	0.7	»	0.3
1893	14.1	12.2	13.1	9.0	4.0	13.0	1.6	0.3	0.7
1894	13.0	9.8	10.7	6.4	4.3	10.7	0.9	0.3	0.5
1895	10.9	9.6	10.4	6.2	4.7	10.9	1.9	0.4	0.9
1896	12.2	9.6	10.8	7.2	4.9	12.1	1.4	0.5	0.9
1897	13.4	11.0	12.1	6.0	7.3	13.3	2.0	0.2	1.0
1898	14.8	12.8	13.9	4.7	9.2	13.9	1.7	0.5	1.0
1899	16.7	13.7	[illegible]	7.2	9.0	16.2	2.4	0.8	1.2

Tableau II

BANQUE NATIONALE DE SERBIE

Années	Circulation			Comptes courants				
				Mouvement		Situation		
	Maximum	Minimum	Moyenne	Versements	Payements	Maximum	Minimum	Moyenne
1	2	3	4	5	6	7	8	9
	millions de dinars	millions de dinars	millions de dinars	millions de dinars	millions de dinars	millions de dinars	millions de dinars	millions de dinars
1884	0.8	»	0.5	2.0	2.0	0.1	»	»
1885	3.6	0.8	1.4	2.2	2.0	0.3	»	»
1886	6.0	3.5	4.5	1.0	1.2	0.7	»	0.1
1887	10.1	5.7	7.5	0.2	0.2	0.1	»	»
1888	15.1	9.4	11.9	1.1	0.9	0.8	»	0.3
1889	18.2	12.9	15.1	1.8	1.7	0.5	»	0.1
1890	26.2	15.7	19.9	5.4	5.4	2.5	0.1	0.7
1891	30.1	21.1	24.8	7.2	7.2	0.9	0.2	0.5
1892	30.6	24.4	27.1	4.7	3.2	2.9	0.7	1.8
1893	29.8	25.8	27.4	10.2	9.2	3.9	1.1	2.3
1894	26.4	23.0	24.6	6.3	6.3	3.7	1.4	2.6
1895	26.9	23.7	25.0	15.4	14.9	2.3	0.8	1.5
1896	25.3	19.8	22.9	33.7	33.4	3.2	0.5	1.7
1897	25.6	22.9	24.2	26.6	25.2	2.8	0.3	1.4
1898	34.1	22.1	29.0	39.6	38.9	4.0	1.0	2.4
1899	38.8	31.7	34.4	[illegible] 0	27.6	3.5	1.0	2.3

TABLEAU III

BANQUE NATIONALE DE SERBIE

ANNÉES	ESCOMPTES					AVANCES SUR VALEURS MOBILIÈRES			
	MOUVEMENT		PORTEFEUILLE			MOUVEMENT	SITUATION		
	Effets	Sommes	Maximum	Minimum	Moyenne		Maximum	Minimum	Moyenne
1	2	3	4	5	6	7	8	9	10
	millions de dinars	millions de dinars	millions de dinars	millions de dinars	millions de dinars	millions de dinars	millions de dinars	millions de dinars	millions de dinars
1884	767	4.0	1.8	0.3	1.4	0.3	0.2	»	0.1
1885	2.876	10.8	3.0	1.2	2.3	2.5	2.1	»	0.3
1886	3.882	12.8	3.3	1.8	2.6	11.6	2.5	2.0	2.3
1887	5.507	15.6	4.3	2.9	3.5	13.1	2.9	2.2	2.5
1888	4.223	18.8	4.0	3.5	3.7	1.2	3.9	2.9	3.6
1889	4.480	23.5	4.9	3.5	4.3	3.5	4.0	2.3	3.6
1890	4.620	25.9	5.3	4.2	4.7	7.0	6.4	2.0	5.3
1891	4.760	29.7	6.7	4.6	5.5	8.1	6.5	5.4	6.1
1892	5.911	34.0	7.5	5.5	6.6	6.8	6.2	6.1	6.2
1893	7.307	36.7	8.1	6.9	7.4	7.1	3.0	2.9	3.0
1894	8.196	36.3	8.0	7.1	7.4	3.8	3.0	2.8	2.9
1895	7.916	37.7	8.2	7.3	7.6	3.5	2.8	2.6	2.7
1896	7.048	35.0	8.2	6.5	7.3	4.0	3.2	2.6	2.8
1897	6.657	38.0	7.5	6.8	7.3	3.3	2.7	2.5	2.6
1898	7.003	39.6	8.0	6.7	7.3	3.3	2.6	2.2	2.4
1899	9.671	43.9	8.8	7.3	7.9	4 1	3.1	2.0	2.8

n° 46.
10

TABLEAU IV

BANQUE NATIONALE DE SERBIE

ANNÉES	DÉPOTS LIBRES situation au 31 décembre	PRÊTS EN COMPTES COURANTS				
		MOUVEMENT		SITUATION		
		Prêts	Rembourse-ments	Maximum	Minimum	Moyenne
1	2	3	4	5	6	7
	millions de dinars	millions de dinars	millions de dinars	millions de dinars	millions de dinars	millions de dinars
1884	»	»	»	»	»	»
1885	»	»	»	»	»	»
1886	0.1	»	»	»	»	»
1887	»	2.8	2.1	0.9	0.1	0.4
1888	0.1	2.4	1.3	2.2	0.9	1.6
1889	0.6	4.5	2 6	2.9	1.3	1.9
1890	0.9	7.7	5.6	3.6	1.6	2.5
1891	1.0	15.9	12.2	5.0	2.1	3.5
1892	0.6	14.0	10 6	6.5	3.1	5.1
1893	0.6	11.4	8.3	7.0	5.1	5.8
1894	0.6	10.3	7.3	6.0	4.7	5.3
1895	0.8	10.6	7.8	6.3	4.8	5.4
1896	1.5	9.0	5.9	5.6	4.4	4.9
1897	1.6	10.5	5.4	6.7	4.4	5.4
1898	1.6	11.6	9.1	6.5	4.6	5.4
1899	1.4	14.5	11.3	7.3	4.8	5.5

Tableau V

BANQUE NATIONALE DE SERBIE

ANNÉES	PROFITS ET PERTES				TAUX DE L'ESCOMPTE OR		
	BÉNÉFICES bruts	FRAIS de toute nature	BÉNÉFICES nets	DIVIDENDES	Maximum	Minimum	Moyenne
1	2	3	4	5	6	7	8
	millions de dinars	millions de dinars	millions de dinars	%	millions de dinars	millions de dinars	millions de dinars
1884	45.758	47.273	»	»	7	5 1/2	6 1/8
1885	174.082	95.101	78.981	»	8	5	6 1/4
1886	355.016	100.490	254.526	9	8	8	8.00
1887	455.755	126.781	328.974	11.4	8	8	8.00
1888	562.115	159.671	402.444	12	8	8	8.00
1889	599.704	220.411	379.293	11.6	8	8	8.00
1890	871.077	321.214	549.863	15.6	8	8	8.00
1891	875.501	307.434	568.067	16	8	7.50	7.58
1892	1.008.184	357.452	650.732	18	6 1/2	5.50	5.82
1893	960.182	396.162	564.120	12.50	8 1/2	7.50	7.53
1894	934.310	416.964	517.346	11	7 1/2	7.50	7.50
1895	954.997	461.010	493.987	10	7 1/2	7.50	7.50
1896	944.805	430.507	514.298	10	7 1/2	7.50	7.50
1897	922.660	318.008	604.656	10	7 1/2	7.50	7.50
1898	995.708	359.982	635.926	10	7 1/2	7.50	7.50
1899	1.060.081	369.045	691.036	10.50	7 1/2	7.50	7.50

XVIII. — BANQUE ROYALE DE SUÈDE

La Suède possède plusieurs banques d'émissions: la Banque royale et les banques privées.

Les banques privées ont beaucoup d'analogie avec les banques d'Écosse; leur droit d'émission prendra fin le 31 décembre 1903.

La Banque royale de Suède qui, à partir du 1er janvier 1904, aura seule le privilège d'émettre des billets, a été fondée en 1668 et a pris la suite d'un établissement s'appelant également Banque royale de Suède, fondée le 30 novembre 1756 sous le même titre de Banque royale de Suède, et qui était tombé en déconfiture.

Le titre de la banque est " Banque royale de Suède " (Riksbunk).

CAPITAL.

La banque royale est une banque d'Etat ; son capital, fourni par l'Etat, est de kr. 50 millions.

SIÈGE CENTRAL SUCCURSALES.

Le siège central est à Stockholm; la banque possède 17 succursales.

DIRECTION.

La banque royale n'est pas administrée sous le contrôle du gouvernement, mais sous celui de la Diète nationale; elle est dirigée par 7 députés nommés par la Diète; elle est contrôlée par des commissaires nommés par le parlement tout entier et des vérificateurs choisis par le Riksdag.

OPÉRATIONS.

La banque royale escompte et achète les effets de commerce revêtus de deux signatures ayant, au plus, neuf mois d'échéance sur la Suède et l'étranger; elle accorde des avances sur fonds d'Etat, obligations diverses, actions de chemins de fer, marchandises, immeubles, elle ouvre des crédits sous caution.

Elle ouvre des comptes courants et de dépôt avec ou sans intérêt et délivre des mandats sur ses succursales et sur l'étranger.

CIRCULATION FIDUCIAIRE.

La banque peut émettre des billets à concurrence de son encaisse métallique, de l'or et de l'argent qu'elle possède à l'étranger, du solde créditeur de ses comptes courants à l'étranger et d'une somme kr. 45 millions qui doit être couverte par des fonds d'Etat étrangers facilement réalisables, par des fonds d'Etat suédois, des obligations foncières et autres valeurs suédoises jouissant d'un marché international, par des effets de commerce suédois et étrangers.

L'encaisse de la banque royale ne peut descendre au-dessous de kr. 15 millions et doit représenter 30 % au moins des effets sur lesquels sont émis les billets au-dessus de kr. 35 millions.

Les billets de la Banque royale ont cours légal.

RELATIONS DE LA BANQUE ET DE L'ÉTAT.

La banque de Suède n'a pas et il lui est interdit d'avoir des relations avec l'Etat; elle peut recevoir les fonds du Trésor sans intérêt. La diète peut affecter tout ou partie des bénéfices de la banque au budget de l'Etat.

[TABLEAUX]

TABLEAU I

BANQUE ROYALE DE SUÈDE

ANNÉES	ENCAISSE						SOMMES à L'ÉTRANGER			CIRCULATION		
	SITUATION			COMPOSITION au 31 décembre								
	Maxim.	Minim.	Moyenne	Or.	Argent.	Total.	Maxim.	Minim.	Moyenne	Maxim.	Minim.	Moyenne
1	2	3	4	5	6	7	8	9	10	11	12	13
	millions de couronn	millions de couronn	millions de couronn	millions de couronnes	millions de couronnes	millions de couronnes	millions de couronn	millions de couronn	millions de couronn	millions de couronn	millions de couronn	millions de couronn
1880	»	»	»	11.8	4.4	16.2	»	»	»	»	»	»
1881	»	»	»	11.6	4.0	15.6	»	»	»	»	»	»
1882	»	»	»	12.5	3.5	16.0	»	»	»	»	»	»
1883	»	»	»	12.1	2.9	15.0	»	»	»	»	»	»
1884	»	»	»	13.1	3.0	16.1	»	»	»	»	»	»
1885	»	»	»	13.7	3.1	16.8	»	»	»	»	»	»
1886	»	»	»	13.8	3.1	16.9	»	»	»	»	»	»
1887	»	»	»	16.1	2.4	18.5	»	»	»	»	»	»
1888	»	»	»	15.5	1.7	17.2	»	»	»	»	»	»
1889	»	»	»	16.7	1.2	17.9	»	»	»	»	»	»
1890	19.2	18.0	18.7	17.1	1.8	18.9	11.1	4.1	6.6	46.2	39.7	42.7
1891	19.8	19.2	19.5	17.0	2.2	19.2	11.7	2.8	6.8	44.0	38.6	41.8
1892	20.4	19.6	20.0	16.8	2.9	19.7	11.6	6.1	8.1	44.0	38.5	41.3
1893	20.5	19.1	19.9	16.6	2.5	19.1	15.8	5.5	10.1	47.8	40.1	43.9
1894	25.0	19.7	21.6	22.0	2.7	24.7	23.1	16.5	19.2	51.9	42.2	46.5
1895	27.9	25.3	27.1	24.2	2.2	26.4	23.8	15.1	18.8	56.7	44.8	50.7
1896	27.2	24.9	26.5	23.5	1.4	24.9	25.7	16.9	21.0	63.3	49.6	55.1
1897	29.6	23.2	26.2	29.5	2.0	31.5	21.3	15.1	17.1	68.8	51.6	58.3
1898	31.6	25.9	29.6	31.2	3.3	34.5	24.4	10.4	16.9	70.9	56.5	62.7
1899	35.8	34.2	35.0	30.3	3.9	34.2	43.2	11.0	28.6	75.2	65.5	61.2

Tableau II

BANQUE ROYALE DE SUÈDE

Années	Comptes courants et dépôts — Mouvement — Comptes courants sans intérêts. Versements.	Comptes courants sans intérêts. Paiements.	Dépôts à vue à intérêts. Versements.	Dépôts à vue à intérêts. Paiements.	Dépôts à terme à intérêts. Versements.	Dépôts à terme à intérêts. Paiements.	Réunion. Versements.	Réunion. Paiements.	Situation — Maximum.	Situation — Minimum.	Situation — Moyenne
1	2	3	4	5	6	7	8	9	10	11	12
	millions de couronnes	millions de couronnes	millions de couronnes.	millions de couronnes.	millions de couronnes.	millions de couronnes.	millions de couronnes.	millions de couronnes.	millions de couronn	millions de couronn	millions de couronn
1880	»	«	32.9	33.6	20.5	19.9	»	»	»	»	»
1881	»	»	34.2	34.9	22.6	24.3	»	»	»	»	»
1882	117.2	116.7	30.6	30.3	15.5	20.8	163.3	167.8	»	»	»
1883	123.3	124.0	32.6	29.5	8.9	10.0	163.8	163.5	»	»	»
1884	121.9	118.0	32.0	32.6	11.4	9.7	165.9	160.3	»	»	»
1885	134.1	135.0	33.3	33.3	12.9	13.1	180.3	181.4	»	»	»
1886	111.4	110.6	45.9	44.5	16.9	13.3	174.2	168.4	»	»	»
1887	174.0	173.8	47.6	47.6	14.1	12.1	236.0	233.5	»	»	»
1888	208.0	205.5	49.1	48.7	21.0	23.2	278.1	277.4	»	»	»
1889	215.6	219.1	46.3	46.7	14.3	14.1	276.2	279.9	»	»	»
1890	226.0	224.7	45.0	45.9	12.2	12.8	283.2	283.4	35.3	26.4	36.6
1891	206.4	206.7	42.0	38.3	13.6	19.2	262.0	264.2	33.8	24.5	28.1
1892	214.1	215.5	40.0	39.8	5.3	6.9	259.3	262.2	28.7	21.5	25.3
1893	209.7	211.2	36.4	36.2	8.5	5.9	254.6	253.8	28.8	20.6	25.7
1894	225.4	220.5	40.5	40.1	7.8	9.8	273.4	270.4	35.6	24.8	29.5
1895	242.7	239.1	40.7	41.5	5.4	9.2	288.9	289.8	39.8	26.5	32.2
1896	307.1	307.4	44.5	44.3	1.5	1.6	353.1	253.8	38.7	26.3	31.6
1897	488.0	483.3	44.6	44.4	1.3	1.6	533.9	529.3	36.8	30.2	33.3
1898	555.2	551.8	38.5	41.0	0.4	0.2	594.1	592.5	50.6	33.6	42.4
1899	»	»	»	»	»	»	»	»	39.2	21.6	30.5

TABLEAU III

BANQUE ROYALE DE SUÈDE

ANNÉES	ESCOMPTES									
	MOUVEMENT Papier suédois escompté	SITUATION								
		Papier suédois.			Papier étranger.			Portefeuille total.		
		Maxim.	Minim.	Moyenne	Maxim.	Minim.	Moyenne	Maxim.	Minim.	Moyenne
1	2	3	4	5	6	7	8	9	10	11
	millions de couronnes	millions de couronnes	millions de couronnes	millions de couronnes	millions de couronnes	millions de couronnes	millions de couronnes	millions de couronnes	millions de couronnes	millions de couronnes
1880	31.1	»	»	»	»	»	»	»	»	»
1881	47.6	»	»	»	»	»	»	»	»	»
1882	63.8	»	»	»	»	»	»	»	»	»
1883	68.3	»	»	»	»	»	»	»	»	»
1884	73.9	»	»	»	»	»	»	»	»	»
1885	80.2	»	»	»	»	»	»	»	»	»
1886	77.3	»	»	»	»	»	»	»	»	»
1887	70.5	»	»	»	»	»	»	»	»	»
1888	76.1	»	»	»	»	»	»	»	»	»
1889	74.8	»	»	»	»	»	»	»	»	»
1890	80.9	23.1	21.3	22.3	19.0	7.5	13.7	41.7	28.9	36.0
1891	84.8	24.6	20.8	22.9	15.6	7.3	11.8	38.6	30.5	34.7
1892	86.2	23.7	21.2	22.7	11.0	6.3	8.4	34.7	28.1	31.1
1893	87.6	25.0	20.9	22.9	14.5	3.4	8.8	37.3	25.2	31.7
1894	88.4	25.5	20.4	22.5	7.7	3.1	5.9	31.6	25.3	28.4
1895	107.7	30.4	21.5	26.2	6.7	2.1	4.5	35.8	25.0	30.7
1896	127.8	33.3	25.9	30.2	9.5	1.3	4.9	42.8	28.2	35.1
1897	146.6	39.0	32.4	35.7	14.8	3.6	9.4	58.8	37.7	45.1
1898	223.6	49.4	39.0	43.6	15.4	2.8	6.9	64.8	41.9	50.5
1899	302.7	68.0	48.5	52.6	20.8	7.2	14.8	85.2	57.8	67.4

Tableau IV

BANQUE ROYALE DE SUÈDE

ANNÉES	AVANCES SUR GAGES MOBILIERS				CRÉDITS PERSONNELS				
	MOUVEMENT	SITUATION			MOUVEMENT		SITUATION		
		Maxim.	Minim.	Moyenne	Prélèvements.	Remboursements.	Maxim.	Minim.	Moyenne
1	2	3	4	5	6	7	8	9	10
	millions de couronnes.	millions de couronnes.	millions de couronnes.	millions de couronnes.	millions de couronnes.	millions de couronnes.	millions de couronnes.	millions de couronnes.	millions de couronnes.
1880	30.9	»	»	»	72.9	73.8	»	»	»
1881	25.1	»	»	»	82.0	74.4	»	»	»
1882	21.6	»	»	»	81.6	80.6	»	»	»
1883	22.1	»	»	»	83.3	82.7	»	»	»
1884	30.2	»	»	»	128.4	128.6	»	»	»
1885	43.7	»	»	»	138.5	137.6	»	»	»
1886	57.3	»	»	»	135.2	135.6	»	»	»
1887	55.7	»	»	»	126.9	128.0	»	»	»
1888	65.5	»	»	»	124.0	125.0	»	»	»
1889	71.6	»	»	»	125.5	126.1	»	»	»
1890	77.6	»	»	»	128.4	128.2	8.2	7.6	7.9
1891	70.1	28.0	24.0	25.3	123.3	123.1	7.4	6.2	7.0
1892	76.3	24.5	22.2	23.6	122.8	123.1	7.6	6.8	7.2
1893	77.6	25.7	21.8	23.8	117.6	118.0	7.4	6.4	6.3
1894	91.0	22.8	19.3	21.0	115.7	115.9	6.6	5.8	6.2
1895	92.7	21.7	17.0	18.8	118.3	118.8	6.4	5.6	6.0
1896	90.8	18.8	14.2	16.2	102.2	102.5	6.9	5.2	6.0
1897	95.4	24.5	15.2	18.1	80.6	75.8	6.1	4.6	5.6
1898	108.9	25.6	18.9	23.2	67.7	67.1	5.5	4.1	4.8
1899	97.5	20.7	13.0	16.0	131.5	129.6	9.0	5.9	8.0

Tableau V

BANQUE ROYALE DE SUÈDE

Années	Profits et pertes			Taux de l'escompte		
	Bénéfices bruts	Frais de toute nature	Bénéfices nets	Maximum	Minimum	Moyenne
1	2	3	4	5	6	7
	millions de couronnes.	millions de couronnes.	millions de couronnes.	%	%	%
1880	4.6	2.1	2.5	»	»	»
1881	5.3	2.0	3.3	»	»	»
1882	4.8	2.2	2.6	»	»	»
1883	4.8	2.2	2.6	»	»	»
1884	4.6	2.1	2.5	»	»	»
1885	4.5	1.8	2.7	»	»	»
1886	4.6	2.1	2.5	»	»	»
1887	4.8	2.1	2.7	»	»	»
1888	4.7	2.0	2.7	»	»	»
1889	4.7	2.1	2.6	»	»	»
1890	6.0	2.3	3.7	6	4	4.49
1891	5.7	2.1	3.6	5 1/2	4 1/2	4 3/4
1892	5.1	2.3	2.8	5 1/2	4 1/2	4.82
1893	4.8	2.3	2.5	5	4	4.21
1894	4.7	2.1	2.6	4	4	4
1895	4.6	1.5	3.1	4	4	4
1896	4.7	1.6	3.1	4 1/2	3 1/2	3.80
1897	5.1	1.8	3.3	5	4 1/2	4.58
1898	5.8	1.9	3.9	5 1/2	4	4.45
1899	8.0	3.6	4.4	6	5 1/2	5.89

Tableau VI

BANQUE ROYALE DE SUÈDE

CIRCULATION PAR COUPURE		
Désignation des coupures 1	31 décembre 1880 2	31 décembre 1899 3
1.000 couronnes	13.488.000	16.586.000
100 —	7.127.500	15.712.100
50 —	1.871.250	4.544.650
10 —	3.395.470	18.715.590
5 —	11.099.780	17.860.145
1 —	187.349	109.828
Billets d'anciens types........	2.234.376.67	1.661.171.33
Totaux.............	39.403.725.67	75.189.484.33

XIX. — BANQUES D'ÉMISSION SUISSES

La Suisse est au régime de la liberté des banques d'émission; l'autorisation d'émettre des billets aux termes de la loi fédérale du 8 mars 1881 ne peut être refusée à tout établissement qui prouve avoir rempli les conditions légales. Elles sont connues sous la dénomination de " banques d'émission légalement autorisées ".

Le montant de l'émission d'une banque ne peut pas dépasser le double de son capital versé et réellement existant; 40 % de la circulation effective doivent être couverts par une encaisse distincte des autres encaisses de la banque; le surplus doit être garanti par des dépôts de titres ou par la garantie du canton dans lequel opère la banque, ou par le portefeuille commercial composé d'effets à quatre mois au plus d'échéance, revêtus de deux bonnes signatures, dont l'une, au moins, d'un négociant domicilié en Suisse.

Le Conseil fédéral surveille les banques d'émission et vérifie leurs comptes et l'état de leurs caisses.

Les banques paient à la Confédération un droit de contrôle de 10 ‰ du montant de l'émission; les cantons ne peuvent percevoir plus de 6 ‰.

Cette législation n'a pas donné satisfaction à la Suisse, qui a élaboré un projet, non encore accepté, d'une banque d'émission unique.

Actuellement, on compte en Suisse 34 banques d'émission de toute nature : banques cantonales, sociétés par actions, banques populaires, caisses d'épargne.

Tableau 1

BANQUES D'ÉMISSION SUISSES LÉGALEMENT AUTORISÉES

Années	Nombre de banques	Encaisse						Circulation		
		Situation			Composition au 31 décembre					
		Maximum	Minimum	Moyenne	Or	Argent	Total	Maximum	Minimum	Moyenne
1	2	3	4	5	6	7	8	9	10	11
		millions de francs.	millions de francs.	millions de francs.	millions de francs.	millions de francs.	millions de francs.	millions de francs.	millions de francs.	millions de francs.
1882	29	58.0	46.5	49.8	»	»	57.7	99.4	82.5	98.2
1883	32	64.0	54.1	59.8	»	»	63.0	117.6	87.3	102.2
1884	33	73.5	57.7	64.4	»	»	69.9	129.3	103.8	114.8
1885	33	71.3	59.5	65.5	49.2	20.4	69.6	135.1	115.7	123.4
1886	33	72.5	61.1	66.7	51.1	19.1	70.2	139.0	117.6	127.1
1887	34	81.2	67.1	75.7	53.3	22.8	76.1	147.8	128.5	134.8
1888	34	77.2	70.1	74.2	53.9	23.3	77.2	150.2	132.4	139.6
1889	34	84.1	72.0	76.3	59.6	24.5	84.1	153.9	137.8	145.5
1890	35	85.8	77.2	80.9	61.5	23.4	84.9	168.4	144.1	152.4
1891	36	92.2	80.0	84.8	65.0	26.5	91.5	178.2	153.7	163.5
1892	34	92.3	86.4	88.9	67.2	22.7	89.9	180.5	156.5	163.3
1893	35	95.3	85.2	89.4	74.2	17.5	91.7	177.8	160.0	167.4
1894	34	99.8	89.3	92.5	81.3	13.0	94.3	180.3	164.7	171.3
1895	34	98.4	90.5	93.6	83.4	11.6	95.0	190.0	169.5	179.2
1896	34	100.5	92.1	95.7	88.0	10.7	98.7	198.8	180.2	190.2
1897	34	107.1	94.8	100.0	92.7	11.1	103.8	215.6	188.5	199.4
1898	35	107.1	99.9	104.2	95.5	9.4	104.9	224.5	197.4	207.7
1899	34	110.0	105.0	106.6	96.9	11.4	108.3	225.2	203.2	214.7

TABLEAU II

BANQUES D'ÉMISSION SUISSES LÉGALEMENT AURORISÉES

ANNÉES	COMPTES COURANTS ET DÉPOTS A VUE ET A TERME								
	COMPTES COURANTS et Dépôts à vue et à court terme.			COMPTES COURANTS et Dépôts à échéance.			RÉUNION		
	Maximum	Minimum	Moyenne	Maximum	Minimum	Moyenne	Maximum	Minimum	Moyenne
1	2	3	4	5	6	7	8	9	10
	millions de francs.	millions de francs.	millions de francs.	millions de francs.	millions de francs.	millions de francs.	millions de francs.	millions de francs.	millions de francs.
1882	»	»	»	»	»	»	»	»	»
1883	»	»	73.2	»	»	376.4	»	»	449.6
1884	»	»	78.2	»	»	395.8	»	»	474.0
1885	»	»	78.7	»	»	393.9	»	»	472.6
1886	»	»	81.5	»	»	421.3	»	»	502.8
1887	»	»	89.4	»	»	427.1	»	»	516.5
1888	»	»	100.0	»	»	436.5	»	»	536.5
1889	»	»	98.0	»	»	449.1	»	»	547.1
1890	»	»	92.0	»	»	467.0	»	»	559.0
1891	95.7	84.9	91.9	504.0	481.9	494.4	595.4	575.7	586.3
1892	101.5	87.1	92.6	531.1	509.9	520.9	632.6	600.9	613.5
1893	106.1	93.6	99.5	569.6	545.6	560.4	669.0	643.4	659.9
1894	114.0	103.3	108.2	604.0	581.0	594.8	713.9	686.2	703.0
1895	135.9	104.4	117.4	643.3	616.3	631.1	767.5	733.6	748.5
1896	113.3	99.7	105.9	691.3	662.4	677.1	793.2	770.9	783.0
1897	134.1	107.4	116.2	727.4	703.3	717.1	861.5	811.3	833.3
1898	160.8	121.5	136.5	801.2	742.7	768.1	932.8	882.7	904.6
1899	142.3	125.9	133.4	859.1	816.7	833.9	992.0	944.4	967.3

TABLEAU III

BANQUES D'ÉMISSION SUISSES LÉGALEMENT AUTORISÉES

ANNÉES	PORTEFEUILLE			AVANCES SUR VALEURS MOBILIÈRES y compris les warrants			CRÉANCES HYPOTHÉCAIRES au 31 décembre
	Maximum	Minimum	Moyenne	Maximum	Minimum	Moyenne	
1	2	3	4	5	6	7	8
	millions de francs.	millions de francs.	millions de francs.	millions de francs.	millions de francs.	millions de francs.	millions de francs.
1882	»	»	160.5	»	»	»	214.4
1883	»	»	176.4	»	»	35.9	221.2
1884	»	»	184.0	»	»	30.2	232.6
1885	»	»	180.2	»	»	31.3	320.3
1886	»	»	187.9	»	»	35.2	249.0
1887	»	»	181.8	»	»	36.8	255.8
1888	»	»	172.5	»	»	39.7	266.4
1889	»	»	165.3	»	»	43.3	273.1
1890	»	»	158.5	»	»	44.2	284.9
1891	171.3	157.2	164.2	51.0	45.3	48.7	305.5
1892	173.1	151.0	158.7	49.1	46.7	47.7	323.8
1893	181.0	165.1	173.6	46.1	39.0	42.7	362.0
1894	174.5	163.8	169.5	46.4	40.0	42.8	389.6
1895	192.3	167.9	178.7	46.0	41.0	43.5	428.9
1896	181.1	166.8	171.7	41.9	37.1	39.6	477.7
1897	210.9	167.4	175.4	40.0	35.3	37.2	517.2
1898	195.9	165.5	182.6	47.9	36.6	41.9	553.8
1899	193.8	160.7	180.3	48.2	39.3	44.9	584.3

TABLEAU IV

BANQUES D'ÉMISSION SUISSES LÉGALEMENT AUTORISÉES

ANNÉES	PROFITS ET PERTES			TAUX DE L'ESCOMPTE		
	BÉNÉFICES bruts	FRAIS GÉNÉRAUX y compris les impôts et prélèvements de toute nature	BÉNÉFICES nets	MAXIMUM	MINIMUM	MOYENNE
1	2	3	4	5	6	7
	francs.	francs.	francs.	%	%	%
1882	»	»	»	»	»	»
1883	28.978.570	23.562.881	5.415.689	»	»	4.11
1884	29.844.883	23.386.386	6.458.497	»	»	2.99
1885	29.354.555	23.771.104	5.583.451	»	»	2.85
1886	30.922.027	23.798.445	7.123.582	»	»	3.09
1887	30.681.970	23.235.056	7.446.914	»	»	2.91
1888	31.474.487	23.270.901	8.203.586	»	»	3.13
1889	32.646.589	24.033.110	8.613.479	»	»	3.70
1890	35.055.643	25.256.210	9.799.433	»	»	3.90
1891	35.558.123	28.270.366	7.287.757	»	»	3.92
1892	35.612.703	27.917.052	7.695.651	»	»	3.09
1893	38.713.990	30.490.343	8.223.647	4.5	2.5	3.37
1894	40.342.123	30.895.611	9.446.512	4	3	3.17
1895	41.932.534	32.303.409	9.629.125	4	2.5	3.27
1896	45.477.284	34.942.662	10.534.622	5	3.5	3.94
1897	46.607.712	35.130.096	11.477.616	4.5	3.5	3.92
1898	50.877.515	38.693.052	12.184.463	5	4	4.31
1899	56.624.182	44.446.737	12.177.445	6	4.5	4.97

LES CRÉDITS FONCIERS EN EUROPE

Les Crédits fonciers sont des institutions qui ont pour objet de prêter sur hypothèque aux propriétaires d'immeubles et d'émettre des obligations en représentation de ces prêts. Ces obligations sont ordinairement des titres au porteur. Cependant le système des obligations au porteur n'est pas un élément indispensable de cette institution. Les opérations de crédit foncier peuvent se combiner avec d'autres affaires. Un établissement qui se livre aux diverses opérations de banque peut se procurer les fonds nécessaires aux prêts autrement que par l'émission d'obligations foncières.

Il rentre aussi dans le domaine des crédits fonciers d'accorder également des prêts à des collectivités, et de favoriser, par cela même, le crédit corporatif " communal ". Mais la nature du crédit corporatif n'est pas toujours et partout uniformément déterminée.

Quelques institutions ne prêtent qu'à des collectivités ayant le caractère d'établissements publics, mais bien souvent on s'écarte de cette condition restrictive. Beaucoup d'établissements prêtent aux collectivités sans affectation hypothécaire. Des " obligations communales " sont émises en représentation des " prêts communaux ".

Le rayon des opérations de crédit foncier s'étend également au crédit en vue de travaux de culture ou d'amélioration à exécuter sur des propriétés rurales. Mais pour ce genre de crédit il existe dans quelques Etats des institutions spéciales, les " Landeskultur-Rentenbanken ".

D'après la nature des immeubles mis en gage, le crédit foncier se divise en trois catégories : le crédit foncier pour la petite et la moyenne propriété rurale, — pour la grande propriété rurale, — et pour la propriété urbaine. Les établissements de crédit foncier se livrent soit à toutes ces catégories de crédit foncier ou seulement à quelques-unes d'entre elles.

Au point de vue de l'organisation de ces institutions, on distingue trois types : le premier type comprend les institutions de crédit foncier garanties par l'Etat ou une province. Les institutions qui ne sont garanties que par des collectivités moindres qu'une province (arrondissements ou établissements publics) y appartiennent également.

Le deuxième type comprend les institutions de crédit foncier basées sur le principe coopératif. Ces mutualités ont tantôt un caractère de droit public tantôt un caractère privé.

Le troisième type comprend les banques hypothécaires montées sous forme de sociétés par actions.

Les prêts qui sont réalisés par les établissements de crédit foncier sont remboursables avec ou sans amortissement. Les prêts sans amortissement sont exigibles tantôt dans un délai de trois mois, de six mois, d'une année, tantôt à une échéance de plusieurs années.

L'emprunteur peut également s'acquitter par remboursements partiels.

Quant aux tarifs pour le calcul des annuités, on n'a pas toujours et partout suivi les mêmes principes : par exemple, l'annuité comprend bien souvent une allocation fixe pour frais d'administration, c'est-à-dire que le taux de cette commission est réglé sur la base du montant primitif du prêt et sera servi par l'emprunteur jusqu'à l'extinction de sa dette, sans que les amortissements partiels effectués par le service de l'annuité, déterminent une diminution correspondante dans le chiffre de la commission à payer ; d'autre part, bien souvent l'annuité renferme une commission qui décroît, chaque année, avec le capital restant dû sur le prêt.

Enfin dans les différents pays, il y a en outre beaucoup d'autres distinctions relatives au mode de ces calculs.

Les prêts des crédits fonciers sont accordés ou en numéraire ou en obligations. C'est, notamment, au sujet des obligations que les différences sont nombreuses.

Comme cela nous mènerait trop loin, nous devons négliger de donner, dans cette étude, un aperçu comparé des principes d'après lesquels les établissements de crédit foncier européens sont organisés et administrés (1).

Les ouvrages publiés jusqu'ici sur le crédit foncier, ne fournissent pas de statistique d'ensemble des institutions qui distribuent ce crédit

(1) On pourra consulter sur ce point notre ouvrage sur *le Crédit foncier européen* dont le premier volume a paru en 1900 chez MM. Duncker et Humblot, libraires-éditeurs à Leipzig.

dans les différents pays européens. C'est cette statistique que nous nous proposons de réaliser dans la présente étude.

Il nous a paru utile, au point de vue de la classification, de ranger par ordre alphabétique les Etats où fonctionnent des établissements de crédit foncier. Pour les Etats où il existe des institutions variées dans les détails de leur organisation, ces institutions sont disposées d'après le type d'organisation auquel ils appartiennent ; on voit ainsi facilement s'il s'agit d'une institution gouvernementale ou d'un établissement d'un autre genre. Il va sans dire que le siège et la date de fondation sont indiqués. Pour chaque type d'organisation les établissements sont inscrits d'après la date de leur fondation, à savoir par ordre chronologique et non par ordre alphabétique.

La raison sociale de chaque établissement est indiquée absolument telle qu'elle existe dans la langue du pays où cet établissement fonctionne. Les Etats slaves et la Hongrie font exception à cette règle. Dans ces pays, la raison sociale est indiquée en langue allemande en tant que les statuts et les rapports annuels sont rédigés dans cette langue et aussi en français pour autant que possible, savoir dans les cas où les établissements eux-mêmes ont coutume de communiquer leur raison sociale en langue française. Pour la Russie, il a été possible d'établir en français la désignation de chaque établissement.

De plus, il a paru utile de donner quelques chiffres puisés dans les bilans à l'effet de faire apprécier la situation de chaque établissement. Pour que le travail ne soit pas d'une trop grande étendue, je me suis borné à donner la situation à la fin de l'année 1898. Dans les tableaux, les valeurs sont exprimées dans la monnaie de chaque pays. En tant qu'on n'a pas pu se procurer les chiffres de 1898, on a pris ceux de 1897. Cela n'a été nécessaire que tout exceptionnellement.

Ce travail statistique n'a pu se faire qu'au prix d'efforts considérables et de recherches pour lesquelles il a fallu parfois faire de longues correspondances, les rapports des établissements européens étant écrits en plus de douze langues. Ce fait est évidemment une difficulté. Il serait à désirer que les autorités de chaque bourse se fissent un devoir d'engager chaque établissement, qui demande l'admission à la cote de ses titres, à rédiger leurs comptes rendus annuels tout entiers, non seulement dans la langue du pays d'origine, mais également dans celle du pays où ils se proposent d'effectuer la négociation de leurs titres.

D'ailleurs, je dois à l'obligeance des directeurs des sociétés de crédit foncier de presque tous les Etats, d'avoir pu réunir pendant nombre d'années un grand nombre de documents concernant ces établissements et je suis heureux de leur exprimer ici mes remercîments. Il se pourrait qu'en ce qui concerne les renseignements de chiffres, quelques erreurs se fussent glissées dans cette étude, ce qui s'explique déjà par le peu de temps que j'ai dû employer à ce travail. C'est pourquoi je serais très reconnaissant qu'on veuille bien me signaler les divergences, s'il y a lieu.

Les résultats statistiques sont résumés dans un tableau général. Dans ce tableau, les sommes exprimées en monnaie étrangère ont été réduites en francs. En tant qu'il a paru utile d'annoter les chiffres, les tableaux sont accompagnés de notes. Pour les tableaux particuliers de chaque Etat, la monnaie du pays n'a pas été réduite en francs.

Nous donnons ici quelques indications générales sur le crédit foncier dans les divers États européens. Ces indications peuvent, en même temps, servir de commentaire particulier à la statistique de chaque pays.

Allemagne. — C'est l'Allemagne qui possède l'organisation la plus intense et la plus ancienne du crédit foncier. Les anciennes " Landschaften" de Prusse sont devenues typiques comme organisations de ce genre. A la fin de 1898, les Landschaften possédaient un actif total de 96.450.623 marks, ainsi que 15.992.766 marks en fonds de garantie et de réserve. Leurs obligations foncières se montaient au total de 2.322.816.180 marks. Sur cette somme, 198.366.405 marks ont été émis par des institutions non prussiennes; tout le reste est à l'actif des Landschaften anciennes et modernes en Prusse.

Ces obligations foncières sont au taux d'intérêt suivant :

marks	TAUX D'INTÉRÊT
58.976.915	4 %
1.523.325	3 2/3 %
1.648.423.985	3 1/2 %
785.400	3 1/3 %
613.106.555	3 %

Les Landschaften sont des associations de droit public. Mais, en dehors de celles-ci, il y en a d'autres, fondées sur la base du droit privé, avec un capital de 13.405.425 marks et 1.071.908 marks de réserves. Les prêts hypothécaires étaient, à la fin de 1898, de 197.641.064 marks et les prêts communaux de 95.806.487 marks. Il y avait donc des obligations en circulation pour un total de 283.008.141 marks, savoir :

marks	TAUX D'INTÉRÊT
17.306.300	3 %
255.650.204	3 1/2 %
7.750.337	4 %
2.301.300	4 1/2 %

Il n'existe que deux instituts corporatifs de crédit foncier urbain. Ces deux établissements datent de 1868.

A la fin de 1898, ils avaient :

3.139.679 marks d'actif.
98.353.600 — d'hypothèques.
98.353.600 — d'obligations foncières.

dont :

15.493.700 marks	à	3 %
53.371.300 —	à	3 1/2 %
15.000.500 —	à	4 %
9.517.400 —	à	4 1/2 %
4.970.700 —	à	5 %

Les institutions de crédit foncier de l'Etat avaient, à la fin de 1898, un capital de 15.521.098 marks et des réserves de 35.183.631 marks.

Le total de leurs hypothèques présentait le chiffre de.....	605.045.135 marks.
Celui des prêts communaux	225.438.801 —
Ensemble.....	830.483.936 marks.

Les obligations en circulation atteignaient 748.155.208 marks, dont

472.612.077 marks	à	3 1/2 %
89.846.700 —	à	3 1/4 %
12.396.000 —	à	3 1/3 %
72.080.763 —	à	3 %
22.526.963 —	à	2 1/2 % et 2 %
78.692.705 —	à divers taux d'intérêt.	

Les quarante banques hypothécaires par actions existant en Allemagne avaient ensemble, à la fin 1898, un capital versé de 554.297.256 marks et des réserves se montant à 153.739.315 marks. Elles avaient placé en hypothèques 6.207.929.143 marks. Les prêts hypothécaires consistent, pour la plupart, en prêts aux villes, en sorte que le besoin de fonder des instituts corporatifs pour le crédit foncier urbain n'existe pas.

Les obligations en circulation à la fin de 1898 se montaient à 5.868.099.732 marks, savoir :

marks		TAUX D'INTÉRÊT
4.049.770.411	....	3 1/2 %
5.660.400	....	3 3/4 %
1.800.270.108	....	4 %
9.735.588	....	4 1/2 %
2.663.225	....	3 %

Huit banques hypothécaires seulement ont, à elles seules, consenti des prêts communaux pour un montant total de 79.129.238 marks contre 67.619.200 marks d'obligations communales émises par six instituts. Un institut avait en circulation un petit montant d'obligations de chemin de fer vicinal ; un autre, un certain nombre de Grundrentenbriefen (Rentes foncières).

Autriche-Hongrie. — En Autriche-Hongrie, l'organisation du crédit foncier est encore moins uniforme qu'en Allemagne. Les établissements sous forme d'associations sont peu nombreux. Il y en a quatre ayant des réserves se montant au total de 45.449.078 couronnes avec des hypothèques au montant total de 563.732.383 couronnes et des obligations en circulation pour 559.477.600 couronnes. La répartition de ces obligations d'après le taux d'intérêt n'a pu être établie pour tous les instituts. Le bénéfice réalisé en 1898, employé suivant des principes assez différents, n'a pas été pris en considération en ce qui concerne l'établissement des réserves. L'une de ces quatre associations, le Galizische Bodencredit-Verein est établi sur le modèle des Landschaften de Prusse, tandis que les autres, quoique toutes différentes comme organisation, peuvent être classées comme associations privées.

Trois caisses d'épargne, ayant aussi des sections pour le crédit foncier, ne sont pas fondées sur actions, et se distinguent en cela d'autres caisses d'épargne avec sections de crédit foncier.

Les Landesbanken prennent, peu à peu, une importance toute particulière. Il en existe neuf avec des prêts sur hypothèques se montant au total de 643.059.136 couronnes et avec une circulation d'obligations de 649.911.500 couronnes. Deux de ces Landesbanken ont fait des prêts communaux, savoir la Landesbank du royaume de Galicie, à Lemberg, pour 8.517.389 couronnes, et la Niederösterreichische Landeshypothekenanstalt pour 15.653.744 couronnes. Se basant sur ces prêts communaux, elles ont également émis des obligations communales, à savoir la

Landesbank, à Lemberg, pour 8.804.600 couronnes et la Niederösterreichische pour 15.752.000 couronnes. Pour le crédit communal, existe en Bohême la Landesbank du royaume de Bohême qui accorde aussi des prêts aux entreprises d'amélioration et de chemins de fer. Elle a pour 153.892.920 couronnes de prêts communaux, et des obligations communales pour 138.803.400 couronnes. En outre, il y a la Communalcreditanstalt pour la Silésie. Ses prêts communaux se chiffrent 1.849.508 couronnes et ses obligations communales par 1.867.000 couronnes. La Landeskultur-Rentenbank der Markgrafschaft Mähren, à Brünn, a pour 16.088.495 couronnes de prêts communaux et des obligations communales pour 16.135.800 couronnes. La Landesbank du royaume de Bohême a aussi des obligations de chemins de fer en circulation qui ont été émises sur la garantie des prêts faits à des chemins de fer se montant à 58.255.072 couronnes. Elle a de même émis des obligations d'amélioration sur la garantie de prêts accordés à ce titre se montant à 5.721.108 couronnes.

L'Autriche-Hongrie possède, en plus, vingt sociétés de crédit foncier, fondées par actions. Le capital versé de ces sociétés est de 362.410.000 couronnes, les réserves totales s'élèvent à 228.263.630 couronnes. L'état des hypothèques accuse le chiffre de 1.450.384.309 couronnes, les obligations en circulation se montant à 1.408.112.850 couronnes, six de ces banques se trouvent dans les pays de la Couronne autrichienne, douze en Hongrie-Transylvanie, deux en Bosnie, Herzégowine et Croatie.

Les six banques situées dans les pays de la Couronne autrichienne disposent d'un capital-action de 223.800.000 couronnes, de réserves s'élevant à 124.479.561 couronnes, d'hypothèques pour 739.296.022 couronnes et d'obligations pour 732.346.050 couronnes.

Les douze banques de Hongrie-Transylvanie ont un capital-action de 124.610.000 couronnes ; des réserves pour 102.790.788 couronnes ; des hypothèques pour 669.193.053 couronnes, et des obligations pour 633.270.400 couronnes.

Les deux banques en Bosnie-Herzégowine et Croatie ont 14.000.000 couronnes de capital-action ; des réserves pour 993.280 couronnes ; des hypothèques pour 41.895.234 couronnes et 42.496.400 couronnes d'obligations.

Le taux d'intérêt n'est pas connu pour tous les instituts. Il est pourtant permis de supposer qu'en Autriche 76 % des obligations émises rapportent un intérêt de 4 % ; — 14 % un intérêt de 4 1/2 % — et 9 % un intérêt de 5 %. En Hongrie, on peut estimer à environ 39 % les obligations donnant 4 % d'intérêt ; — 57 %, 4 1/2 % ; — et 4 %, 3 %. Il n'y a pas en circulation d'obligations rapportant un taux inférieur à

4 %. La Landesbank pour la Bosnie et l'Herzégowine a mis en circulation des obligations à 5 1/2 % pour un montant de 5.404.600 couronnes. Il circule 2.530.300 couronnes d'obligations à 2 % et 1.550.090 couronnes d'obligations à 2 1/4 % de la Œsterreichische Central Bodenkreditbank. Ces obligations tirent leur origine de deux instituts de crédit foncier, liquidés en 1878. La Galizische Actienhypothekenbank a émis des obligations à primes pour 9.106.000 couronnes, rapportant 5 %.

Voici un tableau comparatif des prêts communaux et des obligations communales correspondantes :

	Prêts communaux. — couronnes.	Obligations communales. — couronnes.
1. Allgemeine Œsterreischische Bodenkreditanstalt.	134.134.794	130.844.200
2. Pesther Ungarische Commerzialbank.	132.094.759	132.119.800
3. Ungarische Hypothekenbank	189.499.606	175.002.800
4. Erste Temesvarer Sparkasse	820.000	»
5. Central-Hypothekenbank ungarischer Sparkassen.	10.015.980	10.035.700
6. Croatisch-Slavonische Landeshypothekenanstalt .	1.430.114	34.000
7. Landesbank für Bosnien	548.172	»
Totaux.	577.293.361	511.931.700

Belgique. — En Belgique, il n'existe pas d'établissements de crédit foncier organisés par l'État, ou formés par association. En général, l'organisation du crédit foncier dans ce pays manque d'intensité, quoiqu'il possède le plus ancien établissement de ce genre fondé par actions, le Crédit foncier de Belgique, qui a été créé en 1835 sous la dénomination de Caisse hypothécaire. La Caisse des propriétaires s'est encore constituée la même année également par actions; depuis cette époque, la Caisse hypothécaire anversoise s'est seule établie en 1887.

Le capital versé de ces instituts par actions est de 8.955.350 francs ; les réserves se chiffrent par 3.927.744 francs ; les prêts hypothécaires par 77.461.412 francs ; les obligations par 87.146.542 francs.

Ce fait remarquable que les obligations émises surpassent les prêts consentis, s'explique par cette circonstance, que l'état des prêts hypothécaires de la Caisse des propriétaires accuse le chiffre de 11.666.717 fr., vis-à-vis d'une circulation de 31.252.309 francs en obligations. Ni le bilan, ni le rapport ne laissent clairement reconnaître la nature de la garantie de ces obligations. Le capital en actions de cet institut est de 1.044.100 francs et ses immeubles représentent un montant de 6.560.049 fr. 22 ; sous la rubrique de prêts sur dépôts, comptes courants et divers, figure un montant total de 7.612.931 fr. 42. Les obligations de cet institut sont de deux sortes : obligations à primes pour une somme de 24.534.000 francs et obligations à terme fixe pour 6.718.308 fr. 71. Probablement, ces dernières obligations ont été émises sur des fonds de caisse d'épargne. Par contre, les obligations à primes que l'institut a en circulation, semblent être garanties par ses immeubles.

Bulgarie. — En Bulgarie, la Banque nationale — banque d'État — remplit également les fonctions d'un institut de crédit foncier. (Voir le tableau relatif à cette principauté.)

Danemark. — En Danemark, le crédit foncier est surtout organisé sur la base de l'association privée. L'institut principal pour le crédit personnel, la Danske Landmandsbank est en même temps une banque hypothécaire et d'escompte ; elle a aussi une section pour le crédit foncier. Cette banque a été fondée par actions. La somme des prêts hypothécaires consentis par tous les instituts existant en Danemark est de 618.129.566 couronnes ; les obligations émises représentent à peu près la même somme.

Espagne. — L'Espagne n'a qu'une seule banque hypothécaire qui est fondée par actions. Point de remarques à faire. (Voir le tableau concernant ce pays.)

France. — Le Crédit foncier de France, bien qu'il ne soit pas la plus ancienne banque hypothécaire par actions, est pourtant la première création de cette espèce sur un grand pied. Beaucoup de principes contenus dans les statuts du Crédit foncier, soit dès l'origine, soit dans les rédactions postérieures ont servi de modèle aux banques hypothécaires par actions dans d'autres États, comme par exemple, la stipulation que le total des obligations en circulation ne peut pas dépasser vingt fois le capital-action. Cette stipulation se trouve pour la première fois dans la loi du 6 juillet 1860, art. 8, et a été généralement adoptée depuis, avec des modifications généralement insignifiantes.

Par sa pratique, le Crédit foncier de France a prouvé qu'une limitation trop rigoureuse du champ d'opérations n'est point nécessaire, ni même opportune, qu'une banque purement hypothécaire peut à elle-seule former une entreprise de bon rapport pour les capitalistes qui s'y intéressent, qu'elle peut produire des valeurs recherchées par les capitalistes comme un placement bon et sûr ; qu'elle peut contribuer à réduire le coût du crédit foncier et faire face au besoin croissant de capital du crédit foncier urbain d'une façon plus efficace que les organisations sous forme d'associations. La méthode de mobiliser des valeurs attachées à des objets immobiliers a trouvé alors en France un emploi analogue, aussi pour d'autres sortes de biens.

Le mérite principal du Crédit foncier de France consiste dans les soins tout particuliers qu'il a donnés au crédit foncier urbain et au crédit communal, tandis que l'on est porté à croire que le crédit foncier rural en France aurait pu être organisé d'une manière plus intensive.

L'amortissement de toutes les obligations du Crédit foncier se fait au moyen de tirages ; elles ne sont pas résiliables par les détenteurs. Elles se divisent en trois catégories : obligations à lots avec droit aux primes, obligations à lots sans primes et obligations sans lots ni primes.

Outre les obligations foncières ou lettres de gage, cet établissement a encore créé des obligations communales. Ces obligations communales ont été émises sur la garantie de prêts consentis à des départements, communes et établissements publics. Autant que je sache, ce type de valeur a été créé par le Crédit foncier de France.

Il existait bien, auparavant, des obligations émanant d'établissements publics, mais la réunion par une société anonyme de créances de cette sorte et l'émission par une société anonyme d'obligations basées sur de telles créances par l'emploi analogue du type de lettre de gage a été entrepris d'abord par le Crédit foncier de France.

J'espère avoir l'occasion de prouver ailleurs le vif intérêt que je porte à cet établissement renommé en décrivant l'histoire de son développement au point de vue technique.

Hollande. — La Hollande a douze banques hypothécaires par actions, qui toutefois ne sont pas uniformément organisées.

Le capital versé est de 3.038.100 florins ; les réserves et fonds de garantie s'élèvent à 3.942.055 florins.

La somme totale des hypothèques se traduit par 170.969.690 florins, celle des obligations par 170.385.300 florins, dont :

florins	TAUX D'INTÉRÊT
37.100	5 %
1.862.900	4 1/2 %
71.480.350	4 %
95.853.600	3 1/2 %
1.151.350	3 %

Italie. — Une grande concentration du crédit foncier s'est opérée en

Italie. Considérant le petit nombre des instituts existants, ils ont été classés dans un seul relevé spécial. Il y a deux sections de crédit foncier qui s'appuient sur l'Opera Pia di San Paolo, à Turin, et la Monte di Paschi, à Sienne ; puis deux sections de crédit foncier auprès des caisses d'épargne de Milan et de Bologne, et enfin la société anonyme Istituto Italiano di Credito Fondiario. La somme totale des prêts s'élève à 347.452.942 lires ; la somme totale des obligations émises à 318.033.500 lires.

Le tableau que nous donnons plus loin montre la répartition de cette somme entre les divers instituts.

Portugal. — Le Portugal ne possède qu'une seule banque hypothécaire ; elle est fondée par actions. Pas de remarques spéciales à faire (Voir le tableau).

Roumanie. — En Roumanie, il n'existe pas de sociétés anonymes de crédit foncier, mais seulement deux associations munies de privilèges et fondées sur le principe de la responsabilité solidaire, ayant un montant de 270.808.820 francs de prêts consentis, et presque autant d'obligations émises.

Russie. — Les plus anciens instituts de crédit foncier en Russie se trouvent dans les provinces de la mer Baltique. C'est déjà en 1802 que furent créées, à l'exemple des Landschaften de l'Allemagne, la Société de crédit foncier de la noblesse de Livonie, et la Caisse de crédit de la noblesse d'Esthonie à Reval. En 1830, la Société de crédit de Courlande a été établie à Mitau avec une organisation similaire.

La Société de crédit foncier du royaume de Pologne, fondée en 1825 à Varsovie, est, elle aussi, un institut basé sur le principe des Landschaften.

Dans toutes les autres contrées de la Russie, les instituts de crédit foncier datent d'époques beaucoup plus récentes. Au point de vue de la nature des instituts de crédit foncier en Russie, il y a lieu de distinguer aujourd'hui les catégories suivantes :

1° Instituts de l'Etat : Banque foncière de la noblesse, à Saint-Pétersbourg, fondée en 1885. Elle administre, dans une section spéciale, le portefeuille de la Société mutuelle de crédit foncier qui avait été créée en 1866, mais dont l'existence fut que de courte durée. Puis, la Banque foncière des paysans, fondée en 1882 ;

2° Les dix banques agraires fondées par actions ;

3° Les associations du crédit foncier urbain qui vont rapidement en s'augmentant;

4° Les instituts, similaires des Landschaften, dans les provinces russes de la mer Baltique et en Pologne;

5° Les instituts en Finlande, fondés par actions, sauf un seul dont l'organisation est sous forme d'association.

Suède et Norvège. — En Norvège, un institut de crédit foncier a été créé par l'Etat déjà en 1851; en Suède, un semblable institut ne s'est constitué qu'en 1861. Ces deux instituts ont été fournis par l'Etat, d'un certain fonds de capital auquel se borne sa responsabilité. Un autre institut, la Caisse hypothécaire des villes du royaume de Suède, a été organisée en 1865, sur le modèle de la banque hypothécaire de l'Etat, mais selon le principe de l'association et sans garantie de l'Etat. La Caisse hypothécaire de Stockholm est une union urbaine pour les opérations de crédit, fondée sur le principe de l'association. La loi de la Suède, ainsi que de la Norvège, s'opposait à la fondation de banques hypothécaires par actions; elle a, toutefois, été modifiée dans la suite en Norvège, et, en conséquence, la Société anonyme d'assurances pour les hypothèques, qui existait à Christiania, a été changée en banque hypothécaire par actions. En Suède, il existe encore des sociétés anonymes pour l'assurance des hypothèques.

Serbie. — La banque hypothécaire de l'Etat serbe Uprava Fondava, fondée en 1862, a été réorganisée par la loi du 8 juillet 1898 (v. st.). Dans le laps de temps du 31 décembre 1898 au 31 décembre 1899, l'état de la banque s'est sensiblement amélioré. Il m'a donc paru opportun de citer, à côté des chiffres de fin 1898 pour comparaison, ceux de fin 1899. Dans la statistique générale, ce sont les chiffres de fin 1898 qui ont dû être indiqués pour des raisons d'uniformité avec les autres instituts.

Voici les détails :

Fin décembre 1898, les prêts hypothécaires s'élèvent à......	26.929.507 dinars
— 1899 — — —	29.543.535
C'est-à-dire que la somme des prêts a été augmentée de......	2.614.028 dinars

Le dernier chiffre se décompose comme il suit :

Anciens prêts reportés..........................	24.200.152 dinars
Prêts nouveaux accordés en 1899..................	5.343.382
Ensemble............	29.543.535 dinars

En outre, le montant des intérêts et intérêts composés arriérés accuse, fin 1899, une diminution par rapport à l'année précédente, alors que les chiffres du compte des immeubles ont été en même temps réduits.

Les deux fonds qui servent de garantie aux obligations émises circulant encore pour une valeur de 9.795.500 francs ont offert la situation suivante :

	31 décembre 1898 dinars	31 décembre 1899 dinars
Fonds sanitaires..........	10.249.276 41	10.848.410 54
Fonds des écoles.........	2.915.312 02	2.925.400 15
Totaux........	13.164.588 43	13.773.810 69

Suisse. — En Suisse, le crédit foncier a été depuis longtemps l'objet des opérations d'une série de banques cantonales. La plupart des banques cantonales sont en première ligne des banques d'émission pourvues du droit d'accepter également des dépôts et d'administrer la petite épargne. Ces banques jouissent de la garantie des cantons où elles sont domiciliées. Leur organisation n'est point uniforme. La Banque de l'Aargau est même constituée en société anonyme, dont cependant le canton est l'actionnaire principal. Des neuf banques cantonales entrant en ligne de compte, celles de Berne, Genève et Aargau ont pris naissance à l'occasion de la revision de la Constitution fédérale. La Caisse hypothécaire du canton de Berne et la Caisse hypothécaire du canton de Genève sont des banques cantonales purement hypothécaires. La première a aussi consenti des prêts communaux pour un montant de 5.033.719 francs.

Au total, les prêts hypothécaires s'élèvent à 537.248.004 francs, en présence de seulement 348.884.106 francs d'obligations. Cette différence s'explique par le fait que les banques placent en hypothèques non seulement l'argent qu'elles réalisent par l'émission d'obligations, mais aussi d'autres fonds. Les obligations ne sont pas fondées sur hypothèque et ne jouissent point d'un privilège sur les hypothèques. Le bénéfice de l'exercice 1898 n'a pas été pris en considération dans l'établissement des réserves.

Très nombreuses sont les banques hypothécaires par actions : il en existe treize, dont la sphère d'opérations est très variable; quelques-unes ne se bornent pas même à la Suisse. Ces banques ont également placé en hypothèques des sommes assez considérables qui affluent chez elles sous forme de dépôts et de petite épargne. Les prêts hypothécaires se chiffrent par un total de 452.615.991 francs ; les obligations ne représentent que 316.970.759 francs.

Dr Félix HECHT,
Directeur de la Banque hypothécaire rhénane à Mannheim (Bade).

[TABLEAUX]

ORDRE DES TABLEAUX

Tableau I.

ÉTABLISSEMENTS DE CRÉDIT FONCIER EN EUROPE

RÉSULTATS GÉNÉRAUX PAR PAYS. — SITUATION A LA FIN DE L'ANNÉE 1898

NUMÉROS d'ordre	DÉSIGNATION DES PAYS	CAPITAUX (1) de fonds versés	RÉSERVES diverses	PRÊTS hypothécaires	PRÊTS communaux	OBLIGATIONS foncières en circulation	OBLIGATIONS communales en circulation	RAPPEL des nos d'ordre
1	2	3	4	5	6	7	8	9
		francs.	francs.	francs.	francs.	francs.	francs.	
1	*Allemagne :*							1
	I. Institutions basées sur le principe coopératif :							
	A. Landschaften (mutualités de propriétaires ruraux)	118.635.000	19.671.000	2.857.064.000	»	2.857.064.000	»	
	B. Associations purement privées (mutualités de propriétaires ruraux)	16.488.000	1.319.000	243.098.000	117.565.000	348.100.000 (2)	»	
	C. Associations de crédit foncier urbain	»	4.231.000	120.975.000	»	120.975.000	»	
	II. Banques d'État	19.092.000	43.276.000	744.205.000	277.290.000	920.231.000 (2)	»	
	III. Sociétés de capitalistes par actions	681.785.000	189.099.000	7.836.703.000	97.329.000	7.217.762.000	83.171.000	
	Totaux	836.000.000	257.596.000	11.631.045.000	492.184.000	11.464.132.000	83.171.000	
2	*Autriche-Hongrie :*							2
	I. Associations basées sur le principe coopératif	»	47.721.000	591.919.000	»	587.452.000	»	
	II. Caisses d'épargne sans mutualité	»	3.827.000	49.045.000	»	49.559.000	»	
	III. Banques d'État	3.497.000	16.058.000	675.212.000	25.379.000	682.408.000	25.784.000	
	IV. Sociétés de capitalistes par actions	380.531.000	239.677.000	1.522.903.000	606.158.000	1.489.019.000	537.529.000	
	Totaux	384.028.000	307.293.000	2.839.079.000	631.537.000	2.808.448.000	563.313.000	
3	*Belgique.* — Banques hypothécaires (Sociétés par actions)	8.956.000	3.928.000	77.401.000	»	87.147.000	»	3
4	*Bulgarie.* — Banque d'État	9.120.000	4.033.000	30.995.000	14.603.000	18.708.000	»	4
5	*Danemark :*							5
	I. Associations coopératives de crédit foncier	»	34.026.000	865.382.000	»	853.659.000	»	
	II. Banque hypothécaire (Société de capitalistes par actions)	33.600.000	3.858.000	41.346.000	15.291.000	38.105.000	10.487.000	
	Totaux	33.600.000	37.884.000	906.728.000	15.291.000	901.764.000	10.487.000	
6	*Espagne.* — Banque hypothécaire (Société de capitalistes par actions)	20.000.000	3.795.000	92.701.000	1.035.000	95.896.000	»	6
7	*France.* — Banque hypothécaire (Société de capitalistes par actions)	170.500.000	43.685.000	1.789.939.000	1.351.893.000	2.186.519.000 (3)	1.327.583.000	7
8	*Hollande.* — Banque hypothécaire (Société de capitalistes par actions)	6.380.000	8.278.000	359.037.000	»	357.809.000	»	8
9	*Italie :*							9
	I. Œuvres, fondations ayant un capital propre	13.000	4.909.000	275.260.000	»	232.428.000	»	
	II. Sociétés de capitalistes par actions	40.000.000	2.368.000	72.193.000	»	85.606.000	»	
	Totaux	40.013.000	7.277.000	347.453.000	»	318.034.000	»	
10	*Portugal :* Société de capitalistes par actions	5.844.000	564.000	67.536.000	29.818.000	69.652.000	29.814.000	10
11	*Roumanie :* Mutualités de propriétaires	5.868.000	12.410.000	270.809.000	»	270.287.000	»	11
12	*Russie :*							12
	I. A. Associations de crédit foncier rural	2.919.000	59.414.000	864.375.000	»	843.740.000	»	
	B. Associations de crédit foncier urbain	»	47.790.000	1.375.915.000	»	1.415.019.000	»	
	II. Banques d'État	»	71.291.000	2.118.428.000	»	1.331.492.000	»	
	III. Sociétés de capitalistes par actions	148.924.000	79.187.000	2.126.998.000	»	2.131.685.000	»	
12 bis	*Finlande :*							12 bis
	I. Associations coopératives	»	1.290.000	31.418.000		30.895.000		
	II. Sociétés par actions	16.500.000	3.893.000	48.578.000		42.116.000		
	Totaux	168.343.000	262.815.000	6.565.810.000		5.795.870.000	»	
13	*Serbie.* — Banque d'État	»	»	13.165.000	»	10.013.000	»	13
14	*Suède et Norvège :*							14
	I. Banques d'État	63.000.000	3.856.000	546.420.000	»	579.414.000	»	
	II. Associations mutuelles	2.240.000	578.000	44.453.000	»	42.990.000	»	
	III. Sociétés par actions	19.057.000	6.062.000	143.556.000	»	99.638.000	»	
	Totaux	84.297.000	10.496.000	734.429.000	»	722.042.000	»	
15	*Suisse :*							15
	I. Banques cantonales	73.300.000	15.103.000	537.248.000	»	368.884.000	»	
	II. Sociétés de capitalistes par actions	79.000.000	13.106.000	452.616.000	»	316.971.000	»	
	Totaux	152.300.000	28.209.000	989.864.000	»	685.855.000	»	
	Totaux généraux	1.924.963.000	981.485.000	25.836.052.000	2.536.391.000	25.721.566.000	2.014.335.000	

(1) En réduisant les monnaies étrangères en francs, on a pris pour base les changes fixes suivants :

1 lire, 1 lev, 1 peseta, 1 lei, 1 marka, 1 dinar	=	1 fr. 00
1 mark	=	1 23
1 couronne autrichienne	=	1 05
1 couronne scandinave	=	1 40
1 florin hollandais	=	2 10
1 rouble métal	=	4 fr. 00
1 rouble crédit	=	2 70
1 milreis portugais	=	5 63

(2) Y compris les obligations émises en représentation des prêts communaux.

(3) En déduisant les versements à recevoir des obligataires... 1.417.350 } et les primes à amortir à recouvrer des emprunteurs... 472.376.048 } on obtient le solde de 1.639.725.202 fr.

Tableau II.

ÉTABLISSEMENTS DE CRÉDIT FONCIER EN ALLEMAGNE

I. — INSTITUTIONS BASÉES SUR LE PRINCIPE COOPÉRATIF : LANDSCHAFTEN (ASSOCIATIONS DE PROPRIÉTAIRES)

NUMÉROS D'ORDRE	DÉSIGNATION DES ÉTABLISSEMENTS	SIÈGE SOCIAL	ANNÉE de la FONDATION	FONDS SOCIAUX: FORTUNE propre des associations	FONDS SOCIAUX: FONDS de garantie	FONDS D'AMORTISSEMENTS	VALEUR NOMINALE DES OBLIGATIONS FONCIÈRES EN CIRCULATION — AU TAUX DE 4 %	3 1/2 %	3 %	TOTAL	dont ont été émis par la Central Landschaft	OBSERVATIONS (Les dates inscrites dans cette colonne, sans autre indication, indiquent la fin de l'exercice)	RAPPEL DES N°s D'ORDRE
1	2	3	4	5	6	7	8	9	10	11	12	13	14
				marks.	marks.	marks.	marks.	marks.	marks.	marks.	marks.		
	§ 1er. — Anciennes Landschaften prussiennes												
1	Schlesische Landschaft :												
	a) quant aux biens incorporés	Breslau.	1770	13.358.429	3.047.532	19.254.976	979.140	165.766.235	194.471.800	361.215.875	»	31 mars 1899.	1
	b) quant aux biens non incorporés			»	4.524.271	3.257.335	243.050	87.528.450	67.624.000	145.395.500	»	—	
2	Ritterschaftliches Creditinstitut der Kur-u. Neumärkischen Landschaft	Berlin.	1777	9.294.651	»	20.421.300	167.940	103.847.650	98.039.830	202.055.420	178.211.700	31 décembre 1898.	2
	Neues Brandenburgisches Kreditinstitut[1]		1869	40.034	212.971	6.020.027	»	89.968.450	35.039.800	125.008.250	125.003.250	—	
3	Pommersche Landschaft	Stettin.	1781	9.658.627	»	12.644.800	»	158.972.650	79.832.875	238.805.525	3.554.150	juin 1899.	3
	Neue Pommersche Landschaft[1]		1871	64.556	265.896	174.371	34.575[2]	10.006.600	2.652.850	12.693.025	4.705.250	—	
4	Westpreussische Landschaft	Marienwerder.	1787	7.190.810[4]	1.778.247[4]	7.677.589[4]	18.700	123.080.595	16.467.100	140.166.395	1.480.700	24 décembre 1898.	4
	Neue Westpreussische Landschaft[1]		1861	4.801.700	3.879.874	5.611.091	»	107.420.250	8.116.800	115.537.050	»	20 mai 1899.	
5	Ostpreussische Landschaft	Königsberg-i/Pr.	1788	8.905.629	»	7.148.875	»	316.916.000	26.831.800	345.747.800[5]	»	1er avril 1899.	5
	Totaux			53.322.936	13.683.790	»	1.443.405	1.164.099.880	521.076.585	1.688.619.840	312.955.250		
	§ 2. — Les nouvelles Landschaften prussiennes												
6	Posener Landschaft	Posen.	1857	15.267.300	»	»	35.490.100	230.671.800	9.385.500	275.547.400	»	31 décembre 1898.	6
7	Landschaft der Provinz Sachsen	Halle-a/S.	1864	639.200	1.126.185	6.188.316	2.620.550	27.399.125	68.736.650	98.756.325	27.652.950		7
8	Kreditinstitut für die Ober-u. Niederlausitz	Görlitz.	1866	118.454	»	29.718	25.560	258.000	»	283.560	258.000		8
9	Westfälische Landschaft	Münster.	1877	867.670	»	2.306.555	15.851.700	26.186.400	6.424.800	48.462.900	»		9
10	Landschaftlicher Creditverband für Schleswig-Holstein	Kiel.	1882	224.080	»	»	3.472.800	6.908.700	1.644.000	12.020.000	»		10
11	Schleswig Holsteinische Landschaft		1896	99.081	1.000.000	22.494	»	»	2.769.750	2.769.750	2.769.750	30 septembre 1898.	11
	Totaux			17.226.735	2.126.185	7.542.020	57.460.210	291.419.025	88.950.700	437.829.935	30.620.700		
	§ 3. — Les Landschaften fondées hors de Prusse												
12	Ritterschaftl. Creditinstitut für das Fürstenthum Lüneburg	Celle.	1790	[12]	»	2.230.177	»	14.195.596	»	14.195.596[10]	»	»	12
13	Mecklenburg. Ritterschaftlicher Creditverein[8]	Rostock.	1818	?	?	?	»	36.547.759	»	36.847.759[9]	»	»	13
14	Calenberg-Grubenhagen-Hildesheimsches Ritterschaftl. Credit-Institut	Hannover.	1825	19.391.851	182.791[7]	595.085.107	»	19.434.000	»	19.434.000	»	1er avril 1899.	14
15	Bremischer ritterschaftlicher Kredit-Verein	Stade.	1826	300.000	»	2.663.913	»	10.184.850	»	10.184.850	»		15
16	Württembergischer Kreditverein	Stuttgart.		3.426.200	»	»	73.800	53.703.600	»	53.776.900	»	31 décembre 1898.	16
17	Erbländischer Ritterschaftlicher Kreditverein im Königr. Sachsen	Leipsic.	1844	2.806.401	»	5.480.606	»	60.362.800[6]	3.864.700[3]	64.227.300	»	»	17
	Totaux			25.921.952	182.791	»	73.800	194.428.405	8.864.700	198.356.405	»		
	Totaux généraux			96.450.623	15.992.706	»	58.978.915	1.649.947.310	618.891.955	2.322.816.180	»		

1. Cette nouvelle Landschaft est constituée pour la propriété paysanne et forme une section de l'administration générale de l'ancienne Landschaft.
2. Au taux de 4 1/2 %.
3. Dont 785.400 marks au taux de 3 1/3 %.
4. Situation au 20 mai 1899.
5. Situation au 24 décembre 1898.
6. Dont 1.523.325 taux de marks ou 3 2/3 %.
7. Fonds de réserve.
8. Par rapport à cet établissement, il ne pouvait être obtenu aucun renseignement.
9. A la fin de juin 1897.
10. A la fin de 1897.
11. Dont 997.225 marks au taux de 3 1/3 %.
12. Le manuscrit était déjà sous presse lorsque l'avis me parvint que fin juin 1898 la fortune propre se montait à 1.230.561 marks.

TABLEAU II (*suite*).

ÉTABLISSEMENTS DE CRÉDIT FONCIER EN ALLEMAGNE

I. — INSTITUTIONS BASÉES SUR LE PRINCIPE COOPÉRATIF : ASSOCIATIONS DE CRÉDIT FONCIER URBAIN

NUMÉROS D'ORDRE	DÉSIGNATION DES ÉTABLISSEMENTS	SIÈGE SOCIAL	ANNÉE de la FONDATION	FORTUNE PROPRE		FONDS D'AMORTISSEMENTS	PRÊTS HYPOTHÉCAIRES réalisés	VALEUR NOMINALE DES OBLIGATIONS FONCIÈRES EN CIRCULATION						RAPPEL DES N[os] D'ORDRE
				CAPITAL social	FONDS de réserve			OBLIGATIONS 5 %	OBLIGATIONS 4 1/2 %	OBLIGATIONS 4 %	OBLIGATIONS 3 1/2 %	OBLIGATIONS 3 %	TOTAL	
1	2	3	4	5	6	7	8	9	10	11	12	13	14	15
				marks.	marks.	marks.	marks.	marks.	marks.	marks.	marks.	marks.	marks.	
1	Berliner Pfandbrief-Amt	Berlin.	1868	»	3.259.632	2.057.260	79.319.000	1.478.700	8.100.000	8.279.100	45.966.900	15.493.700	79.319.000 [1]	1
2	Danziger Hypotheken-Verein	Danzig.	1868	»	180.047	833.102	19.034.600	3.492.000	1.416.800	6.721.400	7.404.400	»	19.034.600	2
	TOTAUX			»	3.439.679	2.890.362	98.353.600	4.970.700	9.517.400	15.000.500	53.371.300	15.493.700	98.353.600	

1. Y compris le montant des obligations contenues dans le fonds d'amortissement.

TABLEAU II (*suite et fin*).

I. — INSTITUTIONS BASÉES SUR LE PRINCIPE COOPÉRATIF : ASSOCIATIONS PUREMENT PRIVÉES

NUMÉROS D'ORDRE	DÉSIGNATION DES ÉTABLISSEMENTS	SIÈGE SOCIAL	ANNÉE de la FONDATION	FORTUNE PROPRE		FONDS D'AMORTISSEMENTS	PRÊTS HYPOTHÉCAIRES réalisés	VALEUR NOMINALE DES OBLIGATIONS EN CIRCULATION						RAPPEL DES N[os] D'ORDRE
				CAPITAL social	RÉSERVES			obligations 5 %	obligations 4 1/2 %	obligations 4 %	obligations 3 1/2 %	obligations 3 %	TOTAL	
1	2	3	4	5	6	7	8	9	10	11	12	13	14	15
				marks.	marks.	marks.	marks.	marks.	marks.	marks.	marks.	marks.	marks.	
1	Landwirthschaftlicher Creditverein im Königreich Sachsen [1]	Dresden.	1866	8.832.725 [2]	1.070.000	13.630.764	235.424.932 [9]	»	»	»	217.045.575	»	217.045.675	1
2	Allgemeine Rentenanstalt	Stuttgart [3].	1833 [4]	»	»	»	»	»	»	5.621.837	4.053.829	»	9.675.666	2
3	National-Hypotheken-Credit-Gesellschaft [5]	Stettin.	1871	»	»	460.502	28.785.458	»	2.301.300 [6]	1.257.100 871.400 [6]	18.618.700	17.306.300	40.354.800	3
4	Bayerische Landwirthschaftsbank [7]	München.	1886	4.572.700 [8]	1.908	»	19.237.161 [10]	»	»	»	15.932.100	»	15.932.100	4
	TOTAUX			13.405.425	1.071.908	14.091.266	283.447.551	»	2.301.300	7.750.337	255.650.204	17.306.300	283.008.141	

1. Un décret ministériel du 15 octobre 1868 reconnaît à cette société le caractère de Landschaft ; les membres sont, solidairement, responsables des engagements de l'association (Statuts, § 17).
2. En proportion de ce capital les membres de l'association obtiennent des quote-parts des bénéfices annuels.
3. L'objet principal de cette société mutuelle est l'assurance sur la vie.
4. L'autorisation gouvernementale d'émettre des titres au porteur date du 30 avril 1867.
5. Cet établissement se trouve en voie de réorganisation : à la suite des pertes subies et du retard dans le paiement des annuités, les ressources du Crédit foncier cessèrent, il y a deux ans, de suffire au service des obligations. La responsabilité des membres est limitée.
6. Ces titres sont remboursables au prix de 110 % par voie de tirage au sort.
7. C'est une société inscrite à responsabilité limitée, c'est-à-dire les membres, — qui doivent souscrire une action de 100 marks, pour chaque somme de 500 marks, — ne sont tenus des engagements de la société que jusqu'à concurrence de dix fois le montant de leurs actions.
8. Dont 4 millions représentent le capital de dotation fourni par l'État, et 572.700 marks forment le capital-actions souscrits par les emprunteurs.
9. Les prêts communaux entrent dans ce chiffre pour 95.081.325 marks, les autres prêts pour 140.343.607 marks.
10. — — 725.162 — — 18.512.000 —

Tableau III.

ÉTABLISSEMENTS DE CRÉDIT FONCIER EN ALLEMAGNE

II. — Établissements créés par l'État, les provinces ou les cercles

Numéros d'ordre	Désignation des établissements	Siège	Année de la fondation	Fortune propre: Capital	Fortune propre: Réserves	Fortune propre: Total	État des prêts: Prêts hypothécaires	État des prêts: Prêts aux municipalités et à d'autres corporations	État des prêts: Total	Valeur nominale des obligations en circulation: Obligations 3 1/2 %	Obligations 3 %	Obligations à des taux divers	Total	Observations (Les dates inscrites dans cette colonne, sauf autre indication, indiquent la fin de l'exercice).	Rappel des nos d'ordre
1	2	3	4	5	6	7	8	9	10	11	12	13	14	15	16
				marks.	marks.	marks.	marks.	marks.	marks.	marks.	marks.	marks.	marks.		
1	Herzogl. Leihhaus	Braunschweig.	1765	805.518	»	805.518	42.810.034	1.327.955	44.137.989		21.318,073	22.526.963 [4]	43.845.036	1er avril 1898.	1
2	Bodencreditanstalt	Oldenburg.	1883	»	80.050	80.050	3.330.208	»	3.330.208	2.600.000	»	»	2.600.000		2
3	Landescreditanstalt	Hannover.	1842	»	5.621.350	5.621.350	58.050.379	59.500.776	117.551.155	117.569.250	»	»	117.569.250		3
4	Landescreditcasse	Cassel.	1832	»	5.191.812	5.191.812	96.866.105	»	96.866.105	108.300 89.846.700 [3]	5.390.000	»	95.345.000		4
5	Nassauische Landesbank	Wiesbaden.	1840	6.741.605	2.161.174	8.902.779	70.934.540	8.430.867	79.365.407	61.256.600	9.125.000	»	70.381.600		5
6	Landständische Bank des Königl. Sächs. Markgraftums Oberlausitz	Bautzen.	1844	1.740.000	7.421.267	9.161.267	61.972.235	15.480.339	77.452.574	46.499.000	3.457.000	»	49.956.000		6
7	Herzogl. Sächs. Landesbank	Altenburg.	1818 (1882) [1]	»	8.761.846	8.761.846	96.678.696	1.439.681	98.118.377	21.618.600	»	78.649.005 [4]	100.267.605	31 décembre 1898.	7
8	Landeskreditanstalt	Gotha.	1853	»	»	»	17.556.092	»	17.556.092	19.673.827	279.690	»	19.953.517		8
9	—	Meiningen.	1849	»	1.412.152	1.412.152	31.255.632	»	31.255.632	29.443.200	»	»	29.443.200		9
10	Landeskreditkasse	Weimar.	1869	»	1.140.634	1.140.634	12.003.280	4.243.176	16.246.456	16.813.600	»	»	15.813.600		10
11	—	Rudolstadt.	1865	»	82.322	82.322	3.729.354	»	3.729.354	3.870.000	»	»	3.670.000		11
12	—	Sondershausen.	1883	»	60.102	60.102	1.518.354	1.128.707	2.647.061	1.200.000	»	»	1.200.000		12
13	Landesbank der Rheinprovinz	Düsseldorf.	1888	3.000.000	3.200.922	6.200.922	96.238.364	90.184.026	186.422.390	131.000.500 12.396.000 [5]	28.985.000	43.700 [6]	172.425.200		13
14	Landesbank der Provinz Westfalen	Münster.	1890	3.234.880	50.000	3.284.880	8.000.000	41.273.866	49.273.866	14.740.400	3.526.000	»	18.266.400	31 mars 1899.	14
15	Landeskreditkasse	Darmstadt.	1890	»	»	»	5.101.862	2.429.408	7.531.270	7.418.800	»	»	7.418.800	31 mars 1898.	15
	Totaux			15.521.998	35.183.631	50.705.629	606.045.185	225.438.801	830.483.986	574.854.777	72.080.763	101.219.668	748.155.208		

1. Date de l'autorisation gouvernementale d'émettre des titres au porteur.
2. Au taux de 2 1/2 % et 2 %.
3. Au taux de 3 1/4 %.
4. Titres divers nominatifs.
5. Au taux de 3 1/3 %.
6. Titres sortis au sort.

Tableau IV.

ÉTABLISSEMENTS DE CRÉDIT FONCIER EN ALLEMAGNE

SOCIÉTÉS ALLEMANDES PAR ACTIONS

NUMÉROS D'ORDRE	DÉSIGNATION DES ÉTABLISSEMENTS	SIÈGE SOCIAL	ANNÉE de la FONDATION	CAPITAL SOCIAL VERSÉ	RÉSERVES DIVERSES	PRÊTS HYPOTHÉCAIRES	CLASSEMENT DES PRÊTS HYPOTHÉCAIRES (d'après la nature des immeubles) Propriétés rurales	(d'après la nature des immeubles) Propriétés urbaines	(d'après le mode de remboursement) Prêts avec amortissement	(d'après le mode de remboursement) Prêts sans amortissement	OBLIGATIONS FONCIÈRES en circulation	VALEUR NOMINALE DES OBLIGATIONS: Obligations au taux de 4 %	VALEUR NOMINALE DES OBLIGATIONS: Obligations au taux de 3 ½ %	BÉNÉFICE NET	DIVIDENDE %	RAPPEL DES Nos D'ORDRE
1	2	3	4	5	6	7	8	9	10	11	12	13	13	14	16	17
				marks.	marks.	marks.	marks.	marks.	marks.	marks.	marks.	marks.	marks.	marks.		
	§ 1er. — ÉTABLISSEMENTS AYANT LE DROIT D'ÉMETTRE DES TITRES AU PORTEUR															
	Royaume de Prusse.															
1	Frankfurter Hypothekenbank	Frankfurt a/m.	1862	15.000.000	6.920.050	281.684.159	2.697.984	278.886.174	17.793.572	263.690.586	264.411.700	74.786.200	189.676.500	1.728.171	8	1
2	Preussische Hypotheken-Actien-Bank	Berlin.	1864	21.000.000	3.944.069	332.722.040	2.901.566	317.842.944	135.904.732	184.849.778	320.143.550	220.774.900	97.131.400	1.487.927	8½	2
3	Pommersche Hypotheken-Actien-Bank	Berlin.	1866	10.200.000	5.000.000	192.591.176	3.887.563	188.864.616	167.477.720	25.224.400	181.954.300	158.785.200	13.229.100	966.322	7	3
4	Preussische Bodencredit-Actien-Bank	Berlin.	1868	3[illegible].000.000	6.195.669	286.148.870	1.155.074	237.122.389	182.302.443	54.710.184	197.767.650	114.105.200	78.513.225	2.275.840	7	4
5	Preuss Central-Boden-Credit-Act.-Ges.	Berlin.	1870	28.796.640	5.304.019	489.236.523	145.256.000	351.959.800	400.145.539	89.090.783	467.845.700	112.500.000	355.346.700	2.519.476	9	5
6	Schlesische Bodencredit-Actien-Bank	Breslau.	1872	10.200.000	2.716.240	166.753.085	8.642.606	159.774.318	166.251.108	1.929.980	163.483.400	67.711.800	94.435.900	1.140.400	7½	6
7	Deutsche Hypothekenbank (Act. Ges)	Berlin.	1872	6.750.000	1.252.054	87.416.693	3.531.682	84.336.818	34.730.953	53.150.794	88.558.700	55.481.100	25.939.900	550.001	6	7
8	Westdeutsche Bodencreditanstalt	Köln.	1893	6.500.000	122.174	52.340.755	2.600.465	49.740.289	48.594.755	3.646.000	46.627.400	13.840.900	32.780.500	360.640	5	8
9	Rheinisch-Westfäl-Bodencredit-Bank	Köln.	18[illegible]	11.000.000	1.282.470	112.864.902	546.200	112.218.702	83.762.050	29.102.851	106.006.900	59.567.700	45.349.200	838.760	6	9
10	Preussische Pfandbriefbank *	Berlin.	1862/18[illegible]	18.000.000	2.478.744	117.784.100	32.500	117.751.600	49.887.900	67.896.200	109.186.500	18.292.600	89.090.900	1.346.549	6	10
11	Hannoversche Bodencredit-Bank	Hildesheim.	1896	1.000.000	34.459	6.248.690	878.965	5.353.825	4.362.390	1.867.400	6.002.10[illegible]		2.144.700	67.730	5	11
	Totaux			158.440.640	35.249.941	2.075.690.998	»	»	»	»	1.945.997.9[illegible]0	905.834.500	1.023.643.025	13.981.865		
	Royaume de Bavière.															
12	Bayrische Hypotheken und Wechselbank *	München.	1835/1864	44.285.714	28.736.000	785.340.925	271.731.000	554.089.000	682.532.000	106.967.000	748.131.600	65.071.800	683.059.800	5.925.182	12,95	12
13	Bayerische Vereinsbank *	München.	1871	37.500.000	15.267.281	268.234.328	42.865.328	224.081.000	202.738.328	65.501.000	263.823[illegible]	28.070.100	236.753.800	3.477.986	8½	13
14	Bayerische Handelsbank *	München.	1839/1871	20.379.800	1.120.046	186.910.047	2.058.063	134.853.987	100.923.519	35.986.428	135.053.500	22.405.900	112.647.600	794.917	8,65	14
15	Süddeutsche Bodencreditbank	München.	1871	24.000.000	3.822.270	368.357.093	75.223.502	293.133.591	106.680.024	261.677.069	369.363.300	20.126.500	303.236.800	2.253.985	7	15
16	Vereinsbank *	Nürnberg.	1871	12.000.000	5.547.011	212.014.929	3.907.540	208.107.388	18.794.594	193.220.335	205.222.713	47.197.900	157.725.100	1.144.120	9½	16
17	Pfälzische Hypothekenbank	Ludwigshafen.	1886	13.000.000	3.867.408	224.684.721	2.747.600	224.937.600	38.724.886	189.675.592	215.401.900	12.189.000	203.212.900	1.631.762	8	17
18	Bayerische Bodencredit-Anstalt	Würzburg.	1895	2.075.000	166.926	79.918.077	2.814.270	27.103.807	18.488.402	11.429.674	28.331.200		28.331.200	298.337	6½	18
	Totaux			153.840.614	58.527.011	2.025.460.120	»	»	»	»	1.956.328.113	201.061.700	1.753.967.200	15.524.288		
	Royaume de Wurtemberg.															
19	Württembergische Hypothekenbank	Stuttgart.	1867	11.000.000	2.716.842	131.158.126			41.778.497	89.379.629	118.732.000	22.204.000	96.528.000	941.864	7	19
20	Württembergische Vereinsbank *	Stuttgart.	1878	18.000.000	5.178.536	11.264.795	580.416	10.734.37[illegible]	6.775.010	4.489.785	9.709.694	867.558	8.842.136	1.853.199	7	20
	Totaux			29.000.000	7.894.878	142.422.921	»	»	»	»	128.441.694	23.071.558	105.370.136	2.795.063		

Voir les notes à la fin du tableau.

Tableau IV (*suite*).

ÉTABLISSEMENTS DE CRÉDIT FONCIER EN ALLEMAGNE

SOCIÉTÉS ALLEMANDES PAR ACTIONS

NUMÉROS D'ORDRE	DÉSIGNATION DES ÉTABLISSEMENTS [1]	SIÈGE SOCIAL	ANNÉE de la FONDATION	CAPITAL SOCIAL VERSÉ	RÉSERVES DIVERSES	PRÊTS HYPOTHÉCAIRES	CLASSEMENT DES PRÊTS HYPOTHÉCAIRES — D'après la nature des immeubles — Propriétés rurales	— Propriétés urbaines	D'après le mode de remboursement — Prêts avec amortissement	— Prêts sans amortissement	OBLIGATIONS FONCIÈRES en circulation [2]	VALEUR NOMINALE DES OBLIGATIONS — Obligations au taux de 4 %	— Obligations au taux de 3 ½ %	BÉNÉFICE NET	DIVIDENDE %	RAPPEL DES Nos D'ORDRE
1	2	3	4	5	6	7	8	9	10	11	12	13	14	15	16	17
				marks.	marks.	marks.	marks.	marks.	marks.	marks.	marks.	marks.	marks.	marks.		
	§ 1er. — Établissements ayant le droit d'émettre des titres au porteur (*Suite*).															
	Royaume de Saxe.															
21	Allgemeine Deutsche Creditanstalt *	Leipzig.	1856/1858 [12]	50.400.000	20.506.786	30.148.058 [12]	?	?	?	?	28.284.800	10.490.000	177.445.00	5.633.802	10	21
22	Leipziger Hypothekenbank	Leipzig.	1863	5.000.000	699.759	71.090.695	529.059	70.561.536	5.878.509	65.212.186	67.284.800	40.284.800	27.000.000	579.258	8	22
23	Sächsische Bodencredit-Anstalt	Dresden.	1895	50.00.000	180.698	50.222.267		50.222.267	1.475.567	48.746.700	47.325.600		47.325.500	414.040	6	23
	Totaux			80.400.000	21.385.228	161.459.018	»	»	»	»	142.844.800	50.774.800	92.070.000	6.627.100		
	Grand-Duché de Bade.															
24	Rheinische Hypothekenbank	Mannheim.	1871	14.080.102	4.981.499	279.063.062 [6]	7.893.195	271.169.868	21.180.248	257.882.814	265.454.400 [9]	29.212.600	237.241.800	2.008.316	8	24
	Grand-Duché de Mecklenbourg-Schwerin.															
25	Mecklenburg Hypotheken und Wechselbank *	Schwerin.	1871	9.000.000	2.012.260	65.637.614 [4]	11.898.913	45.765.236	57.170.749	493.400	46.286.825	»	44.997.600	1.257.928	10	25
	Grand-Duché de Mecklenbourg-Strelitz.															
26	Mecklenburg Strelitzische Hypothekenbank	Neustrelitz.	1896	6.000.000	600.000	33.859.380	»	33.859.380	»	33.859.380	2.5525.300	18.261.600	7.278.700	681.663	7	26
	Grand-Duché de Saxe-Weimar.															
27	Norddeutsche Grundcredit-Bank	Weimar.	1894	7.500.000	718.070	66.804.837	575.264	66.229.573	3.054.024	63.750.813	60.247.800	39.006.000	212.41.800	599.881	4½	27
	Duché de Brunswick.															
28	Braunschweig Hannoversche Hypothekenbank	Braunschweig.	1872	10.200.000	2.331.097	136.079.435	?	?	43.194.136	92.886.299	130.129.100	26.087.800	103.441.300	1.434.651	7½	28
	Duché de Saxe-Meiningen.															
29	Deutsche Hypothekenbank	Meiningen.	1862	24.000.000	2.874.899	334.794.014	12.771.817	322.022.196	88.521.836	296.272.177	326.580.000	128.766.660 [10]	197.823.350	1.588.365	7	29
	Duché de Saxe-Cobourg-Gotha.															
30	Deutsche Grundcredit-Bank	Gotha.	1867	10.500.000	2.233.852	121.339.162	4.757.286	115.581.876	25.097.983	96.241.173	109.693.600	27.900.000	81.793.600 [12]	900.016	4	30
	Duché d'Anhalt.															
31	Anhalt Dessauische Landesbank *	Dessau.	1872	9.000.000	1.952.054	6.510.893	3.298.932	3.211.960	3.366.193	3.144.700	6.083.700	4.102.600	1.981.100	735.774	7	31
	Principauté de Schwarzbourg-Sondershausen															
32	Schwarzburgische Hypothekenbank	Sondershausen.	1895	2.750.000	51.185	11.604.671	»	»	83.950	11.601.600	9.366.300	6.403.500	2.962.800	146.757	4½	32
	Principauté de Reuss à L.															
33	Mitteldeutsche Bodencredit-Anstalt	Greiz.	1895	7.500.000	207.220	41.279.521 [6]	252.000	41.027.521	1.519.398	39.760.122	37.078.000 [9]	31.982.900	5.090.100	532.698	5½	33
	Bremen.															
34	Bremische Hypothekenbank *	Bremen.	1871	1.680.000	244.575	1.164.084	?	?	?	?	112.000	»	112.000	148.247	6	34
	Hamburg.															
35	Hypothekenbank in Hamburg	Hamburg.	1871	7.200.000	7.108.809	350.504.795	25.000	350.479.975	2.008.600	348.496.195	326.580.100	110.890.500	215.689.600	2.092.525	8	35
	Alsace-Lorraine.															
36	Act. Ges. für Boden u. Communalcredit	Strassburg.	1872	21.000.000	1.727.488	97.784.142 [6]	?	?	39.187.082	58.667.060	95.019.100 [9]	12.089.500'	82.929.600	688.788	7½	36
	Totaux			132.410.102	27.047.768	1.547.395.580	»	»	»	»	1.439.091.225	485.283.650	1.002.688.350	12.708.987		

Voir les notes à la fin du tableau.

TABLEAU IV (*suite et fin*).

ÉTABLISSEMENTS DE CRÉDIT FONCIER EN ALLEMAGNE

SOCIÉTÉS ALLEMANDES PAR ACTIONS

NUMÉROS D'ORDRE	DÉSIGNATION DES ÉTABLISSEMENTS	SIÈGE SOCIAL	ANNÉE de la FONDATION	CAPITAL SOCIAL VERSÉ	RÉSERVES DIVERSES	PRÊTS HYPOTHÉCAIRES	CLASSEMENT DES PRÊTS HYPOTHÉCAIRES — D'après la nature des immeubles. — Propriétés rurales.	Propriétés urbaines.	D'après le mode de remboursement. — Prêts avec amortissement	Prêts sans amortissement	OBLIGATIONS FONCIÈRES en circulation	VALEUR NOMINALE DES OBLIGATIONS — Obligations au taux de 4 %.	Obligations au taux de 3 ½ %.	BÉNÉFICE NET	DIVIDENDE	RAPPEL DES N^{os} D'ORDRE
1	2	3	4	5	6	7	8	9	10	11	12	13	14	15	16	17
				marks.	marks.	marks.	marks.	marks.	marks.	marks.	marks.	marks.	marks.	marks.		
	§ II. — ÉTABLISSEMENTS ÉMETTANTS DES TITRES NOMINATIFS. (*Suite*).															
37	Frankfurter Hypotheken-Credit-Verein	Frankfurt a/m.	1858	9.000.000	1.902.578	150.942.544	?	?	?	?	146.707.400	98.188.400	48.519.000	858.258	6½	37
38	Landwirtschaftl. Creditbank	Frankfurt a/m.	1872	600.000	213.820	6.077.626	4.822.830	1.755.296	2.473.098	3.624.528	5.413.200	5.413.200		46.077	5	38
39	Grundcreditbank [16]	Königsberg.	1873/1896	600.000	185.601	3.020.150	1.326.900	1.693.250	2.171.200	848.950	2.140.700	1.811.800	328.900	71.699	11	39
40	Deutsche Grundschuldbank	Berlin.	1885	10.000.000	1.334.546	105.420.211	11.506.272	93.913.939	?	?	102.124.700	79.830.900	23.363.800	863.780	7	40
	TOTAUX			20.200.000	3.634.499	265.460.531	»	»	»	»	256.393.000	184.244.300	71.161.700	1.839.823		

1. Les établissements marqués d'une étoile (*) ont un caractère mixte, c'est-à-dire outre le crédit foncier et communal, ils possèdent une section faisant les services de banque commerciale.

2. Cet établissement se constitua en 1862 comme société par actions pour l'assurance hypothécaire ; depuis 1894, où elle obtint l'autorisation gouvernementale à émettre des titres au porteur, la société a pris le nom de « Preussische Pfandbriefbank » au lieu de la dénomination de « Preussische Hypotheken-Versicherungs-Actien Gesellschaft ».

3. Le chiffre établi en premier lieu indique la date de fondation ; l'année où la Banque adopta le système des obligations foncières est indiquée en deuxième ligne.

4. Ces réserves se décomposent :

a De la réserve principale pour la section faisant du crédit foncier et communal et pour celle faisant d'autres opérations de banque soit ....

b De la réserve spéciale comme garantie des lettres de gage s'élevant à .... 4.500.000 marks.

c De la provision pour créances douteuses et de la provision pour faire face à l'excédent des créances hypothécaires sur la valeur estimative des immeubles acquis par la société soit .... 20.212.671 »

5. Les réserves de la section faisant les services de banque commerciale ne sont pas compris dans le chiffre sus-indiqué ; elles se chiffrent par 5.642.404 marks. .... 1.820.651 »

6. Il y a en outre des prêts communaux consentis par neuf établissements. Le solde dû de 66,4 millions de marks au 31 décembre 1898, se répartit entre les neuf établissements comme suit :

Preussische Central Boden Credit Act. Ges	55.477.558 marks.
Schlesische Bodencredit Act. Bank	3.152.320 »
Preussische Pfandbriefbank	2.128.000 »
Bayerische Vereinsbank	1.333.000 »
Pfälzische Hypothekenbank	716.757 »
Rheinische Hypothekenbank	3.184.757 »
Mecklenburg. Hypotheken und Wechselbank	83.443 »
Aktien Ges. fur Boden und Kommunalkredit	12.695.819 »
Mitteldeutsche Bodencredit Anstalt	358.606 »
TOTAL	79.129.238 marks.

En outre il y avait à la fin de 1898 : 5.195.810 marks en prêts consentis en vue d'amélioration des propriétés par la Mitteldeutsche Bodencredit Anstalt et 3.430.282 marks de prêts consentis par la Preussische Pfandbriefbank à des chemins de fer vicinaux.

7. Du total des prêts hypothécaires et communaux, il y a lieu de déduire les fonds d'amortissement qui s'élèvent à 212.919 marks.

8. Ce n'est pas sans exception que le total des prêts classés d'après la nature des immeubles ainsi que d'après le mode de remboursement est en parfaite concordance avec les sommes indiquées dans la rubrique n° 6. On fera observer parfois quelques différences.

a Pour les prêts avec amortissement en tant qu'ils ne sont chiffrés que par leur montant originaire.

b En tant que le classement n'est parfois fait que pour les créances hypothécaires inscrites dans le registre, c'est-à-dire en représentation desquelles seulement des obligations ont été émises.

c En tant que le classement comprend aussi les prêts dont le versement est différé.

d En tant que le classement ne renferme pas les prêts sans amortissement.

e En tant que dans le classement les prêts consentis hors de Bavière n'y sont pas compris quant à la Bayerische Hypotheken und Wechselbank.

9. Les établissements suivants ont émis des obligations communales :

Preuss Central Bodencredit Act. Ges	49.533.800 marks.
Schlesische Bodencredit Act. Ges	1.847.100 »
Preuss Pfandbriefbank	2.118.000 »
Rheinische Hypothekenbank	1.763.100 »
Mitteldeutsche Bodencredit-Anstalt	103.900 »
Akt. Ges. fur Boden u Communalcredit	12.253.800 »
TOTAL	67.619.200 marks.

En outre il y a 3.129.000 marks en obligations émises par la Preussische Pfandbriefbank, la contre partie desquelles est formée par des prêts consentis à des chemins de fer vicinaux, et 7.663.400 « Grundrentenbriefe » (Rentes foncières) émis par la Mitteldeutsche Bodencredit-Anstalt.

10. En outre il y avait en circulation :

373.875 marks	en obligations au taux d'intérêt de 5 % remboursables avec une prime de 10 %.	Émises par la Preuss. Bodencredit Aktienbank.
151.650 »	remboursables au pair	Émises par la Preuss. Bodencredit Aktienbank.
2.137.700 »	»	émises par la Deutsche Hypothekenbank.
TOTAL 2.663.225 marks et		
2.237.250 »	au taux de 4 ½ % avec primes émis par la Preuss. Hyp. Akt. Bank.	
2.800.300 »	» avec une prime de 15 %	Émis par la Preuss. Bodencredit Aktienbank.
1.823.400 »	» » 10 %	Émis par la Preuss. Bodencredit Aktienbank.
1.336.700 »	» émis par la Schlesische Bodencredit Aktienbank.	
290.713 »	» avec une prime de 25 % de la Vereinsbank à Nuremberg.	
1.239.225 »	» » de la Mecklenburg. Hypotheken u Wechselbank.	
TOTAL 9.735.588 marks.		
1.803.000 »	au taux de 3 ½ % (titres nominatifs) de la Preuss Pfandbriefbank.	
3.857.400 »	» de la Hannoversche Bodencreditbank.	
TOTAL 5.660.400 marks.		

11. Ce chiffre représente les bénéfices de la section faisant du crédit foncier et communal. Les bénéfices de l'autre section s'élevaient à 2.107.947 marks.

12. Il en est de même que pour la note 11. Les bénéfices de la section faisant des opérations de banque se chiffrent par 1.667.790 marks.

13. En outre 4.137.849 marks en prêts hypothécaires non inscrits dans le registre pour la couverture des lettres de gage.

14. Dont 22.597.500 obligations avec lots.

15. Dont 30.572.400 marks obligations avec lots et 24.502.000 marks avec une prime de 10 %.

16. L'établissement se constitua comme société mutuelle de crédit foncier ; en 1896 il a modifié ses statuts et pris le caractère d'une société par actions.

Tableau V.

ÉTABLISSEMENTS DE CRÉDIT FONCIER EN AUTRICHE-HONGRIE

ASSOCIATIONS MUTUELLES. — CAISSES D'ÉPARGNE. — BANQUES D'ÉTAT

NUMÉROS d'ordre	DÉSIGNATION DES ÉTABLISSEMENTS	SIÈGE social	ANNÉE de la formation	CAPITAL de dotation non encore restitué à l'administration des fonds publics	RÉSERVE obligatoire[1]	RÉSERVES diverses	PRÊTS hypothécaires	CLASSEMENT DES PRÊTS HYPOTHÉCAIRES d'après la nature des immeubles: propriétés rurales	propriétés urbaines	OBLIGATIONS foncières en circulation	VALEUR DES OBLIGATIONS D'APRÈS LE TAUX D'INTÉRÊT: obligat. 5 1/2 %	obligations 5 %	obligations 4 1/2 %	obligations 4 %	obligations 3 1/2 %	BÉNÉFICE net	RAPPEL des n° d'ordre
1	2	3	4	5	6	7	8	9	10	11	12	13	14	15	16	17	18
				couronnes.	couronnes.	couronnes.	couronnes.	couronnes.	couronnes.	couronnes.	couronnes.	couronnes.	couronnes.	couronnes.	couronnes.	cour.	
	§ 1er. — Associations mutuelles.																
1	Galizischer Boden-Credit-Verein (Crédit foncier de Hongrie)	Lemberg.	1841	»	»	4.864.712	216.852.800	»	»	216.853.200	»	»	»	216.853.200	»	112.500	1
	Ungarisches Boden-Credit-Institut)	Budapesth.	1862	»	»	32.702.544	278.338.878	»	»	276.783.400	»	»	2.903.500	203.202.800	60.677.000	808.728	
2	Bodencreditanstalt	Hermannstadt.	1872	»	»	2.706.688	28.976.092	»	»	27.254.600[2]	1.551.800	14.289.800	10.144.600	»	»	167.132	2
3 4	Landes-Bodencredit-Institut für Kleingrundbesitzer. (Institut de Crédit foncier des petits propriétaires)	Budapesth.	1879	»	»	5.176.234	89.565.613	»	»	38.586.400	»	»	»	»	»	347.108	3 4
	Totaux			»	»	45.449.078	563.732.383	»	»	559.477.600	»	»	»	»	»	»	
	§ 2. — Caisses d'épargne (sans mutualité).																
1	Erste Oesterreich. Sparcasse	Wien.	1819/1885	»	»	58.769	43.806	»	»	118.000	»	»	»	»	»	»[5]	1
2	Steiermärkische. —	Graz.	1825/1860	»	»	1.653.632	11.252.609	»	»	11.401.000	»	»	»	11.401.000	»	31.497	2
3	Erste Mährische. —	Brünn	1852-1892	»	»	1.932.678	35.418.438	»	»	35.689.400	»	»	»	35.689.400	»	79.174	
	Totaux			»	»	3.645.079	46.709.353	»	»	47.208.400	»	»	»	47.208.400	»	»	
	§ 3. — Banques d'État.																
1	Hypothekenbank des Königreichs Böhmen	Prag.	1865	»	7.988.519	»	250.683.816	224.691.912	62.097.080	254.884.400	»	16.706.400	»	215.349.900	22.828.100	79.900	1
2	Oesterreichschles. Bodencredit-Anstalt	Troppau.	1869	»	863.227	43.404	22.088.961	19.406.800	6.819.400	22.943.400	»	2.054.800	1.824.400	19.064.200	»	20.290	2
3	Hypothekenbank der Markgrafschaft Mähren	Brünn.	1876	»	2.000.000	124.217	109.865.813	82.423.400	40.385.800	110.688.200[6]	»	2.128.400	»	108.288.800	»	48.210	3
4	Istituto di Credito fondiario del Margraviato d'Istria	Parenzo.	1881	»	482.127	»	6.944.094	2.843.000	5.614.200	7.528.200	»	7.508.200	»	»	»	26.958	4
5	Landesbank des Königreiches Galizien und Lodomerien mit dem Grossherzogtum Krakau	Lemberg.	1882	3.281.613	2.067.070	529.771[1]	86.731.638[3]	37.541.100	49.190.538	85.891.700	»	»	29.135.500	56.856.200	»	398.785	5
6	Niederoesterreich Landes. Hypoth.-Anstalt	Wien.	1889	»	1.144.168	»	138.818.992[4]	34.045.900	110.962.000	139.568.700	»	»	»	137.648.000	1.921.700	145.018	6
7	Oberoesterreich. — — —	Linz.	1890	»	70.510	»	23.863.681	16.788.200	9.829.100	26.820.800	»	»	»	24.237.800	83.500	80.182	7
8	Kärntnerische — — —	Klagenfurt.	1896	48.000	»	»	3.700.341	3.238.100	532.200	3.762.300	»	»	»	3.762.300	»	»[5]	8
9	Bodencreditanstalt des Kgr. Dalmatien	Zara.	1898	»	»	»	363.800	»	»	363.800	»	»	»	363.800	»	»	7
	Totaux			3.329.613	14.605.787	697.892	643.059.136	419.972.912	285.580.318	649.911.500	»	28.397.800	30.869.900	565.568.500	24.814.300	»	

1. Non compris les prélèvements sur les bénéfices de 1898.
2. Y compris 271.000 couronnes au taux d'intérêt de 5 1/2 %.
3. En outre, il y a 8.517.389 couronnes en prêts communaux et 5.628.825 couronnes en prêts consentis à des compagnies de chemins de fer.
4. De plus, il y a 15.653.744 couronnes prêts communaux.
5. L'établissement est encore en perte pour le montant de 32.194 couronnes à amortir; la perte qui résulte de l'exercice de 1898, s'élève à 6.028 couronnes.
6. Dont 1.818.600 couronnes autrichiennes portant intérêt au taux de 5 %.
7. La section faisant du crédit foncier a subi une perte de 14.838 couronnes autrichiennes.

ÉTABLISSEMENTS DE CRÉDIT FONCIER EN AUTRICHE-HONGRIE

SOCIÉTÉS PAR ACTIONS

NUMÉROS d'ordre	DÉSIGNATION DES ÉTABLISSEMENTS	SIÈGE SOCIAL	ANNÉE de la FONDATION	CAPITAL SOCIAL VERSÉ	RÉSERVES DIVERSES	PRÊTS hypothécaires	CLASSEMENT DES PRÊTS HYPOTHÉCAIRES d'après la nature des immeubles. Propriétés rurales	Propriétés urbaines	OBLIGATIONS FONCIÈRES en circulation	VALEUR DES OBLIGATIONS d'après le taux d'intérêt. OBLIGATIONS 5 %	OBLIGATIONS 4 1/2 %	OBLIGATIONS 4 %	BÉNÉFICE NET	DIVIDENDE EN %	RAPPEL des nos d'ordre
1	2	3	4	5	6	7	8	9	10	11	12	13	14	15	16
				couronnes	couronnes	couronnes	couronnes	couronnes	couronnes	couronnes	couronnes	couronnes	couronnes		
	§ 4. — Sociétés par actions														
	I. — *Autriche.*														
1	Oesterreichisch-Ungarische Bank	Wien.	1815-1886	180.000.000	65.069.560	279.102.478	241.608.254	67.496.224	271.067.600	»	»	271.067.000	14.058.930	7,85	1
2	Allg. Oesterr. Bodencredit-Anstalt	Wien.	1864	10.200.000	52.266.195	240.657.159	160.719.758	79.987.892	288.099.160	57.581.560	»	180.567.800	6.270.290	18 ²/₃	2
3	Galizische Actien-Hypothekenbank	Lemberg.	1867	14.000.000	5.806.566	116.864.486	67.221.258	48.148.227	121.021.200	9.108.000	87.844.600	24.070.600	1.124.160	18	3
4	Oesterreichische-Hypothekenbank	Wien.	1868	1.000.000	229.615	20.055.979	»	»	18.850.600	»	»	18.850.600	96.864	8	4
5	— Central-Bodencreditbank	Wien.	1871	8.000.000	657.737	76.061.450	»	»	75.050.690 [4]	»	18.740.000	56.231.500	811.282	7 ½	5
6	Bukowinaer Bodencredit-Anstalt	Czernowitz.	1882	1.600.000	449.888	8.053.560	9.267.000 [3]	2.762.800 [3]	8.256.800	5.290.000	»	2.950.800	168.358	7	6
	Totaux			223.800.000	124.479.561	789.296.022	»	»	782.346.050	»	»	»	»		
	II. — *Hongrie.*														
7	Pesther Ungarische Commercialbank (Banque commerciale hongroise de Pest)	Budapesth.	1841-1867 [1]	30.000.000	24.768.095	123.361.508	34.679.384	86.139.750	122.641.000	»	77.239.800	45.401.400	5.721.031	14	7
8	Ungarische Hypothekenbank (Société de crédit foncier du royaume de Hongrie)	Budapesth.	1869	30.000.000	28.899.810	149.170.256	107.475.100	61.676.400	150.457.200	588.800	67.576.400	82.292.000	4.192.341	9,6	8
9	Pesther Vaterlaendischer I. Sparkassa-Verein (Première union de caisse d'épargne nationale)	Budapesth.	1840-1882 [1]	10.000.000	33.739.594	81.926.846	4.389.800	77.557.040	59.514.600	»	»	59.514.600	4.641.805	40	9
10	Hermannstadter allgemeine Sparkassa	Hermannstadt.	1841-1888 [1]	10.000	2.893.955	28.545.8[illegible]	5.889.212	28.208.588	28.738.600	14.828.200	11.910.400	»	83.884	4 ½	10
11	Erste Temesvarer Sparkassa	Temesvár.	1845-1898 [1]	800.000	1.794.932	9.810.078	»	»	8.001.000	1.076.400	6.924.600	»	294.825	22	11
12	Ungarische Landes Central Sparkasse (Caisse d'épargne centrale de Hongrie)	Budapesth.	1872-1884 [1]	8.400.000	6.683.402	72.401.201	36.729.079	36.671.521	69.202.500	»	55.532.900	13.689.600	738.297	13 ½	12
13	Central-Hypothekenbank Ungarischer Sparkassen (Banque centrale hypothécaire de Caisses d'épargne hongroises, Soc. Anon.)	Budapesth.	1892	6.000.000	155.155	54.281.612	57.545.157 [5]	5.085.475 [5]	52.620.500	»	»	»	374.220	5 ½	13
14	Arader Comitats-Sparkassa	Arad.	1870-1898 [1]	800.000	732.248	4.810.760	»	»	2.592.200	»	2.592.200	»	209.684	25	14
15	Innerstaedtische Sparkassa Act. Ges. (Caisse d'épargne de la Cité, Société anonyme)	Budapesth.	1874-1895 [1]	5.000.000	295.722	13.785.364	8.540.520	7.244.844	13.916.600	»	13.916.600	»	216.888	6	15
16	Vereinigte Budapesther hauptstaedtische Sparkassa	Budapesth.	1869-1895 [1]	9.000.000	7.023.802	107.864.866	4.869.800	103.495.066	108.175.000	»	93.935.810	14.239.200	2.241.284	20 ²/₃	16
17	Ungarische Agrar u. Rentenbank (Banque hongroise des rentes et du crédit agricole, Soc. anon[2])	Budapesth.	1895	24.000.000	704.598	18.055.975	»	»	14.200.000	»	768.000	14.200.000	1.396.224	5	17
18	Siebenbuerg. ung. Hypothekenbank, Act. Ges.	Klausenburg.	1891	800.000	116.000	5.178.850	»	»	5.211.200	4.445.200	»	»	96.944	17	18
	Totaux			124.610.000	102.790.788	689.193.068	»	»	633.270.400	»	»	»	»		
	III. — *Croatie-Esclavonie, Herzégowine-Bosnie.*														
19	Croatisch-slavonische Landes hypotheken Anstalt	Agram.	1892	6.000.000	368.731	25.763.477	15.462.200	11.601.900	27.108.800	»	27.108.800	»	453.058	5 ½	19
20	Priv. Landesbank fuer Bosnien-Herzegovina	Serajevo.	1895	8.000.000	624.550	16.131.704	6.028.254	9.108.510	16.889.800 [6]	9.985.000	5.404.600	»	711.615	7 ½	20
	Totaux			14.000.000	993.281	41.895.284	»	»	52.496.400	»	»	»	»		

1. Date de l'ouverture de la section faisant du Crédit Foncier.
2. Pour cet établissement j'ai pris les chiffres de l'exercice de 1897 à défaut du Compte rendu de 1898.
3. Y compris le solde (59.298.098 cour.) des capitaux restant dûs sur le prêt qui a été accordé en 1866 à l'État contre mise en gage des domaines et dont le montant primitif a été de 60 millions de florins. En représentation de ce prêt, la Banque a émis des obligations spéciales sous le nom de "Lettres de gage domaniales."
4. Dont 2.530.800 cour. au taux de 2 % et 1.550.090 cour. au taux de 2 1/4 %. Ces obligations furent émises en représentation de prêts hypothécaires que la Banque se fit céder par deux établissements en liquidation.
5. Dans ce classement, les sommes recouvrées par l'effet de l'amortissement n'y sont pas prises en considération.
6. Dont 5.404.600 au taux de 5 1/2 %.

TABLEAU VI.

ÉTABLISSEMENTS DE CRÉDIT FONCIER EN BELGIQUE

SOCIÉTÉS PAR ACTIONS

NUMÉROS D'ORDRE	DÉSIGNATION DES ÉTABLISSEMENTS	SIÈGE SOCIAL	ANNÉE de la FONDATION	CAPITAL SOCIAL VERSÉ	RÉSERVES DIVERSES	PRÊTS HYPOTHÉCAIRES	OBLIGATIONS FONCIÈRES EN CIRCULATION					RAPPEL DES N^os D'ORDRE
							OBLIGATIONS 4 %	OBLIGATIONS 3,60 %	OBLIGATIONS 3.50 %	OBLIGATIONS 3 %	TOTAL	
1	2	3	4	5	6	7	8	9	10	11	12	13
				francs.	francs.	francs.	francs.	francs.	francs.	francs.	francs.	
1	Crédit foncier de Belgique	Bruxelles.	1835 [1]	5.308.900	2.116.380	36.280.930	6.867.300	8.416.800	16.085.400 [3]	231.100	31.580.600	1
2	Caisse des propriétaires	Bruxelles.	1835	1.044.100	1.203.600	11.176.717	24.534.000 [2]	»	6.718.309	»	31.252.309	2
3	Caisse hypothécaire anversoise	Anvers.	1881	2.607.350	607.764	29.543.765	»	»	24.343.633 [4]	»	34.343.633	3
	TOTAUX			8.955.850	3.927.744	77.001.412	31.401.300	8.416.800	47.097.342	231.100	87.146.542	

1. L'établissement se constitua en 1835 sous la firme de « Caisse hypothécaire »; en 1886 il a modifié ses statuts et pris le nom de " Crédit foncier de Belgique ".
2. Ce chiffre représente des obligations à primes, c'est-à-dire avec droit à une quote-part des bénéfices annuels.
3. Au taux de 3.20 %.
4. Le taux variait de 3.60 % à 3.25 % pendant les années de 1892-1898 : depuis l'origine jusqu'à l'année de 1891 des titres au taux de 4 % ont été émis.

TABLEAU VII.

ÉTABLISSEMENTS DE CRÉDIT FONCIER EN BULGARIE

BANQUE D'ÉTAT

NUMÉROS D'ORDRE	DÉSIGNATION DES ÉTABLISSEMENTS	SIÈGE SOCIAL	ANNÉE de la FONDATION	CAPITAL	FONDS DE RÉSERVE	PRÊTS HYPOTHÉCAIRES [1]	OBLIGATIONS HYPOTHÉCAIRES	RAPPEL DES N^os D'ORDRE
1	2	3	4	5	6	7	8	9
				francs.	francs.	francs.	francs.	
1	Banque nationale bulgare	Sophia.	1885	9.120.850	4.083.333	30.995.990 [1]	18.708.217 [2]	1

1. D'après le rapport de 1897, page 16, la banque a cessé d'accorder des emprunts sur des biens ruraux (Voir Rapport 1897, p. 16); fin 1899 il y avait toutefois 7.252 prêts sur des propriétés rurales pour une somme de 30.689.420 francs et 1.234 hypothèques urbaines pour une somme de 1.448.509 francs, soit un total de 32.137.929 francs.
2. Le cours moyen a été de 93.67 1/2 %.
3. En outre, il y a 14.608.331 francs en prêts communaux.

TABLEAU VIII.

ÉTABLISSEMENTS DE CRÉDIT FONCIER EN DANEMARK

SOCIÉTÉS PAR ACTIONS. — ASSOCIATIONS COOPÉRATIVES

NUMÉROS D'ORDRE	DÉSIGNATION DES ÉTABLISSEMENTS	SIÈGE SOCIAL	ANNÉE de la FONDATION	CAPITAL SOCIAL VERSÉ	FONDS DE RÉSERVE	PRÊTS HYPOTHÉCAIRES	OBLIGATIONS EN CIRCULATION [3]	RAPPEL DES N^{os} D'ORDRE
1	2	3	4	5	6	7	8	9
				couronnes.	couronnes.	couronnes.	couronnes.	
	I. — SOCIÉTÉ DE CAPITALISTES PAR ACTIONS							
1	Danske Landmandsbank, Hypothek-og Vekselbank	Kjobenhavn.	1871	24.000.000 [1]	2.755.970	29.632.728 [2]	27.217.800	1
	II. — ASSOCIATIONS COOPÉRATIVES DE CRÉDIT FONCIER							
1	Kreditforening af Grundejere i de danske Ostifter	Kjobenhavn.	1851	»	6.641.266	214.436.597	214.426.000	1
2	Kreditforening af jydske Landejendomsbesiddere	Viborg.	1851	»	5.418.856	168.496.608	168.496.000	2
3	Kreditforening af Kjobstadgrundejere i Norrejylland	Randers.	1852	»	»	»	»	3
4	Kreditforening af Grundejere i Fyens Stift	Odense.	1860	»	453.197	17.685.148	17.692.800	4
5	Vest-og sonderjydske Kreditforening af Landejendomsbesiddere	Ringkjobing.	1861	»	3.880.897	72.678.711	72.719.900	5
6	Creditkassen for Landejendomme i Ostifterne	Kjobenhavn.	1866	»	1.292.646	46.788.929	46.783.900	6
7	Kreditkassen for Husejerne i Kjobenhavn	—	1869	»	2.031.197	17.229.675	15.987.950	7
8	Kreditforening af Ejere af mindre Ejendomme paa Landet i Ostifterne	—	1880	»	84.695	8.781.963	8.781.400	8
9	Kreditforening af Ejere af mindre Ejendomme paa Landet i Jylland	Aalborg.	1880	»	1.872.082	29.203.625	29.184.850	9
10	Ny jydske Kjobstad-Creditforening	Aarhus.	1881	»	2.291.512	35.293.824	35.292.400	10
11	Kreditforening af Grundejere i Kjobenhavn og Omegn	Kjobenhavn.	1883	»	»	»	»	11
12	Kreditforening af Grundejere paa Landet i Jylland	Aalborg.	1893	»	387.482	7.583.491	7.584.700	12
	TOTAUX			»	24.303.740	618.129.666	616.899.400	

1. Les bénéfices nets pour l'année 1898 se chiffrent par 1.644.432 couronnes et le dividende a été de 6 %.

2. En outre, il y a 10.921.675 couronnes en prêts communaux, en représentation desquels la banque a émis des obligations communales pour la somme de 7.491.000 couronnes.

3. Les publications que je tiens des sociétés danoises ne fournissent pas les données nécessaires pour établir le classement des obligations d'après le taux d'intérêt.

Tableau IX.

ÉTABLISSEMENTS DE CRÉDIT FONCIER EN ESPAGNE

BANQUE HYPOTHÉCAIRE EN SOCIÉTÉ PAR ACTIONS

NUMÉROS D'ORDRE	DÉSIGNATION DES ÉTABLISSEMENTS	SIÈGE SOCIAL	ANNÉE de la FONDATION	CAPITAL-ACTIONS VERSÉ	RÉSERVES DIVERSES	PRÊTS HYPOTHÉCAIRES [1]	VALEUR NOMINALE DES OBLIGATIONS FONCIÈRES EN CIRCULATION			RAPPEL DES N°s D'ORDRE
							Total	Au taux de 5 %	Au taux de 4 %	
1	2	3	4	5	6	7	8	9	10	11
				pesetas	pesetas	pesetas	pesetas	pesetas	pesetas	
1	Banco Hipotecario de España[2]........	Madrid.	1872	20.000.000 [3]	3.795.020	92.701.311 [4]	95.394.500 [5]	68.285.500	27.109.000	1

1. En outre, il y avait au 31 décembre 1898 : 1.085.808 pesetas en prêts communaux.

Les obligations communales dont la situation de 1897 accusait le solde de 500.000 pesetas, portant le taux d'intérêt de 5 %, ont été entièrement retirées de la circulation.

2. La Banque d'Espagne a la faculté exclusive d'émettre des obligations hypothécaires au porteur. (Décret du 24 juillet 1875, art. 1er.)

3. Le dividende a été de 6 %.

4. Depuis l'origine de ses opérations la Banque a réalisé 11,520 prêts pour une somme de 181.878.780 pesetas. De ce total il y a 7.531 prêts sur propriétés rurales pour une somme de 78.174.692 pesetas et 3,989 prêts sur propriétés urbaines pour une somme de 103.404.087 pesetas. Sur le montant total de 181.5 millions, la Banque a recouvré par l'effet de l'amortissement, depuis l'origine de ses opérations, 14.824.707 pesetas et par suite de remboursements 74.052.760 pesetas, de sorte que le solde des capitaux restant dus sur les prêts hypothécaires, au 31 décembre 1898 était de 92.701.311 pesetas. Le taux d'intérêt des prêts varie entre 7 % et 4,75 %. C'est justement la moitié des prêts hypothécaires qui est productive de 5 1/2 % d'intérêts.

5. Ce chiffre comprend aussi les obligations sorties au sort, soit 4.076.826 pesetas. Du total de 95.394.500 pesetas, il y a lieu de déduire le montant " des primes à amortir ", soit 3.087.474 pesetas.

Immeubles. — Les immeubles acquis à la suite d'expropriations figurent, dans la situation au 31 décembre pour leur prix d'acquisition de 4.195.807 pesetas, soit 4,52 % du solde des prêts hypothécaires. Pour faire face à l'excédent des créances hypothécaires sur la valeur estimative des immeubles acquis par la société, on constitue une provision qui s'éleva, en 1898, à 873.273 pesetas, soit 20.82 % du coût des immeubles.

Tableau X.

ÉTABLISSEMENTS DE CRÉDIT FONCIER EN FRANCE

BANQUE HYPOTHÉCAIRE EN SOCIÉTÉ PAR ACTIONS

NUMÉROS D'ORDRE	DÉSIGNATION DES ÉTABLISSEMENTS	SIÈGE SOCIAL	ANNÉE de la FONDATION	CAPITAL-ACTIONS VERSÉ	TOTAL DES RÉSERVES diverses	PRÊTS HYPOTHÉCAIRES	PRÊTS COMMUNAUX	VALEUR NOMINALE DES OBLIGATIONS FONCIÈRES			VALEUR NOMINALE des obligations communales	RAPPEL DES N°s D'ORDRE
								Total	Au taux de 3 % avec et sans lots	Au taux de 2.80 %		
1	2	3	4	5	6	7	8	9	10	11	12	13
				francs	francs	francs	francs	francs	francs	francs	francs	
1	Crédit foncier de France........	Paris.	1852	170.500.000	43.685.439 [1]	1.789.938.702 [2]	1.851.898.311 [3]	2.320.936.300 [4]	1.580.222.000 [5]	740.714.300 [6]	1.458.764.600 [7]	1

1. Dont 19.857.849 francs appartiennent à la réserve obligatoire ; la provision pour l'amortissement des emprunts s'élevant à 120.896.850 francs n'y est pas comprise.

2. Prêts hypothécaires. — Le chiffre représente les prêts effectués avec les fonds des obligations foncières ; en outre, fin 1898 il y avait 57.236.193 francs en prêts effectués avec les fonds du capital social et des réserves. En déduisant, du premier chiffre susdit, les prêts en réalisation (11.992.657 francs) et la portion y contenue des prêts réalisés avec la garantie du sous-comptoir des entrepreneurs, on arrive au solde de 1.775.024.088 francs.

Depuis sa fondation le Crédit foncier a réalisé 108,842 prêts hypothécaires pour un montant de 4.406.368.040 francs.

De ce total il y a 76.562 prêts sur propriétés urbaines pour une somme de 3.427 millions ;
31.439 prêts sur propriétés rurales — 912 —
841 prêts sur propriétés mixtes — 20 —

Donc environ 4/5 sur propriétés urbaines. Quant au classement des prêts d'après leur durée, 2.535 millions ont été faits pour un terme de 60 à 75 ans, donc plus de la moitié des prêts, 1.031 millions pour un terme de 30 à 59 ans ; 388 millions pour un terme de 21 à 30 ans, et 1.410 millions pour un terme au-dessous de 20 ans. Sur le capital de 4.406 millions, le Crédit foncier a recouvré par l'effet de l'amortissement semestriel, depuis l'origine de ses opérations, 4.481 millions et par suite de remboursements anticipés 2.183 millions. Donc on a amorti un peu plus du 1/5 des capitaux recouvrés depuis l'origine des opérations du Crédit foncier.

3. Prêts communaux. — En outre il y a 26.891.729 francs en prêts effectués avec les fonds des bons à lots et 31.324.458 fr. en prêts effectués avec les fonds du capital social et des réserves.

4. Obligations foncières. — La valeur nominale des obligations foncières en circulation au 31 décembre 1898 était de 2.136.518.600 francs. En ajoutant à ce chiffre le montant des obligations en portefeuille, lesquelles s'élèvent à 184.417.700 fr., on obtient un total de........ 2.320.936.300 fr.,

duquel il y a lieu de déduire : 1° les versements restant à recouvrer sur l'emprunt 1895, soit... 1.417.350 » ; 2° le montant des primes à amortir, à recouvrer des emprunteurs. 472.376.048 32 } 473.793.399

On arrive ainsi au solde de........ 1,847.142.901 fr.

5. Cette somme se décompose de 764.387,000 francs (1879) avec lots et au prix d'émission de 98 % et de 815,835.000 fr. (1883) sans lots et au prix d'émission de 66 %, soit avec une prime de 34 francs par cent.

6. De ce chiffre il y a 491.855.300 francs qui ont été émis (1885) à l'intérêt de 3 % (réduit à 2.80 % en 1898) avec lots et au prix de 87 %, soit avec une prime de 13 francs pour cent, et 249.859.000 francs (emprunt 1895) avec lots et au prix d'émission de 98 %.

7. Obligations communales. — De ce chiffre, il y a 1.034.154.100 francs au taux de 3 % avec lots, se décomposant de 422.306.500 francs avec une prime de 13 %, de 389.709.600 francs avec une prime de 5 % et de 222.139,000 francs estampillés, qui portaient originairement 3 et 4 % d'intérêt ; de plus, il y a 424.610.500 francs au taux de 2.60 % avec lots, qui ont été émis en 1879 au prix de 97 % et avec un intérêt annuel de 3 % réduit à 2.60 % en 1897.

Tableau XI.

ÉTABLISSEMENTS DE CRÉDIT FONCIER EN HOLLANDE

SOCIÉTÉS PAR ACTIONS

NUMÉROS D'ORDRE	DÉSIGNATION DES ÉTABLISSEMENTS	SIÈGE	ANNÉE de la FONDATION	CAPITAL-ACTIONS VERSÉ	RÉSERVES DIVERSES	PRÊTS HYPOTHÉCAIRES	OBLIGATIONS FONCIÈRES EN CIRCULATION					DIVIDENDE	NOMBRE des EXPROPRIATIONS	RAPPEL DES N°s D'ORDRE
							OBLIGATIONS 4 1/2 %	OBLIGATIONS 4 %	OBLIGATIONS 3 1/2 %	OBLIGATIONS 3 %	TOTAL			
1	2	3	4	5	6	7	8	9	10	11	12	13	14	15
				florins.	florins.	florins.	florins.	florins.	florins.	florins.	florins.	%		
1	Nationale Hypotheekbank	Amsterdam.	1861	250.000	2.795.000 [1]	26.590.678	662.100 17.100 [3]	2.275.500	22.351.900	491.500	25.598.200	20	7	1
2	Rotterdamsche Hypotheekbank voor Nederland	Rotterdam.	1864	500.000	412.301	34.085.730	153.000 20.000 [3]	3.655.300	30.505.700	615.850	34.952.850	17 1/2	9	2
3	Hollandsche Hypotheekbank	Amsterdam.	1877	500.000	228.254	29.493.724	446.000	12.794.000	16.208.000 [4]	»	29.448.000	7	2	3
4	Amsterdamsche Hypotheekbank	Amsterdam.	1882	283.200	100.502	13.910.900	114.000	7.266.100	6.528.800	2.000	13.910.900	11	4	4
5	S' Gravenhaagsche Hypotheekbank	La Haye.	1882	350.000	66.077 [2]	10.896.149	143.000	5.913.500	4.454.700	»	10.511.200	14	8	5
6	Utrechtsche Hypotheekbank	Utrecht.	1882	300.000	64.833	14.499.374	184.000	10.783.000	3.563.000	32.000	14.512.000	17	»	6
7	Arnhemsche Hypotheekbank	Arnhem.	1881	150.400	15.150	6.010.015	»	5.109.400	2.180.000	»	7.289.400	8 1/2	7	7
8	Maastrichtsche Hypotheekbank	Maastricht.	1882	54.600	55.918	6.318.965	38.500	3.610.500	1.471.150	»	5.120.150	12	3	8
9	Zuid-Hollandsche Hypotheekbank	Rotterdam.	1883	150.000	100.000	14.615.846	319.300	11.857.000	2.580.000	»	14.706.300	19 1/2	8	9
10	Noordelijke Hypotheekbank	Zorgvlied.	1887	100.000	15.443	2.065.867	»	1.508.000	526.900	10.000	2.044.900	0	1	10
11	Maatschappij voor Hypothecair-crediet	La Haye.	1889	300.000	71.213	6.277.200	»	1.210.800	4.605.400 [5]	»	5.816.200	7	1	11
12	Westlandsche Hypotheekbank	—	1883	100.000	21.769	6.610.746	»	5.547.150	928.050	»	6.475.200	10	1	12
	TOTAUX			3.238.100	3.947.055	170.969.090	1.900.000	71.480.850	95.853.500	1.151.350	170.385.800			

1. Dont 2.500.000 florins représentent le fonds de garantie pour le service des obligations ; il a été constitué moyennant le paiement de prestations effectué par les actionnaires, en proportion du nombre de leurs actions, sans qu'il participe aux bénéfices annuels.

2. Dont 11.990 florins appartiennent au fonds de garantie spéciale pour les obligations.

3. Au taux de 5 %.

4. Dont 1.169.000 florins en obligations avec primes.

5. Dont 2.548.500 florins en obligations qui obtiennent une quote-part des bénéfices annuels.

TABLEAU XII.

ÉTABLISSEMENTS DE CRÉDIT FONCIER EN ITALIE

ŒUVRES AYANT UN PATRIMOINE PROPRE ET SOCIÉTÉS PAR ACTIONS

NUMÉROS D'ORDRE	DÉSIGNATION DES ÉTABLISSEMENTS	SIÈGE SOCIAL	ANNÉE de la FONDATION	CAPITAL SOCIAL VERSÉ	RÉSERVES[1] DIVERSES	PRÊTS HYPOTHÉCAIRES	OBLIGATIONS FONCIÈRES en circulation	VALEUR NOMINALE DES OBLIGATIONS: OBLIGATIONS 5 %	OBLIGATIONS 4 1/2 %	OBLIGATIONS 4 %	BÉNÉFICE NET	RAPPEL DES N°s D'ORDRE
1	2	3	4	5	6	7	8	9	10	11	12	13
				lires.	lires.	lires.	lires.	lires.	lires.	lires.	lires.	
	I. — Œuvres, fondations ayant un patrimoine propre											
1	Credito Fondiario dell' Opera Pia di San Paolo…	Torino.	1867	»	2.176.792	54.602.377	54.603.000	48.582.500	6.020.500	»	249.885	1
2	Credito Fondiario del Monte di Paschi…	Siena.	1867	»	535.334	26.826.056	27.728.000	24.757.000	2.971.000	»	69.141	2
3	Credito Fondiario della Cassa di Risparmio…	Milano.	1867	»	1.776.316	157.038.801	183.878.500	21.734.000	»	142.189.500	152.195	3
4	— — — …	Bologna.	1868	13.300	420.020	36.223.500	36.223.500	82.126.500	4.097.000	»	78.290	4
	Totaux…			13.300	4.908.519	275.280.238	282.428.000	127.200.000	13.088.500	142.189.500	549.991	
	II. — Société de capitalistes par actions											
5	Istituto Italiano di Credito-Fondiario…	Roma.	1891	40.000.000	2.363.894	72.192.709	35.605.500	»	23.877.500	11.728.000	1.919.545	5
	Total général…			40.013.300	7.276.913	347.452.942	318.033.500	127.200.000	36.966.000	153.867.500	2.469.536	

1. Le montant des réserves respectives des bénéfices appartenant à l'autre section faisant les services de banque commerciale n'y est pas compris.

TABLEAU XIII.

ÉTABLISSEMENTS DE CRÉDIT FONCIER EN PORTUGAL

BANQUE HYPOTHÉCAIRE EN SOCIÉTÉ PAR ACTIONS

NUMÉROS D'ORDRE	DÉSIGNATION DES ÉTABLISSEMENTS	SIÈGE SOCIAL	ANNÉE de la FONDATION	CAPITAL-ACTIONS VERSÉ	RÉSERVES DIVERSES	PRÊTS HYPOTHÉCAIRES	OBLIGATIONS FONCIÈRES EN CIRCULATION AU TAUX DE 6 %	5 %	4 1/2 %	4 %	TOTAL	PRÊTS COMMUNAUX	OBLIGATIONS COMMUNALES	RAPPEL DES N°s D'ORDRE
1	2	3	4	5	6	7	8	9	10	11	12	13	14	15
				reis.	reis.	reis.	reis.	reis.	reis.	reis.	reis.	reis.	reis.	
1	Compagnie générale de Crédit foncier portugais.	Lisbonne.	1864	990:000$000	99:000$000	12.060:499$760	12.420:468$000	5.436:252$000	2.480:490$000	993:150$000	12.420:468$000	5.330:082$687	5.324:400$000[1]	1

1. Dont 606:178$000 reis au taux de 6 %, 3.800:692$000 reis au taux de 5 %, 918:600$000 reis au taux de 4 1/2 %.

TABLEAU XIV.

ÉTABLISSEMENTS DE CRÉDIT FONCIER EN ROUMANIE

MUTUALITÉS DE PROPRIÉTAIRES

NUMÉROS D'ORDRE	DÉSIGNATION DES ÉTABLISSEMENTS	SIÈGE SOCIAL	ANNÉE de la FONDATION	FONDS SOCIAUX: FORTUNE PROPRE	FONDS DE RÉSERVE	PRÊTS HYPOTHÉCAIRES	OBLIGATIONS FONCIÈRES EN CIRCULATION AU TAUX DE 7 %	5 %	4 %	TOTAL	RAPPEL DES N°s D'ORDRE
1	2	3	4	5	6	7	8	9	10	11	12
				francs.	francs.	francs.	francs.	francs.	francs.	francs.	
1	Première Société de Crédit foncier roumain…	Bucareste.	1873	5.286.700	12.328.896	245.755.420	22.718	239.301.345	5.890.000	245.214.063[1]	1
2	Société de Crédit foncier urbain…	Jasi.	1880	576.318	80.899	25.053.400	»	»	»	25.053.400	2
	Totaux…			5.863.018	12.409.795	270.808.820	22.718	239.301.345	5.890.000	270.267.463	

1. La moyenne des cours d'obligations 5 %, 4 % a été de 98.80 % respectivement de 92.13 %.

Tableau XV.

ÉTABLISSEMENTS DE CRÉDIT FONCIER EN RUSSIE

INSTITUTIONS D'ÉTAT. — INSTITUTIONS PRIVÉES

Numéros d'ordre	Désignation des établissements	Siège social	Année de la fondation	Capital social versé	Réserves diverses	Prêts hypothécaires	Classement des prêts hypothécaires d'après la nature des immeubles: Propriétés rurales	Propriétés urbaines	Obligations foncières en circulation	Valeur des obligations d'après le taux d'intérêt: Obligations 5 %	Obligations 4 ½ %	Obligations 4 %	Obligations 3 ½ %	Bénéfice net	Dividende en %	Rappel des nos d'ordre
1	2	3	4	5	6	7	8	9	10	11	12	13	14	15	16	17
				roubles crédit	roubles crédit	roubles crédit	roubles crédit	roubles crédit	roubles crédit	roubles crédit	roubles crédit	roubles crédit	roubles crédit	roub. crédit		
	§ 1er. — Institutions d'État															
1	Banque foncière de la noblesse	St-Pétersbourg.	1885	»	10.484.000	506.479.000	506.479.000	»	367.982.000	33.500.000	3.543.000	115.980.000	248.455.000	1.395.000	»	1
2	Section spéciale de la Banque foncière de la noblesse (ex-société de crédit foncier mutuel)	St-Pétersbourg.	1866/1890	»	1.104.000	52.633.000[1] 16.546.000	52.633.000[1] 16.546.000	»	9.000[1]	9.000[1]	»	»	»	»	»	2
3	Banque foncière des paysans	St-Pétersbourg.	1882	»	14.816.000	128.603.000	128.603.000	»	125.124.000	»	57.060.000	68.064.000	»	3.029.000	»	3
	Totaux			»	26.404.000	52.633.000[1] 706.628.000	52.633.000[1] 706.628.000	»	9.000[1] 498.106.000	9.000[1] 33.500.000	60.603.000	184.014.000	248.455.000	4.424.000	»	
	§ 2. — Institutions privées															
	Russie proprement dite.															
	1° Banques foncières par actions															
4	Banque foncière de Kharkof	Kharkof.	1871	7.872.000	2.920.000	100.565.000	59.357.000	41.308.000	479.000[1] 109.521.000	479.000[1]	100.621.000	»	»	1.435.000	14 ½	4
5	— de Poltava	Poltava.	1872	8.918.000	3.677.000	68.070.000	48.653.000	19.417.000	68.070.000	»	68.070.000	»	»	685.000	18	5
6	— de Saint-Pétersbourg-Toula	St-Pétersbourg.	1872	6.000.000	2.866.000	81.704.000	35.804.000	45.899.000	82.478.000	»	82.478.000	»	»	687.000	12	6
7	— de Moscou	Moscou.	1872	9.161.000	5.191.000	129.984.000	53.919.000	76.065.000	130.044.000	»	130.044.000	»	»	1.891.000	18	7
8	— Bessarabie-Tauride	Odessa.	1872	5.250.000	3.374.000	84.983.000	51.067.000	33.916.000	84.378.000	»	84.378.000	»	»	1.101.000	15.80	8
9	— Nijni-Novgorod-Samara	Moscou.	1872	2.730.000	1.263.000	86.362.000	25.012.000	11.350.000	7.000.000[1] 86.512.000	7.000[1]	86.512.000	»	»	508.000	16	9
10	— Kief	Kief.	1872	4.750.000	2.883.000	70.504.000	51.167.000	19.338.000	70.548.000	»	70.548.000	»	»	863.000	17.80	10
11	— Vilna	Vilna.	1872	8.126.000	8.978.000	114.882.000	84.494.000	30.387.000	114.910.000	»	114.910.000	»	»	1.007.000	15	11
12	— Yaroslaf-Kostroma	Moscou.	1872	1.886.000	804.000	16.544.000	8.700.000	7.845.000	16.590.000	»	16.590.000	»	»	267.000	13.4	12
13	— du Don	Taganrog.	1872	4.289.000	2.412.000	63.798.100	34.820.000	28.972.000	64.302.000	»	64.302.000	»	»	812.000	17	13
	Totaux			58.070.000	28.802.000	767.491.000	452.998.000	314.497.000	485.000[1] 768.448.000	485.000[1]	768.448.000	»	»	10.256.000	»	
	2° Associations de crédit foncier															
14	Banque foncière de la province de Kherson	Odessa.	1864	»	7.801.000	121.307.000	121.307.000	»	114.994.000	»	114.994.000	»	»	149.000	»	14
15	Société de crédit urbain	St-Pétersbourg.	1861	»	8.265.000	194.438.000	»	194.438.000	194.324.000	»	194.324.000	»	»	606.000	»	15
16	— —	Moscou.	1862	»	2.306.000	109.887.000	»	109.887.000	113.281.000	65.214.000	48.067.000	»	»	715.000	»	16
17	— —	Odessa.	1871	»	3.188.000	72.244.000	»	72.244.000	70.190.000[2]	25.987.000	34.509.000	»	»	238.000	»	17
18	— —	Kronstadt.	1875	»	319.000	3.082.000	»	3.082.000	2.179.000	2.520.000	459.000	»	»	5.000	»	18
19	— —	Kief.	1885	»	570.000	12.988.000	»	12.983.000	12.960.000	4.372.000	8.689.000	»	»	75.000	»	19
20	— —	Minsk.	1896	»	2.000	2.092.000	»	2.092.000	2.101.000	»	2.101.000	»	»	8.000	»	20
21	— —	Schitomir.	1898	»	»	628.000	»	628.000	631.000	»	681.000	»	»	»	»	21
22	— —	Nikolaïef.	1898	»	»	741.000	»	741.000	744.000	»	744.000	»	»	1.000	»	22
	Totaux			»	17.518.000	517.852.000	121.307.000	396.045.000	512.204.000	98.050.000	404.418.000	»	»	1.897.000	»	

1. Ces chiffres représentent des roubles métalliques.

2. En outre, il y a 9.737.500 roubles en obligations au taux d'intérêt de 5 ½ %.

ÉTABLISSEMENTS DE CRÉDIT FONCIER EN RUSSIE ET EN FINLANDE

INSTITUTIONS PRIVÉES (*suite et fin.*)

NUMÉROS D'ORDRE	DÉSIGNATION DES ÉTABLISSEMENTS	SIÈGE SOCIAL	ANNÉE de la FONDATION	CAPITAL SOCIAL VERSÉ	RÉSERVES DIVERSES	PRÊTS HYPOTHÉCAIRES	CLASSEMENT DES PRÊTS HYPOTHÉCAIRES d'après la nature des immeubles: Propriétés rurales	Propriétés urbaines	OBLIGATIONS FONCIÈRES en circulation	VALEUR DES OBLIGATIONS D'APRÈS LE TAUX D'INTÉRÊT: OBLIGATIONS 5 %	OBLIGATIONS 4 ½ %	OBLIGATIONS 4 %	OBLIGATIONS 3 ½ %	BÉNÉFICE NET	DIVIDENDE EN %	RAPPEL DES Nos D'ORDRE
1	2	3	4	5	6	7	8	9	10	11	12	13	14	15	16	17
				roubles crédit	roubles crédit	roubles crédit	roubles crédit	roubles crédit	roubles crédit	roubles crédit	roubles crédit	roubles crédit	roubles crédit	roub. crédit		
	Provinces Baltiques.															
23	Société du Crédit foncier de la noblesse de Livonie	Riga.	1802	»	2.791.000	38.557.000	38.557.000	»	39.183.000	»	35.175.000	4.008.000	»	56.000	»	23
24	Caisse de Crédit de la noblesse d'Esthonie	Reval.	1802	»	1.130.000	15.907.000	15.907.000	»	2.505.000[1] / 12.104.000	»	3.795.000	2.505.000[1] / 8.809.000	»	125.000	»	24
25	Société de Crédit de Courlande	Mitau.	1830	»	1.906.000	19.155.000	19.155.000	»	18.444.000	»	14.604.000	3.780.000	»	»	»	25
26	— de Crédit urbain	Riga.	1861	»	588.000	7.382.000	»	7.882.000	10.513.000	»	10.513.000	»	»	13.000	»	26
27	— hypothécaire	Riga.	1868	»	804.000	7.645.000	»	7.645.000	14.192.000	11.788.000	2.404.000	»	»	»	»	27
28	— de Crédit urbain	Reval.	1868	»	189.000	3.146.000	»	3.146.000	4.381.000	4.381.000	»	»	»	53.000	»	28
29	— hypothécaire de Courlande	Libau.	1875	»	54.000	2.840.000	»	2.840.000	3.694.000	»	3.694.000	»	»	115.000	»	29
30	— — de Livonie	Dorpat.	1881	»	40.000	2.027.000	»	2.027.000	2.160.000	2.160.000	»	»	»	5.000	»	30
	TOTAUX			»	7.502.000	96.559.000	73.519.000	23.040.000	2.505.000[1] / 104.671.000	18.329.000	70.225.000	2.505.000 / 16.097.000	»	376.000	»	
	Royaume de Pologne.															
31	Société de Crédit foncier du royaume de Pologne.	Varsovie.	1825	»	8.317.000	125.213.000	125.213.000	»	124.060.000	»	121.427.000	2.633.000	»	?	»	31
32	Société de Crédit urbain	Varsovie.	1869	»	4.064.000	54.902.000	»	54.902.000	56.012.000	36.911.000	19.101.000	»	»	181.000	»	32
33	— —	Lodz.	1872	»	1.225.000	16.136.000	»	16.136.000	16.580.000	9.673.000	6.907.000	»	»	112.000	»	33
34	— —	Lublino.	1885	»	125.000	1.974.000	»	1.974.000	1.974.000	1.974.000	»	»	»	11.000	»	34
35	— —	Kalich.	1885	»	58.000	940.000	»	940.000	942.000	942.000	»	»	»	4.000	»	35
36	— —	Plozk.	1886	»	48.000	1.073.000	»	1.073.000	1.093.000	1.093.000	»	»	»	»	»	36
37	— —	Petrokof.	1897	»	2.000	324.000	»	324.000	534.000	534.000	»	»	»	»	»	37
	TOTAUX			»	14.439.000	200.562.000	125.213.000	75.349.000	201.195.000	51.127.000	147.435.000	2.633.000	»	308.000	»	
	Caucase.															
38	Banque foncière de la noblesse de Tiflis	Tiflis.	1881	481.000	349.000	17.390.000	2.835.000	14.555.000	17.397.000	17.102.000	»	»	»	232.000	»	38
39	— — de Koutais	Koutais.	1875	600.000	99.000	2.896.000	1.341.000	1.555.000	2.948.000	2.031.000	»	»	»	38.000	»	39
40	Société de Crédit urbain	Tiflis	1880	»	251.000	15.104.000	»	15.104.000	15.155.000	15.155.000	»	»	»	102.000	»	40
	TOTAUX			1.081.000	699.000	35.450.000	4.176.000	31.274.000	35.500.000	34.283.000	»	»	»	372.000	»	
	Finlande.															
	1° ASSOCIATION COOPÉRATIVE				marks	marks			marks	marks	marks	marks	marks	marks		
1	Finlands hypoteksforening	Helsingfors.	1860	»	1.291.287	31.416.004	»	»	30.894.500	2.000.000	13.465.000	10.065.000	7.362.500	157.231	»	1
	2° SOCIÉTÉS PAR ACTIONS															
2	Forenings Banken i Finland	Helsingfors.	1862/1895[3]	4.000.000	26.998[4]	12.864.832	»	»	10.800.815	»	»	»	10.800.815	1.330.558	17	2
3	Aktiebolag Städernas i Finland hypotekskassa	Helsingfors.	1893	2.500.000	824.041	27.801.015	»	»	28.845.500	»	»	28.845.500	»	196.475	6	3
4	Nordiska Aktiebanken för Handel och Industrie	Viborg.	1872/1897[3]	10.000.000	8 541 556	3.008.258	»	»	7.970.000	»	»	1.970.000	»	1.394.466	11	4
	TOTAUX			16.500.000	8.898.884	48.878.100	»	»	42.116.315	»	»	31.815.500	10.800.815	2.941.537	»	

1. Ces chiffres représentent des roubles métalliques.
2. En outre, il y a 9.739.500 roubles en obligations au taux d'intérêt de 5 ½ %.
3. Date de l'ouverture de la section faisant du crédit foncier.
4. Ce chiffre représente la réserve de la section faisant du crédit foncier; les réserves d'ensemble se chiffrent par 7.892.909 marcs.

TABLEAU XVI.

ÉTABLISSEMENTS DE CRÉDIT FONCIER EN SERBIE

BANQUE D'ÉTAT

NUMÉROS D'ORDRE	DÉSIGNATION DES ÉTABLISSEMENTS	SIÈGE SOCIAL	ANNÉE de la FONDATION	FIN D'EXERCICE de	MONTANT des FONDS PUBLICS administrés	DÉPOTS RELIGIEUX, judiciaires et privés	PRÊTS HYPOTHÉCAIRES et COMMUNAUX [1]	Ces prêts sont spécialement engagés au profit des obligations en circulation	VALEUR NOMINALE des obligations en circulation portant intérêts de 5 %	IMMEUBLES ACQUIS à la suite d'expropriations	MONTANT des INTÉRÊTS arriérés et des intérêts d'intérêts encourus	RAPPEL DES N°s D'ORDRE
1	2	3	4	5	6	7	8	9	10	11	12	13
					francs	francs	francs	francs	francs	francs	francs	
1	Uprava fondova (Banque royale de crédit foncier de Serbie)	Belgrade.	1862	1898 1899	30.351.081 30.263.498	7.916.315 11.218.470	26.929.507 29.543.535	13.184.588 13.778.811	10.012.500 9.795.500	2.126.726 1.185.556	14.174.513 18.005.002	1

1. Les prêts sont remboursables par annuités (au taux de 8 % composé de 6 % pour intérêts et de 2 % affectés à l'amortissement) dans le délai de 23 ans ½, à l'exception des prêts nouveaux réalisés en 1899, qui sont remboursables par annuités (au taux de 7 %, dont seulement la somme de 1 % est affectée à l'amortissement) dans le délai de 32 ans.

Il serait à souhaiter que les publications du gouvernement fournissent les éléments nécessaires à classer les prêts suivant qu'ils sont accordés à des propriétaires ou à des corporations (municipalités, associations syndicales, etc.)

TABLEAU XVII.

ÉTABLISSEMENTS DE CRÉDIT FONCIER EN SUÈDE ET EN NORVÈGE

BANQUE D'ÉTAT. — ASSOCIATIONS MUTUELLES. — SOCIÉTÉS PAR ACTIONS

NUMÉROS D'ORDRE	DÉSIGNATION DES ÉTABLISSEMENTS	SIÈGE SOCIAL	ANNÉE de la FONDATION	CAPITAL SOCIAL versé	RÉSERVES DIVERSES	PRÊTS hypothécaires	OBLIGATIONS FONCIÈRES en circulation	VALEUR DES OBLIGATIONS: OBLIGATIONS 5 %	OBLIGATIONS 4 ½ %	OBLIGATIONS 4 %	OBLIGATIONS 3 ¾ %	OBLIGATIONS 3 ½ %	BÉNÉFICE NET	DIVIDENDE EN %	RAPPEL DES N°s D'ORDRE
1	2	3	4	5	6	7	8	9	10	11	12	13	14	15	16
	I. — *Suède.*														
	§ 1er. BANQUE D'ÉTAT			couronnes	couronnes	couronnes	couronnes	couronnes	couronnes	couronnes	couronnes	couronnes			
1	Sveriges Allmänna Hypotekskassa (Banque royale hypothécaire de la Suède)	Stockholm.	1861	30.000.000 [1]	2.758.870	267.475.144 [2]	294.374.066	14.627.700	»	192.421.500	31.728.300	56.596.566	142.122	»	1
	§ 2. ASSOCIATIONS MUTUELLES DE CRÉDIT FONCIER														
2	Allmänna Hypotekskassan för Sveriges Städer	Stockholm.	1865	1.101.400 [3]	318.101	25.192.148 [4]	24.066.000	»	4.829.000	9.005.000	»	10.281.400	38.572	»	2
3	Stockholms Hypotekskassa	Stockholm.	1861	498.200 [3]	99.965	6.559.783	6.641.200	1.392.000	2.472.000	»	»	2.777.200	68.331	»	3
	TOTAUX			1.599.600	418.166	31.751.931	30.707.200	1.392.000	7.301.000	9.005.000	»	13.058.600	106.903	»	
	§ 3. SOCIÉTÉS PAR ACTIONS														
4	Stockholms Inteckningns Garanti Aktiebolag	Stockholm.	1869	7.500.000	2.632.491	68.581.087	64.852.800	»	7.838.400	22.489.500	8.297.400	16.249.000 [4]	757.491	8 ½	4
5	Göteborgs — — —	Göteborg.	1871	612.000	198.000	20.398.327	5.643.600 [5]	»	?	?	?	?	89.472	8 ½	5
6	Skanska Inteckningns Aktiebolag	Malmo.	1885	500.000	659.042	6.933.050	6.673.600	?	?	?	?	?	43.662	5	6
	TOTAUX			8.612.000	3.484.533	95.912.464	66.169.600	»	»	»	»	»	890.625	»	
	II. — *Norvège.*														
	§ 1er. BANQUE D'ÉTAT														
1	Kongeriget Norges Hypothekbank	Kristiania.	1851	1.000.000 [3]	1.000.000	122.824.249	119.493.200	»	»	»	»	»	96.179	»	1
	§ 2. SOCIÉTÉS PAR ACTIONS														
2	Kristiania Hypothek-og Realcredit-Bank	Kristiania.	1887/1898	5.000.000	844.851	5.627.700	5.000.000	»	»	5.000.000	»	»	155.496	»	2

1. Fonds de garantie fourni par l'État.
2. Ce chiffre représente le solde des capitaux restant dus sur les prêts hypothécaires au 31 décembre 1898. En y ajoutant les sommes recouvrées par l'effet de l'amortissement, qui restent engagées comme garantie des obligations, ainsi que le montant des " primes à amortir à recouvrer des emprunteurs ", on obtient le montant des créances qui figure pour 358.553.415 couronnes à l'actif du bilan et qui forme la contre-partie des obligations émises figurant au passif.
3. Ce chiffre représente le capital du fonds.
4. Dont 536.000 couronnes au taux de 3.6 %.
5. Il faut y ajouter le montant de 1.161.450 hypothèques cédées et munies par la Banque de son endossement, c'est-à-dire de sa garantie.
6. En outre, il y a 635.660 couronnes en prêts communaux.

Tableau XVIII.

ÉTABLISSEMENTS DE CRÉDIT FONCIER EN SUISSE

BANQUES CANTONALES

NUMÉROS d'ordre	NOM	SIÈGE SOCIAL	ANNÉE de la FONDATION	CAPITAL de FONDS	RÉSERVES DIVERSES	PRÊTS HYPOTHÉCAIRES	VALEUR NOMINALE DES OBLIGATIONS FONCIÈRES EN CIRCULATION — AU TAUX de 4 %	AU TAUX de 3¾ %	AU TAUX de 3½ %	AU TAUX de 3¼ %	TOTAL	BÉNÉFICE NET	RAPPEL DES N°s D'ORDRE
1	2	3	4	5	6	7	8	9	10	11	12	13	14
				francs.	francs.	francs.	francs.	francs.	francs.	francs.	francs.	francs.	
	I. — Banques cantonales (institutions publiques).												
1	Hypothekarcasse des cantons Bern	Berne.	1846	20.000.000		127.947.263	?	?	?	?	50.000.000	242.281	1
2	Caisse hypothécaire du canton de Genève	Genève.	1848	3.300.000	660.439	36.141.841	?	?	?	?	32.247.231	314.447	2
3	Aargauische Bank	Aarau.	1854	6.000.000	689.219	30.998.451		2.449.900	25.669.700	2.197.800	30.217.400	418.157	3
4	Basellandschaftliche Cantonalbank	Liestal.	1864	3.000.000	1.424.372	32.478.322		14.210.900	10.478.700		24.689.600	182.007	4
5	St. Gallische Cantonalbank	St. Gallen.	1867	7.000.000	1.948.514	40.055.214		4.053.900	9.230.700	1.687.300	14.971.900	366.233	5
6	Zürcher Cantonalbank	Zürich.	1870	20.000.000	7.006.928	138.633.696	3.000	24.992.600	67.412.000	14.133.500	106.541.000	677.294	6
7	Thurgauische Cantonalbank	Frauenfeld.	1871	5.000.000	1.280.335	80.257.296	835.000	18.771.580	45.197.545		64.804.125	315.692	7
8	Banque cantonale neuchâteloise	Neuchâtel.	1882	4.000.000	441.756	15.321.148		1.439.000	4.520.000	753.000	6.712.000	338.350	8
9	Solothurner Cantonalbank	Soleure.	1886	5.000.000	1.181.191	40.414.779		989.100	16.971.050	940.700	18.900.850	376.991	9
	Totaux			73.300.000	15.102.754	587.248.004	»	»	»	»	348.884.106	»	

Tableau XIX.

SOCIÉTÉS PAR ACTIONS

NUMÉROS d'ordre	NOM	SIÈGE SOCIAL	ANNÉE de la FONDATION	CAPITAL SOCIAL VERSÉ	RÉSERVES DIVERSES	PRÊTS HYPOTHÉCAIRES	OBLIGATIONS en CIRCULATION	VALEUR NOMINALE DES OBLIGATIONS — OBLIGATIONS au taux de 4 %	OBLIGATIONS au taux de 3¾ %	OBLIGATIONS au taux de 3½ %	OBLIGATIONS au taux de 3¼ %	BÉNÉFICE NET	DIVIDENDE EN %	RAPPEL DES N°s D'ORDRE
1	2	3	4	5	6	7	8	9	10	11	12	13	14	15
				francs.	francs.	francs.	francs.	francs.	francs.	francs.	francs.	francs.		
	II. — Sociétés par actions (Institutions privées).													
1	Basellandschaftliche Hypothekenbank	Liestal.	1852	4.000.000	1.143.808	30.803.784	24.029.400	?	?	?	?	229.526	6 ½	1
2	Thurgauische Hypothekenbank	Frauenfeld.	1852	8.000.000	2.106.461	63.287.127	44.628.660	»	19.585.000	25.043.660	»	560.283	6 ½	2
3	Actiengesellschaft Leu et C°	Zurich.	1855	20.000.000	2.363.842	51.558.990	50.444.000	26.074.500	11.358.000	13.011.500	»	1.110.650	5	3
4	Caisse hypothécaire cantonale Vaudoise	Lausanne.	1858	12.000.000	2.185.582	88.360.428	27.014.500			19.981.000	7.033.500	673.812	5	4
5	Hypothekenbank in Basel	Basel.	1863	5.000.000	1.113.200	47.956.039	32.908.800	1.628.100	23.558.100	7.722.600	»	409.821	6 ½	5
6	Crédit Foncier Neuchâtelois	Neuchâtel.	1863	3.000.000	484.280	15.366.868	13.637.000	?	?	?	?	178.554	5,2	6
7	Hypothekarcasse der Bank in St. Gallen	St. Gallen.	1864	2.000.000	10.563	14.903.282	7.209.910	»	2.468.637	4.389.258	352.014	101.476	4,54	7
8	Hypothekarbank	Winterthur.	1866	10.000.000	1.544.049	62.434.974	43.531.400	16.203.900	20.880.800	6.049.600	397.100	867.175	6	8
9	Hypothekarcassen Leih	Lenzburg.	1869	1.000.000	240.643	6.652.533	5.572.850	?	?	4.958.850	?	71.636	7	9
10	Caisse hypothécaire du canton de Fribourg	Fribourg.	1870	3.000.000	342.512	23.721.937	20.537.939	»	405.993	19.549.287	582.659	141.077	4,6	10
11	Banque foncière du Jura	Basel.	1880	8.000.000	1.798.076	41.181.539	32.852.300	15.651.500	8.037.300	9.163.500	»	898.965	7	11
12	Banque hypothécaire suisse	Soleure.	1889	1.000.000	29.555	9.787.660	7.546.000	4.615.000	2.931.000	»	»	73.067	5	12
13	Hypothekarbank	Zürich.	1897	2.000.000	72.701	1.680.886	1.058.000	979.000	79.000	»	»	141.587	5	13
	Totaux			79.000.000	13.425.852	452.615.991	316.970.769	»	»	»	»	»		

LE CHEMIN DE FER DU NORD

(FRANCE)

STATISTIQUE DES OPÉRATIONS DE LA COMPAGNIE

STATISTIQUE DES TITRES

La compagnie du chemin de fer du Nord a été autorisée par ordonnance du 20 septembre 1845, approuvant les statuts du 10 septembre 1845, lesquels ont été modifiés par acte du 27 juin 1857, approuvé par décret du 30 du même mois.

La société a été constituée primitivement pour l'exécution et l'exploitation, conformément à la loi du 15 juillet 1845, du chemin de fer de Paris à la frontière de Belgique, par Lille et Valenciennes, avec embranchements sur Calais et Dunkerque. L'adjudication de cette ligne, approuvée par ordonnance du 10 septembre 1845, avait été prononcée au profit de MM. de Rothschild frères, Hottinguer et Cie, Charles Laffitte, Blount et Cie, qui en firent apport à la société.

Nous groupons dans les deux tableaux suivants les renseignements statistiques concernant les opérations et les titres de la compagnie.

G. LACAN,

Secrétaire général de la Compagnie des Chemins de fer du Nord.

[TABLEAUX]

TABLEAU I.

COMPAGNIE DES CHEMINS DE FER DU NORD

RÉSULTATS COMPARÉS DE L'EXPLOITATION A DIVERSES DATES

NUMÉROS d'ordre	DÉSIGNATION DES RENSEIGNEMENTS	1865	1869	1881	1883	1893	1899	RAPPEL des NUMÉROS d'ordre
1	2	3	4	5	6	7	8	9
1	Kilomètres exploités (1)	1.054	1.488	2.940	3.133	3.632	3.749	1
2	Recettes { Recettes brutes Recettes nettes	fr. c. 80.826.234 47 29.221.166 97	fr. c. 98.372.809 21 26.224.013 36	fr. c. 165.646.492 13 28.993.725 28	fr. c. 178.182.779 18 23.049.108 30	fr. c. 189.885.857 57 23.684.656 45	fr. c. 229.510.412 01 34.559.184 56	2
3	Actions { Titres au porteur Titres nominatifs	258.486 266.514	247.698 277.302	236.243 288.757	236.076 288.924	227.854 297.146	228.569 296.431	3
	TOTAL	525.000	525.000	525.000	525.000	525.000	525.000	
4	Dividendes annuels { distribués aux actionnaires — par action	fr. c. 29.137.500 » 55 50	fr. c. 26.775.000 51 »	fr. c. 32.025.000 61 »	fr. c. 29.925.000 » 57 »	fr. c. 26.250.000 » 50 »	fr. c. 30.450.000 » 58 »	4
5	Obligations { Titres au porteur Titres nominatifs	455.173 538.405	516.354 766.237	791.444 1.698.811	854.855 1.995.844	790.847 2.332.741	782.135 2.461.311	5
	TOTAL	993.578	1.282.591	2.490.255	2.850.699	3.123.588	3.243.446	
6	Prélèvements au profit du Trésor { Impôts payés par la Compagnie et les porteurs de titres Bénéfices résultant pour l'État de l'exploitation des Chemins de fer	fr. c. » » » »	fr. c. » » » »	fr. c. 23.724.754 82 31.736.456 01 (3)	fr. c. 24.799.274 55 35.152.174 63	fr. c. 21.944.147 95 34.839.071 09	fr. c. 21.787.483 » (2) 29.401.336 » (3)	6
7	Charges de la Compagnie en faveur de son personnel	fr. c. 491.705 82 (4)	fr. c. 531.158 97	fr. c. 1.085.671 42	fr. c. 1.257.635 43	fr. c. 4.329.367 78	fr. c. 6.129.260 44	7
8	Rapport { des impôts payés à l'État au dividende de la part de bénéfices que l'État recueille au dividende des charges de la Compagnie en faveur de son personnel au dividende	» » 1.687 %	» » 1.983 %	74 % 99 % 3.387 %	83 % 117 % 4.202 %	83 % 132 % 16.493	71 % 98 % 20.128 %	8

(1) L'accroissement du réseau, tant par suite de concessions nouvelles que d'acquisitions de lignes, a suivi la progression suivante :

	Longueur exploitée en kilomètres.		Longueur exploitée en kilomètres.		Longueur exploitée en kilomètres.		Longueur exploitée en kilomètres.
1850	576	1886	3.491	1891	3.596	1896	3.725
1860	967	1887	3.497	1892	3.612	1897	3.736
1870	1.829	1888	3.521	1893	3.632	1898	3.736
1880	2.028	1889	3.596	1894	3.674	1899	3.746
1885	3.421	1890	3.596	1895	3.703		

(2) Les impôts et les bénéfices de l'État ont été décomptés sur de nouvelles bases à partir de 1895.

(3) Ces chiffres comprennent les impôts déjà portés ci-dessus.

(4) Indemnités, secours et pensions de retraite.

Tableau II.

COMPAGNIE DES CHEMINS DE FER DU NORD

RÉSULTATS COMPARÉS DE L'EXPLOITATTION A DIVERSES DATES.

DÉSIGNATION DES RENSEIGNEMENTS	1865	1869	1881	1883	1892	1899
1	2	3	4	5	6	7
Nombre de voyageurs transportés	10.632.328	14.570.592	23.993.008	27.978.074	44.251.424	73.672.010
Nombre de tonnes de marchandises	6.215.699	8.073.677.3	16.502.068.6	18,876.762	23.768.971	31.138.917
Recettes moyennes par voyageur	2.54	2.19	1.95	1.77	1.24	0.96
Recettes moyennes par tonne.	7.02	6.63	5.09	5.65	4.75	4.24
Prix moyen de la tonne kilométrique	0.0605	0.0588	0.0549	5.0542	0.0466	0.0417
Recette moyenne des voyageurs (par kilomètre)	0.0655	0.0595	0.0512	0.0468	0.0375	0.0333
Montant des coupons d'actions bruts	71.50	67	77	73	66	74
Impôt à déduire sur titres au porteur	1.45	1.55	5.868	6.063	6.322	7.125
Somme nette payée à chaque actionnaire	70.05	65.45	71.132	66.937	59.678	66.785

LES VALEURS A LOTS

DÉTAILS STATISTIQUES SUR LES ÉMISSIONS EN FRANCE

Le but de ce travail n'est pas d'établir une statistique complète des valeurs ou bons à lots. Il a été procédé à cette étude générale par M. Alfred Neymark et il serait inutile d'y revenir.

Mais nous avons cru utile de préciser divers points de cette statistique, pour venir à l'appui des conclusions que nous avons présentées dans un mémoire soumis au congrès sur les valeurs à lots et l'application de la loi du 21 mai 1836 en ce qui les concerne.

Notre examen portera sur les points suivants :

1. Importance des emprunts à lots auxquels le public a été convié depuis 1850 ;
2. Importance des emprunts restant en circulation à l'époque actuelle ;
3. Effet produit sur le taux de capitalisation des emprunts par l'addition de tirages de lots à un revenu fixe ;
4. Bons à lots (dépourvus de tout intérêt fixe) en circulation à l'époque actuelle.

I. — ÉMISSIONS DE VALEURS A LOTS FAITES EN FRANCE DEPUIS 1850.

Étant donnée la prohibition générale édictée par la loi de 1836, les émissions de valeurs à lots auraient dû constituer des faits exceptionnels et d'une importance restreinte. Il n'en a pas été ainsi : la masse des valeurs de cette nature présentées au public a été très considérable, surtout dans le dernier quart du siècle.

Ce fait est dû principalement aux emprunts de la ville de Paris et du Crédit foncier.

Nous ferons connaître, dans un premier tableau, la date et le chiffre des émissions successives de valeurs à lots, effectuées en France depuis 1850.

Il en résulte que le montant total de ces émissions se chiffre, en capital nominal, à 7.698.092.216 francs ainsi répartis :

			francs
I.	Obligations	des départements.............. ..	79.803.450
II.	—	des villes autres que Paris........	206.819.066
III.	—	de la Ville de Paris..............	2.784.804.700
IV.	—	du Crédit Foncier.....	4.275.000.000
V.	—	diverses........................	966.665.000
		Total égal....	8.313.072.216

Les émissions faites depuis 1875 représentent 6 milliards de francs, soit environ les trois quarts du total.

II. — CHIFFRE DES VALEURS A LOTS RESTANT EN CIRCULATION A L'ÉPOQUE ACTUELLE

Il s'en faut de beaucoup que toutes les valeurs inscrites dans notre premier tableau figurent encore aujourd'hui à la cote officielle ; les amortissements, les remboursements anticipés, les conversions en ont fait disparaître un grand nombre.

De plus, les obligations du Canal interocéanique sont devenues de simples bons à lots, les intérêts ayant cessé d'être payés depuis la mise en liquidation de la société.

Les valeurs à lots françaises admises à la cote officielle et circulant en France, au 1er janvier 1900, sont énumérées dans notre deuxième tableau ; elles représentent, à cette date, un capital restant à amortir de plus de cinq milliards.

III. — TAUX DE CAPITALISATION DES VALEURS A LOTS AU MOMENT DE LEUR ÉMISSION

Dans quelle mesure l'addition des lots au revenu fixe a-t-il influé sur le taux de la capitalisation de la valeur? Il nous a paru intéressant de le rechercher.

Nous avons relevé, à cet effet, le prix d'émission d'un certain nombre d'obligations de la ville de Paris et du Crédit foncier et calculé le prix que les souscripteurs avaient payé pour obtenir 1 franc d'intérêt annuel (non compris les chances de lots) ; nous avons rapproché ce prix de celui moyennant lequel ils auraient pu se procurer le même revenu en rentes

3 % sur l'Etat et en obligations des grandes compagnies de chemins de fer, d'après le cours moyen de ces valeurs à une date correspondante à celle de l'émission.

Ce sont les résultats de cette comparaison que nous avons consignés dans un troisième cadre.

On voit, par la simple inspection de ce tableau, que si, pendant une certaine période, l'attrait des lots a sensiblement augmenté le prix des valeurs, cet avantage a beaucoup diminué depuis que le marché s'en trouve, pour ainsi dire, saturé.

On peut compléter cette démonstration par l'examen comparé des prix d'émission et des cours actuellement cotés; tel est l'objet du quatrième tableau.

On voit notamment par les chiffres qui s'y trouvent inscrits que les cours des obligations du Crédit foncier émises en 1879 et 1880 à 490 francs et 485 francs, sont aujourd'hui à peine supérieurs à ceux de l'émission, tandis que le 3 % français et les obligations des chemins de fer ont progressé, depuis la même époque, de 20 % en moyenne.

Il se dégage nettement de ces constatations statistiques cette conclusion que le nombre et l'importance des émissions de valeurs à lots faites sur le marché français, ont été assez grands pour faire disparaître, d'une manière presque complète, l'avantage pécuniaire qui résultait antérieurement de l'attrait des chances aléatoires. A l'heure actuelle, les avantages que peuvent en attendre, soit le public, soit les établissements émetteurs, ne sont plus suffisants à justifier de nouvelles dérogations à la loi de 1836, et l'autorisation de nouvelles émissions de valeurs de cette nature.

IV

Nous donnons enfin (tableaux V et VI) la nomenclature des bons à lots inscrits à la cote officielle, et la liste des valeurs à lots cotées en coulisse à Paris.

Eugène Lacombe.

Ancien sénateur.

[Tableaux]

TABLEAU I

VALEURS A LOTS EMISES EN FRANCE ET ADMISES A LA COTE OFFICIELLE

DÉSIGNATION DES VALEURS	DATES des Lois ou Décrets d'autorisation	CAPITAL nominal.	INTÉRÊTS annuels.	TAUX de remboursement.	CHIFFRES annuels des lots.	DATES des émissions.	TAUX d'émission.
1	2	3	4	5	6	7	8
		francs.	francs.	francs.	francs.		fr. c.
I. — OBLIGATIONS DE DÉPARTEMENTS							
Seine, 4 %.	17 juillet 1856.	57.803.450	2.292.138	225	125.000	15 mars 1857.	205 00
Nord, 1870, 3 %	12 octobre 1870.	22.500.000	675.0000	100	»	19 novembre 1870.	80 00
II. — OBLIGATIONS DE VILLES AUTRES QUE PARIS							
Lille, 1860, 3 %.	31 mai 1859.	17.500.000	525.000	100	»	mars 1860.	95 00
— 1863, 3 %.	4 mars 1863.	7.366.666	221.000	100	»	octobre 1863.	90 50
Amiens, 1871, 4 %.	11 mai 1871.	9.050.000	240.000	100	»	mai 1871.	80 00
Marseille, 1877, 3 %.	24 février 1877.	103.784.800	3.113.544	400	150.000	8 mars 1877.	352 50
Lyon, 1880, 3 %.	23 décembre 1879.	68.507.600	2.055.228	100	»	6 janvier 1880.	98 50
III. — OBLIGATIONS DE LA VILLE DE PARIS							
1855, 3 %.	2 mai 1855.	75.000.000	2.250.000	500	350.000	2 mai 1855.	400 00
1860, 3 %.	1er août 1860.	143.809.000	4.314.270	500	600.000	13 août 1860 et 31 octobre 1863.	475 et 450 00
1865, 4 %.	12 juillet 1865.	300.000.000	12.000.000	500	1.140.000	25 juillet 1865.	450 00
1869, 3 %.	13 avril 1869.	301.449.200	9.043.476	400	1.000.000	8, 9, et 10 mai 1869.	345 00
1871, 3 %.	6 septembre 1871.	518.520.000	15.555.600	400	1.500.000	26 et 27 septembre 1871	277 00
1874-1875, 4 %.	24 décembre 1874. (Décret du 22 janvier 1875.)	250.000.000	10.000.000	500	900.000	5 et 6 février 1875.	440 00
1876, 4 %.	27 juin 1876. (Décret du 13 juillet 1876.)	129.032.500	5.161.300	500	500.000	23 juillet 1876.	465 00
1886, 3 %.	13 juillet 1886.	277.500.000	8.325.000	400	1.000.000	30 avril 1887. 5 mai 1888. 16 juillet 1889. 29 mars 1890. janvier 1892.	375 00 384 00 et 380 00 » »
1892, 2 1/2 %.	22 juillet 1892	235.294.000	5.882.850	400	800.000	21 avril 1897.	340 00
1894-1896, 2 1/2 %.	10 juillet 1894 et 22 juillet 1896.	179.200.000	4.480.000	400	646.000	novembre 1896.	divers.
1898, 2 %.	6 janvier 1898.	250.000.000	5.000.000	500	1.200.000	15 septbre au 15 décbre 1898.	434 15
Emprunt du Métropolitain, 2 %.		115.000.000	2.300.000	500	600.000	18 novembre 1899	410 00

Tableau I (*suite et fin*)

VALEURS A LOTS ÉMISES EN FRANCE ET ADMISES A LA COTE OFFICIELLE

DÉSIGNATION DES VALEURS	DATES des Lois ou Décrets d'autorisation	CAPITAL nominal.	INTÉRÊTS annuels.	TAUX de remboursement.	CHIFFRES annuels des lots.	DATES des émissions.	TAUX d'émission.
1	2	3	4	5	6	7	8
		francs.	francs.	francs.	francs.		fr. c.
IV. — Obligations du Crédit foncier							
Communales, 1860, 3 %	6 juillet 1860.	75.000.000	2.250.000	500	300.000	18 octobre 1860 et 9 décembre 1861.	446 et 480 00
Foncières, 1863, 4 %	20 mars, 30 juillet et 10 décembre 1852 (Décision ministérielle du 14 novembre 1863.)	200.000.000	8.000.000	500	850.000	1863	»
Communales et départementales, 1875, 4 %	6 juillet 1860 (Décision ministérielle du 19 août 1874.)	200.000.000	8.000.000	500	800.000	5 et 6 janvier 1875.	452 50
Foncières, 1877, 3 % (400 fr.)	28 mars, 30 juillet et 10 décembre 1852. (Autorisation ministérielle du 17 juillet 1877.)	250.000.000	7.500.000	400	800.000	24 juillet 1877.	360 00
Communales, 1879, 3 % (500 fr.)	28 mars, 30 juillet et 10 décembre 1852. (Arrêté ministériel du 23 juillet 1879.)	500.000.000	15.000.000	500	1.200.000	7 août 1879.	485 00
Foncières, 1879, 3 % (500 fr.)	28 mars, 30 juillet et 10 décembre 1852. (Arrêté ministériel du 28 septembre 1879.)	900.000.000	27.000.000	500	2.100.000	7 octobre 1879.	490 00
Communales, 1880, 3 %	6 juillet 1860. (Arrêté ministériel du 27 décembre 1879.)	500.000.000	15.000.000	500	1.200.000	1880.	485 00
Foncières, 1885, 3 %	28 mars, 30 juillet et 10 décembre 1852. (Arrêté ministériel du 23 mars 1885.)	500.000.000	15.000.000	500	1.200.000	9 avril 1885.	485 00
Communales, 1891, 3 % (400 fr.)	12 septembre 1891.	400.000.000	12.000.000	400	810.000	6 octobre 1891.	380 00
Communales, 1892	28 juin 1892.	250.000.000	7.500.000	500	800.000	21 juillet 1892.	496 01
Foncières, 1895, 2.80 %	23 mars 1895.	250.000.000	7.000.000	500	800.000	27 avril 1895.	490 00
Communales, 1899, 2.60 %	20 janvier 1899.	250.000.000	6.500.000	500	1.050.000	21 février 1899.	485 00
V. — Obligations diverses (1)							
Canal maritime de Suez, 5 %	4 juillet 1868.	166.666.000	8.333.325	500	1.000.000	septembre 1867 et 1868.	300 00
Canal interocéanique du Panama, 1888	8 juin 1888.	800.000.000	30.000.000	400	Variable.	26 juin 1888.	360 00
— — — 1889	15 juillet 1889.						

(1) Il conviendrait d'ajouter les lots d'Autriche 5 % 1860, capital 200 millions de florins, dont restent aujourd'hui en circulation 114.400.000. Nous ne les avons pas fait figurer dans le tableau n'étant pas en mesure de préciser le nombre de ces titres en circulation en France.

Tableau II

VALEURS A LOTS INSCRITES A LA COTE OFFICIELLE AU 1er JANVIER 1900

DÉSIGNATION DES VALEURS	CAPITAL NOMINAL NON AMORTI
1	2
	francs.
I. — Obligations de départements	
Nord, 1870, 3 %	15.954.800
II. — Obligations de villes autres que Paris	
Lille, 1860, 3 %	1.846.500
Amiens, 1871, 4 %	4.751.600
Marseille, 1877, 3 %	59.616.400
Lyon, 1880, 3 %	25.853.500
III. — Obligations de la ville de Paris	
1865, 4 %	227.190.000
1869, 3 %	114.566.400
1871, 3 %	436.296.000
1874-1875, 4 %	228.047.500
1876, 4 %	117.742.000
1892, 2 1/2 %	233.424.000
1894-1896, 2 1/2 %	177.892.400
1898, 2 %	342.749.000
Emprunt du Métropolitain	140.243.500
IV. — Obligations du Crédit foncier	
Communales, 1879, 3 % (500 fr.)	212.000.000
Foncières, 1879, 3 % (500 fr.)	750.000.000
Communales, 1880, 3 %	412.000.000
Foncières, 1885, 3 %	445.000.000
Communales, 1891, 3 % (400 fr.)	373.000.000
Communales, 1892	220.000.000
Foncières, 1895, 2,80 %	225.000.000
Communales, 1899, 2.60 %	236.000.000
V. — Obligations diverses (1)	
Canal maritime de Suez	109.054.000
Total	5.118.227.900

Adde. Lots d'Autriche 1860 (Voir la note du tableau I).

TABLEAU III PRIX D'ÉMISSION DE DIVERSES VALEURS A LOTS

DÉSIGNATION DES VALEURS	CE QU'IL A FALLU PAYER POUR AVOIR 1 FRANC DE RENTE		
	en obligations non compris les chances de lots et les primes de remboursement	en rentes 3 % sur l'État	en obligations de chemins de fer non compris la prime de remboursement
1	2	3	4
I. — OBLIGATIONS DE LA VILLE DE PARIS			
1855, 3 %	»	»	»
1860, 3 %	30.83	23.15	20.50
1865, 4 %	22.50	22.50	20.20
1869, 3 %	28.75	23.80	22.26
1871, 3 %	23.10	18.83	19.60
1874-1875, 4 %	22.00	21.40	20.60
1876, 4 %	23.75	22.96	21.50
1886, 3 %	34.70	28.34	26.70
1892, 2 1/2 %	34.00	32.20	31.06
1894-1896, 2 1/2 %	»	»	»
II. — OBLIGATIONS DU CRÉDIT FONCIER			
Communales 1860, 3 %	28.90	22 75	20.20
Foncières 1863, 4 %	»	»	»
Communales et départementales 1875, 4 %	22.62	20.74	20.60
Foncières 1877, 4 %	30.00	23.50	22.07
Communales 1879, 3 %	32.30	27.50	25.30
Foncières 1879, 3 %	32.70	27.80	25.30
Communales 1880, 3 %	32.30	27.20	25.80
Foncières 1885, 3 %	29.00	25.90	25.50
Communales 1891, 3 %	31.70	31.96	»
Communales, 1892	33.10	32.72	30.76
Foncières 1895, 2.80	35.00	34.58	31.60
Communales 1899, 2.60	37.30	34.30	31.50

TABLEAU IV

PRIX D'ÉMISSION ET COURS ACTUEL DE DIVERSES VALEURS A LOTS

DÉSIGNATION DES VALEURS 1	PRIX D'ÉMISSION 2	PRIX ACTUEL — (28 FÉVRIER 1900) 3
I. — OBLIGATIONS DE LA VILLE DE PARIS	francs.	francs.
1865, 4 %..	450	550 (1)
1869, 3 %..	345	424 (1)
1871, 3 %..	277	407 (1)
1875, 4 %..	440	558 (1)
1876, 4 %..	465	557 (1)
1892, 2 1/2 %..	340	368
1898, 2 %..	453	424
1899, 2 %..	410	396
II. — OBLIGATIONS DU CRÉDIT FONCIER		
Foncières, 1879, 3 %.......................................	490	479
Communales, 1879, 3 %......................................	485	500
Communales, 1880, 3 %......................................	485	499
Foncières, 1885, 3 %.......................................	435	475
Communales, 1891, 3 %......................................	480	395
Communales, 1892...	496	471
Foncières, 1895, 2.80 %....................................	499	471
Communales 1879, 2.60 %....................................	485	470
VALEURS DE COMPARAISON —	En 1879-1880 — francs.	28 février 1900 — francs.
Rente française, 3 %.......................................	82.50	100.80
Obligations de chemins de fer, 3 % (moyenne)...............	380 00	456 00

(1) Ces obligations ont dépassé le pair.

TABLEAU V

BONS A LOTS ADMIS A LA COTE OFFICIELLE DE LA BOURSE DE PARIS

DÉSIGNATION des VALEURS 1	DATES des AUTORISATIONS 2	CAPITAL 3	DATES des ÉMISSIONS 4
		francs.	
Bons de la Presse..........	14 mars 1887, 21 mars 1884, 29 mai et 23 juin 1885....	10.000.000	29 mars 1887.
Bons de 100 francs du Crédit foncier, 1887.............	24 octobre et 9 décembre 1887.	23.000.000	28 décembre 1887.
Bons de 100 francs du Crédit foncier, 1888.............	18 juillet 1888.............	15.000.000	7 août 1888.
Bons du Congo, 1888 (1).....	7 février 1888 (Belg.), 2 avril 1887 (Belg.)..............	70.000.000	5, 6, 7 mars 1888 et 7 mai 1889.
Bons du Panama, 1888......	8 juin 1888...............	800.000.000	26 juin 1888.
— — 1889 (2)...	15 juillet 1889..............		
Bons de l'exposition 1889..	4 avril 1889.............	30.000.000	15 avril 1889..........
— — 1900..	13 juin 1896..............	65.000.000	19 juin 1896...........

(1) 1re émission : 100.000 obligations ; 2e émission : 600.000 obligations, soit 70 millions de francs sur 150 millions.

(2) Émis originairement sous forme d'obligations et devenus aujourd'hui simples bons à lots, par suite de la liquidation de la société.

TABLEAU

VALEURS A LOTS COTÉES EN COULISSE A PARIS (1)

Obligations de la Banque de l'Etat de Fribourg.
— de la Banque nationale de Grèce.
— 3 °/₀ Crédit foncier égyptien.
— Crédit Loze (Autriche).
Lots Autrichiens 1854.
— — 1864.
Obligations Ville d'Anvers 1887.
— — de Bari (Italie).
— — de Barletta (Italie).
— — de Bruxelles.
— Département du Nord 1870.
— Canton de Fribourg 1861.
— Ville de Fribourg 1878.
— — de Liège 1853.

Obligations Ville de Liège 1897.
— — de Madrid 1868.
— — de Milan 1861.
— — — 1866.
— — de Neufchâtel 1857.
— — de Venise 1869.
Emprunt intérieur Russe 1864.
— — — 1866.
— Serbe 3 °/₀ 1881.
Croix Blanche hollandaise.
— Rouge autrichienne.
— — hongroise.
— — italienne.
Chemins de fer ottomans (Lots Turcs).

(1) Nous nous sommes abstenus de donner des détails sur le nombre des titres et l'importance de ces émissions, à défaut de pouvoir préciser dans quelle mesure les capitaux français y ont participé.

LES BOURSES ALLEMANDES

RÉGLEMENTATION ET FONCTIONNEMENT

Grâce surtout à la multiplication des objets sur lesquels elle s'exerce, marchandises ou titres, au développement des moyens de communication, au perfectionnement des formes de marché usitées dans les bourses, la spéculation possède aujourd'hui une puissance inconnue dans les siècles précédents ; les services qu'elle est susceptible de rendre sont plus grands que jamais, mais elle peut aussi se prêter à des excès dont les conséquences sont plus étendues, plus redoutables. Il n'est donc pas surprenant que les gouvernements, frappés occasionnellement par quelque scandale financier, par quelque sinistre plus ou moins retentissant, plus portés aussi à apercevoir les dangers que les avantages de la spéculation, tournent vers elle un regard de défiance, parfois même d'hostilité et cherchent à la refréner, à la réglementer plus ou moins étroitement. L'Allemagne, plus qu'aucune autre nation peut-être, a éprouvé ce sentiment de défiance et ce besoin de légiférer en matière de bourse (1).

Une cause d'un ordre plus spécial explique d'ailleurs l'intervention du législateur allemand sur ce terrain : la révolution économique accomplie dans ce pays pendant le dernier quart du XIXe siècle. Composée avant 1871 d'États presque exclusivement agricoles, l'Allemagne, unifiée à cette époque et forte de ses succès militaires, s'est transformée avec une incroyable rapidité en une puissance industrielle et commerciale de premier ordre; sa population (2) s'est accrue considérablement et après avoir pendant longtemps récolté plus que n'exigeait sa propre consommation, elle est obligée aujourd'hui d'importer du dehors une partie des objets d'alimentation qui lui sont nécessaires. Les grands propriétaires fonciers, les hauts fonctionnaires, jadis possesseurs exclusifs de la fortune, de la considération et du pouvoir, ont vu se former et

(1) Les avantages et les dangers de la spéculation ont été souvent étudiés pendant ces dernières années, notamment dans deux articles que la plupart des membres de ce Congrès connaissent : l'un a paru sous la signature de M. Raphaël Georges Lévy dans la *Revue des Deux Mondes* du 1er août 1893 avec le titre : *La banque et la spéculation* ; l'autre, intitulé : *Le Rôle de la spéculation*, forme la préface du « *Marché financier* » de M. A. Raffalovich pour l'année 1892.

(2) De 1871 à 1899 la population de l'empire allemand s'est accrue d'environ 14 millions d'habitants (40,997,000 âmes en 1871 et 55,052,000 âmes en 1899). Cette différence représente une augmentation de 34 0/0.

se développer en face d'eux toute une classe de commerçants et d'industriels, actifs et intelligents, capables de les éclipser par la fortune et prêts à leur disputer l'influence dans un empire de moins en moins féodal. Menacé dans sa suprématie, atteint dans ses intérêts par la baisse du prix des grains, le parti agraire aurait volontiers demandé à de nouvelles mesures de protection et au bimétallisme un relèvement de ces prix. Mais il ne pouvait compter à cet effet sur le reichstag. Un excès de protection aurait arrêté l'essor industriel et commercial de l'empire ; quant au bimétallisme, en admettant qu'il possédât la vertu qu'on lui attribuait, encore aurait-il fallu arrêter les autres nations sur la pente qui les éloignait chaque jour davantage de ce régime monétaire. Dans ces conditions, le parti agraire devait naturellement tourner ses efforts contre les progrès du capital mobilier et les opérations de bourse; il y mit d'autant plus d'ardeur que, dans sa pensée, la faculté de vendre à découvert, c'est-à-dire de vendre des quantités illimitées de marchandises qu'on ne possède pas, était une des causes principales de la baisse des prix. C'est à ces efforts que sont dues en grande partie les mesures prises contre les bourses allemandes dans ces dernières années. L'hostilité du parti socialiste envers le capital, sous quelque forme qu'il se présente, devait au surplus faciliter l'adoption de ces mesures qui avaient encore pour elles les sympathies de la démagogie rurale.

L'Allemagne — et il faut bien reconnaître que nous l'avons quelque peu suivie dans cette voie — a pris à l'égard des bourses deux sortes de dispositions : les premières, d'un ordre purement fiscal, ont consisté à frapper les opérations de bourse sur titres ou sur marchandises d'un impôt perçu au profit de l'empire ; les autres, d'un caractère plus général, ont trait à la réglementation même des bourses et des opérations qui s'y effectuent. Il n'y a pas à s'étendre ici sur les dispositions d'ordre fiscal; d'autres membres de ce congrès devant les traiter avec les développements qu'elles comportent, il suffira de les indiquer d'une façon succincte.

C'est une loi du 29 mai 1885 qui a frappé d'un droit de timbre proportionnel à leur montant toutes les transactions auxquelles donnent lieu les titres, soit nationaux, soit étrangers. Afin d'assurer l'exacte perception de l'impôt, la loi allemande rend obligatoire, pour tout achat ou vente de titres, la rédaction d'un bordereau en double (*Schluss note*) sur une formule timbrée à l'avance ou sur laquelle on appose un timbre mobile proportionnel. Le vendeur conserve un des doubles et l'acheteur l'autre. Le timbre, divisé en deux parties égales, portant l'une et l'autre les mêmes mentions, est apposé à cheval sur les deux parties du bordereau, de telle sorte que chacun des intéressés en reçoive la moitié. La loi fixe l'ordre dans lequel courtiers et parties sont responsables de la rédaction des bordereaux qui doivent être enliassés et conservés pendant cinq ans; elle prescrit des mesures de surveillance et édicte des pénalités. Le législateur de 1885 avait fixé le tarif de l'impôt à 0.10 % en ce qui concerne les opérations sur titres et à 0.20 % en ce qui concerne les opérations sur marchandises; mais une loi du 27 avril 1894 a doublé ces tarifs; l'impôt suit les sommes de 1.000 marks en 1.000 marks; les affaires ne dépassant pas 600 marks jouissent de la franchise.

La spéculation sur marchandises a paru au législateur allemand plus funeste que la spéculation sur valeurs; on ne s'expliquerait pas sans cela que les opérations sur marchandises aient été frappées d'un droit deux fois plus élevé que les opérations sur titres; cette conception n'a d'ailleurs rien qui doive surprendre après ce qui a été dit plus haut du rôle joué par le parti agraire dans la question des bourses.

La loi du 22 juin 1896 (1) qui a réformé le régime des bourses reflète le même esprit. Commune aux bourses de valeurs et aux bourses de commerce, élaborée après une vaste enquête confiée à une commission extraparlementaire, votée par le reichstag après de vives discussions, elle impose aux bourses une réglementation sévère et minutieuse. La plupart de ses dispositions s'appliquent aux deux sortes de bourses; certaines, au contraire, sont spéciales, soit aux bourses de commerce, soit aux bourses de valeurs. Il serait assurément préférable d'examiner cette loi dans son ensemble et de ne pas séparer ce que le législateur a cru logique de réunir; toutefois, étant donné l'objet spécial du congrès, les pages qui vont suivre ne seront consacrées qu'aux dispositions applicables aux bourses de valeurs.

Un commentaire complet de ces dispositions, l'étude de toutes leurs conséquences économiques et des difficultés juridiques qu'elles peuvent soulever ne sauraient du reste rentrer dans le cadre d'un mémoire comme celui-ci, restreint aux points les plus importants. Les membres du congrès désireux d'étudier plus à fond cette question des bourses allemandes pourront lire avec intérêt les correspondances adressées d'Allemagne à M. A. Raffalovich sur ce sujet et insérées par lui dans les *Marchés financiers*, qu'il publie annuellement, et surtout l'ouvrage important qu'un économiste distingué, M. André Sayous, a fait paraître sous le titre : *Les bourses allemandes de valeurs et de commerce* (2).

(1) Le texte de cette loi est donné en annexe.
(2) Arthur Rousseau, éditeur, à Paris.

I

Les bourses allemandes avaient toujours eu un caractère tout à fait particulier, celui d'institutions commerciales s'administrant librement ou à peu près. Les représentants des commerçants (collège des anciens de la corporation des marchands, à Berlin; chambre de commerce, à Francfort) assuraient par eux-mêmes ou par des organes à leur nomination (comité de direction, commissaires) la police des réunions dans des locaux appartenant au commerce et où l'on n'était admis que moyennant certaines formalités et le paiement de taxes ; c'étaient eux aussi qui nommaient les courtiers et statuaient sur l'admission des valeurs à la cote; ils avaient même institué des tribunaux arbitraux pour la solution rapide et économique des difficultés nées des affaires de bourse.

Les gouvernements des États avaient bien sur les bourses un droit supérieur de surveillance; mais le plus souvent ce droit n'était que vaguement défini. En Prusse, cependant, les règlements de bourse devaient être soumis à l'approbation du gouvernement; il en était résulté un peu plus d'uniformité dans le régime des bourses de ce pays, sans que leur autonomie parût avoir été atteinte.

La loi du 22 juin 1896 (*Borsengesetz*) a profondément modifié la situation antérieure. Elle a, il est vrai, dans une certaine mesure, respecté le caractère corporatif des bourses en maintenant aux corps commerciaux la faculté de les diriger et de les administrer; mais en même temps qu'elle a consacré d'une façon expresse et élargi le droit d'intervention des pouvoirs publics, elle a restreint le champ d'activité des corps commerciaux en réglementant uniformément la plupart des points qui rentraient autrefois dans leurs attributions : fixation des cours, nomination et devoirs des courtiers, admission des titres à la cote; enfin, elle a fait peser sur les marchés à terme diverses restrictions ou interdictions et subordonné leur validité, dans les cas où ils restaient autorisés, à l'inscription des deux parties sur un registre spécial dit registre de bourse.

Il convient d'examiner successivement ces divers points avant de rechercher quelles ont été les conséquences de la loi.

I. — CRÉATION, SUPPRESSION ET SURVEILLANCE DES BOURSES.

D'après la nouvelle loi, c'est au gouvernement de chaque État qu'appartient le droit d'autoriser la création d'une bourse et d'en ordonner la suppression. C'est également à lui qu'incombe la surveillance des bourses établies sur son territoire, et de leurs institutions (caisses de liquidation, etc.). Après avoir posé ce principe, la loi admet que le gouvernement de l'État peut déléguer la surveillance immédiate des bourses aux corps commerciaux constitués (Chambre de commerce, corporation des marchands). On ne peut dire d'une façon générale que ces dispositions constituent une innovation; mais la loi de 1896 est allée plus loin en créant pour exercer le droit de surveillance des pouvoirs publics, de nouveaux organes, les commissaires d'État (*Staat commissäre*), fonctionnaires à la nomination du gouvernement de l'État intéressé. Elle définit ainsi leurs attributions : « Ces commissaires seront chargés d'observer la marche des affaires à la bourse et de surveiller l'application des lois et règlements concernant les bourses, en se conformant aux instructions données par le gouvernement. Ils sont autorisés à assister aux délibérations des organes de la bourse et à appeler l'attention de ces organes sur tous les abus qui se seront produits. Ils feront des rapports sur ces abus et sur les moyens d'y remédier. » Les commissaires, on le voit, n'ont aucun rôle actif; leur mission consiste à observer et à rendre compte. Le texte de la loi permettrait d'en nommer plusieurs auprès d'une même bourse, mais aucun État n'a jusqu'ici usé de cette faculté.

Si l'on s'en réfère au texte d'un arrêté ministériel pris le 7 mars 1897 par le ministre du commerce de Prusse, la surveillance des bourses a aujourd'hui pour instance suprême le ministre du *commerce;* au-dessous de lui, les présidents supérieurs des provinces où se trouvent les bourses; enfin et sur le même rang les organes du commerce et le commissaire d'État.

La création des commissaires d'État a été accueillie comme une marque de défiance à l'égard des commerçants et l'accomplissement de leur mission, qui exige autant de tact que de compétence, n'a pas été facilité par le concours de toutes les bonnes volontés.

En fait, il semble bien que le nouveau rouage n'a pas joué un rôle important dans le fonctionnement des bourses. Il était toutefois bien difficile d'édicter pour ces institutions une réglementation aussi minutieuse que celle qui a trouvé place dans la loi de 1896 sans leur imposer la présence permanente d'un représentant de l'État, d'autant plus que le commissaire est encore chargé des fonctions de ministère public près les tribunaux d'honneur dont on parlera tout à l'heure.

Quelque détaillée que fût la nouvelle législation, le régime des bourses aurait encore présenté bientôt de notables divergences d'un État à l'autre, suivant les tendances plus ou moins libérales de chaque

État, si d'importantes attributions n'avaient été réservées au conseil fédéral, en vue de maintenir l'unité des principes généraux dans l'ensemble de l'Empire.

C'est ainsi que le conseil fédéral a le droit d'édicter des dispositions ayant pour but d'arriver à l'adoption de principes uniformes, en ce qui concerne les usages réglant la fixation des cours des titres (art. 35); — de fixer le maximum du capital de fondation à exiger pour l'admission d'actions aux différentes bourses, ainsi que le minimum de valeur nominale des coupures à admettre à la cote (art. 42); — de soumettre à certaines conditions les opérations de bourse à terme et même de les interdire pour certaines marchandises ou pour certaines valeurs déterminées (art. 50).

Pour faciliter au conseil fédéral l'accomplissement de la tâche qui lui était ainsi dévolue, à l'égard tant des bourses de marchandises que des bourses de valeurs, l'article 3 de la loi institue près de lui un nouvel organisme : la commission des bourses. Cette commission est composée d'au moins 30 membres élus par le conseil fédéral pour 5 ans et rééligibles; une moitié des membres est nommée sur la proposition des bourses allemandes; l'autre moitié est choisie parmi les représentants de l'agriculture et de l'industrie. Le conseil fédéral détermine lui-même les travaux de la commission et fixe l'indemnité et les frais de voyage à accorder à ses membres.

Cette commission doit donner son avis au conseil fédéral sur les affaires qui lui sont soumises; elle est autorisée à faire des propositions au chancelier de l'Empire et à entendre des experts.

Chaque bourse doit faire approuver son règlement par le gouvernement de l'Etat intéressé. Comme ces règlements auraient pu s'en tenir à des généralités, la loi stipule (art. 5) que les règlements des bourses devront contenir obligatoirement des dispositions : 1° sur l'administration des bourses et leurs organes ; — 2° sur les catégories d'affaires qui pourront être traitées en bourse; — 3° sur les conditions nécessaires pour être admis à fréquenter la bourse; — 4° sur la marche à suivre pour établir la cote des prix et des cours.

La loi a laissé aux commerçants le soin de déterminer les conditions d'admission pour chaque bourse et les règlements ont généralement exigé, entre autres formalités, la recommandation de deux ou trois membres fréquentant la bourse depuis plusieurs années ; en revanche, elle a elle-même indiqué les personnes qui ne pouvaient y être admises : femmes, mineurs, interdits, condamnés, faillis, etc.

Les membres d'une bourse délèguent généralement à un certain nombre d'entre eux désignés sous le nom de « comité de direction » (1) le soin de veiller au maintien de l'ordre et de présider à la fixation des cours.

Le comité de direction a le droit d'expulser immédiatement les personnes qui troublent l'ordre et de leur infliger, soit l'exclusion temporaire, soit une amende.

Pour les faits plus graves, ceux « contraires à l'honneur ou inconciliables avec la loyauté commerciale », le législateur de 1896 s'est préoccupé d'établir une juridiction nouvelle : les tribunaux d'honneur. D'après les nouveaux règlements de bourse, ce tribunal a été composé : à Berlin, de cinq membres du collège des anciens, élus par celui-ci pour trois ans et d'un syndic de la corporation avec voix consultative; à Francfort, de cinq juges choisis chaque année par la chambre de commerce parmi ses membres. La loi consacre plusieurs articles à la procédure devant les tribunaux d'honneur. Les peines consistent, soit dans un avertissement, soit dans l'exclusion temporaire ou définitive de la bourse. Il peut être interjeté appel, soit par l'inculpé, soit par le commissaire d'Etat, devant une chambre d'appel qui se réunit périodiquement et qui est composée d'un président nommé par le conseil fédéral et de six assesseurs élus par la commission des bourses parmi ses membres, sans toutefois que plus de deux assesseurs puissent appartenir à la même bourse.

Il est assez piquant de voir la loi invoquer ainsi les principes d'honneur et de loyauté commerciale, alors qu'un peu plus loin, enlevant toute base légale aux engagements des personnes qui ne sont pas inscrites sur le registre de bourse, elle semble vouloir exciter elle-même les parties à violer ces engagements. Quoi qu'il en soit, les nouvelles juridictions ont déjà eu l'occasion de manifester leurs préférences pour les principes d'honneur en infligeant les pénalités prévues à un commerçant de Hambourg qui, pour se soustraire à ses engagements, avait fait valoir, comme la loi l'y autorise (art. 66), qu'il n'était pas inscrit sur le registre de bourse.

En même temps qu'elle créait les tribunaux d'honneur, la loi, par une autre disposition, diminuait l'importance des anciens tribunaux arbitraux dont il a été parlé plus haut. Autrefois, les bordereaux échangés

(1) A Berlin, le collège des anciens de la corporation des marchands nommait chaque année les commissaires de la bourse ; un tiers de ces commissaires devait être pris parmi les anciens, les deux autres tiers parmi les membres de la corporation.

A Francfort, la Chambre de commerce se chargeait elle-même de l'administration de la bourse.

entre les parties attribuaient compétence à ces tribunaux pour toutes les contestations issues des affaires conclues à la bourse; le législateur de 1896 a pensé que cette juridiction se trouvait ainsi imposée à des personnes étrangères à la bourse et qui ne voulaient pas s'y soumettre. En conséquence, il a décidé que la convention par laquelle les parties s'en rapportaient à la décision de la chambre arbitrale d'une bourse quelconque n'aurait force obligatoire que dans le cas où chacun des intéressés serait commerçant ou inscrit sur le registre de bourse, ou bien encore dans le cas ou lesdits intéressés auraient reconnu la compétence du tribunal arbitral après la naissance du litige.

Il paraît qu'en fait la loi serait tournée sur ce point. Les bordereaux ne feraient plus mention d'un tribunal arbitral, mais d'arbitres à désigner par un tiers, par exemple par le président du collège des anciens de la corporation des marchands de Berlin ou par son remplaçant.

II. — FIXATION DES COURS, RÉGLEMENTATION DES COURTIERS, DEVOIRS DES COMMISSIONNAIRES.

On s'exposerait à ne saisir qu'imparfaitement le mécanisme des bourses allemandes si l'on n'arrêtait un peu son attention sur le caractère des intermédiaires que l'on rencontre près de ces bourses : les courtiers, les commissionnaires ou banquiers et les banques de courtiers.

Avant la loi de 1896, les courtiers de la bourse de Berlin se subdivisaient en « courtiers assermentés » et en « courtiers libres ».

Les courtiers assermentés étaient nommés par le collège des anciens de la corporation des marchands de Berlin « en nombre suffisant pour les besoins des transactions commerciales » (environ 70); ils étaient confirmés par le gouvernement dans leurs attributions et prêtaient serment devant le tribunal de commerce de Berlin. Il leur était défendu de faire aucune opération commerciale pour leur propre compte, ni directement, ni indirectement; de s'obliger personnellement à l'exécution des marchés dans lesquels ils s'entremettaient comme commissionnaires ou de s'en rendre garants (1); ils devaient, outre leurs carnets, avoir un livre-journal et délivrer à chacune des parties, après la conclusion de l'affaire, un bordereau signé par eux; enfin ils étaient tenus d'assister

(1) Les dispositions du code de commerce allemand d'après lesquelles les courtiers ne doivent pas s'engager personnellement, ni se porter garants des opérations pour lesquelles ils s'entremettent ne sont pas applicables à la ville libre de Francfort.

aux séances de la bourse et ne pouvaient s'absenter sans autorisation. Les courtiers assermentés étaient exclusivement chargés de fixer les cours des valeurs et de rédiger la cote officielle sous le contrôle des commissaires (comité de direction) de la bourse. Ils ne pouvaient d'ailleurs négocier que des valeurs admises à la cote officielle et, pour faciliter les affaires ils étaient divisés (à Berlin par les soins des commissaires de la bourse, à Francfort par ceux de la chambre de commerce) en groupes de deux ou trois, ayant une place spéciale et la mission de ne traiter qu'une certaine catégorie d'affaires; aux uns les fonds d'Etat allemands étaient assignés, aux autres les fonds russes, etc...

Gênés par cette réglementation sévère, bien qu'ils ne la respectassent pas toujours scrupuleusement, la plupart des courtiers assermentés vivaient au jour le jour, végétaient; les parties devant se connaître réciproquement pour traiter ensemble, le public allemand ne pouvait en général confier ses ordres à ces courtiers et devait s'adresser aux banquiers; à Berlin, même, dans le but d'écarter toute concurrence de la part des courtiers, les banquiers s'étaient mis d'accord pour ne pas utiliser les services de tout courtier qui contracterait avec des personnes étrangères à la bourse. On pouvait donc dire qu'à Berlin, plus encore que partout ailleurs, le courtier était l'intermédiaire attitré des personnes présentes à la bourse, tandis que le commissionnaire était le représentant des personnes absentes. Les banquiers pouvaient, de leur côté, ou traiter directement entre eux ou s'adresser aux courtiers, soit libres, soit assermentés. Enfin, les courtiers assermentés avaient encore à souffrir la concurrence d'institutions d'un caractère tout spécial: les banques de courtages (*Maklerbanken*) (1).

Ces banques sont constituées sous la forme anonyme; elles ne spéculent pas pour leur propre compte; leur capital est un capital de garantie qu'elles emploient principalement en reports. Chacune d'elles a à son service un certain nombre d'agents qui lui sont liés par traités et lui versent un cautionnement. Ces agents sont de véritables remisiers à l'affût des affaires; ils ne peuvent opérer avec des personnes étrangères à la place. La banque touche généralement 1/2 des courtages; quant aux agents, ils traitent pour leur propre compte, c'est-à-dire qu'ils paient ou encaissent les différences résultant de leurs opérations avec les tiers; les pertes, s'il y a lieu, s'imputent pour partie sur leur cautionnement; mais les bordereaux qui sont remis à l'autre partie portent le nom de la banque de courtages et celle-ci répond de l'exécu-

(1) Il existe à Berlin trois banques de cette nature : le Börsen-Handelsverein, le Berliner Makler Verein et le Makler bank.

tion intégrale des engagements pris par ses agents. Cette combinaison est donc un moyen ingénieux d'attirer la clientèle en lui donnant des garanties que ne saurait lui présenter un simple courtier. Dans chaque banque un conseil de surveillance contrôle le directeur et les agents qui ne doivent s'engager avec les différentes maisons que dans certaines limites déterminées par une sorte de liste de crédit.

On reproche à ces banques de courtiers de pousser à la spéculation et de fournir aux membres de leur comité de surveillance le moyen d'opérer avec grandes chances de succès pour leur propre compte, étant donné que, par l'examen de la comptabilité, ils sont fixés sur le sens dans lequel la spéculation est engagée.

En fait, la majeure partie des opérations à terme sur les bourses allemandes se traitait en dehors des courtiers assermentés; à Berlin cependant, le marché au comptant leur était resté, parce que c'étaient eux qui faisaient le « cours unique ». Ce mode de fixation des cours au comptant, spécial à la bourse de Berlin, mérite d'être examiné.

Les cours au comptant n'étaient pas criés; dès l'ouverture qui a lieu à midi, chaque courtier assermenté se bornait à faire inscrire sur des tableaux noirs, par un secrétaire, les offres et les demandes qui lui parvenaient; à 1 h. 1/2, les courtiers de chaque groupe déduisaient séance tenante le « cours unique », d'après ces indications. Ce cours est « celui auquel on peut exécuter le plus d'ordres » (1); à 2 heures, les courtiers assermentés et les commissaires se retiraient dans une pièce réservée; si aucune réclamation ne se produisait, le cours déjà déterminé était admis à figurer sur la « cote officielle »; en cas de réclamations, les commissaires statuaient sur la suite à leur donner.

---

(1) Supposons, pour fixer les idées, que les ordres donnés aux courtiers d'un groupe se résument ainsi :

Acheter		Vendre	
	10,000 au mieux		50,000 au mieux
	30,000 à 100,40		20,000 à 100,20
	5,000 à 100,30		10,000 à 100,30
	100,000 à 100,20		80,000 à 100,40
			1,000 à 100,50
	145,000		161,000

A 100,20, on peut vendre 70,000 et acheter 145,000. C'est à ce cours qu'on peut faire le plus d'opérations, pour 70,000. 100,20 sera donc le cours unique et il y aura une « pointe » de 75,000 représentée par des demandes de titres ou une offre d'argent. Cette situation de place sera indiquée sur la cote; à côté du cours unique : 100,20, on portera en abrégé les mentions : bezalt (*bz*), payé, indiquant que des ordres ont été exécutés à ce cours, et geld, argent (*g*), pour montrer que le titre est demandé. Si au contraire les ordres de vente l'emportaient, la mention brief, billet, titre (*b*) ferait connaître que le titre est offert. Quand le montant des ordres exécutés est peu considérable, la cote l'indique aussi par la mention (*kf*), petite fraction.

Il est facile de voir en quoi le « cours unique » usité à Berlin diffère de notre cours moyen. Ce dernier est la résultante de cours réellement cotés et qui continueront à subsister sur la cote, tandis que lui-même n'y apparaîtra pas nécessairement. Le cours unique, au contraire, fait disparaître les cours provisoires qui servent à le déterminer et subsiste seul sur la cote. A Berlin, le client fixe le cours auquel il désire faire son opération, il n'a pas besoin de réclamer le cours unique qui lui sera appliqué d'office; à Paris, au contraire, le cours moyen n'est appliqué qu'à ceux qui le demandent et qui n'ont pas fixé un cours déterminé.

Les banquiers de Berlin attribuent une grande part du développement de leur place au cours unique; il y a peut-être là quelque exagération; néanmoins, il est certain que ce mode de fixation des cours permet de mieux surveiller l'exécution des ordres par l'intermédiaire; le client voit de suite, en consultant la cote, si son ordre a pu être exécuté, et à quel cours. En revanche, le cours unique assure peut-être d'une façon moins certaine qu'à Paris l'exécution immédiate des ordres, une demande à un prix élevé ou une offre à bas prix provoquant immédiatement chez nous une contrepartie, au détriment du client quelquefois, il est vrai.

Pour le terme, on se bornait à inscrire à la cote officielle le premier cours qui généralement correspondait au cours unique, un dernier cours en clôture, et le plus haut ainsi que le plus bas cours cotés dans l'intervalle.

La loi de 1896 n'a pas apporté des changements bien notables à la situation qu'on vient d'exposer :

Le soin de fixer les cours des valeurs admises à la cote officielle est maintenu au comité de direction de la bourse nommé, comme on le sait, par les commerçants : « On donnera comme cours en bourse, dit la loi, le prix qui répond à la situation réelle du marché. »

Le comité de direction est assisté dans cette tâche par les « courtiers de cours » (*Kursmakler*) qui ont pris la place des anciens courtiers assermentés et ont à peu près les mêmes attributions. On s'est seulement efforcé de leur assurer un peu plus d'autonomie et de leur laisser les moyens de lutter d'une façon plus efficace contre la concurrence des courtiers libres. C'est ainsi qu'ils sont nommés et révoqués par le gouvernement de chaque Etat au lieu d'être, comme les courtiers assermentés, à la nomination des corps commerciaux. La nouvelle loi prévoit aussi la formation de chambres des courtiers qui devront être consultées lors de la nomination de nouveaux courtiers et de la répartition des affaires entre les courtiers. A Francfort, le règlement de la bourse confie le soin d'opérer cette répartition à la chambre de commerce; à Berlin, elle est faite par la chambre des courtiers. Cette différence de traitement a soulevé les protestations des banquiers de Berlin, mais il ne semble pas que le gouvernement chargé d'approuver les règlements des bourses, soit disposé à céder sur ce point; il a sans doute cru devoir faire cette concession aux courtiers dont plusieurs jouissent d'une grande influence. Les courtiers de cours doivent prêter serment de remplir fidèlement les devoirs qui leur incombent. Ils doivent servir d'intermédiaires pour les affaires de bourse, tenir des livres de commerce, délivrer des bordereaux; sauf autorisation spéciale accordée par le gouvernement de l'Etat, ils ne peuvent exercer une autre profession, ni s'intéresser à une affaire commerciale.

Les courtiers de cours, dit la loi, ne peuvent conclure d'affaires pour leur propre compte ou en leur propre nom, ni se porter garants pour les affaires qu'ils négocient, s'il s'agit d'affaires dont ils contribuent à fixer les cours, « *qu'autant que cela sera nécessaire pour l'exécution des ordres qu'ils auront reçus* ». C'est, on le voit, le maintien du principe qui régissait les anciens courtiers assermentés, mais considérablement adouci par un tempérament destiné à permettre aux courtiers de cours de conserver leur clientèle en ne la mécontentant pas par l'inexécution des ordres. Cette disposition qui trouvera surtout son application au cas de « pointe » (fraction d'un ordre qui, sans cela, ne pourrait être exécutée), ou si l'une des parties refuse de traiter personnellement avec l'autre, est moins une innovation que la consécration légale de ce qui se passait antérieurement. On a cru devoir autoriser ce qu'on n'avait pas réussi à empêcher.

Pour fixer les cours, le comité de direction de la bourse doit-il ne tenir compte que des affaires conclues par l'intermédiaire des courtiers de cours? Pas absolument. La prise en considération ne peut être requise que pour les affaires où les courtiers interviennent; mais le comité de direction peut, s'il le juge convenable, prendre en considération d'autres affaires.

Enfin, la fixation officielle des cours continue, comme par le passé, à s'effectuer dans un local où le public n'est pas admis. Ne doivent y assister que le commissaire d'État, le comité de direction, les secrétaires de la bourse et les courtiers de cours.

Bien que la loi suive un ordre différent, nous allons, après avoir exposé les facultés reconnues par elle aux courtiers de cours, examiner les obligations qu'elle impose aux commissionnaires. Ce rapprochement est d'autant plus intéressant que, dans la limite des facultés qui leur sont ainsi reconnues, les courtiers de cours doivent être soumis à ces obligations comme les commissionnaires ordinaires.

Le principe que le commissionnaire peut exécuter les ordres qu'il a reçus en s'obligeant à livrer lui-même comme vendeur les marchandises qu'il doit acheter ou à accepter lui-même comme acheteur celles qu'il doit vendre est admis par l'article 71 de la loi de 1896, sous deux conditions toutefois : la première, que le commettant ne s'y oppose pas ; la deuxième, qu'il s'agisse de titres cotés officiellement à la bourse.

Le droit pour le commissionnaire de se porter contrepartie sous ces deux conditions était déjà inscrit dans le code de commerce allemand, et la plupart des banquiers dans leurs conditions (*geschaeftsbedingungen*) se réservaient d'intervenir eux-mêmes, soit comme acheteurs, soit comme vendeurs. Cette façon de procéder, que nos codes n'admettent pas, sans doute parce qu'ils la jugent contraire aux vrais principes du mandat, offre des avantages. Elle assure au commettant une exécution plus rapide de ses ordres. Elle laisse au commissionnaire une plus grande liberté d'action et le dispense de rendre compte ; il lui suffit, en effet, de justifier qu'il s'est conformé au cours de la bourse au moment de l'exécution de l'ordre. En revanche, elle peut offrir des inconvénients sérieux en fournissant au commissionnaire le moyen de « couper dans le cours », de « spéculer sur le dos de son client ».

Les deux conditions auxquelles le code de commerce allemand subordonnait la faculté de contrepartie constituaient-elles pour le commettant une protection efficace ? Il est permis d'en douter. Comment saura-t-il, en effet, que le commissionnaire s'est porté contrepartie malgré sa défense ? Comment s'assurera-t-il, au moyen de la cote, que le cours porté en compte est bien celui auquel l'opération a été réellement exécutée ?

Le législateur de 1896 s'est efforcé de régler d'une façon plus précise que ne l'avait fait le code de commerce les relations entre commettants et commissionnaires, surtout en ce qui concerne la fixation des prix.

L'article 376 du code de commerce n'assignait pas de délai au commissionnaire pour déclarer s'il était ou non intervenu personnellement ; celui-ci pouvait donc, après coup, en cas d'insolvabilité de la vraie contrepartie, prétendre qu'il n'avait agi que comme mandataire ; il lui était également assez facile de compter à son commettant un cours plus défavorable que celui auquel lui-même avait pu traiter avec un tiers.

Les articles 71 et 72 de la nouvelle loi édictent à ce sujet une série de prescriptions et, pour enlever aux anciens abus la possibilité de renaître, défendent de déroger à ces prescriptions par des conventions particulières :

Art. 71. — L'ordre est considéré comme exécuté au moment de l'expédition de l'avis d'exécution au commettant.

Dans le cas où l'ordre devait être exécuté pendant la durée de la bourse, si l'avis d'exécution n'a été expédié qu'après la fermeture, le prix compté ne pourra être plus défavorable pour le commettant que le prix fait à la fermeture de la bourse.

Pour les ordres donnés à des cours déterminés (premier cours, cours moyen, dernier cours), le commissionnaire est autorisé et obligé à porter ce cours au compte du commettant sans qu'il y ait lieu de tenir compte du moment où est envoyé l'avis d'exécution.

Pour les valeurs dont le prix de bourse est fixé officiellement, le commissionnaire ne peut pas, dans le cas où il exécute l'ordre par intervention personnelle, porter au compte du commettant un prix moins favorable que le prix fixé officiellement.

Art. 72. — Même dans le cas d'exécution d'un ordre par intervention personnelle, si le commissionnaire a pu en y mettant toute l'attention professionnelle exécuter l'ordre à un cours plus favorable que celui qui résulte de l'application de l'article 71, il doit porter le cours plus favorable au compte du commettant.

Si le commissionnaire, avant l'envoi de l'avis d'exécution d'un ordre reçu, conclut à la bourse une affaire avec un tiers, il ne pourra pas compter au commettant un cours plus défavorable que le cours ainsi conclu.

La loi de 1896 s'est d'ailleurs écartée de l'ancien article 376 du code de commerce sur un point important : celui-ci stipulait que si, en donnant avis au commettant de l'exécution de ses ordres, le commissionnaire n'indiquait pas immédiatement une autre personne comme acheteur ou vendeur, le commettant aurait le droit de poursuivre le commissionnaire lui-même comme acheteur ou comme vendeur. L'article 74 de la nouvelle loi admet la présomption contraire, celle d'après laquelle le commissionnaire doit être considéré comme un véritable mandataire :

Si dans l'avis d'exécution de l'ordre le commissionnaire ne déclare pas expressément qu'il intervient lui-même, il sera présumé avoir déclaré que l'exécution a eu lieu pour le compte du commettant, par négociation avec un tiers.

Est nulle toute convention intervenue entre le commettant et le commissionnaire d'après laquelle la déclaration relative à l'exécution de l'ordre par intervention personnelle ou par négociation avec un tiers pourrait être remise postérieurement à la date de l'avis d'exécution.

On a voulu, par cette dernière prescription, empêcher les commissionnaires de se réserver, par l'insertion de quelque clause dans leurs « conditions », les anciennes facilités que leur laissait l'article 375 du code de commerce.

En fait, l'article 74 de la loi de 1896 n'offre guère d'utilité ; les banquiers déclarant toujours dans leurs « conditions » qu'ils interviennent personnellement comme acheteurs ou comme vendeurs, la présomption établie par cet article ne peut recevoir d'application.

Il importe de noter que le commissionnaire qui se porte contre-partie de son client a droit à la provision ordinaire et peut porter en compte les autres frais applicables régulièrement aux affaires de commission (art. 73).

Enfin, même dans le cas où l'ordre est considéré comme exécuté par négociation avec un tiers, le commissionnaire est personnellement responsable, si en même temps que l'avis d'exécution, il ne donne pas le nom du tiers qui doit exécuter le marché.

On voit que le commissionnaire reste dans tous les cas, aux yeux du législateur allemand, un mandataire. Y a-t-il antinomie entre le double rôle qu'il peut remplir simultanément : celui de partie et celui de mandataire ? La question mériterait de faire l'objet d'une étude détaillée. Disons seulement que certains publicistes n'admettent pas qu'il y ait antinomie et voient dans le mandat donné au commissionnaire un mandat *sui generis*, un mandat, non d'*acheter des titres*, mais de *procurer* des titres au mieux. L'accord de volonté des parties ferait loi, un contrat de cette nature n'ayant en lui-même rien d'immoral (1).

En ce qui concerne les opérations au comptant, on a vu plus haut que le mode de fixation des cours adopté à Berlin (cours unique) était de nature à prévenir tout abus préjudiciable au client. Les dispositions de la loi de 1896 qu'on vient d'exposer présentent donc de l'intérêt surtout en ce qui concerne les opérations à terme. Ont-elles eu pour résultat de rendre la situation du commettant meilleure à l'égard de son commissionnaire ?

On ne saurait se montrer affirmatif sur ce point quand on songe combien il est difficile au commettant de faire la preuve que le commissionnaire n'a pas agi au mieux de ses intérêts. Il paraît cependant que, si certaines banques n'envoient l'avis d'exécution qu'après la fermeture de la bourse et comptent quand même à leur client le cours coté au moment où elles ont reçu l'ordre, les grandes banques par actions s'attachent à respecter les dispositions légales.

L'article 79 de la loi édicte d'ailleurs une sanction pénale de nature à inspirer au commissionnaire des craintes salutaires :

Sera puni de l'emprisonnement et pourra, en outre, être condamné à une amende qui ne dépassera pas 3,000 marks, ainsi qu'à la perte de ses droits civils, tout commissionnaire qui, pour se procurer ou procurer à un tiers un avantage pécuniaire : *a*) aura compromis la fortune du commettant en donnant, contre sa conscience, un conseil

---

(1) Une étude intéressante sur ce sujet a été publiée par M. Albert Dreyfus sous le titre : *Du commissionnaire en bourse et de la contrepartie.*

mauvais ou des renseignements inexacts au sujet d'une affaire à conclure; *b*) aura agi sciemment au préjudice du commettant, en exécutant un ordre ou en concluant une affaire.

III. — ADMISSION DES TITRES A LA COTE

La nouvelle loi a laissé aux règlements à édicter par chaque bourse le soin de déterminer la composition des comités chargés de statuer sur l'admission des titres à la cote; elle stipule seulement que la moitié au moins des membres de ce comité devront être des personnes non inscrites sur le registre de bourse, c'est-à-dire faisant des affaires à terme sur titres, des spéculateurs de profession en quelque sorte. On craignait sans doute que les comités ne fussent presque entièrement composés des chefs des maisons d'émission. Le nombre des personnes qui se sont fait inscrire au registre de bourse étant fort peu considérable, les comités d'admission sont composés aujourd'hui à peu près comme ils l'étaient avant la loi.

Doivent être exclus de la délibération et de la décision relatives à l'admission d'un titre à la cote les membres des comités qui sont intéressés à l'introduction de ce titre sur le marché.

Le comité d'admission a pour mission et pour devoir :

a) D'exiger la présentation des documents qui doivent servir de base aux titres à émettre et d'examiner ces documents.

b) De faire en sorte que le public soit renseigné le mieux possible sur toutes les conditions de fait et de droit nécessaires à l'appréciation des titres à émettre, et de ne point autoriser l'émission en cas d'insuffisance des renseignements.

c) De ne pas autoriser des émissions susceptibles de porter préjudice à des intérêts généraux importants ou qui auraient pour but évident d'exploiter le public.

Que le comité veille à ce que tous les renseignements nécessaires au public soient mis à sa disposition, comme l'exigent les alinéas *a*) et *b*), cela peut se soutenir ; l'alinéa *c*) est plus embarrassant. Qu'entend-on par intérêts généraux importants ? N'y a-t-il pas à craindre, d'un autre côté, que le public s'imagine que le comité s'est préoccupé de la valeur intrinsèque du titre ?

L'admission des titres des emprunts de l'empire et des Etats allemands ne peut être refusée.

Un titre ne peut être admis à la cote d'une bourse si le comité d'une autre bourse allemande s'oppose à la demande d'admission de ce titre pour des motifs autres que des circonstances locales.

Pour obtenir l'admission d'un titre, qu'il s'agisse d'une émission nouvelle, d'une conversion ou d'une augmentation de capital, la maison intéressée doit adresser au comité une demande d'admission accompagnée d'un prospectus ; la demande d'admission et le prospectus doivent être publiés dans les journaux.

On reproche à la nouvelle loi d'avoir, par cette dernière disposition, accru d'une façon sensible les frais de publicité qu'entraîne l'émission d'une affaire.

L'admission à la cote des titres d'une entreprise transformée en société par actions n'est permise qu'un an après l'inscription de la société sur le registre du commerce et après la publication du premier bilan annuel et du compte de profits et pertes. Cette mesure, destinée à prévenir de sérieux abus, n'en présente pas moins un double inconvénient : celui de favoriser les grandes banques qui, seules, auraient les capitaux nécessaires pour conserver les nouveaux titres pendant l'intervalle de temps exigé et aussi de pousser les spéculateurs qui ne peuvent attendre à procéder aux émissions d'une façon clandestine.

Les titres pour lesquels une souscription publique est ouverte ne peuvent être cotés officiellement avant leur répartition ; la publication des listes de prix relatives à ces titres rend leur auteur passible de pénalités.

Les courtiers de cours ne peuvent conclure d'affaires sur des valeurs qui ne sont pas admises à la cote et il est également interdit, sous peine d'amende ou même d'emprisonnement, de répandre dans le public des listes de prix relatives à ces valeurs.

En cas d'inexactitudes du prospectus ou de lacunes dans les indications qu'il contient, les personnes qui l'ont publié peuvent, s'il y a faute lourde, être tenues de réparer le dommage causé à celui qui, au moment où il a réalisé son achat, n'était pas en état de connaître les inexactitudes ou omissions. Le droit à l'indemnité se prescrit par 5 ans à partir de l'admission des titres à la bourse. Aucune convention particulière ne peut porter atteinte à ces dispositions.

La liste des valeurs admises à la cote officielle de la bourse de Berlin s'est accrue dans d'énormes proportions pendant les dernières années de ce siècle. D'après le *Journal des Débats*, le nombre de ces valeurs s'élevait à 358 en 1870 ; — 629 en 1872 ; — 719 en 1876 ; — 710 en 1880 ; — 927 en 1886 ; — 1184 en 1890 ; — 1427 en 1894 ; — 2028 en 1899.

Comme place internationale, Berlin n'a pas encore l'importance de Londres ou de Paris ; ce qui frappe surtout lorsque l'on examine sa cote, c'est le nombre considérable de titres industriels qui y figurent : actuellement plus de 600, la plupart concernant des entreprises indigènes. Les banques du pays ont mis à la disposition du commerce et de l'industrie d'énormes capitaux; elles ont même pris souvent l'initiative des affaires à créer et on peut leur attribuer une bonne partie de la prospérité actuelle du pays.

Les deux tableaux statistiques qui suivent permettent de se faire une idée de l'activité économique et industrielle qui règne actuellement en Allemagne.

Le premier de ces tableaux, emprunté à la statistique officielle de l'empire, fait connaître la valeur nominale des titres admis à la cote des bourses allemandes pendant les années 1897 et 1898 :

NATURE DES TITRES ADMIS A LA COTE	1897		1898	
	TITRES allemands	TITRES étrangers	TITRES allemands	TITRES étrangers
1	2	3	4	5
	millions de marks.	millions de marks.	millions de marks.	millions de marks.
Emprunts d'Etat	1.304.2	346.4	47.7	993.5
Emprunts des provinces, villes, etc	241.9	91.8	154,2	102.5
Lettres de gages des banques de crédit foncier et autres établissements analogues placés sous la surveillance de l'Etat	205.9	»	75.0	184.5
Lettres de gages des banques hypothécaires	1.291.7	112.7	868.8	50.5
Actions et obligations des sociétés de crédit	326.6	»	309.8	8.0
Actions de chemins de fer	84 6	»	72.2	0.8
Obligations de chemins de fer	24.5	287.2	59.3	1.176.6
Actions industrielles	304.9	1.7	330.7	11.6
Obligations industrielles	53.6	50.3	180.8	6.3
TOTAL	3.787.9	889.6	2.098.0	2.534.3
Dont, pour conversions de titres anciens	1.384.9	15.0	162,8	782.1

Le deuxième tableau, publié par le *Deutsche Oekonomist* du 13 janvier 1900, est relatif aux fondations de sociétés en Allemagne, de 1871 à 1899 :

ANNÉES	NOMBRE des SOCIÉTÉS FONDÉES	IMPORTANCE DU CAPITAL-ACTIONS	
		CHIFFRE TOTAL	CHIFFRE MOYEN PAR SOCIÉTÉ
1	2	3	4
		millions de marks.	millions de marks.
1871	207	758.76	3.65
1872	479	1.477.73	3.85
1873	242	544.18	2.25
1874	90	105.92	1.18
1875	55	45.56	0.83
1876	42	18.18	0.43
1877	44	43.42	0.99
1878	42	13.25	0.32
1879	45	57.14	1.27
1880	97	91.59	0.94
1881	111	199.24	1.80
1882	94	56.10	0.60
1883	192	176.03	0.92
1884	153	111.24	0.72
1885	70	53.47	0.76
1886	113	103.94	0.92
1887	168	128.41	0.76
1888	184	193.68	1.05
1889	360	402.54	1.12
1890	236	270.99	1.16
1891	160	90.24	0.56
1892	127	79.82	0.63
1893	95	77.26	0.81
1894	92	88.26	0.96
1895	161	250.08	1.56
1896	182	268.58	1.48
1897	254	380.47	1.50
1898	329	463.62	1.40
1899	364	544.39	1.49

IV. — MARCHÉ A TERME

La défiance, on pourrait presque dire l'hostilité, du législateur allemand envers la spéculation s'est surtout manifestée dans les dispositions qu'il a édictées relativement aux opérations à terme. Ces dispositions qui constituent la partie la plus neuve de la loi, sont aussi celles qui ont soulevé le plus de critiques.

Le marché à terme tel qu'il se pratique dans les bourses « *Börsen massiger terminhandel* », diffère sensiblement du marché à terme ordinaire ou marché à livrer du droit commercial. Le marché à terme de bourse est un contrat dont toutes les conditions essentielles (lieu d'exécution du marché — quantités sur lesquelles on opère — échéance — mode de règlement en cas d'inexécution, etc.) sont fixées à l'avance et d'une façon générale par les règlements ou les usages des bourses ; une seule condition, le prix, n'est pas stéréotypée. Au contraire, lorsqu'elles font un marché à terme ordinaire, les parties déterminent dans le contrat les conditions de ce marché, et le code de commerce, à défaut du contrat, règle lui-même leur situation respective à l'échéance, en cas d'inexécution. A peine est-il besoin de faire ressortir combien l'opération de bourse à terme constitue une forme de marché plus perfectionnée que l'opération à terme ordinaire : fongibilité des valeurs objet du contrat ; fongibilité même des personnes, si l'on peut s'exprimer ainsi, puisque à tout moment, avant l'échéance, un tiers peut prendre la place de l'une ou l'autre partie ; suppression de toute incertitude au sujet du règlement en cas d'inexécution, notamment en ce qui concerne le chiffre des dommages-intérêts, le délai de grâce, etc. ; tels sont ses principaux avantages, ceux auxquels il doit d'être généralement considéré comme l'expression la plus parfaite de la spéculation. Ces avantages se résument, d'ailleurs, en un seul qu'on peut regarder comme la caractéristique même de l'opération de bourse à terme : la faculté pour les parties de régler leur opération par le simple paiement d'une « différence ».

Ce sont uniquement ces opérations de bourse que vise la nouvelle loi allemande, à l'exclusion des marchés à livrer du droit commercial ; elle les définit ainsi dans son article 48 :

> On considère comme affaires à terme sur des marchandises ou sur des titres les acquisitions ou autres opérations pour lesquelles on a fixé une date ou un délai de livraison, si ces opérations ont été conclues dans les conditions établies par le comité directeur de la bourse pour les marchés à terme et si une fixation officielle des cours à terme a lieu pour les opérations de cette sorte à la bourse en question.

Il semble bien que cette définition doive être regardée comme une définition légale, d'où cette conséquence que si l'un des éléments prévus par elle fait défaut, il n'y a pas marché à terme dans le sens de la loi.

On remarquera notamment la dernière disposition de l'article 48 relative à la cote officielle ; elle permet de conclure que les valeurs non admises à la cote officielle ne tombent pas sous le coup de la loi.

Il appartient aux autorités de la bourse (à Berlin, au comité de direction ; à Francfort, à la chambre de commerce) — et non pas au comité d'admission des titres à la cote de la Bourse — de décider de l'admission des valeurs au marché à terme, en se conformant aux dispositions particulières que le règlement de chaque bourse doit contenir à ce sujet.

D'après les règlements des bourses de Berlin et de Francfort, les demandes d'admission de valeurs au marché à terme que les autorités de la bourse considèrent comme susceptibles d'être accueillies doivent être publiées, au moins quatorze jours avant la décision, par voie d'affiches à la bourse et d'insertions dans les journaux ; les valeurs dont l'admission est demandée doivent avoir été depuis un temps assez long l'objet de négociations suivies. Les directeurs de l'affaire dont il s'agit d'admettre les titres doivent être entendus. Enfin, les décisions des autorités de la bourse doivent être communiquées sans retard au ministre du commerce.

Les autorités de la bourse n'ont plus, en cette matière, comme autrefois, des pouvoirs à peu près illimités. L'article 50 § 1 de la nouvelle loi donne au conseil fédéral « le droit de soumettre les opérations à terme à certaines conditions et même de les interdire pour certaines valeurs déterminées ». Cette disposition, à laquelle il a déjà été fait allusion plus haut, place le marché à terme sous la surveillance du conseil fédéral ; elle fournit à ce conseil le moyen de suppléer à l'inaction des gouvernements locaux et de maintenir dans l'empire une certaine unité de la réglementation des opérations à terme.

La loi est encore allée plus loin dans le deuxième alinéa du même article, ainsi conçu :

Le marché à terme de parts d'entreprises minières ou industrielles est interdit. Le marché à terme sur les parts d'autres sociétés ne peut être permis que si le capital de ces sociétés s'élève au moins à 20 millions de marks.

Il est assez difficile de comprendre pourquoi le marché à terme des valeurs de banques ou de chemins de fer n'a pas eu le même sort que le marché à terme des parts d'entreprises minières ou industrielles ; cette différence de traitement entre des titres qui se prêtent aux mêmes actes de spéculation paraît arbitraire ; on est fondé à croire que le législateur a tout simplement voulu écarter du marché à terme les valeurs qui précédemment étaient les favorites de la spéculation.

Il ne résulte pas du texte même de la loi que le marché à terme soit interdit aux parts de « trusts » ou d' « omniums » ayant pour objet des titres d'entreprises minières ou industrielles ; les prescriptions législatives seraient donc assez facilement tournées sur ce point ; mais le danger n'est pas grand, car le conseil fédéral pourrait user, s'il le jugeait à propos, de son droit d'intervention.

En prohibant les opérations de bourse à terme sur les parts de sociétés dont le capital est inférieur à 20 millions de marks, la loi s'est proposée de mettre obstacle aux « étranglements » en bourse qui lui ont paru plus faciles sur les titres de sociétés à faible capital. Mais, outre qu'il n'est pas démontré que ces étranglements ne puissent aussi bien se produire sur les titres de sociétés au capital de 20 millions de marks et au delà, on risque par une interdiction de cette nature de pousser les fondateurs d'entreprises à exagérer le capital social pour atteindre la limite de 20 millions de marks.

En vertu des dispositions d'ailleurs assez obscures des articles 51 et 52, défense est faite aux courtiers de cours de s'entremettre et aux institutions de la bourse d'intervenir dans des opérations de bourse à terme ayant pour objet des titres auxquels le marché à terme a été interdit par la loi ou par le conseil fédéral ou dont l'admission a été définitivement refusée par les autorités de la bourse. Il est également défendu, sous peine d'une amende pouvant s'élever à 1.000 marks et d'un emprisonnement pouvant aller jusqu'à 6 mois, de publier des listes de prix (cotes) pour des affaires de ce genre conclues à l'intérieur du pays et de répandre ces listes dans le public après reproduction au moyen d'un procédé mécanique.

La même exclusion de la bourse s'applique aux opérations qui seraient conclues sur les valeurs dont on vient de parler en dehors des organes de la bourse, du moment où ces opérations se présentent sous les formes ordinaires des opérations de bourse à terme. On a voulu empêcher ainsi un trafic indépendant de se développer à la bourse sur des valeurs pour lesquelles le marché à terme est interdit ; malheureusement la loi n'a pas fixé avec assez de précision ce qu'elle entend par « formes ordinaires des opérations de bourse à terme ».

Enfin, les autorités de la bourse peuvent aussi empêcher qu'un trafic à terme s'établisse en dehors d'elles sur des titres dont l'admission au marché à terme n'aurait pas été demandée.

Il n'est rien innové en ce qui concerne la validité des opérations qui pourront être conclues sur des valeurs ainsi écartées du marché à terme officiel ; elles sont valables, sous réserve toutefois des exceptions qui peuvent être invoquées contre elles, jeu, erreur, etc. Il n'y a pas à rechercher si les parties sont inscrites sur le registre de bourse dont on va parler ; en effet, l'une des conditions requises par l'article 48 pour qu'il y ait opération de bourse à terme dans le sens de la loi fait défaut pour ces valeurs : la fixation officielle des cours à terme.

Occupons-nous maintenant des opérations de bourse à terme sur les valeurs admises au marché à terme officiel.

La validité de ces opérations a été subordonnée par la loi allemande à l'inscription des parties contractantes sur un registre spécial et public dit « Registre de bourse » (*Börsen register*). Le législateur s'est efforcé, par l'institution de ce registre, d'atteindre un double but : en premier lieu, il a voulu écarter du marché à terme l'élément malsain, les joueurs, simples particuliers, magistrats, fonctionnaires, etc. ; il a pensé que des raisons de considération sociale les empêcheraient de se faire inscrire comme spéculateurs et que l'accès de ce marché serait ainsi réservé à ceux qui par leur profession ont un intérêt avouable à s'en servir ; il s'est proposé, en second lieu, de donner une base solide aux transactions conclues entre personnes inscrites, en supprimant dans ce cas les exceptions de jeu, de pari, etc. ; on a donc voulu faire du registre de bourse la pierre angulaire en quelque sorte du marché à terme.

Les principales dispositions de la loi relative à la tenue de ce registre peuvent se résumer ainsi :

Un registre de bourse est ouvert près de chaque tribunal compétent pour la tenue du registre de commerce (1). On y inscrit les noms, prénoms, professions et domiciles des personnes ou des sociétés qui désirent faire des affaires à terme sur les titres. L'inscription doit être faite sur le registre du ressort où l'intéressé a son établissement industriel ou son domicile. Un droit d'inscription fixé à 150 marks pour la première année et à 25 marks pour chaque année suivante est dû par tout spéculateur inscrit.

Toute personne peut consulter le registre de bourse et même s'en faire délivrer des extraits. Chaque tribunal doit établir au commencement de l'année la liste des spéculateurs de son ressort dont les inscriptions sont encore valables au 1er janvier, et l'adresser au tribunal de la ville de Berlin, chargé d'établir la liste générale pour tout l'Empire et de la porter à la connaissance du public par voie d'insertion dans le Journal officiel de l'Empire (*Reichsanzeiger*).

De quelle sanction la loi a-t-elle entouré ses prescriptions relatives à l'inscription sur le registre de bourse ? L'article 66 l'énonce : « N'est pas reconnue comme constituant une dette valable toute opération de bourse à terme pour laquelle les *deux* parties n'étaient pas, au moment de sa conclusion, inscrites sur un registre de bourse. Il en est de même des ordres donnés ou acceptés, ainsi que des associations formées en vue de la conclusion de marchés à terme. La même disposition est applicable aux garanties et aux reconnaissances de dettes. »

On ne saurait imaginer solution plus radicale que celle admise par

(1) Le registre du commerce est un registre sur lequel doivent se faire inscrire la plupart des personnes qui exercent un commerce.

le législateur allemand. Il ne se préoccupe pas de l'intention des parties; avaient-elles ou non en vue de faire une opération sérieuse, peu lui importe; du moment que toutes deux ne sont pas inscrites sur le registre de bourse, le marché n'est qu'un jeu à ses yeux. Bien plus, il ne s'en tient pas au principe généralement admis en droit commun, principe consacré par l'article 1965 de notre code civil, d'après lequel une « action en justice » n'est pas accordée pour dette de jeu; il ne se borne pas à refuser à cette opération de jeu toute action en justice, il refuse toute validité à cette dette. Le tuteur des héritiers mineurs d'un spéculateur à terme qui n'était pas inscrit au registre devra donc refuser le paiement de toute différence et même réclamer les sommes remises en couverture aux intermédiaires. On voit aussi dans quelle situation délicate pourront se trouver placés les administrateurs d'une société anonyme qui effectueraient des opérations de bourse à terme sans que la société fût inscrite.

Toutefois pour ne pas jeter un trouble excessif dans les relations commerciales, la loi a admis qu'il ne pourrait y avoir répétition pour ce qui aurait été payé en exécution du marché, lors de la liquidation de l'opération, ou après, pour son exécution.

Il est à remarquer que les dispositions de l'article 66 sont déclarées par la loi applicables « même lorsque le marché est conclu ou doit être exécuté à l'étranger ». D'où cette conséquence qu'un sujet allemand non inscrit sur un registre de bourse ne pourrait être poursuivi devant les tribunaux de son pays pour l'exécution d'une opération de bourse à terme conclue ou exécutée sur le marché de Paris.

Que se passe-t-il au contraire quand les deux parties sont inscrites sur le registre de bourse; que l'une d'elles n'a pas besoin de s'y faire inscrire parce qu'elle n'a ni établissement, ni domicile à l'intérieur du pays (art. 68, al. 2); ou qu'elle doit être considérée comme inscrite à l'égard de l'autre partie (art. 67)? Ces personnes, dit l'article 69 de la loi, ne peuvent « invoquer d'exception en s'appuyant sur le fait qu'il était stipulé dans le contrat que l'exécution n'aurait pas lieu par livraison effective de titres ou de marchandises ».

On n'est pas d'accord sur l'étendue de cette disposition. Avant la loi de 1896, la jurisprudence du tribunal de l'empire considérait comme jeu les marchés à terme différentiels, entendant par là les marchés qui, dans l'intention expresse ou tacite des parties, devaient se terminer, non par une livraison effective, mais par un simple paiement de différences. Cette jurisprudence a même été consacrée, mais seulement en ce qui concerne les marchés à livrer du droit commercial, par l'article 764 du nouveau code civil allemand promulgué postérieurement à la loi sur les bourses (1). On peut donc se demander si, dans le cas d'inscription des parties sur le registre de bourse, l'article 69 de la loi de 1896 s'est proposé, relativement aux opérations de bourse à terme, de supprimer *toute exception* de jeu ou s'il a voulu écarter seulement *l'exception différencielle* admise antérieurement par le tribunal de l'empire, tout en laissant subsister l'exception de jeu qui serait basée sur d'autres circonstances de fait ; il appartiendrait alors au juge d'apprécier ces circonstances ; il pourrait notamment tenir compte de ce que la partie poursuivie en paiement de différences, étant inscrite sur un registre de bourse, devait être considérée par l'autre partie non comme un joueur, mais comme un spéculateur. Si cette dernière interprétation, plus conforme, semble-t-il, au texte de la loi est admise, toute incertitude n'aura pas encore disparu relativement à la validité des opérations à terme.

V. — CONSÉQUENCES DE LA LOI DE 1896

Certaines dispositions de la loi de 1896 peuvent se justifier parfaitement, notamment celles qui ont trait à l'intervention de l'Etat dans la création et la surveillance des bourses, ainsi qu'aux devoirs des commissionnaires; mais, dans son ensemble, cette loi avait été inspirée par un esprit d'hostilité trop marqué envers le haut commerce pour que celui-ci acceptât la réforme et s'y soumit. De parti pris, il a englobé dans un égal mépris toutes les prescriptions nouvelles et s'est appliqué à les éluder, qu'elles eussent ou non quelque fondement.

Les valeurs minières et industrielles sur lesquelles la loi défendait les opérations de bourse à terme étaient précisément les valeurs favorites de la spéculation allemande ; un trafic au comptant dans les formes ordinaires et même un trafic à livrer sur la base du code de commerce ne pouvaient suffire pour ces valeurs ; il fallait donc créer de nouvelles formes commerciales permettant de donner satisfaction aux besoins de la spéculation sans tomber sous le coup de la loi. C'est ce qui a été fait sur le marché libre, d'abord par l'institution du « grand marché au

(1) A-t-on fait un marché à livrer sur marchandises ou valeurs avec l'intention que la différence entre le prix entendu et le prix de bourse ou de marché au temps de la livraison fût payée par la partie perdante à la partie gagnante; on doit considérer le contrat comme un jeu. Cette disposition trouvera son application lorsque l'intention seule d'une des parties était d'obtenir le paiement de la différence et que cette intention était connue de l'autre partie ou devait être connue d'elle.

comptant » (*Gross-Kassa-Geschaeft*), puis par celle du « marché au comptant en compte courant » (*Kassa-contocorrent-Geschaeft*).

Dans le « grand marché au comptant » on procède, comme dans les affaires à terme, par quantités convenues (25-50 unités par exemple), en outre, à des cours successifs et non à un cours unique comme dans les affaires au comptant ordinaires. L'activité des transactions ne s'éparpille pas ainsi sur un nombre quelconque de titres dont la cession serait plus difficile que celle d'un lot déterminé ; elle s'exerce, en outre, pendant toute la durée de la bourse. De plus, on peut demander pour les titres ainsi négociés l'admission à la cote officielle, ce qui permet aux commissionnaires de se porter contrepartie de leurs clients. Néanmoins ce mode de procéder offre encore de nombreux inconvénients ; avec l'échelonnement des engagements sur toute la durée du mois, les étranglements sont beaucoup plus faciles que lorsque la somme des offres de toute une période se rencontre à jour fixe avec la somme des demandes pendant la même période ; les règlements de comptes entre banquiers et clients sont fort compliqués ; la spéculation à la baisse ne peut guère s'exercer ; enfin, pour qu'un marché de cette nature puisse se développer, le nombre de titres « flottants » doit être considérable.

En vue de remédier à ces inconvénients, les trois banques de courtiers de Berlin ont imaginé les « marchés au comptant en compte courant. » En cas de spéculation à la hausse, la banque achète les titres au comptant, les inscrit à l'actif du client au compte des « valeurs » et débite celui-ci en compte courant de la somme qui lui est avancée moyennant intérêt ; en cas de spéculation à la baisse au contraire, le vendeur est reconnu créancier du montant intégral de la vente productif d'intérêt et débiteur au compte de titres. La situation en argent ou effets n'est dénonçable par chaque partie qu'à la fin du mois courant (1).

---

(1) Voici, d'après l'ouvrage de M. A. Sayous, les conditions auxquelles les banques de courtiers de Berlin ouvrent un compte courant, conditions que les clients doivent accepter :

1° Toute opération sur valeurs minières ou industrielles est une opération au comptant et est soumise aux conditions de bourse en vigueur d'une façon générale pour le règlement et l'exécution des marchés au comptant ;

2° Dans le cas où l'acheteur de tels effets désirerait une avance pouvant atteindre le montant intégral, ou le vendeur l'intérêt du montant intégral, nous sommes disposés à répondre à de tels vœux, si on en fait déclaration de suite après l'exécution du marché ;

3° S'agit-il de notre section en compte courant, nous envoyons, jusqu'au jour suivant, à l'acheteur, un compte où il est débité pour le montant intégral moyennant l'intérêt courant et où il est, en ce qui concerne les valeurs, reconnu créancier d'un compte de titres, au vendeur un compte où il est reconnu créancier du montant intégral produisant l'intérêt courant et où il est, en ce qui concerne les valeurs, débité pour un compte de titres ;

4° Le taux de l'intérêt est fixé selon entente. A défaut d'autre entente, il est fixé, jusqu'à nouvel ordre en débet, au taux de l'intérêt en banque, en crédit, un pour cent au-dessus et il

Que faut-il penser de la légalité des opérations ainsi conclues « au comptant et en compte courant ? » Assurément elles ne rentrent pas dans la définition des opérations de bourse à terme donnée par l'article 48 de la loi, puisqu'elles ne sont pas « conclues dans les conditions établies par le comité directeur de la bourse » ; mais ne peuvent-elles pas être exclues de la bourse par application de l'article 51 § 2, en tant que se présentant « sous les formes ordinaires des opérations de bourse à terme ? » Ce dernier texte est assez peu précis pour se prêter à une interprétation de ce genre et le gouvernement pourrait bien un jour ou l'autre interdire ces opérations. Quoi qu'il en soit, on peut se demander, surtout depuis le vote du nouvel article 764 du code civil allemand, si l'exception de jeu ne pourrait pas être opposée par la partie perdante dans un marché de cette nature.

Le public des bourses allemandes ne s'est pas montré plus respectueux des dispositions de la loi relatives à l'inscription des spéculateurs à terme sur un registre de bourse. Le nombre des maisons qui se sont

---

est calculé en débet au taux le plus élevé, en crédit au taux le plus bas jusqu'à la fin du mois ;

5° La situation en argent ou effets n'est pas jusqu'à la fin du mois courant dénonçable pour chaque partie. Au plus tard cinq jours ouvrés avant l'expiration du mois, doit avoir lieu la déclaration de renonciation à l'avance, c'est-à-dire à l'actif, ou l'entente sur l'intérêt qui sera applicable au solde durant le mois prochain. L'annonce de la renonciation a-t-elle lieu, le règlement du compte courant s'effectue le dernier jour du mois par la livraison des titres contre acquittement du solde en argent. La situation est-elle, à la fin du mois, identique au débit et au crédit, les deux parties sont autorisées à exiger l'égalisation du solde au premier jour ouvré du mois prochain.

6° Le règlement définitif de tout compte courant a lieu chaque trimestre.

7° Si un de nos contractants ne paie point son solde, ne livre pas les valeurs dont il est débiteur au compte de titres, aussitôt que l'arrêt du compte courant a été entendu, nous sommes autorisés à arrêter le compte courant, sans procédure judiciaire pour l'égalisation du compte de titres par voie de vente forcée, selon les conditions du paragraphe 14 pour opérations au comptant à la bourse en valeurs de Berlin, et à exiger aussitôt du contractant en défaut tout solde en notre faveur.

8. Un de nos contractants suspend-il ses paiements, ou tout au moins devient-il insolvable, ce que l'on doit admettre surtout lorsqu'il entre en relations avec ses débiteurs pour régler hors justice ses engagements, nous sommes autorisés à clore le compte courant sans autre avis et à égaliser le compte courant par vente ou achat forcé à la Bourse du jour où l'insolvabilité nous a été connue ou au jour suivant immédiatement celui-ci.

Ce règlement forcé a lieu à notre choix par opération conclue par nous ou par l'intermédiaire d'un courtier des cours et il en sera donné avis au contractant par lettre recommandée.

Une ouverture ultérieure de faillite ne rend pas nul un tel règlement forcé.

9. Aussi longtemps que court un compte courant, le compte de titres garantit le compte courant et inversement.

10. En application de l'article 2 de la loi de dépôt du 5 juillet 1896, nous délions de l'obligation de donner le numéro des effets entrant au compte des valeurs.

11. Tous frais de timbre pour opération au comptant à cours fixe tombent à notre charge.

fait inscrire jusqu'ici a été bien peu considérable : 192 en 1898, 178 en 1899, et 175 en 1900 (1).

On peut donc dire que loin d'écarter l'insécurité dont souffraient précédemment les affaires à terme par suite de l'exception de jeu, la loi de 1896 a encore accentué cette insécurité. Dans la plupart des cas maintenant, les parties n'étant pas inscrites sur le registre de bourse, la validité des engagements dépend uniquement de la bonne foi des contractants qui ne sauraient plus trouver aucun appui près des tribunaux.

Les grandes banques par actions paraissent avoir profité seules de la loi des bourses. Les nouvelles formes de transactions au comptant que cette loi a engendrées exigent en effet des capitaux plus considérables que les anciennes opérations à terme. On a même attribué à cette cause, en même temps qu'au développement de l'activité industrielle et à l'habitude que le public prend de plus en plus de s'adresser aux grandes maisons, les augmentations de capital auxquelles plusieurs des grandes banques d'Allemagne ont eu recours dans ces derniers temps. La raréfaction des affaires en bourse fait d'ailleurs refluer les ordres dans ces établissements qui peuvent en liquider une grande partie par voie de compensation. D'un autre côté, les capitalistes étrangers à la bourse ne peuvent intervenir sans danger dans les opérations de report. Enfin, le développement merveilleux qu'avait su prendre la place de Berlin depuis une trentaine d'années s'est trouvé arrêté, par suite des entraves apportées aux transactions et une bonne partie du public allemand donne ses ordres aux bourses étrangères : Londres, New-York, Bruxelles et même Paris.

En résumé, du fait de la loi de 1896, l'insécurité dans les transactions est plus grande que jamais, les nouvelles formes commerciales qui ont été adoptées pour beaucoup de valeurs sont plus lourdes, moins pratiques que les anciennes. Si ces inconvénients ne se sont pas fait sentir jusqu'ici de tout leur poids, c'est parce que l'industrie se trouve actuellement dans une période de prospérité inconnue depuis longtemps ; les choses se passeraient sans doute bien différemment si la baisse survenait, si une crise éclatait sur le marché. Quant à la spéculation malsaine, il n'est pas douteux qu'elle ait diminué dans une certaine mesure, mais elle n'a été atteinte que parce que la loi a atteint toutes les transactions, qu'elles eussent ou non une base sérieuse. On peut donc se demander si le résultat obtenu de ce côté n'est pas trop chèrement payé, au prix

(1) La plupart des inscriptions concernent les maisons de Hambourg : 118 en 1900 ; à Berlin, au contraire, 41 maisons seulement se sont fait inscrire pour 1900.

d'une perturbation économique et financière, susceptible encore de s'accroître de la façon la plus dangereuse.

VI. — CONCLUSION

Les institutions d'un peuple sont conformes à ce qu'on appelle le génie de ce peuple, et ce génie lui est essentiellement propre ; il ne faut donc pas s'étonner si, par leur constitution et par leur organisation, les bourses allemandes diffèrent radicalement des bourses françaises. Nous allons faire ressortir brièvement les principales divergences entre les deux marchés.

Avant 1896, les bourses allemandes étaient dirigées d'une façon à peu près souveraine par les commerçants qui les composaient ; la loi de 1896 qui les a placées sous la surveillance étroite de l'Etat et les a assujetties à une réglementation minutieuse, ne leur a cependant pas fait perdre leur caractère d'institutions commerciales s'administrant elles-mêmes. Nos bourses, au contraire, ont, pour employer une expression à la mode, un caractère « étatiste » nettement marqué ; leur administration est exclusivement confiée à la chambre syndicale des agents de change ; les agents sont nommés par le gouvernement et soumis à sa surveillance ; l'admission des titres à la cote et la fixation des cours sont du ressort de la chambre syndicale. Les banquiers et autres commerçants ne peuvent s'ingérer dans le fonctionnement des bourses françaises.

En Allemagne, à Berlin principalement, le public donne ses ordres aux banquiers qui en assurent l'exécution en s'adressant à un autre banquier, à un courtier libre, ou à un des courtiers de cours que la nouvelle loi a substitués aux anciens courtiers assermentés en les dotant d'un peu plus d'autonomie à l'égard des commerçants qui dirigent les bourses. Tous ces intermédiaires, même les courtiers de cours, sont autorisés, sous certaines conditions dont il est assez difficile de contrôler la réalisation, à se porter contrepartie de leurs clients. Nos agents, au contraire, ont seuls qualité pour servir d'intermédiaires dans la négociation des valeurs admises à la cote officielle ; les banquiers et le public doivent en principe les charger et les chargent, en fait, de leurs ordres ; ils jouissent d'un monopole légal protégé par diverses sanctions dont la plus récente, d'un caractère fiscal, connue sous le nom d'amendement Fleury-Ravarin, a pris place dans la loi de finances de 1898 et a pour objet d'exiger, pour toute négociation de valeurs inscrites à la cote officielle, la production, sous peine d'amende, d'un bordereau d'agent de change. Enfin, les agents de change ne peuvent faire d'opérations pour leur propre compte, par suite se porter contrepartie de leurs clients.

A raison même de ces divergences, il est assez malaisé de dégager toutes les leçons qui peuvent découler pour notre pays de l'expérience tentée en Allemagne au point de vue de l'organisation des bourses. Nous allons cependant essayer de le faire, car une recherche de cette nature est généralement regardée comme le complément nécessaire de toute étude sur la législation étrangère.

Nous ne demandons pas — déclarons-le tout d'abord, quoi qu'il s'agisse d'un débat purement académique — qu'on rouvre chez nous la querelle du parquet et de la coulisse ; cette querelle a été vidée il y a peu de temps, et il est de l'intérêt de tous que des questions de cette importance ne soient pas trop souvent agitées et d'une façon stérile. Notre législateur s'est, d'ailleurs, borné en 1898 à mieux assurer l'application des lois existantes ; le parquet, du moment où le débat s'engageait sur ce terrain limité, devait voir ses droits reconnus. On peut toutefois souhaiter que les agents de change n'abusent pas de leur victoire et qu'ils admettent le marché libre à travailler à côté d'eux dans la sphère d'activité qui lui est propre. Si le parquet est une institution séculaire qui a poussé dans notre sol de profondes racines, la coulisse peut aussi rendre service au pays ; au surplus, elle est utile même au parquet, puisqu'elle constitue une sorte de champ d'expérience où les valeurs peuvent être suivies avant de passer à la cote officielle.

Ces réserves faites nous formulerons librement nos conclusions.

La réaction qui s'est produite en Allemagne à l'égard des bourses paraît due aux causes suivantes : d'abord les corps commerciaux chargés d'administrer les bourses n'ont pas été jugés à la hauteur de leur tâche ; ils ont péché par optimisme et par indifférence ; ils n'ont su ni prévoir, ni arrêter les abus. D'un autre côté, ces abus ont été d'autant plus faciles sur les bourses allemandes que le législateur n'a pas voulu ou n'a pas su obliger l'intermédiaire à conserver rigoureusement son caractère de mandataire. Quoi qu'il en soit, et bien qu'elle puisse aussi être considérée dans une large mesure comme une œuvre de parti, une réaction aussi violente que celle-là constitue un témoignage défavorable contre le fonctionnement d'une organisation qui pouvait à juste titre être regardée comme rationnelle et libérale, d'une organisation dont paraissent surtout s'être inspirés les adversaires du monopole des agents de change dans leurs projets de réorganisation du marché français.

Le projet de loi déposé au Sénat, en 1897, par MM. Trarieux et Boulanger, en vue de la suppression du privilège des agents de change, s'écartait, il est vrai, de l'organisation allemande sur un point important; il n'admettait pas les intermédiaires à se porter contrepartie de leurs clients. L'article 5 de ce projet stipulait, en effet, que les nouveaux agents ne pourraient s'intéresser dans aucune affaire traitée par eux à titre de mandataires, sous peine d'une amende correctionnelle de 200 à 2.000 francs et sans préjudice des dommages-intérêts. En donnant à l'article 85 de notre code de commerce cette sanction pénale, les auteurs du projet montraient bien qu'ils entendaient, avant tout, rester fidèles aux principes consacrés par nos codes en matière de mandat, et qu'ils voulaient en assurer le respect. Reste à savoir si la suppression du monopole des agents de change aurait aplani toute difficulté et si notre marché, après ce seul changement apporté à son organisation, aurait pu fonctionner dans des conditions beaucoup plus satisfaisantes qu'aujourd'hui.

Les titres — on pourrait parler d'ordres au lieu de titres, mais cela ne changerait rien au raisonnement — ne peuvent pas toujours passer directement du détenteur actuel qui veut s'en dessaisir, à l'acheteur qui les conservera définitivement; en d'autres termes, l'offre et la demande de titres ne se produisent pas toujours d'une façon simultanée de la part du public; le marché doit donc être pourvu, pour éviter des écarts de cours excessifs, d'une sorte de réservoir analogue à celui d'une pompe aspirante et foulante où les titres séjourneront au besoin, quand ils seront offerts sur la place, d'où ils sortiront quand les demandes se produiront. En Angleterre, ce rôle de réservoir est rempli par les « jobbers » ou « dealers », véritables négociants en titres, auxquels les agents de change désignés sous le nom de « brokers » doivent s'adresser pour les achats et pour les ventes dont leurs clients les chargent. En Allemagne, on l'a vu plus haut, tous les intermédiaires, même les courtiers de cours, peuvent au besoin, en usant de la faculté de contrepartie, entreposer ainsi les titres pendant un temps plus ou moins long. Sur notre marché officiel, au contraire, ce rôle n'est pas distribué, si l'on peut ainsi s'exprimer. Il est interdit à l'agent de change de s'en charger. Quant aux spéculateurs, ils ne peuvent que difficilement le remplir à cause des complications qu'il entraîne; les agents de change, en effet, sauf le cas d'application, ne traitent qu'entre eux; tout achat-vente exige le concours de deux agents de change; l'ordre auquel un dealer prêterait son concours ne pourrait ainsi recevoir généralement son exécution définitive qu'avec l'intervention de quatre agents de change. Dans ces conditions, on conçoit que les spéculateurs qui veulent jouer le rôle des « dealers » anglais ou des « contrepartistes » allemands, aient été amenés à se transformer eux-mêmes en intermédiaires; ce n'est pas là sans doute la moindre des causes qui avaient amené chez nous le développement de la coulisse; il est d'ailleurs bien difficile de jouer parfaitement ce rôle d'entrepositaire sans assister à toutes les séances de la bourse, sans être en quelque sorte un des organes reconnus de la bourse.

Avec le fonctionnement actuel du marché officiel, les ordres ne peuvent souvent recevoir leur exécution que grâce à des écarts de cours qui attirent la contrepartie, mais qui sont préjudiciables au client. Cet inconvénient sérieux ne saurait être compensé par l'avantage qu'a le public, chez nous, de ne payer à l'agent de change qu'un courtage modéré (1).

En dehors de toute discussion relative au privilège des agents de change, si la question de réorganisation du marché français se posait vraiment, le législateur aurait donc à se préoccuper de la lacune qui vient d'être signalée; il serait sans doute amené à se prononcer soit en faveur du « contrepartiste » allemand, soit en faveur du « dealer » anglais. Il n'est pas sans intérêt de faire remarquer que l'organisation du marché anglais n'est pas si éloignée de la nôtre qu'on pourrait le croire d'après les apparences : elle n'est nullement en opposition avec les principes admis par nos Codes en matière de mandat; il n'est même pas certain qu'elle ne puisse se concilier chez nous avec le privilège des agents de change; ces derniers ne traitent qu'entre eux sans doute parce qu'ils ne doivent jamais être contrepartie; mais l'article 76 du code de commerce ne contient aucune disposition d'où puisse découler une obligation de cette nature et il semble bien que l'agent de change qui traiterait directement avec un spéculateur pour un achat ou pour une vente, ne violerait pas les lois organiques du marché.

Quittons ces vues d'ensemble pour examiner dans le même but les principales mesures prises par la loi de 1896.

Il reste peu de chose à dire de l'interdiction des marchés à terme sur certaines valeurs et de l'institution du registre de bourse. Sur ces deux points le législateur a échoué, et il ne paraît pas douteux, comme on l'a vu plus haut, que son œuvre ait eu un résultat plutôt fâcheux qu'utile. Déjà, d'ailleurs, l'Angleterre a su tirer parti de l'interdiction qui frappe en Allemagne les marchés à terme en céréales; en dehors du marché à terme de Liverpool qui n'a jamais cessé de fonctionner, elle a rouvert la bourse de Londres aux transactions de cette nature. Le marché des valeurs industrielles allemandes pour lesquelles les négociations à terme sont aujourd'hui interdites en Allemagne pourrait bien aussi se transporter sur une place étrangère, à Bruxelles ou ailleurs.

(1) Le courtage de nos agents de change, qui était déjà inférieur à celui perçu par les intermédiaires dans la plupart des pays, a encore été réduit en 1898.

Bien plus, de nombreux spéculateurs opèrent maintenant sur les marchés étrangers. On peut donc dire que le législateur allemand nous a montré ce qu'il ne fallait pas faire.

Les dispositions relatives à l'admission des valeurs à la cote, empruntées du reste aux usages antérieurs des bourses, se justifient beaucoup mieux. Il est rationnel que les représentants des commerçants, banquiers, industriels, fondateurs d'affaires, etc., soient appelés à se prononcer sur l'admission des valeurs aux négociations sur le marché, et l'on ne saurait contester qu'il soit anormal de confier ce soin, comme chez nous, exclusivement à la corporation des intermédiaires chargés de ces négociations, quelque éclairés, quelqu'indépendants qu'ils puissent être. Il serait désirable au plus haut point que les décisions relatives à l'admission des valeurs à la cote fussent prises par un comité dans lequel figureraient, à côté d'un certain nombre d'intermédiaires, des notabilités de la finance, du commerce, de l'industrie, de l'administration. Mais la constitution d'un comité semblable est-elle compatible avec le privilège des agents de change? Ceux-ci ont accepté la jurisprudence de la Cour de cassation qui restreint ce privilège aux valeurs admises, en fait, à la cote officielle, mais, comme il dépend d'eux d'inscrire ou non telle ou telle valeur à la cote, cette jurisprudence ne pourrait leur porter préjudice. Il n'en serait plus de même le jour où l'inscription à la cote ne relèverait plus d'eux exclusivement.

La même objection ne se présente plus en ce qui concerne le dépôt obligatoire d'un prospectus avant toute admission à la cote et la sanction des responsabilités encourues; les dispositions de la loi allemande sur ce point paraissent mériter une entière approbation. Sans doute notre chambre syndicale des agents de change s'entoure, avant de prononcer l'admission, de tous les renseignements désirables; elle s'assure que toutes les prescriptions de la loi sur les sociétés ont été observées, que l'affaire fonctionne réellement; mais, il n'en est pas moins vrai, comme l'ont fait remarquer plusieurs publicistes fort au courant de ces questions, que, dès qu'une affaire périclite, il devient assez difficile de se procurer les prospectus relatifs à cette affaire.

Enfin, un dernier point mérite d'être examiné avec attention: la fixation d'un cours unique pour les opérations au comptant. Cette façon de procéder offre au client des avantages réels. On peut toutefois rechercher si son application serait pratique sur un marché où les transactions sont aussi importantes qu'à la bourse de Paris.

Gabriel Delamotte,
Inspecteur des Finances

***

LOI DU 22 JUIN 1896

I. — DISPOSITIONS GÉNÉRALES

CRÉATION, SUPPRESSION ET SURVEILLANCE DES BOURSES

ARTICLE 1er. — La création d'une bourse ne peut avoir lieu qu'avec l'autorisation du gouvernement de l'État sur le territoire duquel cette création est projetée. Ce gouvernement a le droit d'ordonner la suppression des bourses existantes.

Les gouvernements des différents États particuliers exercent la surveillance des bourses. Ils peuvent déléguer la surveillance immédiate des bourses aux corps commerciaux constitués (chambre de commerce, corporation des marchands).

Les établissements s'occupant des affaires de bourse, tels que les bureaux de déclarations, les caisses de liquidation, les sociétés de liquidation et autres institutions semblables, sont également soumis à la surveillance des gouvernements des différents États particuliers et des corps commerciaux constitués chargés de la surveillance immédiate.

COMMISSAIRES D'ÉTAT

2. — Le gouvernement de l'État intéressé nommera des commissaires auprès de chaque bourse. Ces commissaires seront chargés d'observer la marche des affaires à la bourse et de surveiller l'application des lois et règlements concernant les bourses, en se conformant aux instructions données par le gouvernement. Ils sont autorisés à assister aux délibérations des organes de la bourse et à appeler l'attention de ces organes sur tous les abus qui se seront produits. Ils feront des rapports sur ces abus et sur les moyens d'y remédier.

Avec l'approbation du conseil fédéral, on pourra, pour certaines bourses, limiter l'action du commissaire du gouvernement à la surveillance disciplinaire et, s'il s'agit de petites bourses, on pourra même ne pas nommer de commissaire du Gouvernement.

COMMISSION DES BOURSES

3. — Il sera créé une commission des Bourses pour donner son avis sur les affaires soumises, en vertu de la présente loi, au conseil fédéral. Cette commission est autorisée à faire des propositions au chancelier de l'empire et à entendre des experts.

La commission des bourses se composera d'au moins trente membres qui seront élus par le conseil fédéral, ordinairement pour cinq ans. Les membres de cette commission sont rééligibles. Ces membres seront nommés pour moitié sur la proposition des bourses allemandes. Le conseil fédéral décidera du nombre des membres que chaque bourse pourra proposer. L'autre moitié sera nommée en prenant en considération les intérêts de l'agriculture et de l'industrie.

Le conseil fédéral réglera l'ordre des travaux de la commission après l'avoir entendue; il fixera aussi l'indemnité et les frais de voyage à accorder aux membres de la délégation.

RÈGLEMENT DES BOURSES

4. — Un règlement sera édicté pour chaque bourse.

Il sera approuvé par le gouvernement de l'État intéressé. Ce gouvernement pourra ordonner l'insertion dans le reglement de telles dispositions qu'il lui conviendra et notamment de dispositions prescrivant que l'agriculture, les industries agricoles et les minoteries seront représentées dans les comités de direction des bourses des produits.

DISPOSITIONS OBLIGATOIRES

5. — Les règlements des bourses devront obligatoirement contenir des dispositions :

1) Sur l'administration des bourses et leurs organes;

2) Sur les catégories d'affaires qui pourront être traitées en bourse ;

3) Sur les conditions nécessaires pour être admis à fréquenter la bourse;

4) Sur la marche à suivre pour établir la cote des prix et des cours.

DISPOSITIONS FACULTATIVES

6.—Les règlements des bourses pourront permettre de traiter en bourse des catégories d'affaires autres que celles qui seront énumérées conformément au paragraphe 2 de l'article 5, à condition qu'aucune des dispositions spéciales de la présente loi (art. 40, 41, 51, 52) ne s'y oppose. Il n'en résulte, en ce cas, aucun droit pour les intéressés. Le conseil fédéral est autorisé à interdire l'application des services de bourse à certaines branches d'affaires ou à soumettre l'intervention de ces services à certaines conditions.

INTERDICTION DE FRÉQUENTER LA BOURSE

7. — Ne seront pas admises à fréquenter la Bourse :

1) Les personnes du sexe féminin;

2) Les personnes ne jouissant pas de leurs droits civils :

3) Les personnes qui, par suite d'une décision judiciaire, n'ont pas la libre disposition de leur fortune ;

4) Les personnes contre lesquelles une condamnation pour banqueroute frauduleuse a acquis force de chose jugée ;

5) Les personnes contre lesquelles une condamnation pour banqueroute simple a acquis force de chose jugée ;

6) Les personnes qui se trouvent en état de cessation de paiements;

7) Les personnes auxquelles une décision d'un tribunal d'honneur ayant force de chose jugée, ou déclarée immédiatement exécutoire, a interdit l'accès d'une bourse.

L'admission ou la réadmission à la Bourse ne peut avoir lieu dans les cas prévus aux paragraphes 2 et 3, tant que le motif d'exclusion persistera, et, dans le cas prévu au paragraphe 5, avant l'expiration d'un délai de six mois à dater, soit du jour où la condamnation a été purgée, soit du dernier jour du délai de prescription, soit du jour de la remise de la peine; dans le dernier cas, ainsi que dans le cas prévu au paragraphe 6, l'admission ou la réadmission ne peut être prononcée que si le comité de direction de la bourse estime comme prouvé que les obligations envers les créanciers ont été réglées, soit par un paiement, soit par une remise, soit par un arrangement à terme. Si une personne vient à être une seconde fois déclarée en état de cessation de paiements ou en faillite, le délai susindiqué pour l'admission ou la réadmission sera d'une année au moins. Dans le cas prévu au paragraphe 4, l'exclusion est définitive.

Les règlements des Bourses peuvent indiquer d'autres motifs d'exclusion.

Sur la demande des autorités de la Bourse, le Gouvernement de l'État intéressé peut, dans des cas spéciaux, admettre des exceptions aux prescriptions relatives à l'exclusion de la Bourse.

MAINTIEN DE L'ORDRE A LA BOURSE

8. — Les autorités chargées de la sur veillance de la Bourse ont le droit d'é-

dicter des règlements pour le maintien de l'ordre et pour la conclusion des affaires.

Le maintien de l'ordre dans les locaux de la Bourse incombe au *comité de direction de la Bourse.* Il a le droit d'expulser immédiatement des locaux de la Bourse les personnes qui troublent l'ordre ou la conclusion des affaires et de leur infliger soit l'exclusion temporaire, soit une amende. Le maximum des deux peines sera fixé par le règlement. L'exclusion pourra, du consentement des autorités de surveillance, être rendue publique par l'affichage dans la Bourse.

On pourra se pourvoir contre la condamnation à l'amende, devant les autorités de surveillance, dans des délais qui seront fixés par le règlement.

Si la fréquentation de la Bourse par certaines personnes a pour effet de troubler l'ordre ou la conclusion des affaires, l'accès de la Bourse leur sera interdit.

POURSUITES DEVANT LES TRIBUNAUX D'HONNEUR

a) *Tribunaux d'honneur.*

9. — Il sera formé auprès de chaque Bourse un tribunal d'honneur. Ce tribunal se composera, si la surveillance immédiate de la Bourse a été déléguée à un corps commercial constitué (art. 1er, al. 2), de la totalité ou d'un certain nombre de ses membres choisis par les autorités de surveillance, et, dans tout autre cas, de membres élus par les autorités de la Bourse. Les dispositions ultérieures sur la composition des tribunaux d'honneur seront édictées par le Gouvernement de l'État intéressé.

b) *Compétence des tribunaux d'honneur.*

10. — Les tribunaux d'honneur pourront citer à comparaître devant eux, pour rendre compte de leurs actes, les personnes qui, à la Bourse, se seraient rendues coupables d'actes contraires à l'honneur ou inconciliables avec la loyauté commerciale.

c) *Concours du commissaire d'État.*

11. — Toute introduction ou tout abandon de poursuites disciplinaires fera l'objet d'une communication au commissaire d'État (art. 2). Ce commissaire pourra requérir l'introduction d'une poursuite disciplinaire. Il sera donné satisfaction à cette réquisition ainsi qu'à toutes les demandes de preuve faites par le commissaire d'État. Le commissaire a en outre le droit d'assister à toutes les délibérations et de faire toutes demandes qui lui paraîtront utiles, ainsi que de poser des questions à l'inculpé, aux témoins et aux experts.

d) *Instruction.*

12. — Les tribunaux d'honneur pourront déléguer à un de leurs membres la direction de l'instruction en vue de préparer les débats. Pendant l'instruction, l'inculpé sera cité à comparaître et on lui donnera en même temps connaissance des chefs d'accusation; s'il comparaît, on entendra ses explications et ses conclusions.

Les témoins et les experts seront entendus sans prêter serment.

e) *Suspension des poursuites.*

13. — Les tribunaux d'honneur pourront suspendre les poursuites avec le consentement du commissaire d'État; sinon le jour des débats devra être fixé.

f) *Débats.*

14. — Les débats auront lieu devant le tribunal d'honneur, alors même que l'inculpé ne comparaîtrait pas. Ils ne sont pas publics. Le tribunal d'honneur peut néanmoins en ordonner la publicité. Cette publicité est obligatoire si le commissaire du Gouvernement ou si l'inculpé la requiert, à moins qu'il ne s'agisse de cas

prévus par l'article 173 de la loi sur l'organisation de la justice.

L'inculpé a le droit d'être assisté par un défenseur.

Le tribunal d'honneur peut citer des témoins ou des experts et les entendre sous la foi du serment.

g) *Pénalités.*

15. — Les peines consistent soit dans un avertissement, soit dans l'exclusion temporaire ou définitive de la Bourse.

S'il est prouvé qu'aucun acte contraire à l'honneur n'a été commis et qu'il y a eu seulement trouble apporté à l'ordre ou à la conclusion des affaires de Bourse, le tribunal d'honneur pourra prononcer une des peines prévues à l'article 8, col. 2.

h) *Décision.*

16. — La décision motivée sera prononcée pendant la séance au cours de laquelle les débats auront été clos, ou communiquée, par expédition avec les motifs, quinze jours au plus tard après la clôture des débats, au commissaire d'État et à l'inculpé.

La décision prononcée sera envoyée aussi à l'inculpé faisant défaut. Le commissaire d'État aussi bien que l'accusé auront le droit de demander qu'il leur soit délivré une expédition du jugement, avec les motifs, alors même qu'il aurait été prononcé en leur présence.

Le tribunal d'honneur pourra ordonner, dans la décision même, qu'elle soit rendue publique et il stipulera la manière dont sera faite cette publicité.

Dans le cas où l'exclusion temporaire ou définitive a été prononcée, le tribunal d'honneur peut ordonner que la décision soit immédiatement exécutée.

Sur la demande de l'accusé reconnu non coupable, le tribunal ordonnera la publication du jugement prononçant l'acquittement.

i) *Appel.*

17. — Le commissaire d'État et l'inculpé peuvent interjeter appel de la décision du tribunal d'honneur devant une chambre d'appel qui se réunira périodiquement.

La chambre d'appel se compose d'un président et de six assesseurs. Le président est nommé par le Conseil fédéral. Les assesseurs sont élus par la commission de la Bourse et choisis parmi ses membres sur la proposition des autorités de la Bourse ; il ne pourra y avoir parmi les assesseurs plus de deux personnes appartenant à la même Bourse.

Il sera procédé de la même manière à la nomination de suppléants destinés à remplacer le président ou les assesseurs.

Quand il y aura lieu de prononcer une sentence, il ne pourra y avoir parmi les assesseurs plus de deux personnes appartenant à la même bourse.

18. — L'appel est interjeté verbalement ou par écrit devant le tribunal d'honneur qui a rendu la décision attaquée.

Le délai pour interjeter appel est d'une semaine.

Lorsque la décision a été prononcée, le délai court, pour le commissaire d'État et pour l'inculpé comparant, du jour du prononcé de la décision ; dans les autres cas, du jour où la décision aura été communiquée à l'intéressé.

19. — Après que l'appel aura été interjeté, on enverra au commissaire d'État à l'inculpé, si cela n'a pas déjà été fait, la décision attaquée, avec les motifs qui l'ont fait rendre.

20. — Quiconque a interjeté appel en temps utile a un délai d'une semaine pour le justifier par écrit. Ce délai commence à courir du jour de l'expiration du délai fixé pour interjeter appel ou, si à cette époque la décision n'avait pas encore été envoyée, à partir du jour où elle aura été communiquée à l'intéressé.

21. — L'acte d'appel de l'inculpé et la justification qu'il pourra produire seront communiqués au commissaire d'État ; l'acte d'appel et la justification du commissaire

d'État seront communiqués à l'inculpé. Dans la semaine qui suivra la communication, il pourra y être fait réponse.

22. — Les délais pour la justification et pour la réponse de l'appel pourront, sur la demande des intéressés, être prolongés par le tribunal d'honneur.

23. — A l'expiration des délais établis par les articles 18, 20, 21 et 22, les dossiers des affaires seront envoyés à la chambre d'appel. On citera l'inculpé à comparaître et on invitera le commissaire d'État à assister aux débats.

La chambre d'appel pourra, en vue d'obtenir des éclaircissements supplémentaires, ordonner une enquête préalable.

Les articles 11, 14, 15 et 16 sont également applicables à la procédure devant la chambre d'appel.

k) *Dispositions générales.*

24. — Un secrétaire assermenté tiendra procès-verbal de toute déposition pendant l'instruction et les débats.

25. — En dehors de la peine encourue, il pourra être prononcé condamnation à la totalité ou à une partie des frais nécessités par la procédure.

26. — Les tribunaux sont tenus de déférer aux demandes des tribunaux d'honneur et de la chambre d'appel en ce qui concerne l'audition de témoins ou d'experts.

27. — Les autorités chargées de la surveillance des bourses seront obligées de donner connaissance des actes des habitués de la bourse qui pourraient entraîner une poursuite disciplinaire, au commissaire d'État ou, à défaut, au tribunal d'honneur.

CHAMBRES ARBITRALES

28. — Les conventions par lesquelles les intéressés se soumettent à la décision de la chambre arbitrale d'une bourse quelconque, n'ont force obligatoire que dans le cas où chacun des intéressés est commerçant ou inscrit pour la catégorie d'affaires dont il s'agit, sur le registre de bourse (art. 54), ou bien encore dans le cas où lesdits intéressés auraient reconnu la compétence de la chambre arbitrale après la naissance du litige.

II. — FIXATION DES COURS RÉGLEMENTATION DES COURTIERS.

FIXATION DES COURS

29. — Pour les marchandises ou pour les titres admis à la cote officielle, le cours sera fixé, aussi bien pour les affaires au comptant que pour les affaires à terme, par le *comité de direction de la Bourse*, toutes les fois que le règlement de la bourse ne prescrira pas la coopération de représentants d'autres professions.

En dehors du commissaire d'État, du comité de direction de la bourse, des secrétaires de la bourse, des courtiers et des représentants des professions dont la coopération est prescrite par le règlement de la bourse, personne ne pourra assister à la fixation des cours.

On donnera comme cours en bourse le prix qui répond à la situation réelle du marché.

30. — On nommera des auxiliaires (*courtiers des cours, kursmakler*) pour coopérer à la fixation officielle des cours des marchandises et des titres à la bourse. Tant qu'ils sont en activité, ils doivent servir d'intermédiaires pour les affaires de bourse ayant pour objet les marchandises et les titres admis à la cote.

Ils sont nommés et révoqués par le gouvernement de chaque État, et, avant d'entrer en fonctions, ils prêtent serment de remplir fidèlement les devoirs qui leur incombent.

Lors de la nomination de nouveaux courtiers et de la répartition des affaires entre les différents courtiers, on prendra l'avis des représentants (chambre des courtiers). Les dispositions relatives à la nomination et à la révocation des courtiers, l'organisation de leur représentation, ainsi que leurs relations avec les commissaires du gouvernement et avec les autorités de la bourse, seront réglées par le gouvernement de chaque État.

31. — Dans les affaires portant sur des marchandises ou sur des titres, la prise en considération pour la fixation officielle des cours ne peut être réclamée que si ces affaires sont conclues par l'intermédiaire d'un courtier. Cette disposition ne porte pas atteinte au droit du comité de direction de la bourse de prendre également en considération d'autres affaires.

32. — Les courtiers des cours ne pourront conclure d'affaires pour leur propre compte ou en leur propre nom, ni se porter garants pour les affaires qu'ils négocient, s'il s'agit d'affaires dont ils contribuent à fixer les cours, qu'autant que cela sera nécessaire pour l'exécution des ordres qu'ils auront reçus; le gouvernement de chaque État déterminera les conditions dans lesquelles l'observation de la présente prescription sera contrôlée. La validité des affaires conclues ne pourra d'ailleurs éprouver de ce chef aucune atteinte.

Sauf autorisation spéciale accordée par le gouvernement de l'État intéressé, les courtiers de bourse ne peuvent exercer aucune autre profession commerciale, ni participer à aucune affaire commerciale, soit comme commanditaires, soit comme associés tacites; ils ne peuvent pas non plus être fondés de pouvoirs, représentants ou commis d'un commerçant.

33. — Les dispositions des articles 67, alinéa 2, 71, alinéa 1, 72 à 74, 76 et 79 à 83 du Code de commerce sont applicables aux courtiers des cours.

Le livre journal qu'aura à tenir le courtier des cours sera, avant d'être mis en usage, coté et parafé par première et dernière pages par le comité de direction de la Bourse.

Si un courtier des cours vient à décéder ou à quitter sa charge, son livre journal sera remis au comité de direction de la Bourse.

34. — Pour la négociation d'affaires de Bourse, il n'y aura pas lieu d'appliquer les dispositions de l'article 66 du Code de commerce relatives à la désignation officielle des courtiers en marchandises. Les désignations faites jusqu'à présent sont sans effet.

Les ventes qui, d'après les articles 311, 343, 348, 354, 357, 365, 366 et 387 du Code de commerce, devraient être effectuées par un courtier en marchandises pourront être également faites par les courtiers des cours, ainsi que par les autres courtiers en marchandises officiellement autorisés à s'occuper d'adjudications ou de ventes de l'espèce mentionnée.

DROITS DU CONSEIL FÉDÉRAL

35. — Le Conseil fédéral a le droit :

1° D'admettre, pour certaines bourses, une fixation officielle des cours des marchandises et des titres différant de celle prévue par les dispositions de l'article 29, alinéas 1 et 2 et des articles 30 et 31 ;

2° De prescrire une fixation officielle des cours de certaines marchandises, pour toutes les bourses ou pour quelques bourses seulement;

3° D'édicter les dispositions ayant pour but d'arriver à l'adoption de principes uniformes en ce qui concerne les quantités devant servir d'unités pour la fixation des cours des marchandises et les usages réglant la fixation des cours des titres.

Il n'est porté aucune atteinte au droit du Gouvernement de chaque État d'édicter des ordonnances de l'espèce indiquée dans le 1er alinéa du présent article, chiffres 2 et 3, si le Conseil fédéral ne fait pas usage de ses droits. Ces ordonnances seront portées à la connaissance du chancelier de l'Empire.

III. – ADMISSION DES TITRES A LA COTE DE LA BOURSE

COMITÉS D'ADMISSION

36. — L'admission des titres à la cote de la Bourse sera faite, à chaque Bourse, par une commission (*comité d'admission*), dont la *moitié* des membres au moins devront être des personnes ***non inscrites sur*** le registre de Bourse comme faisant des affaires sur titres (art. 54).

Sont exclus de la délibération et de la décision relatives à l'admission d'un titre à la cote les membres qui sont intéressés à l'introduction de ce titre sur le marché; le règlement sur les Bourses fixera les dispositions d'après lesquelles seront nommés les remplaçants des membres exclus.

Le Comité d'admission a pour mission et pour devoir :

a) D'exiger la présentation des documents qui doivent servir de base aux titres à émettre et d'examiner ces documents ;

b) De faire en sorte que le public soit renseigné le mieux possible sur toutes les conditions de fait et de droit nécessaires à l'appréciation des titres à émettre, et de ne point autoriser l'émission en cas d'insuffisance des renseignements ;

c) De ne pas autoriser des émissions susceptibles de porter préjudice à des intérêts généraux importants ou qui auraient pour but évident d'exploiter le public.

Le comité d'admission peut refuser une émission sans donner les motifs de sa décision. Au surplus, les règles relatives à la composition du Comité d'admission et à l'admissibilité d'une réclamation contre les décisions qu'il peut rendre seront insérées dans le règlement de chaque Bourse. Les Comités d'admission ont le droit d'exclure de la cote de la Bourse les titres qui y ont été admis.

L'admission de titres des emprunts de l'Empire et des États allemands ne peut être refusée.

RÉGLEMENTATION DES RAPPORTS ENTRE LES DIFFÉRENTS COMITÉS D'ADMISSION

37. — Lorsque le comité d'admission d'une bourse aura rejeté une demande d'admission de titres à la cote de sa bourse, il communiquera le refus aux comités directeurs des autres bourses allemandes de valeurs.

On indiquera si le rejet a eu lieu par suite de circonstances locales ou pour d'autres motifs. Dans ce dernier cas, l'admission ne peut être accordée par une autre bourse qu'avec le consentement de celle qui a rejeté le titre.

Celui qui requiert l'admission d'un titre aura à déclarer si la demande d'admission a déjà été présentée à une autre Bourse ou si elle est présentée simultanément à plusieurs Bourses. Dans ce dernier cas, le titre ne pourra être admis par une Bourse qu'avec le consentement des Comités d'admission des autres Bourses.

CONDITIONS D'ADMISSION

38. — Quand la demande d'admission d'un titre sera faite, elle sera publiée par le Comité d'admission avec l'indication de la raison sociale de la maison demanderesse, de la valeur nominale et de la nature du titre à admettre. Entre cette publication et l'admission à la Bourse, il doit y avoir un délai d'au moins six jours.

Sauf pour les emprunts de l'Empire et des États allemands, il sera publié, avant l'admission, un *prospectus* qui devra contenir les indications permettant d'apprécier la valeur des titres à admettre ; la même disposition est applicable aux *conversions* et aux *augmentations de capital*. Le prospectus devra faire ressortir la quantité de titres mis sur le marché, ainsi que la quantité de ceux qui sont provisoirement exclus du marché et la durée de cette exclusion.

Le Gouvernement de l'État intéressé (art. 1) pourra dispenser de l'obligation du prospectus les emprunts complètement garantis par l'Empire ou par un État confédéré, ainsi que les emprunts communaux, les emprunts des institutions communales de crédit et des établissements de crédit hypothécaire placés sous le contrôle de l'État.

39. — L'admission à la cote de la Bourse d'actions d'une entreprise transformée en société par actions ou d'une société en commandite par actions ne pourra pas être permise avant qu'*une année* ne se soit écoulée depuis l'inscription de la société sur le registre du commerce, ni avant la publication du premier bilan annuel et du compte de profits et pertes. Dans certains cas particuliers, le Gouvernement de l'État intéressé (art. 1) pourra diminuer ou supprimer ce délai.

L'admission d'actions ou d'obligations non garanties de sociétés industrielles étrangères est assujettie à la condition que les émettants s'obligent pendant cinq ans, à publier annuellement dans un ou plusieurs journaux allemands désignés par le Comité d'admission, le bilan et le compte de profits et pertes, dès qu'ils sont établis.

SPÉCULATIONS SUR LES ÉMISSIONS

40. — Les titres pour lesquels une souscription publique est ouverte ne pourront être cotés officiellement *avant* leur répartition. Avant cette époque, la négociation de ces titres sera exclue de la Bourse et ne pourra pas être enregistrée pour la cote. Il est également interdit de publier pour des affaires de cette sorte des listes de prix (cotes), ou de les répandre dans le public après reproduction par un procédé mécanique quelconque.

CONSÉQUENCES DE LA NON ADMISSION

41. — Il ne peut y avoir de cours officiel pour les valeurs dont l'admission à la cote de la Bourse a été refusée ou n'a pas été demandée. Les affaires sur ces valeurs sont exclues des avantages accordés par les règlements de la Bourse et ne peuvent être négociées par des courtiers de Bourse. Il est également interdit de publier des listes de prix (cotes) pour les affaires de ce genre qui viendraient à être conclues à la Bourse, ainsi que de répandre ces cotes dans le public au moyen de reproductions par un procédé mécanique quelconque, à moins que le règlement de la Bourse n'accorde des exceptions pour des cas particuliers.

DROITS DU CONSEIL FÉDÉRAL

42. — Le Conseil fédéral fixera le minimum du capital de fondation à exiger pour l'admission d'actions aux différentes bourses, ainsi que le minimum de valeur nominale des coupures à admettre à la cote.

Le Conseil fédéral édictera en outre d'autres dispositions concernant les devoirs des Comités d'admission et les conditions d'admission des valeurs à la cote de la Bourse.

Ces dispositions ne portent pas atteinte au droit du Gouvernement de chaque État d'édicter des mesures complémentaires qui devront être communiquées au chancelier de l'empire.

RESPONSABILITÉ AU SUJET DU PROSPECTUS

43. — Si un prospectus, à l'appui duquel des titres ont été admis à la cote de la Bourse, contient des inexactitudes dans les indications ayant une importance capitale pour l'appréciation de la valeur de ces titres, les personnes qui ont publié ce prospectus ainsi que celles qui l'ont fait publier, si elles en ont connu les inexactitudes ou si elles devaient les connaître à moins de commettre une faute lourde, seront *solidairement responsables*, envers tout détenteur de tels titres, du *dommage* qui lui aurait été causé par suite des inexactitudes des données fournies. Il en est de même si le prospectus est incomplet par suite de l'omission de circonstances essentielles, lorsque ces

omissions sont préméditées ou proviennent d'un examen volontairement insuffisant de la part des personnes qui ont publié le prospectus ou de la part de celles qui l'ont fait publier.

Pareille responsabilité n'est pas moins encourue alors même qu'il serait déclaré dans le prospectus que les indications qu'il contient émanent d'un tiers.

44. — L'obligation d'indemnité s'applique seulement aux titres qui n'ont été admis à la Bourse que grâce au prospectus et qui ont été acquis par leur détenteur en vertu d'une transaction conclue à l'intérieur du pays.

Les personnes qui ont encouru cette responsabilité pourront se libérer en reprenant aux détenteurs les titres au prix d'achat ou au taux d'émission.

Il n'y a pas lieu à indemnité lorsque l'acquéreur du titre connaissait les *inexactitudes* ou les *omissions* du prospectus au moment où il a réalisé son achat. Il en est de même si l'acquéreur avait pu connaître ces inexactitudes en agissant avec la même prudence que dans ses propres affaires, à moins que des procédés malhonnêtes ne lui donnent droit de réclamer une indemnité.

45. — Le droit à l'indemnité se prescrit *par cinq ans à partir de l'admission des titres à la Bourse*. La prescription court aussi contre les mineurs et contre les personnes morales assimilées juridiquement aux mineurs, sous réserve toutefois des droits de recours de qui de droit contre les tuteurs ou administrateurs de biens.

46. — Toute convention par laquelle on tendrait à restreindre ou à supprimer la responsabilité prévue par les articles 43 à 45 est nulle de plein droit.

Ces dispositions ne portent d'ailleurs aucune atteinte aux réclamations plus étendues qui, par suite de conventions, peuvent être formulées conformément aux dispositions du Code civil.

47. — Le tribunal du lieu où se tient la bourse à laquelle l'admission des valeurs a été demandée est exclusivement compétent pour décider des droits d'indemnité qui résultent des articles 43 à 46, quelle que soit la valeur de l'objet du litige. S'il existe au tribunal une chambre pour les affaires commerciales, le litige sera porté devant elle. La revision et l'appel de la décision rendue par le tribunal suprême de chaque État seront portés devant le tribunal de l'empire.

IV. — OPÉRATIONS DE BOURSE A TERME

OPÉRATIONS DE BOURSE A TERME SUR LES MARCHANDISES ET SUR LES VALEURS

48. — On considère comme opérations de bourse à terme sur marchandises ou sur titres les acquisitions ou autres opérations pour lesquelles on a fixé une date ou un délai de livraison, si ces opérations ont été conclues dans les conditions établies par le comité directeur de la bourse pour les opérations de bourse à terme, et si une fixation officielle des cours à terme (art. 29 et 35) a lieu pour les opérations de cette sorte à la bourse en question.

ADMISSION DES MARCHANDISES ET DES VALEURS AU MARCHÉ A TERME

49. — Les autorités de la bourse décident de l'admission des marchandises et des valeurs au *marché à terme*, conformément aux dispositions particulières du règlement de la bourse.

Avant l'admission de *marchandises* quelconques au marché à terme, les autorités de la bourse seront obligées, pour chaque cas particulier, de prendre l'avis des représentants des branches d'industrie intéressées ; cet avis sera donné dans un rapport et communiqué au chancelier de l'Empire ; l'admission ne pourra avoir lieu que lorsque le chancelier de l'empire aura déclaré qu'il n'y a pas lieu de procéder à une enquête supplémentaire.

INTERDICTION DES OPÉRATIONS DE BOURSE A TERME

50. — Le conseil fédéral a le droit de soumettre les opérations de bourse à terme à certaines conditions et même de les interdire pour certaines marchandises ou pour certaines valeurs déterminées.

Le marché à terme de parts d'entreprises minières ou industrielles est interdit. Le marché à terme sur les parts d'autres sociétés ne peut être permis que si le capital de ces sociétés s'élève au moins à 20 millions de marks.

Les marchés à terme, tels qu'ils sont en usage à la bourse, sont interdits sur le blé et sur les produits de la minoterie.

51. — Si le trafic de bourse à terme sur certaines marchandises ou sur certains titres est interdit par la présente loi ou par le conseil fédéral, ou si l'admission de ces marchandises ou titres au marché à terme a été définitivement refusée par les autorités de la bourse, les affaires auxquelles ces marchandises et titres donneraient lieu ne pourront ni être conclues en bourse, ni être négociées par les courtiers. Il est également interdit de publier des listes de prix (cotes) pour des affaires de ce genre, si elles sont conclues à l'intérieur du pays, ou de répandre ces listes dans le public après reproduction par un procédé mécanique quelconque.

De même, un trafic à terme indépendant des organes de la bourse est exclu de la bourse s'il se présente sous les formes ordinaires pour marchés à terme de bourse.

52. — Si l'admission de certaines marchandises ou de certaines valeurs au marché à terme n'a pas été demandée, les autorités de surveillance de la bourse pourront interdire tout trafic à terme de fait avec les conséquences prévues à l'article 51.

PROMESSE DE VENTE DE MARCHANDISES QUI NE PEUVENT PAS ÊTRE LIVRÉES

53. — Dans les marchés à terme sur marchandises, le vendeur est déclaré manquer à ses engagements s'il annonce la livraison d'une marchandise qui ne répond pas aux conditions du contrat, lors même que le terme de livraison ne serait pas encore expiré.

Toute convention contraire est nulle.

REGISTRE DE BOURSE

54. — Il sera ouvert, près de chaque tribunal compétent pour la tenue du registre du commerce, un registre de bourse pour les marchandises et pour les valeurs. Le gouvernement de chaque Etat peut charger un même tribunal de la tenue du registre pour les ressorts de plusieurs tribunaux.

55. — On inscrira sur le registre de bourse les noms, prénoms, professions et domiciles des personnes qui désirent faire des affaires de bourse à terme sur les marchandises ou sur les titres. Lorsqu'il s'agira d'une société commerciale ou d'une personne civile, on inscrira la raison sociale ou le nom, ainsi que le nom de l'endroit où est le siège de l'établissement.

L'inscription sera faite sur le registre du ressort où l'intéressé a son établissement industriel ou, à défaut, son domicile. Dans le cas de déplacement de l'établissement ou du domicile, l'inscription sera rayée du registre du ressort abandonné et reportée sans frais sur le registre du nouveau ressort.

56. — Le registre de bourse est public. Chacun est admis à l'examiner aux heures habituelles de service. Moyennant le paiement des taxes fixées on pourra même s'en faire délivrer un extrait, qui, sur demande, sera légalisé.

57. — Avant son inscription sur un registre de bourse, l'intéressé devra acquitter un droit de 150 marks.

Pour chaque année suivante et tant que l'inscription subsistera, il sera payé un droit de maintenue de 25 marks.

Les taxes perçues profitent au trésor de l'Etat intéressé, à moins qu'il ne déclare leur donner une autre destination.

58. — La demande d'inscription sera formée par l'intéressé, ou, s'il ne peut pas s'obliger par contrat, par son représentant légal.

Les enfants sous puissance paternelle et les femmes mariées non commerçantes auront besoin de l'autorisation de leur père ou de leur mari.

Le représentant légal d'une personne en tutelle ou en curatelle aura besoin de l'autorisation du conseil de tutelle.

59. — La demande sera adressée au tribunal qui tient le registre de bourse, de vive voix et il en sera dressé procès-verbal, ou par écrit.

Les demandes écrites seront établies ou légalisées par acte judiciaire ou notarié.

Les dispositions précédentes s'appliquent également aux autorisations qui seraient éventuellement exigées (art. 58).

Les demandes et déclarations émanant d'autorités publiques, régulièrement signées et scellées, n'ont besoin d'aucune légalisation.

60. — La demande d'inscription contiendra la déclaration que l'intéressé désire faire des opérations de bourse à terme sur marchandises ou sur titres.

61. — La demande d'inscription sur le registre des marchandises peut être limitée à certaines branches de commerce déterminées. Sur la demande qui en sera faite, l'inscription pourra, sans frais nouveaux, être valablement étendue à d'autres branches de commerce ; les articles 58 et 59 sont applicables aux demandes de cette nature.

62. — L'inscription prise doit, sans aucun délai, être portée par le tribunal à la connaissance du public, au moyen d'une insertion intégrale aux frais de l'inscrit dans le *Reichsanzeiger* (Journal officiel de l'empire), ainsi que dans les journaux qui ont été désignés, conformément à l'article 14 du Code de commerce, pour la publication des inscriptions effectuées sur le registre de commerce.

63. — La radiation de l'inscription a lieu, sans frais, sur la demande de l'intéressé ou de son représentant légal, à la fin de l'année dans laquelle la demande d'annulation a été introduite. La demande du père ou du mari suffit pour les enfants sous puissance paternelle et pour les femmes mariées non commerçantes.

La demande de radiation sera formulée soit de vive voix et il en sera dressé procès-verbal, soit par la remise d'un acte judiciaire ou notarié au tribunal. Les dispositions de l'article 59, alinéa 4, sont applicables à ce cas.

64. — Toute inscription qui n'a pas été faite conformément aux dispositions de l'article 58 sera rayée d'office si elle n'est pas régularisée.

Au 31 décembre de chaque année, les inscriptions sont rayées d'office si le droit de maintenue pour l'année suivante n'a pas été payé avant la fin de l'avant-dernier mois de l'année courante.

65. — Chaque tribunal établira au commencement de l'année la liste des personnes dont les inscriptions sont encore valables au 1er janvier.

Le tribunal du ressort de la ville de Berlin, auquel les autres tribunaux doivent envoyer leur listes le 31 janvier de chaque année au plus tard, établira, dès qu'elles lui parviendront, une liste générale qu'il portera à la connaissance du public par voie d'insertion dans le *Reichsanzeiger* (Journal officiel de l'empire).

66. — N'est pas reconnu comme constituant une *dette valable* toute opération de Bourse à terme concernant une branche d'affaires pour laquelle les deux parties n'étaient pas inscrites sur un registre de Bourse au moment de la conclusion du marché.

Il en est de même des ordres donnés ou acceptés ainsi que des associations formées en vue de la conclusion d'opérations de Bourse à terme.

La même disposition est applicable aux garanties et aux reconnaissances de dettes.

Il ne peut y avoir lieu à répétition pour ce qui aurait été payé lors de l'arrivée à bonne fin de l'opération, ou après, pour son exécution.

67. — Toute inscription faite contrairement aux dispositions de l'article 58 ne sera considérée comme valable que si l'irrégularité n'était pas connue par l'autre partie au moment de la conclusion du marché.

Toute personne qui, malgré sa radiation du registre de bourse, serait encore portée sur la liste générale (art. 65) sera considérée comme inscrite si l'autre partie n'avait pas connaissance de la radiation au moment de la conclusion du marché. Il en est de même jusqu'à l'expiration d'un mois après la publication de la liste générale, pour les personnes qui, par suite de la radiation, ne figurent plus sur cette liste.

68. — Les dispositions de l'article 66 sont applicables même lorsque le marché est conclu ou doit être exécuté à l'étranger.

Pour les personnes qui n'ont ni domicile ni établissement industriel à l'intérieur du pays, l'inscription sur le registre de Bourse n'est pas nécessaire à la validité du marché.

69. — Lorsqu'une réclamation sera soulevée au sujet d'opérations de bourse à terme, d'ordres donnés ou reçus ou au sujet d'une association ayant pour but de conclure des marchés à terme, la personne qui, au moment de la conclusion de l'affaire, était inscrite sur le registre de bourse pour la branche d'affaires relative au contrat en question, ainsi que la personne dont l'inscription n'était pas nécessaire pour la validité de la convention, en vertu des dispositions précédentes (art. 68, al. 2), ne pourront pas invoquer d'exception en s'appuyant sur le fait qu'il était stipulé dans le contrat que l'exécution n'aurait pas lieu par livraison effective de titres ou de marchandises.

V. — AFFAIRES EN COMMISSION

(De la contrepartie.)

70. — Les dispositions de l'article 376 du Code de commerce seront remplacées par celles des articles 71 à 74.

71. — Lorsqu'il s'agit de commissions en achats ou ventes de marchandises ayant un cours en Bourse ou sur un marché, et de titres cotés officiellement en Bourse ou sur un marché, le commissionnaire peut, à moins que le commettant n'en ait décidé autrement, exécuter les ordres reçus, en livrant lui-même comme vendeur les marchandises qu'il doit acheter, ou en acceptant lui-même comme acheteur celles qu'il doit vendre.

En pareil cas, le commissionnaire peut se borner à rendre compte de ses achats ou de ses ventes en prouvant qu'il a compté le prix exact en Bourse ou sur le marché au moment où l'ordre a été exécuté. L'ordre est considéré comme exécuté au moment de l'expédition de l'avis d'exécution au commettant.

Dans le cas où l'ordre devait être exécuté pendant la durée de la Bourse ou du marché, si l'avis d'exécution n'a été expédié qu'après la fermeture, le prix compté ne pourra être plus défavorable pour le commettant que le prix fait à la fermeture de la Bourse ou du marché.

Pour les ordres donnés à des cours déterminés (premiers cours, cours moyen, dernier cours) le commissionnaire est autorisé et obligé à porter ce cours au compte du commettant, sans qu'il y ait lieu de tenir compte du moment où est envoyé l'avis d'exécution.

Pour les valeurs et marchandises dont le prix de Bourse ou de marché est fixé officiellement, le commissionnaire ne peut pas, dans le cas où il exécute l'ordre par intervention personnelle, porter au compte du commettant un prix moins favorable que le prix fixé officiellement.

Les dispositions des alinéas 2 à 5 ne peuvent être modifiées par aucune convention.

72. — Même dans le cas d'exécution d'un ordre par intervention personnelle (art. 71), si le commissionnaire a pu, en y mettant toute l'attention professionnelle,

exécuter l'ordre à un cours plus favorable que celui qui résulte de l'application de l'article 71, il doit porter ce cours plus favorable au compte du commettant.

Si le commissionnaire, avant l'envoi de l'avis d'exécution d'un ordre reçu, conclut à la Bourse ou sur le marché une affaire avec un tiers, il ne pourra pas compter au commettant un cours plus défavorable que le cours ainsi conclu.

Aucune convention ne pourra modifier les dispositions précédentes.

73. — Le commissionnaire qui livre lui-même les marchandises comme vendeur ou qui les accepte comme acheteur a droit à la provision ordinaire et peut porter en compte les autres frais d'usage en matière de commission.

EXÉCUTION DU CONTRAT PAR CONCLUSION AVEC UN TIERS

74. — Si, dans l'avis d'exécution de l'ordre, le commissionnaire ne déclare pas expressément qu'il intervient lui-même, il sera présumé avoir déclaré que l'exécution a eu lieu pour le compte du commettant par négociation avec un tiers.

Est nulle toute convention intervenue entre le commettant et le commissionnaire, d'après laquelle la déclaration relative à l'exécution de l'ordre, par intervention personnelle ou par négociation avec un tiers, pourrait être remise postérieurement à la date de l'avis d'exécution.

Même dans le cas où l'ordre est considéré comme exécuté par négociation avec un tiers, le commissionnaire est personnellement responsable si, en même temps que l'avis d'exécution, il ne donne pas le nom du tiers qui doit exécuter le marché.

VI. — DISPOSITIONS PÉNALES ET FINALES

75. — Sera punie d'emprisonnement et en même temps d'une amende, qui ne pourra pas dépasser 15.000 marcks, toute personne qui, dans une intention frauduleuse, fait usage de moyens fallacieux en vue d'influencer les cours des marchandises ou des titres à la Bourse ou sur le marché. Elle pourra, en outre, être condamnée à la perte de ses droits civils.

S'il y a des circonstances atténuantes, la peine pourra être limitée à l'amende.

La même peine frappera quiconque, dans une intention frauduleuse, donne sciemment de faux renseignements soit dans un prospectus (art. 38), soit dans des annonces, pour provoquer ainsi la souscription, l'achat ou la vente de valeurs.

76. — Quiconque donne ou promet, ou se fait donner ou promettre des avantages pour des articles de presse, destinés à exercer une influence sur les cours de Bourse, sera passible d'emprisonnement jusqu'à concurrence d'un an et en même temps d'une amende qui pourra s'élever jusqu'à 5.000 marks, si ces avantages sont en disproportion manifeste avec le service rendu. Les mêmes peines frapperont celui qui se fait donner ou promettre des avantages pour la suppression d'articles du même genre.

La tentative est punissable.

S'il y a des circonstances atténuantes, la peine pourra être limitée à l'amende.

77. — Est passible d'une amende qui pourra s'élever jusqu'à 1.000 marks ou d'emprisonnement, jusqu'à concurrence de six mois, quiconque publie sciemment, contrairement aux dispositions des articles 40, 41, 51 et 52, des listes de prix (cotes), ou les répand dans le public par un procédé de reproduction mécanique quelconque.

78. — Est passible de la peine de l'emprisonnement et d'une amende, qui ne pourra pas dépasser 15.000 marks, toute personne qui habituellement et dans un but intéressé abusera de l'inexpérience ou de la légèreté d'autres personnes pour les entraîner à faire des spéculations de Bourse ne rentrant pas dans l'exercice de leurs professions; elle pourra en outre être condamnée à la perte de ses droits civils.

79. — Sera puni de l'emprisonnement et pourra en outre être condamné à une

amende qui ne dépassera pas 3.000 marks, ainsi qu'à la perte de ses droits civils, tout commissionnaire qui, pour se procurer ou procurer à un tiers un avantage pécuniaire :

1° Aura compromis la fortune du commettant en donnant, contre sa conscience, un conseil mauvais ou des renseignements inexacts au sujet d'une affaire à conclure;

2° Ou bien aura agi sciemment au préjudice du commettant en exécutant un ordre ou en liquidant une affaire.

S'il y a des circonstances atténuantes, il pourra être condamné à l'amende seulement.

La tentative sera punie dans le cas prévu au paragraphe 1er.

80. — Les dispositions des chapitres 2, 4 et 5, ainsi que celles de l'article 75 qui sont relatives aux valeurs, s'appliquent également aux lettres de change et aux espèces monétaires de l'étranger.

81. — L'article 243 *d*, chiffre 2, du Code de commerce est abrogé.

82. — La présente loi entrera en vigueur le 1er janvier 1897.

Les dispositions des articles 54 à 65 entreront en vigueur le 1er novembre 1896. En ce qui concerne les inscriptions sur le registre de bourse faites jusqu'à la fin de l'année 1896, on se conformera, à partir du commencement de l'année 1897, aux prescriptions de l'article 65.

Les dispositions de l'article 39 entreront en vigueur le 1er juillet 1896.

Les marchés à terme conclus conformément aux usages de la Bourse (art. 50, al. 3) ne sont permis jusqu'au 1er janvier 1897 qu'à la condition que les affaires conclues jusqu'au dit jour soient également liquidées à cette date.

LA BOURSE D'AMSTERDAM

Tous les marchés de fonds publics sont d'un certain intérêt pour quiconque cherche à se faire une idée quelque peu philosophique de la bourse des valeurs mobilières, de sa nature et de ses opérations. Des circonstances plus ou moins particulières viennent partout donner au trafic un caractère plus ou moins spécial, dont il est utile de tenir compte en une assez large mesure dans une théorie d'ensemble. Aussi croyons-nous bon d'indiquer à grands traits comment fonctionne la bourse d'Amsterdam et quelles formes les marchés y revêtent généralement à l'époque actuelle.

On sait qu'Amsterdam eut, aux XVIIe et XVIIIe siècles, de grands jours de prospérité. Le trafic y était influencé par un esprit ultra-spéculatif : si les formes choisies avaient alors quelque chose encore d'archaïque, l'esprit de chacun n'en était pas moins plus ardent et riche en combinaisons diverses qu'aujourd'hui. Les juifs, et surtout les juifs portugais tels que Pençο et Pinto, sont encore les maîtres à l'école desquels il faut s'instruire : le premier a fait de la bourse un tableau des plus vivants ; le second est entré aussi profondément que possible dans les mystères des opérations à primes. Quant à Gabriel de Souza (plus exactement Sosea), il a eu dès 1720 et d'une façon presque aussi nette qu'Isaac Pereire une centaine d'années plus tard, l'idée d'un crédit mobilier (1).

Mais, Amsterdam, en ce siècle et surtout depuis la grave crise de 1849, a perdu son ancienne importance ; ce n'est plus dans le trafic des valeurs mobilières une " leading bourse ", elle n'a qu'une " bourse provinciale ".

Chacun peut venir et contracter à son aise dans le grand édifice situé au milieu du Dam. L'argent que l'on perçoit à l'entrée durant certain moment de la journée n'est qu'une amende pour les retarda-

(1) Nous dégagerons ces idées dans un volume que nous publierons prochainement sur *la Spéculation en Hollande aux XVIIe et XVIIIe siècles*, préface pour ainsi dire de deux travaux de longue haleine, l'un sur *les Opérations de bourse*, l'autre sur *le Système de Law.*

taires. Une jurisprudence constante oblige toute personne qui a fait des offres, d'accepter n'importe quelle contre-partie aux conditions proposées.

Mais il existe depuis longtemps déjà une association (*vereeniging*), qui s'appelle elle-même, dans un français archaïque, " corporation des commerçants en fonds publics ". Une commission nommée par celle-ci fixe les cours ; les membres de l'association communiquent (ou ne communiquent pas) les prix auxquels ils ont opéré, et la situation du marché ressort dans une cote publiée aussitôt.

Presque toutes les transactions se font au comptant et les valeurs doivent être livrées par le vendeur à l'acheteur au plus tard entre 9 heures et midi durant le quatrième jour suivant la conclusion du marché. Si l'on peut opérer à terme sur tous les titres, on ne traite ainsi que les actions de la Société de commerce,... à moins bien entendu de préférer cette forme et de trouver une contre-partie.

Le règlement de la bourse prévoit des opérations dont le titre sonne bizarrement à nos oreilles : au " comptant à livrer" (*contant op levering*), dont le terme fatal est, en principe, le vingt et unième jour. La spéculation pourrait, bien entendu, utiliser cette forme, bien que l'absence d'un terme fixe soit quelque peu gênante pour la liquidation ; mais personne n'y songe généralement. On n'opère guère ainsi que dans des circonstances telles que celle-ci : une compagnie de chemins de fer américains s'est fondue avec une autre et on attend les nouveaux titres. Pour l'Union Pacific Railway Company, les opérations eurent lieu contant op levering, les vingt jours de délai courant après l'arrivée des premiers titres sur le continent : c'était là une façon de prévenir tout cours momentané et d'assurer au trafic une base assez large.

La spéculation à la baisse devient impossible, à moins... de trouver, par hasard, un ami qui possède des titres et veuille bien vous les prêter pour les vendre pour votre compte.

La spéculation à la hausse est favorisée par deux institutions intéressantes : les " prêts " et les " reports par nantissement ".

Les prêts se font pour trois mois, les reports pour un mois, à dater du jour quelconque où on les a conclus : c'est là entre ces deux institutions, qui ne sont que des prêts en bourse à trois mois ou à un mois de date, la seule différence avec celle-ci, que la valeur du gage estimé au cours de la place, sans addition d'intérêts, devra, pour les prêts, dépasser toujours de 20 % et, pour les reports, de 10 % le montant de la somme avancée.

Choses curieuses, d'une part, le règlement établit une présomption en faveur de la tacite réconduction, pour ainsi dire, des prêts et reports ; l'emprunteur et le prêteur n'ont à prévenir leur contre-partie que lorsqu'ils ne désirent pas continuer le prêt ou report. D'autre part, le cours fixé en bourse pour exprimer la situation du marché de l'argent s'applique à toutes les transactions, quelles que soient la nature des titres et la solvabilité des personnes.

Le prêt à trois mois de la bourse d'Amsterdam a cet avantage particulier, qu'il nous faut remarquer : il permet, ainsi que le *Three-monthly-settlement system* des *outside brokers* de Londres (1), de calculer exactement les chances de gain, sans s'exposer aux dangers de reports difficiles.

André-E. Sayous.

(1) Cf. notre article *Coulisses et coulissiers* dans le *Journal des Economistes* du 15 mai 1900.

L'ORGANISATION DU MARCHÉ LIBRE

A LA

BOURSE DE PARIS

La question de l'organisation du marché libre réside principalement dans l'examen de la situation faite à l'élément du marché financier de Paris appelé " coulisse " par la réorganisation qui a été opérée du marché financier, en 1898, réorganisation consommée par la loi de finances du 13 avril 1898 et les décrets du 30 juin de la même année.

La question se rattache donc, d'une part, à la question du meilleur mode d'organisation des bourses de valeurs mobilières. Nous n'irons point cependant jusqu'à l'examiner dans ce domaine, car le travail actuel ne doit être que la préface de cet examen. D'ailleurs le programme du Congrès paraît avoir tracé une limite entre la question du fonctionnement actuel et celle du meilleur mode d'organisation des marchés financiers.

Mais le sujet se rattache, d'autre part, à la querelle plusieurs fois séculaire des agents de change et des coulissiers. A cet égard, la logique veut que nous entrions dans quelques détails historiques ; à cette condition seulement, les mesures actuellement prises revêtiront leur pleine signification.

I. — LA COULISSE AVANT LA RÉVOLUTION

D'après M. Frémery (1), les noms de coulisse, coulissier, viendraient de ce que, dans les anciens locaux destinés à la bourse de Paris, les personnes qui opéraient sans le ministère des agents de change se réunissaient dans un couloir séparé, par une cloison à hauteur d'appui, du lieu où étaient assemblés les commerçants. On appelait ce couloir : " la coulisse ".

---

(1) *Des opérations de bourse*, page 494.

Mais si le nom est d'usage relativement récent, l'institution — encore que l'on ne puisse donner ce nom à un groupement jadis irrégulier et pour ainsi dire amorphe — est fort ancienne. La coulisse est et fut la manifestation effectuée, par des individus agissant isolément ou en groupe, du principe de la liberté du commerce en matière de valeurs mobilières.

Les courtiers, les changeurs de monnaie opérant dans les foires du moyen âge, sont à la fois les ancêtres des courtiers de commerce, des agents de change et des coulissiers. Mais une ordonnance de Philippe le Bel, en février 1304, ordonne que le " Change de Paris " sera sur le Grand Pont ; défense est faite de l'exercer ailleurs ; divers mandements du roi, en 1305, portent que nul ne doit " oser tenir change " s'il n'a pas " assentiment et congé royal ". Il semble donc que ceux qui, à Paris, tenaient change ailleurs qu'au Grand Pont et, hors Paris, autre part qu'aux " tables " (lieux de change royaux), sans assentiment ni congé (il y en a certainement eu), furent les *premiers coulissiers*.

L'édit de 1572 érigea les agents de change en officiers publics. Leurs offices ne sont cependant point alors redevables de finances ; mais un arrêt du Conseil du 17 mai 1598 les y soumet en termes exprès. Désormais, presque tous les textes relatifs à leur profession contiendront défenses et peines à l'égard de tous ceux qui pratiqueront les opérations réservées aux agents de change.

L'histoire économique de notre pays porte la trace constante de la lutte des corporations, soit contre les individus qui empiétaient sur leurs prérogatives, soit contre les autres corporations qui leur faisaient concurrence. Cependant la coulisse, avant la Révolution, n'a guère manifesté son existence en tant que groupement. Il n'y a point marché de courtiers. Il y a des gens qui s'entremettent pour négocier des lettres de change et des monnaies. Le pouvoir et les intéressés — ces derniers surtout — s'inquiètent quand ces courtiers deviennent trop nombreux.

En 1572, à l'époque même où les agents de change sont titulaires d'offices, les rentes de l'Hôtel de Ville sont cédées par l'entremise des notaires; de même, les titres de crédit privé qui sont bien rares. Vers la fin du XVIIe siècle, les titres de rentes sont négociés au-dessous de leur valeur et les intermédiaires qui les négocient sont poursuivis, non point qu'ils fassent tort aux agents de change, mais parce qu'il n'est point admis que l'on achète des effets au-dessous de la valeur écrite.

Au commencement du XVIIIe siècle, s'il existe une corporation d'agents de change qui ont seuls le droit de négocier " tous billets d'emprunts faits en commun par les compagnies ", il n'y a presque pas de titulaires de charges et, lorsque survient la crise de jeu provoquée par le système de Law, lorsque s'agite la tourbe d'agioteurs et de spéculateurs qui se précipite rue Quincampoix, il n'y a ni agents de change, ni intermédiaires marrons, par la bonne raison qu'il n'y a point d'intermédiaires; les achats et les ventes se font directement, chacun opérant pour son compte, au gré de sa fantaisie et au hasard de la rencontre d'une contre-partie.

Pendant que s'opérait la débâcle du système, on s'avisa que les agents de change étaient tout naturellement désignés pour réprimer les excès de la spéculation et l'ordonnance royale du 22 mai 1720 rappelle que les agents de change peuvent procéder aux négociations.

En 1727, 1735, 1736, des poursuites sont exercées pour immixtion dans les fonctions d'agent de change, mais tous ces délits d'immixtion sont relatifs à la négociation des lettres de change.

L'arrêt du Conseil du 24 septembre 1724 porte établissement d'une bourse dans la ville de Paris. On y lit à l'article 18 :

> Toutes négociations de papiers commerçables et effets faites sans le ministère d'un agent de change, seront déclarées nulles en cas de contestations, faisant Sa Majesté deffenses à tous huissiers et sergents de donner aucune assignation sur icelles, à peine d'interdiction et de trois cents livres d'amende, et à tous juges de prononcer aucun jugement, à peine de nullité desdits jugements.

Vient ensuite l'arrêt du Conseil du 26 novembre 1781 :

> Art. 13. — Fait Sa Majesté deffenses à toutes personnes autres que les agents de change de s'immiscer dans les négociations d'effets royaux et papiers commerçables, comme aussi de prendre la qualité d'agent et de courtier de change, d'avoir et tenir dans la Bourse aucuns carnets pour y inscrire les cours des effets, et de rester à la Bourse après le son de la cloche qui en indique la sortie; à peine, pour l'une ou l'autre de ces contraventions, de nullité des négociations, de trois mille livres d'amende et, en cas de récidive, de punition corporelle.

Les peines corporelles alors en usage étaient la question, l'amputation de quelque membre, la marque, le carcan, le pilori et autres supplices. Le juge pouvait appliquer celle de toutes ces peines qu'il croyait être en rapport avec le délit (1).

Nous arrivons à 1786. Depuis 1720 jusqu'à cette date, les agents de change avaient été nommés en vertu d'une commission toujours révocable. Un arrêt du Conseil du 10 septembre 1786 leur donne la possession de leur charge à titre de survivance, fixe leur nombre à 60 et établit leurs gages annuels. En 1788, à la veille de la Révolution, les

(1) Mollot, *Bourses de commerce*, n° 14.

agents de change abandonnent leurs gages au roi, en le suppliant de conserver leur nombre de 60 et de faire proscrire ceux qui s'immiscent dans leurs fonctions, ce que le roi leur accorde.

Mais tous les règlements sont mal observés, et pour cause : le gouvernement du roi, par la voie du ministre Calonne, n'a-t-il pas eu recours aux coulissiers pour spéculer sur les actions des eaux (1)? Les intermédiaires illicites sont proscrits, mais on a recours à eux. Alors, malgré les textes et sous l'impulsion du besoin d'argent, le roi laisse faire et c'est ainsi que se trouve exister le groupe des courtiers qui, pendant la Révolution, engageront, au nom du marché libre, la lutte contre le monopole des agents de change.

II. — LA COULISSE PENDANT LA RÉVOLUTION

La loi du 17 mars 1791 supprima tous les offices, les maitrises et jurandes. "A partir du 1er avril prochain, disait son article 2, les offices des perruquiers-barbiers-baigneurs-étuvistes, ceux des agents de change, sont également supprimés. "

Le rapprochement des agents de change et des perruquiers-barbiers-baigneurs-étuvistes a donné lieu à de singulières réflexions. Donnons, à cet égard, une explication que nous croyons inédite.

Le préambule de l'édit du roi portant suppression des jurandes, de février 1776, dû à la plume de Turgot, disait :

> Nous sommes à regret forcés d'excepter, quant à présent, de la liberté que nous rendons à toute espèce de commerce et d'industrie, les communautés de barbiers-perruquiers-étuvistes dont l'établissement diffère de celui des autres corporations de ce genre, en ce que les maîtrises de ces professions ont été créées en titre d'offices, dont les finances ont été reçues en nos parties casuelles, avec facilité aux titulaires d'en conserver la propriété par le paiement du centième denier. Nous sommes obligés de différer l'affranchissement de ce genre d'industrie jusqu'à ce que nous puissions prendre des arrangements pour l'extinction de ces offices, ce que nous ferons aussitôt que la situation de nos finances nous le permettra.

Les perruquiers-barbiers-étuvistes avaient été longtemps en querelle avec les chirurgiens. Cette querelle, le roi la trancha en 1772, et "toucha finance". C'est en 1786, postérieurement à l'édit de Turgot, que les charges d'agent de change furent à nouveau créées en office. Après le

---

(1) Léon Say, *Les interventions du Trésor à la bourse* (Annales de l'Ecole libre des sciences politiques, 1886, page 8).

Eugène Léon, *Étude sur la coulisse et ses opérations*, 1896, page 1.

renvoi de Turgot, les corporations avaient été réinstituées. La loi de 1791 prévenait donc un doute en abolissant nommément les offices exceptés en 1776 et ceux qui avaient été créés en 1786.

Lorsque l'homme d'étude arrive à l'examen de la loi de 1791, il se pose invariablement la question suivante : Quel fut, sur les mœurs financières et le crédit public, l'effet de cette mesure ?

Il voit que l'on est revenu à l'ancien état de choses; il lit le rapport de Regnault de Saint-Jean-d'Angély à l'occasion de la loi du 28 ventôse, an IX, et il demeure frappé des conséquences funestes de la première expérience du marché libre.

Une citation célèbre du rapport de Regnault de Saint-Jean-d'Angély a été faite bien souvent. Il importe de la faire encore :

> Toutes les bourses de commerce offrent le spectacle décourageant du mélange d'hommes instruits et probes avec une foule d'agents de change et de commerce qui n'ont pour vocation que le besoin, pour guide que l'avidité, pour instruction que la lecture des affiches, pour frein que la peur de la justice, pour ressources que la fuite et la banqueroute.
>
> Le crédit public et particulier est arrêté dans son essor, contrarié dans son développement par la complicité scandaleuse et l'influence de cette masse d'agents de la Bourse qui, à Paris, sont au nombre de six cents et plus, qui, à Paris comme dans les départements, se rendent arbitres des cours en vendant et achetant ce qu'ils n'ont pas, peut-être ce que personne n'a, ce qu'ils savent ne pouvoir livrer, ce qu'ils savent bien sûrement ne pouvoir payer, qui s'interposent entre le véritable vendeur et le véritable acheteur, qui gênent, embarrassent, nuisent, étouffent les transactions de toute espèce...
>
> Tout est livré à l'homme intrigant, avide et sans moyens effectifs, qui risque tout pour gagner, et fait banqueroute s'il s'est mépris.

On s'est emparé de cette citation pour conclure qu'infailliblement une autre organisation que l'organisation actuelle aurait le même résultat (1).

Nous n'avons pas à examiner ici quelles seraient les conséquences d'un changement de législation puisque, encore une fois, la question du meilleur mode d'organisation des bourses ne rentre pas dans le programme de la présente étude. Mais, ce qui rentre dans notre objectif, c'est la remarque suivante : l'argument historique que nous venons de

---

(1) Bozérian, mémoire 1882, cité par M. Edmond Théry dans *l'Économiste européen*, 1892, page 487.

Crépon, *De la négociation des effets publics et autres*, 1886, pages 8 et 63;

Louis Lacombe, *Revue politique et parlementaire*, 1897, page 525;

Note présentée par la Chambre syndicale des agents de change à la Chambre des députés, 1893, page 4.

reproduire manque de base. Il est fait erreur sur les conséquences de la loi de 1791.

Ce n'est point la liberté du marché qui a engendré l'agiotage qui sévit alors; ce sont les circonstances politiques intérieures et extérieures, les mesures financières qui furent prises à l'époque. A quelque parti politique que l'on appartienne, les mesures financières de la période révolutionnaire semblent devoir échapper à l'apologie.

Et d'abord, la formation de toute société par actions fut interdite, de même que furent interdits les titres au porteur et billets de banque à vue (loi du 17 août 1792 et décret du 26 germinal an II).

Le règne des assignats commençait et Mirabeau avait fait décider que la liquidation de la dette serait opérée par le remboursement en assignats (1).

Il n'est point étonnant, dès lors, qu'une grande perturbation se soit manifestée dans le cours des fonds publics et des matières métalliques. Le gouvernement prit l'effet pour la cause et accusa la bourse d'être l'auteur du discrédit qu'elle enregistrait. La bourse fut fermée du 27 juin 1793 au 10 floréal an IV (10 mai 1795). Encore ne fut-elle ouverte (dans l'église des Petits-Pères) que le 12 janvier 1796. On ne s'en tint pas là.

La loi du 13 fructidor an III punit de deux années de détention, de l'exposition publique avec un écriteau sur la poitrine, portant le mot "agioteur" et la confiscation des biens, tout homme convaincu d'avoir vendu des marchandises ou effets dont il n'était pas propriétaire au moment de la vente. A la fin de 1795, il avait été émis pour 45 milliards et demi d'assignats ! Dans le courant de 1796, deux milliards de mandats territoriaux furent mis en circulation. Du 23 août 1795 au 19 novembre 1796, ce fut en assignats que l'on établit les cours des inscriptions (2).

Il n'est pas étonnant que, durant toute la période dont il est fait état, alors que l'agiotage était le seul moyen d'avoir de l'or, qui augmentait de valeur en raison directe des vains efforts qui étaient journellement tentés pour parer au manque de crédit, efforts qui étaient d'ailleurs autant de manifestations de ce manque de crédit, un agiotage effréné se soit donné carrière (3).

Mais qu'on nous permette l'expression, le marché libre a bon dos, si

(1) *Dictionnaire des finances* de Léon Say, article DETTE PUBLIQUE, par MM. E. de Bray et Alfred Neymarck.

(2) A. Courtois, *Tableau des cours des principales valeurs de 1797 à nos jours*, introduction, page 3.

(3) Claudio Jannet, *Le capital, la spéculation et la finance au XIXe siècle*, chapitre XII.
Benoît Malon, *L'agiotage de 1715 à 1870*, chapitre IV.
E. et J. de Goncourt, *Histoire de la société française sous le Directoire*.

c'est le marché libre qui est responsable, devant l'histoire, de cet état de choses !

D'ailleurs, il n'y a pas de marché moins libre que celui où la spéculation est punie de la détention, de la confiscation et du carcan, et l'on oublie qu'une loi du 28 vendémiaire an IV avait décidé la nomination de vingt-cinq agents de change. Cela dit, nous continuons notre exposé.

La loi du 28 ventôse an IX qui complétait la loi de l'an IV, fut elle-même complétée par les arrêtés du 29 germinal, an IX, et du 27 prairial, an X, et, enfin, par l'article 76 du Code de commerce de 1807.

Le monopole des agents de change était rétabli.

Le budget de l'exercice 1815 ayant été fixé avec un déficit de 133.433.000 francs, le gouvernement royal dut se préoccuper de rechercher des ressources pour le combler.

Aussi, par la loi du 28 avril 1816, les agents de change ainsi que les notaires, avocats à la Cour de cassation, avoués, greffiers, huissiers, courtiers, commissaires-priseurs, acquirent le droit de présenter leurs successeurs moyennant un supplément de cautionnement d'environ 40 millions pour l'ensemble de ces officiers ministériels (1). L'intérêt des cautionnements était réduit de 5 à 4 %. En ce qui concerne les agents de change, leur cautionnement, alors de 100.000 francs, était porté à 125.000 francs.

L'état de choses antérieur à la Révolution se trouvait reconstitué (2).

III. — LA COULISSE AU XIXe SIÈCLE

Ainsi donc, en 1816, le monopole des agents de change se trouve, par l'institution des charges et offices, rétabli dans les conditions identiques, à de bien légères nuances près, à celles de l'ancien régime. La restauration monarchique a donc été suivie, sur ce point, d'une restauration économique.

Mais le mouvement économique qui aura été la caractéristique du siècle va se dessiner et s'établir sans égard aux institutions. Et c'est à partir de ce moment que la coulisse va prendre un développement considérable, participer au grand essor scientifique, industriel, commercial qui partout se manifeste, progresser elle-même, pousser au mouvement en étant à son tour poussée par le mouvement.

---

(1) Odilon Barrot, Rapport sommaire à la Chambre sur la proposition d'abrogation de l'article 91 de la loi du 28 avril 1816. (Chambre, *Documents parlementaires*, 1899, n° 696).

(2) Courtois, *Traité des opérations de bourse et de change*, 11e édition, page 203.

Encore une fois, l'impulsion est universelle; elle est telle que les gouvernements les plus opposés aux idées nouvelles sont obligés de les subir.

Nous n'entreprendrons pas ici de retracer, même en traits rapides, l'histoire économique du XIXe siècle. “ Tout est dit ”, selon le mot de La Bruyère, et c'est presque se servir d'un insupportable lieu commun que de vanter les merveilles enfantées par la mise en œuvre du crédit public, l'utilisation des grandes inventions, l'emploi de la vapeur et de l'électricité, les transformations sans nombre dues aux machines et au développement de l'outillage, sous toutes ses formes. Que si tout n'a pas été dit à cet égard, que si des contradictions s'élèvent, ce n'est point ici la place d'une réfutation. Nous considérons comme un postulat l'augmentation prodigieuse de la richesse publique et du bien-être du genre humain et, dès lors, nous avons à montrer, ainsi que nous le disions il y a un instant, la coulisse contribuant au mouvement général et animée elle-même du mouvement dont choses et gens paraissent animés.

Tout progrès dans l'ordre industriel a nécessairement pour origine une invention. Mais le génie de l'inventeur ne se suffit pas à lui-même. La force sociale “ invention ” a besoin d'une autre force qui, en quelque sorte, lui donne la vie et lui fait quitter le domaine purement scientifique. Cette autre force c'est l'organisation. Elle comprend la réunion des capitaux, la détermination des droits de leurs propriétaires, l'administration, la gestion des deniers, l'installation de l'outillage, etc. Mais l'organisation, on le comprend à merveille, a besoin, en ce qui concerne l'appel aux forces capitalistes, de lois libérales sur les sociétés et de marchés financiers larges et bien outillés eux-mêmes, où les négociations des valeurs mobilières soient aisées, rapides et sûres.

Cependant l'organisation des bourses se heurte à des préjugés dont souvent le législateur, quand il ne les partage point, est obligé de tenir compte. Et ces préjugés, il faut bien en convenir, sont d'autant plus difficiles à combattre que la ligne de démarcation entre la spéculation légitime et l'agiotage n'a jamais été tracée. Si, comme dit un brocard, “ l'excès en tout est un défaut ” et s'il est difficile de dire en toute chose où commence l'excès, il parait plus difficile encore de le dire en matière de spéculation.

Cela dit, il est à constater que la bourse moderne et les conditions de son fonctionnement ont eu pour assises la défense absolue et rigoureuse de pratiquer le marché à terme. En l'an IV, en l'an IX, des fonctionnaires sont nommés à cette seule fin que le marché à terme soit impraticable. Mais la force des choses sera plus forte que les fonctionnaires, que les gouvernants et que les lois elles-mêmes.

Celles-ci cédèrent à leur tour en 1885.

En effet, ainsi qu'on l'a vu, les agents de change avaient été rétablis le 28 vendémiaire an IV (20 octobre 1795).

L'article 15 de la loi défendait toute vente ou achat de matières ou espèces métalliques à terme ou à prime. Aux termes de l'article 10, un écrivain crieur devait faire connaître le nom du vendeur et celui de l'acheteur. D'après l'article 16, toute contravention était punie de deux années de détention, de la confiscation et de l'exposition publique avec un écriteau sur la poitrine portant le mot " agioteur " conformément à la loi du 13 fructidor an III. Les mêmes peines étaient applicables à ceux qui s'immisçaient dans les fonctions d'agent de change (article 17). L'article 4, chapitre II, annulait les marchés à terme et à prime sur lettres de change " attendu qu'elles avaient été interdites par de précédentes lois ". Enfin, lorsque survint la loi du 28 ventôse an IX, sur l'organisation des bourses, l'article 11 prévut, pour l'exécution de la loi, des règlements à édicter. L'un d'eux fût l'arrêté du 27 prairial, an X, dont l'article 13 disait expressément : Chaque agent de change " devant avoir reçu de ses clients les effets qu'il vend ou les sommes nécessaires pour payer ceux qu'il achète ".

Le marché à terme était donc formellement interdit. La jurisprudence composa certainement avec cette interdiction, sauf de 1823 à 1832 ; mais il est incontestable que c'est pour empêcher la spéculation représentée alors tout simplement par le marché à terme que la bourse fut établie en l'an IV et que les fonctionnaires qui devaient opérer à la bourse furent institués.

Or, au moment où le marché à terme est proscrit du marché institué, du marché officiel, c'est la coulisse qui le recueillera, qui obligera en quelque sorte par son action les agents de change à pratiquer eux-mêmes le marché à terme, en sorte que, sur ce point, ils seront de véritables coulissiers.

C'est la coulisse qui fera porter cette sorte de marché sur les valeurs étrangères, plus tard sur les promesses d'actions, et que l'on va voir, en maintes circonstances, rendre d'incontestables et éclatants services au crédit public et au crédit privé.

Sous le premier Empire, les coulissiers s'étaient organisés. Il y avait des conditions d'admission et de présentation. Le pouvoir fermait les yeux. Les agents de change se plaignirent et demandèrent que la répression de l'immixtion fût déférée à la juridiction administrative. Cette requête fut repoussée par un avis du Conseil d'État du 17 mai 1809. " Il faut cependant reconnaître, dit le savant M. A. Buchère dans son *Traité des opérations de bourse* (1), que les opérations étaient faites par plusieurs d'entre eux de la manière la plus loyale, quelquefois même pour le compte des agents de change qui trouvaient prudent de leur confier certaines opérations hasardeuses ou peu réglementaires. "

La Restauration avait à payer aux alliés une somme qui n'était pas moindre de 777 millions ; il fallut y ajouter 259.953.310 fr. en rentes 3 % pour les émigrés. Des emprunts considérables et multiples furent nécessaires pour pourvoir à ces diverses charges, ainsi qu'aux expéditions d'Espagne, de Morée et d'Algérie (2).

Le marché financier était tellement désorganisé qu'il fallut écouler peu à peu à Amsterdam, au prix moyen de 57 francs, les six millions de rente 5 % que la loi de finances de 1816 avait mis à la disposition du ministre. Les banquiers parisiens étaient hors d'état de soutenir le gouvernement. Un emprunt par souscription publique, émis en mai 1818, fut plusieurs fois souscrit, mais les versements successifs ne purent être faits avec régularité et une crise de bourse s'ensuivit. Ce fut la maison Hope (d'Amsterdam) qui, en s'associant avec la maison Baring (de Londres), se chargea de tous les premiers emprunts de la Restauration (3). En 1823, M. de Villèle s'adressa à la maison Rothschild et négocia un emprunt 5 %. C'est de cette époque que date l'admission à la cote officielle des fonds d'État étrangers. La France avait pu emprunter à l'étranger ; l'étranger pouvait emprunter en France. C'est par l'échange du crédit que les nations se prêtaient appui. Les horreurs des guerres n'ont que trop porté ombrage à la splendeur du siècle, et, quoi que l'on dise de la spéculation et de l'agiotage, il est juste que le mouvement financier qui rapprochait alors les peuples soit signalé, à l'époque où l'Exposition universelle de Paris est unanimement considérée comme la fête du travail et de la paix.

La cotation des fonds étrangers avait été précédemment interdite (4), et c'est par le marché en banque que les capitalistes français faisaient leurs placements à l'étranger (5), car l'acclimatation des fonds étrangers fut assez longue au marché officiel. En 1830, on ne cotait à la bourse que deux fonds napolitains et l'emprunt espagnol de 1823. En 1848, deux emprunts belges et un emprunt romain s'ajoutaient à cette liste (6). Arrêtons-nous un instant sur ce phénomène.

Le phénomène de l'introduction des valeurs étrangères complété par

(1) N° 33.
(2) A. Vuhrer, *Histoire de la dette publique en France*, tome II, pages 65, 99 et 169.
(3) Claudio Jannet, *Le capital, la spéculation et la finance au XIX° siècle*, page 490.
(4) Préambule de l'ordonnance du 23 novembre 1823.
(5) Claudio Jannet, *loc. cit.*, page 522.

l'admission à la cote officielle des titres de chemins de fer étrangers (décret du 22 mai 1858) fut-il heureux, fut-il bienfaisant? A cette question, la réponse est facile; c'est le rapporteur général du budget de 1896, devenu peu après ministre des finances, qui nous la fournira.

Les capitaux français employés en titres étrangers ramènent chaque année pour le service des intérêts des sommes considérables qui contribuent à l'abondance du numéraire dans notre pays; ils compensent ainsi l'écart considérable entre nos importations et nos exportations au détriment de celles-ci, nous assurent un change favorable et aident puissamment à la prospérité de notre richesse économique (1).

Qui, d'ailleurs, ne se rappelle les services rendus à notre place financière et au pays par cette simple circonstance que, lors du paiement de l'indemnité de guerre de 1870, les portefeuilles français possédaient des valeurs étrangères? Elles constituaient une réserve de numéraire existant à l'étranger. On avait considéré que la France était quasiment dans l'impossibilité matérielle de payer en numéraire. Les économistes les plus compétents avaient évalué de 5 à 6 milliards la totalité des espèces d'or qui circulaient dans le pays (2) et toutes les valeurs françaises, titres de rentes, actions et obligations, étaient rigoureusement exclues du mode de paiement. Mais les valeurs étrangères étaient là (3) et nul n'a oublié comment leur rôle, à l'époque dont il est question, a été exposé par M. Léon Say en des pages magistrales (4). Cela dit, reprenons notre exposé.

Le marché libre, en 1823 et dans les années suivantes, ne tenait point groupe constant de fonds d'État étrangers. Quelques courtiers échangeaient entre eux quelques " coups de crayons " croisant ainsi des ordres pour l'étranger, donnés par des spéculateurs. Le phénomène de l'acclimatation des valeurs étrangères fut lent en coulisse comme au parquet des agents de change; mais c'est en coulisse qu'il avait pris naissance à cause de l'obstacle légal résultant de la prohibition de la cote officielle.

(1) Georges Cochery, Rapport général sur le budget de 1896, *Journal officiel* des 21 et 22 novembre 1895 (Annexe).

(2) Cucheval-Clarigny, *Les finances de la France de* 1870 à 1891, page 3.

(3) Cucheval-Clarigny, *loc. cit.*, pages 20 et 21.

(4) Rapport, au nom de la commission du budget de 1875, sur le paiement de l'indemnité de guerre.

André Liesse, *Léon Say, Les finances de la France sous la troisième République*, pages 435.

J. Chailley-Bert, *Léon Say*, Petite bibliothèque économique, page 40.

Goschen, *Théorie des changes étrangers*, traduction Léon Say, page 335.

Toutefois, c'est sur la rente française que longtemps portèrent principalement les négociations des coulissiers.

Cependant la création des chemins de fer, sous le règne du roi Louis-Philippe, donna à la coulisse une spécialité et une nouvelle occasion d'exercer sa fonction. D'après l'article 13 de la loi du 15 juillet 1845 sur les chemins de fer, qui ne fit que transformer en obligation légale une ancienne prescription administrative, le parquet ne devait recevoir à négociation que les actions, libérées au moins de moitié, de compagnies définitivement constituées.

Or, avant d'en être arrivés là, ces titres avaient à passer par des formes multiples. Pour une même ligne à construire, il se formait souvent plusieurs sociétés qui n'émettaient d'abord que des promesses d'actions. C'était celle qui demandait la concession la moins longue qui restait définitivement adjudicataire. Toutes les autres disparaissaient. Aux termes de la législation de l'époque sur les sociétés anonymes, il fallait, de plus, pour que la société concessionnaire fût constituée définitivement, qu'une ordonnance royale, rendue au Conseil d'État, en eût confirmé les statuts. Du jour de la présentation de la loi autorisant la concession jusqu'à l'ordonnance, il s'écoulait en moyenne un intervalle de plus de quatre cents jours pour chaque compagnie. Pendant ce temps les promesses d'actions et les actions provisoires, comme toutes les affaires non cotées, se négocièrent exclusivement en coulisse. Ce fut, jusqu'à la Révolution de 1848, une source de profits pour les coulissiers en même temps qu'un service rendu au public (1).

Emportée dans la crise qui éclata à cette époque, la coulisse ressuscita dans l'année même. Mais, commme un phénomène d'une grande importance va se produire, il importe au préalable, pour le bien expliquer, de voir exactement ce que c'était alors que le coulissier.

On était coulissier dès que l'on s'occupait habituellement d'opérations sur valeurs mobilières à la bourse en dehors de l'intervention de l'agent de change. La coulisse commençait à la limite du parquet. Le spéculateur qui s'adressait à un agent de change pour faire une opération et la repassait à profit ou perte à un autre spéculateur, était à ce moment coulissier. Le remisier qui, ayant un ordre à passer au parquet, rencontrait un autre remisier ayant un ordre inverse et croisait l'opération d'accord avec son camarade, sans passer par le parquet, était coulissier. Le banquier qui recevait deux ordres se faisant contre partie et les compensait l'un par l'autre était coulissier. L'intermédiaire, faisant

(1) Numa Salzédo, *La coulisse et la jurisprudence*, page 3.
A. Courtois, *Traité des opérations de bourse et de change*, page 206.

ouvertement profession d'intermédiaire, était coulissier. Peu à peu, ce fut ce dernier élément qui l'emporta. Les rapports de la clientèle avec les courtiers étaient ou devaient être les suivants : un ordre ayant été donné par le client, le banquier considérait l'opération comme un mandat de procurer en bourse lui donnant, une fois l'opération faite, la qualité de co-contractant du client. Donc, une fois l'opération avisée, le donneur d'ordre l'ayant acceptée, elle revêtait le caractère d'opération directement effectuée entre les parties. Nous disons que les rapports étaient ou devaient être ainsi, parce qu'en réalité, il était peu sacrifié par les coulissiers à l'examen du caractère juridique des opérations. Dans l'esprit de tous, puisque les opérations étaient faites à terme, cette condition d'irrégularité en raison des controverses auxquelles donnaient lieu les marchés à terme, même contractés par le parquet, dispensait de s'embarrasser de formules. Les opérations reposaient sur la bonne foi commune.

Mais, sur la question de bonne foi, il est du devoir des auteurs de faire, tous les premiers, quelques réserves. Il est incontestable que si, pour des opérations régulières, on ne trouve pas toujours — il s'en faut de beaucoup — la plus grande régularité à l'heure du paiement, on ne se fait point faute, en face d'intermédiaires marrons, de leur fausser compagnie. Et ce mal, dont souffraient les coulissiers, n'exerçait pas toujours sur la moralité de ceux-ci, qui se trouvaient d'un côté molestés par le pouvoir et de l'autre par la clientèle, une influence salutaire. Les qualités professionnelles se développent dans le marronnage plus lentement que partout ailleurs; mais c'est la faute du marronnage et il faut reconnaitre que ceux qui se comportaient honorablement, au milieu d'une tourbe de spéculateurs sans foi ni loi, avaient quelque mérite.

Après la tourmente de 1848, quelques coulissiers, préoccupés de cette situation, soucieux de leur honneur, se réunirent et projetèrent de fonder une organisation libre.

Un cercle s'ouvrit. Un scrutin public, après quinze jours de candidature affichée, fut la condition indispensable; tout le monde était accueilli aux termes du règlement. Un conseil d'administration, investi des plus grands pouvoirs, présidait à l'exécution rigoureuse de ce règlement. Un membre manquait-il à ses engagements? Le débiteur et ses créanciers étaient appelés à s'expliquer contradictoirement devant ce conseil qui, en cas de mauvaise foi du débiteur, prononçait son exclusion. Nulle affaire n'était reconnue si elle n'était faite soit à la bourse, soit dans la salle commune du cercle.

Cette organisation était libre. En effet, à côté, un autre cercle aurait pu se former, si le premier avait pris des mesures jugées inopportunes ou contraires à l'intérêt public. La concurrence était possible ; donc les intérêts des tiers étaient sauvegardés.

Sous l'empire de cette combinaison, les affaires prirent une extension remarquable, la moyenne de la moralité monta chez les gens de bourse; le sentiment du devoir fit des progrès, mais cette prospérité inspira de l'ombrage et une ordonnance du préfe de police, en date du 1er décembre 1850, interdit les réunions illicites du cercl de l'Opéra, pour tolérer toutefois les affaires sans garanties, faites, à la suite de ce arrêté, au casino de la Chaussée-d'Antin (1).

Et l'auteur auquel nous empruntons ces lignes constate que, quelques années après, deux coulisses étaient organisées, l'une pour la rente, l'autre pour les valeurs, opérant à la bourse et sur la voie publique, mais possédant chacune un syndicat, ou à plus exactement parler un comité, et n'acceptant de signatures que celles ayant passé au creuset de ce syndicat. Nous voyons, dit-il, en cas de contestations, des arbitres amiables juger, selon les usages de la bourse et l'équité, les difficultés soulevées et leurs décisions respectées par ceux même dont elles froissent les intérêts.

La prospérité des affaires de bourse en 1854 et 1855 vint consolider la situation des coulissiers. L'autorité les tolère, à la condition tacite toutefois qu'ils travaillent à la hausse des fonds publics (2). Tous les jours, le commissaire de la bourse envoie au ministre des finances le cours de la rente en même temps que le cours officiel. Quand les valeurs étrangères font une concurrence trop sensible à la rente française, le préfet de police, M. Piétri, fait appeler chez lui les coulissiers et leur recommande de ne pas négocier ces valeurs pour ne pas nuire au crédit de l'État, leur permettant, pour les autres titres, de continuer comme par le passé (3). Et la coulisse, docile, promet de se conformer au désir du pouvoir.

Mais voici qu'en 1859 éclate le mémorable procès intenté à la coulisse à la suite d'une plainte portée par la Chambre syndicale des agents de change.

Les agents de change avaient, à maintes reprises dans le courant du siècle, porté plainte contre leurs concurrents. On les a vus, sous le premier Empire, demander sans succès que l'immixtion dans leurs fonctions fut déférée à la juridiction administrative. Mais Mollien n'est point défavorable à la coulisse; de même, M. de Villèle sous la Restauration (4). En 1819, en 1823, en 1840, les réunions des coulissiers sont dissoutes et la police disperse les réunions de coulissiers qui se tiennent,

(1) Courtois, *Traité des opérations de bourse et de banque*, introduction, page 18.
(2) Numa Salzédo, *loc.*, *cit.*, page 4.
(3) Eugène Léon, *Étude sur la coulisse et ses opérations.*
A. Courtois, *Opérations de bourse*, page 20.
(4) Eugène Léon, *loc. cit.*, page 41.

tantôt au café Tortoni, tantôt au passage de l'Opéra. Cependant les groupes dispersés se reforment. En 1842, M. Delessert, préfet de police, adresse un rapport au ministre des finances qui l'avait chargé, par suite d'une plainte des agents de change, de procéder à un examen sérieux du fonctionnement de la coulisse. La conclusion du rapport fut qu'il n'y avait pas lieu à poursuivre. Le 17 février 1843, les agents de change présentent un mémoire au ministre de la justice, accompagné d'une nouvelle plainte qui n'est pas davantage écoutée.

Il en fut différemment en 1859.

A la suite d'une information, vingt-six coulissiers furent cités, pour l'audience du 22 juin 1859, devant le tribunal de police correctionnelle. Ils étaient tous, dit M. Courtois (1), d'une honorabilité notoire. L'un d'eux s'évanouit d'émotion lorsqu'il fut obligé de s'asseoir sur le banc des prévenus. Le débat fut solennel autant qu'il pouvait l'être et il suffit, pour l'indiquer, de dire que les intérêts de la partie civile étaient soutenus par Me Dufaure et que les prévenus étaient défendus par Mes Berryer, Crémieux et Rendu.

Par jugement du 25 juin 1859, chacun des coulissiers fut condamné à 10.500 francs et aux dépens. Les jugements furent confirmés par arrêts du 2 août suivant de la cour de Paris et, le 19 janvier 1860, la Cour de cassation rejeta les pourvois formés contre les arrêts de la cour d'appel (2).

La coulisse fut donc chassée. Mais il importe de montrer que le principe auquel elle avait dû son existence avait été bienfaisant, car les améliorations qui furent depuis introduites dans le fonctionnement de la bourse de Paris n'étaient pas autre chose, en réalité, que l'hommage au vaincu. L'aiguillon de la concurrence à la bourse y avait engendré le progrès.

Un décret du 13 octobre 1859 autorisa les agents de change à s'adjoindre un ou deux commis principaux. En même temps, lisons-nous dans l'*Almanach de la bourse* pour 1861, opuscule aujourd'hui bien rare, la Chambre syndicale fit savoir au ministre des finances :

Qu'à partir du 2 novembre 1859, le courtage perçu par les agents de change serait réduit de 1/4 à 1/8 pour les négociations de toutes les valeurs indistinctement ;

Que le minimum des bordereaux, qui était de 1 fr. 50, serait réduit à 1 franc ;

Que pour les opérations à terme, pour les rentes françaises, le cour-

(1) Courtois, *loc. cit.*, page 209.

(2) Dalloz, 1870, 1, 40.

tage serait abaissé de 25 francs à 20 francs pour 1.500 francs de rente 3 % et 2.250 francs de rente 4 1/2 dans la même proportion ;

Que la liquidation de quinzaine sur la rente serait supprimée ;

Que le parquet négocierait des primes dont 25 centimes et dont 10 centimes dans les mêmes conditions que les faisait la coulisse, ainsi que des primes dont 5 francs sur les chemins de fer ;

Que les commis principaux feraient des opérations après la bourse... comme les coulissiers !

Mais la coulisse ne tarda point à revenir. Le 4 novembre 1861, le ministre des finances, M. Fould, accordait à la bourse la suppression des tourniquets et, si ce n'est point à cette mesure qu'il faut attribuer la rentrée de la coulisse, il sera permis de nous emparer de l'image pour dire que les coulissiers rentrèrent par la porte libre. Ils ne tardèrent pas à s'y former en groupe compact. D'ailleurs le mouvement des affaires est fort animé. Des banques se sont établies antérieurement et ont procédé à quelques émissions. En 1855, les six grands compagnies de chemins de fer avaient été formées ; en 1852, s'était fondé le Crédit mobilier ; en 1853, le Crédit foncier ; en 1859, le Crédit industriel et commercial.

En 1863, se forme le Crédit lyonnais ; en 1864, la Société générale. La loi du 24 juillet 1867 sur les sociétés par actions remplace celle de 1856 ; l'autorisation du gouvernement est supprimée pour les sociétés anonymes. Une ère nouvelle va s'ouvrir, lorsque survient la guerre de 1870.

On a vu le rôle rempli par les valeurs mobilières étrangères au moment de la liquidation de la guerre. Il importe maintenant de signaler le rôle qu'a rempli la coulisse au moment des grands emprunts de libération du territoire. M. Alfred Neymarck, au cours d'une discussion de la Société d'économie politique de Paris, a rappelé ses services, montré M. Thiers et M. Teisserenc de Bort, chargé de l'intérim des finances, s'adressant aux coulissiers, se renseignant près d'eux sur l'état du marché. « La coulisse, dit M. Neymarck, fit souscrire à nos emprunts libératoires ; elle soutint le cours de la rente qui, émise à 82.50 et 84.50, s'éleva à 119 et 120. A cette époque, agents de change, courtiers et coulissiers, ont rendu des services qu'il ne faut pas oublier (1). »

A l'heure où M. Neymarck prononçait ces paroles, les services de la coulisse étaient très vivement contestés.

---

(1) Alfred Neymarck, *Journal des Économistes*, 1893, page 95 (compte rendu de la séance du 5 avril 1893 de la Société d'économie politique).

Citons également, à ce propos, ces lignes si éloquentes de M. Anatole Leroy-Beaulieu :

« Rappelons-nous les déjà lointaines années de notre convalescence après l'invasion, années douloureuses et douces à la fois, où se mêlait aux tristesses de la défaite et aux souffrances

Le projet Tirard allait faire l'objet, devant les Chambres, des discussions les plus tourmentées. Les adversaires allaient en venir aux mains.

Des escarmouches avaient précédé le grand combat. En avril 1892, la compagnie des agents de change avait fait savoir au comité de la coulisse des valeurs que les opérations du marché libre devenaient encombrantes dans toute la force du terme; elles occupaient le péristyle de la Bourse avant et après les heures légales et portaient sur un trop grand nombre de valeurs. Le comité répondit en signifiant à ses membres d'avoir à ne négocier d'autres valeurs cotées que les rentes ottomanes, égyptiennes, espagnoles, hongroises et portugaises et à n'ouvrir marché qu'à l'heure

de la mutilation la joie de sentir la France revivre. D'où nous est venue notre première consolation, notre première revanche devant le monde? Glorieuse ou non, elle nous est venue de la bourse.

« Le marché de Paris s'est retrouvé intact au milieu des ruines de la guerre et de la Commune et, la paix à peine ratifiée et l'insurrection domptée, il s'est mis à travailler au relèvement de la France ; car c'est bien au relèvement de la France que travaillent, sous Thiers et sous Mac-Mahon, agents de change et courtiers. La bourse a eu, aux plus mauvais jours, un mérite peu commun : elle a fait un acte de foi en la France. Alors que plus d'un politique sceptique et un penseur découragé se permettaient d'écrire sur les murs croulants de nos palais incendiés, *finis Galliæ*, la bourse a cru à la France et à sa fortune et, cette foi en la France, elle l'a répandue autour d'elle, chez nous et au dehors. La spéculation a été patriote à sa manière, elle a montré en nous une confiance que la prudence de plus d'un sage taxait de téméraire. Avons-nous déjà oublié nos grands emprunts de libération? Sans la bourse, ces emprunts colossaux, dont le montant dépassait tout ce qu'avait rêvé l'imagination des financiers, n'auraient pas été souscrits, ou ils ne l'auraient été qu'à un taux notablement plus onéreux pour le pays. Sans la bourse, nos rentes françaises n'eussent pas pris un essor aussi rapide ; notre crédit, rétabli plus vite encore que nos armées, n'eût pas, dès le lendemain de la défaite, égalé le crédit de nos vainqueurs. A cet égard, tout ce que l'équité nous faisait dire naguère de la haute banque, il faudrait, pour être juste, le répéter de la bourse.

« Pour qui a vécu à cette pâle aurore du relèvement de la France, cet entrain de la bourse et des capitaux à nous offrir les milliards dont nous avions besoin dépassait les ardeurs et les audaces de la spéculation ; mais, quand on n'y voudrait voir que le jeu et pari de spéculateurs, la spéculation a joué sur le relèvement de la France; elle a bravement parié pour le vaincu. Ces financiers nationaux ou exotiques, qu'on accuse de s'être abattus sur elle comme des oiseaux de proie, ont apporté à la noble blessée leurs écus et leur crédit ; et, s'ils en ont eu leur récompense, est-ce à nous de le leur reprocher, à nous qu'ils ont aidés à refaire nos armées, notre flotte, nos arsenaux? Si la France a été si prompte à reprendre son rang dans le monde, le mérite en revient, pour une bonne part, à la bourse. Et, aux services de la guerre, nous devons ajouter, si nous voulons être équitables, les services de la paix. Sans l'ampleur du marché de Paris et l'élan donné à nos ressources par la spéculation, que de choses eussent été impossibles à nos finances si témérairement surmenées! Nous n'aurions pu, ni compléter notre réseau de chemins de fer, ni renouveler notre outillage national, ni nous créer, au delà des mers, un empire colonial qui refera de la France une des grandes puissances du globe. Quand on juge la bourse, avant de la condamner au nom de la morale et des intérêts privés, un patriote doit peser les services rendus à l'intérêt national; qu'on entasse sur un plateau de la balance tous ses défauts et ses méfaits, de pareils services leur font bien contrepoids. » (Anatole Leroy-Beaulieu, *Revue des Deux-Mondes*, 15 février 1897).

de l'ouverture officielle (1). C'est ce qu'on appelait en bourse le *modus vivendi*. Mais, le 21 septembre de la même année, les syndics des agents de change de Paris, de Lyon, de Bordeaux, de Nantes, de Toulouse et de Lille avaient demandé collectivement au ministre des finances de requérir, par toutes les voies de droit, la suppression de la petite bourse qui se tenait à 9 heures du soir dans le hall du Crédit Lyonnais, en invoquant que quelque dépréciation des cours des fonds publics se manifestant au marché pouvait provoquer une panique générale. Les coulissiers surpris avaient fait observer que la rente 5 % avait oscillé entre 18 et 40 francs en 1800; qu'en 1892 elle était au cours de 106 francs, et devenue 4 ½ % laquelle allait encore être convertie ; ils ajoutèrent que la rente 3 % qui était au cours de 60 francs en 1825, qui avait oscillé entre 50 fr. 30 et 58 fr. 45 en 1871, avait été cotée 100 francs le 21 septembre 1892, le jour même où les agents de change envoyaient leur pétition, après avoir été cotée 95 francs au commencement de l'année.

Rendre responsable la coulisse d'une baisse éventuelle et hypothétique ? Y pouvait-on songer ? Était-ce donc de la bourse que de tels préjugés allaient dorénavant être lancés alors que, jusqu'à présent, la bourse avait toujours eu à en souffrir et à s'en défendre ?

Le bien fondé de cette réponse que firent les coulissiers au cours de leurs démarches à la suite de la lettre du 21 septembre était manifeste, patent, indéniable. Mais la difficulté était de donner raison à ceux qui avaient raison en fait et non en droit d'une part, et de donner satisfaction, d'autre part, à ceux qui avaient raison en droit et non en fait (2).

On imagina d'interdire à la coulisse de se réunir le soir, là où elle se réunissait, dans le hall du Crédit Lyonnais, c'est-à-dire dans un endroit clos et couvert; mais elle aurait la faculté de se réunir sur la voie publique, à la galerie d'Orléans. Cette victoire des agents de change était donc un succès " sur le papier ". Une occasion se présenta d'en obtenir un singulièrement plus évident.

A diverses reprises, notamment le 15 décembre 1891, les 14 et 15 novembre 1892, le Parlement avait été saisi des propositions émanées de l'initiative parlementaire d'imposer les opérations de bourse. Le 22 décembre 1892, une proposition en ce sens de M. Jourde, député, avait été rejetée par 281 voix contre 232, sur les observations de M. Tirard,

(1) La circulaire du comité de la coulisse fut publiée dans les journaux ; elle a été insérée par M. Courtois dans la 11e édition de son *Traité des opérations de bourse et de change* page 401.

(2) La tenue d'une réunion de commerçants ou banquiers ailleurs qu'à la bourse et aux heures de bourse est interdite par l'article 3 de l'arrêté du 27 prairial, an X.

ministre des finances, et de M. Rouvier, ancien ministre des finances. Les orateurs avaient montré la difficulté de l'établissement de l'impôt. Fallait-il taxer exclusivement les opérations des agents de change? C'était privilégier la coulisse. Fallait-il taxer les opérations des coulissiers, c'était les reconnaître, croyait-on. Or, fallait-il supprimer la coulisse? On n'y pouvait pas songer. Fallait-il la reconnaître? C'était bien grave. En tout cas, la question devait être examinée en elle-même, indépendamment de la question de l'impôt.

Cependant le ministre des finances avait déclaré qu'en principe il ne repoussait point la taxation. La difficulté seule l'arrêtait. Elle ne l'arrêta pas longtemps. Le 14 janvier 1893, M. Tirard déposait un projet de loi tendant à l'établissement de l'impôt; les dispositions nouvelles devaient être introduites dans la loi de finances de l'exercice 1893, qui n'était pas encore votée. La difficulté était tranchée à la manière d'Alexandre dénouant le nœud gordien, la coulisse serait supprimée.

En effet, aux termes du projet, toute opération de bourse devait être passible d'un impôt décompté sur un répertoire dont chaque article, pour les titres admis à la cote officielle, devait indiquer expressément le nom et le domicile de l'agent de change par le ministère duquel l'opération aurait été effectuée. Le versement de l'impôt ne pouvait être fait que par l'agent de change et, dès lors, tout contrevenant non seulement était coupable d'immixtion dans les fonctions d'agent de change selon les conditions légales anciennes, mais encore devenait contrevenant fiscal. Chaque contravention était passible d'une amende égale au vingtième de la valeur des titres.

La coulisse aurait faculté d'acquitter l'impôt par elle-même seulement pour les valeurs non cotées. Ces valeurs n'existaient qu'en bien petit nombre : le Rio, qui ne devait pas tarder d'ailleurs à être négocié au parquet, l'Alpine, le Tharsis et la De Beers étaient en réalité les seules valeurs présentant un courant d'affaires important, sans l'être cependant assez pour alimenter un marché comme le marché en banque. Le débat s'engagea.

Du côté des intéressés, les belligérants paraissaient avoir eu le tort, les uns et les autres, d'accepter le principe de l'impôt et M. Tirard, ministre des finances, fit valoir cette circonstance :

Messieurs, dit le ministre, on vous l'a dit tout à l'heure avec raison, au premier abord tout le monde a repoussé l'impôt en s'écriant qu'il jetterait un grand trouble dans le marché de Paris, qu'il donnerait un grand avantage aux marchés étrangers. Et puis, la réflexion est venue; les agents de change se sont dit : Peut-être le gouvernement, pour la perception de son droit de timbre exigible sur le bordereau, sera-t-il obligé de s'adresser à nous, car il ne pourra pas sanctionner, par sa loi de finances, un acte illégal et illicite ; nous obtiendrons ainsi la reconnaissance plus formelle des droits que nous avons exercés jusqu'à ce jour, d'une façon un peu précaire par notre faute.

De leur côté, les coulissiers se sont dit, sans doute : Il est fort possible que le gouvernement recule devant la rigueur de la perception de l'impôt qu'il veut créer et que, dès lors, il laisse la possibilité d'acquitter le droit de timbre à tous ceux qui font des opérations de bourse, sans s'inquiéter de savoir si ces opérations sont licites ou illégales.

Alors ce qui était, au premier moment, une cause de trouble et d'inquiétude, la crainte de voir péricliter une grande partie des affaires de Paris, tout cela s'est dissipé dans l'espérance que la situation respective des deux parties trouverait son profit dans l'application de l'impôt.

J'en ai conclu que quand on arrive ainsi à se rassurer sur l'intérêt général parce qu'on s'est rassuré sur son intérêt particulier, il est à supposer que l'intérêt général n'était pas compromis (Très bien !) et que le droit minime que nous proposons de mettre sur les opérations de bourse n'est pas de nature à porter préjudice au marché français.

Ainsi dit le ministre des finances (1).

Il semble plus exact que les uns et les autres, du côté des intéressés, combattirent l'impôt tant qu'ils purent le combattre. Mais, quand il ne fut plus possible de faire autrement, les uns et les autres demandèrent que l'impôt leur fît le moins de mal possible. Que l'impôt consolide notre monopole dirent les agents de change, aussi bien nos opérations sont-elles seules légales. Que l'impôt affranchisse le marché financier, dirent les coulissiers. Si le rachat des charges est le principal obstacle au marché libre, n'est-il pas juste que l'impôt serve à ce rachat ? Que l'on nous fasse payer, soit ! mais que l'on nous fasse payer pour nous affranchir. L'impôt paiera une réforme. C'est là son but, au demeurant, et sa seule justification.

Si l'on s'en était tenu à des arguments de ce genre !...

Mais il n'en fut rien.

La polémique fut extrêmement violente. Brochures, articles de journaux se croisèrent. Les libelles se succédèrent avec une étonnante rapidité. Les adversaires s'interpellaient à la façon des héros d'Homère, pendant qu'au Parlement s'engageait un débat dont la passion ne parut pas exclue (2).

(1) Chambre, *Débats parlementaires*, 23 et 24 février 1893.

(2) Ont pris part à la discussion : MM. Tirard, ministre des finances ; Poincaré, rapporteur général ; Gauthier de Clagny ; Jourde ; pour le projet ; — Yves Guyot qui préconisa la nomination d'une commission spéciale chargée au préalable d'étudier divers projets relatifs aux bourses ; — Naquet, contre le principe même de l'impôt ; — Félix Faure, qui défendit un contre-projet, accepté puis abandonné par la commission du budget, permettant l'acquit des taxes par l'apposition de timbres mobiles ; Jullien, contre le projet gouvernemental.

Le projet de loi de M. Tirard fut voté par la Chambre des députés le 24 février 1893. Mais, au Sénat, il en fut différemment. Sur l'intervention de M. E. Boulanger, rapporteur général de la commission des finances, le 28 mars 1893, fut votée la disjonction du projet Tirard de la loi des finances.

Deux jours après, le 30 mars, le ministère n'ayant pu faire triompher ses vues à la Chambre, sur la question de la disjonction du budget de la réforme de l'impôt des boissons, se retirait et M. Peytral succédait à M. Tirard au ministère des finances. Le nouveau ministre proposa d'assujettir les opérations de bourse à un impôt de 5 centimes par 1.000 francs et par contre-partie. Un répertoire serait tenu par quiconque ferait « commerce habituel de recueillir des offres et des demandes de valeurs de bourse ». Chaque assujetti déposerait à dates fixes un extrait de son répertoire au bureau de l'enregistrement, dont les agents auraient un droit de contrôle à la fois limité et suffisant. Toute inexactitude ou omission serait frappée d'une amende du vingtième de la valeur sans que cette amende puisse être inférieure à 3.000 francs. La tenue du répertoire ferait l'objet de prescriptions sanctionnées par des amendes de 100 à 5.000 francs.

Telles furent les dispositions de la loi du 28 avril 1893 — car le projet fut voté — et, des discussions auxquelles elle donna lieu, il se dégagea ce principe que la fiscalité était indépendante de la légalité des opérations (1).

La coulisse était sauvée.

Elle se remit aussitôt au travail, car les affaires avaient singulièrement souffert pendant que les intermédiaires luttaient entre eux. De part et d'autre, on s'accommoda de l'impôt. En janvier 1894, la conversion de la rente 4 $^{1}/_{2}$ $^{0}/_{0}$ fut décidée. Cette opération réussit pleinement comme on sait ; mais elle fut le prétexte de quelques manifestations sans écho à l'encontre de la coulisse au sein de la Chambre des députés, car les rentes 3 $^{0}/_{0}$ et 4 $^{1}/_{2}$ $^{0}/_{0}$ avaient baissé de quelques centimes le 15 janvier, jour où le projet de loi sur la conversion avait été déposé. Le marché était, disait-on alors, à la merci de spéculateurs cosmopolites (2). Mais la paix semblait régner au marché. En 1895, le ministre des finances, M. Doumer, préoccupé de constater que l'impôt semblait lourdement peser sur les transactions du marché libre aussi bien que sur celles du marché offi-

(1) Sénat, *Débats parlementaires*, 26 avril 1893 ; — Chambre, *Débats parlementaires*, 27 avril 1893.

(2) Chambre, *Débats parlementaires*, 16 janvier 1894 (discours de M. Terrier) ; — 26 février 1894 (interpellation Jourde).

ciel, demandait et obtenait — sur un rapport favorable de M. Georges Cochery, rapporteur général du budget de 1896 — que les négociations sur les rentes françaises fussent dégrevées des trois quarts (1).

La coulisse des valeurs, de son côté, n'était pas inactive, bien loin de là. Vers le milieu de 1894, la plupart des publications traitant de questions économiques signalaient les progrès considérables réalisés au Transvaal par les chercheurs d'or. L'exploitation des mines d'or au Transvaal avait donné lieu, depuis une dizaine d'années, à des spéculations aux bourses transvaliennes et anglaises. Ces spéculations avaient eu, comme toutes en ce bas monde, leurs bons et leurs mauvais côtés. Dans le sud de l'Afrique, non loin des mines, des bourses s'étaient créées et il s'y était produit des envolées de cours suivies de brusques retours en arrière. Ces mouvements, au-dessus et au-dessous de la valeur réelle, si difficile d'ailleurs à déterminer, font songer à la bulle d'air du niveau d'eau qui oscille violemment autour du point où elle doit se fixer. Mais ce qu'il importe de constater, c'est que les spéculations avaient une base, un point d'appui ! On a essayé depuis de comparer les spéculations auxquelles les mines sud-africaines donnèrent lieu à la tulipomanie qui sévit en Hollande dans l'année 1634 ou à ces "mania" dont parlait M. Léon Say, dans son étude sur *Les interventions du Trésor à la bourse*, ou Bagehot, dans son livre sur le *Money Market ;* mais en vain. Grâce aux mines du Transvaal, des routes, des chemins de fer se sont construits, des villes sont nées, profitant tout d'un coup de tous les perfectionnements modernes dans l'art de construire. L'industrie a ouvert et conservé à la civilisation européenne le sud de l'Afrique et il y a eu, somme toute, accroissement de richesses dont les capitalistes anglais et allemands semblaient au premier moment avoir le profit immédiat.

Or, dans le courant de l'année 1894, des maisons anglaises procédaient à quelques réclames dans les journaux de Paris et déjà on signalait un assez fort courant d'ordres de bourse au marché de Londres. Nombre de banquiers estimèrent alors qu'il y avait lieu de faire profiter le marché français d'un courant dont semblait devoir profiter exclusivement le Stock-Exchange ; ils s'abouchèrent avec des banquiers anglais et discutèrent sur les conditions d'introduction des valeurs minières du Transvaal sur le marché de Paris. C'est au marché en banque que les introductions eurent lieu.

---

(1) Chambre, *Débats parlementaires*, 13 décembre 1895.
Jobit, *Les titres étrangers et la loi fiscale*, 1896, annexes, page 116. (Sur l'article 8 de la loi de finances du 27 décembre 1895.)

Le 30 juin 1894, trois valeurs de mines d'or seulement se négociaient au marché à terme de la bourse des valeurs : La Robinson, déjà négociée depuis trois ans, la Langlaagte et la Randfontein. Six mois après, le 31 décembre, on en comptait sept dont une américaine cependant. Il y en a douze le 30 juin 1895. Le 31 décembre 1895, 32 valeurs de mines d'or, de compagnies immobilières, d'exploration, de colonisation sont négociées à terme en coulisse.

Cependant, en dehors de la coulisse proprement dite, des établissements de crédit recevaient des ordres pour les marchés de Paris et de Londres en même temps qu'ils émettaient des valeurs sur lesquelles ils avaient eu eux-mêmes option ou à la création desquelles ils avaient concouru. Quand la clientèle avait acheté ces valeurs, il advenait que nombre de personnes voulaient les vendre et dès lors un marché au comptant s'établissait à la bourse. Au 31 décembre 1895, on négociait au marché au comptant 66 valeurs de mines d'or, de charbon, de compagnies d'exploration, de colonisation, parmi lesquelles il faut compter, bien entendu, les 32 inscrites au marché à terme. Au marché de Londres, ces valeurs figuraient par centaines et représentaient des milliards !

Mais le 1er janvier 1896, le Transvaal est envahi — on connaît l'incident Jameson. Les spéculations engagées sur l'avenir des valeurs minières souffrent d'une brusque dépréciation causée par cet événement. Plus tard, on tira argument contre la coulisse de ce que l'on a appelé le krach des mines d'or, mais on n'a point tenu compte qu'il n'est pas une institution financière qui pourrait résister à la critique faite après coup des conséquences d'une spéculation plus ardente que réfléchie sur des titres méconnus dont on apprend, tout à coup, qu'ils ont une valeur incontestable.

La coulisse n'était d'ailleurs pas une institution ; c'était, qu'on nous permette le mot, une station terminus. A la bourse, il existait une institution, la corporation des agents de change, ne pouvant admettre à la cote que certaines valeurs remplissant certaines conditions. Or, le public, lui, n'avait cure de ces conditions ; il achetait des titres à Londres ou à Paris aux guichets des banquiers. Et, par la force des choses, ceux qui voulaient vendre s'adressaient aux négociants qui fréquentent la bourse.

Les économistes constatent que chaque fois qu'un besoin se manifeste dans une société, il se crée inévitablement un organe en vue de lui donner satisfaction. Si l'on se pénètre de cette loi économique, on comprendra aisément que la coulisse, en aidant à l'introduction de valeurs minières sud-africaines, remplissait nécessairement sa fonction.

Des offres et des demandes ne pouvaient qu'aboutir à la bourse, là où elles peuvent se rencontrer. L'action de la coulisse était donc à la fois *cause* et *effet*. Elle ne pouvait agir autrement, en vertu d'une sorte de loi, ignorée peut-être d'elle-même, mais qui la régissait néanmoins. Cette loi, c'est la force des choses.

Cependant, *c'est dans la mesure où elle a été cause* qu'elle fut critiquée au sujet des spéculations sur les mines d'or qui eurent lieu en son sein durant les années 1894 et 1895.

A cet égard, il importe de répondre brièvement.

Il ne s'agit ici ni de défendre l'excès de spéculation auquel on s'est porté, ni d'attaquer d'autres institutions pour défendre la coulisse. Il n'y a qu'une constatation à faire, et c'est celle-ci : le mouvement qui a porté les capitalistes français vers les valeurs du Transvaal a été un mouvement fécond. Ce qui le prouve, c'est que deux importantes banques françaises ne tardèrent pas à se constituer dans le courant de 1896 : la Compagnie française des mines d'or et d'exploration, et la Banque française de l'Afrique du Sud. Leur but était double : d'une part, fonder des succursales et pratiquer la banque dans les pays neufs, représenter les intérêts français, développer les relations industrielles et, d'autre part, procéder à des introductions de valeurs minières sur les marchés français y compris le marché officiel. Le syndic de la compagnie des agents de change d'alors se démettait de ses fonctions et prenait la présidence de la Banque française de l'Afrique du Sud. D'ailleurs, une société minière, la Treasury, demandait et obtenait son admission à la cote officielle.

Deux autres, la Modderfontein, et la City and Suburban, avaient procédé aux formalités nécessaires à cette admission lorsque l'incident Jameson éclatait. Enfin, grâce au concours du capital français, des sociétés minières établies au Transvaal reçurent des administrateurs français dans leurs conseils ; l'industrie métallurgique, l'industrie du ciment, l'industrie de l'alimentation en France reçurent, du Transvaal, de nombreuses commandes, et il n'est pas jusqu'à la guerre anglo-transvaalienne qui n'ait démontré qu'il y avait au Transvaal autre chose que quelques arpents de sable. La coulisse, *nolens volens*, a donc été, sur la question de l'introduction des valeurs de mines d'or, un précurseur. En cela, elle fut fidèle à son rôle.

En 1894 et 1895, la coulisse faisait largement ses affaires ; le *Bulletin de statistique et de législation comparée du ministère des finances* (1) fait connaître que, de 1893 à 1895 inclusivement, sur 35.596.000 francs, produits par l'impôt sur opérations de bourse, il avait été perçu, ailleurs qu'à Paris, 1.707.291 francs, et, à Paris, par les agents de change

(1) Fascicule de janvier 1898, page 52.

11.738.542 francs, tandis que les autres assujettis avaient acquitté 22.130.167 francs, c'est-à-dire le double.

Les procédés de la coulisse étaient et avaient été, d'ailleurs, très variés. Le marché libre est, par nécessité, entreprenant et chercheur; on l'a vu manifestant son activité lorsque se sont produits tous les phénomènes qui datent dans l'histoire économique de la France. Mais ce n'était point seulement par le phénomène d'introduction des valeurs que le groupe plus spécialement désigné sous le vocable "la coulisse" manifestait son esprit d'entreprise. Il sollicitait la clientèle, cherchant à la satisfaire en travaillant à des conditions de courtage moins élevées que celles des officiers ministériels qu'elle concurrençait. Les valeurs n'étaient soumises qu'à une liquidation par mois. Des coulissiers avaient des représentants dans certaines villes de France et de l'étranger et pratiquaient avec la clientèle des " arrêtés ". Le mécanisme des opérations dites "arrêtés" était le suivant : la maison de banque télégraphiait des cours sur lesquels le représentant avait faculté de traiter sur place avec un écart c'est-à-dire achetant légèrement au-dessus du cours télégraphié, vendant légèrement au-dessous. C'est le système employé au Stock-Exchange par les jobbers anglais dont les conditions de vente ou d'achat sont appelées le " turn of the market ". Des coulissiers contractaient sur les places étrangères, soit sur place, soit par voie d'arrêté, des combinaisons de primes non pratiquées au marché officiel, des primes pour vendre (c'est le put du marché anglais), des primes, soit pour acheter, soit pour vendre, appelées "stellages". Et le succès couronnait les efforts de ceux qui travaillaient. Le succès! la coulisse allait l'expier.

Si l'on se souvient de la solution qui est intervenue en 1893 au sujet de la difficulté d'application de l'impôt de bourse; si l'on se rappelle que l'impôt fut établi sur ce principe que la fiscalité laissait intacte la question de légalité, il faut avoir la franchise de reconnaître que, faute d'avoir fait servir l'impôt à racheter les charges des agents de change en 1893, la solution adoptée était pleine de périls. L'idéal de l'impôt, c'est d'avoir une réforme pour contrepartie. Plus d'une fois assurément, quand on avait examiné au point de vue théorique la question du meilleur mode d'organisation des bourses, on avait considéré comme un très grand obstacle à la suppression du monopole des agents de change cette circonstance qu'il faudrait racheter les charges. En l'occurence, nous voulons dire en 1893, le rachat eut satisfait tout le monde.

D'abord, l'impôt en soi avait une justification. Ensuite le gouvernement, ayant les mains libres, pouvait, grâce au rachat, avoir pleine liberté d'esprit pour organiser un marché sur d'autres bases. Enfin, les agents de change, désintéressés, n'auraient eu à faire apparemment à une organisation nouvelle que des objections d'une gravité relative. Mais il n'en fut pas ainsi. On établissait en 1893, l'impôt, pour en verser le montant aux caisses du Trésor, sans en distraire ultérieurement le montant d'une annuité de rachat, et alors, si le système du projet Tirard avait triomphé, on supprimait la coulisse, ce qui était un inconvénient, mais par contre si le système du projet Peytral était établi, ce qui advint, le succès de la coulisse pouvait causer sa perte. C'est ce qui arriva.

La compagnie des agents de change, dans le courant de 1896, avait été vivement émue des progrès de la coulisse. Elle avait rappelé au ministre des finances que son prédécesseur, M. Peytral, en préconisant le système qui avait abouti à la loi du 28 avril 1893, avait promis d'étudier la réorganisation du marché. La compagnie ne pouvait pas transiger avec ses droits; ses représentants légaux avaient à défendre des intérêts liés, disait-elle, à ceux de l'ordre public, puisque c'était dans un intérêt d'ordre public qu'était institué le monopole des agents de change. Au surplus, que s'il fallait un nouveau procès intenté aux coulissiers pour faire ressortir l'existence des droits des agents de change et leur légitimité, la compagnie était prête à l'engager. Cependant, au Sénat, une proposition due à l'initiative de MM. Trarieux et Boulanger fut déposée le 29 juin 1897. Une commission fut nommée. Agents de change et coulissiers y comparurent.

Mais lors de la discussion du budget de 1898, deux députés, MM. Lacombe et Fleury-Ravarin déposèrent séparément un amendement conçu en termes identiques, au paragraphe final près. Plus tard, M. Lacombe, retira le sien pour se rallier purement et simplement à celui de son collègue.

Les dispositions de l'amendement Fleury-Ravarin étaient ainsi conçues :

Quiconque fait commerce habituel de recueillir des offres et des demandes de valeurs de bourse doit, à toute réquisition des agents de l'enregistrement, s'il s'agit de valeurs admises à la cote officielle, leur présenter des bordereaux d'agents de change ou faire connaître les numéros et la date des bordereaux, ainsi que les noms des agents de change de qui ils émanent; et, s'il s'agit de valeurs non admises à la cote officielle, acquitter personnellement le montant des droits.

C'était purement et simplement le retour au système de M. Tirard.

La lutte ne fut pas moins acharnée qu'en 1893, mais comme le ministre des finances avait fait connaître qu'il procéderait à une réorganisation par décret, en prenant pour base la législation existante, la question se posait nettement du maintien ou de la suppression du monopole des agents de change.

A dessein, nous négligeons dans le récit des incidents auxquels donnèrent lieu la discussion, les apostrophes plus ou moins virulentes, que s'adressèrent les belligérants, suivant en cela de bien fâcheux précédents. Mais nous n'avons ici d'autre but que celui qui doit animer l'homme d'étude. Bornons-nous donc à exposer les raisons pour et contre que faisaient valoir les intéressés.

Les partisans du monopole des agents de change disaient en substance :

Il est de l'intérêt public que les cours des rentes et autres valeurs dans lesquelles l'épargne publique et la spéculation sont intéressées soient constatées d'une manière officielle et échappent ainsi à la discussion, partant à la suspicion.

Les agents de change ont, au surplus, à certifier l'identité des personnes en matière de transferts de valeurs nominatives, à surveiller les emplois et remplois des biens de mineurs, interdits, femmes mariées sous le régime dotal. Le monopole des agents de change est institué pour opposer une barrière à la spéculation, laquelle sans lui, ne rencontrerait aucune limite. Et l'expérience l'a démontré, puisqu'un débordement inouï de spéculation a suivi l'essai du marché libre à l'époque de la Révolution. La sincérité des transactions opérées par des officiers ministériels nommés dans certaines conditions, après enquête, surveillés par une chambre syndicale, est également une raison en faveur du monopole, tout le monde ayant intérêt à voir une opération, ne portât-elle que sur un seul titre, fidèlement exécutée, conformément aux conditions que l'intermédiaire a pu obtenir de sa contre-partie. Les règlements sont, sur ce point, d'une importance capitale ; l'interdiction légale, notamment, à un agent de change de faire une opération pour son propre compte. Il y a lieu également de faire ressortir la solvabilité spéciale des agents de change, le chiffre élevé de leur cautionnement, le capital considérable de mise en œuvre des charges, qui exige parfois le concours de nombreux bailleurs de fonds ; la création d'une caisse commune ; la solidarité de la compagnie et la rigueur des règlements. Tous ces éléments sont de nature à donner confiance au capitaliste et au spéculateur. Enfin les dangers d'intrusion de gens sans aveu, sans moralité, dont on ne connaîtrait ni la capacité, ni l'origine, dans l'exercice d'une profession à la bonne pratique de laquelle sont intéressés tous ceux qui épargnent, qui ont de grosses opérations en cours, et l'Etat lui-même dont les titres de rente représentent des milliards, ressortent à tous les yeux et permettent de conclure que l'on chercherait en vain, dans le principe de la liberté des transactions, les garanties que donne un monopole consacré par l'expérience des siècles, laquelle vaut bien, elle aussi, un principe.

A toutes ces raisons, les partisans d'un marché sinon absolument libre, du moins organisé sur des bases plus libérales, répondent :

La constatation des cours, la certification des signatures et la surveillance de certains emplois et remplois ne légitiment pas un monopole qui s'exerce surtout en dehors de ces objets. D'ailleurs les lois et la jurisprudence n'obligent et ne peuvent obliger les agents de change en matière d'emplois ou de remplois qu'à des constatations matérielles, ce qui diminue la portée de l'argument. L'institution des agents de change n'a jamais été un frein contre la spéculation. Établie pour la négociation des métaux précieux et des effets de commerce en l'an IV, elle a, sur ce dernier point, cédé son monopole, mais elle le revendique précisément pour les opérations de spéculation, qui sont les plus lucratives. C'est l'intérêt qui est le fond des arguments invoqués au nom de l'ordre public.

Invoquer la nécessité d'un monopole d'agents de change comme un frein contre la spéculation, c'est en réalité demander le monopole des opéra- de spéculation ; mais le monopole des agents de change a été institué précisément en vue de veiller à l'interdiction du marché à terme. L'argument tiré de l'expérience de la Révolution impute au marché libre des conséquences d'actes dont la responsabilité remonte plus haut que lui.

Quant aux règlements sévères, il faut admettre qu'ils sont observés ou ne le sont pas. S'ils ne le sont pas, ce n'est point la peine de les invoquer. S'ils le sont, il faut voir ce qu'ils valent. Or, ils enserrent forcément l'officier ministériel dans un dédale de prescriptions qui paralysent les initiatives. La règle que l'on oppose à la coulisse de l'interdiction à un intermédiaire d'opérer pour son propre compte aboutit au reproche à l'égard des coulissiers d'être co-contractants de leurs clients, mais il n'est point prouvé que ce soit là un grief. Le commerce, en général, ne trouve pas que le contrat de commission, soit avec la stipulation de ducroire, soit se transformant en opération directe, doive être considéré comme contraire aux intérêts des parties contractantes, maîtresses de leur volonté (1).

Restent les raisons tirées de la sécurité au point de vue de la sincérité des exécutions, de la solidité pécuniaire des agents de change et du danger des ingérences d'individualités étrangères. Ce sont les raisons classiques opposées jadis par les antiques corporations, et encore en

(1) La loi allemande du 22 juin 1896 (art. 71) autorise l'opération par intervention personnelle. Voir au surplus : *Du commissionnaire en bourse et en marchandise*, étude par M. Albert Dreyfus, docteur en droit (*Annales de droit commercial*, 1898).

1776 à l'époque de l'édit portant suppression des maîtrises et des jurandes. Qu'ont-elles valu à l'expérience ? Sans discuter la solvabilité des agents de change dans le passé, en la considérant comme absolue dans le présent, cette situation serait faite du retrait à la masse du droit de travailler. Que l'on donne le monopole du commerce du vin ou du pain à soixante ou cent négociants, ils deviendront de grandes puissances financières et ceux qui traiteront avec eux auront toute sécurité. Cela n'empêche pas que les avantages du système des corporations, au point de vue économique, ne soient inférieurs aux inconvénients et que l'on puisse valablement lui opposer un système qui ne donne aux individus que le crédit qu'ils peuvent obtenir par eux-mêmes.

Au surplus, en quoi la négociation des valeurs mobilières tient-elle du *munus publicum* ? Enfin, aucun marché à l'étranger n'est institué sur des bases semblables à celles du marché français et cette situation n'est nullement pour ce dernier une cause de supériorité.

Telles étaient, on peut dire telles sont, les raisons techniques pour et contre un marché institué sur d'autres bases.

Mais c'est à peine si, au Parlement, elles furent discutées. On aborda la question de la sincérité des cours, du frein à la spéculation, du mandataire contre-partiste; on n'oublia point la question des griefs particuliers, mais le tout en hâte. La discussion du budget ne permettait point les longs débats; la loi de finances était en retard. L'amendement Fleury-Ravarin fut voté (1).

IV. — ORGANISATION ACTUELLE DE LA COULISSE

L'amendement de M. Fleury-Ravarin est devenu l'article 14 de la loi du 13 avril 1898 et trois décrets, datés du 29 juin 1898, ont été publiés au *Journal officiel* du 30 juin, en vue de la réorganisation du marché financier promise par le ministre des finances au cours de la discussion du budget.

Par le premier décret, les articles 17, 55 et 56 de celui du 7 octobre 1890 sont modifiés. Il s'agit, dans l'article 17, de la composition des

(1) A la Chambre des députés, ont pris part à la discussion :

Séance du 7 mars 1898 : MM. Lhopiteau, Fleury-Ravarin, Georges Cochery, ministre des finances, Viviani, Gauthier de Clagny, Gabriel Dufaure et Ribot ;

Séance du 8 mars : MM. Krantz, Viviani, Georges Cochery, ministre des finances, Gauthier de Clagny et Fernand Crémieux.

Vote : Pour : 333 voix. Contre : 136.

Au Sénat, ont pris part à la discussion : MM. Raynal, Eugène Guérin, Gouin, Georges Cochery, ministre des finances, Prevet et de Lamarzelle.

La disjonction de l'amendement fut écartée par 142 voix contre 131 et celui-ci voté à mains levées.

chambres syndicales d'agents de change. Nous passons. Les articles 55 et 56 énoncent dans quelles conditions les chambres syndicales sont tenues d'exécuter un marché aux lieu et place d'un agent de change défaillant. Ainsi est instituée la solidarité des agents de change.

Le second décret élève à 70 le nombre des agents de change près la bourse de Paris, et le troisième décret porte tarif des courtages, modifiant celui qui avait été précédemment établi par les agents de change eux-mêmes.

D'une façon générale, le nouveau tarif porte 10 centimes % là où l'ancien portait 12 centimes 1/2, et le courtage pour les opérations sur la rente française est fixé à 12 fr. 50 pour la demi-unité de spéculation, alors que l'ancien tarif portait 20 francs. D'autre part, le règlement particulier des agents de change du 3 décembre 1891 était modifié. Le nombre maximum des commis principaux était porté à six (il était antérieurement de quatre). Des dispositions étaient prises pour que, avant la cinquième bourse qui suivait celle de la négociation, le règlement des opérations au comptant sur titres au porteur fût effectué; mais, le 30 janvier 1899, ce délai fut étendu à la dixième bourse et l'obligation pour l'agent de change non réglé d'exécuter son confrère en retard fut remplacée par la faculté de recourir à la procédure d'exécution.

La coulisse était donc gravement atteinte et le fait est que plusieurs maisons fondèrent une succursale à Bruxelles, soit pour développer les relations entre le marché de Bruxelles et le marché de Paris, soit, dans le cas d'impossibilité d'exister à Paris, de se développer à Bruxelles dans des conditions qu'elles n'avaient pas demandé mieux, après tout, que de voir se réaliser à Paris même. Cependant, il importe de le faire remarquer, *toutes restèrent à Paris* sans savoir au juste s'il y aurait un élément suffisant à l'activité des banquiers du marché libre et à la rémunération du capital de leurs maisons. Une confiance patriotique dans l'avenir, l'espoir même chez quelques-uns d'une entente avec les vainqueurs, entente que les agents de change eux-mêmes paraissaient ne pas déclarer impossible, déterminèrent les uns et les autres à revenir au calme, après les premiers moments d'émotion, et à s'organiser.

S'organiser ! Il le fallait absolument. C'est à son état inorganique que la coulisse avait dû de ne pouvoir présenter une force suffisante pour résister aux attaques dont elle avait été l'objet ; c'est son état inorganique qui lui avait valu avec les fauteurs de certains agissements répréhensibles une solidarité qu'elle n'avait jamais encourue, mais qu'elle ne pouvait même pas répudier faute de personnalité civile. Ainsi, comme toute personne s'occupant de valeurs mobilières pouvait être appelée coulissier, l'acte répréhensible de quelques personnes s'occupant de finance en dehors du monopole des agents de change était imputé à la coulisse, tout entière.

Mais, en réalité, avait-elle pu jusqu'à présent s'organiser ? Il est permis d'en douter. La coulisse opérait jadis à la fois sur valeurs non cotées et sur valeurs cotées et cette dernière circonstance devait fatalement rendre illégal l'objet de tout groupement opéré avec le bénéfice des lois. Il en devenait différemment. On s'organisa donc.

Rien ne fut changé à la coulisse de la rente. Celle-ci, en effet, bénéficiait d'une tolérance qui avait été promise à la tribune en sa faveur, lors de la discussion de l'amendement Fleury-Ravarin.

Le paiement de l'impôt afférent à chaque opération sur les rentes françaises en coulisse serait effectué par l'entremise de la chambre syndicale des agents de change.

Mais à la coulisse des valeurs, il en était autrement. Jusqu'alors en bourse, ainsi qu'il a été dit, des groupes se formaient et des banquiers s'étant respectivement agréés, réglant leurs affaires par un comité fonctionnant sous le péristyle de la Bourse, y pratiquaient leurs opérations. Ces groupes pouvaient désormais se constituer en syndicat professionnel conformément à la loi du 21 mars 1884.

A cet égard, il y a lieu de rappeler, en effet, que l'article 76 du Code de commerce donne aux agents de change le droit exclusif de faire la négociation des effets publics et « autres susceptibles d'être cotés ».

Aux termes d'un arrêt de la Cour de cassation du 1er juin 1885 (1), on entend par les mots « et autres susceptibles d'être cotés » les effets qui ont été reconnus par la Chambre syndicale, par une décision émanée d'elle-même, aptes à être portés sur la cote officielle de la bourse. D'autre part, les décrets du 1er février 1880 et 3 décembre 1893 énoncent les conditions dans lesquelles certaines valeurs étrangères peuvent être admises à la cote officielle.

Dès lors, un syndicat professionnel, composé de personnes pouvant faire leur profession de la négociation des valeurs non admises et non susceptibles d'être admises, pouvait être constitué. C'est dans ces conditions qu'un certain nombre de banquiers, opérant entre eux habituellement au marché de Paris, constituèrent deux syndicats professionnels dans les conditions de la loi du 21 mars 1884, un pour les banquiers opérant à terme, un pour les banquiers opérant au comptant. En même temps que les représentants de toutes ces maisons arrêtaient leurs statuts, ils établissaient un règlement dont les dispositions principales seront

(1) Sirey, 1885, 1, 257.

exposées après l'analyse de ceux du syndicat des banquiers en valeurs à terme près la bourse de Paris.

Analyse des statuts. — Les conditions d'admission dans le syndicat sont les suivantes :

1° Faire profession de traiter des opérations pour soi-même ou pour autrui ;

2° Être Français ;

3° Justifier d'un capital social ou personnel de 300.000 francs.

En outre, tout candidat, en formant sa demande d'admission, doit signer un acte d'adhésion aux statuts du syndicat et au règlement, fournir un extrait de son casier judiciaire, et faire appuyer sa demande par deux membres du syndicat. Les sociétés anonymes ne sont pas admises.

La condition expresse de la qualité de Français pour l'admission au syndicat existait en fait dans le règlement du groupe de la coulisse à terme publié en 1896. Depuis cette époque, il n'avait été admis aucun étranger. — Néanmoins il a semblé équitable de ne pas exclure de la nouvelle organisation les maisons étrangères existant antérieurement. Depuis le mois de décembre 1898, trois de ces maisons ont régularisé leur situation, et aujourd'hui il reste dix membres étrangers sur 125 dont se compose le syndicat.

Le syndicat est administré par une chambre syndicale composée de cinq membres au moins et de neuf au plus, élus en assemblée générale, au scrutin secret et pour une durée d'un an.

La chambre syndicale nomme son bureau, composé d'un président, d'un vice-président, d'un secrétaire et d'un trésorier. Elle est représentée par son président ou à défaut par son vice-président.

Elle est investie de pleins pouvoirs pour tout ce qui concerne l'intérêt syndical et pour élaborer tous règlements de nature à assurer le bon fonctionnement des opérations professées sur le marché des banquiers en valeurs à terme, ainsi que pour surveiller l'exécution de ces règlements.

Les fonctions de ses membres sont gratuites.

La chambre syndicale donne son avis dans toutes les contestations concernant les membres du syndicat et dans toutes celles qui lui sont soumises par des tiers.

Elle peut régler tous différends comme arbitre ou comme amiable compositeur, jugeant en premier ou en dernier ressort, avec ou sans dispense des formes ordinaires de procédure.

Les statuts déterminent également les droits de la chambre syndicale sur l'administration des fonds du syndicat ; les formes dans lesquelles l'assemblée générale doit avoir lieu, les dispositions relatives aux modifications des statuts et le cas de dissolution de l'association.

Analyse du règlement. — L'article premier dispose que l'admission sur le marché des banquiers en valeurs à terme, l'admission des valeurs à la cote dudit marché, les opérations qui y sont traitées entre banquiers adhérents et le règlement desdites opérations sont soumises aux dispositions ci-après résumées.

Les conditions d'admission sont énumérées dans les articles 2 à 5 ; ce sont exactement celles qui ont été énumérées aux statuts du syndicat professionnel.

L'article 8 donne tous pouvoirs à la chambre syndicale de surveiller la régularité des cours sur le marché.

L'article 9 statue que les cours des opérations et ceux des reports sont enregistrés publiquement sur le marché par les agents de la chambre syndicale et sous sa surveillance. A cet effet, deux de ses membres sont désignés mensuellement à tour de rôle pour remplir cet office.

L'article 10 est relatif à la création, par les soins de la chambre syndicale, d'une cote du marché à terme des valeurs en banque; il détermine le mode de cotation des valeurs et impose l'obligation de faire figurer sur la cote au moins le plus bas, le plus haut et le dernier cours enregistrés sur le marché pour chaque valeur.

Dans la pratique, les cours sont appelés à haute voix, aussitôt la clôture de la bourse ; chacun est libre de demander la rectification des cours cotés s'il y a lieu et, en cas de contestations, deux membres de service de la chambre syndicale reçoivent les réclamations et les tranchent souverainement en la présence des contestants.

L'article 11 est ainsi conçu : « Sont seules inscrites à la cote du marché les valeurs ne figurant pas à la cote officielle des agents de change. » Il permet l'inscription des valeurs au porteur ou nominatives, mais il exige dans ce dernier cas, s'il s'agit d'une société étrangère, qu'il y ait à Paris un bureau pour les transferts.

L'article 12 relate les formalités à accomplir pour l'inscription des valeurs à la cote du marché en banque.

Ces formalités sont les suivantes : Toute demande pour l'inscription d'une valeur nouvelle doit être adressée par écrit à la chambre syndicale. — S'il s'agit des titres d'une société, la demande doit être accompagnée des statuts, traduits en français si la société est étrangère, et des derniers bilans de la société ainsi que d'un exposé général sur la situation de l'affaire, signé par la maison demanderesse. La chambre syndicale peut exiger toutes autres justifications et garanties qu'elle juge utiles.

L'article 12 donne tous pouvoirs à la chambre syndicale pour accepter ou refuser la cotation d'une valeur qui lui est proposée et la dispense de motiver sa décision. Il lui impose cependant l'obligation, en cas d'admission, d'en aviser les membres du marché aussitôt sa décision prise et de les informer deux jours avant l'inscription de la valeur à la cote.

L'article 14 prévoit la création, pour chaque titre admis à la cote, d'un dossier spécial tenu au siège du syndicat à la disposition des membres du marché.

L'article 15 permet à la chambre syndicale de supprimer une valeur inscrite à la cote et pose le principe que l'admission d'une valeur ne peut entraîner aucune responsabilité ni vis-à-vis des membres du marché, ni vis-à-vis des tiers.

Les articles 16 à 26 sont relatifs aux traitements des affaires, à l'organisation des groupes et à la police du marché. D'après ces dispositions, les pouvoirs de la chambre syndicale sont limités aux seules opérations faites sur les valeurs admises à la cote.

Les opérations entre les membres du marché sont traitées aux lieux et heures déterminés par la chambre syndicale. Elles se traitent et se liquident sous sa surveillance. Les groupes sont organisés par elle suivant la nature et l'importance des opérations traitées.

Il est interdit sous peine d'amende d'y contracter des affaires avec les maisons non adhérentes et sur les valeurs non admises à la cote du marché.

Les opérations à terme se font suivant quotités fixées par la chambre syndicale et les opérations se traitent à une seule liquidation par mois, le terme stipulé pouvant franchir une ou plusieurs liquidations.

Les articles 27 à 31 traitent du mode de règlement des opérations. La liquidation des affaires à terme est centralisée par la chambre syndicale et elle est faite par ses soins. Toutes les opérations des adhérents sont, de droit, compensées au jour de la liquidation, de façon à faire ressortir en argent et en titres les soldes réciproques entre chacun d'eux. Les cours de compensation sont fixés par la chambre syndicale d'après les cours cotés le jour de la liquidation, et les cours, ainsi fixés, sont également ceux sur lesquels s'effectuent les reports.

La réponse des primes, la liquidation, les opérations de report et les règlements des soldes en argent et en titres s'effectuent exactement aux jours fixés par la compagnie des agents de change pour le règlement de ses opérations. Il y a en effet nécessité absolue à ce que ces opérations soient effectuées en même temps.

Enfin, la chambre syndicale a tous pouvoirs pour organiser, par une entente avec tous établissements financiers ou autrement, pour le compte des adhérents du marché, l'échange ou la livraison des titres et généralement toutes combinaisons pour la liquidation des affaires.

Ainsi qu'il a été dit, la liquidation des affaires à terme des adhérents au marché des valeurs est centralisée actuellement par la chambre syndicale qui fait l'office de chambre de compensation des capitaux et des titres. Les soldes débiteurs sont encaissés par elle et les soldes créditeurs sont remis par ses soins aux ayants droit en virements sur la Banque de France. Mais, pour les soldes en titres, les choses se passent différemment: aussitôt le travail des compensations effectué, l'indication seule des livraisons est indiquée à chaque adhérent.

Il en résulte un déplacement considérable de valeurs à chaque liquidation. Le mouvement de titres se faisant dans un espace de temps très restreint entraîne des risques importants, résultant du transport et de la manipulation des valeurs.

Il est à espérer que la création d'un clearing-house de titres viendra bientôt remédier à cet état de choses. Une institution de ce genre fonctionne à Vienne et à Berlin et y donne d'excellents résultats.

Les articles 32 à 35 fixent les cotisations des membres du marché, la garantie qui leur est demandée et les conditions dans lesquelles s'effectue la liquidation des positions d'un adhérent défaillant.

Cette liquidation s'effectue exactement dans les conditions prevues au règlement des agents de change.

Quant à la garantie demandée chaque mois, il est appelé par la chambre syndicale un versement jusqu'à concurrence de 100.000 francs. L'importance de ce versement est réduit de moitié dans les moments où le mouvement des transactions et les oscillations des cours ne semblent pas justifier un appel de fonds plus élevé. En cas de non-versement par l'un des adhérents, toutes les maisons syndiquées sont avisées immédiatement. Le versement èst restitué à chaque adhérent par son crédit dans le règlement des opérations de chaque liquidation; mais, en cas de défaillance, ce versement et les soldes résultant de la compensation, dus au défaillant par ses collègues, constituent le gage commun de tous ses créanciers.

Les articles 36 à 43 terminent le règlement et contiennent quelques dispositions diverses complémentaires.

Il y est dit notamment que la chambre syndicale est chargée des relations avec l'administration pour les divers impôts frappant les opérations et les titres; que chaque membre est libre d'acquitter directement les droits, mais qu'il reste soumis au contrôle et à la surveillance de la chambre syndicale pour l'application des lois fiscales; que l'exécution du présent règlement est expressément confiée à la chambre du syndicat des banquiers des valeurs à terme à laquelle chacun des membres du marché donne mandat et pleins pouvoirs à cet effet; et enfin que toutes modifications peuvent être apportées au règlement, mais seulement en assemblée générale du syndicat.

A la date du 15 mars 1900, le syndicat des banquiers en valeurs à terme près la bourse de Paris comprenait 85 maisons de banque représentées par 125 personnes syndiquées.

La coulisse au comptant a adopté, de son côté, un mode d'organisation semblable. Elle a formé le syndicat des banquiers en valeurs au comptant près la bourse de Paris. A la date du 15 mars 1900, le syndicat était formé de 105 maisons de banque. Dans ce chiffre figure un très grand nombre de maisons déjà inscrites au syndicat des banquiers à terme. Bien entendu ces syndicats sont distincts l'un de l'autre et forment chacun un syndicat professionnel.

Les statuts du syndicat des banquiers en valeurs au comptant près la bourse de Paris sont semblables à ceux du syndicat des banquiers en valeurs à terme.

Le règlement du marché des banquiers en valeurs au comptant ne diffère de celui des banquiers à terme que par l'absence des dispositions concernant les opérations à terme. Mais les conditions d'admission des adhérents, les prescriptions relatives à la confection de la cote et à l'admission des valeurs sont absolument les mêmes. Deux membres de la chambre syndicale sont désignés chaque mois pour le service du marché et trois membres du syndicat sont chargés pour une durée de trois jours, à tour de rôle, d'assister à l'appel des cours inscrits sur la cote et de trancher les contestations, s'il y a lieu.

V. — CONCLUSION

Nous arrivons au terme de notre étude; il nous faut maintenant conclure.

La conclusion nous paraît dépendre des réponses aux deux questions que voici :

1° Quel est l'avenir de la coulisse?

2° La solution intervenue en 1898 est-elle juste?

Nous examinerons donc l'une et l'autre.

Quel est l'avenir de la coulisse? Bien entendu, quel que soit notre pronostic, il doit être l'objet d'une certaine réserve. L'avenir, nul ne peut le prévoir. Mais il est permis de constater que si le champ d'action de la coulisse se trouve singulièrement restreint, on ne saurait, à cause de cela, tirer une conclusion pessimiste. Un exemple va le démontrer.

En 1893, si le projet Tirard avait été voté, le marché en banque à terme eût infailliblement disparu sous le coup qui le frappait. En effet, il s'y négociait alors 23 valeurs dont 13 étaient officiellement cotées, dont une, le Rio, n'allait pas tarder à être officiellement cotée à son tour, et dont 3 autres eussent pu aisément se réfugier à la cote officielle. Restaient 7 valeurs d'importance très secondaire et qui ne pouvaient guère suffire à alimenter un marché. A ce moment donc, les conclusions les plus pessimistes eussent été logiques, la dispersion s'en serait suivie et cependant, il faut bien le dire, cette logique aurait eu tort. En effet, si la coulisse s'était dispersée, elle aurait commis, sans le savoir, un acte préjudiciable aux intérêts des membres qui la composaient et aux intérêts supérieurs du marché financier français. Si, au contraire, elle était restée patriotiquement confiante et quelque peu dans la situation de ces usines qui, contrariées momentanément par telle situation d'ordre économique ou fiscal, continuent à travailler, mais travaillent à perte, elle n'eût pas tardé à recueillir le bénéfice de cette attitude, car on sait que, en 1894 et 1895, survint un très sérieux élément d'activité au marché en banque. Il est donc permis de considérer que, pour si contraire que soit à ses intérêts la réorganisation du marché financier intervenue en 1898, la coulisse doit envisager l'avenir sans se départir de sa confiance et conserver toutes ses facultés, son activité, son ingéniosité, son esprit de recherches constamment en éveil.

Le progrès en matière de crédit public et privé et les moyens de le mettre en œuvre ne sont pas figés dans une immuable formule. D'ailleurs en 1898, ainsi que l'a constaté M. Alfred Neymarck dans le rapport sur la statistique internationale des valeurs mobilières qu'il a présenté à l'Institut international de statistique dans la session de Christiania, la coulisse traitait à terme 5 fonds d'État, 1 valeur de chemin de fer, 39 valeurs de mines d'or, d'exploration, etc., en tout 45 ; au comptant, 294 valeurs dont 50 fonds d'État et de villes, 21 chemins de fer, 11 journaux et imprimeries, 98 mines et houillères, etc.. Si nous prenons les bulletins officiels du syndicat des banquiers en valeurs à terme et du syndicat des banquiers en valeurs au comptant près la bourse de Paris du 15 mars 1900, nous arrivons aux constatations suivantes : à terme sont cotés 4 fonds d'État, 3 valeurs de chemins de fer, 47 mines et valeurs diverses, en tout 54 valeurs ; au comptant, 386 valeurs dont 38 fonds d'État, 57 mines d'or, 38 autres mines, 26 chemins de fer et transports, 35 valeurs métallurgiques, le surplus en valeurs diverses comprenant

77 obligations dont 22 obligations de chemins de fer, 22 obligations d'industries du gaz et de l'électricité.

Cependant, malgré les conclusions favorables qui se dégagent de ces chiffres, il ne faut pas oublier une double considération qui domine la constatation, à savoir que toutes ces valeurs, ou n'ont pas été admises à la cote officielle pour la plupart, ou, et c'est la minorité, ne peuvent être admises en raison des dispositions de la législation à l'égard de la cote officielle. Dès lors, pour dire toute la vérité, le rempart qui protège la coulisse, tout solide qu'il soit, paraît exposé à quelques épreuves. Si donc le marché libre doit envisager l'avenir avec confiance, on peut dire aussi, et ce n'est pas trop se hasarder, que les pouvoirs publics qui en 1898 lui furent si défavorables doivent désormais, par une bienveillance compensatrice et par ses bonnes dispositions, lui permettre les longs espoirs et les vastes pensées.

Nous abordons maintenant la deuxième question : la solution intervenue en 1898 est-elle juste ?

Incontestablement, si la solution législative d'une question comme celle qui s'est posée en 1898 devait résider exclusivement dans l'interprétation stricte des textes alors existants, il faudrait avoir le courage de répondre nettement : Oui, la solution était juste. La coulisse n'était que tolérée; la tolérance n'est pas un état de droit. On peut cependant considérer que le long temps pendant lequel s'exerce une tolérance équivaut à la reconnaissance formelle de la nécessité de cette tolérance, et semble faire naître tout au moins le devoir de ne point la faire cesser sans de justes motifs.

Le principal motif qui a pu inspirer le législateur de 1898 paraît avoir été celui de s'assurer dans l'intérêt même du crédit public que le personnel de la bourse ne serait pas livré à un contingent quelconque d'intermédiaires étrangers. Cependant, sans faire ressortir la bizarrerie de la solution qui préconisait la suppression de la coulisse dans l'intérêt du crédit public et qui a abouti à lui permettre néanmoins la négociation des rentes françaises mais à lui interdire les négociations de la rente turque, il est permis de faire observer que les précautions que l'on croyait devoir prendre à cet égard n'avaient pas nécessairement pour conditions des mesures générales à l'encontre du marché en banque tout entier. D'ailleurs ce qui a été dit au cours du présent travail sur les conditions de nationalité observées en 1896, avant la constitution actuelle des syndicats, démontre que l'argument avait été quelque peu exagéré.

Il importe au surplus de remarquer que l'élément étranger qui suscitait tant d'alarmes, constituait un danger purement hypothétique. Il ne fut point établi en effet, au cours des discussions parlementaires, que les maisons étrangères dont il pouvait être question eussent dans le passé causé quelque préjudice à notre place financière. Dès lors, l'opinion la plus favorable à la réorganisation du marché, telle qu'elle fut pratiquée, doit être l'objet d'une certaine réserve.

Maintenant, si l'on considère que la question à résoudre en 1898 n'était point du tout une question d'interprétation des textes alors existants, si l'on considère qu'il s'agissait de faire œuvre législative nouvelle, la question posée paraît devoir entraîner une réponse nettement négative. En effet, quand se posait la question de réorganisation, c'est qu'apparemment il y avait à faire état de conditions nouvelles dans le régime de la négociation des valeurs mobilières.

N'a-t-on pas vu, au cours de cette étude, le marché libre toujours s'ingénier de mille façons et contribuer ainsi non seulement à la prospérité du marché lui-même, mais encore à la prospérité publique? Et pourtant quel sort fut le sien? Toujours menacé, toujours ballotté, insulté parfois dans quelques journaux et aussi par certains orateurs pour qui l'injure à la coulisse était une planche de salut quand leurs périodes étaient en détresse, le marché en banque semblait avoir pour devise celle de notre belle cité : ***Fluctuat nec mergitur***. Or le législateur de 1898 est venu limiter son horizon. Tu n'iras pas plus loin, lui a-t-il enjoint. Et, pour tout dire, l'horizon lui a été limité un peu près.

Mais de récriminations il n'y en a aucune, ce ne sont pas des plaintes que ceux qui nous feront l'honneur de nous lire doivent avoir sous les yeux ; ils se livrent à une étude et, encore une fois, c'est à une étude que nous avons voulu procéder. Nous avions à conclure et nous avons conclu.

Nous resterons encore dans notre cadre en procédant pour terminer aux deux citations qui vont suivre.

La première est d'un éminent magistrat, qui ne s'est montré, ni alors qu'il écrivait, ni plus tard, favorable à l'institution du marché libre (1).

Est-ce qu'on peut sérieusement songer à supprimer la coulisse? Elle a depuis longtemps sa place toute conquise sur le marché, et elle la conservera.

Elle la conservera, parce quelle est nécessaire pour le développement, le mouvement, la vie, l'activité des transactions sur les valeurs mobilières, parce que les agents de change, avec leur nombre restreint, leurs heures de bourse étroitement limitées, leur responsabilité rigoureusement définie, ne sauraient suffire à entretenir cette vie et ce mouvement.

Et la vérité, la réalité est que, depuis trente années, il s'est fait honnêtement, loyalement, par ces intermédiaires, des affaires pour des sommes colossales, pour des milliards et des milliards encore, et que vouloir annuler tout cela, donner le droit de

(1) Crépon, *De la négociation des effets publics et autres*, 1866, n° 47.

revenir sur tout cela, paraît véritablement chose insensée. En regard de pareils résultats le mot de perturbation semble un terme quelque peu adouci, et l'on est en droit de demander si le législateur a pu vouloir jouer un pareil rôle, ou si ses interprètes sont bien autorisés à le lui attribuer.

Nous empruntons la seconde citation au discours d'un ancien ministre des finances (1):

Messieurs, si vous voulez conserver les forces vives de l'État, conservez précieusement la liberté du marché à laquelle vous devez la haute prospérité de votre crédit.

Ces deux citations répondent assurément de la façon la plus péremptoire aux questions que nous posions au moment de conclure.

Alfred Oudin, *Président* — Emmanuel Vidal, *Membre secrétaire*
de la chambre syndicale des banquiers en valeurs à terme près la bourse de Paris.

(1) M. Maurice Rouvier (Chambre, *Débats parlementaires*, 21 décembre 1892).

PHYSIONOMIE

DES

PRINCIPAUX MARCHÉS FINANCIERS

I. — CARACTÈRES DIFFÉRENTIELS DES MARCHÉS.

Si nous essayons de représenter à grands traits la physionomie des principaux marchés financiers du monde à la fin du XIXe siècle, nous nous trouvons tout d'abord amenés à établir une division fondamentale entre ceux qui ne sont guère ouverts qu'aux titres indigènes, rentes actions ou obligations, et ceux, au contraire, sur lesquels se négocient, outre ces valeurs du pays lui-même, un nombre plus ou moins considérable de fonds d'État et aussi de parts d'intérêt dans des sociétés étrangères ou de créances sur ces compagnies. Parmi ces derniers, il convient de mettre en première ligne le marché de Londres, puis celui de Paris; en troisième ligne viennent Berlin, Francfort, Amsterdam, Bruxelles, Genève et quelques autres places suisses, enfin Vienne. Les marchés italiens, russes, hongrois, espagnols, scandinaves, ceux des États-Unis et des petits royaumes ou principautés du sud-est de l'Europe ne connaissent guère que leurs valeurs locales, en particulier leurs rentes nationales, dont une partie importante se négocie même souvent à l'étranger. C'est ainsi que la plupart des fonds de nationalité russe dont l'intérêt est payable en or ont à Paris un marché infiniment plus étendu qu'à Saint-Pétersbourg ou à Moscou. C'est ainsi que la rente espagnole extérieure, c'est-à-dire celle dont les intérêts sont acquittés en monnaie française ou anglaise, donne lieu à des transactions aussi suivies et aussi importantes sur les marchés de Paris et de Londres que sur ceux de Madrid et de Barcelone. Les marchés américains de New-York, de Boston, de Chicago, de San-Francisco ne connaissent que les valeurs locales ; il en est de même de ceux de l'Amérique du Sud, de l'Australie et de la Nouvelle-Zélande.

Nous pouvons dès lors établir trois catégories :

1° Pays qui gardent chez eux la totalité de leurs valeurs nationales et qui, en outre, ont attiré et absorbé une certaine quantité de titres étrangers ;

2° Pays qui ont gardé la totalité de leur valeurs nationales, mais ne se sont pas encore ouverts à celles du dehors ;

3° Pays qui non seulement n'ont pas admis le papier étranger, mais encore ont eu recours à l'aide d'autres pays pour placer leurs fonds d'État ou qui ont reçu des commandites du dehors pour leur industrie indigène ; en d'autres termes, les pays débiteurs de l'étranger.

Ces trois situations différentes ne doivent pas être considérées comme constituant pour chaque nation un état définitif, non susceptible de modification. Au contraire, il semble qu'en examinant les choses de haut, on puisse admettre que la plupart des pays sont destinés à passer successivement par ces trois étapes, en commençant par la dernière. Il est naturel qu'un pays jeune, où les capitaux ne sont pas encore accumulés par l'effort continu et l'épargne des générations successives, n'ait pas de placements à faire au dehors, mais recoure au contraire à l'aide de communautés plus anciennes, plus riches, qui ont des réserves toutes prêtes à être employées de la sorte. C'est une période que non seulement les États de formation récente traversent, mais que des pays aussi puissants que la France, par exemple, ont pu connaître temporairement, lorsqu'il s'agissait d'y installer une industrie nouvelle, connue mieux et plus tôt à l'étranger. Les premiers chemins de fer français ont été construits en partie et par des ingénieurs, et avec des capitaux anglais. Ce phénomène, nous n'avons pas besoin de le rappeler, n'a été que temporaire, et bien peu d'années s'étaient écoulées, que la presque totalité des actions et obligations de nos compagnies étaient aux mains de nos nationaux. Au contraire, la plupart des pays européens, asiatiques, africains, américains, australiens, qui se sont développés au cours du XIXe siècle, ont eu recours aux capitaux français, anglais, hollandais, allemands, belges et suisses.

La classification des marchés en trois groupes que nous venons d'indiquer, n'a rien d'absolu ni de mathématique : il n'existe pas, à proprement parler, de pays ayant conservé exactement la propriété de toutes ses valeurs nationales et ne possédant pas une seule valeur étrangère. D'autre part, il y a lieu de tenir compte de l'effet qu'une législation à tendances rétrogrades peut avoir sur le développement d'un marché. Nous assistons, par exemple en France, à une évolution qui se dessine depuis plusieurs années et dont les tendances s'affirment de plus en plus. Dans un pays où une ordonnance de 1823 déclarait que les fonds d'État étrangers seraient admis à la cote officielle et paraissait ainsi faire de cette admission *de plano* le droit commun pour cette catégorie de titres, on ne cesse d'élever des barrières contre elle. L'évolution naturelle et logique des grands marchés financiers que nous avons expliquée, peut être contrariée par des mesures fiscales, qui tantôt sont prises contre l'ensemble des valeurs mobilières, sans distinction d'origine comme à Berlin, tantôt affectent un caractère protectionniste et sont plus spécialement dirigées contre les valeurs étrangères.

Enfin, on observe fréquemment de véritables migrations de valeurs, qui passent, à de certaines époques, d'une place à l'autre. Ces migrations s'opèrent sous l'influence de causes financières ou économiques, parfois même politiques. L'arrivée des fonds russes sur nos marchés, l'exode des fonds italiens vers les bourses allemandes, sont des exemples frappants de ces phénomènes. L'engouement subit, qui a ouvert en 1895 les portefeuilles français aux actions de mines d'or du Transvaal, marque aussi une de ces étapes fréquentes que parcourt un même marché. Il n'est pas seulement intéressant de nous rendre compte de la physionomie des centres financiers et de les comparer entre eux tels qu'ils existent et sont constitués à l'heure actuelle : il convient aussi de jeter un coup d'œil sur le passé et de rappeler les aspects successifs qu'ils ont présentés ainsi que les catégories de titres auxquelles leur activité s'est plus spécialement appliquée. Nous allons passer en revue diverses places en indiquant à grands traits la caractéristique de chacune d'elles. Bien que le but essentiel de notre étude soit de mettre en lumière le côté financier des marchés, nous indiquerons parfois en passant certaines marchandises qui se négocient dans les divers pays, quand elles y donnent lieu à la création de bourses et à des transactions particulièrement animées.

II. — GRANDE-BRETAGNE.

Nous devons commencer par le marché de Londres, dont l'importance, au point de vue des transactions en valeurs mobilières, ne cesse de croître et qui est sans conteste le premier de l'Europe et du monde. Il doit cette situation, avant tout, à l'esprit d'initiative des Anglais, mais aussi à la grande liberté laissée à son organisation, à la non-intervention de l'État dans les règlements intérieurs et à la modération de taxations fiscales. Nous pouvons en dire autant du marché de marchandises qui a fait de Londres l'entrepôt universel d'un grand nombre de matières premières. La marine britannique assure les transports d'une bonne part du commerce universel; mais elle ne pourrait le faire si une législation libérale n'avait depuis longtemps ouvert les frontières du pays à l'importation et n'avait ainsi permis l'arrivée des milliards de tonnes qui alimentent le fret, le courtage, la banque, le commerce anglais dans la mesure la plus large. Le tarif des douanes tient tout entier dans une page du compte des finances : il frappe les spiritueux, le vin; le thé, le tabac et quelques articles de moindre importance. Il laisse entrer en franchise la plupart des matières premières, les céréales, le coton, la laine, le cuivre, l'argent, l'étain, le plomb, en un mot tous les métaux, si bien que le marché de Londres ou de Liverpool ne fournit pas seulement à la Grande-Bretagne ces divers objets, mais à une partie de l'Europe et parfois de l'Amérique (1). Le Havre pour les cafés et le coton, Roubaix pour la laine, Hambourg et Brême pour le coton et le café, essaient de lutter ; mais on ne peut pas dire qu'aucune de ces places ait encore réussi à faire par ses transactions contrepoids à celles de l'Angleterre. Le marché financier de Londres a profité de cette suprématie commerciale. Les rapports constants que les maisons de la Cité entretiennent avec le monde entier ont amené les banquiers à entrer en relations avec un grand nombre de pays dont ils sont devenus les commanditaires : tantôt ils ont négocié les emprunts des gouvernements, tantôt ils sont devenus les fondateurs d'entreprises industrielles particulières ; le plus souvent ils ont fait l'un et l'autre. La cote anglaise nous renseignera d'une façon éloquente sur les résultats obtenus à cet égard.

La bourse de Londres est absolument indépendante du gouvernement, qui n'y intervient en aucune façon et n'y exerce pas la moindre autorité. Une corporation, qui comprend plusieurs milliers d'intermédiaires, s'administre et se recrute elle-même et a réussi à donner un tel crédit à ses membres et une telle ampleur à ses transactions que le public lui confie, pour ainsi dire, la totalité de ses ordres. Les achats ou les ventes de valeurs mobilières effectués en dehors du Stock-Exchange sont peu de chose, comparés à ceux qui se traitent à l'intérieur de ce bâtiment, qui est lui-même la propriété d'une société privée. La souplesse et la puissance de cette organisation ont contribué à la grandeur du marché financier anglais, plus peut-être qu'aucune autre cause, et cependant nombreuses sont celles qui ont concouru à faire de ce marché l'un des centres des transactions financières. L'une des premières est le régime monétaire qui, resté invariablement fidèle, depuis la reprise des paiements en espèces après les guerres napoléoniennes,

(1) Voir mon article sur l'achèvement de notre réforme monétaire · l'étalon d'or (*Revue politique et parlementaire* du 10 mars 1900).

à l'étalon d'or, n'a pas cessé d'inspirer pleine confiance à tous ceux qui apportaient des capitaux d'une façon temporaire ou permanente dans le pays. La livre sterling est un poids certain d'or : il ne peut s'élever aucun doute sur la quantité ni sur la nature du métal que le porteur d'un billet de la Banque d'Angleterre est en droit de réclamer. Aussi le monde financier a-t-il son compte courant ouvert sur la place de Londres, où de vastes opérations se concluent et se liquident journellement entre étrangers.

La cote de Londres se publie par autorisation du comité du Stock-Exchange et sous la surveillance de son secrétaire pour le département des actions et obligations. Elle comprend 3.000 valeurs. Les fonds publics nationaux proprement dits n'y figurent plus que pour 600 millions de livres sterling, soit 15 milliards de francs. C'est l'exemple unique d'un pays dont la dette est aujourd'hui inférieure à ce qu'elle était il y a 75 ans ; en trois quarts de siècle, les Anglais l'ont réduite du quart. Ce fait, joint à la colossale puissance économique du pays, explique et justifie les cours élevés de la rente : le 2 3/4 %, qui en 1903 deviendra du 2 1/2 %, garanti alors pendant 20 ans contre une réduction ultérieure, n'est, en réalité, qu'un 2 5/8 % environ par suite de la déduction de l'income tax ; il était, néanmoins, coté en mars 1898 à 112 %, c'est-à-dire qu'il rapportait 2 35 %, et ce n'est qu'en 1900 qu'il est retombé aux environs du pair, à cause de la guerre sud-africaine. C'est le fonds d'Etat qui rapporte le moins, c'est-à-dire celui dont le revenu est capitalisé le plus haut, à l'exception du 2 % des Etats-Unis dont il n'existe encore que des quantités insignifiantes, mais que le *bill* de mars 1900 va singulièrement accroître.

Les consolidés sont le baromètre, non seulement de la situation économique de l'Angleterre, mais de la politique européenne et même extra-européenne, aujourd'hui surtout que les questions coloniales, les rapports des puissances de l'Ancien monde aux prises en Afrique et en Asie, leurs relations avec les deux Amériques, amènent des sujets constants de discussions et d'inquiétudes. Ce ne sont pas seulement les Anglais qui opèrent en consolidés. Sans parler des nombreux étrangers qui ont pris l'habitude de faire des placements dans ce fonds qu'ils considèrent comme sûr entre tous, les financiers européens se laissent quelquefois aller à le vendre à découvert lorsqu'un nuage leur paraît assombrir l'horizon. Mais le classement de ces titres est tel, la quantité d'acheteurs toujours prêts à profiter du moindre recul si considérable, qu'il est bien rare que des opérations de ce genre laissent un bénéfice. On les appelle cependant opérations de couverture parce qu'elles sont, dans la pensée de leurs auteurs, destinées à les couvrir contre les pertes qui résulteraient de la dépréciation du restant de leur portefeuille, en cas d'événements politiques. Mais il se trouve que des valeurs de second ordre souffrent souvent de maux qui leur sont propres et qui les font baisser, alors même que la situation générale n'est pas mauvaise ; la soi-disant couverture n'apporte donc pas de compensation à des pertes qui se produisent dans ces conditions. Il faut ajouter que l'amortissement fonctionne sans relâche chez nos voisins, qui rachètent des titres de leur dette pour des sommes élevées : c'est ainsi qu'en 1896-97 il avait été consacré à cet objet 1.500.000 livres (38 millions de francs). C'était un motif de plus à la hausse persistante des cours, d'autant plus que les émissions d'emprunts consolidés avaient cessé depuis la guerre de Crimée. Les excédents budgétaires permettaient à l'Echiquier de faire face à toutes ses dépenses, même aux armements maritimes extraordinaires qui se poursuivent depuis plusieurs années. Cette situation a été modifiée par la guerre sud-africaine : elle a déjà nécessité l'émission d'un emprunt de 30 millions de livres sterling, baptisé du sobriquet de khaki, à cause de l'étoffe des vêtements que portent les soldats employés aux expéditions coloniales.

A côté des fonds de la métropole figurent encore, sous la rubrique de " British funds ", des obligations de chemins de fer canadiens garanties par la métropole, le 3 % égyptien, que l'Angleterre a garanti solidairement avec les autres puissances européennes, le Turc 4 % 1855 qu'elle a garanti avec la France, les fonds indiens et ceux de l'île de Man. Ces diverses rentes sont cotées à de hauts prix : le 3 % indien, payable en or, est à 103, soit deux points plus chers que notre 3 % ; le 2 1/2 % indien est à 89, alors que notre 2 1/2 % des protectorats (du Tonkin et Annam) est à 80, après avoir été émis à 87 : nous parlons de notre 2 1/2 garanti par la métropole et non du 3 1/2 non garanti par le gouvernement, coté aux environs de 94.

Les obligations de villes et de comtés sont en général au taux de 3 % et cotées aux environs du pair ; il s'y rencontre aussi des 2 1/2 et des 3 1/2 %. Pour les emprunts des colonies, le taux varie de 3 à 6 % : celui de 4 % est fréquent. Des différences notables apparaissent dans l'appréciation de leur crédit. Le contre-coup des crises économiques comme, par exemple, celle qui a sévi sur les banques australiennes il y a quelques années, amène une dépréciation des cours. La variété de cette partie de la cote est grande : elle est une géographie de l'empire colonial anglais. Le mouvement, factice sous bien des rapports, qu'on cherche à créer et à entretenir pour affirmer l'étroite solidarité de la métropole et des colonies s'est traduit à la cote de Londres : les fonds canadiens ont été inscrits parmi les valeurs d'élite, celles que les Anglais appellent " gilt-edged securities " et qui peuvent servir d'emplòi aux fonds des fidéicommisssaires (trustees).

Le chapitre qui suit nous transporte dans un plus grand nombre encore de pays ; c'est le compartiment des fonds étrangers, que la cote divise en deux, suivant que les coupons en sont ou non payables à Londres. Les dates des emprunts successifs, inscrites à côté de chacun d'eux, permettraient de retracer l'histoire de l'intervention financière anglaise dans les diverses contrées dont les rentes sont cotées. De nouveaux venus y arrivent sans trêve, marquant bien l'incessante activité anglaise, qui offre ses capitaux à tous les pays, au fur et à mesure de leur avènement à la vie moderne : des rentes chinoises et japonaises n'en sont pas le moindre exemple.

Les actions des chemins de fer anglais sont inscrites à la suite. La seule inspection de ce chapitre est instructive. Nous y voyons figurer des séries de titres divers : l'Angleterre n'a pas, comme nous, concentré ses lignes aux mains d'un petit nombre de compagnies. La concurrence existe, elle a surtout existé en cette matière. Ces actions sont en général cotées à des prix très élevés par rapport aux dividendes qu'elles paient ; ce qui s'explique, d'une part, par l'assimilation plus ou moins complète qui tend à s'établir entre le revenu des fonds nationaux et celui des titres de chemins de fer ; en second lieu, par le fait que les concessions en sont perpétuelles. Les compagnies anglaises ne sont pas, comme les nôtres, de simples locataires à temps des lignes qu'elles exploitent ; elles en ont la propriété absolue, indéfinie, si bien que l'actionnaire est en droit de se croire assuré d'un revenu d'une durée illimitée, ce qui augmente la valeur du capital auquel il est attaché.

Un autre effet curieux de cette perpétuité de concessions se fait sentir dans la cote des obligations de chemins de fer anglais (Railway debenture stocks) : elles ne sont, pour la plupart, l'objet d'aucun amortissement. Alors qu'en France, les grandes compagnies, arrivées à peu près à moitié de leur course et n'ayant plus guère que 50 ans d'exploitation devant elles, remboursent déjà annuellement presque autant d'obligations qu'elles en émettent pour leurs besoins nouveaux, les compagnies anglaises laissent, pour la plupart, leur dette-obligations subsister dans son intégralité ; c'est pour cela que, dans les deux colonnes juxtaposées de la cote dont la première contient le montant originaire de l'emprunt et la seconde celui de la portion qui n'est pas encore amortie, on constate, presque partout, l'identité des deux chiffres. Le Great Eastern a émis pour 14 millions d'obligations 4 % qui subsistent encore pour le chiffre même de l'émission. Les obligations n'étant généralement pas remboursables avant une date éloignée ou ne l'étant pas, il en résulte que celles qui ont été émises à des époques où le loyer des capitaux était plus élevé qu'aujourd'hui ont dépassé le pair dans de fortes proportions. Les obligations 4 % du Great Western sont cotées à 138 %; les 5 % South Eastern, à 170 %; les 4 1/2 % du North-London, 153. Il en est de même pour les actions à revenu garanti et les actions de préférence, qui forment une des particularités de la cote anglaise. Les 4 % Caledonian sont à 136; les 6 % Great Northern à 199; les Great Central 6 % préférence à 172, le 4 1/2 West-Cornwall à 150.

Il y a des exceptions à la non-remboursabilité des titres de chemins de fer : ainsi le Hull and Barnsley 4 % preference Stock peut être remboursé à 115 après six mois de préavis. Seul, un acte du Parlement pourrait autoriser l'amortissement là où il n'a pas été prévu par la charte originaire. Un Anglais, à qui je demandais pourquoi les compagnies ne faisaient pas cette demande, me répondit que les Chambres n'autoriseraient pas cette conversion si elle avait simplement pour but d'alléger les charges du débiteur. En France, un jugement célèbre, rendu il y a quelques années, a défendu à la compagnie de l'Est de rembourser en bloc avant l'échéance une catégorie d'obligations 5 %, mais elles n'en sont pas moins amorties par des tirages annuels qui les auront fait disparaître avant l'expiration de la concession.

Des conventions de nature variée sont intervenues entre les diverses compagnies et ont donné naissance à une multiplicité de titres : Préférence; — Nouvelle préférence; — Préférence perpétuelle; — Consolidé; — Consolidé préféré (preferential consolidated); — Vested Companies stock; — Convertible préférence; — Préférence stock; — Rent charge; Minimum consolidated ; — Station rent charge ; — Guaranteed annuities Stock.

Le département des chemins de fer indiens présente aussi une grande variété de titres. Nous y trouvons des "cumulatives preference shares" c'est-à-dire des actions qui ont droit par préférence à un certain revenu et qui, si les recettes d'un exercice ne suffisent pas à le leur assurer en tout ou en partie, récupèrent la différence ou la totalité sur les produits des années suivantes. Certaines de ces actions, par exemple le Bengal Central, le Burma, le Delhi Umballa Kalka, reçoivent un intérêt fixe, plus une fraction des bénéfices nets. Nous y voyons des annuités dues par le gouvernement, qui a donné des subventions pour beaucoup de lignes, alors qu'il n'en a jamais accordé dans la mère patrie. Il a la faculté d'en racheter un certain nombre à des époques déterminées : le Bengal Central, le Southern Mahratta, l'Indian Midland, le Bengal Nagpur, l'Assam Bengal, le Burmah Railway. Beaucoup de ces obligations de chemins de fer indiens, contrairement à celles des chemins de fer anglais, sont remboursables à date fixe.

La cote de Londres enregistre aussi nombre d'actions et d'obligations de chemins de fer des possessions anglaises, notamment au Canada.

Puis, vient le chapitre des actions et obligations de chemins de fer des Etats-Unis de l'Amérique du Nord. Les actions forment encore un des objets favoris de la spéculation londonienne, bien qu'à maintes reprises elles lui aient infligé des pertes cruelles. L'énormité du réseau américain, la violence de sa croissance, l'audace avec laquelle les projets les plus vastes de construction ont été réalisés à une certaine époque, la concurrence effrénée qui a parfois fait travailler à perte les réseaux les mieux situés, sont autant de motifs d'instabilité pour les cours des titres de ces entreprises. Mais la puissance économique du pays est si grande, sa force de production telle, que la plupart de ces créations sont restées debout, ou du moins ont retrouvé une vie nouvelle après des réorganisations de diverse nature. D'ailleurs, le régime des chemins de fer, d'une façon générale, paraît s'assagir de plus en plus aux Etats-Unis: on y connaît déjà nombre de compagnies qui sont administrées aujourd'hui d'une façon aussi conservatrice que les meilleures lignes européennes. Les années 1899 et 1900 ont été marquées par une hausse prodigieuse de la plupart des actions et aussi par reprise faite à l'Etat des rares réseaux qui étaient sa propriété ou lui étaient hypothéqués : Union Pacific, Central Pacific, Kansas Pacific. La marche suivie en cette occurrence a été le contraire de celle qui s'est manifestée dans beaucoup de pays européens, où l'Etat a racheté un grand nombre de lignes particulières, par exemple en Prusse, en Italie, en Autriche-Hongrie, en Belgique, en Russie, en Hollande.

Les obligations de ces chemins de fer sont réparties, à la cote de Londres, en trois catégories, selon que les intérêts et le capital en sont payables en monnaie légale américaine (currency), en or ou en monnaie anglaise (sterling); on sait qu'à plusieurs reprises des doutes se sont élevés sur le métal dans lequel sont exigibles les dettes des Etats-Unis, sans parler de la période de cours forcé que leurs billets ont subie pendant la guerre de sécession : une grande différence a donc été faite à de certaines époques, lorsque par exemple, en 1893, on a pu craindre que l'étalon américain ne devînt l'argent, entre les obligations "currency" et les autres. Quant aux obligations or et sterling, il n'y a en pratique aucune différence entre elles, tant est grande chez les capitalistes la certitude que l'étalon anglais ne cessera jamais d'être l'or. La loi de mars 1900 vient du reste de consacrer définitivement ce métal comme étalon des Etats-Unis.

Les obligations des chemins de fer américains ne sont pas perpétuelles comme celles des chemins de fer anglais, bien que les compagnies américaines soient, elles aussi, propriétaires à perpétuité de leur réseau; Elles ne sont pas amortissables par voie de tirages au sort annuels comme celles des compagnies françaises; elles sont remboursables en bloc, à une date déterminée pour chaque emprunt. La cote de Londres indique, dans une colonne spéciale, cette année de remboursement, souvent fort éloignée : beaucoup de ces titres n'écherront que vers la fin du xxe siècle. Les obligations 4 % première hypothèque du Westshore sont remboursables en 2361 !

Les actions et obligations de chemins de fer étrangers cotées à Londres donnent l'idée du nombre de pays où le capital anglais est intervenu, notamment hors d'Europe. Les Anglais ne se contentent pas de prêter des millions à des gouvernements qui font parfois quelques difficultés pour les rendre ; ils entendent exploiter le pays, y créer des industries et en encaisser les revenus, si bien que, alors même que les fonds d'Etat proprement dits ne donnent pas pleine satisfaction au porteur, l'Angleterre dans son ensemble a presque toujours tiré avantage de son intervention. Si les fonds argentins ont subi, à certaines époques, des baisses violentes et ont eu leur coupon partiellement en souffrance, les chemins de fer, les compagnies de gaz et autres ont rapporté des dividendes; dans bien des cas, une plus-value de capital est résultée de la hausse de leurs titres.

Le chapitre des banques comprend à la fois des actions de banques anglaises et de banques étrangères. Les grands établissements de dépôt de Londres, tels que la London City and Midland bank, dont les actions, sur lesquelles il n'a été appelé que 12 livres 1/2, valent actuellement 53 1/2, soit 428 pour cent, la London and Countybank, dont les actions valent 500 %, c'est-à-dire 100 livres pour 20 versées, la London-Provincial bank, dont les actions valent 420 %, la London-Westminsterbank cotée 300 %, l'Union bank of London cotée 260 %, ont adopté la formule d'un faible versement appelé sur leurs titres, de façon que la partie non versée constitue une sorte de réserve, une garantie excellente pour les déposants et les créanciers de l'établissement. Nous donnons en annexe le tableau des principales banques de Londres, indiquant le capital nominal, le capital versé, le cours actuel et son rapport à ce dernier.

Parmi les banques étrangères ou coloniales, nous relevons celles d'Agra, d'Australasie, de la Colombie Britannique, de Maurice, de la Nouvelle-Zélande, de l'Inde, d'Australie et de Chine, de Delhi et de Londres, de Hong-Kong et Shanghaï : cette dernière est un des plus puissants établissements de crédit de l'Extrême-orient, où son influence est prépondérante.

Le chapitre qui suit est consacré aux brasseries et distilleries, parmi lesquelles figurent des noms connus même en dehors de l'Angleterre, les Allsopp, les Alton, les Guinness, dont les entreprises ont été mises en actions. Un certain nombre de brasseries américaines, de Chicago, Cincinnati, Baltimore, Milwaukee, New-York, Saint-Paul, rappellent l'époque où le capital anglais commanditait largement l'industrie américaine. Cette partie de la cote comprend plusieurs centaines de titres.

Les canaux et docks ne sont au contraire représentés que par les actions et obligations d'un nombre restreint d'entreprises, telles que les docks des Indes orientales et occidentales, de Londres et Sainte-Catherine, de Millwall, de Surrey. Ce département comprend les actions et obligations du canal qui relie Manchester à la mer, canal qui éveilla tant d'espérances lors de sa construction et n'a pas donné les résultats qu'on en attendait.

Nous arrivons à la division de la cote la plus importante, à en juger du moins par ses dimensions : elle est intitulée "Commerce et industrie", et comprend une variété de titres dont l'énumération seule pourrait donner une idée, depuis le pain aéré jusqu'à une compagnie de chemins de fer et de trafic en Assam, depuis le Bovril jusqu'au Grand Hôtel de Brighton, depuis les fameux restaurateurs Spiers et Pond, qui donnent à manger à une partie de la Grande-Bretagne, jusqu'aux manufactures d'armes Hotchkiss et Maxim Nordenfeld, qui vendent leurs produits à tous les gouvernements. On trouve, dans ces trois colonnes, la Compagnie à charte du Niger, les Greniers de Chicago, l'Aquarium royal, des télégraphes, des compagnies de nitrate au Chili, l'Union des sels, le Théâtre Robert-Arthur, Redfern, Paquin, le Palace hôtel, le Savoy hôtel, des fabriques de cycles. Un caractère spécial à la plupart de ces sociétés, c'est qu'elles ont conservé, comme raison sociale, le nom de leurs fondateurs, des anciens propriétaires de l'affaire qui a été mise en actions. On peut trouver là une preuve de l'esprit individualiste anglais qui attache de la valeur à la personne, à la réputation qu'elle s'est faite, aux succès qu'elle a remportés et qui désire conserver son nom, alors même qu'elle n'est plus à la tête de l'entreprise ou qu'elle n'y est plus seule.

Les "Corporation Stocks" coloniaux et étrangers comprennent principalement des obligations municipales, comme celles d'Auckland, de Boston, de Capetown, de Durban, du comté d'Essex, de la ville de Melbourne, de Mexico, de Montréal, d'Ottawa, de Port Elisabeth, de Québec, de Rio de-Janeiro, Rosario, Saint-Louis, Sydney, Toronto, Valparaiso, Vancouver, Wellington, Winnipeg.

Les "Financial, land and investment", c'est-à-dire finance, terre et placement, comprennent des crédits fonciers, des compagnies territoriales, des compagnies d'exploration, des sociétés financières. Une rubrique spéciale est réservée aux trusts financiers, qui forment une partie originale de la finance anglaise et n'ont guère d'équivalent en France. Presque tous ces trusts ont des actions de préférence, des actions différées, c'est-à-dire ordinaires, et des obligations. Ils donnent lieu à une grande variété de combinaisons. Ce sont, en général, des sociétés constituées pour acquérir les titres d'un certain nombre d'entreprises de nature semblable, leur assurer ainsi d'une façon indirecte un marché plus large et de plus grandes facilités de négociation, ou encore pour rechercher des occasions de placements favorables dans une certaine catégorie de valeurs, en diminuant les risques par la multiplicité des emplois. Ces trusts n'ont de commun que le nom avec les trusts américains, dont nous parlerons lorsque nous nous occuperons du marché de New-York.

Les compagnies d'éclairage par le gaz et l'électricité ne présentent aucun caractère qui mérite d'être spécialement signalé, non plus que les compagnies d'assurances : nous nous bornerons à rappeler le développement considérable pris par ces dernières dans le Royaume-Uni. Les assurances sur la vie répondent bien au caractère des Anglais, qui n'aiment pas économiser comme les Français et qui désirent cependant, en s'imposant un sacrifice annuel, laisser, à leur mort, un capital à leur femme et à leurs enfants. Les assurances maritimes jouent naturellement un grand rôle dans un pays dont la flotte effectue les transports d'une partie du monde.

Les actions de fer, charbon et acier, contrairement à ce qu'on pourrait supposer, sont peu nombreuses ; il en est de même pour celles des mines d'or et des mines en général, dont quelques-unes seulement figurent à la cote officielle (1).

Parmi les actions des compagnies de navigation, sont inscrites celles des puissantes sociétés anglaises, Cunard, Peninsular and oriental, Union Steam ship, Castle mail, dont le nom est connu dans le monde entier, mais dont aucune n'égale cependant en importance la compagnie allemande Hamburg Amerikanische Packetfahrt gesellschaft (2).

Les compagnies de plantation de thé et de café ont les honneurs d'un chapitre spécial, où se lisent beaucoup de noms indiens, Ceylan, Cachar et Dooars, Chargola, Darjeeling, Doom Dooma, Jorehaut, Lungla, Makum.

(1) Voir *infrà*.

(2) Voir notre article sur le commerce allemand. *Revue des Deux-Mondes*, 15 avril 1898.

Depuis un certain nombre d'années, les Anglais ont développé d'une façon intense la culture du thé dans leur empire indien, dont l'exportation grandit tous les ans aux dépens de celle de la Chine. Il y a quelques années, à une exposition coloniale anglaise à Londres, dans le musée de South Kensington, on voyait une série de disques de grandeurs et de couleurs différentes, qui montraient par leurs dimensions l'importance croissante de la production de ce thé indien et la place qu'il enlève peu à peu au thé chinois dans la consommation anglaise. La cote de Londres en porte la trace vivante.

Parmi les actions de télégraphes et de téléphones, nous voyons celles de la plupart de ces puissantes entreprises qui enserrent le globe dans un réseau de fils anglais, et qui viennent encore une fois de montrer, durant la guerre sud-africaine, quelle force elles donnent à l'Angleterre, en assurant ses communications instantanées avec ses colonies et en obligeant les autres gouvernements à emprunter l'intermédiaire des câbles britanniques.

Les deux derniers chapitres, tramways, omnibus, eaux, comprennent un certain nombre d'entreprises anglaises et étrangères.

Voilà ce que contient la cote officielle de Londres, c'est-à-dire celle qui est publiée par les soins des fidéicommissaires et directeurs du Stock-Exchange : malgré ses dimensions, elle est loin de renfermer toutes les valeurs qui se négocient au Stock-Exchange. La plupart des actions minières n'y sont pas inscrites, ce qui ne les empêche pas d'être négociées par les membres de la corporation. En ne tenant compte que des inscriptions à la cote officielle, nous trouvons qu'au 31 décembre 1899 la valeur nominale des titres cotés était de plus de 200 milliards de francs (1).

Il n'y a pas à Londres de séparation, comme celle qui existe à Paris, entre la coulisse et le parquet. C'est ainsi que nombre de stockbrokers publient une cote de plusieurs pages, qui relate les cours journellement pratiqués sur les actions de mines. L'une des différences entre les valeurs cotées officiellement et les autres, c'est que les banquiers n'avancent guère d'argent, en d'autres termes, ne font volontiers de reports que sur les premières.

Le fonctionnement du marché de Londres est en principe très simple : il est libre et se gouverne par le règlement qu'il s'est imposé à lui-même, sans rien qui ressemble à un monopole. Chacun peut acheter et vendre des valeurs mobilières en dehors du marché. Le Stock-Exchange est une société privée qui possède un local où se réunissent les mem-

(1) Voir, en annexe, le tableau des valeurs officiellement cotées à Londres.

bres de la corporation (1). Voici les formalités à remplir pour obtenir l'admission d'une valeur aux négociations, c'est-à-dire une liquidation (*settling day*) initiale et la cote (*quotation*) : l'impétrant doit remettre au secrétaire du département des actions et emprunts (Share and Loan department) copie du prospectus et des statuts, ainsi qu'une lettre désignant un membre du Stock-Exchange pour représenter la compagnie devant le comité. Il faut que les statuts défendent aux administrateurs d'employer les fonds sociaux à l'achat des actions et que les dividendes échus ne soient jamais périmés. Moitié au moins du capital (actions préférées et différées) doit avoir été émis, et un tiers au plus de la somme émise employée à payer des apports. Les statuts doivent être imprimés au dos du prospectus.

Le comité ordonnera l'inscription des titres d'une nouvelle compagnie à la cote officielle, si la compagnie est *bona fide* et d'une importance suffisante ; si elle a fourni les documents requis; si le prospectus a été publié avec les statuts; si la moitié du capital d'une société à responsabilité limitée est émise, avec 10 % au moins payés ; si les sommes à payer en argent ou titres aux apporteurs et concessionnaires sont spécifiées ; si deux tiers du capital nominal émis ont été souscrits et attribués sans conditions au public. Une compagnie qui émettrait sans motifs spéciaux de nouvelles actions dans les douze mois qui suivent la première liquidation (*settling day*), pourrait être exclue de la cote.

Diverses pièces sont à remettre, pour l'admission à la cote, du membre du Stock-Exchange qui signe la demande au comité pour compte de la compagnie. En voici l'énumération : Acte de création ou acte du Parlement. Prospectus, certificats, avis, statuts. Deux exemplaires du memorandum et statuts conformes au *Limited liability Act* ou, s'il y a eu un acte spécial d'incorporation, deux exemplaires de cet acte. Lettres de souscription des actions. Livre d'*allotment*, avec copie des lettres de répartition. Spécimen des actions. Certificat officiel signé par le président et le secrétaire, établissant : 1° le nombre d'actions demandées par le public ; 2° celui des actions attribuées avec les sommes payées; 3° celui des actions d'apport non comprises dans l'allotment public ; 4° celui des actions allotées sans conditions; 5° que les actions sont prêtes à être livrées. Un certificat du banquier de la compagnie certifiant les sommes reçues. S'il y a eu à la création de la compagnie des contrats ou arrangements, les originaux ou des copies certifiées devront être produits. Des règles sont édictées pour les émissions d'emprunts et obligations.

(1) *Du Relèvement du marché français*, par Raphaël-Georges Lévy et Jacques Siegfried.

Le comité fait coter les titres d'un emprunt étranger, colonial ou autre, dont les coupons sont payables en Angleterre, à condition que cet emprunt ait été publiquement négocié par soumission, contrat ou autrement, que les titres indiquent le montant et les conditions de l'emprunt, les pouvoirs en vertu desquels il a été contracté, le nombre et l'importance des coupures émises, lesquelles doivent porter la signature autographe de l'emprunteur ou de son agent autorisé. Des obligations dont les coupons sont payables à l'étranger peuvent être cotées si elles le sont dans leur pays d'origine.

Les bourses provinciales sont au nombre de douze : Aberdeen, Birmingham, Bristol, Cork, Dublin, Edimbourg, Glasgow, Leeds, Liverpool, Manchester, Newcastle-on-Tyne, Sheffield. Chacune d'elles en général a une spécialité : ainsi Birmingham a celle des compagnies de cycles. Une centaine d'usines de bicyclettes, de nombreuses fabriques de pneumatiques et autres accessoires, y donnent lieu, ou du moins y ont donné lieu pendant plusieurs années à des transactions animées. La plupart ont divisé leur capital en actions d'une livre sterling. A la suite des exagérations commises et des capitaux grossis démesurément, ce marché a perdu de son importance. A Dublin, la corporation des agents de change du gouvernement autorisée par le lord lieutenant (*government stock brokers licensed by the lord lieutenant*) au nombre de 75, a une cote dont les divisions se rapprochent de celles de Londres. Les actions de brasseries, de manufactures, de compagnies commerciales y sont nombreuses. Elle contient à sa quatrième page, comme celles de Glasgow et de Manchester, des statistiques de trafics de chemins de fer anglais et américains.

Si nous cherchons maintenant, après avoir énuméré les objets des transactions en Angleterre, à en étudier les caractères généraux, nous avons plusieurs points essentiels à mettre en lumière. Londres est, au point de vue financier comme au point de vue commercial, un vaste marché international ; c'est une place qui a non seulement à régler les affaires anglaises, mais celles de nombreux pays, sociétés, et individus étrangers. Cette centralisation est due, d'une part à l'expansion anglaise dans le monde, dans ses colonies et ailleurs ; d'autre part à son système monétaire. Depuis le commencement du siècle, l'étalon d'or y règne sans conteste ; de sorte que financiers et gouvernements ont pris l'habitude d'y avoir des réserves. Ces réserves augmentent d'une façon permanente le fonds de roulement de la Grande-Bretagne, mais la forcent aussi à maintenir de grandes disponibilités.

Cette obligation incombe avant tout à la Banque d'Angleterre et aux sociétés de dépôt anglaises. Ce n'est pas ici le lieu de rappeler l'organisation de la Banque, qui assure d'une façon presque mathématique le remboursement de ses billets, mais à qui on a reproché de manquer d'élasticité. Elle tend, depuis la crise Baring en particulier, à fortifier dans une certaine mesure son encaisse disponible, c'est-à-dire celle du département de la Banque. Mais il n'en est pas moins certain que Londres tenant les comptes d'une partie du monde, étant aussi le grand marché de l'or, est exposé à des demandes fréquentes et à des retraits inopinés qui l'obligent à se tenir constamment sur ses gardes. De là une mobilité du taux d'escompte plus grande qu'ailleurs, plus grande que chez nous par exemple ; de là aussi un taux souvent plus élevé, en dépit de l'énormité des capitaux accumulés. Des opérations comme celles du paiement de l'indemnité de guerre par la Chine au Japon se déroulent presque entièrement en Angleterre. Le monde des affaires d'Europe et d'Amérique a les yeux fixés sur Londres, sur le cours des consolidés, sur les taux d'escompte de la banque et du marché libre, sur les mouvements d'espèces et sur le cours du change avec les places étrangères. On sait quel émoi cause à Paris la hausse du chèque et à New-York celle des cable transfers. L'importance de ces divers facteurs ne saurait être méconnue : par eux Londres domine les autres marchés monétaires, tout en dépendant d'eux. En outre il est le régulateur des finances d'un très grand nombre de pays. C'est par Londres que des Etats comme la République Argentine ont obtenu du crédit; c'est à Londres que ce crédit a baissé; c'est par Londres qu'il a été rétabli.

Ce vaste marché a des engouements soudains, suivisde réactions; il passe tour à tour d'une catégorie de titres à l'autre, abandonnant ceux-là mêmes sur lesquels la spéculation s'était le plus ardemment exercée à un moment donné. L'énorme machine que constitue le Stock-Exchange, avec les 10.000 individus qui le composent, ne s'arrête jamais; elle est toujours en activité. On se souvient des transactions colossales qui s'y établirent en 1895 sur les actions des mines de l'Afrique australe. L'année suivante c'était l'Australie occidentale, la Nouvelle Zélande, puis un mouvement de fondations industrielles et commerciales, la mise en actions de maisons anglaises et étrangères, depuis les brasseries jusqu'aux couturières et modistes parisiennes. En 1897, à la suite de la bonne récolte américaine, coïncidant avec la mauvaise récolte en Europe et la reprise générale de la prospérité aux Etats-Unis, le marché des chemins américains a repris une activité intense. Au commencement de 1899, ce furent les actions de mines de cuivre. Demain ce sera une autre mode, on pourrait presque employer ce mot pour désigner la mobilité particulière avec laquelle les Anglais passent d'une catégorie de valeurs à une autre. Il ne faut pas conclure de là que tout y soit changeant. Certains titres forment ce qu'on peut appeler le fonds du marché : tels sont les consolidés, les chemins de fer anglais, les emprunts coloniaux, autour desquels se meuvent des milliers d'autres valeurs aux fortunes diverses.

Quant au mécanisme de la bourse de Londres, presque toutes les opérations s'y font à terme, c'est-à-dire doivent se régler dans la plus prochaine liquidation. Celle-ci n'est jamais bien éloignée, puisqu'il y en a deux par mois et que, sauf les consolidés anglais et quelques rares valeurs, toutes sont soumises à ce règlement bi-mensuel. Grâce à cette simplification, date certaine est donnée à des règlements qui, chez nous, traînent souvent en longueur, pour des affaires dites au comptant, bien au delà de la première liquidation à venir.

Les reports à Londres s'expriment en général par un taux d'intérêt qui se paie, sur le montant des titres reportés, proportionnellement à la durée de l'opération, ce qui permet à l'acheteur de mesurer aisément la charge qui lui est imposée ; tandis que chez nous la pratique des reports à un cours déterminé et l'addition du courtage obligent à des calculs compliqués et élèvent souvent le taux à un niveau élevé. Il faut observer toutefois qu'une réforme utile, accomplie en 1898 à Paris, par les agents de change, a consisté à réduire de moitié le courtage sur les reports.

Il existe à Londres une grande variété de combinaisons de primes de toute sorte et à toute échéance qui contribuent à animer le marché : call, put, put and call. Le call est la prime simple, c'est-à-dire la somme payée pour avoir le droit de prendre ou de ne pas prendre livraison d'un titre à une échéance déterminée ; le put est la prime inverse, payée pour avoir le droit de livrer ou de ne pas livrer un titre à une échéance déterminée ; enfin le put and call, ou prime double, est la somme payée pour avoir le droit de livrer à un certain cours ou de prendre livraison à un autre cours. Cette richesse de combinaisons, jointe à l'abondance des valeurs cotées, permet au nombreux personnel du stock exchange d'entretenir une activité permanente des transactions.

III. — LE MARCHÉ DE PARIS

Le marché de Paris occupe une place prépondérante en Europe. Il doit ce rang à la richesse du pays, à l'intelligence de ses financiers, à l'existence de grands établissements de crédit et de vieilles maisons de banque dont la réputation est universelle. L'une de ses forces a toujours été ce qu'on appelle, en termes de métier, le comptant, c'est-à-dire la présence de capitaux disponibles, fournis par l'épargne et toujours prêts à s'échanger contre les titres offerts. A côté de ce comptant, au-dessus de lui, la spéculation a souvent animé la bourse de Paris, tantôt faisant œuvre utile comme lorsqu'elle s'emparait des emprunts nationaux émis après la guerre de 1870, tantôt semant les ruines autour d'elle, lorsqu'elle s'emportait sur telle ou telle catégorie de valeurs et en poussait les cours à des hauteurs exagérées. Ces excès sont généralement suivis de chutes violentes et profondes qu'on a pris l'habitude de désigner d'un mot étranger " krach ". Employé pour la première fois afin de désigner les événements dont les places de Berlin et de Vienne furent le théâtre en 1873, il a conquis droit de cité chez nous; nous avons eu, pour ne rappeler que les plus récents, le krach de l'Union générale au début de 1882, le krach des cuivres en 1889, le krach des mines d'or en 1895.

Le marché français, comme celui de Londres, appartient à la catégorie de ceux qui ont conservé la presque totalité des fonds publics et valeurs nationales, et qui possèdent en outre une grande quantité de titres étrangers. Longue est la liste des Etats dont les emprunts figurent à la cote de Paris. Il y eut une époque où presque toute la dette italienne était en France; il en reste encore une partie, aussi bien que de la dette espagnole. La dette extérieure russe est venue s'y ajouter ou, dans certains cas, les remplacer pour un chiffre de plusieurs milliards. Une partie des dettes turque, brésilienne, bulgare, serbe, égyptienne, hellénique, finlandaise, sont dans les portefeuilles de nos capitalistes. Bien d'autres nations figurent au nombre de celles dont les rentes sont inscrites à notre cote; nous n'avons cité que celles dont les chiffres sont le plus importants. La presque totalité de ces emprunts sont payables, intérêt et capital, en monnaie d'or ou, si l'on aime mieux, en monnaie française. Le rentier français recherche, en effet, la fixité dans ses placements : il n'aime pas les obligations dont les coupons, payables en monnaies étrangères, peuvent, par suite des mouvements du change, représenter une quantité variable de francs et de centimes ; c'est pourquoi nous ne voyons guère figurer, dans les deux pages consacrées par la cote officielle aux fonds d'Etat étrangers, qu'un seul emprunt intérieur, la rente 4 % espagnole ; celui qu'on appelait l'Orient russe, payable jadis en papier, est devenu un fonds or, depuis que la réforme monétaire est un fait accompli dans l'empire des tsars.

Parmi ces fonds étrangers, les uns ont constitué d'excellents placements pour l'épargne française, qui y trouvait en général un revenu supérieur à celui que lui fournissait les rentes nationales ; d'autres au contraire, par suite de la mauvaise foi des gouvernements, de leurs erreurs ou de leurs faiblesses, ont subi des réductions qui ont infligé des pertes cruelles aux porteurs. Nous croyons cependant qu'en moyenne le résultat n'a pas été mauvais pour ceux-ci. Si d'ailleurs ils avaient été condamnés à placer leurs économies uniquement en fonds nationaux, ils en auraient poussé les cours à des hauteurs bien supérieures à celles où nous les voyons aujourd'hui; ce n'est plus 3 %, mais 2 ou 1 1/2 % que nous retirerions de nos rentes. Déjà celles-ci sont à un niveau élevé; et elles seraient mieux cotées encore si la politique de dépenses excessives où nous sommes engagés depuis une quinzaine d'années ne nous obligeait de temps à autre à emprunter et à réduire à néant nos amortissements, ce qui devrait être sévèrement défendu en temps de paix.

Nos obligations de chemins de fer français 3 %, autres favorites de l'épargne, étaient cotées presque au pair vers 1897, tandis que les 2 1/2 % commençaient à se classer dans les portefeuilles. Depuis lors elles ont assez sensiblement rétrogradé, sous l'influence du renchérissement de l'argent : l'obligation 3 % de 500 francs est (mai 1900) aux environs de 450 francs; l'obligation 2 1/2, au même capital de 500 francs, oscille aux environs de 400 francs.

La fixité et la sécurité du revenu sont obtenus au détriment de son élévation; de plus, les impôts dont les valeurs mobilières sont frappées chez nous, réduisent d'un dixième environ, dans le cas de titres au porteur, le montant des coupons encaissés. Aussi nos capitalistes ont-ils fait une place, dans leurs portefeuilles, aux obligations de chemins de fer étrangers, russes, autrichiens, italiens, espagnols, portugais, turcs, brésiliens, argentins et autres. Ces placements ont varié d'importance selon les époques; certains titres ont disparu par suite du rachat des lignes par les Etats eux-mêmes; d'autres ont eu une tendance à revenir dans leurs pays d'origine, dont la force économique s'accroissait et qui avaient de moins en moins besoin du concours de nos capitaux. Curieuse serait l'histoire des migrations de plus d'une catégorie de ces valeurs. Ce que nous disons s'applique d'ailleurs tout aussi bien aux actions qu'aux obligations de chemins de fer, et, dans plusieurs cas, aux titres de rente étrangers. Il est intéressant, par exemple, d'observer que l'Espagne a racheté une grande partie des titres de sa dette, même extérieure; que les obligations de plusieurs chemins de fer autrichiens, transformées en rente sur l'Etat, sont retournées à Vienne; que l'Allemagne nous a repris, sous une forme nouvelle, certaines catégories d'obligations de chemins de fer italiens. L'importation et l'exportation des valeurs mobilières, la détermination des causes qui amènent ces grands courants, formerait l'objet d'une statistique et d'une météorologie financière des plus instructives. Nous nous réservons d'en exposer les éléments dans la communication que nous soumettrons au Congrès sur le rôle des valeurs mobilières dans le commerce international. C'est ainsi qu'on a constaté, aux époques où s'émettaient de grands emprunts nationaux, un reflux au dehors de quantité de titres étrangers, que nos capitalistes vendaient pour souscrire des rentes françaises. Inversement, les années de prospérité industrielle et commerciale ramenaient du dehors de nouveaux titres sur nos marchés.

Outre ces mouvements dus à des causes financières, il faut encore signaler une certaine tendance des titres étrangers à quitter notre cote dans le but d'échapper à la rigueur de nos lois fiscales et à la nécessité du paiement de droits annuels pour tout ce qui est action ou obligation de sociétés particulières. Nous pourrions dresser une liste relativement longue de sociétés qui ont cessé l'abonnement contracté auprès du Trésor français, vis-à-vis duquel l'engagement du représentant responsable n'est pris que pour trois ans. Cette retraite a un double inconvénient : elle prive notre budget d'un élément de recettes et elle nuit aux intérêts des porteurs français, qui voient le marché national se fermer à leurs titres, qu'ils sont dès lors condamnés à négocier exclusivement sur les places étrangères.

Le chapitre des actions comprend celles de nos grands chemins de fer qui, par suite des conventions avec l'Etat, sont en partie assimilables à des obligations, jusqu'à concurrence au moins du revenu garanti ou réservé. Toutefois l'amélioration de leurs recettes a permis à un certain nombre de compagnies de se dégager de leur assujettissement vis-à-vis du Trésor public et de revenir à une élasticité de dividende, qui leur rend le caractère spéculatif qu'elles avaient perdu pendant de longues années.

Les actions des banques et des sociétés de crédit françaises sont l'objet de transactions importantes, de même que celles d'établissements de crédit et de chemins de fer étrangers.

Une des singularités de la cote officielle de Paris, qui la distingue de celle de Londres et de la plupart des autres places, est qu'elle est divisée en deux parties, le terme et le comptant. Pour parler plus exactement, elle contient, dans sa première moitié, les valeurs, rentes, actions et obligations qui se négocient à la fois à terme et au comptant, tandis que dans la seconde sont inscrites celles qui ne se négocient qu'au comptant. On ne comprend pas toujours très bien ce qui détermine l'inscription dans la première ou la deuxième partie : d'une façon générale, on peut cependant dire que les valeurs contenues dans la première sont celles qui donnent lieu aux plus grandes transactions, par exemple les actions de sociétés ayant plus de 50.000 titres.

Les opérations à prime ont lieu à Paris comme à Londres, mais elles y sont plus limitées, en ce sens qu'il ne se pratique à Paris, sur le marché officiel que le call ou prime simple, c'est-à-dire l'opération qui consiste à payer une certaine somme pour avoir le droit, à une échéance ultérieure, de prendre ou de ne pas prendre livraison d'une valeur à un cours déterminé. Au parquet, la prime la plus éloignée ne peut se négocier qu'à trois liquidations d'échéance ; ainsi le 10 mars on ne pourra acheter ou vendre de primes que pour les liquidations du 15 ou du 31 mars et celle du 15 avril.

A côté du parquet, marché officiel aux mains de 70 agents de change investis d'un monopole, a fonctionné jusqu'à ce jour un marché libre, vulgairement désigné du nom de coulisse, né des besoins de transactions auxquels 70 officiers ministériels ne pouvaient manifestement suffire. Les décrets de 1898 ont amené une modification profonde de cet état de choses, et restreint le champ d'action de la coulisse, en lui interdisant la négociation de toutes les valeurs cotées au parquet des agents de change. Elle n'a conservé, en dehors des rentes françaises, qui lui ont été réservées par une singulière anomalie, qu'une grande variété de valeurs non cotées, parmi lesquelles un certain nombre *non susceptibles de l'être*, comme par exemple les actions d'un capital nominal de 25 francs : la cote officielle ne s'ouvre en effet qu'à des actions de sociétés étrangères dont les coupures sont conformes à notre loi, soit 100 francs au minimum lorsque le capital social est supérieur à 200.000 francs. La coulisse, à la différence du parquet, n'a qu'une liquidation mensuelle.

En perdant une partie de leur champ d'action, les coulissiers ont cependant gagné une sorte de consécration et une existence légale ; ils se sont constitués en deux syndicats : celui des banquiers en valeurs à terme et celui des banquiers en valeurs au comptant. Ces syndicats ont chacun leur organisation et un règlement intérieur qui a pour but de donner des garanties aux clients qui leur confient des ordres et d'augmenter la sécurité des intermédiaires les uns vis-à-vis des autres, en mettant des conditions à leur admission dans le syndicat et en leur imposant le versement d'un cautionnement au profit de la communauté.

En dehors du marché de Paris, il existe en France plusieurs bourses, dont l'importance est bien inférieure, mais qui méritent cependant d'être signalées. En première ligne celle de Lyon, qui a joué à certaines époques un rôle dans le mouvement financier du pays, notamment en 1881, lors de la hausse violente qui précéda l'effondrement de janvier 1882. Aujourd'hui, les agents de change y travaillent encore à effacer les traces du désastre de cette époque, en rachetant à intervalles réguliers les bons émis par leur chambre syndicale pour se procurer les sommes nécessaires au règlement des différences de ces liquidations mémorables. Le marché des valeurs internationales y a quelque peu perdu de son ampleur; un certain nombre d'actions d'entreprises industrielles y jouissent d'un marché suivi. Les agents de change qui forment le parquet de Lyon sont au nombre de 27; ils étaient autrefois 30; mais, à la suite du krach de 1882, 3 charges n'ont plus été pourvues de titulaires. Aujourd'hui ils sont devenus des sortes de banquiers; ils ne se contentent plus d'être des intermédiaires, et ils lancent eux-mêmes des affaires sur le marché : la physionomie des émissions ou introductions à Lyon a été modifiée de ce chef.

Beaucoup de valeurs sont communes aux marchés de Paris et de Lyon. On trouve en plus, sur cette dernière place, des titres d'entreprises industrielles en France et à l'étranger : gaz, fonderies, mines, chemins de fer et tramways. Les financiers lyonnais se distinguent par un esprit d'entreprise remarquable. L'industrie de la soie a mis depuis longtemps cette population active et intelligente en rapport avec les pays de l'ancien et du nouveau monde. C'est là sans doute une des raisons qui ont préparé la banque lyonnaise à porter au loin ses efforts et qui l'ont fait réussir dans mainte création. L'esprit critique de ses financiers s'est souvent manifesté; Lyon est une des rares villes de France qui n'a pas subi l'entraînement du Panama et où les établissements de crédit ont refusé leurs guichets aux souscriptions des obligations, alors qu'ils considéraient la situation comme irrévocablement compromise.

La bourse de Lille n'a guère que les actions de charbonnages. Celles de Marseille et de Bordeaux, en dehors des rentes et grandes valeurs françaises et de quelques fonds d'État étrangers, s'occupent d'un certain nombre de valeurs locales qui intéressent la région. En matière de bourse, comme en toute autre, la centralisation est grande chez nous et a pour effet de retirer aux extrémités une partie de leur activité au profit de la capitale.

La cote d'une place bien étudiée n'est pas seulement un tableau fidèle des transactions qui y ont lieu; elle est un document des plus précieux et instructifs pour nous renseigner sur l'activité économique d'un pays. Aujourd'hui où la tendance universelle est de mettre en sociétés par actions les entreprises les plus diverses, la nature des titres ainsi créés, l'ampleur des échanges dont ils sont l'objet, les fluctuations de leurs prix sont un indice certain de ce qui occupe l'industrie et le commerce. La diversité n'existe pas seulement entre les continents, entre les États, entre les régions d'une même contrée : elle se produit aussi dans le temps. Selon les époques, un marché s'occupera de telle ou telle catégorie de valeurs. Les variations les plus considérables se manifestent à cet égard ; ainsi la place de Paris, qui pendant longtemps avait concentré son attention sur les fonds d'État et sur les titres à revenu fixe, s'est peu à peu prise d'engouement pour les actions de sociétés industrielles de toute nature, si bien que, depuis 1899, on y constate une baisse générale des rentes et des obligations de chemins de fer, accompagnée de la hausse d'un certain nombre de titres miniers, métallurgiques, de sociétés de transport électrique, françaises et étrangères. Il y a une vingtaine d'années, elle s'était lancée avec frénésie dans l'achat des actions de banques : ce fut l'époque célèbre de l'Union générale, où l'on vit les actions de cet établissement, au capital nominal de 500 francs, dépasser le cours de 3.000. Peu auparavant elle avait subi un vif entraînement vers les actions de compagnies d'assurances ; celles des anciennes compagnies avaient été poussées à des prix excessifs ; celles des compagnies nouvelles, hâtivement fondées, mal conçues, médiocrement dirigées, avaient été la proie d'une spéculation dangereuse qui après en avoir exagéré les cours, les laissa retomber dans le néant. Dix ans plus tard, en 1888 et 1889, ce fut le cuivre qui eut le don d'enflammer les imaginations : ce qu'on a appelé le krach des métaux est encore trop présent à toutes les mémoires pour qu'il soit nécessaire d'en retracer l'histoire ; la période qui suivit fut marquée par le placement en France de fonds russes 4, 3 1/2 et 3 % ; l'épargne nationale, durement éprouvée par les mécomptes que nous venons de rappeler, revenait à un genre de placement qu'elle a toujours aimé, celui des fonds d'État. Mais, vers la fin du XIXe siècle, sollicitée par le succès de certaines entreprises, aiguillonnée par l'exemple de pays voisins où depuis plusieurs années les placements industriels sont devenus populaires et ont enrichi nombre de gens, elle est revenue timidement d'abord, puis avec fougue, aux valeurs industrielles.

Et il ne faut pas croire que ce phénomène soit moderne. Si nous feuilletions l'histoire financière de notre siècle, en nous bornant à l'époque où les fondations de sociétés financières ont pris une importance qu'elles n'avaient pas autrefois, nous verrions combien de phases diverses le marché de Paris a traversées. L'album qu'a publié M. A. Courtois, et dans lequel il a enregistré les modifications de la cote parisienne depuis 1797 jusqu'à nos jours, nous montre une série d'évolutions des plus curieuses. Au début, le tiers consolidé est seul ; en 1799 la caisse des rentiers, en 1801 les actions de la Banque de France, font leur apparition ; les trois vieux ponts sur Seine, les fonderies de Vaucluse, les actions Jabach complètent la cote officielle du premier Empire. Sous la Restauration, des emprunts de villes, certains fonds d'États étrangers, les premières compagnies d'assurances, de gaz, de canaux, sont inscrits à la suite de la rente nationale. Sous la monarchie de Juillet, les fonds étrangers arrivent en nombre ; à partir de 1841, surgissent les titres de chemins de fer en même temps qu'une série de valeurs industrielles, dont les noms nous font parfois songer à " Jérôme Paturot à la recherche d'une position sociale " : bitume élastique Polonceau, bitume végéto-minéral et de couleur, parcs à huitres flottants; les industries les plus variées apparaissent à la cote : bougies, moulins, mines, amidonneries, assurances de toute nature. Sous le second Empire, le chapitre des chemins de fer atteint un développement extraordinaire, en même temps que celui des houillères et des gaz. Le nombre croissant des titres étrangers, fonds d'État, titres de chemins de fer et autres, atteste le rayonnement de la France au dehors, la part que ses financiers et ses ingénieurs prennent au développement économique des autres pays : les titres de lignes autrichiennes, russes, italiennes, espagnoles, suisses, portugaises sont inscrits à la cote de Paris. La guerre de 1870 interrompt ce mouvement ; les besoins énormes du Trésor français ont même pour effet de faire sortir de France quelques milliards de valeurs étrangères. Mais bientôt les ruines sont réparées, les traces économiques de nos désastres effacées et le marché de Paris s'ouvre de nouveau aux grandes affaires internationales.

IV. — MARCHÉS ALLEMANDS ET AUTRICHIENS

Le marché de Berlin a vu son importance croître depuis la guerre de 1870 ; si une législation restrictive de la liberté des transactions entrave leur développement, elles n'en ont pas moins, notamment sur les valeurs industrielles, une ampleur significative. L'essor économique de l'Allemagne ne pouvait pas ne pas avoir son contre-coup sur ses marchés financiers. Dès les premières années qui suivirent la constitution de l'empire, la bourse de Berlin vit des valeurs nouvelles éclore en quantité : actions de banques, industrielles, immobilières et autres. On alla trop vite et, dès 1873, la chute retentissante de beaucoup de ces créations vint calmer l'ardeur excessive de ceux qu'on appelait les fondateurs (*gründer*). C'est de cette époque que date l'absurde légende de l'Allemagne appauvrie par nos 5 milliards. Quand ceux-ci ne lui auraient servi qu'à refondre son système monétaire et à lui donner pour base l'étalon d'or, ils lui auraient déjà été de la plus grande utilité ; la vérité est qu'ils se répandirent dans le pays et y formèrent le noyau de mainte entreprise devenue prospère depuis lors; une crise comme celle de 1873 n'est qu'une maladie de jeunesse. Néanmoins elle eut pour résultat de déprimer pour plusieurs années le marché de Berlin et celui de Vienne, qui avait subi les mêmes épreuves, et de laisser le marché de Paris sans rival sur le continent jusque vers 1881. A partir de cette date, les marchés allemands ont de nouveau pris une part importante aux transactions internationales et, s'ils n'ont pas toujours été également heureux dans leur tactique, comme par exemple lorsqu'ils vendirent avec fracas leurs fonds russes, ils ont pesé de plus en plus dans la balance pour un grand nombre d'affaires. Toutefois, leur véritable essor a été dû aux valeurs industrielles indigènes, actions de fabriques et de charbonnages, qui ont fourni l'élément principal de leurs transactions. Ils n'ont eu qu'à suivre l'industrie nationale, qui s'est merveilleusement développée et fortifiée au cours des dernières années et qui a donné un aliment à l'activité des financiers. Ceux-ci ont eu foi dans l'avenir de ces entreprises et leur ont procuré les capitaux dont elles avaient besoin, pendant que l'énorme accroissement de la population (56 millions d'habitants en 1900 contre 40 en 1870), leur assurait toute la main-d'œuvre nécessaire.

Comprenant qu'une industrie aussi colossale ne pouvait se contenter du marché national, qu'elle avait du reste conquis tout entier, les banquiers l'ont aidée à trouver des débouchés au dehors. Ils ont, à cet effet, créé des banques transatlantiques, dont l'effort est en partie consacré à développer les relations des fabricants et commerçants allemands avec les pays d'outre-mer et à y obtenir pour eux des commandes. Les colonies allemandes proprement dites ne constituent qu'une bien faible portion des territoires où s'exerce le rayonnement. Citons la banque brésilienne pour l'Allemagne, au capital de 10 millions de marks; la banque allemande d'outre-mer, au capital de 20 millions (succursales à Buenos-Ayres et Valparaiso) ; la banque germano-asiatique, au capital de 15 millions (siège à Shanghaï, succursales à Tien-Tsin et Calcutta); la banque pour le Chili et l'Allemagne, au capital de 10 millions (Valparaiso). Une statistique que le gouvernement impérial vient de faire distribuer aux membres du Reichstag, appelé en ce moment (mai 1900) à statuer sur le projet d'augmentation de la flotte, indique le montant des intérêts allemands à l'étranger, qui se chiffrent à 7 ou 8 milliards; et encore ce relevé est-il loin d'être complet.

La cote de Berlin comprend les fonds d'État allemands, prussiens et des autres États dont la réunion forme l'empire. Les uns et les autres sont cotés à des prix que justifie la bonne situation des finances et une gestion en général sévère. Pendant assez longtemps, les fonds de l'empire proprement dits n'avaient qu'un marché restreint, dû tout d'abord au montant peu considérable qui en existait et aussi à ce que la clientèle n'en était pas encore nombreuse. Ces deux défauts, dont le premier était du reste un bonheur pour la nation, se sont peu à peu corrigés. Ces fonds sont en baisse depuis 1897, par suite du renchérissement des capitaux, de plus en plus demandés par l'industrie et les banques. Le 3 % est retombé, en mai 1900, aux environs de 86 %. Les fonds prussiens, dont il existe plusieurs milliards, créés principalement en représentation des titres de chemins de fer rachetés par le royaume, et qui ont subi le même recul pour les mêmes motifs, ont depuis longtemps un large marché et doivent à cette circonstance de se négocier parfois à des cours supérieurs d'une fraction à ceux des rentes impériales similaires.

La Prusse possédant la presque totalité du réseau ferré de son territoire, nous ne trouvons presque plus d'actions ni d'obligations de chemins de fer indigènes à la cote. Les valeurs de crédits fonciers y tiennent au contraire une place considérable. Nous ne sommes pas ici en présence, comme en France, d'un monopole, d'un établissement unique privilégié, mais d'une quantité d'établissements particuliers et aussi d'institutions municipales ou provinciales qui prêtent sur hypothèques. On s'efforce en ce moment de les soumettre à une législation commune, au moins en Prusse (*Normativ Bestimmungen*). Ils sont en général bien dirigés et leurs obligations se placent à des taux d'intérêt bas. L'Allemagne est le berceau d'une combinaison de l'assurance et de l'hypothèque qui paraît destinée à un avenir intéressant. Nous en avons exposé le détail dans notre étude sur l'assurance appliquée à l'extinction des emprunts hypothécaires (1).

Nous ne nous arrêterons pas aux départements des fonds d'État et de villes, non plus qu'aux actions de sociétés de crédit ou de chemins de fer étrangers : ils sont comparables à ceux des cotes de Londres et de Paris, non pas comme quantité totale ni comme répartition entre les divers pays, quoique beaucoup de titres cotés sur ces deux places le

---

(1) *Journal des Economistes*, 15 mars 1900.

soient aussi à Berlin et à Francfort, mais comme variété et comme origine des affaires qui ont amené ces valeurs sur le marché.

Il est difficile de tracer un tableau qui donne une idée complète de la bourse de Berlin sans parler des banques qui y jouent un rôle si considérable, accru encore depuis la nouvelle législation boursière qui a fait affluer les ordres de la clientèle aux guichets des sociétés par actions. En voici les principales :

		millions de marks
Discontogesellschaft, avec un capital de	. . . .	130
Deutschebank	—	150
Dresdnerbank	—	130
Darmstadterbank	—	105
Berliner Handelsgesellschaft	—	90
National bank	—	60
Schaaffhausensher Bankverein	. . . .	100
Total	. . . .	765

L'ensemble de leurs réserves s'élève à 200 millions, soit 26 % du capital : elles ont gagné en 1899 près de 12 et distribué plus de 9 % de dividende.

En dehors de ces grands établissements, on a remarqué dans les derniers temps le développement des affaires des banques provinciales. Certaines d'entre elles ont été absorbées par des établissements berlinois dont elles sont devenues les succursales. Celles qui subsistent voient leur champ d'action s'agrandir et songent, elles aussi, à augmenter leur capital.

Le département le plus intéressant de la cote berlinoise est celui des actions de sociétés industrielles qui, comme nombre et comme importance, y jouent le premier rôle, en dépit de la loi qui en interdit la négociation à terme. Usines, fabriques, fonderies, houillères, entreprises de toute sorte y donnent lieu à des négociations énormes. A côté des anciennes forges et des charbonnages existant depuis de longues années, comme les Laura, les Dortmund, les Bochum, les Harpener, les Gelsenkirchen, chaque jour, pour ainsi dire, voit arriver à la cote des actions de fabriques, d'entreprises électriques et autres, de sociétés de tout genre qui se constituent. Le public marque un goût de plus en plus vif pour ces placements, délaisse les rentes et obligations, et enfouit jusqu'à ses économies dans des actions industrielles. Là où les capitaux disponibles ne suffisent pas, les banques interviennent et avancent aux clients, désireux d'acquérir ces titres, la totalité ou une partie de la somme nécessaire. Cette extension des comptes courants d'avance, que les établissements de crédit ouvrent à leur clientèle a nécessité l'augmentation de leur capital : elle explique les chiffres que nous avons cités plus haut et le développement incessant des banques allemandes.

L'un des articles principaux de la loi d'organisation des bourses défend la négociation à terme des valeurs industrielles et de toute action d'une entreprise dont le capital est inférieur à 20 millions de marks (25 millions de francs). Cette loi interdit aussi d'une façon absolue la négociation à terme des marchandises. Ces dispositions législatives donnent une physionomie particulière aux marchés allemands, dont elles ont gêné l'expansion. Mais, d'un autre côté, la poussée industrielle est tellement puissante que le pays ne peut pas encore se bien rendre compte du mal que lui causent les restrictions ainsi mises à la liberté des transactions. C'est donc au comptant que s'échangent les nombreuses actions de fabriques, d'usines, de houillères qui occupent l'attention publique. Pour subvenir aux besoins de capitaux créés par cette règle, la plupart des grandes banques ont augmenté leur capital social dans une proportion considérable, de façon à pouvoir avancer au public les sommes nécessaires à l'acquisition des titres qu'il désire. C'est une transformation des modes d'opérer que la loi a amenée, mais non pas la suppression des opérations elles-mêmes, que visaient ses auteurs.

La cote de Francfort-sur-le-Mein est comparable à celle de Berlin comme nombre de valeurs, mais non comme importance de transactions. C'est une place de capitalistes que la vieille ville libre ; une bourse où se traitent un grand nombre d'obligations, en particulier de chemins de fer américains. La loi d'attraction d'une grande capitale s'exerçant en Allemagne comme ailleurs, les affaires ont augmenté à Berlin et décru à Francfort ; mais la présence dans cette dernière ville de puissantes maisons de banque particulières, l'habitude séculaire de l'Allemagne du Sud de la considérer comme sa métropole commerciale, lui conservent un prestige financier indéniable.

Francfort s'occupe des actions de la Société de crédit mobilier autrichien, le grand établissement de banque viennois qu'on désigne du nom de Kreditanstalt, qui a jadis exercé une influence prépondérante sur les marchés austro-allemands et joué son rôle dans le concert financier européen. Ces titres ont représenté pendant longtemps ce que sont les consolidés pour la place de Londres ou la rente française pour celle de Paris, la valeur dominante, celle dont la hausse ou la baisse détermine, ou tout au moins précède et annonce la hausse et la baisse du marché tout entier. La fixation du dividende de la Kreditanstalt était un événement financier attendu avec impatience, escompté dans un sens ou dans l'autre. Un autre objet favori de la spéculation francfortoise a été l'action des chemins de fer suisses, l'action ou l'obligation des chemins de fer américains. Aujourd'hui elle s'occupe, comme le reste de l'Allemagne, de valeurs industrielles, parmi lesquelles figurent des actions d'entreprises importantes de la région, comme les fabriques de couleurs de Hochst, d'aniline de Ludwigshafen, et beaucoup d'autres. Elle est soumise naturellement à la même législation que celle de Berlin.

La bourse de Vienne est déchue de son ancienne grandeur. Il fut un temps où elle rivalisait avec Berlin, Londres et Paris. Elle n'est plus aujourd'hui qu'un marché secondaire au point de vue des changes et des fonds internationaux. Elle conserve les fonds austro-hongrois, les actions et obligations des chemins de fer qui n'ont pas été rachetés par l'Etat, des valeurs industrielles indigènes en assez grand nombre ; mais elle est peu mêlée au mouvement des grandes transactions qui s'accomplissent sur les trois places que nous venons de nommer. Cependant le cours forcé, qui a longtemps existé en Autriche, est en voie d'être supprimé et d'être remplacé par l'étalon d'or. La fixité du change qui en résulte devrait faciliter les arbitrages et rendre les communications, entre les places austro-hongroises et celles du dehors, plus fréquentes et plus faciles ; mais cette influence a été contrebalancée par celle d'une législation hostile aux affaires, qui s'est en particulier manifestée par l'élévation des impôts sur les transactions.

La cote de Vienne contient trois fois moins de valeurs que celle de Berlin (environ 540 contre plus de 1600); parmi elles, 12 valeurs étrangères seulement, dont quelques-unes, comme les rentes italienne et turque, n'y donnent lieu à aucune affaire. Une des raisons de cette infériorité est, sans parler de la politique et des divisions de races qui rongent l'empire des Habsbourg, la difficulté qu'on éprouve à créer des sociétés en Autriche. Les formalités byzantines qu'impose la *Vereins commission*, sans le concours de laquelle aucune fondation n'est possible, sont un obstacle constant à cette forme indispensable du progrès économique moderne.

La bourse de Vienne a, comme objets principaux de son activité, les fonds publics autrichiens, rentes papier et argent, vieilles expressions qui n'auront plus de sens lorsque la réforme monétaire sera un fait accompli, les obligations à lots, les actions et obligations de chemins de fer non rachetés par l'Etat, les fonds d'État hongrois, les obligations de villes et de pays d'empire tels que Dalmatie, Galicie,

Bukowine, Haute et Basse-Autriche, Tyrol, Styrie, les lettres de gage, obligations hypothécaires et foncières, les actions de banque et les valeurs industrielles. Pour avoir une idée de ce qui occupe le marché autrichien, on peut analyser le rapport annuel de l'une de ses principales banques, la Laenderbank, au point de vue des affaires dont elle s'est occupée. Nous y voyons des actions d'une fabrique d'émail, du bureau de change Mercure, d'une société de journaux, des chemins de fer Kahlenberg, Kolomea, Lemberg-Belzec, des titres sud-africains, des actions des banques de Salonique et du Crédit serbe, des obligations hypothécaires de la Banque austro-hongroise, des intérêts dans une affaire d'eau à Lend et Golling, les tramways et l'électricité à Linz, une fabrique de coton à Prague-Smichow, un domaine à Benatek. La Banque de l'union Bohême accuse un bénéfice de 10 %, dû surtout au développement de ses affaires courantes : elle a pris part à la constitution de la société autrichienne Schuckert pour l'électricité, elle a installé les tramways électriques à Reichenberg. Il est à remarquer que les comptes des banques se tiennent encore en florins et non pas en couronnes : la valuta regulirung n'avance que lentement. D'une façon générale, le pays souffre de la politique qui le ronge, d'une législation fiscale hostile à la bourse, et voit son influence économique décroître en Europe.

V. — HOLLANDE, BELGIQUE, SUISSE.

La bourse d'Amsterdam remonte fort loin. L'activité commerciale, coloniale et maritime des Hollandais a donné naissance de bonne heure à un marché financier important : le crédit des Pays-Bas a été coté à un taux élevé dès le XVIIIe siècle. Bien que, dans les derniers temps, le gouvernement néerlandais semble avoir eu trop souvent recours à l'emprunt, les rentes du pays n'en sont pas moins rangées parmi les placements de premier ordre. Elles ont toutefois subi l'effet du renchérissement des capitaux que nous avons signalé à plusieurs reprises : en mai 1900, le 3 % néerlandais est coté aux environs de 90, et le 2 1/2 aux environs de 79.

Toutes les opérations, à la bourse d'Amsterdam, se règlent au comptant, sauf celles auxquelles donnent lieu les actions de la société néerlandaise de commerce « Nederlandsche Handelsmaatschappy » qui se règlent en fin de mois. Les fonds espagnols, turcs, russes, ont trouvé un accueil empressé, à des époques diverses, auprès des capitalistes hollandais, qui ont conservé l'habitude d'acheter les fonds de pays secondaires, tels que ceux des Républiques sud-américaines, lorsqu'ils tombent à un niveau bas. Ils détiennent beaucoup d'actions et d'obligations de chemins de fer des Etats-Unis. Enfin dans les derniers temps ils ont, cédant à l'entraînement général des marchés européens, marqué une prédilection pour les valeurs industrielles et se sont successivement engoués des actions de plantations de tabac en Océanie, des pétroles de Bornéo et de Java, des mines d'or de l'île Célèbes, etc.

Rotterdam est une place plus commerciale que financière.

La bourse de Bruxelles s'est considérablement développée depuis un certain nombre d'années. Elle profite de toutes les fautes qui se commettent chez nous, de nos lois fiscales restrictives qui font émigrer les affaires sur une place qui est pour les valeurs mobilières ce qu'un port franc est pour les marchandises, un endroit où elles arrivent, se négocient et même se créent sans frais ni difficultés d'aucune sorte. Si la législation belge est libérale, l'interprétation que lui donnent les tribunaux l'est plus encore. La loi fiscale exigeant que les titres étrangers soient timbrés lorsqu'ils sont produits, il a été reconnu que ce n'est qu'au cas où ces titres figureraient dans un procès que le droit doit être perçu : ils se négocient sans être timbrés.

D'autre part, l'activité industrielle et commerciale des Belges s'est manifestée à la fois chez eux et au dehors. L'initiative de leur roi, Léopold II, leur a ouvert une partie de l'Afrique. Dans cet État libre du Congo, si décrié à ses débuts, se sont successivement organisés chemins de fer, compagnies commerciales et de navigation, entreprises, de toute sorte qui prospèrent et assurent des débouchés à l'industrie belge. Celle-ci rayonne de tous côtés. Ses exportations se multiplient ; aux Indes elle bat non seulement les Allemands, mais les Anglais eux-mêmes. En Russie, elle s'est mise à la tête du mouvement qui porte les nations occidentales à installer des usines dans ce vaste empire : partout s'y élèvent des hauts fourneaux, des fonderies, des ateliers, créés par l'initiative et les capitaux belges. Les actions et obligations s'en traitent à Bruxelles et donnent une singulière activité à cette partie de la cote, où des bénéfices considérables ont été réalisés. Nous y voyons par exemple les actions de la société russe dnieprovienne dépasser 8.000 francs.

L'industrie nationale belge n'a pas cessé d'augmenter sa production : fabriques et charbonnages sont en pleine activité. L'effet de cette prospérité se fait à son tour sentir sur la cote des actions des sociétés de crédit. Les grandes compagnies, comme la Société générale pour favoriser l'industrie nationale, véritable omnium industriel, sont une source de profits pour les actionnaires. Ici comme dans d'autres pays européens, l'immensité des capitaux engagés dans les affaires industrielles est telle que la cote des fonds d'Etat et des obligations s'en est ressentie. Les fonds d'Etat belges, malgré la solidité du crédit public, ont baissé assez notablement : le 3 % est à 94, tandis qu'il y a un certain nombre d'années, il se tenait au-dessus du pair.

Avant de quitter la cote de Bruxelles nous devons en signaler un chapitre intéressant, celui des tramways. La Belgique a été, en partie, l'initiatrice de ce mouvement qui a doté nombre de villes européennes d'un réseau ferré. La traction animale y est peu à peu remplacée par la traction électrique. Cette substitution d'une force nouvelle est une source de créations qui se poursuivent de tous côtés et qui ont pris en France un développement remarquable.

La cote de la bourse de Brurelles est divisée comme suit :

1° Fonds d'État, de provinces et de villes. — Ce chapitre comprend les rentes belges 3 et 2 1/2 %, des annuités 4 1/2, 4 et 3 % dues par l'État à la société des chemins de fer vicinaux; des obligations du crédit communal, des emprunts des principales villes et provinces du royaume.

2° Obligations, actions privilégiées, actions à revenu fixe :

A. Des banques et entreprises immobilières.
B. Des chemins de fer ; cette catégorie n'est pas nombreuse, la plus grande partie du réseau ayant été rachetée par l'État belge.
C. Des tramways et chemins de fer économiques et vicinaux : cette division comprend un grand nombre d'entreprises belges et étrangères.
D. D'industries métallurgiques
E. De charbonnages.
F. De zinc, plomb, mines.
G. De glaceries et industries verrières.
H. De distributions d'eau.
I. D'entreprises de gaz et d'électricité.
J. D'industries textiles.
K. D'industries de la construction et carrières.
L. D'industries diverses.

3° Obligations à revenu variable, — au nombre d'une demi-douzaine.
4° Actions de banques, assurances et entreprises immobilières belges.
5° Actions de chemins de fer et canaux.
6° Actions de tramways et chemins de fer économiques.
7° Actions d'aciéries, ateliers de constructions, fabriques de fer, hauts fourneaux.
8° Actions de charbonnages.
9° Actions de zinc, plomb et mines.
10° Actions de glaceries et industries verrières.
11° Actions de distributions d'eau.
12° Actions d'entreprises de gaz et d'éclairage.
13° Actions des industries textiles.
14° Actions des industries de la construction.

15° Actions diverses.
16° Actions étrangères classées par ordre de pays.
17° Fonds d'États et de villes étrangers.
18° Obligations étrangères.
19° Obligations étrangères à revenu variable.
20° Fonds d'État et obligations des compagnies qui ont des coupons en souffrance.

Une complète liberté règne à Bruxelles au point de vue des intermédiaires. Chacun peut devenir agent de change : en 1898, nombre de coulissiers parisiens, voyant leurs affaires se réduire par suite de la loi qui exigeait un bordereau d'agent de change pour toute négociation de valeurs officiellement cotées, installèrent des succursales en Belgique et prirent, dans plusieurs cas, pour un membre de leur maison, le titre d'agent de change belge.

La place d'Anvers est un centre commercial dont l'importance s'est encore accrue depuis que les travaux de l'Escaut en permettent l'accès aux grands navires. C'est aussi un marché financier, moins important que Bruxelles, mais qui à de certaines époques a manifesté beaucoup d'activité. Il s'est occupé de valeurs argentines, à la fois des rentes nationales et des emprunts provinciaux, qui ont infligé des pertes assez sérieuses à la place. Les différentes obligations foncières de ce pays, connues sous le nom de cédules, s'y traitent encore, ainsi que des fonds d'État de l'Amérique du Sud. Anvers a pris une part considérable au mouvement congolais : des sociétés comme la Byr, l'Anversoise, etc., ont atteint un haut degré de prospérité. Des hommes compétents, dans la plupart des cas des négociants importateurs des principales denrées fournies par l'Afrique, comme le caoutchouc, ont su donner une vive impulsion à ces entreprises, pour lesquelles ils ont formé un personnel, aujourd'hui capable de gérer sur place les intérêts qui leur sont confiés.

Les bourses suisses témoignent de l'activité de ce petit pays, si remarquable à tant d'égards. La capacité spéciale des Suisses, en matière de banque, est reconnue depuis longtemps : déjà, sous l'ancienne monarchie, n'a-t-on pas, à deux reprises, appelé à diriger les finances de la France un banquier genevois, Necker, dont le nom est resté célèbre dans notre histoire ? Aujourd'hui les places de Genève et de Bâle ont une importance internationale. Si la France et l'Allemagne se sont occupées des chemins de fer suisses, à la veille d'être rachetés par l'État fédéral, des affaires d'emprunts, de banques, de sociétés financières et industrielles se sont traitées et se traitent journellement sur les places helvétiques. Plus d'une fois, on a recherché la neutralité du pays et aussi la liberté dont y jouissent les affaires pour y établir le siège d'entreprises dont l'activité s'exerçait dans les contrées voisines.

La cote officielle de la société des agents de change de Genève contient les fonds de la Confédération et d'un certain nombre d'États particuliers, dont le taux variait en général de 3 à 3 1/2 %, mais paraît devoir s'élever à 4 %, des obligations municipales, des actions et obligations de chemins de fer indigènes et étrangers, des actions et obligations de banques. A propos de ces dernières, il est intéressant de rappeler une forme de société qui a été assez fréquemment usitée en Suisse. Pour acquérir un chiffre de titres, en général à gros revenus, on forme un capital d'actions qu'on laisse nominatives, avec un faible versement, par exemple d'un cinquième ; on émet des obligations, qui ont pour gage les titres qui vont être achetés, le capital versé et le capital non appelé sur les actions : celles-ci étant nominatives, la société est certaine de pouvoir obliger les actionnaires au paiement intégral de leurs titres. Des sociétés de ce genre ont été constituées à diverses reprises pour absorber des valeurs serbes, ottomanes, bulgares.

La cote de Bâle, qui a beaucoup de points communs avec celle de Genève, contient plus de valeurs industrielles : les actions Schappe (déchet de la soie), y sont l'objet de nombreuses transactions.

D'une façon générale, la Suisse paie en ce moment son tribut, comme la plupart des autres pays, au renchérissement des capitaux. Mais ce phénomène y entraîne plus d'inconvénients qu'ailleurs, parce qu'il coïncide avec une époque où la Confédération a besoin d'emprunter pour le rachat des chemins de fer : il semble que le taux de 4 % soit aujourd'hui celui du crédit fédéral, alors qu'il y a quelques années ses créanciers devaient se contenter de 3 %. Certains cantons paraissent aussi avoir usé du crédit dans une mesure parfois large. Enfin la situation du change helvétique ne laisse pas que d'être gênante pour le pays : le franc suisse, depuis quelques années, perd 50 à 75 centimes %, d'une façon presque constante, par rapport au franc français. Cela prouve que la Suisse est débitrice du dehors, en dépit des sommes importantes que les étrangers viennent dépenser chez elle tous les ans : partie de ce débit provient du rachat des titres nationaux que les Suisses effectuent hors de leurs frontières, en particulier sur les marchés allemands.

VI. — ESPAGNE, ITALIE, ROUMANIE.

La cote de Madrid contient une assez longue liste de valeurs, mais la bourse borne en réalité son activité à un petit nombre d'entre elles : fonds d'État intérieurs et extérieurs, billets de Cuba, actions de la Banque d'Espagne. Le marché des actions et des obligations de chemins de fer espagnols est encore, en France et en Belgique, beaucoup plus considérable que dans le pays lui-même.

La bourse de Barcelone présente à peu près les mêmes caractères que celle de Madrid : elle est plus importante pour les fonds coloniaux, notamment pour les billets de Cuba. Elle négocie aussi un certain nombre de valeurs industrielles dont la liste croît ; car le pays est prospère et de nouvelles usines se construisent, notamment des fabriques et raffineries de sucre.

La hausse du change, c'est-à-dire la dépréciation de la peseta espagnole par rapport aux monnaies d'or étrangères, comme le franc et la livre sterling, a exercé l'effet passager connu sur le développement de l'industrie indigène, qui trouvait une protection temporaire dans la barrière qu'opposait cet avilissement de l'étalon national aux importations du dehors. En même temps les mines métallurgiques, si nombreuses dans la péninsule, continuent à exporter leurs produits et à en toucher le prix en or, tout en payant leurs ouvriers en pesetas, ce qui augmente leurs bénéfices, aussi longtemps que cette perturbation du change ne fait pas sentir son contre coup dans les prix à l'intérieur et ne relève pas, en particulier, les taux des salaires.

Les marchés espagnols sont, d'une façon visible, dans la période de transition du troisième au deuxième état que nous avons signalée au début de notre étude. Au commencement du siècle qui s'achève, l'Espagne, pauvre en capitaux mobiliers, a dû s'adresser à la France, à l'Angleterre, à la Hollande, pour trouver aide en matière financière : cette aide s'est continuée jusque vers 1890. Elle s'est manifestée par la conclusion d'emprunts au dehors et par l'intervention des capitaux étrangers pour la construction des chemins de fer espagnols. Mais peu à peu le pays s'est enrichi, l'esprit d'épargne s'est développé. Les nationaux ont appris à placer leurs économies en fonds de leur propre Trésor, bons à courte échéance, rentes amortissables ou consolidées : en même temps ils apportaient une attention plus soutenue à l'examen de la situation budgétaire. Aujourd'hui, la plupart des titres d'État sont aux mains des capitalistes indigènes, à l'exception d'un tiers environ de la dette extérieure 4 % et d'une certaine quantité de titres cubains. Quant aux actions et obligations de chemins de fer, elles sont encore en majorité sur le marché de Paris : toutefois, ici aussi, l'intervention des capitaux espagnols commence à se manifester : nombre d'actions du chemin de fer du Nord de l'Espagne sont entre les mains d'un groupe de Barcelone. Cette dernière place est d'ailleurs particulièrement active dans la vie économique du pays ; elle est le centre de grandes industries, le point d'attache de puissantes compagnies de navigation et le marché actif d'un certain nombre de titres industriels.

L'Espagne a des richesses minières connues et exploitées depuis l'antiquité. Pour ne citer que les plus célèbres, nous rappellerons que le Rio-Tinto produit plus de 30.000 tonnes de cuivre et que l'Almaden est un des principaux fournisseurs de mercure du monde. Les gisements de plomb, de fer, de charbon sont innombrables : l'exploitation va en redoubler d'intensité, grâce à la hausse des matières premières et au développement de l'esprit d'entreprise dans le pays. Les capitaux français qui, à maintes reprises, s'étaient intéressés aux fonds d'État et aux chemins de fer espagnols, paraissent en ce moment disposés à se porter vers les valeurs minières et industrielles de la péninsule, à la prospérité de laquelle ils vont donc encore une fois contribuer.

La bourse de Rome a rêvé un moment des destinées brillantes, à l'instar du jeune royaume dont elle est la capitale depuis 1870. Elle a, comme lui, souffert de mégalomanie ; rentrée aujourd'hui dans le calme, elle doit attendre, pour reprendre son allure normale, que les traces des diverses crises traversées par le pays soient effacées : crise coloniale qui a fait rêver aux crispiniens une Afrique italienne, *greater Italy*; crise des banques qui a enflé la circulation des instituts d'émission et fait sombrer l'un deux, la Banque romaine, dans le gouffre des complaisances politiques et des immobilisations; crise immobilière qui a fait écrouler des sociétés de terrains et de constructions, comme celle du Risanamento de Naples, qui a obligé à séparer de la Banque d'Italie le département de crédit foncier annexé autrefois à l'ancienne Banque nationale ; crise agricole qui, dans le midi surtout, a poussé à des plantations excessives de vignobles.

L'Italie s'est trouvée, au début du nouveau régime en 1860, dans la situation des pays qui ont tout à demander à l'étranger : elle a été commanditée par la France qui détenait la plus grande partie de sa dette, construisit ses chemins de fer, exploita sa régie des tabacs. Depuis, l'épargne nationale a commencé à faire rentrer dans le pays un certain nombre de titres de rente ; le chiffre des coupons payés à l'étranger diminue tous les ans.

La bourse de Milan négocie, comme celle de Rome, les fonds nationaux et, avant tout, le soi-disant 5 %, qui n'est qu'un 4 % puisque l'impôt retranche 20 % du coupon. Elle a aussi un certain nombre de valeurs industrielles, ce qui s'explique par l'activité du Milanais et du Piémont, provinces les plus industrieuses du royaume.

Gênes était autrefois une place de change et d'arbitrages actifs. Elle s'occupe des fonds italiens, parmi lesquels elle range certaines obligations de chemins de fer garanties par l'Etat, des actions et obligations des compagnies fermières des chemins de fer italiens, diverses obligations de villes, de crédits fonciers, de caisses d'épargne et enfin quelques actions industrielles.

En 1899, une reprise d'activité s'est manifestée à la suite de l'entente commerciale conclue avec la France. Des valeurs industrielles, suivant la mode répandue dans l'Europe entière, ont été portées à des prix très élevés. D'une façon générale, les marchés italiens ne sont pas encore entièrement rétablis de la violente secousse qu'ils ont subie il y a une dizaine d'années, lorsque les excès de la spéculation commerciale du nord, immobilière de Rome, et viticole du midi, amenèrent un effondrement de certaines banques et la ruine de beaucoup de particuliers. Mais le pays s'est ressaisi ; un travail plus sérieux a remplacé le fièvre d'alors, il semble qu'une amélioration lente puisse être prévue. Elle pourrait être accélérée par une politique résolument pacifique du gouvernement et l'abandon de dépenses militaires et maritimes coûteuses, plus inutiles là que partout ailleurs. Les impôts sont encore lourds et nuisent au développement de l'activité économique : les marchés financiers en supportent le contre-coup.

La bourse de Bucarest s'est ressentie des progrès accomplis par la Roumanie, depuis l'avènement du roi Karol, qui semble avoir apporté sur le trône des habitudes de bonne administration financière traditionnelles chez les Hohenzollern. La réforme monétaire qui a institué l'étalon d'or a fait disparaître, ou du moins a diminué les fluctuations du change et facilité ainsi les relations commerciales avec l'étranger, auquel la Roumanie expédie beaucoup de grains. Le crédit public s'est amélioré et le taux des fonds a passé de 6 à 4 %. Les lettres de gage 5 %, dont les diverses catégories font l'objet de nombreuses transactions, s'approchent du pair. Les actions de la Banque nationale qui valent plus de 2.000 lei, les actions de sociétés d'assurance et de diverses industries, donnent lieu à un marché suivi. En 1900, le pays traverse une crise par suite de la mauvaise récolte de l'année précédente et des diminutions de recettes du Trésor qui en sont la conséquence. Le royaume ne pouvant émettre de rentes consolidées à un taux qui lui convienne, a emprunté sous forme de bons du

Trésor 5 % à 5 ans d'échéance, qui ont été placés sur le marché de Paris et y sont inscrits à la cote officielle. C'est certainement le meilleur crédit des petits États du sud-est de l'Europe.

VII. — MARCHÉS RUSSES

La bourse de Saint-Pétersbourg était surtout un marché de changes, alors que la Russie était le grand pourvoyeur de l'Europe occidentale en seigle et en blé, avant le développement prodigieux des exportations américaines. C'était par les maisons de banque de Saint-Pétersbourg et d'Odessa que se faisait le mouvement financier auquel l'expédition des céréales donnait lieu. Le rouble était redevenu, depuis le milieu du siècle, une monnaie de papier, sujette à des fluctuations considérables; d'autre part il existait à Berlin sur ce rouble, un marché dont les écarts en hausse et en baisse faisaient sentir leur influence sur l'agriculture russe et, par contre-coup, sur la vie économique du pays. Les grands seigneurs allaient plus ou moins dépenser leurs revenus à l'étranger, selon que le cours du change leur permettait de transformer leurs roubles en un nombre plus ou moins grand de francs.

Grâce à l'administration aussi intelligente qu'énergique des deux derniers ministres des finances, et particulièrement de celui qui est encore en fonctions, M. Witte, les paiements en espèces ont été repris, le rouble papier converti en un rouble or de 2 fr. 67, et les budgets mis en équilibre. Désormais, les grandes oscillations du change russe sont supprimées. Parallèlement, l'état économique n'a cessé de s'améliorer et la bourse de Saint-Pétersbourg de prendre un essor qu'elle ne connaissait pas auparavant : le marché des fonds nationaux s'y est peu à peu développé. Jusqu'au moment de la guerre russo-turque, presque tous les emprunts russes s'étaient négociés à l'étranger, en Hollande, en Allemagne, en Angleterre, en France. Les emprunts ne se faisaient à l'intérieur que sous forme d'émission de billets à cours forcé, ou billets de banque à intérêt, ou encore de bons du Trésor. Les emprunts or se plaçaient à l'étranger, et ce n'étaient pas seulement les emprunts directs du gouvernement, mais ceux des compagnies de chemins de fer, souvent garantis par le Trésor, qui prenaient cette voie. Des émissions de rentes intérieures ont eu lieu depuis un certain nombre d'années; ces rentes libellées en roubles sont aujourd'hui assimilées aux rentes extérieures, puisque les intérêts en sont devenus payables en or.

Outre les rentes 4 % et 4 1/2 %, Saint-Pétersbourg cote les obligations

5 % des emprunts à lots émis en 1864 et 1866, les obligations 5 %, 4 1/2 et 4 % de la Banque de la noblesse, les obligations 4 1/2 et 4 % de la Banque des paysans. Ces deux dernières banques sont des institutions de crédit foncier gouvernementales destinées à faire des prêts aux nobles et aux paysans. L'excès d'endettement est un des fléaux de la propriété foncière en Russie. Le gouvernement a beau faire tous ses efforts pour lui venir en aide, remettre les arriérés, abaisser le taux d'intérêt presque au-dessous du prix qu'il paie lui-même : la situation hypothécaire reste toujours mauvaise, surtout pour les nobles qui n'arrivent pas à dégager leurs domaines, tandis que souvent les paysans y réussissent.

Des obligations et actions de chemins de fer, il ne reste qu'un petit nombre, le gouvernement ayant racheté les trois quarts des lignes de l'empire. Les actions Moscou-Kazan, Ivangorod-Dombrova, Riazan-Oural, Moscou-Kiew-Voronège ont 5 % d'intérêt garantis par le gouvernement; les actions Varsovie-Vienne, Moscou-Jaroslav, Tsarskoe-Selo, Moscou-Windau, Rybinsk, Sestroresk, Sud-Est, ne jouissent d'aucune garantie.

Des emprunts de villes, Saint-Pétersbourg, Moscou, Varsovie, Odessa, Poti, Saratow, Tiflis, Kichinev, sont à des taux variant entre 4 1/2 et 6 %. Les valeurs hypothécaires comprennent les obligations de sociétés de crédit urbain et les lettres de gage de banques foncières. Ces dernières sont en général très prospères, comme l'indique le cours de leurs actions, cotées à des primes qui varient de 200 à 300 %. La plupart des obligations sont aujourd'hui au taux de 4 1/2 et 5 % ; il n'en reste plus que quelques-unes à 6 %.

Le département des actions et obligations de sociétés industrielles s'enrichit chaque jour. Les unes ne se cotent qu'en Russie ; les autres se cotent à la fois en Russie et en France ou en Belgique. D'autres enfin ne se négocient encore que dans ces deux derniers pays, qui concourent activement au développement industriel de la Russie. La crise industrielle, qui sévit dans le pays depuis l'automne de 1899, y a fait tomber le prix des fers au-dessous des cotes des années précédentes, alors que, dans le reste du monde, c'est le phénomène inverse qui s'est produit. On peut en faire remonter la cause à un système de protection excessif qui avait surélevé les prix, provoqué la fondation d'usines nombreuses et encouragé une production qui se trouve en ce moment supérieure à la demande. Le fait que le gouvernement est le grand constructeur de chemins de fer et, par conséquent, le grand distributeur des commandes de rails, wagons, locomotives, contribue aussi à fausser le marché. Une autre raison de cette faiblesse du marché industriel est la contraction trop violente de la circulation des billets de banque, réduite de moitié en quelques années.

Les actions de banque forment depuis longtemps un chapitre important des transactions de la bourse de Saint-Pétersbourg. Ces établissements, qu'on désigne sous le nom de "banques de commerce", pour les distinguer des banques foncières, ne peuvent se constituer qu'avec autorisation du gouvernement, qui leur impose leurs statuts et les surveille. Comme ils sont en nombre limité et que les taux d'intérêt pratiqués sont supérieurs à ceux qui sont courants en France, en Angleterre et en Allemagne, ils réalisent par leurs affaires ordinaires, escomptes et avances, des bénéfices plus considérables que ceux des institutions similaires dans l'Europe occidentale. Les actions sont presque toutes cotées à des primes qui varient de 50 à 1050 roubles pour 250 roubles versés, chiffre du capital de chaque action. Des banques, comme celle de Volga-Kama, ont une organisation qui peut se comparer à celle du Crédit lyonnais : ses actions valent 1.300 roubles, soit 520 %. Certaines banques, comme la Banque internationale de commerce, ont dirigé leur attention du côté de la Chine et ont pris une part décisive au grand mouvement économique qui se prépare pour le début du vingtième siècle dans l'Empire du Milieu. La Banque russo-chinoise, fondée par des groupes français et russes, exerce déjà une action considérable en Orient. Des compagnies d'assurance et de navigation complètent cette liste.

La cote de Moscou n'est pas très différente de celle de Saint-Pétersbourg. Mais, Moscou étant un centre commerçial et industriel, les affaires financières y sont plutôt au second plan ; les banques y sont surtout l'auxiliaire direct des commerçants et des fabricants.

Il y a une bourse à Helsingfors. Les cotes de Saint-Pétersbourg enregistrent le cours du change avec cette place : le mark de Finlande équivaut à notre franc.

VIII. — MARCHÉS AMÉRICAINS

NEW-YORK ET LES ÉTATS-UNIS

Parmi les bourses des États-Unis, celle de New-York est au premier rang. Cette métropole, merveilleusement située au bord de l'Océan qui la fait communiquer avec le reste du monde, est un centre commercial et financier dont l'importance croît chaque jour. L'objet principal de ses transactions fut, au moment de la guerre de sécession, les titres de la dette fédérale, que le Trésor émettait sans relâche pour se procurer les ressources nécessaires à la lutte contre le sud. La plus grande partie de cette dette a été remboursée depuis; elle aurait pu l'être entièrement sans le gaspillage des pensions militaires. Mais les déficits des budgets démocratiques ont nécessité l'émission de quelques nouveaux emprunts. New-York cote aujourd'hui différents 4 % fédéraux remboursables l'un, en 1907, l'autre en 1925; ce dernier vaut 127 alors que le premier ne vaut que 112; un 5 % remboursable en 1904 et des 6 % à la veille d'être remboursés. A propos des 4 %, il est intéressant de rappeler que le président Cleveland avait demandé l'autorisation d'émettre un 3 % payable en *or*, qu'il aurait placé à un taux bien plus avantageux que le 4 % stipulé payable en monnaie courante : le Congrès s'y refusa. A cette liste sont venus s'ajouter l'emprunt 3 % de 200 millions de dollars émis en 1898 pour subvenir aux dépenses de la guerre contre l'Espagne, et le 2 % créé par la loi de mars 1900, destiné à convertir un certain nombre d'anciens emprunts et à gager la circulation des Banques nationales : il a été doté de certains avantages particuliers en vue de ce dernier objet; il est déjà coté à prime.

Mais ce qui forme le principal aliment du marché de New-York, l'objet préféré de ses vastes opérations, ce sont les titres des chemins de fer. On sait par quel prodigieux efforts le continent a été couvert, en moins d'un demi-siècle, de près de 300.000 kilomètres de rails, destinés à faire communiquer entre eux les divers Etats, depuis l'Atlantique jusqu'au Pacifique, et à transporter les produits de ces terres fécondes qui alimentent en partie l'Europe de blé, de maïs, de coton, sans parler du pétrole et des minerais. Ces artères transmettent aux extrémités le sang même du pays. Leur prospérité est la mesure de la santé générale. Aussi n'est-il pas surprenant que leurs recettes soient attendues avec impatience et considérées comme le signe le plus sûr de la situation industrielle et commerciale. La cote de New-York contient des pages d'actions et d'obligations de voies ferrées, dont nous avons déjà parlé dans notre chapitre consacré au marché de Londres. Les divers réseaux sont classés en groupes, qu'on désigne à l'américaine par des surnoms expressifs. Les *grangers* sont les lignes qui apportent les céréales de l'ouest à Chicago. Les *trunk lines* relient Chicago à New-York. Les *pacifics* sont les lignes qui vont d'un océan à l'autre; on y comprend souvent le Canadian pacific, situé sur le territoire canadien. Les chemins de la Nouvelle Angleterre forment un groupe à part, qui se distingue par la solidité de sa constitution et la sévérité de son administration. Les réseaux du sud forment un groupe, de même que ceux du sud-ouest.

A côté des valeurs de chemins de fer, nous voyons un certain nombre de valeurs industrielles, fabriques, trusts, gaz, télégraphes, charbonnages et mines; mais ces dernières, chose curieuse, sont rares à New-York. L'Amérique est cependant un des plus merveilleux territoires miniers du monde, qui produit en abondance la houille, le fer, le cuivre, l'or et l'argent; elle n'a cédé le pas qu'à l'Australie, en 1899, pour l'or : sa production de métal jaune s'est élevée, en cette année, à 500 millions de francs, grâce aux richesses du Klondyke et des autres territoires de l'Alaska vers lesquels se précipitent les mineurs (1).

L'explication de cette absence presque complète de valeurs minières de la cote de New-York se trouve sans doute dans le fait que les financiers de cette ville ont été si absorbés, depuis 1860, d'abord par les négociations des emprunts nationaux et ensuite par les affaires de chemins de fer, qu'ils n'ont eu ni le loisir, ni le désir, de chercher d'autres éléments d'activité. Ils les ont laissés à quelques places telles que Boston, Denver, San-Francisco, pour concentrer leur puissance d'action sur les valeurs qui leur ouvrent de plus vastes horizons. L'histoire des spéculations, des luttes auxquelles beaucoup de titres de chemins de fer ont donné lieu, serait celle même du Stock-Exchange de New-York pendant un quart de siècle. Aujourd'hui où les promoteurs de ces gigantesques entreprises sont en partie disparus, où les entreprises elles mêmes entrent dans une voie d'administration en général plus sage et conservatrice qu'autrefois, les titres ne sont plus sujets à des mouvements aussi violents. Cependant, comme les recettes sont très variables et dépendent des récoltes, il se produit encore, d'une année à l'autre, des écarts qui entraînent des hausses ou des baisses notables.

Les actions et obligations des chemins américains sont l'objet d'arbitrages importants entre Londres et New York. Elles constituent un des moyens de règlement des créances financières et même commerciales entre l'Angleterre et l'Amérique : dans une année où les États-Unis ont une récolte abondante qui les rend créditeurs de l'Europe pour des centaines de millions, ils ont une tendance à racheter leurs valeurs nationales. Les importateurs de blé, de ce côté de l'Atlantique, vendent, pour le payer, une partie des titres qu'ils ont eux-mêmes acquis en des temps meilleurs.

La prospérité des Etats-Unis se développe si rapidement que l'on se demande quel eût été l'effet de l'intervention de leurs capitaux sur les marchés européens, si ces derniers n'avaient pas eu des quantités énormes de titres américains à leur revendre. Depuis 1896, les exporta-

(1) Voir la note que nous avons présentée au Congrès sur la production des métaux précieux.

tions de marchandises américaines ont dépassé les importations de plus de 2 milliards et demi de francs par an en moyenne. Aussi avons-nous vu récemment des compagnies de New-York acquérir des obligations de chemins de fer russes, et serons-nous appelés, sans doute, à enregistrer, dans l'avenir, beaucoup des ces transactions qui renverseront les rôles et feront, de la grande république d'outre-Mer, la commanditaire d'un certain nombre d'entreprises européennes, après qu'elle aura achevé de racheter les créances que le Vieux monde avait sur elle.

Toutes ces transactions amènent des opérations de change : New-York est le banquier de l'Amérique. La cote des livres sterling, des francs, des reichmarks, des florins, détermine les mouvements d'or entre les deux continents qui, à de certaines époques, ont eu une si grande amplitude. Chaque jour encore les yeux des banquiers, des gouverneurs des banques d'émission européennes et des ministres des finances sont fixés sur ce change qui fait se mouvoir les encaisses, qui raréfie l'or d'un côté ou de l'autre de l'Atlantique et qui amène ces perturbations métalliques tant redoutées des conducteurs des destinées financières des nations. Aux causes naturelles qui déterminent ces oscillations du change, c'est-à-dire les situations réciproques de débiteurs ou de créanciers de deux pays, se sont ajoutés, pendant un certain temps, du côté américain, des éléments de trouble d'une nature spéciale. A plusieurs reprises l'étalon d'or a été mis en question aux États-Unis : des politiciens ont mené des campagnes violentes en faveur du bimétallisme ; les obligataires étrangers ont pu craindre de voir leurs créances dépréciées de 50 % ; des Américains ont fait passer en Angleterre une partie de leurs ressources pour se défendre, au moins partiellement, contre les effets d'une rupture brusque d'équilibre. En 1893, plus récemment en 1896, lors de la lutte Bryan-Mac-Kinley, l'or américain affluait à Londres. Aujourd'hui, c'est l'effet inverse qui se produit. Une loi de mars 1900 vient de mettre fin à ces doutes : elle consacre définitivement l'or comme étalon monétaire des États-Unis. Il est donc improbable que nous voyions renaître des inquiétudes et des crises comme celles que nous venons de rappeler. La même loi a réorganisé la circulation des billets des banques nationales, en l'asseyant sur des bases plus larges : cette mesure va encore contribuer au développement des marchés américains.

La physionomie en est si différente des nôtres que nous croyons utile d'indiquer en quelques traits rapides ce qui occupe, par exemple, le financier de New-York : d'abord, les statistiques des Clearing-Houses (chambres de compensation) des principales places : New-York, Boston, Philadelphie, Baltimore, Chicago, Saint-Louis, Nouvelle-Orléans etc...

Pour la semaine finissant le 28 avril 1900, le total du mouvement était de 1.707 millions de dollars. Pour le mois entier d'avril le total est de 7.454 millions. Il procède ensuite à l'examen des mouvements de l'or, du loyer de l'argent, des recettes de chemins de fer.

Le gouvernement publie l'état de la dette publique à intérêt, qui est de 1.026 millions et de celle qui ne porte pas intérêt, laquelle s'élève à 391 millions de dollars. L'encaisse du Trésor au 31 mars 1900 comprend 360 millions de dollars en or au fonds de réserve et au fonds d'échange (trust fund); 495 millions de dollars en argent au fonds d'échange; 127 millions de dollars en monnaies et billets divers au fonds général.

Il consulte le bilan des banques associées de New-York, la cote du change, la cote des valeurs, avec l'indication des quantités de titres traitées qui suivent. Cette publication du nombre d'actions et d'obligations échangées chaque jour est un élément statistique des plus intéressants, que nous voudrions voir prendre l'habitude de publier en Europe. Il examine le tableau des compagnies en voie de réorganisation : longue est la liste des sociétés industrielles qui, après avoir été arrêtées dans leurs affaires, reprennent ensuite leur activité sur des bases nouvelles. Les chemins de fer ont, pendant longtemps, donné lieu à des affaires de ce genre qui étaient devenues l'occupation habituelle des grandes banques, comme par la maison Drexel-Morgan, si bien qu'on ne parlait plus de réorganisation, mais de *rémorganisation* des lignes.

Ce qui précède donne une idée sommaire, mais assez exacte, du marché de New-York. On voit que les rapports extérieurs se bornent aux affaires de change et d'arbitrages avec certaines places européennes en valeurs de chemins de fer. Pour le reste l'attention du banquier américain est, bien plus tournée vers son propre pays que vers le dehors. Il ne se contente d'ailleurs pas de considérer les éléments financiers : les côtés commercial, industriel et même agricole le préoccupent : n'est-ce pas, en effet, des récoltes de blé, de maïs, de coton que dépendent les recettes des chemins de fer ? L'état de l'industrie métallurgique et houillère n'a-t-il pas, lui aussi, son contre-coup direct sur celle des transports? L'exportation des pétroles, des céréales, des viandes conservées et de bien d'autres produits, exerce une influence sur la vie économique américaine. Cette vie est encore soumise à l'action de plus en plus marquée des grands trusts, ces unions d'une même industrie, ces concentrations, dans les mains d'un comité directeur, de tous les éléments de production et de distribution d'une même marchandise. Ils ont pour effet, dans bien des cas, de retirer du marché les actions d'entreprises particulières et de les remplacer par les actions du trust qui englobe les mines ou les usines : ainsi l'Amalgamated Copper, fondée en

1899, a acquis plusieurs centaines de mille actions de la mine de cuivre Anaconda qui ont disparu de la circulation.

Aucune des autres bourses des Etats-Unis ne peut être mise en parallèle avec celle de New-York, du moins en ce qui concerne les valeurs mobilières proprement dites. Celle qui vient en seconde ligne est celle de Boston, le Lyon des Etats-Unis. Ici, comme au confluent du Rhône et de la Saône, nous trouvons une accumulation de capitaux, des hommes avisés et entreprenants qui les manient et dont l'activité s'est étendue à toutes les parties du territoire fédéral. Boston est le marché de titres de chemins de fer de la Nouvelle Angleterre, c'est-à-dire la partie orientale des Etats-Unis, le groupement des Etats, dont la fondation et l'histoire remontent au xviie siècle ; mais c'est aussi le marché d'un grand nombre de ces chemins de fer occidentaux, qui ont ouvert à la civilisation les plaines du Mississipi et les districts des Montagnes rocheuses. Les Bostoniens ont aidé encore, d'autres manières, au développement de ces contrées : ils ont acquis des terres ou prêté sur hypothèques; ils ont ouvert les mines et fourni les sommes nécessaires à leur exploitation. C'est là qu'on rencontre les contrats hypothécaires si curieux, stipulés en " grains " d'or et non en dollars.

Des marchés comme Denver, San-Francisco, très animés à de certaines époques par les transactions en actions minières, sont devenus plus calmes. La cote de San-Francisco ne contient plus, en dehors des fonds américains, qu'un certain nombre d'obligations de chemins de fer et de valeurs industrielles, quelques actions de banques, de caisses d'épargne, de tramways, de fabriques d'explosifs et de quelques entreprises variées. Chicago est avant tout une place de commerce, où affluent les céréales de l'ouest et du centre, où se concluent les transactions les plus considérables en blé, en maïs, en saindoux. Les valeurs mobilières y sont au second plan.

A New-York comme à Londres, la liberté des intermédiaires existe; toutefois, les choses n'y sont pas centralisées comme en Angleterre : à côté du New-York Stock-Exchange, composé d'un nombre limité de courtiers, ayant payé leur charge, s'est créé le Consolidated Stock-Exchange. Une troisième, une quatrième réunions pourraient tout aussi librement s'organiser. Ni le gouvernement fédéral, ni celui des Etats, n'interviennent dans la constitution de ces marchés financiers, pas plus que dans celle des marchés commerciaux. On ferait sourire un Américain en lui disant qu'il faut un fonctionnaire public pour acheter ou vendre des actions Erie ou même des bons des Etats-Unis.

Contrairement à ce qu'on pourrait s'imaginer quand on connaît le caractère américain, le marché à terme n'existe pas pour les valeurs mobilières. Elles se règlent au comptant, trois fois par semaine en général : lorsque l'acheteur n'est pas prêt à lever ses titres, il fournit une marge et paie un intérêt jusqu'au règlement définitif. Cet intérêt est fixé au jour le jour : ce qui explique les variations brusques et les taux parfois énormes auxquels il s'élève.

CANADA

Au Canada, les bourses sont fondées par décisions du Parlement, à la demande de particuliers : ce sont des entreprises privées qui ont reçu leur acte, c'est-à-dire qui ont été érigées en “ corporations ” à la suite de la requête adressée par certaines personnes qui ont fait “ application ” pour obtenir certains pouvoirs. Ainsi, le Montreal Stock-Exchange ayant été incorporé en janvier 1874, s'est constitué, au capital de 500.000 dollars, en actions de 100 dollars qui peuvent être possédées seulement par les membres du Stock-Exchange. Le nombre de brokers est illimité, mais ils doivent être admis par la corporation. L'Etat n'exerce aucun contrôle.

Les personnes désignées peuvent acquérir des propriétés réelles et personnelles. Le but social est de se procurer et de tenir en bon ordre un bâtiment pour servir de bourse de commerce, de conserver des archives, de publier des statistiques, de faire tous règlements nécessaires à la constitution du capital par l'émission d'actions. La corporation peut admettre comme membres telles personnes qu'elle juge convenable. Les sièges des agents de change s'achètent. Presque tout se fait au comptant.

IX. — CONCLUSION

La revue rapide que nous venons de faire est loin d'être complète : mais elle suffit pour donner une idée de l'activité des principaux centres financiers, qui a pour objet la négociation des lettres de change, chèques, billets de banque et autres instruments monétaires, des fonds d'Etats, des actions et obligations de sociétés particulières de toute espèce. Les relations de plus en plus suivies entre les diverses nations expliquent l'importance croissante du premier de ces départements. Quant aux rentes publiques, le chiffre s'en accroît pour la plupart des pays ; l'exemple de l'Amérique et de l'Angleterre, qui, à de certaines périodes de leur histoire, ont amorti une part notable de leur dette, est malheureusement isolé. Enfin les titres de sociétés financières, commerciales et industrielles ont, au cours du siècle qui s'achève, augmenté chez les nations modernes dans une proportion qui dépasse tout ce que l'imagination de nos grands-pères aurait pu concevoir. Ce ne sont plus seulement les œuvres d'utilité publique, chemins de fer, compagnies de navigation, qui adoptent la forme de sociétés par actions : les entreprises individuelles de nature la plus diverse, on pourrait presque dire, dans certains cas, les individus eux-mêmes s'organisent ainsi. Ce n'est pas uniquement au désir de réunir les capitaux nécessaires à une affaire qu'est dû ce mouvement ; il semble que, dans nos démocraties modernes, l'individu ou la famille, qui étaient jadis des entités assez fortes pour conserver à travers les siècles la maison ou l'industrie fondées par un ancêtre, ne se sentent plus assez assurés de l'avenir pour leur œuvre et cherchent à lui donner des garanties de durée en la transformant, dans une certaine mesure, en une œuvre collective. Les lois successorales, tout au moins dans les pays de partage forcé, agissent dans le même sens : si une usine est constituée sous forme de société anonyme, les actions qui la représentent pourront se répartir à l'infini sans que l'existence même de l'affaire soit compromise par la mort du fondateur et cesse d'être assurée par son conseil d'administration. Cette forme est d'autant plus désirable qu'elle n'exclut pas le maintien de la majorité dans un groupe restreint, uni, et qui peut, en continuant à gérer l'entreprise, assurer la permanence des traditions et le développement continu de l'œuvre.

Cette constatation suffit à expliquer l'importance extrême que les marchés publics de valeurs, désignés vulgairement du nom de bourses, ont prise dans la vie économique moderne. Quelle est l'expression de l'activité humaine qui ne s'y rencontre? A côté des chemins de fer comme le Paris-Lyon-Méditerranée qui, avec ses 800.000 actions et ses millions d'obligations, représente un capital de plusieurs milliards de francs, nous y voyons s'échanger les titres de petites compagnies industrielles ou commerciales, au capital de quelques cent mille francs, et jusqu'à ceux d'entreprises éphémères, comme celles que l'exposition de 1900 a fait éclore, panoramas, dioramas de tout genre, transports locaux de quelques kilomètres et qui mourront avec elle dans quelques mois. Ne devons-nous pas voir dans cet organisme financier un effet des tendances socialistes qui se répandent dans le monde et qui poussent les hommes à s'unir de plus en plus pour l'exécution d'œuvres utiles à la communauté? Pour notre part, il nous semble y découvrir une nouvelle évolution des sociétés humaines qui mérite d'être observée avec attention et sympathie ; car elle permet de grouper les forces et de les proportionner au but recherché. C'est à la lumière de cette idée supérieure et directrice qu'il convient d'étudier les bourses, sans s'arrêter plus que de raison à leurs erreurs et à leurs imperfections. Les abus auxquels elles donnent naissance choquent ceux qui ne comprennent pas la grandeur du rôle social qu'elles remplissent : ces abus peuvent d'ailleurs être atténués ou corrigés en partie. Mais il suffit de réfléchir à l'impulsion que les constitutions de sociétés par actions impriment à la vie économique pour mesurer l'importance des marchés où les titres mobiliers viennent s'échanger. Nous espérons n'avoir pas fait une œuvre inutile en esquissant les traits principaux de la physionomie de chacun d'eux.

Raphaël-Georges Lévy

Professeur à l'École des sciences politiques.

[Tableaux]

TABLEAU I — VALEURS COTÉES AU STOCK-EXCHANGE DE LONDRES (31 DÉCEMBRE 1899)

DÉSIGNATION DES VALEURS	ÉMISSION AUTORISÉE	MONTANT ACTUEL
1	2	3
	livres sterling.	livres sterling.
Fonds anglais, etc.	783.069.555	775.317.855
Emprunts municipaux (Royaume-Uni, colonies et étran-	136.549.861	125.493.432
ger)	49.438.648	44.749.289
Emprunts des Gouvernements coloniaux et provinciaux	344.149.713	295.489.891
Rentes et obligations étrangères, dont le coupon est payable à Londres	1.084.559.392	986.641.988
Rentes et Obligations étrangères, dont le coupon est payable à l'étranger	2.794.471.599	2.136.521.350
Chemins de fer anglais	1.032.741.039	1.018.512.737
Chemins de fer indiens	125.641.525	122.378.751
Chemins de fer des possessions britanniques	133.757.050	127.627.515
Actions des Chemins de Fer Américains	547.089.257	499.272.316
Obligations des Chemins de fer américains,		
payables en monnaie légale américaine	47.692.200	33.363.820
payables en or	660.195.220	403.905.480
payables en sterling	53.612.825	35.630.635
Chemins de fer étrangers	642.365.908	621.746.175
Banques	196.333.600	53.840.763
Brasseries et distilleries	136.363.070	101.083.345
Canaux et docks	44.029.156	42.142.655
Commerce, industrie, etc.	229.942.195	199.393.340
Sociétés financières, de terrains et d'exploration	121.503.517	84.049.962
Trusts financiers	81.376.450	63.838.753
Éclairage au gaz et à l'Électricité	67.456.666	48.059.721
Assurances	63.319.881	12.378.581
Fer, charbon, acier	24.853.914	22.630.849
Mines	52.972.380	51.334.093
Compagnies maritimes	28.276.718	18.856.839
Thé et café	11.505.825	9.158.423
Télégraphes et téléphones	40.512.414	31.915.720
Tramways et omnibus	17.131.893	13.304.183
Compagnies d'eau	23.537.835	20.112.910
TOTAL	9.079.499.306	8.998.755.876
Soit, en francs, la livre calculée à 25 fr. 20 — ENVIRON	229 milliards de fr.	201 milliards de fr.
Soit, en francs, la livre calculée à 25 fr. 20 — EXACTEMENT	228.803.382.511 fr.	201.568.648.075 fr.

n° 53.
****

TABLEAU II

RENSEIGNEMENTS STATISTIQUES SUR LES BANQUES ANGLAISES

NUMÉROS D'ORDRE	DÉSIGNATION DES BANQUES	CAPITAL AUTORISÉ	CAPITAL ÉMIS	NOMBRE D'ACTIONS ÉMISES	MONTANT NOMINAL de l'action	MONTANT VERSÉ par action	MONTANT TOTAL VERSÉ	COURS DU 9 MAI 1900	POUR CENT du MONTANT versé	RAPPEL des NUMÉROS d'ordre
1	2	3	4	5	6	7	8	9	10	11
		livres sterling	livres sterling		livres sterling	livres sterling	livres sterling	livres sterling	o/o	
1	London and County Banking	8.000.000	8.000.000	100.000	80	20	2.000.000	102	510	1
2	London and Provincial Bank	1.400.000	1.400.000	140.000	10	5	7.000.000	21	420	2
3	London and Westminster Bank	14.000.000	14.000.000	140.000	100	20	2.800.000	66	330	3
4	London City and Midland Bank	12.000.000	10.571.520	178.192	60	12 1/2	2.202.400	52	416	4
5	London Joint Stock Bank	12.000.000	12.000.000	120.000	100	15	1.800.000	35	233	5
6	Metropolitan Bank	7.500.000	5.000.000	100.000	50	5	500.000	14	280	6
7	National Provincial Bank	15.900.000	15.900.000	40.000	75	10 1/2	420.000	55	523	7
8				215.000	60	12	2.580.000	62	516	8
9	Parr's Bank	6.850.000	6.850.000	68.500	100	20	1.370.000	88	440	9
10	Union Bank of London	11.000.000	11.000.000	110.000	100	15 1/2	1.705.000	37	238	10
	TOTAL	88.650.000	84.721.520	1.209.192			22.377.400			

LA COTE OFFICIELLE

DE LA

BOURSE DE PARIS

I

La cote officielle est placée sous la surveillance directe de la Chambre syndicale des agents de change; trois adjoints au syndic sont délégués chaque mois, sous le nom d'adjoints de service; pour présider à sa rédaction et à sa vérification.

Les dispositions qui régissent la matière sont inscrites dans le décret, portant règlement d'administration publique, du 7 octobre 1890.

Le bulletin de la cote comporte, aux termes de l'article 80 de ce décret, une partie permanente dite « officielle » comprenant les valeurs qui ont été préalablement reconnues, par la chambre syndicale, donner lieu ou pouvoir donner lieu sur la place à un nombre suffisant de transactions. Les fonds d'État français y sont portés de droit. Les valeurs non comprises dans cette partie officielle figurent à la seconde partie du bulletin de la cote. Les règlements prévus à l'article 82 décident si ces deux parties seront publiées séparément ou donneront lieu à une publication unique.

Ce décret a reçu son application à partir du 5 mai 1892. Depuis cette date, le bulletin de la cote officielle comprend donc deux parties qui sont publiées séparément. Dans la première, les valeurs sont installées d'une façon permanente; dans la seconde, au contraire, elles n'y figurent que le jour où elles ont donné lieu à une transaction. Après avoir laissé pendant quelque temps toute latitude pour la négociation des valeurs inscrites à la deuxième partie, conformément aux termes mêmes du décret, la chambre syndicale a décidé, dans un but de protection pour le public, de soumettre l'inscription à cette deuxième partie aux mêmes formalités que l'admission à la première. La chambre syndicale accorde l'une ou l'autre suivant l'importance du capital, le nombre des actionnaires ou obligataires, etc., suivant en un mot les éléments qui lui permettent d'apprécier si les négociations seront plus ou moins fréquentes.

Dans la première partie, il y a lieu de distinguer les valeurs qui se négocient au comptant et à terme et celles qui se négocient au comptant seulement. La cote à terme n'est accordée qu'aux sociétés ou pour les emprunts dont le capital et le nombre de titres sont en rapport avec les besoins de ce marché spécial.

II

Les fonds d'État français sont admis de droit à la première partie du bulletin de la cote.

Les demandes d'admission concernant les valeurs françaises, valeurs étrangères, fonds d'État étrangers, et adressées à la chambre syndicale par les sociétés, banquiers ou gouvernements intéressés, doivent être accompagnées de pièces et de justifications qui varient avec les catégories de valeurs (1).

Après avoir examiné les documents constituant le dossier et sur le rapport d'un de ses membres, la chambre syndicale prononce l'admission, ajourne ou rejette la demande.

L'admission des valeurs françaises est définitive quelques jours après que l'avis en a été donné au ministre des finances et s'il n'y a eu aucune objection de sa part. Toutefois, l'intervention du gouvernement est nécessaire lorsqu'il s'agit de titres jouissant d'une garantie de l'État ou des départements, aucune mention de garantie ne devant être inscrite à la cote sans une autorisation formelle du ministre.

Pour les fonds d'État étrangers et les valeurs étrangères, l'admission n'est prononcée qu'en principe et sous réserve de l'autorisation expresse du ministre des finances. Dans la pratique, le ministre des finances n'accorde cette autorisation qu'après avoir pris l'avis de son collègue des affaires étrangères, qui examine plus particulièrement la question au point de vue diplomatique.

En ce qui concerne spécialement les valeurs étrangères, les formalités d'admission sont indiquées d'une manière très précise dans les décrets des 6 février 1880 et 1er décembre 1893.

Aux termes de ces décrets, la chambre syndicale accorde, refuse, suspend ou interdit la négociation des titres émanant de sociétés, villes et provinces étrangères; elle doit se faire remettre certaines justifications parmi lesquelles :

1° La certification, par l'autorité consulaire établie en France, que la valeur a été constituée conformément aux lois et usages du pays d'origine et que les titres sont cotés officiellement dans ledit pays ;

2° Et la justification de l'agrément d'un représentant responsable du paiement des droits dus au Trésor français.

(1) Nous donnons en annexe les formules actuellement en usage.

C'est sans doute cette dernière justification, relative aux droits à payer à l'Etat, qui a amené quelque confusion dans l'esprit du public au sujet des frais d'admission en général. Quoi qu'il en soit, il convient de rappeler que l'admission d'une valeur française ou étrangère à la cote officielle est absolument *gratuite* et n'entraîne la *perception d'aucun droit* au profit de la chambre syndicale.

III

La cote officielle contient les indications principales concernant les valeurs qui y sont admises, notamment les taux d'émission et de libération, la date de jouissance, le montant du dernier dividende payé, si la valeur est nominative, etc., et enfin les cours cotés, ainsi que le cours de clôture de la veille.

Les valeurs sont cotées soit en rente, soit par titres ; pour les unes, les variations de cours s'expriment par 2 centimes $^1/_2$, pour les autres par 25 centimes, 50 centimes ou 1 franc suivant les cas. Parmi les fonds d'Etat étrangers se trouvent des emprunts dont les titres sont exclusivement libellés en monnaie du pays d'origine et qui ne peuvent par conséquent se négocier, soit en capital, soit en rente, que par quotités de ... livres sterling, florins, dollars, roubles, etc. Dans ce cas, la chambre syndicale détermine le " change fixe " auquel les négociations doivent s'effectuer.

Voici comment les cours se cotent :

Au comptant. — Les cours au comptant sont inscrits pendant la bourse et au fur et à mesure qu'ils sont pratiqués, sur des registres tenus par des employés de la chambre syndicale.

Ces registres, qui constituent les minutes de la cote, sont actuellement au nombre de huit. Chacun d'eux comprend un certain nombre de valeurs ; il est divisé en trois colonnes, les deux premières destinées aux oppositions " demande " et " offre", la troisième réservée aux cours faits.

L'inscription des " oppositions " — c'est-à-dire des prix offerts ou demandés — sur les registres de la cote a pour but d'assurer l'exécution des ordres limités suivant la progression normale des offres et des demandes. Ainsi par exemple : *A* a reçu l'ordre de vendre 5 obligations Tunisiennes à 490, *B* a un ordre dans le même sens à 492 ; si un acheteur *C* demande sur le marché des obligations Tunisiennes et se trouve tout d'abord en présence de *B*, l'affaire pourrait être conclue à 492 ; mais quand *C* et *B* se présenteront à la cote pour faire inscrire le cours, il leur sera répondu qu'on ne peut coter 492 tant qu'il y a une offre à 490 l'acheteur *C* sera donc obligé de traiter d'abord avec *A* qui offre meilleur marché.

A terme. — Exception faite de quelques valeurs (Extérieure, Dette ottomane, Rio-Tinto, etc.) qui se négocient dans des groupes spéciaux et dont les cours sont inscrits par un employé de la chambre syndicale au fur et à mesure qu'ils se produisent, la cote des cours à terme est établie à l'issue de la bourse, les agents de change étant réunis sous la présidence d'un adjoint au syndic.

Le président appelle successivement les valeurs négociables à terme et chaque agent de change annonce les cours auxquels il a fait des négociations soit fermes, soit à primes, soit sous forme de stellages ou d'options.

Pour les opérations fermes qui n'ont lieu que pour la liquidation courante, soit au 15, soit fin courant, la cote officielle indique quatre cours : le premier, le plus haut, le plus bas, et le dernier. Pour les opérations à primes qui peuvent se traiter à des échéances allant jusqu'à deux mois, la cote indique deux cours seulement, le plus haut et le plus bas.

Reports. — Les cours de reports conclus d'une liquidation à l'autre les jours de liquidation (15 et 31) ainsi que ceux pratiqués journellement du comptant à la liquidation sont inscrits sur une feuille spéciale au moment où ils sont arrêtés. La cote officielle ne mentionne que les cours extrêmes, plus haut et plus bas.

Les variations des cours de reports s'expriment par 1 centime ou les multiples, sur les rentes ; par 5 centimes ou les multiples, sur les actions et obligations.

Suivant la situation de place sur une valeur déterminée, c'est-à-dire suivant qu'il y a besoin d'argent ou de titres pour reporter les positions à la liquidation suivante, ces cours peuvent représenter soit un intérêt ou report au profit du capitaliste reporteur qui avance les espèces, soit un avantage ou déport au profit du reporté qui consent à prêter ses titres. Dans ce dernier cas, le cours est suivi de la lettre *B* qui veut dire « bénéfice ». Dans la première hypothèse le reporté rachète à la liquidation suivante les titres au cours de compensation augmenté du prix du report ; dans la deuxième, il rachète à ce même cours de compensation diminué du prix du déport ou bénéfice. Si la situation est telle que les reports se fassent sans aucun avantage pour les deux parties, la vente et le rachat s'effectuant au même prix, on cote le pair (*P*).

Cours de compensation. — Les cours de compensation sont fixés par l'un des adjoints de service d'après les cours cotés le premier jour de la liquidation.

IV

Bien que les agents de change ne traitent plus les changes ni les matières d'or et d'argent, ils ont seuls le droit d'en constater le cours (art. 76 du Code de commerce).

Les cours pratiqués pendant la bourse sont recueillis par les membres de la commission des changes et inscrits sur un registre spécial ; ils figurent à la huitième page de la cote dans un tableau dit " cote des changes ".

La cote des changes comprend les valeurs et les matières métalliques.

Valeurs. — Dans les valeurs on distingue deux groupes : 1° les valeurs se négociant à trois mois ; 2° les valeurs se négociant à vue. Cette division qui provient d'usages fort anciens n'a pas la signification qu'on serait tenté de lui attribuer ; en effet, dans le groupe des valeurs se négociant à trois mois on traite tout aussi bien à vue qu'à longue échéance; de même pour les valeurs qui se négocient à vue, l'échéance peut être à trois mois ; seulement pour le premier groupe le cours coté est le cours d'un effet à trois mois; pour le second, le cours coté est celui d'un effet à vue, d'où une différence dans le mode de calcul. Au cours des effets compris dans les valeurs à trois mois, il faut ajouter 4 % d'intérêts pour la période courue depuis leur tirage, soit 1 % pour les effets qui arrivent à échéance (1) ; au contraire, pour les valeurs à vue, il faut déduire du cours coté l'escompte du pays débiteur pour le nombre de jours restant à courir.

Matières métalliques. — L'or et l'argent se traitent en barre au titre de $^{1000}/_{1000}$, c'est-à-dire absolument purs de tout alliage.

Les cours se cotent en tant pour mille de prime ou de perte et sont basés sur la valeur en monnaie d'un kilogramme de chacun de ces métaux, déduction faite des frais de frappe, soit 3.437 francs pour un kilogramme d'or et 218 fr. 89 pour un kilogramme d'argent. — Le chiffre pour l'argent est exactement de 220 fr. 56, mais les transactions ayant continué sur l'ancienne base de 218 fr. 89, il n'a pas paru opportun de modifier la cote.

(1) Il est fa[illegible] marquer à ce sujet que l'intérêt annuel a été fixé à 4 % uniquement parce que, pour trois mois, cet intérêt est de 1 % chiffre qui facilite les calculs.

V

La cote officielle est imprimée à la chambre syndicale des agents de change (1).

La chambre syndicale conserve dans ses archives la collection de la cote officielle. Cette collection qui est certainement unique remonte au 2 vendémiaire an IV (septembre 1795).

Voici la reproduction de la première cote :

2 vendémiaire, an IV.

COURS DES EFFETS COMMERÇABLES A LA BOURSE DE PARIS

ASSIGNATS

CHANGES ÉTRANGERS

Amsterdam	1 1/4
Hambourg	7800 7850
Madrid	sans cours
Cadix	sans cours
Gênes	4000
Livourne	sans cours
Basle	2 1/4

EFFETS PUBLICS, ET MATIÈRES D'OR ET D'ARGENT

Louis	1165 livres
Ecus	sans cours
Or fin	sans cours
Lingot d'argent	sans cours
Inscriptions	sans cours
Bons au porteur	sans cours

Au 28 février 1900, la cote officielle ne comprenait pas moins de 442 sociétés dont les actions et obligations, au nombre de 90.909.250, représentaient, au cours du jour, un capital de 42 milliards, et 203 emprunts d'Etats, de départements ou de villes s'élevant en capital à 56 milliards. Si l'on y ajoute les rentes françaises, soit 26 milliards, on voit que le capital des valeurs admises à la cote officielle au 28 février 1900 dépassait le chiffre de 124 milliards — exactement 124.962.681.800 francs.

DECOUDU,
Chef du service de la cote,
Chambre syndicale des agents de change.

[ANNEXES]

(1) La cote paraît tous les jours de bourse vers 4 heures 1/2.

Annexe 1.

Admission a la cote officielle des valeurs françaises

Pièces et renseignements à fournir à l'appui de la demande.

1° Demande au syndic (il n'y a pas de formule obligatoire).

2° Deux exemplaires des statuts.

3° Pièces constitutives : Expédition notariée de l'acte de déclaration de souscription du capital et de versement effectué sur les actions, avec la liste des souscripteurs y annexée ; — Procès-verbaux d'assemblées générales constitutives ; — Exemplaire imprimé du rapport des commissaires chargés de vérifier les apports, s'il y a lieu.

4° Pièces de publication légale (exemplaire du journal d'annonces légales mentionnant cette publication).

5° Spécimen des titres.

6° Indication du taux d'émission, de la libération actuelle des titres, des époques de jouissance, de la jouissance courante.

7° Derniers bilans et comptes rendus d'assemblées générales, s'il y en a eu.

8° Engagement de faire parvenir à la chambre syndicale un compte rendu de chacune des assemblées générales que pourra tenir la société.

9° Engagement de fournir à la chambre syndicale 200 listes de chaque tirage. Ces listes doivent contenir, intercalés en caractères ou couleurs différents, les numéros des titres sortis antérieurement et non présentés au remboursement.

10° Adhésion à la formule d'acceptation de transfert spéciale pour les agents de change, si les titres sont nominatifs.

11° Engagement de procéder, sur simple demande appuyée d'un jugement de la chambre syndicale, à l'échange des titres qui, en raison de leur état matériel, ne pourraient pas être admis dans les livraisons.

12° Si le siège social n'est pas à Paris, engagement d'y avoir une caisse chargée du service des titres et des coupons, pendant toute la durée de la société.

13° Indication de la caisse chargée du service des titres et des coupons.

Annexe 2.

Admission a la cote officielle des fonds d'État étrangers

Pièces et renseignements à fournir à l'appui de la demande.

1° Demande au syndic (il n'y a pas de formule obligatoire).

2° Lois ou décrets qui ont créé ou autorisé l'emprunt.

3° Certification, par l'autorité consulaire établie en France, que la valeur est cotée officiellement dans son pays d'origine, à moins qu'il n'y existe pas de bourse officielle, auquel cas le fait serait constaté par le certificat. Cette certification, traduite en français s'il y a lieu, doit être dûment légalisée par le ministère des affaires étrangères à Paris.

4° Spécimen des titres provisoires ou définitifs, avec indication des coupures, s'il y en a, et, dans ce cas, des numéros afférents à chacune d'elles (1).

---

(1) Tous les documents indiqués dans les paragraphes 2°, 3° et 4° doivent être fournis à la chambre syndicale en deux exemplaires, dont l'un pour ses archives, et l'autre pour celles du ministère des finances. (Lettre ministérielle du 12 février 1880.)

5° Indication du taux d'émission, de la libération actuelle des titres, des époques de jouissance, de la jouissance courante.

6° Engagement de fournir à la chambre syndicale 200 listes de chaque tirage, s'il y a lieu; lesdites listes devant contenir, intercalés en caractères ou couleurs différents, les numéros des titres sortis antérieurement et non présentés au remboursement.

7° Engagement de procéder, sur simple demande appuyée d'un jugement de la chambre syndicale, à l'échange des titres qui, en raison de leur état matériel, ne pourraient pas être admis dans les livraisons.

8° Indication de la caisse chargée, à Paris, du service des titres et des coupons.

9° Traductions françaises, en due forme, de toutes pièces produites en langues étrangères.

Annexe 3.

Admission à la cote officielle des valeurs étrangères autres que les fonds d'État

Pièces et renseignements à fournir à l'appui de la demande.

1° Demande au syndic (il n'y a pas de formule obligatoire).

2° Actes publics ou privés, statuts, cahiers des charges, etc., en vertu desquels la valeur a été créée dans son lieu d'origine, avec traductions françaises en due forme de toutes pièces produites en langue étrangère.

3° Certification, par l'autorité consulaire établie en France, que ces actes sont conformes aux lois et usages de leur pays d'origine et que la valeur est cotée officiellement dans ledit pays, à moins qu'il n'y existe pas de bourse officielle, auquel cas le fait serait constaté par le certificat. Cette certification, traduite en français s'il y a lieu, doit être dûment légalisée par le ministère des affaires étrangères à Paris.

4° Spécimen des titres provisoires ou définitifs, avec indication des coupures, s'il y en a, et, dans ce cas, des numéros afférents à chacune d'elles (1).

5° Justification de l'agrément, par le ministre des finances, d'un représentant responsable du paiement des droits dus au Trésor français.

6° Indication du taux d'émission, de la libération actuelle des titres, des époques de jouissance, de la jouissance courante.

7° Engagement de faire parvenir à la chambre syndicale un compte rendu (en langue française) de chacune des assemblées générales que pourra tenir la société.

8° Engagement de fournir à la chambre syndicale 200 listes de chaque tirage, s'il y a lieu; lesdites listes devant contenir, intercalés en caractères ou couleurs différents, les numéros des titres sortis antérieurement et non présentés au remboursement.

9° Engagement de procéder, sur simple demande appuyée d'un jugement de la chambre syndicale, à l'échange des titres qui, en raison de leur état matériel, ne pourraient pas être admis dans les livraisons.

10° Engagement d'avoir à Paris, pendant toute la durée de la société, une caisse chargée du service des titres et des coupons. Indication de la caisse chargée de ce service.

---

(1) Tous les documents indiqués dans les paragraphes 2°, 3° et 4° doivent être fournis à la chambre syndicale en deux exemplaires, dont l'un pour ses archives, et l'autre pour celles du ministère des finances. (Lettre ministérielle du 12 février 1880.)

LA COTE DU MÉTAL-ARGENT

A PARIS, A LONDRES ET A NEW-YORK

Le congrès des valeurs mobilières, auquel la Chambre syndicale des agents de change prête un si précieux concours, nous fournit une occasion favorable entre toutes pour solliciter une modeste réforme qui n'alarmerait aucun intérêt et qui mettrait fin à une anomalie bien singulière. Peut-être suffira-t-il d'exposer la question pour qu'elle soit résolue?

Quand on cherche le cours du métal-argent sur la cote de la bourse de Paris et sur les cotes étrangères, on voit d'abord que chaque pays a sa manière de le formuler et cette diversité de langage rend les comparaisons très laborieuses. Prenons seulement, pour ne pas trop compliquer les choses, la cote de New-York, la cote de Londres et la nôtre.

Cote américaine. — C'est la plus rationnelle des trois, en ce sens qu'elle donne directement le prix d'un poids déterminé d'argent fin, d'argent pur. Seulement, comme le prix n'est pas exprimé en francs et que le poids n'est pas exprimé en grammes, il y a pour le lecteur français une double conversion à effectuer.

Voici les bases de cette conversion.

La cote américaine représente en *dollars* ou plutôt en *cents* (centièmes de dollar) le prix d'une once anglaise, d'une *ounce troy* d'argent fin.

Or le dollar, au pair, équivaut à 5 fr. 1813 de notre monnaie française et l'*ounce troy* représente à peu près la seizième partie d'un demi-kilogramme, soit, plus exactement, 31 gr. 1035. Cela étant, la règle de trois va nous dire ce que vaut, en francs et centimes, le kilogramme d'argent fin à New-York, quand l'once y est cotée M *cents* :

$$x = 1.666\,M,$$

ou encore, à peu de chose près :

$$x = \frac{5}{3}\,M.$$

Multiplions donc le nombre de *cents* de la cote américaine par 1.666 ou par $\frac{5}{3}$ et nous aurons en francs la valeur marchande du kilogramme d'argent fin à New-York.

Le pair bimétallique de l'Union latine, qui, dans nos écus, met l'argent fin à 222 fr. 22 le kilogramme, correspond ainsi, dans l'échelle américaine, à la cote 133.

Cote anglaise. — Ici le problème se complique d'une question de titre. Ce qui se cote à Londres, ce n'est pas, comme à New-York, l'*ounce troy* d'argent fin, mais l'*ounce standard*, c'est-à-dire l'once d'argent au titre légal, au titre adopté par le législateur d'outre-Manche pour la frappe des monnaies d'argent, soit 925 millièmes de fin, avec 75 millièmes d'alliage.

L'once standard, ainsi définie, se cote en *pence*, c'est-à-dire en douzièmes de shilling ou deux cent quarantièmes de livre sterling. La livre sterling valant (abstraction faite du change) 25 fr. 221, si N représente le nombre de *pence* auquel s'est arrêtée la cote à un moment donné, le calcul nous montre que la valeur en francs du kilogramme de fin peut s'obtenir ainsi :

$$x = 3.65\,N$$

ou encore, à peu de chose près :

$$x = \frac{11}{3}$$

Le pair bimétallique de l'Union latine, qui met l'argent fin à 222 fr. 22 le kilogramme, correspond ainsi, dans l'échelle anglaise, à une cote intermédiaire entre 60.8 et 60.9 pence, plus exactement 60 p. $\frac{13.4}{16}$.

Cote française. — Au lieu de chiffrer en francs et centimes le prix marchand du kilogramme de métal, comme ailleurs on chiffre en francs et centimes le prix de la tonne de cuivre ou du quintal d'étain, la cote française exprime la “ perte ”, autrement dit l'écart proportionnel — tant pour mille — existant entre “ le pair ” et la valeur plus ou moins réduite de l'argent fin.

On procède d'une manière analogue pour l'or et cette méthode différentielle peut se justifier quand il s'agit d'un cours auquel la force des choses ne permet que de très faibles variations. L'or porté à la Monnaie de Paris pour être converti en pièces de 20 francs y est payé 3.437 francs le kilogramme de fin. C'est là, depuis 1854, le pair commercial, et il a fallu des événements comme ceux de l'année terrible pour que la prime de l'or, au delà de 3.437 francs, pût atteindre 20 millièmes. Dans ces conditions, nous ne songeons pas à nous plaindre de l'usage qui consiste à coter la prime ou la déprime proportionnelle et à écrire 0 ‰ quand le métal jaune est au pair.

Et autrefois, quand le double étalon battait son plein, le cours de l'argent n'étant guère plus libre de ses mouvements que le cours de l'or, il était naturel de les exprimer tous les deux de la même façon. Mais la déchéance de l'argent est aujourd'hui trop complète et trop définitive pour qu'il y ait lieu de perpétuer les anciens errements. Avant 1870, le plus grand écart qui ait été enregistré consistait en une prime de 38 °/₀₀, au début de l'année 1864. Aujourd'hui, la déprime dépasse constamment 500 °/₀₀ et, toute corrélation ayant ainsi cessé entre le prix des barres d'argent et celui des lingots d'or, le plus sage serait d'imiter la bourse de Londres, la bourse de New-York surtout, et d'exprimer désormais en francs le coût réel du kilogramme d'argent fin.

Cependant, si l'état de choses actuel ne comportait que cette critique toute relative, la Chambre syndicale pourrait hésiter à rompre avec un usage séculaire.

Ce qui condamne sans appel la cote française de l'argent, c'est que la base en est fausse, absolument fausse. Il n'est que trop facile de le démontrer.

Ainsi que la cote officielle nous le dit expressément, le *pair* auquel se mesurent les déprimes quotidiennes est de 218 fr. 89. Et nous défierions bien les spécialistes eux-mêmes de s'expliquer ce choix, que rien ne justifie plus, si leurs notions historiques, en matière monétaire, ne remontaient pas au delà de l'époque contemporaine. L'explication, la voici. Monétairement parlant, la loi de germinal an XI a donné au kilogramme d'argent monnayé au titre de 9 dixièmes une valeur de 200 francs, soit pour le kilogramme d'argent fin une valeur de 222 fr. 22. Les frais de fabrication ayant été fixés, pour les écus de 5 fr., à 3 fr. par kilogramme de pièces fabriquées, soit 3 fr. 33 par kilogramme de fin, un arrêté du 17 prairial an XI décida que le prix à payer aux porteurs de matières serait de 222 fr. 22 — 3 fr. 33, soit 218 fr. 89 par kilogramme de fin. Et le *pair* commercial se trouvant ainsi fixé, la bourse n'avait eu qu'à en prendre acte.

Mais à deux reprises, depuis ces temps lointains, les tarifs de la Monnaie ont été abaissés, eu égard aux perfectionnements introduits dans son outillage et dans ses procédés. De 3 fr. par kilogramme de pièces frappées, les frais de fabrication ont été ramenés à 2 fr. en 1835 et en 1850 à 1 fr. 50, soit 1 fr. 66 par kilogramme d'argent fin. Il y avait donc lieu de faire pour l'argent ce qu'on a fait pour l'or et de rectifier le *pair* sur lequel se réglaient les variations de la cote. Au lieu de 222 fr. 22 — 3 fr. 33 = 218 fr. 89, c'est 222 fr. 22 — 1 fr. 66 = 220 fr. 56 qu'il fallait dorénavant prendre comme point de départ. Seulement, en 1850, la bourse de Paris avait d'autres préoccupations et, personne n'ayant crié gare, le *statu quo* fut indûment maintenu. Il dure encore, apres un demi-siècle. La routine a de ces effets. Tout le monde connaît l'histoire de la sentinelle qu'on avait placée un jour, dans une promenade, près d'un banc fraîchement repeint, pour empêcher les passants de s'y asseoir; vingt ans après, le banc avait encore son factionnaire. Ainsi, depuis 1850, la cote de l'argent conserve une fausse base. Elle est maintenant comme ces thermomètres dont le tube a glissé et dont le mercure n'attend pas qu'il gèle pour descendre au-dessous de zéro. Lorsque, il y a trente ans, l'argent valait 219 francs, la cote aurait dû accuser une perte et, au lieu de cela, on y lisait encore 6 ou 7 $^0/_{00}$ de prime: erreur qui n'était rien moins qu'inoffensive, puisqu'elle masquait, à ses débuts, cette dépréciation de l'argent dont les rapides progrès allaient bientôt désorganiser tout notre mécanisme monétaire. Les derniers écus d'argent qu'ait émis l'Union latine portent le millésime de 1878, et depuis lors le tarif des frais de fabrication n'est plus qu'une fiction, en ce qui concerne les écus français. Il serait donc trop tard pour se contenter de réparer aujourd'hui l'omission commise en 1850. Fixer le pair à 220 fr. 56 au lieu de 218 fr. 89, c'eût été parfait il y a cinquante ans; aujourd'hui, ce serait encore rester en dehors de la réalité des faits. La solution qui s'impose désormais est celle qui consiste à chiffrer en francs et centimes la valeur de l'argent, comme celle du zinc ou du platine, de l'aluminium ou du nickel. Un mode de notation si simple ne saurait, ce nous semble, rencontrer d'objection sérieuse. Et si, malgré le petit nombre des intéressés, on craignait de voir ce changement d'écriture jeter quelque trouble sur le marché, il suffirait, pendant deux ou trois mois, de formuler à la fois la cote du métal blanc d'après l'ancienne règle et d'après la nouvelle. L'éducation du lecteur serait vite faite, et loin de se plaindre, vendeurs et acheteurs se trouveraient d'accord pour féliciter la Chambre syndicale de s'être enfin réconciliée avec l'arithmétique.

Nous croyons donc pouvoir soumettre avec confiance aux suffrages du Congrès le projet de vœu suivant :

« Le congrès des valeurs mobilières demande que, à dater du 1er janvier 1901, la cote officielle de la bourse de Paris exprime en francs et centimes le prix vrai du kilogramme d'argent fin et ne prenne plus comme base de ses indications un soi-disant pair qui, depuis cinquante ans, a cessé d'être exact. »

A. DE FOVILLE,
Membre de l'Institut.

LE STELLAGE

Le stellage est une opération par laquelle une personne dite " acheteur du stellage " doit, à une certaine échéance, se déclarer " acheteur " ou " vendeur " d'une certaine quantité de titres au regard d'une autre personne contractante " vendeur du stellage ".

Cette opération n'est autre que la synthèse d'une opération d'achat de double quantité à prime contre une quantité de ferme (au regard de l'acheteur de stellage); — ou d'achat d'une quantité de ferme contre vente de double quantité à prime (au regard du vendeur de stellage).

Exemple :

Tel titre vaut 100 francs,
A prime, dont 5, il vaut 110 francs.

Or, un acheteur de double à prime contre ferme, *s'il lève*, ressortira acheteur à 120;

Mais s'il abandonne, il ressortira vendeur à 90.

Si donc, au lieu de prendre cette position, il achète un stellage :

Le cours sera de 120/90,

ce qui veut dire qu'il aura faculté :

D'être acheteur à 120,
Ou d'être vendeur à 90,

mais il devra se déclarer l'un ou l'autre.

La règle des écarts des cours des stellages est donc la même que celles des écarts de primes. Théoriquement, l'écart est d'autant plus élevé que la prime est petite et que l'échéance est lointaine. L'offre et la demande, en bourse, modifient l'écart théorique.

Cela dit, quelle est la couverture que peut demander un agent de change ou un banquier, soit à un acheteur, soit à un vendeur de stellage? Nous allons examiner la situation de l'un et de l'autre.

Un principe domine la matière, à savoir qu'on demande en couverture à un spéculateur ce que normalement il peut perdre.

Prenons pour exemple le stellage imaginé

120 - 90

et voyons d'abord le cas de l'acheteur de stellage.

Tout d'abord il est à remarquer que, en cas de grande hausse ou en cas de grande baisse, l'acheteur de stellage est sûr de gagner. A partir de 120 francs, à partir de 90 francs, il gagne à se déclarer acheteur si on inscrit un cours au-dessus de 120, vendeur si on inscrit un cours au-dessous de 90.

En réponse des primes, si l'on cote 121, il se déclare acheteur à 120. Au contraire, si l'on fait 89, il se déclare vendeur à 90.

Mais il va de soi que s'il gagne, à partir de 120 vers la hausse, de 90 vers la baisse, il perdra si un cours intermédiaire entre 90 et 120 se présente en réponse des primes.

Que perdra-t-il ?

Faisons-en le barême.

Si l'on cote, en réponse des primes, 90, le stellagiste obligé de répondre se déclarera vendeur, et il perdra . . . . 0 fr.

Mais si l'on cote	91, il se déclarera vendeur, et perdra			1
—	92	—	—	2
—	93	—	—	3
—	94	—	—	4
—	95	—	—	5
—	96	—	—	6
—	97	—	—	7
—	98	—	—	8
—	99	—	—	9
—	100	—	—	10
—	101	—	—	11
—	102	—	—	12
—	103	—	—	13
—	104	—	—	14

Si l'on cote 105, notre acheteur de stellage aura le même intérêt à se déclarer acheteur que vendeur, car dans l'un ou l'autre cas, il perdra 15

Si l'on cote 106, notre acheteur de stellage se déclarera, non plus vendeur, mais acheteur et à 120, car dans ce cas il perdra. 14

tandis que s'il se déclarait vendeur, il en perdrait 16

Donc à 106, il se déclarera acheteur et perdra 14

Si l'on cote	107, il se déclarera acheteur et perdra		13
—	108	— —	12
—	109	— —	11
—	110	— —	10
—	111	— —	9
—	112	— —	8
—	113	— —	7
—	114	— —	6
—	115	— —	5
—	116	— —	4
—	117	— —	3
	118	— —	2
—	119	— —	1
—	120	— —	0

Quand on examine la colonne des pertes, on voit qu'elle présente une échelle montante et descendante dont le chiffre 15 est le sommet. On observe aisément que ce chiffre est obtenu par la moyenne de l'écart des deux termes de l'option.

Le cours du ferme est	100
et le stellage est aux deux termes	120 - 90
L'écart de 120 à 100 est	20
L'écart de 90 à 100 est	10
	30

Moyenne : 15.

Donc quand on demandera à un acheteur de stellage la moyenne de l'écart en couverture, on lui demandera tout ce qu'il peut perdre.

Passons maintenant au vendeur de stellage.

Il est à remarquer que le vendeur de prime peut perdre indéfiniment à la hausse.

Ainsi, le ferme étant 100 sur telle valeur,

la prime étant 110/5,

si l'on monte à 125, le vendeur de prime perdra 15 francs; à 130, il perdra 20 francs et ainsi de suite.

C'est pour cela que l'on peut demander en couverture, à un vendeur, une somme semblable à celle qu'on lui demanderait s'il opérait ferme. Mais on peut aussi lui demander, par modération, la couverture dans la proportion du ferme diminuée de l'écart de la prime.

Ainsi, quand un agent de change ou banquier demande en couverture 25 % du cours pour une vente ferme, il peut dire à un vendeur à prime dont 5 à 110 francs d'une valeur cotée ferme 100 francs :

« Je vous demande 25 moins 10, donc 15 francs parce que je considère que l'écart de 10 francs vous couvre déjà. »

Cela étant établi, dans l'hypothèse du stellage

120-90,

puisque, en cas de grande baisse ou en cas de grande hausse, le vendeur est exposé à perdre indéfiniment, on peut lui demander la couverture du ferme. On peut aussi, par modération, lui demander la couverture diminuée de l'écart entre le cours du ferme et le cours de *l'un des deux termes de l'option.*

En effet, nous sommes partis de ce principe qu'une valeur de 100 francs nécessitait une couverture de 25 francs parce qu'elle est normalement susceptible de 25 francs de hausse ou de baisse.

Si donc l'on monte à 125, comme le vendeur de stellage sera exposé à se trouver vendeur à 120, l'agent de change ou banquier peut lui demander en couverture 25 — 20 = 5 francs.

Mais si, par contre, on baisse à 75, ce vendeur de stellage est exposé à se trouver acheteur à 90 francs.

On peut lui demander 25 — 10 — 15 francs.

Dès lors, il est loisible de demander soit 5 francs pour le cas de hausse, soit 15 francs pour le cas de baisse.

On demandera nécessairement la couverture la plus forte, puisqu'elle correspond au maximum de perte normale.

Par conséquent, si l'on veut imputer l'écart au vendeur de stellage sur la couverture qu'il aura à verser, on imputera l'écart le plus faible qui correspondra à la couverture la plus forte.

Conclusion. — L'agent de change ou banquier, en face d'un acheteur de stellage lui demandera, en couverture, la moitié de l'écart entre les deux termes de l'option.

Mais en face d'un vendeur de stellage, il lui demandera une couverture semblable à celle qu'il demande pour les ventes à prime assimilées aux ventes fermes, à moins qu'il ne consente à imputer un écart en diminution sur la couverture.

Cet écart sera le plus petit des deux termes de l'option.

Emmanuel VIDAL.

COTE OFFICIELLE DES FONDS D'ÉTAT

RÉCIPROCITÉ D'ADMISSION

L'admission à la cote des bourses d'un pays étranger doit-elle donner à ce pays le droit de faire coter ses propres valeurs aux bourses des marchés emprunteurs?

Nous ne croyons pas que l'on puisse hésiter à donner à cette question une réponse négative et il ne nous paraît pas qu'il soit besoin d'entrer dans de longs développements pour justifier cette solution.

I

L'admission à la cote officielle de la bourse d'un État des valeurs émises par un État étranger peut être envisagée à un double point de vue, celui des relations internationales et celui de l'intérêt financier du marché.

Si certains gouvernements se sont désintéressés de toute action sur le mode de fonctionnement de leurs bourses et sur les valeurs qui y sont officiellement cotées, il en est d'autres, au contraire, qui se sont réservé un pouvoir plus ou moins étendu d'appréciation. Telle est la situation en France. Deux autorités y concourent à l'admission à la cote; l'une, la chambre syndicale des agents doit se préoccuper des conditions du marché financier et des avantages ou des inconvénients que peut, à cet égard, présenter l'introduction sur ce marché, à tel ou tel moment, de telle ou telle valeur étrangère; l'autre, le gouvernement lui-même, a entendu rester seul juge du point de savoir si cette admission est en rapport avec l'état des relations diplomatiques des deux nations et si elle n'est pas susceptible de le gêner, dans le cas où il pourrait, de son côté, avoir besoin de faire appel au crédit.

Cette règle a été posée dans les circulaires ministérielles des 12 novembre 1825, 31 juillet et 12 août 1873, 12 février 1880, dont nous extrayons les passages significatifs suivants :

L'admission à la cote officielle des fonds publics des gouvernements étrangers, porte la circulaire du 12 août 1873, reste régie par l'ordonnance royale du 12 novembre 1823, contresignée par M. de Villèle, ordonnance dont le commentaire et l'application se trouvent consignés dans une lettre adressée le 12 novembre 1825 par ce même ministre à M. le syndic des agents de change. — Aujourd'hui comme alors, il est nécessaire que le ministre des finances et le ministre des affaires étrangères soient mis à même d'apprécier, l'un au point de vue de l'intérêt du Trésor, l'autre au point de vue de l'intérêt politique, s'ils n'ont point de motif de s'opposer à l'inscription, sur la cote officielle, des fonds publics étrangers, dont la chambre syndicale, au point de vue de l'intérêt public, aurait jugé la négociation utile et opportune (signé :) MAGNE.

Il ne vous échappe pas, dit la circulaire du 12 février 1880, que ce décret ne concerne que les valeurs émanant des sociétés, compagnies, entreprises, corporations villes et provinces étrangères et de tous autres établissements étrangers; rien n'est changé aux lois et aux règlements actuels applicables aux valeurs françaises, quelles qu'elles soient, et aux fonds d'État étrangers (1).

Il en est du reste de même des valeurs étrangères autres que les fonds d'État, pour lesquelles cependant l'intervention gouvernementale est justifiée par des raisons moins sérieuses. Le ministre des finances, porte l'article 5 du règlement d'administration publique du 6 février 1880, peut toujours interdire la négociation en France d'une valeur étrangère. Malgré la forme de cet article, son contrôle est préventif ainsi que le constate la circulaire ministérielle du 6 février 1880.

Toutes les fois qu'une chambre syndicale d'agents de change, y est-il dit, aura cru pouvoir admettre en principe, à la cote, une valeur étrangère, elle devra en donner aussitôt avis au ministre des finances et, ainsi que cela se pratique d'ailleurs depuis plusieurs années, elle ne pourra faire procéder à l'inscription au *Bulletin officiel* et autoriser la négociation de cette valeur à son parquet, avant d'avoir reçu du ministre une autorisation expresse et écrite (signé :) MAGNIN.

Il ne nous paraît pas que le gouvernement soit prêt à se dessaisir du droit qu'il s'est réservé. On hésitera peut-être à lui en faire la demande, si l'on remarque que, jusqu'à ce jour, il a usé avec une telle réserve de son droit, qu'aucune gêne n'en est résultée pour le marché financier.

II

Il n'y a pas parité entre l'avantage résultant de l'admission à la cote, suivant qu'il s'agit d'une bourse sans importance ou d'une des grandes bourses internationales établies au sein de pays prospères et riches en

(1) L'article 81 du décret du 7 octobre 1890 dispose d'ailleurs qu'« il n'est pas dérogé aux règlements actuels en ce qui concerne les valeurs étrangères. »

capitaux. Comprend-on qu'il y ait le moindre intérêt pour la rente française ou pour les consolidés anglais à être cotés officiellement à telle ou telle petite bourse qui n'a peut-être même pas l'importance de nos bourses de province? Il est, au contraire, évident que tel petit État, au sein duquel une de ces bourses serait établie, attachera avec raison le plus grand intérêt à ce que le marché de Paris ou celui de Londres soit ouvert aux titres émis par lui.

III

Une considération d'un ordre tout différent nous paraît encore d'un grand poids. On sait combien il est difficile de trouver une sanction efficace aux engagements contractés par un État vis-à-vis de ses prêteurs, engagements qui peuvent rester inexécutés soit à raison de circonstances fortuites et malheureuses, soit même par l'effet de la mauvaise volonté du débiteur. Il est toutefois une sanction dont la légitimité n'a pas été contestée; — on l'a plaisamment appelée le " blocus des cotes " — : elle consiste en ce que l'accès de la bourse peut être supprimé aux valeurs émises par l'État défaillant et, tout au moins, à toutes autres valeurs qu'il voudrait encore émettre. Il résulte d'une telle mesure une atteinte grave portée au crédit de l'État qui en est l'objet, une plus grande difficulté et, parfois, une complète impossibilité d'émettre de nouveaux emprunts avant d'avoir donné satisfaction aux justes réclamations des créanciers. Le principe de réciprocité obligatoire ferait disparaître cette sanction qui, dans l'état actuel des choses, malgré sa trop fréquente insuffisance, est à peu près la seule douée de quelque efficacité. Cette raison doit suffire à la faire exclure, même au cas où le gouvernement abandonnerait son droit de contrôle, tout au moins tant qu'il n'aura pas été édicté de mesures internationales suspendant l'admissibilité à la cote de toutes valeurs pour les États qui auraient précédemment manqué à leurs engagements, ou qui n'auraient pas conclu un accord accepté par la majorité de leurs créanciers (1).

Eugène Lacombe,

ancien sénateur,

conseil de la chambre syndicale des agents de change.

(1) Voir le mémoire n° 70 (De la défense des porteurs de titres de fonds d'État étrangers).

LES MÉTHODES EMPLOYÉES PAR LES ÉTATS

AU XIXe SIÈCLE, POUR REVENIR A LA BONNE MONNAIE

Si l'on passe en revue l'histoire monétaire depuis un siècle, on constate que la plupart des pays ont traversé des vicissitudes nombreuses; qu'à un moment ou à un autre, pour un temps plus ou moins long, ils ont fait connaissance avec la mauvaise monnaie, avec la monnaie dépréciée. Si les procédés anciens d'altération des monnaies ont été abandonnés, d'autres causes ont amené des effets analogues et les émissions surabondantes de papier-monnaie ont affaibli, parfois même annihilé, la valeur du signe monétaire (1). L'État a entrepris de substituer sa réglementation empirique au jeu naturel des lois économiques en matière de monnaie : il a cru, parce que le fait d'imprimer une effigie sur des jetons de métal dans des ateliers gouvernementaux en facilitait l'acceptation, qu'il n'avait pas à se préoccuper de la valeur intrinsèque des pièces et qu'on prendrait, pour leur valeur nominale factice, les signes représentatifs de la monnaie métallique, pourvu que certaines précautions fussent prises, certaines garanties données. Alors que la monnaie fiduciaire, gagée sur une encaisse métallique convenable et sur un portefeuille d'effets facilement réalisables, circule aisément, sans éveiller de méfiance, parce que le détenteur sait qu'à tout moment il sera remboursé en espèces, il n'en est pas de même avec le papier-monnaie à cours forcé. Ce n'est que dans des cas tout à fait exceptionnels, pendant des périodes extrêmement courtes — la France en 1870-71 est l'un des rares exemples que l'on puisse citer, — que le billet à cours forcé échappe à la dépréciation.

---

(1) La monnaie vaut, non par le signe qu'elle porte, mais par ses qualités intrinsèques. La monnaie métallique est reçue dans les échanges comme mesure et comme équivalent réel de la marchandise.

Le billet de banque est la promesse de payer à vue une quantité d'or et d'argent égale à celle qui y est indiquée. Les billets ne sont, dans les temps ordinaire, reçus comme monnaie que parce qu'ils sont convertibles en numéraire, à la première réquisition.

La question du papier-monnaie, du cours forcé, du billet de banque, est extrêmement vaste; elle a été étudiée, examinée bien souvent, et l'on serait entraîné trop loin en s'y engageant. Il faut donc se limiter, admettre que les fluctuations, les oscillations du signe monétaire sont une cause d'affaiblissement, de ruine, d'infériorité certaine, que la monnaie mauvaise entraîne un état pathologique, et que le devoir des hommes responsables de la bonne administration publique est de chercher à faire sortir leur pays d'une condition détestable, funeste aux intérêts généraux et particuliers (1).

On a analysé les raisons qui jettent un pays dans le cours forcé. M. Leroy-Beaulieu les a indiquées avec sa précision habituelle. L'Etat a besoin de ressources considérables et immédiates qu'il ne pourrait obtenir à bref délai ni de l'impôt, ni de l'emprunt ordinaire; il veut se procurer ces ressources à un taux d'intérêt très faible et au-dessous de celui du marché des capitaux; la monnaie métallique étant devenue très rare, il est utile de lui substituer un instrument légal; enfin l'État considère volontiers les grandes banques, dans ces circonstances difficiles, comme des établissements destinés à faire des prêts au Trésor, et cela d'autant plus que, presque partout, il les a dotées de privilèges spéciaux.

Le cours forcé a donc pour objet de fournir des ressources qu'on ne trouve pas ailleurs ou qu'on ne trouve pas aussi vite, ni à aussi bon marché: on le croit tout au moins. Il élargit la circulation au delà des limites anciennes et cet accroissement correspond à une diminution de la circulation métallique. Sous le régime du remboursement à vue, la circulation ne peut jamais dépasser le besoin du public, parce que celui-ci porte au guichet les billets dont il n'a pas besoin, ensuite parce qu'il y a proportionnalité entre les billets et l'activité des affaires. La circulation est élastique, et cela à plusieurs point de vue: d'abord parce qu'il y a accroissement ou diminution de volume suivant

---

(1) Le cours forcé consiste à donner aux billets émis soit directement par l'État, soit par la Banque avec l'assentiment de l'État, le caractère de monnaie, c'est-à-dire que les billets peuvent être imposés aux créanciers dans les paiements pour leur valeur nominale, sans que les caisses qui les ont émis soient tenues de les rembourser en espèces métalliques.

Le cours forcé est un des grands moyens de crédit moderne; il se distingue des anciennes falsifications des monnaies; chez les nations prudentes, il est considéré comme un expédient temporaire pour faire face à une crise, pour procurer à l'État des ressources indispensables.

Le cours forcé constitue dans certaines circonstances un emprunt forcé, fait à un prêteur indéterminé, sans qu'il soit stipulé d'intérêt au profit de ce créancier.

Le prêteur forcé et indéterminé, c'est le fournisseur, le porteur de titres de la dette publique, le fonctionnaire et toutes les autres personnes qui, en paiement de leurs créances, des arrérages de rentes, ou de leurs appointements, reçoivent de l'État non pas des espèces métalliques, mais des billets ayant cours forcé. En dernière analyse, la situation est la même, que ce soit l'État qui émette ou que ce soit une banque.

l'activité ou le calme des transactions, en second lieu parce que le métal précieux entre ou sort librement ; tandis que, sous le régime du cours forcé, la monnaie métallique est chassée, expulsée par le papier-monnaie ou, si elle entre, elle est souvent appelée artificiellement. Cette absence d'élasticité a fait l'objet de plaintes très fondées, aux États-Unis, en Russie, et ailleurs encore (1).

C'est rarement de gaieté de cœur que l'on est entré dans la voie du cours forcé ; on y a été contraint par des besoins soudains du Trésor, difficiles à satisfaire (guerre, révolution, gaspillage de ressources, insuffisance de recettes). Les premières émissions amènent une apparence de prospérité, une activité factice et peu durable ; il faut sans cesse de nouvelles émissions qui augmentent la dépréciation. M. White appelle ce phénomène la loi d'accélération des émissions et de la dépréciation (2).

On est d'accord aujourd'hui sur les inconvénients du papier-monnaie, sur les dangers qu'il présente, sur l'affaiblissement, la démoralisation de l'organisme social. Les gens sages, qui comprennent tout le mal que fait une monnaie instable, sans valeur intrinsèque, inélastique, réclament le retour à une condition normale. Si le mal est de date ancienne, ils rencontrent l'opposition de ceux qui veulent plus de crédit, des prix plus élevés, dès qu'il s'agit de retirer du papier-monnaie.

---

(1) Conditions pour sortir du cours forcé : rétablissement de l'équilibre budgétaire avec des excédents de recettes, cours du change favorable.

(2) Les causes de la hausse et de la baisse du change peuvent être indiquées comme suit :

1° D'un côté, les paiements que le pays a à recevoir de l'étranger pour les marchandises vendues, pour les titres mobiliers qu'il a placés au dehors par voie d'emprunts ou par celle de l'arbitrage et du commerce des titres ; les capitaux qui lui sont confiés soit temporairement, soit à longue échéance s'ils servent à commanditer des entreprises commerciales ou industrielles ; les sommes que les étrangers dépensent dans le pays, le revenu des placements au dehors ;

2° De l'autre, la somme des paiements pour les produits ou titres achetés au dehors, des remises pour les coupons de la dette publique, pour les intérêts des actions, obligations, capitaux industriels, des retraits de capitaux placés dans le pays, des montants emportés par les voyageurs. La différence de ces totaux constitue le solde débiteur ou créditeur du pays ;

3° La quantité de papier-monnaie émis est aussi un élément important. Dans les pays qui se servent de monnaie constituée d'un métal déprécié, il faut tenir compte de la quantité de monnaie métallique créée dans une condition d'infériorité. Les difficultés proviennent en effet de ce que le signe monétaire (argent ou billet) n'est pas reçu, hors de la frontière, pour sa valeur normale, mais pour sa valeur commerciale ;

4° Le cours du change reflète également l'opinion que l'on se forme de la solvabilité de l'État, de sa situation budgétaire, de sa condition économique générale, de sa politique étrangère. C'est le côté impression, le côté moral, tandis que les autres éléments sont plus réels, mais moins apparents et moins tangibles, sauf le relevé des douanes concernant l'entrée et la sortie des marchandises. Et encore y aurait-il des réserves à formuler concernant les statistiques douanières.

On a fixé les règles générales qui doivent être appliquées : au point de vue budgétaire, le rétablissement de l'équilibre avec des excédents, car ce sont souvent les besoins de l'Etat qui ont amené la crise et la maladie, et aussi parce que la bonne opinion que l'on aura du crédit public facilitera l'opération de la reprise des paiements en espèces, en permettant des emprunts de consolidation ; au point de vue économique, un change favorable. Il faut diminuer la monnaie fiduciaire, retirer les petites coupures, organiser le remboursement des billets en numéraire, habituer le public à se servir de la monnaie métallique. La substitution de la bonne à la mauvaise monnaie, aura nécessité l'accumulation d'un stock monétaire-espèces considérable, qu'il s'agira de défendre et d'accroître par une bonne politique d'escompte. Toutefois si, au début, il se produit des sorties de métal, il ne faut pas s'effrayer ni perdre la tête. Souvent aussi, il est bon de déconseiller des opérations de conversion ou de réduction de l'intérêt sur des titres qui peuvent se trouver dans le pays ou à l'étranger, car ce serait en amener le retour, le rapatriement et diminuer l'attrait pour les capitaux étrangers.

Si l'on jette un rapide coup d'œil sur l'histoire du papier-monnaie depuis quelque cent cinquante ans, on trouve qu'en France, aux Etats-Unis, en Autriche, la valeur du papier-monnaie, ayant cours forcé, fut non seulement diminuée, mais annihilée ; ce fut le cas pour les 200 millions de dollars émis de 1776 à 1780 ; la France, qui avait souffert du système de Law, eut à subir les assignats, qui commencèrent par être des sortes d'obligations hypothécaires portant intérêt, escomptant la vente des biens domaniaux ou ecclésiastiques et finissant, en 1796, par représenter un montant nominal de 40 milliards en circulation. Lorsqu'on brisa la planche aux assignats, le louis d'or de 24 livres valait 7.200 livres ; on émit 2.400 millions de mandats territoriaux, qu'on échangerait contre une somme trente fois plus considérable d'assignats ; les mandats territoriaux s'avilirent. Le 21 mai 1797, les assignats non rentrés en échange de mandats territoriaux ou par le paiement des impôts furent définitivement annulés (1).

L'Autriche ne traita pas mieux les porteurs de son papier-monnaie.

Ce sont là des procédés qui répugnent à notre époque plus soucieuse, du moins dans les grands pays civilisés, de respecter les enga-

(1) Pour régler le mode d'acquittement des engagements pris pendant la durée de la dépréciation, déterminer la baisse du papier-monnaie aux différentes époques et réduire les obligations à la valeur constatée, on dressa un tableau du 1er janvier 1791 à 1796. Les obligations antérieures au 1er janvier 1791, ne devaient pas être réduites, mais être entièrement acquittées en numéraire, de même pour toutes les dettes stipulées payables en espèces métalliques à quelque époque qu'elles eussent été conclues.

gements contractés. Tous les pays n'ont pas l'admirable force récupérative de la France qui, en 1870-1871, vit une émission de 1.470 millions de francs, le cours forcé, une dépréciation passagère extrêmement faible et qui put, en 1878, abolir le cours forcé sans mesures extraordinaires. C'est une exception.

En dehors de la France moderne, tous les pays qui ont été au régime du cours forcé ont dû faire des efforts plus ou moins considérables.

L'histoire de l'Angleterre est généralement connue (1797-1821). Lorsqu'elle s'engagea dans la lutte contre la France, l'Angleterre trouva vite que les emprunts et les impôts donnaient des ressources insuffisantes. L'Echiquier émettait des traites ou des bons du Trésor que la Banque escomptait; peu à peu, il y eut dans le portefeuille de la Banque quatre fois plus de bons escomptés que d'effets de commerce. En 1797, une panique se produit, le public réclame l'échange des billets; le découvert du Trésor est de 7.585.000 livres, l'encaisse de 1.272.000 livres. Le 26 février 1797, il y a ordre de suspendre le remboursement jusqu'à consultation du Parlement; le 3 mars 1797, la Banque est autorisée à émettre des coupures d'une et de deux livres; le 3 mai, le Parlement vote la suspension du remboursement pour les sommes supérieures à 20 shillings jusqu'au 24 juin 1797; le 22 juin, prorogation du terme; en novembre, nouvelle prorogation jusqu'à six mois après la paix. En 1802, à la paix d'Amiens, le cours forcé est maintenu jusqu'en mars 1803. Le régime du cours forcé se prolongea finalement si bien qu'au lieu de 52 jours, il dura 24 ans (1er mai 1821). Pendant ces 24 ans, les avances de la Banque au Trésor varient de 10 à 28 millions de livres. La circulation fut de 10.730.000 en 1796; de 27 millions, en 1815; de 28.470.000, en 1817. Au début, la dépréciation fut légère. En 1800, elle atteignait 10 %; en 1809 14 %; en 1810, 8 %; en 1811, 20 %; en 1812, 25; en 1813, 29 1/4; en 1814, 14 %; 16 % en 1815; 2 1/4 en 1817; 1/2 % en 1820. De 1797 à 1803, il y a une première phase, le point le plus bas, 16 % de perte est atteint en 1801; on remonte et l'on tombe au plus bas (près de 30 %), en 1811-1813, pour revenir en quelques années au pair. Il y a là une élasticité, une force de récupération qui distingue l'Angleterre et les Etats-Unis de la Russie et de l'Autriche qui, ayant perdu le pair nominal ancien ne s'en rapprochent plus et se créent une moyenne inférieure. Les causes de la dépréciation avaient été la surabondance de signes fiduciaires, — l'insécurité politique — les exportations d'or pour les dépenses militaires et les subsides.

En 1819, le Parlement vote l'act de Peel pour la reprise graduelle des paiements en espèces: à partir de février 1820 jusqu'en octobre, à raison de £ 4.1/2 par once d'or (l'once en 1797 valait 3 £ 17.6), — de 3.19.6, soit 2 1/2 %, d'octobre 1820 à mai 1821, — de 3.17.10 de mai 1821 à mai 1823. La Banque devança la date fixée, elle reprit les paiements à partir du 1er mai 1821.

La guerre de sécession amena les États-Unis (États du Nord) à recourir au papier-monnaie. On commença en février 1862, par émettre 150 millions de greenbacks, et l'on arriva progressivement jusqu'à 850 millions.

La prime sur l'or fut en mars 1862, de 100-120; en mars 1864, de 169; en juillet, de 286; en novembre, de 260; en juillet 1868, de 138. En 1879, le cours forcé fut supprimé, après avoir duré dix-sept ans. Le point le plus bas fut atteint en 1864, — depuis lors, il y eut une amélioration, interrompue par des oscillations, mais sans chute prolongée. On connaît la politique de conversion et d'amortissement que les Etats-Unis observèrent. Ils commirent toutefois la faute de laisser en circulation 350 millions de greenbacks qui ont été pour eux une source d'ennuis et d'inconvénients. Ces greenbacks, qui ne pouvaient être détruits et qui étaient toujours rejetés dans la circulation, ont servi à drainer l'or du Trésor.

Nous ne referons pas l'histoire monétaire des États-Unis depuis vingt et un ans; on en trouvera quelques données dans le mémoire que nous avons consacré aux crises financières et économiques. Les États-Unis ont souffert de l'imperfection de leur régime monétaire, tel qu'il est résulté de la guerre de sécession. Les banques nationales ont été dotées du privilège de l'émission afin de créer un débouché à la dette fédérale, de même que les greenbacks n'ont pas été retirés lorsqu'il était devenu possible de le faire.

La loi monétaire du 14 mars 1900, depuis si longtemps attendue, est venue mettre enfin un terme à la discussion passionnée soulevée par la nature de l'étalon et qui a failli mettre aux prises l'ouest et l'est.

On connaît les défectuosités de la circulation monétaire restante aux États-Unis; nous n'y reviendrons pas.

En février 1899, le *caucus* du parti républicain à la Chambre décida, par un vote presqu'unanime, de charger un comité d'élaborer un bill qui serait pris en considération dès le début de la réunion du Congrès.

Les membres républicains du comité de finances du Sénat se mirent aussi à l'œuvre pour préparer un bill. Les chefs du parti républicain sentaient qu'il était temps de remplir enfin la promesse faite par leur parti lors de l'élection présidentielle de 1896 relativement à la question de l'étalon monétaire.

Le bill élaboré par le comité nommé par le caucus républicain de la

Chambre fut présenté comme le premier bill offert à la discussion quand le Congrès se réunit en décembre. Il proclamait avec la plus grande netteté le régime de l'étalon d'or. Le 18 décembre, il était adopté par la Chambre. Le bill réunit les voix de tous les républicains et, en outre, de 11 démocrates; le scrutin donna comme résultat : 190 voix en sa faveur, contre 140 opposants.

Le bill voté fut envoyé au Sénat; mais, au début de janvier, celui-ci substitua au bill de la Chambre le projet que lui soumit son comité des finances, qui différait sensiblement du premier. Ce second projet fut adopté par le Sénat par 46 voix contre 29; tous les républicains, sauf un, ayant voté pour son adoption, ainsi que 2 démocrates.

Une commission mixte fut alors nommée par le Sénat et la Chambre, suivant la procédure adoptée, pour construire un projet définitif. La Chambre se montrait plus disposée que le Sénat en faveur d'un langage explicite relativement au remboursement en or des différentes espèces de monnaies actuellement en circulation; son sentiment à ce sujet prévalut. Par contre, le Sénat fit adopter son projet de conversion de la dette existante.

Le 6 mars, le Sénat, par 44 voix contre 26, votait le bill tel qu'il lui revenait du comité de conférence; le 13, la Chambre l'adoptait à son tour, par 166 voix contre 120; le lendemain, le président des États-Unis le signait et le bill devenait loi.

La nouvelle loi est intitulée : « Loi pour définir et fixer l'étalon de la valeur, pour maintenir la parité de toutes les formes de monnaies émises ou monnayées par les États-Unis, pour convertir la dette publique et pour d'autres buts ».

L'article 1er, qui fixe définitivement la nature de l'étalon, en est en réalité la partie la plus importante. Il est ainsi conçu : « Le *dollar* de 25 8/10 de grains d'or, à 9/10 de fin, comme il est établi par la section 35 des statuts revisés des Etats-Unis *sera l'unité étalon de valeur*, et toutes les formes de monnaies émises ou monnayées par les États-Unis seront maintenues à une parité de valeur avec cet étalon, et il sera du devoir des secrétaires du Trésor de maintenir cette parité ».

Le Trésor continue les fonctions qu'il remplit depuis 1861, d'établissement d'émission, qui lui ont causé plus d'une fois de graves embarras. Mais dorénavant ces fonctions seront entièrement séparées de ses autres fonctions d'ordre plus général : perception des revenus et paiement des dépenses du gouvernement fédéral. Dans ce but, il est créé au Trésor un " bureau spécial d'émission et de remboursement ", qui aura pour objet d'assurer le remboursement en or des greenbacks et des treasury-notes émis sous la loi du 14 juillet 1890 (le Sherman act). Ce bureau reçoit du fonds général du Trésor une somme de 150 millions de dollars, en espèces et lingots d'or, et il est interdit d'utiliser ce fonds de réserve dont l'affectation est ainsi spécialisée, à d'autres opérations qu'à celle du remboursement de ces billets. Les billets rachetés avec ce fonds ne peuvent être remis en circulation que contre de l'or provenant soit du fonds général du Trésor, soit directement du public. Dans le cas où le fonds de rachat tomberait au-dessous de 100 millions de dollars et où le secrétaire du Trésor se trouverait dans l'impossibilité de le relever au chiffre de 150 millions de dollars, soit par l'échange des billets du fonds contre de l'or provenant du fonds général ou du public, la loi l'autorise à émettre dans ce but des obligations dont l'intérêt n'excédera pas 3 % par an, jusqu'à concurrence de la somme nécessaire pour compléter le fonds de réserve.

Enfin, la nouvelle loi brise cette chaîne sans fin qui, dans certains cas, mettait le Trésor dans l'obligation de fournir au marché, sans pouvoir se défendre d'aucune manière, l'or dont celui-ci avait besoin. Les billets rachetés par le fonds de réserve ne pouvant plus être remis en circulation que contre le dépôt d'une somme égale en or, il sera impossible à l'avenir de faire face aux déficits du Trésor par la réémission des billets, opération que la loi prohibe d'ailleurs maintenant d'une manière spéciale.

L'émission de " gold certificates " contre des dépôts d'or continue à être autorisée, mais elle pourra être suspendue quand le fonds de rachat tombera à un chiffre inférieur à 100 millions de dollars, ou quand l'ensemble des " silver certificates ", émis sous la loi Bland de 1898, et les greenback possédés par le fonds général du Trésor dépassera 60 millions de dollars.

La loi édicte également des mesures qui affecteront la composition de la circulation.

Les treasury notes de 1890 sont destinés à disparaître dans un délai assez court, ils seront remplacés dans la circulation par une augmentation de la quantité de silver certificates, de 1878, aux petites coupures desquels la loi a cherché à faire le plus de place possible : On a décidé de hâter le monnayage du métal-argent acheté en vertu de la loi de 1890, et restant encore dans les caves du Trésor à l'état de lingots. A mesure que cette frappe aura lieu, des treasury notes pour une valeur correspondante à la frappe effectuée seront retirés de la circulation et, comme la circulation des dollars d'argent ne peut être effectivement augmentée, le public n'ayant, sauf les nègres du sud, aucun goût pour ces monnaies lourdes et encombrantes, les nouveaux dollars seront représentés par des silvers certificates. Une autre cause de disparition des treasury-notes sera la frappe d'une partie du métal qu'ils représentent, ces monnaies divisionnaires d'argent dont la rareté s'est souvent fait sentir depuis quelques années pour le commerce de détail, pendant les périodes d'activité. Le secrétaire du Trésor est autorisé à porter jusqu'à 100 millions de dollars la quantité de ces monnaies. L'argent pour les frappes nouvelles sera pris sur le stock acquis en vertu de la loi de 1890 et une quantité de treasury notes égale au montant des monnaies frappées devra être annulée.

Les silver certificates devront être émis, sauf pour 10 % de leur somme totale, les coupures de 10 dollars et au-dessous. Ce chiffre sera atteint par le remplacement des grosses coupures actuelles en petites coupures; en outre, à l'avenir les banques nationales ne pourront avoir plus de 1/3 du montant de leurs billets en coupures inférieures à 10 dollars.

On sait qu'un des grands défauts de la circulation fiduciaire aux États-Unis est son manque d'élasticité et que, dans ces dernières années, ce défaut avait été encore aggravé par la réduction opérée par les banques nationales sur leurs émissions de billets, la seule partie de la circulation ayant quelque élasticité, ces émissions n'offrant plus pour elles aucun bénéfice. On a essayé, tout en maintenant le principe sur lequel est actuellement basée l'émission des billets, d'augmenter la possibilité d'émission pour les banques et de leur rendre de nouveau l'opération fructueuse. Cette mesure est liée à une opération de conversion de la plus grande partie de la dette fédérale.

La loi décide la conversion de l'emprunt 3 % contracté pour la guerre contre l'Espagne, des obligations 4 % remboursables en 1901 et des 5 % remboursables en 1904, représentant une somme totale de 839 millions de dollars, en nouvelles obligations 2 %. Les nouveaux titres ne doivent pas être mis en vente, mais peuvent seulement être échangés contre les anciens. Une prime est offerte aux porteurs des anciennes obligations pour compenser la perte d'intérêt qu'ils devront subir. Les nouvelles obligations ne peuvent être remboursées avant une période de trente ans et elles contiennent la stipulation expresse du paiement en or du capital et des intérêts.

Pour décider les banques nationales, les plus forts porteurs de la dette fédérale, à effectuer la conversion, on a eu recours à un stratagème ingénieux. Leur circulation doit, on le sait, être garantie par un dépôt de titres fédéraux. L'impôt actuel or de 1 % par an sur leur circulation sera maintenu pour les billets gagés par des titres anciens; et la taxe sera réduite à 1/2 % pour ceux gagés par les nouvelles obligations 2 %.

En outre, la loi autorise les banques à émettre des billets jusqu'à concurrence de la valeur au pair des titres déposés par elles en garantie, tandis que jusqu'à présent la limite était fixée à 90 % de cette valeur.

Enfin, pour faciliter le développement des banques nationales, la loi permet d'établir des banques de ce genre avec un capital de 25.000 dollars dans les villes de 3.000 habitants au moins, alors qu'auparavant le capital nominal pour ces banques était fixé à 50.000 dollars.

La nouvelle loi ne règle pas encore définitivement la question monétaire. La circulation des États-Unis est débarrassée à vrai dire d'un grand nombre des dangers qui la menaçaient; elle n'est pas encore assise sur une base réellement sûre. Il reste à décharger complètement le Trésor de son rôle d'établissement d'émission et à rendre toute l'élasticité nécessaire à la circulation fiduciaire en basant l'émission des banques nationales sur la totalité de leur actif, au lieu de lui donner pour base un dépôt de fonds d'État, les aléas résultant de ce changement pouvant être aisément combattus par la constitution d'un fonds d'assurance commun constitué par les banques elles-mêmes.

Un côté défectueux, c'est celui qui concerne la conversion des obligations 5, 4 et 3 % en un titre 2 % nouveau, que l'on a rendu aussi attrayant que possible pour les banques nationales. L'intérêt fiscal l'a emporté sur d'autres considérations; on a voulu faire bénéficier le budget d'économies sur le service de la dette, créer un nouveau titre que les banques nationales absorberaient et qui servirait de contrepartie à une émission fiduciaire plus considérable de leur part. Cette méthode présente des dangers et l'on n'est pas sans appréhension pour l'avenir.

Pour l'Italie, l'histoire du cours forcé commence le 1er mai 1866, par suite de la pénurie du Trésor qui se fait avancer 250 millions de francs par la Banque. Une commission d'enquête a reconnu, il est vrai, que le cours forcé n'était commandé ni par les intérêts politiques et financiers, ni par les intérêts économiques, qu'il avait précipité une crise financière et chassé du pays tout le numéraire, amené la rentrée des valeurs italiennes et le retrait des capitaux prêtés par l'étranger. L'agio atteignit 22 %, la rente italienne tomba au-dessous de 40. En 1872, la circulation fiduciaire s'élève à 1.300 millions, dont 740 millions pour l'État. De 1866 à 1874, l'agio varie entre 22 et 7 %.

En 1882, l'Italie entreprit de se débarrasser de l'agio, de reconquérir sa place parmi les nations à système monétaire normal. En janvier 1880, le napoléon valait 22.60, soit 13 % de prime, en juillet 22 francs (10 %); en janvier 1881, la prime était réduite à 4 %; elle devenait presque insignifiante lorsque, poussée par les circonstances, l'Italie commença l'exécution des réformes conçues par M. Magliani.

Ces mesures consistaient dans la conclusion d'un grand emprunt de 644 millions, dont les contractants devaient fournir jusqu'à 444 en or. L'emprunt émis en deux fois à Londres réussit, les banquiers versèrent 491 millions en or sans troubler le marché financier, grâce à la hausse du change américain et à la possibilité de se procurer à bon marché des 1/2 impériales russes. Le 12 août 1883, le cours forcé fut aboli ; les demandes de remboursement furent insignifiantes.

On sait par suite de quelle série de fautes et d'erreurs, dont une grande part de responsabilité incombe à M. Crispi, ces avantages furent reperdus, et l'Italie a traversé une crise marquée par un agio de 15.20, dont elle se relève actuellement grâce à une politique plus sage, moins militante. Mais elle n'en est pas moins retombée dans le cours forcé.

Nous avons vu comment l'Angleterre, les États-Unis, l'Italie sont revenus avec plus ou moins de succès à la bonne monnaie, — l'Angleterre en adoptant le système d'une échelle graduée, — les États-Unis et l'Italie au bout de quelques années d'efforts.

Il reste à examiner un troisième mode, celui d'un changement d'étalon, de l'abandon de l'étalon d'argent pour l'étalon d'or.

Vers la fin de la guerre de Sept ans, en 1762, l'Autriche créa son premier papier-monnaie, le billet de banque, qui d'abord n'avait pas cours forcé et n'était émis qu'en quantité modérée; peu à peu, par suite des guerres incessantes, l'émission s'en développa à l'excès jusqu'à atteindre un milliard de florins. Lorsqu'après les luttes contre la France révolutionnaire et impériale, l'Autriche en arriva à la grande banqueroute de 1811, le milliard de billets de banque fut réduit au cinquième de sa valeur nominale ; ce cinquième même fut payé en papier qui acquit de nouveau une triste notoriété, sous le nom de monnaie viennoise (wiener währung). Après la paix de 1815, les finances se relevèrent ; mais, malgré une série de tentatives au cours des années suivantes, on ne réussit pas à revenir pleinement aux paiements en espèces. En 1816, fut fondée la Banque nationale d'Autriche avec l'aide de laquelle on tenta de supprimer le papier-monnaie d'État, mais sans succès également. A côté des billets de banque qui représentaient leur pleine valeur nominale de florins d'argent autrichien, subsistait le papier-monnaie que la Banque devait peu à peu retirer à raison de 250 florins contre 100 en espèces ou en billets. Mais le nombre de ces derniers, qui croissaient ainsi, perdit toute base solide par suite des appels répétés de l'État au crédit de la Banque. Lorsqu'éclata la catastrophe de 1848, la nécessité s'imposa de suspendre le remboursement des billets de banque en numéraire et de leur donner le cours forcé. Depuis cette époque, les tentatives pour sortir de cette situation furent plusieurs fois renouvelées, mais chaque fois un mauvais génie semblait se complaire à faire naître, au moment décisif, des circonstances politiques qui déjouaient les meilleures intentions à l'heure même où elles allaient être mises en pratique (traité de 1857 avec le Zollverein pour frapper des vereinsthaler, en 1867 avec la France pour la frappe de pièces de 8 florins). L'étalon d'argent aussi bien que l'étalon d'or furent noyés dans les flots du papier-monnaie (1).

Dans les vingt-cinq dernières années, grâce au maintien de la paix et au développement économique, le crédit de la monarchie s'est relevé et l'opinion générale a été que le moment était venu de reprendre rang parmi les nations pourvues d'une bonne monnaie. Les bases du plan de la réforme autrichienne sont bien connues, c'est l'adoption de l'étalon d'or, à la suite d'une investigation des plus complète par une double commission d'enquête, et le vote de la loi monétaire par les Parlements des deux pays. La base sur laquelle le papier-monnaie en circulation doit être transformé en or a été fixée d'après la valeur de ce papier, par rapport à la quantité d'or qu'il peut acquérir au moment de la promulgation de la loi. Il ne fut tenu aucun compte des fluctuations ni passées ni futures; on ne considéra que le présent, c'est ce que fit d'ailleurs l'Allemagne en 1871 et, en fait, il ne s'est pas produit une seule circonstance ayant pu justifier la plainte que quelqu'un ait subi de ce chef un dommage positif (2).

L'Autriche n'a pas eu à échanger un métal contre un autre — l'Allemagne eut à fixer le taux de la conversion de l'argent en or, — mais du papier contre du métal. L'étalon d'argent ne subsistait plus que de nom et les paiements s'effectuaient au moyen d'un florin de papier inconvertible, mais valant beaucoup plus aujourd'hui que s'ils étaient frappés en argent à leur pleine valeur légale. Une poignée de florins autrichiens papier achète plus d'or à Londres qu'une poignée de monnaie d'argent représentant le même montant nominal, si l'on ne considère que sa valeur métallique. C'est grâce à la suppression de la frappe libre, en 1879, et à la modération extrême dans les émissions de papier-monnaie, que le florin papier d'Autriche a vu peu à peu s'augmenter le pou-

(1) Ainsi, peu avant la fin de l'année 1858, pour le 1er novembre de laquelle on avait annoncé le retour aux paiements en espèces, lesquels furent réellement repris un instant, le discours de nouvel an de Napoléon III donnait le signal de la guerre d'Italie. En 1866, la Banque croyait le moment venu de supprimer le cours forcé, lorsqu'éclata la guerre avec l'Allemagne.

(2) M. Bamberger, le 11 novembre 1871, disait au Reichstag : « Je suis d'avis que ni des moyennes s'appliquant au passé, ni des calculs de probabilités pour l'avenir, ne doivent servir à établir la proportion dans laquelle la transition doit se faire; le moment auquel cette transition se fait est seul déterminant ».

voir d'achat que lui assurait sa qualité de moyen de paiement légal pour toutes les obligations vis-à-vis de l'État et des nationaux entre eux.

Une série de lois ont été votées introduisant l'étalon d'or, substituant la couronne qui vaut 1 fr. 05 à l'ancien florin (1), constituant un stock d'or pour que l'État puisse rembourser à la Banque les billets d'État qui seront retirés de la circulation, et le retrait en a commencé, des emprunts ont été contractés pour se procurer l'or nécessaire — ce qui a pu se faire sans trop de perturbation. — L'Autriche a cependant commis une faute qui aurait pu devenir dangereuse : celle de mener les conversions et la réforme monétaire.

La loi de 1892 autorise l'Autriche à émettre du 4 % jusqu'à concurrence de 183 millions florins or. On a émis, en 1893 et 1895, 150 millions au pair ou au-dessus. Ces 150 millions représentaient 346 millions de couronnes, dont 125 millions en eagles et 108 millions en lingots. Il y a encore un crédit d'emprunt de 39 millions 1/2 de florins. La Hongrie a été également pourvue.

En 1894, les deux gouvernements furent autorisés à retirer 200 millions de papier-monnaie, à l'aide de 40 millions de florins en couronnes d'argent et 160 millions de florins en or, qui devaient être déposés à la Banque d'Autriche-Hongrie, celle-ci donnant en échange des billets à elle et de l'argent frappé. Cette opération substituait la Banque à l'État comme garantie de la circulation. En 1895, on s'est borné à exécuter cette partie de la réforme et à retirer près de 143 millions de papier-monnaie ; le retrait du surplus a dû être achevé avant 1898, on devait s'entendre de même pour retirer 112 millions de papier-monnaie, et l'Autriche doit régler en temps opportun les certificats des salines (dette flottante (2).

A la fin de 1898, la Banque d'Autriche possédait en monnaie d'or................	359.400.816	florins en or.
Il existait en outre dans les caisses et offices..................................	26.918.760	— —
Et à la Caisse centrale de Vienne......	59.617.820	— —
	445.917.396	florins en or.

A dater du 1er janvier 1900, les comptes en Autriche-Hongrie doivent être tenus en couronnes et hellers.

(1) Un kilogramme d'or fin = 3.280 couronnes ; frais de frappe 3 %.

(2) En septembre 1895, l'encaisse or de la monarchie était évalué à 562 millions, dont 320 millions à la Banque, 50 millions en circulation, le reste dans les caisses de l'État ; la circulation fiduciaire de la Banque était de 624 millions.

Après de persévérants efforts, la Russie a su rétablir l'ordre dans ses finances. L'équilibre budgétaire existe depuis une douzaine d'années, les budgets ordinaires se règlent avec des excédents considérables, l'industrie a pris un essor nouveau. Dans ces conditions, il était naturel que la Russie songeât enfin à sortir du régime du papier-monnaie, fondé sur l'étalon d'argent avec tous les inconvénients du cours forcé, pour s'assurer les bienfaits de la bonne monnaie, stable, élastique.

La Russie a été pendant cent trente ans au régime du papier-monnaie. Cette longue période peut être divisée en deux parties : assignats, 1768-1843 ; roubles crédit, 1843 à nos jours. Ces deux périodes ont un point en commun, c'est que dès l'apparition du papier-monnaie, on s'est préoccupé des maux infligés au pays; mais, si la guérison figure au programme des ministres des finances, les formes du mal et les remèdes suggérés ont varié. Dans la première période, nous rencontrons plus de palliatifs que de tentatives d'une guérison radicale ; dans la seconde, le problème est mieux compris et, depuis vingt ans, on a commencé à en préparer la solution.

On sait qu'en 1768 l'impératrice Catherine II ordonna de créer deux banques chargées d'emettre du papier-monnaie appelé assignats, qui devait faciliter les transactions, les transferts de monnaie — la monnaie d'argent et de cuivre se prêtant mal au transport — et augmenter la quantité de signes monétaires. Au début, ce papier était couvert rouble par rouble par le fonds métallique des banques et n'avait pas force libératoire. Jusqu'en 1786, l'émission s'en fit très lentement; à cette époque 40 millions seulement circulaient. La population avait même fait assez mauvais accueil aux assignats et leur avait témoigné de la méfiance. Dès les premières années, il y eut une légère perte, qui s'accentua lorsqu'on émit 60 millions, dont la moitié devait servir à des avances hypothécaires. Pour combattre ces fluctuations, l'État eut recours, dès 1771, à l'achat de remises sur l'étranger et voulut limiter les émissions, mais l'on était sur une pente glissante et après avoir été très attentif aux fluctuations, après les avoir ressenties comme un mal, le gouvernement finit par s'accoutumer aux soubresauts du change. En 1790, il y a 100 millions en circulation et le change perd 11 à 20 %. En 1793, on étudie le retrait du papier-monnaie et l'on considère, pour la première fois, les assignats comme constituant une dette de l'État à l'endroit des banques émettrices.

Sous le règne de l'empereur Paul (1796-1801), le montant des assignats émis atteignit 200 millions et l'assignat perdait jusqu'à 25 et 33 % de sa valeur normale. Les émissions se précipitèrent pendant les guerres napoléoniennes : 319 millions de 1801 à 1806, 377 millions en 1810; en

1812, le rouble assignat, qui valait seulement 23 kopecks en argent, fut doté de la force libératoire. En 1815, il y avait 761 millions d'assignats dont chacun valait seulement 20 à 25 kopecks.

En 1810, lorsque l'assignat perdait les 4/5 de sa valeur nominale et que l'abaissement du cours était justement considéré comme désastreux pour le pays et pour l'État, on voulut engager une lutte énergique et décisive. Un des hommes d'État russes les plus remarquables, le comte Speranski, proposa, par la vente des domaines, par la liquidation des capitaux des banques, par des emprunts, de retirer la moitié des assignats de la circulation et d'atteindre ainsi de nouveau le pair nominal. Le mauvais état des finances publiques ne permit pas d'exécuter le plan. Rappelons que ce fut le 20 juin 1810 que fut publié le manifeste impérial introduisant en Russie le monométallisme argent et le rouble argent de 4 zolotniks 21 doli comme unité monétaire. On se contenta d'étendre la limite de circulation des assignats, qui n'avaient pas pénétré dans la zone occidentale, et de les doter du pouvoir libératoire absolu (9 avril 1812). Tous les paiements entre le Trésor et les particuliers durent être faits en assignats, les impôts payés en assignats ; entre particuliers, le cours du change conservait sa force et le conseil de l'Empire rejeta la proposition d'imposer aux particuliers le cours qui serait fixé chaque année par le gouvernement. La monnaie de métal ne disparut pas, et l'on vit l'État commencer une lutte acharnée contre elle, interdire aux établissements publics de l'accepter (jusqu'en 1818).

En 1817, la circulation s'éleva à 835 millions. S'inspirant des idées de Speransky, Gouriew, ministre des finances de 1817 à 1822, fit une tentative pour améliorer le cours en retirant une quantité considérable d'assignats. De 1817 à 1821, on retira 240 millions (28 3/4 %), et le cours progressa de 12 % à 26.70. Le comte Gouriew avait conçu un plan que Cancrine exécuta ; il voulait fixer le cours des assignats et les échanger contre des billets garantis par un fonds métallique.

Il est curieux d'observer qu'à côté du papier-monnaie très déprécié, il circulait en Russie de la monnaie métallique, à titre de monnaie de commerce. Mais bien que le cours des assignats ait fini par avoir peu d'oscillations étendues, il n'en restait pas moins variable et, parallèlement avec ces fluctuations, la force d'acquisition changeait dans l'intérieur du pays. Il en résultait des variations perpétuelles du prix de toutes les marchandises. Pour éviter les inconvénients de cette instabilité, la vie même — suivant l'expression de M. de Kaufmann, dont je suis ici le précieux travail, — la vie même inventa un moyen connu sous le nom d'agio vulgaire.

Le prix de toutes les marchandises fut toujours invariablement fixé en assignats et en roubles argent, indépendamment du cours du change et au cours fictif et invariable de 1 rouble argent = 4 roubles assignats. Lors du paiement, l'acheteur recevait — conformément au cours du change et suivant qu'il voulait payer en assignats ou en roubles argent — un rabais du prix fixé, ou au contraire il devait payer une augmentation. Par exemple, le prix d'un objet était fixé à 100 roubles assignats = 25 roubles argent, tandis que le cours du change était 351 9/16 roubles assignats =100 roubles assignats. L'acheteur, s'il donnait 25 roubles argent, devait payer 1 2/3 rouble argent de plus; s'il donnait 100 roubles assignats, il recevait un rabais de 6 1/4 roubles assignats.

C'était là un vaste champ ouvert à la fraude, et les plaintes abondaient.

En 1824, avec 600 millions de roubles en circulation, l'assignat ne valait que 26 kopecks. Sous l'administration de Cancrine, ministre des finances de l'empereur Nicolas Ier, les finances publiques s'améliorent, les métaux précieux reviennent en Russie et l'on éprouve le besoin de porter remède à la situation. Cancrine commença par vouloir lutter d'un façon autoritaire contre ce qu'il considérait comme le fait du mauvais vouloir de la population, la persistance de la circulation métallique et l'agio vulgaire. Il ne vit pas d'abord la connexion entre ces phénomènes et le désordre monétaire lui-même. Il lui arriva de constater que la population ne voulait payer qu'en métal, au cours, et peu à peu il dut se résigner à autoriser les caisses publiques à recevoir du métal; en 1830, le Trésor accepta enfin le métal à raison de 100 roubles argent = 360 assignats; 100 roubles or = 365 roubles assignats. On essayait en vain de réprimer l'agio vulgaire.

L'empereur Nicolas, dont l'attention avait été attirée par les rapports des gouverneurs sur les maux résultant du désordre monétaire, résolut d'y porter remède. Mais l'éducation de Cancrine fut longue à faire : en 1837, il représentait encore l'agio vulgaire comme l'effet de la fraude et de l'ignorance, non pas d'un mauvais état de la circulation. Il proposa d'instituer une caisse de dépôt qui aurait émis des billets contre le numéraire déposé par les particuliers désireux de s'épargner les difficultés du transport. C'était imiter la banque d'Amsterdam et de Hambourg. Le projet fut jugé insuffisant et écarté. Le conseil de l'empire étudia diverses propositions, entre autres celle de Speransky sur l'échange des assignats contre des billets garantis par un fonds d'échange métallique. Nous ne croyons pas utile de résumer toutes les phases de la discussion. Les départements réunis du conseil de l'empire élaborèrent le projet suivant : 1° rétablir en Russie le monométallisme argent, autoriser le Trésor à faire et à accepter tous les paiements en numéraire, établir les comptes du Trésor et les cours de la bourse sur la base du rouble argent; 2° laisser libre le cours de la monnaie d'or; 3° fixer le cours des assignats — à cause d'une divergence d'avis dans le conseil, l'empereur fixa lui-même le cours de 350 assignats = 100 kopecks argent, — laisser seulement les assignats comme monnaie auxiliaire et les échanger contre du numéraire jusqu'à concurrence de 100 roubles à une seule personne; 4° instituer une caisse de dépôts et échanger à partir du 1er janvier 1841 au plus tard, les assignats contre les billets de dépôt.

Ce projet qu'acceptait Cancrine servit de base à l'oukase et au manifeste impérial de 1839. La caisse de dépôts fut ouverte le 8 janvier 1840; à la fin de l'année, l'émission des billets émis était de 24 millions, mais l'échange des assignats contre les billets ne se réalisait pas. En 1840, une disette amena une crise économique et le Trésor dut chercher des moyens pour faire des avances aux agriculteurs et aux institutions de crédit. L'empereur Nicolas proposa d'émettre des billets rapportant 3.65 % et ayant le caractère d'une monnaie légale; puis, changeant son projet, d'émettre par les banques de dépôt des billets de crédit, remboursables à vue, ne rapportant pas d'intérêt, garantis par tous les capitaux des institutions de crédit de l'État et par un fonds d'échange métallique — rouble par rouble pour les premières émissions, puis à raison de 1/6 de l'émission pour les suivantes.

Ce projet fut réalisé par le manifeste du 4 juillet 1841. Lors de sa publication, personne, en dehors de l'empereur, ne songeait à substituer les billets de crédit aux assignats.

En 1843, le ministre des finances proposa d'échanger les assignats contre des billets de dépôt garantis par un fonds métallique égal au sixième de la valeur de l'émission. L'empereur n'approuva pas, croyant que la création de deux sortes de billets jetterait la méfiance dans le public et il proposa, de son initiative personnelle, le remplacement des assignats par les billets de crédit. Les billets de dépôt devraient être détruits au fur et à mesure de leur rentrée dans les caisses.

Sur cette base, l'empereur Nicolas Ier élabora le projet que voici, dont la minute existe de sa main :

L'échange des trois signes monétaires — assignats, billets de dépôt et billets de crédit émis par les banques de dépôts — contre les billets de crédit doit être fini en cinq ans. Le Trésor doit fournir 6 millions en métal. En dehors du fonds d'échange équivalent à un sixième de la circulation, il doit être établi un fonds de réserve contenant 5/6 de l'argent qui servait comme garantie aux billets de dépôt échangés contre les billets de crédit et 5/6 du numéraire apporté par des personnes privées.

Ce projet fut réalisé par le manifeste du 1er juin 1843.

L'opération avait été longue : 596 millions d'assignats furent échangés contre 170 millions de roubles crédit, qui avaient pour garantie le domaine public et un fonds métallique de 70 millions.

Ce fut en 1841 que fut créé le rouble argent — institué une première fois en 1810 — qui, nominalement, fut la monnaie légale de l'empire jusqu'à la réforme récente; la loi monétaire de 1885, qui a réglé les conditions de frappe des nouvelles monnaies impériales déclare expressément que le rouble argent, divisé en 100 copecks, est l'unité monétaire.

En 1852, les opérations de l'échange furent terminées. Le chiffre des billets de crédit atteignit, le 1er janvier 1853, 311 millions, dont 85 millions étaient émis contre l'or et l'argent déposés par des particuliers. Vers la même date, le fonds d'échange était de 146 millions, 47 % de l'émission effective.

Dix années après l'établissement du nouveau système, la guerre de Crimée éclata et, dès 1853, commencent les émissions temporaires pour les besoins de la guerre, « qui devaient être retirées trois ans après la paix », dit l'oukase de 1855. De 1853 à 1857, la quantité des billets en circulation fut augmentée de 424 millions. Cette augmentation aboutit à la suspension des paiements en espèces après qu'on eut essayé de lutter contre les demandes de remboursement par des expédients. Au début, le cours du rouble crédit s'en ressentit peu ; pendant la guerre, le cours le plus bas fut de 3.38 centimes, pour très peu de temps ; en général, il ne tomba pas au-dessous de 3.71 centimes et il remonta même à 3.92. Mais après la paix, la crise éclata; on entendit dire partout que la monnaie métallique était accaparée, qu'elle disparaissait, que l'agio avait reparu. Le gouvernement, au lieu de retirer des billets de la circulation, voulut soutenir le change, puisa pour cela dans le fonds d'échange qui, en 1858, était réduit à 110 millions. L'abondance de la circulation fiduciaire stimula l'activité du commerce; il y eut hausse des prix, puis crise et désastre.

En 1858, on avait cependant détruit 60 millions de roubles crédit, mais sans que cette mesure influât beaucoup sur le change; en 1859, il baissa à 275, en 1861 à 274 1/2.

Quelques années après la paix, on résolut de faire des efforts énergiques pour améliorer la circulation; on se figura que la création d'une grande banque d'État pourrait en faciliter le succès. Au 1er mai 1861, la banque avait une réserve métallique de 86 millions, une circulation fiduciaire de 714 millions. M. Lamansky, sous-gouverneur de la banque, proposa de retirer, au moyen d'un emprunt et de la vente de domaines, 300 millions de roubles de billets et de garantir par une encaisse d'un tiers, les billets demeurés en circulation. Pour l'avenir, on n'émettrait de billets que garantis, rouble pour rouble, par un portefeuille solide ou par du métal; on reprendrait les paiements en espèces, suivant une échelle décroissante. Afin de mettre la banque en mesure d'effectuer cette opération, le gouvernement contracta un emprunt de 15 millions de livres sterling 5 %, à 91 1/4. Il fut décidé qu'à partir du 1er mai 1862, le Trésor délivrerait du métal contre des roubles crédit à un taux décroissant, de manière à atteindre au 1er janvier 1864 le prix de 5 roubles 15 par demi-impériale. Les billets reçus dans l'opération devaient être détruits.

Lorsque l'opération commença, la Banque avait dans ses coffres 79 millions en métal. Au début, les retraits n'eurent pas une très grande importance, on préférait attendre; les banquiers apportèrent de l'or et prirent du papier afin de l'échanger plus tard contre du numéraire. Peu à peu, les retraits d'or augmentèrent, la révolte de Pologne et de mauvaises récoltes vinrent aggraver la situation; du 1er janvier au 31 juillet 1863, 45 millions furent retirés. La Banque cessa de payer en or, continua de donner de l'argent et à vendre des traites sur l'étranger. Le 1er novembre le rouble était à 3 fr. 97, après l'interruption de l'échange à 3 fr. 50 le 19 novembre. Comme résultat, le Trésor était grevé d'une dette de 15 millions de livres sterling; 70 millions avaient été dépensés en pure perte; l'émission fiduciaire était réduite de 713 à 636 millions, soit — 77 millions.

De 1864 à 1876, la circulation fiduciaire remonte à 697 millions.

En 1875, le rouble papier, grâce à l'amélioration des finances, à la consolidation du crédit, à l'activité du commerce, oscille entre 3 fr. 20 et 3 fr. 50, perdant ainsi de 10 à 20 %. Des menaces de guerre et aussi des émissions de papier monnaie influent défavorablement sur le cours, en 1876. Afin de se procurer des ressources immédiates sans intérêt et sans impôt, l'Etat a recours à la Banque. On craignait de rendre la guerre impopulaire; le ministre des finances, qui avait échoué dans toutes ses tentatives d'obtenir de nouvelles taxes, réussit seulement à obtenir le paiement des droits de douane en or.

De 1876 à 1878, la Banque de Russie émit près de 500 millions de roubles pour les besoins de la guerre. Le 1er janvier 1881, un oukase, rendu sur la proposition de M. Abasa, prescrivit l'amortissement échelonné de la dette de l'Etat à la Banque (417 millions), la destruction des billets de crédit, en tenant compte des besoins de la circulation, et, par-dessus tout, la suppression des émissions arbitrairement faites. Au mois de mai 1881, M. Bunge remplaça M. Abasa; la circulation fiduciaire était de 1.133 millions (dont 417 émis pour les besoins de la guerre), le fonds d'échange était de 171 millions dont 170 en or. Une série d'événements contraires : mauvaises récoltes, crises industrielles et commerciales, arrêtèrent le ministre dans la voie du retrait des billets. Le chiffre des billets détruits fut de 87 millions, la Banque reçut 173 millions et demi en titres et 243 millions en billets de crédit.

M. Bunge, en 1883, a indiqué très nettement les conditions du problème monétaire : « les fluctuations du cours au change et l'absence de monnaie métallique dans la circulation à l'intérieur sont un défaut sensible de l'économie de notre pays, mais la fermeté du cours et l'amélioration du change ne peuvent être obtenues que graduellement par une série de mesures contribuant à l'affermissement du crédit de l'Etat à l'intérieur et à l'extérieur, par des excédents de recettes pendant de longues années. »

De 1882 à 1888, le cours du rouble a oscillé entre 277 et 198 fr. Les soubresauts fréquents du change avaient des effets désastreux pour l'industrie et le commerce. Les hommes d'État les plus considérables de la Russie se préoccupèrent de la question et des moyens d'y porter remède. La baisse du cours, la stérilité de tentatives antérieures ont peu à peu détruit la foi dans la possibilité de relever le rouble à la parité du rouble métallique, tel qu'il existait en 1853, et tous les ministres des finances n'ont espéré que sauver la partie du rouble qui avait encore conservé sa force : ils se donnaient pour but de stabiliser le rouble en l'échangeant contre des espèces à un change voisin des cours actuels.

Si l'on compare les prix russes en copecks or et en copecks crédit avec ceux de l'étranger, on verra que les prix exprimés en copecks crédit ont fait toujours des écarts imprévus et, par suite, causé un trouble constant dans les relations économiques du pays. Au contraire, pendant les périodes de stabilité, le mouvement des prix exprimés en roubles or est parallèle à celui exprimé en roubles crédit.

De 1854 à 1876, les oscillations du rouble ont pour point extrême : le pair encore en 1856 et 1857, une chute assez profonde en 1859, le retour au pair pendant l'opération d'échange de 1862 et 1863, une chute profonde en 1866, puis un relèvement de 1868 à 1876 ; durant ces années on oscille autour d'une ligne de dépréciation de 12 à 20 %. Dans la seconde période, on voit qu'à partir de 1875 l'oscillation se fait autour d'une ligne correspondant à environ 33 % de perte ; de 1877 à 1889, le rouble est au-dessous de cette ligne, il perd jusqu'à 40 et 48 % ; en 1890, il a une fusée de hausse passagère due à des récoltes très abondantes en Russie, à la fièvre de spéculation universelle. A partir de 1892, malgré la détestable récolte de 1891, le rouble acquiert une stabilité de plus en plus grande et une fixité qui est un bienfait pour le pays aussi bien qu'un avantage pour ceux qui sont appelés à faire des affaires avec lui.

On fut donc amené peu à peu à renoncer au plan généralement approuvé, avant la guerre, de relever le rouble à la parité du rouble métallique, les faits ayant démontré que les émissions de billets faites pour les besoins de la guerre ne pouvaient être impunément retirées de la circulation et que les prix des produits agricoles et industriels s'étaient mis en harmonie avec la nouvelle valeur du rouble crédit. Aussi, l'opinion qu'il était nécessaire de reprendre les paiements en espèces au moyen de la fixation du change sur l'or gagna de plus en plus de terrain. Cette conclusion a revêtu, en 1887, la forme d'un programme gouvernemental bien arrêté. Le comité des finances fut appelé à délibérer sur la question suivante : Faut-il tendre à relever progressivement le rouble crédit au pair et à l'y maintenir ou se donner pour but de stabiliser la valeur du rouble en l'échangeant contre espèces à un change voisin du cours actuel ?

Le comité se déclara nettement en faveur du second système, en même temps qu'il opina qu'il fallait tendre à effectuer l'échange aux environs de 1 r. 50 = 1 r. or. Le procès-verbal a été approuvé par l'empereur Alexandre III, qui y a écrit de sa main la mention " exécuter ".

Les dix ans qui suivent sont consacrés à préparer le rétablissement de la circulation métallique. Tous les efforts tendent, avant tout, à faire cesser les déficits budgétaires, à constituer un stock considérable d'or, à acclimater peu à peu les transactions en or, à consolider le change et à le fixer.

M. Vischnegradski, du 1er janvier 1887 au 30 août 1892, a réussi à augmenter de 309 millions l'encaisse du Trésor et de la Banque. M. de Witte a ajouté à cette somme 200 millions de roubles, si bien que le fond d'échange a atteint, en 1896, 2 milliards de francs en même temps que le Trésor et la Banque détenaient environ 1.200 millions. Cette grande accumulation s'est faite sans créer de perturbations sur les marchés financiers. Elle est le résultat de divers facteurs : la Russie produit de l'or pour environ 150 millions de francs par an ; elle a encaissé depuis 1876 ses recettes douanières en or ; de 1888 à 1895, les recettes en or ont été de 844 millions de roubles les dépenses de 632 millions, donc un écart de 212 millions, qui explique l'accroissement de l'encaisse publique. Pendant les huit années 1888-1895, les emprunts contractés par l'Etat, déduction faite des remboursements effectués en bloc pour les conversions, ont laissé au Trésor un montant net de 76 millions de roubles ; pendant ce temps les mines d'or ont produit 248 millions (1).

(1) De 1888 à 1896, les mines russes ont fourni 319.977 kilogrammes d'or fin pour

Sans vouloir exagérer le mouvement commercial tel qu'il résulte des statistiques de 1887 à 1895, la valeur des exportations russes a atteint un total de 14.292 millions de francs, celle des importations, 9.664 millions de francs, soit une différence tangible de 4 milliards de francs. Si l'on prend les chiffres de l'exportation russe, indiqués par les douanes étrangères on trouve d'autres résultats plus favorables encore à la Russie. De 1887 à 1895, la Russie a importé pour 359 millions de roubles or de métal jaune (1.436 millions), elle en a exporté 104 millions (416 millions), c'est un milliard de francs qui a été inscrit au passif mais qui représente un accroissement de richesses, tout comme l'outillage industriel qui entre en Russie.

Au 1er avril 1897, pour une circulation fiduciaire de 1.083 millions de roubles, le fonds d'échange était de 500 millions (750 millions de roubles nouveaux), soit 702, auxquels il faut ajouter les autres ressources métalliques, qui, avec le fonds d'échange, dépassaient de 130 millions le chiffre des billets.

Au 1er avril, la circulation autorisée était de 1.068 millions de roubles — effective de 961 millions — et les ressources métalliques naturellement bien supérieures.

La physionomie de la dette russe a été profondément modifiée depuis dix ans par l'incorporation des obligations de chemins de fer rachetés et d'obligations foncières dont l'Etat s'est reconnu responsable, et qui n'ont rien à voir avec la réforme monétaire.

M. de Witte lutte contre la spéculation berlinoise, dont les opérations étaient intolérables; il lui inflige, en octobre 1894, une défaite éclatante qui fait cesser les spéculations à Berlin (1). Des dispositions sont prises pour former une contre-partie aux demandes et aux offres de traites sur l'étranger, lorsqu'elles répondent aux besoins réels du commerce. Ces résultats acquis, il fallait en assurer la continuité en écartant les obstacles à la circulation de l'or. Le ministre des finances exposa, le 6 août 1895, son programme; avant de stabiliser le cours du rouble d'une façon définitive, il a voulu accoutumer le public à l'emploi de la monnaie métallique; après cela, la valeur du papier-monnaie sera défi-

---

275.500.665 roubles or, le kilogramme évalué à 861 roubles or. M. Pierre des Essars, dans la communication qu'il a faite à la Société de statistique de Paris en 1900, conclut en ces termes : « Il n'est pas exact de dire que l'or nécessaire à la réforme monétaire a été puisé à l'étranger au moyen d'emprunts, il est venu spontanément. D'ailleurs depuis les grands emprunts qui étaient surtout des conversions, on n'a remarqué aucune tension, aucun drainage intensif d'or par la Russie. »

(1) Ecart des cours extrêmes du change : 19 1/2 % en 1890; — 28 % en 1891; — 9 1/2 % en 1892; — 6 % en 1893; — 0.54 % en 1895.

nitivement fixée. Durant la période de transition, l'or et le papier circuleront parallèlement.

M. de Witte insistà sur le défaut d'élasticité du papier-monnaie, alors que dans les pays à circulation métallique, avec l'activité des affaires, avec le renchérissement qu'amène la demande des capitaux, l'or — ou des ouvertures de crédit — vient de l'étranger grossir la circulation.

Des décrets rendus en 1895 ont autorisé le public à contracter valablement des engagements libellés en monnaie d'or et à effectuer en monnaie d'or tous paiements et versements aux caisses publiques. Pour 1896, ces versements ont été reçus à la parité de 1 r. or = 1 r. 50. Il fut conclu en 1896 de nouvelles mesures : un emprunt or a été conclu à Paris en 3 % — dont le produit porté à 100 millions de roubles or effectif par un prélèvement sur les disponibilités du Trésor — a été employé à rembourser à la Banque une partie de la dette sans intérêt du Trésor; en 1896, les caisses publiques et celles de la banque ont fait entrer de l'or dans la circulation; la banque a établi un tarif pour l'achat des monnaies étrangères dont il fut importé en dix mois pour 65 millions. Cet or est entré en paiement de marchandises achetées par l'étranger et par suite d'ouvertures de crédit.

La mesure la plus importante, celle qui consolidait le change russe, fut prise au mois d'août 1896 ; c'est le décret impérial fixant le cours du rouble à 1 r. 50 jusqu'au 1er janvier 1898 et après cela jusqu'à nouvel ordre. C'était — en fait — prescrire la reprise des paiements à la parité de 1 r. 50 = 1 r. or.

Le ministre des financessoumit au Conseil de l'empire un projet de loi en vue d'autoriser la frappe de pièces de 10 roubles correspondant exactement au cours actuel des billets de crédit. L'objet de la réforme projetée était de substituer au régime du papier-monnaie fondé sur l'argent le monométalisme or ; la réforme laissait intacts tous les comptes, tant dans l'intérieur du pays que dans les rapports internationaux. Il s'agissait de stabiliser la parité du rouble crédit, soit 2 fr. 66 = 24.16 = 25 pence 1/3. Au point de vue de la forme, le projet était divisé en deux parties : la loi et les règlements annexés. La discussion fut vive au conseil de l'Empire, laborieuse et longue ; de la part des adversaires, on employa des arguments contradictoires, crainte pour le maintien de l'or, protestation contre la fixation du change.

Comme les discussions menaçaient de ne pas aboutir et qu'il fallait tout au moins mettre en pratique les résultats obtenus, l'empereur décréta, le 3/15 janvier 1897, la frappe de pièces de 15 et de 7 r. 50, au lieu de 5 et 10 r. C'était franchir une nouvelle étape. Cet oukase dissipait tous les doutes en ce qui concernait la ferme résolution du gouvernement d'achever la substitution de l'étalon d'or au régime du papier-monnaie fondé sur l'étalon d'argent. Le principe de la réforme était acquis, mais afin de ménager certaines susceptibilités et de procéder avec la circonspection nécessaire, les considérants de l'ukase disaient que la réforme monétaire pourrait demander encore de longs débats. Une séance, tenue au mois de février (v. st.) par le Conseil de l'empire, a vu tous les membres présents d'accord pour déclarer que le cours du change ayant été stabilisé, la frappe de pièces d'or ayant commencé conformément à la parité de 1 r. or = 1.50 et ces pièces ayant été mises en circulation, les questions les plus importantes de la réforme étaient résolues et les conditions de la nouvelle circulation accomplies.

La discussion de points secondaires fut renvoyée à une session ultérieure.

L'oukase du 29 août 1897 établit de nouveaux principes pour les émissions de billets de la Banque de Russie : « Les billets de crédit sont émis, sous garantie d'or, par la Banque de l'État dans la mesure strictement limitée pour les besoins urgents du marché monétaire; le montant en or servant de garantie aux billets de crédit doit équivaloir à la moitié du montant des billets mis en circulation si ce montant ne dépasse pas 600 millions de roubles. L'excédent des billets en circulation, au-dessus de 600 millions de roubles, doit être garanti par de l'or, à raison d'au moins un rouble par rouble. » L'oukase du 14 novembre 1897 prescrivit la frappe et la mise en circulation, outre les impériales et les demi-impériales, d'une pièce d'or de la valeur de cinq roubles ou d'un tiers d'impériale (5 R=13 fr. 34) et pesant 3 grammes 871 milligrammes de fin.

Le billet émis par la Banque de Russie porte l'indication de sa valeur et l'inscription suivante: « La Banque de Russie rembourse les billets de crédit en monnaie d'or sans limitation de sommes; l'échange des billets de crédit de l'État contre de la monnaie d'or est garanti par toutes les ressources de l'État; les billets de crédit de l'État circulent dans tout l'Empire au pair de la monnaie d'or. » Toute mention du métal argent a été supprimée sur le libellé des billets de crédit; l'argent est descendu au rôle de monnaie auxiliaire. L'oukase du 27 mars 1898 fixe le total des monnaies d'argent de haut et de bas titre devant circuler dans l'Empire, ce total ne devant pas excéder un nombre de roubles triple à celui de la population entière de la Russie. Le maximum de monnaie d'argent de haut titre (1 rouble, 50 et 25 cop.) que les particuliers seront tenus de recevoir pour chaque paiement ne devra pas être supérieur à 25 roubles; aucune limite de cette nature n'est prescrite pour les caisses publiques, à l'exception toutefois des paiements destinés à l'acquittement des droits de douane, pour lesquels la monnaie d'argent ne devra être acceptée que jusqu'à concurrence de moins de cinq roubles pour chaque paiement.

Un oukase du 6 mars 1898 a autorisé le paiement des droits de douane en coupons de rentes russes 4 %; il a prescrit de faire effectuer le paiement des coupons et des titres amortis de la rente russe 4 %, au change du jour à vue sur Saint-Pétersbourg, mais, en tout cas, non au-dessous des parités : 100 roubles=266 fr. 67=216 marks d'Allemagne=10 livres st. 11 shill. 5 pence=128 florins des Pays-Bas. Cette mesure a une grande portée pour les détenteurs étrangers de la dette russe intérieure en leur assurant un change fixe pour le paiement des coupons.

L'année 1899 a vu s'achever définitivement la réforme par la certification des diverses prescriptions législatives relatives au nouveau système, à la frappe et à la circulation, dans la loi monétaire du 7 juin. L'article 3 déclare que le système monétaire de la Russie est basé sur l'or. L'unité monétaire de l'Empire est le rouble contenant 17 doli 424 d'or fin (*Gr.* 0,774, 2 *francs* 666).

En 1899, les statuts de la Banque de Russie ont été soumis à une révision, de manière à mettre l'institution en mesure de rendre les services que l'on est en droit d'attendre d'elle au point de vue du crédit et au point de vue du maintien de la circulation monétaire (1).

Nous donnerons, pour finir, le tableau suivant qui fait voir les changements qu'ont subis les éléments constitutifs de la circulation en Russie. En 1892, il avait été émis 1.138 millions de roubles de billets de crédit, la monnaie d'or était inconnue.

Dates	Or	Argent à 0,900	Billets	Total
	millions de roubles	millions de roubles	millions de roubles	millions de roubles
1er oct. 93-95 (moyenne)	»	»	1.095.6	1.095.6
1er octobre 1896.......	30.3	24.4	1.047.6	1.102.3
— 1897.......	107.0	61.0	986.6	1.154.6
— 1898.......	408.8	117.4	760.7	1.286.9
— 1899.......	662.3	143.3	555.0	1.360.6
16 octobre 1899.......	668.4	145.5	540.0	1.353.9

(1) En resserrant et en renchérissant le crédit ou bien en le dispensant d'une main plus large et à meilleur marché, la Banque peut influer sur toutes les parties de l'économie nationale ; faire obstacle, s'il le faut, aux sorties de métal ; modérer jusqu'à un certain point l'expansion de l'industrie aux époques de surproduction ; venir en aide au marché pendant les crises aiguës (rapport de M. de Witte sur le budget de 1898).

A cette date du 16 octobre, la Banque de Russie avait encaissé 856 millions de roubles en face d'une circulation de 540 millions. On sait que la loi exige que l'encaisse-or équivale à la moitié du montant des billets émis, lorsque les émissions n'excèdent pas 600 millions, et que tout billet émis en sus de ce chiffre de 600 millions soit représenté en or, rouble pour rouble, dans les caisses de la Banque. Par suite, avec une circulation de 540 millions, il suffisait que l'encaisse-or fût de 270 millions ; 586 millions constituent un excédent de garantie.

	Or		Argent à 0.600		Billets de crédit	
	A la Banque de Russie et ses correspondants	en circulation	à la Banque	en circulation	à la Banque	en circulation
	millions de roubles	millions de roubles	millions de roubles	millions de roubles	millions de roubles	millions de roubles
Fin 1886	1.206	37	73	50	139	981
— 1897	1.315	155	63	99	69	930
— 1898	1.146	445	48	142	41	683
— 1899	927	639	56	164	113	517

Ces chiffres sont le meilleur commentaire des pages qui précèdent. De 1892 jusqu'à 1899, le stock d'or de la Russie a augmenté de 660 millions. Dans ces conditions, les variations du chiffre de l'or ne sauraient donner lieu à des appréhensions.

Parmi les pays qui, hors de l'Europe, ont fait des efforts pour améliorer leur situation monétaire, il faut citer le Japon, qui a adopté l'étalon d'or; l'Inde qui a fermé les ateliers monétaires à la frappe libre et qui a accepté la parité de 15 roupies=1 livre sterling; le Chili qui a stabilisé son change à raison de 18 pence la piastre; le Brésil, la République Argentine. Nous ne saurions entreprendre la tâche d'en donner un aperçu; nous ne pouvons que les mentionner.

LE RENCHÉRISSEMENT DES CAPITAUX EN 1899

LA HAUSSE DE L'ESCOMPTE. OPINION DE M. LÉON SAY

L'année 1899 s'est achevée dans des conditions différentes de celles auxquelles on était habitué : l'escompte à 6 %, à Londres ; à 7 %, à Berlin ; à 4 1/2, à Paris ; et cependant la plus grande partie de l'année a été fructueuse pour le commerce et l'industrie. L'argent cher, c'est un indice d'activité de demandes ; le capital et le crédit sont des marchandises et des services qui se payent. Nous sommes loin, après quelques années, de l'époque où l'on se demandait quelle serait la limite de la hausse pour les valeurs à rendement fixe, où l'on prévoyait des conversions sans fin. Depuis une quinzaine d'années, c'est la seconde fois que nous voyons se produire une évolution de ce genre ; elle est plus accentuée à présent. La hausse du loyer des capitaux a été plus intense, plus prolongée ; elle est surtout la conséquence d'un développement industriel et commercial (1).

Après la crise de 1882, qui atteignit plus particulièrement la place de Paris, on traversa une période de recueillement, de liquidation, d'oisiveté et d'abondance des capitaux dont les gouvernements allemands profitèrent des premiers pour procéder à la conversion des obligations des chemins de fer rachetés par l'État ; l'Angleterre suivit cet exemple pour les consolidés 3 % ; d'autres États eurent le bénéfice du mouvement de dépréciation du taux de l'intérêt, comme la Russie, l'Autriche-Hongrie, en même temps que le public se portait davantage vers les valeurs exotiques et vers les valeurs industrielles. Au milieu de cet engouement pour des placements plus rémunérateurs, plus aléatoires, se place la crise argentine, la crise des pays à change avarié, suivie de la défaillance des banques australiennes : les capitalistes anglais et écossais, détournés des placements indigènes par les conversions, par la hausse des valeurs anglaises, sont allés aux antipodes où on leur promet de gros intérêts et où l'on fait un mauvais emploi des millions de livres ; cette mésaventure rejette les capitaux sur le marché national. Nous avons eu, quelque temps après, l'effroyable secousse de 1893 aux États-Unis, secousse produite par la méfiance qu'avait fait naître l'accumulation du métal blanc acheté par le Trésor, la crainte d'un passage à la monnaie d'argent, l'incertitude sur la continuation des paiements en or. Pendant ce temps, les conversions ont continué en Europe, le loyer des capitaux a continué à fléchir, il y a eu ce qu'on a appelé les prix de famine pour les valeurs dorées sur tranches. Ce mouvement atteint son apogée en 1895 et en 1896. Nous entrons alors dans une période différente : l'activité industrielle se

(1) Si l'on prend la catégorie des grandes valeurs à revenu fixe, on les voit hausser sans interruption de 1888 à 1896 ; le public en a conclu à la baisse définitive du taux de l'intérêt ; tout un ensemble de circonstances, les unes locales, les autres générales, ont contribué à l'en convaincre. Toutefois, un revirement s'est produit à dater de septembre 1896, lorsque la Banque d'Angleterre a relevé à 3 % le taux d'escompte, que pendant deux ans et demi elle avait pu maintenir à 2 % ; le 22 octobre elle le porta à 4 %, ce fut l'arrêt de la hausse des valeurs dorées sur tranche. Une des dernières fusées de cette période fut l'émission à 100 50 de l'emprunt grec 2 1/2 % garanti par les puissances et qui est tombée à 93 en 1899. En dehors de la faveur des capitalistes qui achètent pour garder, le bas taux d'escompte en Angleterre avait provoqué une spéculation considérable sur la différence du taux auquel on pouvait obtenir des avances de banque et l'importance du coupon des titres mis en pension. En 1897, les compagnies de chemins de fer ont créé, peut-être prématurément, des obligations 2 1/2 %.

relève, de nouveaux débouchés s'ouvrent en Afrique, en Asie, en Europe même (1) ; l'électricité entre en scène comme une puissance nouvelle qui va absorber des centaines de millions, chemins de fer dans les pays neufs, tramways, lignes secondaires et tertiaires dans les pays vieux, matériel de chemins de fer, matériel de guerre, navires cuirassés, machines, réfection de voies ferrées, remplacement des anciens rails par des rails plus lourds, voilà de quoi alimenter de commandes les usines qui se fondent ou s'agrandissent, de quoi provoquer des demandes de matière première, de combustible, de minerai, de main-d'œuvre. Le public, que l'abaissement du taux de l'intérêt avait quelque peu effrayé et qui était dans des dispositions plus spéculatives, a apporté son concours; il a vendu des valeurs à revenus fixes pour s'intéresser davantage aux valeurs industrielles ; il a eu moins de goût pour les rentes et, comme les besoins du commerce et de l'industrie n'ont cessé de grandir, comme la hausse des marchandises et de la main d'œuvre a exigé plus d'argent, il en est résulté un relèvement du loyer des capitaux, qui s'est accentué en 1899. Le portefeuille des banques a grossi, leur circulation fiduciaire a augmenté, tandis que l'encaisse fléchissait. Les États ont dû consentir à des conditions plus favorables aux prêteurs, sollicités de divers côtés (2). Ce n'est pas la guerre du Transvaal qui amène cette dépréciation, elle y contribue pour une certaine part; mais il s'agit d'une modification plus ou moins passagère dans les conditions générales.

*
* *

On abuse volontiers des comparaisons en assimilant le marché international des capitaux à une série de vases communiquants, dans lesquels le liquide a tendance à arriver au même niveau, s'il n'est pas

---

(1) Ce n'est pas la première fois qu'on assiste à ce spectacle, dans le cours du XIXe siècle. Il y a eu un essor considérable de 1850 à 1873, puis une liquidation prolongée, un ralentissement notoire de 1873 à 1888.

(2) La Prusse et l'Empire ont placé du 3 % à 91 $^3/_8$, la Saxe à 83, en 1899 les consolidés 2 $^3/_4$ anglais sont tombés de 114 au-dessous du pair. Les métaux, la houille ont renchéri dans des proportions très considérables.

Si l'on compare le premier bilan de 1899 avec celui de fin décembre, on voit en millions de francs :

	CIRCULATION		PORTEFEUILLE	
	janv.	déc.	janv.	déc.
Banque de France	3810	3924	1433	1537
— d'Allemagne	1563	1700	1069	1527
— d'Angleterre	695	707	822	892
— d'Autriche	1491	1531	589	663
— de Belgique	525	565	500	507

entravé. L'escompte fait l'office de pompe à la fois refoulante, lorsqu'il est trop bas par comparaison à d'autres pays, aspirante lorsqu'il est élevé.

Il faut tenir compte aussi d'un autre fait à côté de la solidarité des marchés internationaux : c'est que le règlement des achats et des ventes se fait et directement et par des voies détournées ; les achats anglais dans la République argentine pourront se régler par l'intermédiaire des créances des Argentins sur les acheteurs français, si Paris se trouve endetté vis-à-vis de Londres ou si le taux d'intérêt est meilleur marché à Paris.

Le taux d'escompte n'a pas partout la même signification, pas plus qu'il ne présente, au même moment, une uniformité absolue. Si l'on envisage spécialement les trois places de Londres, Paris et Berlin, on trouve des différences. La Banque d'Angleterre est bien moins liée par le taux officiel que les deux autres grands établissements continentaux ; elle opère au-dessous et au-dessus de la limite. La Banque d'Allemagne applique déjà plus strictement le taux officiel ; bien que, dans les temps de grande facilité d'argent, elle achète des effets au-dessous du taux officiel dont la Banque de France ne s'écarte jamais, mais celle-ci pratique en outre la prime défensive, c'est-à-dire que lorsque l'or est demandé, elle se fait payer une prime de quelques pour mille. Cette prime n'empêche d'ailleurs pas les sorties d'or ; elle les concentre davantage sur le marché libre. On a calculé qu'une prime de 1/2 % (5 ‰) sur un effet ayant un mois à courir, équivalait à une surcharge de 6 % l'an.

La pratique de la prime défensive a fait naître une industrie toute spéciale, celle du trébuchage, de l'achat des bonnes pièces par les changeurs.

Ce qui distingue les trois grandes banques, c'est que celle de France escompte des effets de 10, 15, 20 francs, alors qu'il n'en est pas de même ailleurs. En 1896, le montant moyen des effets a été :

	Berlin	Paris
Sur la capitale....	m. 2.440	fr. 815
Sur la province...	1.459	628

La durée de ces effets était de 26 et 28 jours en France, de 52 en Allemagne. En Angleterre, les gros appoints prédominent à la Banque. L'écart entre le taux de Paris et de Berlin s'explique par une plus grande abondance de capitaux en France, qui se traduit par une moindre durée des effets présentés à l'escompte ; l'escompte sera toujours plus élevé pour les effets ayant plus de temps à courir.

On sait, d'ailleurs, qu'en temps ordinaire l'escompte à Londres est dans les mains des courtiers de change, et que la Banque d'Angleterre escompte relativement peu; elle fournit des capitaux sur nantissement d'effets et de valeurs. La concurrence des institutions de crédit a diminué la part de la Banque de France, tandis qu'en Allemagne la situation de la Reichsbank reste prédominante.

***

Au mois d'octobre 1888, la Banque de France éleva le taux de son escompte à 4 1/2. M. Léon Say apprécia cette mesure dans le *Journal des Débats* du 13 octobre 1888. Qu'il nous soit permis de citer quelques passages de notre regretté maître :

« On ne peut se dissimuler, écrit M. Léon Say, qu'il se produit, en ce moment, certains mouvements dans la masse monétaire du pays. Quelle en est la nature, quelles en sont les causes, quels en seront les effets? Dans quelle mesure nous sera-t-il permis de les régler, et comment faudra-t-il nous y prendre pour les rendre, sinon inoffensifs, du moins sans danger sérieux pour la richesse nationale? Il n'est pas impossible de résoudre la plupart de ces questions; peut-être même toutes, à trois conditions : il faut d'abord ne jamais perdre de vue que les variations du change étranger sont le seul miroir vrai des faits économiques internationaux; il faut, en outre, se rendre un compte exact des rapports qui doivent exister entre les réserves métalliques de la Banque de France et celles du public, et établir tout de suite ces rapports, s'ils sont mal réglés, sur des fondements vrais; il faut enfin déterminer, avec autant de précision que possible, les grands courants de capitaux, que font naître ou que préparent en ce moment (1888), d'une part, l'extension des affaires dans l'Amérique du Sud, et, d'autre part, l'insuffisance de la récolte des blés dans l'Europe occidentale..... La hausse du change est l'indice certain qu'il se fait un appel du dehors adressé aux capitaux français, quelle que soit leur forme, mais surtout à ceux qui ont la forme de numéraire; en effet, le numéraire est le capital disponible par excellence, puisqu'il suffit de quelques heures pour l'emballer et l'expédier au loin. Mais cet appel du dehors, toujours signalé par le change, peut avoir deux causes différentes. Ou bien les affaires sont à l'étranger plus fructueuses que chez nous, première cause d'appel, ou bien les étrangers ne trouvent pas de contre-parties suffisantes à l'exportation des produits qu'ils nous envoient, seconde cause d'appel.

« Dans les deux cas, le change monte, parce que dans les deux cas nos capitaux sont sollicités et appelés du dedans au dehors. Dans le premier cas, ils sont attirés par l'espoir d'une rémunération plus élevée que chez nous, à court ou à long terme. En un mot, les placements sont meilleurs à l'étranger qu'en France. Dans le second cas, ils sont attirés par les exportateurs étrangers, ou ce qui revient au même par les intermédiaires, qui liquident les exportateurs, et qui, pour le faire, emploient nos capitaux, compensant ainsi par un report bien payé, les exportations étrangères dont les contreparties françaises ne sont pas encore prêtes, ne le seront que dans quelques mois, ou même ne le seront peut-être qu'au bout d'une année et plus. Si la hausse du change a pour cause une différence de rémunération qui serait plus élevée au dehors qu'au dedans, rien n'est plus simple que d'en avoir raison. Pour retenir les capitaux à la maison, il suffit de les payer plus cher. Une hausse du taux de l'intérêt est alors un remède d'une efficacité absolue.

« Le change baissera, les capitaux bien payés resteront tranquilles. Ils ne s'en iront pas plus sous forme de numéraire que sous toute autre forme.

« Si la hausse du change a pour cause la nécessité de liquider des opérations de marchandises à la suite, par exemple, d'une grande importation de blé en France, l'élévation du taux de l'intérêt sera toujours utile, mais l'efficacité du remède ne sera plus absolue. Malgré l'élévation du taux de l'intérêt en France, le cours du change pourra rester très haut, trop haut. L'élévation du taux de l'intérêt n'aura pas été cependant inutile.

« Il en sera résulté qu'on aura fait des efforts pour compenser les importations de blé par autre chose que par du numéraire et qu'on y aura en partie réussi. Certaines valeurs qu'on appelle des valeurs internationales seront devenues exportables, car la hausse du taux de l'intérêt se traduit par la baisse des cours, et si les titres se vendent à des prix plus bas en France qu'ailleurs, on les prendra ici pour les envoyer ailleurs, c'est-à-dire dans l'endroit où ils seront les plus chers. Les vendeurs payés à l'étranger se trouveront ainsi posséder des capitaux au delà de la frontière et pourront se charger de payer une partie des blés importés en France.

« Seulement, il arrive ordinairement que l'élévation du taux de l'intérêt ne peut pas provoquer une exportation assez abondante de capitaux sous forme de titres, et qu'il en reste en fin de compte à fournir une contre-partie pour solde. Il faut, dans ce cas, pour achever la liquidation, se résoudre à exporter son numéraire et ne mettre aucune entrave à cette exportation.

« Il ne faut pas dire qu'une exportation de ce genre soit un malheur. Le malheur est que la récolte a été insuffisante, mais c'est au contraire un bonheur, et ce n'est point un malheur qu'il y ait dans le pays assez de numéraire exportable pour payer le blé qu'il est urgent d'acheter sous peine de mourir de faim. C'est justement parce que l'échange du numéraire contre du blé est devenu possible et facile, que les famines d'autrefois sont devenues les simples chertés d'aujourd'hui.

« Quand le change reste élevé, malgré les élévations successives et raisonnées du taux de l'intérêt en France, c'est donc, ainsi que nous venons de le voir, que l'exportation du numéraire est devenue inévitable.

« On ne doit pas alors y faire obstacle, on doit simplement prendre des mesures afin que la crise monétaire qui en est la conséquence gêne le moins possible les transactions intérieures. On peut, en effet, influer considérablement sur la méthode d'exportation du numéraire et diriger d'un côté ou d'un autre les recherches de ceux qui ont besoin d'or.

« Il est inutile de faire remarquer que le numéraire exportable est uniquement l'or, et que, au point de vue du règlement des affaires internationales, la monnaie d'argent n'est qu'une sorte de billet de banque frappé en argent au lieu d'être imprimé sur papier. »

Arthur Raffalovich,
Correspondant de l'Institut de France.

LE CHANGE ET LES VALEURS MOBILIÈRES

I

La question du change est une de celles qui exercent aujourd'hui le plus d'influence sur le régime économique et financier des peuples civilisés.

Il y a une cinquantaine d'années, les chèques, les traites à vue ou à terme et les lettres de change, faisant l'objet du commerce des changes internationaux, avaient exclusivement pour origine des opérations commerciales sur marchandises ou sur matières d'or et d'argent. De nos jours, on peut dire que ces opérations sont passées au second plan et que les mouvements de change provoqués par l'achat, la vente des valeurs mobilières internationales et les opérations d'arbitrage auxquelles ces valeurs donnent lieu, ont pris le premier rang.

En effet, il existe de par le monde plus de 200 milliards de francs de valeurs mobilières qui sont négociables à la fois sur plusieurs grands marchés financiers : un achat de 100.000 francs de rente hongroise, effectué sur le marché de Vienne pour le compte d'un capitaliste français, représente, en fait, une sortie d'or de France de 100.000 francs. Une vente de 100.000 francs de rente russe, réalisée sur le marché de Berlin ou de Bruxelles au profit d'un capitaliste français, se traduit, au contraire, par une rentrée d'or en France de 100.000 francs. De la rente espagnole vendue à terme à Londres et rachetée à terme à la bourse de Paris, constituera une rentrée d'or pour la France et une sortie d'or pour l'Angleterre, si l'arbitragiste lève ses titres à Paris et les livre à son acheteur de Londres.

L'opération inverse produirait, naturellement, un effet contraire.

Un banquier suisse, possédant des valeurs mobilières françaises... ou simplement du crédit, peut emprunter en France à un taux d'intérêt réduit et prêter immédiatement, à intérêt supérieur, la même somme à un banquier de Berlin, avec garantie de valeurs allemandes. Dans ce cas, la sortie d'or français ne serait théoriquement que provisoire, mais la rentrée pourrait être indéfiniment ajournée par le renouvellement des engagements réciproques, surtout si une assez grande différence du taux du loyer des capitaux persistait entre la France et l'Allemagne.

Nous pourrions ainsi, sans parler des émissions publiques ou clandestines et des opérations de report hors bourse, réalisées pour le compte de nations ou de sociétés étrangères, multiplier à l'infini ces exemples d'opérations purement financières, échappant à tout contrôle, à toute statistique douanière ou fiscale, qui se pratiquent sur une échelle de plus en plus vaste dans les pays créanciers (créanciers et prêteurs des pays débiteurs et emprunteurs) et dont les résultats d'ensemble, se confondant avec les autres éléments de la balance extérieure, se traduisent par des variations de la cote des changes.

En ce qui concerne spécialement les pays créanciers et prêteurs, on peut dire, aujourd'hui, que l'ensemble des valeurs mobilières étrangères, possédées par leurs nationaux, sert de couvertures à leurs changes étrangers, au même titre que l'or de leur circulation indigène. Le malheur, c'est que cet or sert de couverture aux valeurs internationales négociables dans ces dits pays, ainsi qu'à leurs propres valeurs mobilières indigènes et que, pour les onze principaux États de l'Europe, l'ensemble de ces valeurs mobilières dépasse actuellement 425 milliards de francs... alors que tout l'or qui circule dans l'univers, sous forme de monnaies ou de lingots, n'atteint pas 22 milliards.

Bismarck disait, en parlant de l'étalon d'or, que la couverture était trop étroite pour être universelle. Dans l'intérêt des pays créanciers en général et de la France en particulier, souhaitons que cette hypothèse n'ait pas à se vérifier.

II

Il y a deux sortes de change :

1° Le " change direct " sur place, tel que le pratiquent les changeurs et les sociétés de crédit, et qui consiste à échanger, de la main à la main, sur des bases déterminées, des monnaies ou billets de banque étrangers contre de la monnaie nationale. Cette opération était autrefois désignée sous les noms de change naturel, menu change, change manuel, change commun, etc. Aujourd'hui, elle s'entend par l'expression plus claire de " change de monnaies ".

2° Le " change tiré ", qui s'effectue de pays à pays, à l'aide de traites, lettres de change et chèques.

Dans les deux cas, l'opération du change peut se définir ainsi :

" Achat et paiement en monnaie nationale d'une somme payable dans un pays étranger, en monnaie de ce pays. "

Il existait, jadis, une troisième sorte de change, le " change intérieur ", s'exerçant entre les diverses places d'un même pays, par exemple entre Paris et Marseille ou entre Bordeaux et Lyon. Dans ce cas spécial, l'opération du change consistait à acheter à Paris des " francs " payables à Marseille, ou vice versa...., et il arrivait parfois, à la suite de circonstances anormales qui rendaient certaines places françaises fortement créditrices ou débitrices d'autres places françaises, que ce change intérieur, compliqué de frais onéreux d'expédition d'espèces, dépassât jusqu'à 3 %. Mais depuis l'extension du privilège de la Banque de France à tous les départements, depuis la création des grandes sociétés de crédit à succursales qui rayonnent sur tous les points du territoire et, enfin, depuis l'abaissement prodigieux du prix des lettres chargées, il n'existe plus de change intérieur.

En effet, on peut expédier aujourd'hui de Paris, dans toutes les communes de la France et inversement 10.000 francs en billets de banque pour la somme de 2 fr. 55, soit 2 centimes 55 de frais par 100 francs, et ce, sous la responsabilité par l'État de la remise à domicile.

Toutes les grandes nations commerciales ayant plus ou moins perfectionné, de la même manière, leur circulation monétaire, leurs instruments de crédit intérieur, leurs procédés de virements et de compensations, etc., il en est résulté une uniformité à peu près rigoureuse du taux des changes étrangers pour toutes les places comprises dans un même pays. Par exemple, un chèque à vue sur Londres de 4.000 livres sterling acheté à Paris en monnaie française, servira indistinctement à payer une somme de 4.000 livres à Londres, à Liverpool ou à Manchester parce que les frais des remises ou des compensations entre ces places sont pratiquement négligeables. De même, un chèque à vue de 100.000 francs sur Paris, acheté à Londres en monnaie anglaise, permettra de solder une dette de 100.000 francs à Lyon, à Marseille ou à Bordeaux sans frais supplémentaires appréciables.

C'est pourquoi, dans la pratique, les changes sur l'étranger ne comportent qu'un seul prix par pays. Ainsi le change sur l'Allemagne, — qui est coté à Paris en papier court et en papier long selon que la traite ou lettre de change, achetée à Paris, est payable en Allemagne à vue ou à une échéance n'excédant pas trois mois, — embrasse toutes les villes de l'Empire allemand.

Le commerce du change tiré sur l'étranger — le seul dont nous ayons à nous préoccuper dans cette étude — a pour résultat pratique de supprimer les règlements en espèces (ou plus exactement en or, depuis que l'or est devenu l'unique instrument des échanges internationaux), nécessités par les opérations commerciales et financières que les divers peuples du monde civilisé font entre eux.

X...., négociant à Paris, a vendu pour 1.000 livres sterling de marchandises à Y..., de Londres. Ces 1.000 livres sterling sont payables à Londres, en monnaie anglaise. Si le commerce du change tiré n'existait pas, X.... serait obligé d'envoyer encaisser sa créance à Londres, de s'en faire expédier le montant à Paris et, finalement, de convertir en monnaie française ses 1.000 livres sterling.

Au lieu de cette triple opération, X.... vendra directement, en monnaie française, sa créance à une maison de change qui la revendra, à son tour, à Y...., de Londres, si celui-ci ayant livré des marchandises anglaises à Paris, est créditeur sur cette place, d'une somme équivalente en monnaie française.

La créance de X... sur Londres servira à payer la créance de Y... sur Paris et les deux opérations seront compensées sans déplacement de livres sterling ou de francs d'or.

D'une manière générale, le commerce du change d'un pays quelconque centralise, par la simple voie de l'offre et de la demande, toutes les sommes que ce pays doit recevoir ou payer à l'étranger dans un délai qui n'excède ordinairement pas 90 jours.

Si l'ensemble des sommes que la France doit ainsi recevoir de l'étranger dépasse sensiblement l'ensemble des sommes qu'elle doit lui payer, la tendance du change étranger à Paris sera à la baisse, parce que les offres de ce change l'emporteront sur les demandes et, alors, une même somme de monnaie française permettra d'acquérir une somme plus élevée de monnaie étrangère. Ce qui revient à dire que la monnaie étrangère se dépréciera par rapport à la monnaie française, ou encore que la parité du change — établie sur la base de l'or entre l'unité monétaire française et les unités monétaires étrangères — sera rompue, dans une limite déterminée par les cours des changes eux-mêmes, au profit de l'unité monétaire française.

Si le phénomène inverse se produit, c'est-à-dire si l'ensemble des engagements français à l'étranger excède sensiblement les créances de même nature, les changes étrangers hausseront à Paris et l'unité monétaire française se dépréciera par rapport aux unités monétaires de l'étranger.

Enfin, le change reste au pair, c'est-à-dire que l'unité monétaire française conserve sa parité théorique à l'égard des unités monétaires de l'étranger quand les recettes et les dépenses d'ordre extérieur de la France s'équilibrent.

Mais ces oscillations des changes étrangers sont toujours très limitées dans les pays à circulation d'or, tels que la France, l'Angleterre, l'Allemagne, la Hollande, la Belgique, la Suisse et les Etats-Unis de l'Amérique du Nord, parce que lorsque, pour une cause quelconque, les cours de leurs changes dépassent ce qu'on appelle les " gold points " de sortie — terme sur lequel nous nous expliquerons plus loin et qui signifie qu'à partir de ces cours il y a intérêt à exporter de l'or plutôt qu'à acheter du change tiré — la spéculation cambiste intervient et rétablit l'équilibre soit par des remises d'or sur les places créditrices, soit par des opérations d'arbitrage en valeurs mobilières que la différence des changes peut alors rendre doublement fructueuses.

III

Les changes étrangers s'établissent à Paris, sur le " certain " et la place donne l' " incertain ". En langage ordinaire, cela signifie que l'on cote à Paris le prix, en monnaie française, d'une livre sterling, de 100 marks, de 100 florins de Hollande, de 100 francs payables en Belgique, etc. Le certain, c'est la quantité d'unités monétaires étrangères qu'une somme en monnaie française, variable selon les cours des changes — c'est-à-dire l' incertain — peut procurer à Paris.

Quelques places, comme Londres, font le contraire pour certains changes, mais sur la généralité des marchés de l'Europe on procède comme à Paris.

Voici quelles ont été les variations du change à Paris pendant les cinq dernières années :

[Tableau.]

COURS EXTRÊMES DU CHANGE (PAPIER COURT)

DÉSIGNATION des PAYS	1895		1896		1897		1898		1899	
	Plus haut.	Plus bas.	Plus haut.	Plus bas.	Plus haut.	Plus bas.	Plus haut.	Plus bas.	Plus haut.	Plus bas.
	fr. c.	fr. c.	fr. c	fr. c.	fr. c.	fr. c.	fr. c.	fr. c.	fr. c.	fr. c.
Allemagne	122.56	121.50	122.75	121.22	122.68	121.03	122.69	122.06	122.37	121.75
Angleterre	25.29	25.15	25.24	25.14	25.24	25.09	25.42	25.21	25.39	25.175
Autriche-Hongrie	208.00	199.94	208.25	205.62	208.37	206.87	208.25	207.12	207.25	205.75
Belgique	pair	— 0.31	— 0.06	— 0.31	— 0.06	— 0.25	— 0.37	— 0.10	— 0.31	— 0.18
Espagne	463.25	405.50	419.00	388.00	405.00	375.00	372.00	337.00	420.25	373.50
Hollande	206.75	205.25	206.62	202.75	207.12	205.50	207.50	206.75	20.725	205.12
Italie	— 4.00	— 8.87	— 4.50	— 11.75	— 4.37	— 6.00	— 4.75	— 8.75	— 5.87	— 7.87
Portugal	455.00	434.00	440.00	398.00	395.00	360.00	390.00	345.00	410.00	370.00
Russie	269.00	265.00	265.75	263.00	265.00	263.50	265.50	263.00	264.25	268.00
Suisse	+ 0.12	— 0.37	pair	— 0.69	— 0.19	— 0.81	— 0.19	— 0.50	— ».37	— 0.87
Etats-Unis	523.50	511.00	517.00	511.00	519.00	512.50	421.50	517.00	520.00	514.00
Or, le kilogramme	3.443.80	3.437.00	3.452.50	3.437.50	3.449.00	3.437.00	3.459.30	3.440.40	3.459.30	3.437.00
Argent —	114.92	98.07	115.47	108.81	108.99	86.47	104.08	91.82	103.97	97.51

Le change, à Paris, se négocie en francs à trois mois, en papier court ou en papier long; — sur l'Allemagne, pour 100 marks; — sur l'Espagne, pour 500 pesetas; — sur la Hollande, pour 100 florins hollandais; — sur le Portugal, pour 100 milreis; — sur l'Autriche-Hongrie, pour 100 florins autrichiens; — et sur la Russie, pour 100 roubles.

Il se négocie à vue, également en papier court et en papier long, sur New-York pour 100 dollars d'or.

Le tableau ci-dessus ne donne que les prix, en monnaie française, du papier court, parce que c'est la forme de change la plus usitée; d'ailleurs, les prix du papier court et du papier long sont étroitement liés et leur différence provient simplement de l'escompte des diverses places qu'on ajoute ou qu'on retranche, suivant le cas.

Pour l'Angleterre, les négociations s'effectuent surtout en chèques à vue; c'est le cours de ce chèque qui figure en tête de notre tableau et, comme ce change est la clef de voûte des changes français sur l'étranger, nous y reviendrons d'une manière spéciale.

Pour la Belgique, la Suisse et l'Italie, le change se négocie à vue en papier court et en papier long et son cours s'exprime en perte ou en prime, par 100 francs payables en Belgique, en Suisse ou en Italie.

IV

La parité théorique de change de l'unité monétaire d'un pays quelconque par rapport à l'unité monétaire d'un autre pays, est déterminée par la quantité d'or fin que chacune des deux unités contient ou — ce qui revient au même — par la quantité d'unités monétaires que chacun des deux pays frappe avec un kilogramme d'or fin.

Par exemple, avec un kilogramme d'or fin, on frappe en France pour 3.444 fr. 44 de monnaie d'or; cela revient à dire que chaque franc d'or contient 0 gr. 29 03 27 de métal fin. Avec un kilogramme d'or fin, on frappe en Angleterre 136 livres sterling 56 et chaque livre contient ainsi 7 gr. 32 23 d'or fin.

Pour avoir la parité théorique de la livre sterling en francs, il suffit donc de diviser le nombre d'unités monétaires françaises par le nombre de livres sterling fournies par le même kilogramme d'or; ou encore, le poids d'or fin de l'unité monétaire anglaise par le poids d'or fin de l'unité monétaire française. Dans les deux cas, on obtient : 1 liv. st. = 25 fr. 22 10.

Pour trouver la parité théorique de change du franc d'or en livres sterling, on fait les opérations inverses et on trouve : 1 franc = 0.03 96 livres sterling.

S'il s'agit de l'Allemagne, sachant qu'avec un kilogramme d'or fin on y frappe 2.790 marks d'or et que chacun de ces marks contient 0 gr. 35 84 de métal fin, on trouvera, en divisant le nombre de francs par le nombre de marks, ou le poids fin du mark par le poids fin du franc que : 1 mark = 1 fr. 23 40 et que 1 franc = 0.81 marks.

Le tableau suivant nous donnera la parité théorique de change, en francs, livres sterling et marks, de l'unité monétaire de toutes les nations de l'Europe et des États-Unis de l'Amérique du Nord :

PARITÉS THÉORIQUES DU CHANGE DES UNITÉS MONÉTAIRES
DE L'EUROPE ET DES ÉTATS-UNIS

PAYS	UNITÉS MONÉTAIRES	NOMBRE D'UNITÉS monétaires par kilogramme d'or fin	POIDS des UNITÉS monétaires en or fin	PARITÉ THÉORIQUE DES UNITÉS MONÉTAIRES		
				en francs	en livres sterling	en marks
1	2	3	4	5	6	7
		nombre.	grammes.			
France..........	franc.	3.444.44	0.2903	1.000	0.0396	0.810
Allemagne.......	mark.	2.790.00	0.3584	1.234	0.0489	1.000
Angleterre.......	livre sterling.	186.56	7.3223	25.221	1.0000	20.430
Autriche-Hongrie.	couronne.	3.280.00	0.3049	1.050	0.0416	0.851
Belgique.........	franc.	3.444.44	0.2903	1.000	0.0396	0.810
Bulgarie.........	lew.	3.344.44	0.2903	1.000	0.0396	0.810
Danemark.......	kroner.	2.480.00	0.4032	1.388	0.0550	1.125
Espagne.........	peseta.	3.444.44	0.2903	1.000	0.0396	0.810
Grèce...........	drachme.	3.444.44	0.2903	1.000	0.0396	0.810
Hollande.........	florin.	1.653.44	0.6048	2.083	0.0825	1.687
Italie............	lira.	3.444.44	0.2903	1.000	0.0396	0.810
Norvège.........	kroner.	7.480.00	0.4032	1.388	0.0550	1.125
Portugal.........	milreis.	615.11	1.6257	5.600	0.4500	4.536
Roumanie.......	ley.	3.444.44	0.2903	1.000	0.0396	0.810
Russie...........	rouble.	664.66	0.7741	2.666	0.1057	2.160
Serbie...........	dinar.	3.444.44	0.2903	1.000	0.0396	0.810
Suède...........	kroner.	2.480.00	0.4032	1.388	0.0550	1.125
Suisse...........	franc.	3.444.44	0.2903	1.000	0.0396	0.810
Turquie.........	livre turque.	151.18	6.6150	22.784	0.9034	18.455
Égypte..........	livre égyptienne.	184.45	7.4375	25.620	1.0157	20.750
États-Unis.......	dollars.	664.62	1.5046	5.181	0.2054	4.197

Voici d'un autre côté quelle est cette parité théorique pour les monnaies de quelques autres pays :

PAYS 1	UNITÉS MONÉTAIRES 2	PARITÉ en FRANCS 3	PAYS 3	UNITÉS MONÉTAIRES 5	PARITÉ en FRANCS 6
		fr. c.			fr. c.
Brésil	milreis.	2.84	Mexique.........	piastre argent.	5.43
Chili	nouveau peso.	1.80	Pérou	sol.	5.00
Chine	taël de Shanghaï.	7.47	Perse............	aboman.	8.43
Indes anglaises..	roupie argent.	2.38	Tunisie.........	système français	
	roupie papier.	1.67	Uruguay.........	peso.	5.00
Indo-Chine française	piastre de commerce argent.	5.40	Vénézuela.......	bolivar.	1.00
Japon...........	yen nouveau.	2.58	Zanzibar........	dollar or.	5.19
	ancien yen argent.	5.39		dollar argent.	5.44

V

Pour la France, comme pour tous les pays du monde, c'est le taux du chèque sur Londres qui donne la véritable physionomie du change sur l'étranger, parce que l'Angleterre est aujourd'hui, grâce aux 50 ou 55 milliards de francs de valeurs étrangères possédées par ses nationaux, grâce à son puissant commerce de banque groupé dans la Cité et rayonnant dans tout l'univers, grâce à sa marine marchande qui transporte les trois quarts des marchandises traversant les mers, grâce à son vaste et riche empire colonial, à son commerce extérieur, à ses innombrables comptoirs établis sur tous les points du globe, etc., le clearing house des changes internationaux.

Quand, pour une raison quelconque, le chèque sur Londres monte à Paris, à 25 fr. 36 pour une livre sterling, le gold point de sortie de l'or français vers l'Angleterre est atteint. Cela revient à dire qu'au-dessus de ce cours, les Français ayant des règlements à faire en Angleterre ou à l'étranger par l'intermédiaire des cambistes anglais, ont intérêt à ne plus acheter du change tiré, mais à faire des remises directes de métal jaune sur Londres en y exportant les monnaies et lingots d'or qu'ils peuvent obtenir, soit par la circulation, soit par la Banque de France, soit par les sociétés de crédit, soit par les changeurs trébucheurs... à la condition toutefois que la prime qu'ils devront verser ne dépasse pas 4 francs par 1.000 francs d'or lourd.

En effet, quelqu'un qui aurait à payer, par exemple, 4.000 livres sterling à Londres devrait débourser 101.440 francs en monnaie française pour acquérir ces livres sterling en chèque au prix de 25 fr. 36 l'une (25 fr. 36 × 4.000 = 101.440 francs). Mais nous savons que 7 gr. 32 23 d'or fin valent une livre sterling à Londres et que 7.32 23 × 4.000 = 29 kilos 28 9 d'or fin y libéreront la dette de 4.000 livres sterling.

Le franc d'or pesant 0 gr. 29 03 26 de fin et le louis de poids légal 6 gr. 45 16 1 à 900 m/m de fin, soit exactement 5 gr. 80 6 55 d'or fin, il faudra : $\frac{29.289}{0.00580655} = 5.044$ louis d'or pour constituer l'équivalence monétaire de 4.000 livres sterling. En effet, 0.00 58 06 55 × 5.044 = 29 k. 288, c'est-à-dire, à un milligramme près, le poids de fin de 4.000 livres sterling.

Ayant donc les 5.044 louis de poids légal, soit 100.880 francs, il n'aura qu'à les expédier directement à son créancier de Londres et les frais de cette expédition — transport et assurance — ne lui coûteront que 1 fr. 50 par 1.000 francs, soit 151 fr. 32.

Le chèque ou change tiré sur Londres étant à 25 fr. 36 par livre sterling, c'est donc une économie de 408 fr. 68 qu'il aurait réalisée.

Mais, s'il n'a pas à sa disposition des louis d'or lourd, c'est-à-dire des louis non usés par le frai — car à Londres on ne lui prendra son or qu'au poids — et s'il est obligé de payer une simple prime de 4 francs pour 1.000 francs pour s'en procurer, la remise directe ne lui laisserait aucun bénéfice.

En effet, le change tiré à 25 fr. 36 la livre sterling lui reviendrait à 101.440 francs, et la remise directe à 100.880 francs pour l'or, 151 fr. 32 pour les frais d'expédition, et 403 fr. 20 pour la prime au changeur, soit au total 101.434 fr. 52.

Le gold point de sortie pour le public qui achète l'or exportable est donc atteint lorsque le change tiré vaut 25 fr. 36 la livre sterling et la prime sur l'or 4 ‰. Si le chèque monte au-dessus de 25 fr. 36 et si la prime reste la même, chaque centime de hausse du chèque représente un bénéfice de 40 centimes par 1.000 francs ; si le chèque reste à 25 fr. 36 et si la prime baisse au-dessous de 4 ‰, chaque point de recul de la prime lui procurera un bénéfice de 1 franc par 1.000 francs, etc.

Bref, pour le public, le gold point de sortie est la résultante de la prime sur l'or et du prix du change tiré. Le tableau suivant nous donne le calcul du gold point anglais jusqu'à la prime de 10 ‰.

CALCUL DU GOLD POINT DE SORTIE SUR LONDRES

PARITÉ de la LIVRE STERLING	FRAIS D'EXPÉDITION	PRIME SUR L'OR		PRIX de la LIVRE STERLING
		PAR 1.000 FRANCS	PAR LIVRE STERLING	
francs.	francs.	‰	francs.	francs.
25.221	25.260	0	0.000	0,038
25.221	25.285	1	0.025	0.038
25.221	25.310	2	0.050	0.038
25.221	25.335	3	0.075	0.038
25.221	25.360	4	0.100	0.038
25.221	25.386	5	0.126	0.038
25.221	25.411	6	0.151	0.038
25.221	25.436	7	0.176	0.038
25.221	25.461	8	0.201	0.038
25.221	25.487	9	0.227	0.038
25.221	25.512	10	0.252	0.038

D'une manière générale, on dit que le gold point de Paris sur Londres est atteint lorsque le change tiré vaut 25 fr. 36 la livre sterling, parce qu'on admet que les changeurs qui achètent de l'or tout-venant aux garçons de recettes, aux sociétés de crédit, etc., et qui trébuchent ensuite cet or pour en retirer les louis légers, usés par le frai — louis légers qu'ils remettent naturellement en circulation —, ont en moyenne 3 francs de dépense pour grouper 1.000 francs de louis exportables.

Le tableau précédent indique que, pour le public qui achète l'or aux changeurs, le gold point de sortie s'élève au fur et à mesure que monte la prime : cette simple constatation prouve que ce n'est pas le public qui fait des remises directes d'or sur l'étranger, car une prime de 6 ‰, par exemple, lui met la livre sterling à 25 fr. 41, c'est-à-dire à un prix plus élevé que le change tiré si le chèque est à 25 fr. 40.

Mais il n'en est pas de même pour les changeurs dont le gold point moyen de sortie est atteint lorsque le chèque cote 25 fr. 335 par livre. A partir de ce cours, le changeur réalise, en exportant l'or lourd qu'il peut se procurer avec 3 francs de frais par 1.000 francs, des bénéfices proportionnels à la hausse du chèque au-dessus de 25 fr.335.

Si ce chèque vaut, par exemple, 25 fr. 40, le changeur qui exportera quotidiennement 100.880 francs en louis d'or, soit 4.000 livres sterling, aura à débourser, en outre de ces 100.880 francs : 302 fr. 14 de frais de groupement et 151 fr. 32 de frais de transport et d'assurance, soit au total 101.333 fr. 30.

Mais au moment où son or partira pour Londres, le changeur vendra à la bourse de Paris et en monnaie française, du chèque pour les 4.000 livres sterling dont il sera devenu créditeur. La livre sterling valant 25 fr. 40, il retirera de sa vente, 101.600 francs et réalisera un bénéfice net de 266 fr. 50.

Il pourra faire la même opération chaque jour et, avec un simple fonds de roulement de 100.000 francs, gagner environ 1.600 francs par semaine.

Les remises des changeurs ont pour avantage d'enrayer la hausse des changes et de faciliter ainsi les paiements que nos nationaux ont à faire à l'étranger, car, à chaque 100.880 francs de louis d'or exportés correspond un change tiré de 4.000 livres sterling, venant s'offrir sur le marché des changes. Elles ont le double inconvénient d'affaiblir la circulation monétaire et de l'altérer en lui enlevant ses louis les plus lourds.

Cette opération de change, que l'on peut désigner sous le nom d'" arbitrage monétaire ", et qui était autrefois le grand régulateur des changes étrangers, a perdu presque toute importance avec le développement des valeurs mobilières internationales dont les coupons et l'amortissement sont payables en or.

Dans le premier chapitre de cette étude, nous avons vu en effet que les valeurs mobilières internationales se négociant sur plusieurs marchés se prêtent admirablement aux arbitrages financiers de place à place et peuvent ainsi fournir de puissants éléments aux arbitrages monétaires.

La France possède environ 27 milliards de francs de valeurs ou fonds d'Etat étrangers, dont le revenu moyen est un peu supérieur à 4 %. Si de ce revenu annuel on déduit environ 200 millions pour l'intérêt des valeurs françaises appartenant à des étrangers, il reste un solde de 800 à 900 millions d'or, car, selon la position des changes, les coupons représentant cette somme pourront être encaissés en or — et avec plus de profit qu'à Paris — à Londres, à Berlin, à Amsterdam, à Vienne, à Saint-Pétersbourg, etc.

L'arbitrage monétaire peut donc se pratiquer aujourd'hui sur les coupons des valeurs mobilières internationales, comme sur ces valeurs elles-mêmes, avec plus de facilité que sur les matières d'or et avec moins de frais.

VI

On dit habituellement qu'un pays a le change " favorable ", lorsque les cours de ses changes étrangers sont au-dessous de leur parité théorique. On dit, au contraire, que le change lui est " défavorable ", quand ses changes étrangers sont au-dessus du pair, c'est à-dire quand l'or fait prime dans le pays et que l'unité monétaire y est dépréciée par rapport à sa parité d'or.

Cette qualification de change favorable ou défavorable est inexacte, en ce sens que, si la dépréciation de l'unité monétaire d'un pays est contraire aux intérêts de ceux de ses nationaux qui ont des paiements à effectuer en or, elle sert, inversement, les intérêts des nationaux qui ont à recouvrer des créances en or.

Et, en ce qui concerne spécialement les pays dont la monnaie n'est point dépréciée, s'il est vrai que les intérêts de leurs consommateurs peuvent être favorisés par la dépréciation monétaire d'un ou de plusieurs autres pays, en ce sens que les dits consommateurs pourront y acquérir des marchandises avec une moindre quantité d'or, il n'est pas moins vrai que les intérêts de leurs producteurs pourront être lésés par la concurrence anormale qu'ils subiront, de ce chef, sur leur propre marché national, et aussi par les difficultés qu'ils éprouveront à vendre leurs produits sur les marchés des pays à monnaie dépréciée.

Il ne faut pas oublier, en effet, que la dépréciation de l'unité monétaire d'un pays, par rapport à l'or, produit un double phénomène. Elle réduit la puissance d'achat de cette monnaie, sur les marchés étrangers à monnaie d'or, dans une proportion équivalente à sa dépréciation ; mais elle augmente, dans la même proportion, la puissance d'achat, sur le marché indigène, des monnaies étrangères ayant conservé leur parité d'or.

Il s'ensuit : 1° que la dépréciation de l'unité monétaire d'un pays paralyse, dans ce pays, l'importation et la consommation des marchandises provenant des pays à circulation monétaire d'or, parce que le premier effet de la dépréciation se traduit par une hausse plus ou moins proportionnelle, en monnaie nationale, des produits achetés à l'étranger ; 2° qu'elle favorise, au contraire, l'industrie et la production indigènes en rendant plus difficile, sur le marché intérieur, la concurrence des produits similaires étrangers et en provoquant l'exportation, vers les pays à monnaie saine, de tous les produits indigènes de consommation générale : parce qu'en fait, les prix de ces derniers produits auront subi, à l'egard des acheteurs des pays à circulation d'or, une dépréciation plus ou moins proportionnelle à la dépréciation de l'unité monétaire indigène.

VII

On a longtemps contesté cette théorie de la double influence du change en prétendant que la dépréciation de l'unité monétaire d'un pays ne pouvait favoriser l'exportation des produits indigènes — et, par voie de répercussion, affecter les prix des produits similaires sur les marchés des pays à circulation d'or — parce que le prix général des choses, dans les pays à monnaie dépréciée, " se réglait d'après les prix en or " et haussait, en monnaie indigène, selon l'importance de la prime sur l'or elle-même. Mais les observations directes faites, depuis 1894, par les consuls français, anglais, allemands et belges en résidence dans ces pays, nous permettent aujourd'hui de préciser la question et de la résumer ainsi :

Lorsque l'unité monétaire d'un pays se déprécie fortement par rapport à l'or, cette dépréciation est, d'abord, d'ordre extérieur et ne se fait pas immédiatement sentir sur le prix général des choses indigènes : salaires, impôts, loyers, fermages, transports intérieurs, matières premières, produits indigènes, etc.

La valeur de ces choses continue, par habitude, à être mesurée en monnaie nationale, sans tenir compte de la dépréciation ; mais comme les monnaies étrangères ayant conservé leur parité d'or peuvent alors s'échanger dans le pays contre une grande quantité de monnaie nationale, c'est-à-dire y obtenir, à somme égale, une plus grande quantité de produits indigènes que par le passé, la spéculation commerciale s'empresse d'acquérir ceux de ces produits qui sont d'une consommation courante dans les pays à circulation d'or, et les y exporte.

Sous l'influence de la demande répétée, les produits indigènes exportables haussent progressivement de valeur en monnaie nationale ; d'où une incitation toute naturelle à développer leur production, ce qui est une chose généralement facile pour les produits agricoles.

L'augmentation de la production des marchandises exportables empêche une hausse exagérée, en monnaie nationale, de leur prix de vente sur le marché intérieur, et contribue, par cela même, à maintenir une partie plus ou moins importante de la prime à l'exportation dont ces marchandises jouissent à l'égard des marchés à circulation d'or.

Les prix en monnaie nationale des produits importés de l'étranger sont immédiatement influencés, dans le sens de la hausse, par la dépréciation de cette monnaie, et ils le sont en tout cas, car les stocks existant dans le pays au moment où la prime sur l'or s'est produite, se trouvent épuisés. Ce relèvement de prix en diminue la consommation ou donne l'idée aux indigènes de profiter de la situation pour en fabriquer de similaires.

Le développement de la production indigène (engendré à la fois par la progression des exportations et par les nouveaux besoins du marché intérieur) stimulant toutes les branches de l'activité agricole, industrielle et commerciale, provoquant chaque jour de nouveau achats extérieurs et, par suite, d'importantes rentrées de numéraire étranger, finit, à la longue, par relever le prix général des choses indigènes et par diminuer l'importance de la dépréciation de l'unité monétaire nationale... surtout si le gouvernement à lui-même réduit — par faillite ou par économie — les dépenses extérieures de l'État, et s'il a, peu ou prou, régularisé ses finances intérieures en augmentant les impôts.

Les conditions économiques du pays s'étant adaptées à la prime de l'or, la baisse subite ou progressive de cette prime détermine nécessairement les effets déprimants récemment constatés dans la République Argentine et au Chili; mais en raison de la force acquise et des relations commerciales établies, l'influence économique de la dépréciation monétaire peut encore persister pendant de longues années... surtout si le gouvernement, trouvant à l'étranger le crédit nécessaire, arrête le relèvement de l'unité monétaire nationale " stabilise sa valeur en or " en consacrant légalement — par une réduction de son ancienne parité théorique en or — une partie plus ou moins importante de la dépréciation survenue.

C'est ainsi qu'ont procédé, à des degrés divers, l'Autriche-Hongrie en 1892; les Indes en 1893; le Chili en 1895; la Russie et le Japon en 1897.

Pour terminer cette trop longue étude nous ajouterons que la position créditeur d'un pays par rapport à l'étranger se révèle ordinairement par trois indices:

1° La stabilité relative de ses changes extérieurs;

2° Le bas taux de son escompte intérieur;

3° La richesse de sa circulation monétaire.

Les hauts prix de ses fonds d'État et de ses grandes valeurs nationales à revenu fixe, c'est-à-dire leur faible revenu en or, ne sont que la conséquence de ces trois éléments.

En effet, si des emprunts étrangers sont contractés d'une manière plus ou moins périodique dans le pays, et si malgré ces emprunts, qui représentent en fait des sorties d'or, les changes de ce pays conservent, sauf quelques légères variations sans importance, leur parité théorique, et si l'or se maintient librement dans la circulation monétaire : c'est une preuve évidente que le pays considéré, malgré les apparences d'un déficit commercial constaté par la statistique douanière, est en permanence créditeur de l'étranger.

Etant en permanence créditeur de l'étranger, de nouveaux capitaux pénétreront sur son territoire par la voie naturelle des règlements extérieurs, et viendront, si de nouvelles entreprises ne les absorbent pas, faire concurrence aux capitaux déjà employés dans le pays : d'où hausse des valeurs mobilières nationales et baisse de leur rendement annuel par rapport au cours de la bourse, baisse du taux de l'escompte, et, enfin, baisse générale du taux du loyer intérieur des capitaux.

Edmond Théry,

Directeur de l' " Économiste Européen ",
membre du conseil supérieur de statistique.

DES DROITS DES OBLIGATAIRES

SUR L'ACTIF D'UNE LIQUIDATION JUDICIAIRE OU D'UNE FAILLITE

Aux termes de l'article 444 de notre Code de commerce et de l'article 8 de la loi du 4 mars 1889, le jugement déclaratif d'une faillite ou d'une liquidation judiciaire entraîne l'exigibilité, à l'égard du débiteur, des dettes passives non échues, que ces dettes soient à terme certain ou à terme incertain, et cette même disposition se retrouve à peu près dans toutes les législations étrangères.

Les dettes à terme incertain comprennent notamment les obligations que la plupart des sociétés émettent aujourd'hui en représentation des emprunts qu'elles contractent, et qui sont ordinairement remboursables par voie de tirage au sort dans un délai de plusieurs dizaines d'années. De plus, ces obligations, même celles qui sont productives d'un certain intérêt, annuel, semestriel ou trimestriel, sont généralement remboursables à une somme supérieure à leur *prix* ou *taux d'émission*, somme que l'on désigne sous le nom de *prix* ou *taux de remboursement*, ou encore de *valeur nominale*, quand ce prix de remboursement est le même pour la plus grande partie des obligations de l'emprunt.

Pour quelle somme, en principal, ces obligations, dont le terme incertain doit, comme nous venons de le dire, disparaître pour être remplacé par la date du jugement déclaratif, doivent-elles figurer au passif de la liquidation judiciaire ou de la faillite?

Telle est la question que nous nous proposons d'examiner.

Pour plus de brièveté dans le langage, nous ne parlerons désormais que de faillite, la situation étant identiquement la même, au point de vue qui nous occupe, qu'il s'agisse de liquidation judiciaire ou de faillite.

I

Tout d'abord, il nous paraît inutile de discuter la question de savoir si ces obligations doivent être admises à la faillite pour leur prix d'émission, ou bien pour leur prix de remboursement supposé uniforme et par conséquent connu. Ces deux solutions extrêmes ne sauraient plus raisonnablement être soutenues, aujourd'hui que tous les tribunaux se sont, avec raison, prononcés pour la négative. La jurisprudence est, en effet, fixée dans le sens d'une solution intermédiaire. Mais, c'est sur cette solution intermédiaire qu'on ne s'entend pas, et ce défaut d'entente tient à ce que les principes qui doivent servir de guide dans l'espèce ne sont pas suffisamment mis en lumière.

La solution admise le plus généralement en France est basée sur une certaine appréciation de la nature de ce qu'on appelle la *prime de remboursement*, c'est-à-dire la différence entre le prix de remboursement et le prix d'émission.

D'après les décisions judiciaires rendues à propos de cette question, on peut formuler ainsi cette solution :

« Pour apprécier la somme qui doit être attribuée aux divers obligataires dont les obligations ne sont pas sorties aux tirages, il y a lieu, d'une part, de rechercher le moment où, d'après le tableau d'amortissement, il y aurait autant d'obligations remboursées que d'obligations à rembourser, de manière à établir, entre le dernier tirage réellement effectué et le tirage extrême prévu au contrat, le temps moyen où tous les porteurs actuels se trouveraient avoir, au jour de la faillite, des chances égales de remboursement, et d'autre part, de déterminer la somme qui, par une capitalisation annuelle d'intérêts conduite jusqu'à ce temps moyen, produirait une somme égale au montant de la prime de remboursement. »

Cette formule se trouve, pour la première fois, croyons-nous, dans un jugement du Tribunal de commerce de la Seine, en date du 29 avril 1885.

D'après cela, la prime de remboursement est considérée comme un supplément de capital que l'emprunteur s'est engagé à payer. Or, il paraît illogique d'admettre une pareille manière de voir, alors que la jurisprudence n'admet, pour ainsi dire, jamais qu'un débiteur doive plus, en principal, que ce qu'il a reçu ; le surplus, sauf le cas de loterie expressément spécifié et légalement autorisé, ne peut être que l'intérêt du capital reçu. Et, à l'appui de cette opinion, nous ferons remarquer que jamais un obligataire, au lendemain d'un emprunt qui n'a pas été couvert et auquel l'emprunteur a renoncé, n'a réclamé une fraction quelconque de la prime de remboursement, tant il est vrai que les idées sont bien arrêtées dans ce sens. De plus, il est certain que cette prime n'est due que dans le cas normal du paiement de chacune des annuités convenues entre les parties, l'emprunteur d'un côté, le public de l'autre, annuités dont le montant résulte nécessairement des conditions inscrites presque toujours sur le titre même, ou, dans le cas contraire, faciles à connaître par chacun, en se renseignant auprès de l'emprunteur; et, du moment que les annuités ne sont plus payées, que les tirages n'ont plus lieu, la prime de remboursement proprement dite ne saurait plus être due. En d'autres termes, la prime de remboursement ne prend naissance que par la continuation régulière du service de l'emprunt: cette continuation n'ayant pas lieu en raison de la faillite, la condition ou la cause de formation de la prime n'est pas réalisée; le droit du prêteur sur cette prime disparaît. Bref, l'obligation, outre qu'elle est à terme incertain, est conditionnelle, et l'on sait que la faillite, si elle fait disparaître le terme, ne fait pas disparaitre la condition.

C'est ce qu'a jugé souverainement la Cour de cassation, en déclarant maintes fois que la cessation de la société est incompatible avec l'amortissement, qui suppose des opérations sociales permettant de réaliser des bénéfices et fournissant, par suite, les moyens de le faire fonctionner.

On pourrait objecter, il est vrai, que la jurisprudence que nous avons rappelée reconnaît que la prime n'est pas due en entier et qu'il convient de lui faire subir une certaine réduction. Mais la réduction indiquée n'a rien de logique. D'abord, pourquoi admettre que toutes les obligations sont remboursables à une certaine époque moyenne, celle que les actuaires qualifient de *probable*, et non pas à l'époque *moyenne* proprement dite, ou encore à l'époque *mathématique?* Ces trois sortes de moyennes ont autant de droits d'être choisies l'une que l'autre, et, quelle que soit celle à laquelle on s'arrête, chaque obligataire est fondé à prétendre que son obligation sortirait à un tirage antérieur à cette époque, si on les effectuait tous. C'est pour répondre à cette objection qu'on a quelquefois proposé, au moins pour les emprunts à lots, de faire effectuer, en une fois, par le syndic de la faillite tous les tirages prévus au tableau d'amortissement et d'admettre au passif chaque obligation pour la valeur résultant de son rang de sortie, mais en réduisant cette valeur d'après l'époque indiquée pour le tirage dans lequel elle est comprise et d'après un certain taux arbitraire appliqué à toutes.

Mais en droit, cette solution est impossible à adopter; car le syndic, et encore moins le liquidateur judiciaire, ne sont pas autorisés à se substituer au débiteur, en dehors des cas spéciaux prévus par la loi. Ils représentent plutôt la masse des créanciers au regard de ce dernier et ne sont nullement son *negotiorum gestor*. Ils n'ont donc aucun droit pour effectuer les tirages, pas même les tirages arriérés, quoique, pour ces derniers, la question paraisse un peu plus douteuse. Nous ajouterons que l'intervention d'un taux arbitraire dans la question, fût-ce un taux légal, ne se justifie en rien, puisqu'il y a, dans l'espèce, un contrat synallagmatique dont toutes les conditions sont parfaites.

Comme on voit, de quelque façon qu'on examine la question, il est inexact de prétendre que l'obligataire ait un droit quelconque sur la prime de remboursement, uniforme ou variable, qui est attachée au fonctionnement régulier de l'emprunt.

Toute difficulté disparaît, au contraire, si l'on se conforme résolument aux principes vrais qui ont été quelquefois indiqués, mais dont toutes les conséquences ne paraissent pas avoir été suffisamment comprises jusqu'ici. Nous allons essayer de les faire ressortir.

II

Dans tout emprunt, il y a, nous semble-t-il, trois éléments fondamentaux qu'il ne faut pas perdre de vue : le capital emprunté, le taux d'intérêt (celui qu'on qualifie de *réel*) et la durée de l'emprunt. La loi, on peut dire, ne reconnaît que ces trois éléments, qui, en France tout au moins, figurent seuls dans le Code, et c'est, en définitive, sous cette forme simple qu'il faut envisager tout emprunt, si l'on veut y appliquer des dispositions légales quelconques ou même en constater mathématiquement le côté économique. Le désir d'attirer les capitaux dans le mouvement des affaires a fait compliquer de plus en plus, par les sociétés, la forme des emprunts, et l'on n'en finirait pas si l'on voulait légiférer sur chaque forme nouvelle qui se présente. En fait, il est absolument nécessaire, au point de vue légal et au point de vue mathématique, de ramener tout emprunt à un emprunt ordinaire à intérêt simple, comme on le fait quand on considère les trois éléments précités et comme d'ailleurs le fait la jurisprudence générale.

Si on se place à ce point de vue, il est évident que la prime de remboursement d'un emprunt quelconque, que cet emprunt soit à primes ou à lots, ou à primes avec lots, n'est autre chose que l'accumulation, à intérêt composé, des sommes formant la différence entre l'intérêt dû d'après le taux réel de l'emprunt et l'intérêt apparent (celui-ci pouvant être nul), accumulation qui se fait au taux réel de l'emprunt. Ce taux n'est, pour ainsi dire, jamais indiqué dans les conditions de l'emprunt, parce que l'emprunteur y trouve le plus souvent son avantage, alors que ce taux est au-dessous du chiffre correspondant à son crédit supposé. Mais, quelque implicite qu'il soit, ce taux n'en existe pas moins, résultant mathématiquement des conditions plus ou moins compliquées dont il a plu à l'emprunteur de revêtir son opération, et lui-même a dû certainement le calculer, sans quoi il marcherait en aveugle et s'exposerait gravement à des mécomptes incompatibles avec une bonne gestion financière. Du moment que ces conditions sont complètes et qu'elles ont été acceptées par le prêteur, on peut dire que le taux réel qui en résulte est, en un sens, un taux conventionnel. Il n'est pas fixé, il est vrai, par écrit, comme le veut la loi (Code civil, art. 1907) et, par conséquent, ne saurait être réclamé par le prêteur au cours de la période du fonctionnement régulier de l'emprunt. Mais il existe et doit être appliqué quand à cette période a succédé celle de la voie judiciaire, et le syndic ou le juge ne doit pas y substituer un taux légal, comme si aucun taux conventionnel n'avait été fixé.

Par suite de la déclaration de faillite, les intérêts cessent, en général, de courir, et par conséquent, à considérer l'ensemble des obligations restant à amortir, la formation de la prime de remboursement est arrêtée. Cette prime, telle qu'elle est alors, correspond aux intérêts échus à ce moment-là et par suite n'est pas complète; c'est pour ce motif que l'idée d'ajouter au prix d'émission une fraction seulement de la prime est juste en fait, mais inexacte en principe et, en tout cas, difficile à appliquer mathématiquement.

Laissant donc de côté la prime de remboursement et nous en tenant aux trois éléments fondamentaux indiqués tout à l'heure, considérons quelle est, en réalité, au moment de la déclaration de faillite, la situation respective de l'emprunteur et du prêteur.

Le premier a généralement commencé à satisfaire aux conditions de son emprunt, en payant quelques coupons d'intérêt et en remboursant quelques obligations, c'est-à-dire en payant quelques-unes des annuités que, d'après le tableau d'amortissement, il s'est engagé à payer. Mais il doit toutes les autres, et cela aux époques fixées, et ne doit pas autre chose à la masse des obligataires; par suite, c'est le tantième de cette dette totale, qui représente le droit, en principal, de chaque obligation. Il suffit donc d'évaluer cette dette et d'en diviser le montant par le nombre des obligations restant en circulation.

Mais ce qu'il faut avoir, c'est la valeur de chacune de ces annuités ou parties d'annuité restant dues, valeur ramenée à l'époque du jugement déclaratif, ce qu'on appelle mathématiquement sa *valeur actuelle*, et, pour la calculer, il faut évidemment faire intervenir le taux réel de l'emprunt; car, comme nous l'avons dit, c'est là véritablement le taux convenu entre les parties, quelque implicite qu'il puisse être. Le calcul peut être plus ou moins compliqué, suivant que les annuités sont plus ou moins nombreuses et surtout s'éloignent plus ou moins de l'uniformité ou d'une loi mathématique un peu simple. Mais ce calcul est toujours possible et par suite doit être effectué. Assez souvent, les annuités sont uniformes, ou plutôt sensiblement uniformes, de telle sorte qu'elles peuvent être remplacées par la valeur moyenne qui a servi à les établir, et alors le calcul est très simple.

Ce qui l'est beaucoup moins, en général, c'est le calcul du taux réel de l'emprunt, qui ne peut se faire qu'en partant d'une équation qui est souvent fort compliquée par suite de ce fait que le service normal de l'emprunt ne commence qu'après des versements partiels du prix d'émission, échelonnés parfois sur un laps de temps de plusieurs années, et en outre après des paiements d'intérêts constituant des annuités irrégulières, toutes sortes de circonstances dont il faut tenir compte, tant pour établir le véritable prix d'émission, dont le montant et la date sont rarement ceux qui figurent sur le prospectus d'émission, que pour arriver à poser l'équation dont la résolution doit donner le taux réel de l'emprunt.

Une autre précaution de détail qu'il est bon d'indiquer, c'est qu'en calculant la valeur actuelle de chaque annuité ou partie d'annuité restant à payer, il faut faire entrer la date du jugement déclaratif dans le calcul relatif aux annuités et parties d'annuités arriérées, et ne pas la faire entrer dans le calcul relatif aux autres ; car, ce jour-là, la société est encore dans sa période de fonctionnement, et l'état légal ne commence que le lendemain. Par suite, à proprement parler, ce sont les valeurs au lendemain du jugement déclaratif qui sont à considérer ici, l'intérêt du jour d'une valeur n'étant pas, en principe, au profit du bénéficiaire de cette valeur.

Il convient encore de remarquer qu'il n'y a pas lieu de faire entrer spécialement dans le calcul en question une fraction quelconque du coupon qui est en cours au moment du jugement déclaratif ; car ce coupon entre en totalité dans la première annuité dont l'échéance indiquée est postérieure au jugement, et par suite sa valeur actuelle est comprise dans la valeur actuelle de cette annuité. D'ailleurs, par le fait même de la déclaration de faillite, qui arrête tout tirage d'obligations, on ne peut plus faire la séparation d'une annuité en ses deux parties, intérêt et amortissement, et ce serait effectuer cette séparation et de plus l'effectuer d'une façon incomplète, que de faire entrer en ligne de compte une partie de coupon, à l'exclusion de la partie correspondante de l'amortissement. Bref, le calcul de la valeur actuelle de la première annuité venant à échéance après la date du jugement résout la difficulté d'une façon évidemment simple et complète.

III

La méthode que nous venons d'indiquer pour le calcul de ce qu'on appelle le *taux d'admission* d'une obligation à une liquidation judiciaire ou à une faillite est évidemment générale, en ce sens qu'elle s'applique à tous les emprunts possibles, même, comme il est facile de le voir, aux emprunts qui ne seraient pas amortissables, et c'est là un avantage qu'elle a sur toutes les autres méthodes. En particulier, elle se vérifie dans le cas extrême que nous avons considéré plus haut, celui de la cessation du service d'un emprunt, survenant immédiatement après l'émission des obligations; le calcul donne évidemment, dans ce cas, pour la valeur de chaque obligation, le prix d'émission lui-même.

Il n'est pas inutile toutefois de réfuter, en quelques mots, une objection spécieuse qu'on pourrait présenter.

En faisant intervenir dans le calcul l'intégralité de chaque annuité restant due, on fait intervenir la partie d'annuité qui est formée de l'intérêt apparent attaché aux obligations, et cet intérêt ne semble pas dû, puisque, en vertu de l'article 445 du Code de commerce et de l'article 8 de la loi du 4 mars 1889, le cours des intérêts est arrêté, sauf exceptions spécifiées.

A cela il est facile de répondre que cette séparation de chaque annuité en ses deux parties principales, intérêt et remboursement avec primes ou avec lots, ne doit se faire que dans la période de fonctionnement de la société et que cette séparation, conditionnelle et véritablement accessoire, n'empêche nullement que l'intégralité de l'annuité ne soit due à son échéance, en tout état de cause. De plus, le cours des intérêts est arrêté, c'est vrai, mais uniquement parce que le terme de la dette est supprimé, et non la moindre parcelle de cette dette. Or, c'est cette suppression du terme qui est opérée par le fait que la valeur de chaque annuité est ramenée à la date du lendemain du jugement déclaratif; et même ce n'est pas seulement l'intérêt apparent qui est ainsi supprimé, mais un intérêt plus élevé, puisque cette opération se fait avec le taux réel, toujours supérieur au taux nominal.

L'objection n'est donc fondée ni en droit, ni en fait.

Cette méthode exige, il est vrai, qu'on connaisse le tableau d'amortissement, ce qui n'a pas toujours lieu. Mais si l'emprunteur n'a pas dressé ce tableau, il a, tout au moins, indiqué dans les conditions de l'emprunt les règles qui devaient présider à sa formation, et alors on peut facilement en déduire les annuités restant dues. Ce cas, du reste, ne peut être que fort rare; il constituerait, au besoin, une espèce particulière motivant une décision judiciaire spéciale, qui s'inspirerait des principes que nous venons d'exposer. On peut remarquer en outre que la jurisprudence actuelle n'échappe pas à la difficulté.

Il n'est peut-être pas inutile de faire ressortir, par deux exemples que nous avons eu l'occasion d'étudier d'une façon particulière, les différences mathématiques qui résultent de la méthode suivie généralement en France pour la solution de l'ensemble de la question, et de la méthode que nous proposons aujourd'hui.

En 1892, le Tribunal de commerce de la Seine a admis au bénéfice de la liquidation judiciaire une société de chemins de fer, qui avait émis en 1889, au prix apparent de 427 fr. 50, une série d'obligations de 500 francs, rapportant un intérêt annuel de 25 francs et remboursables au pair par des tirages au sort annuels échelonnés jusqu'en 1945. Le liquidateur, appliquant les règles habituelles, a fixé, après débat judiciaire, le montant de l'admission de chaque obligation au chiffre total de 455 fr. 40, intérêts arriérés compris, tandis que, suivant la méthode que nous préconisons, ce montant aurait dû être seulement de 438 fr. 26, soit une différence en moins de 17 fr. 14.

Si la liquidation avait été prononcée aussitôt après l'émission des obligations, le liquidateur, pour être conséquent avec lui-même, aurait dû admettre au passif chaque obligation pour une somme supérieure de 13 fr 45 au prix d'émission, ce qui paraît bien illogique. Dans notre système, au contraire, cet excédent aurait complètement disparu.

Notre second exemple s'applique à une faillite qui a été prononcée l'année dernière, à Paris. La société en cause avait tenté, en 1898, une émission d'obligations qui a peu réussi. Ces obligations, émises à 310 francs, étaient remboursables à 500 francs, par voie de tirage au sort et dans un délai de quarante ans, et devaient rapporter 25 francs d'intérêt par an. Le syndic a fixé, par un calcul dont nous n'avons pu avoir le détail, le montant de l'admission de chaque obligation, en principal, à la somme de 369 fr. 91, tandis que notre calcul a donné seulement 319 fr. 98, soit 49 fr. 93 de moins.

Par ces deux exemples, auxquels nous pourrions en ajouter d'autres, on voit que la méthode en usage en France exagère les droits des obligataires, au détriment, bien entendu, de ceux des autres créanciers et, croyons-nous, contrairement à l'équité.

IV

Il n'y a d'ailleurs, dans les principes précédents, rien d'absolument nouveau, et nous n'élevons, à cet égard, aucune prétention personnelle, bien que nous ayons autrefois entamé, à ce sujet, une campagne dans la presse, bien avant de connaître les précédents qui pouvaient la justifier.

En effet, une loi belge du 18 mai 1873, sur les sociétés, renferme un article 69, portant que « les obligations ne seront admises au passif, que pour une somme totale égale au capital qu'on obtiendra en ramenant à leur valeur actuelle, au taux de 5 %, les annuités d'intérêt et d'amortissement qui restent à échoir. Chaque obligation sera admise pour une somme égale au quotient de ce capital divisé par le nombre des obligations non encore éteintes» .

Comme on le voit, il n'est pas question, dans cette loi, de prime de remboursement, ce qui constitue un progrès qui n'est pas encore, vingt-sept ans après, accompli tout à fait en France. Mais la loi belge commet une erreur en faisant intervenir dans la question un taux arbitraire et uniforme, au lieu du taux réel de chaque emprunt.

Cette erreur ne se retrouve pas, ou du moins se retrouve dans une bien faible mesure, dans un projet de loi sur les sociétés par actions, adopté par le Sénat français, le 29 novembre 1884. L'article 76 de ce projet, ajouté par la commission sénatoriale au texte présenté par le gouvernement, est ainsi conçu :

En cas de liquidation ou de faillite, ces obligations sont admises au passif pour une somme totale égale au capital qu'on obtiendra en ramenant à leur valeur actuelle, au taux réel de l'emprunt, les annuités d'intérêt et d'amortissement qui restent à courir. Chaque obligation sera admise pour une somme égale au quotient obtenu en divisant ce capital par le nombre des obligations non encore éteintes. Toutefois, dans le cas où des obligations comprises dans une même série ne sont pas émises à des conditions identiques, le taux de l'escompte des annuités à échoir est fixé à cinq pour cent.

Et le rapporteur, M. Bozérian, justifie cette intervention du taux réel par quelques considérations, parmi lesquelles nous relevons celles-ci :

L'emprunteur s'engage, en réalité, à rembourser le capital versé et à payer un intérêt supérieur à l'intérêt apparent. C'est cet intérêt qui est l'intérêt réel, vrai, celuique l'emprunteur paie sous forme de prime de remboursement, celui qui sert à établir le tableau d'amortissement.

Ceci nous paraît absolument juste, sauf deux petites erreurs de détail: ce n'est pas tout l'intérêt réel qui est payé sous forme de prime d'amortissement, mais une partie seulement de cet intérêt, celle qui excède l'intérêt apparent; de plus, c'est le taux nominal, celui de l'intérêt apparent, qui sert à établir le tableau d'amortissement, plutôt que le taux réel, qui est essentiellement lié au prix d'émission et non au prix de remboursement.

Quant à « l'extrême difficulté » dont parle le rapporteur au sujet de la détermination du prix d'émission, quand ce prix est variable, comme, par exemple, dans le système d'émission dit *du robinet*, qui est en usage dans nos grandes compagnies de chemins de fer, à la Ville de Paris, au Crédit foncier, etc., nous ne la voyons pas. Le calcul d'un prix moyen d'émission et aussi d'une date moyenne d'émission peut être long à effectuer, mais il ne peut avoir rien de difficile, comparé surtout au calcul du taux réel d'un emprunt. L'application, dans l'espèce, d'un taux arbitraire, fût-ce un taux légal, nous paraît bien autrement regrettable, au point de vue des conséquences mathématiques, que l'arbitraire qui peut se rencontrer dans la détermination de ces moyennes. On peut hésiter, en effet, entre une moyenne applicable à toute une série numérique d'obligations et une moyenne applicable à toutes celles qui auraient été émises dans un laps de temps déterminé, par exemple, entre deux échéances consécutives de coupons. Mais, de quelque façon qu'on procède, on ne peut arriver, pour ces moyennes, à des résultats bien différents, et par suite le choix peut en être laissé à l'appréciation des hommes compétents appelés à en connaître.

Bref, nous approuvons cet article 76, sauf la dernière phrase que nous désirerions voir supprimer, sauf aussi quelques mots à changer ou à ajouter, ce qui nous conduit — ce projet de loi adopté seulement par le Sénat étant demeuré en suspens — à proposer une nouvelle rédaction :

En cas de liquidation judiciaire ou de faillite, chaque obligation est admise au passif, en principal, pour une somme égale au quotient obtenu en divisant par le nombre des obligations non encore appelées au remboursement la somme totale des valeurs des annuités ou parties d'annuité restant dues, ces valeurs étant calculées d'après le taux réel de l'emprunt et à la date du lendemain du jugement déclaratif de la liquidation ou de la faillite.

Nous croyons qu'il est utile, en effet, d'insérer dans le texte les mots « en principal », parce qu'il n'est pas douteux que chaque obligation doit être également admise pour les intérêts auxquels elle a droit, c'est-à-dire ceux échus réellement, ceux même à échoir, pour les obligations garanties par un privilège, un nantissement ou une hypothèque, et aussi ceux — calculés au taux réel de l'emprunt — des intérêts dus depuis un an au moins, pourvu, bien entendu, que l'obligataire en ait fait la demande dans sa production à la faillite.

Nous ajouterons d'ailleurs, en terminant, que l'intervention du législateur ne nous paraît pas nécessaire pour rendre, dès à présent, applicable la disposition que nous proposons. Cette disposition n'est, en effet, contraire en rien à notre régime légal actuel, au moins en tant qu'il s'agit d'un emprunt contracté depuis le 12 janvier 1886, date de la loi qui a aboli toute limite du taux conventionnel en matière de commerce, sans compter que, même en dehors de ce cas, la question est discutable. En présence du silence gardé sur ce sujet par nos codes, nous croyons qu'il suffit, à cet égard, de la volonté bien manifeste de nos syndics et liquidateurs judiciaires, et que les tribunaux ne pourront manquer de les approuver. Il n'est pas douteux d'ailleurs que notre système trouverait un sérieux avantage, au point de vue d'une prompte et large application, à être inscrit dans la loi.

E. CUGNIN.

LES VALEURS A LOTS

EN FRANCE ET A L'ÉTRANGER

I. — Législation française

Prohibition des loteries. — La loterie, que plusieurs nations ont réglementée et non pas proscrite, que quelques-unes même ont conservée comme institution d'État et comme source de revenus budgétaires, est formellement prohibée en France depuis la loi du 21 mai 1836 (1).

Cette prohibition a été étendue à des opérations qui, si elles présentent avec la loterie proprement dite quelques caractères communs, sont cependant d'une nature essentiellement différente; nous voulons parler des émissions de valeurs à lots.

Toutefois, le législateur a fait céder la rigueur absolue de la loi, d'une part, en ce qu'il a dévolu à l'autorité administrative le droit de lever la prohibition pour des loteries effectuées dans un but de bienfaisance, de l'autre, en autorisant lui-même de nombreuses émissions de valeurs à lots, en vue de favoriser certaines entreprises ou les bénéficiaires de divers emprunts.

Laissant de côté la loterie proprement dite, nous concentrerons notre attention sur les cas dans lesquels l'élément loterie vient se joindre, à titre accessoire seulement, à un placement mobilier.

Etendue de la prohibition. Valeurs à lots. Valeurs à primes. — Ce n'est pas sans quelques difficultés que l'on est arrivé à considérer la loi de 1836 comme s'appliquant aux émissions de valeurs à lots, bien que la définition contenue dans l'article 1er de cette loi paraisse fort explicite.

Dans la séance du Corps législatif du 10 juin 1865, au sujet de l'émission de l'emprunt mexicain, M. Rouher soutint que la loi du 16 juil-

(1) Elle était interdite auparavant par l'article 410 du Code pénal, mais les motifs de cette disposition étaient tout autres que ceux du législateur de 1836; ils reposaient sur le privilège réservé à la Loterie royale.

let 1860, autorisant les villes de Roubaix et Tourcoing à procéder à une émission à lots, n'était qu'une autorisation d'emprunter, telle que l'exigeait la loi du 18 juillet 1837, mais qu'elle n'avait pas été votée par dérogation à la loi de 1836 (1).

En 1868, lors de la discussion de la loi autorisant l'émission des valeurs à lots de la compagnie de Suez, M. Vuitry, commissaire du gouvernement, en réponse à une interpellation de MM. Jules Favre, Lanjuinais et Marie, signala les différences qui existent entre cette opération et la loterie pure et simple, mais il ne voulut pas prendre parti dans les débats et en réserva la solution aux tribunaux (2).

En 1870, la question se posant pour une émission de valeurs ottomanes, MM. Sénart, Crémieux, Allou, Odilon-Barrot, etc... délivrèrent une consultation concluant à l'inapplicabilité à ces valeurs de la loi de 1836 (3). D'après eux, cette loi ne vise pas d'autres combinaisons que celles qui réunissent les trois caractères suivants : 1° chance offerte à de très gros bénéfices, moyennant une faible mise ; — 2° perte totale de la mise pour le plus grand nombre des concurrents ; — 3° comme résultat, attribution à quelques contractants privilégiés d'un bénéfice qui a pour base la perte réalisée par tous les autres.

La question a été résolue à diverses reprises par la cour de Paris. Devant la Cour de cassation, elle a été indiquée plutôt que formellement soulevée, notamment dans un rapport de M. le conseiller Nouguier; elle n'a pas fait l'objet d'une décision expresse ; mais nombre d'arrêts présupposent l'extension à ce cas de la prohibition édictée par la loi de 1836 et, aujourd'hui, ce point de droit est, en pratique, à l'abri de toute discussion sérieuse (4).

---

(1) Dans la période précédant 1870, quatre lois ont autorisé des emprunts municipaux qui ont fait l'objet d'émissions à lots, sans que la loi l'ait expressément mentionné (31 mai 1859, Lille ; — 6 juillet 1860, Roubaix ; — 16 mai 1863, Bordeaux ; — 12 juillet 1865, Paris). Quatre autres lois autorisent formellement l'émission d'obligations à lots.

Dans les *Annales parlementaires* figurent deux rapports, l'un de M. Casimir-Périer (17 juin 1871), l'autre de M. André (22 décembre 1875), admettant la légalité d'une telle émission sans autorisation spéciale ; mais on en trouve deux autres en sens contraire, l'un de M. Batbie (4 septembre 1871), l'autre de M. Claude (17 juin 1876).

A la suite de l'arrêt de la Cour de cassation en date du 14 janvier 1876, le gouvernement tint pour acquis le principe de la nécessité d'une loi spéciale et une circulaire du ministre de la justice du 8 juin 1877 confirma cette nouvelle jurisprudence.

Aujourd'hui, la doctrine paraît complètement unanime et cette unanimité, sur une question longuement controversée, est digne de remarque.

(2) Voir Dalloz, 1868, 4, 85.

(3) *Gazette des tribunaux*, 14 et 15 mars 1870.

(4) Paris, 28 décembre 1865, Dalloz, 1866, 1, 287 ; — Paris, 25 mars 1870, Dalloz, 1870, 2, 165. — Voir les trois arrêts de la chambre criminelle des 10 février, 24 mars et 4 mai 1866, Dalloz, 1866, 1, 281, et le rapport de M. Nouguier.

La question est bien plus délicate lorsqu'il s'agit de décider si la prohibition doit s'étendre au cas d'obligations remboursables avec une prime plus ou moins élevée sur leur taux d'émission ou sur leur valeur au pair. La tendance très accusée de la jurisprudence est à la résoudre négativement (1).

On a dit qu'en pareil cas la prime n'est qu'un accessoire du contrat; que tous les porteurs sans exception profitent de la prime et à concurrence d'une somme égale; que l'élément aléatoire résultant du tirage au sort ne porte pas sur la désignation du bénéficiaire, mais sur l'époque à laquelle le bénéfice prévu et certain sera réalisé (2).

Aucune de ces raisons ne nous paraît à l'abri de la critique. Il arrive généralement que les lots ne sont qu'un modique accessoire de l'intérêt servi; cette raison n'a jamais paru pouvoir justifier une émission à lots sans une intervention spéciale du législateur. Si tous les porteurs sont appelés à bénéficier de la prime, ils le sont dans des proportions fort différentes, puisqu'on ne peut pas assimiler la valeur d'une prime immédiatement exigible et celle d'une prime qui ne viendra à échéance que dans cinquante ans ou plus; l'avantage des uns est évidemment la

---

(1) L'arrêt de la Cour de cassation du 17 juin 1876 (Dalloz, 1876, 1,185) contient le motif suivant : « Que les lots ne sont acquis qu'à un certain nombre d'obligations dont les numéros sont désignés par le sort, tandis que la prime de remboursement est acquise sans distinction à tous les prêteurs, dès qu'ils ont versé le montant de leurs prêts et que pour ceux-ci le sort n'intervient qu'à l'effet de déterminer l'époque du remboursement des obligations; que les emprunts des chemins de fer ne peuvent dès lors être considérés comme assimilés aux loteries prohibées, parce que la loi n'interdit que les opérations où la voie du sort est la condition de l'acquisition du gain et non celles où le gain étant déjà acquis, le sort ne fait que fixer le terme où il sera payé ».

M. Vuitry, *loc. cit.*, établissait la comparaison dans les termes suivants :

« Il y a une grande différence que je me hâte de signaler : dans les obligations de 300 fr. remboursables à 500 francs, il y a des primes de 200 francs. Cette prime, je le reconnais, est attachée à toutes les obligations, tandis que les lots ne sont attachés qu'à certaines obligations, voilà la différence. Mais voici où il y a des chances du sort : les obligations émises sont remboursables en 90 ans; elles sont désignées par la voie du sort. Est-ce qu'il n'y pas là une certaine différence entre l'obligation qui vous est remboursée au bout de six mois et l'obligation qui n'est remboursée qu'au bout de 90 ans? »

Toutefois, M. Vuitry ajoutait : « Il n'est jamais entré dans l'esprit de personne de penser que la loi de 1836 fût applicable aux obligations de chemins de fer ».

(Voir aussi conclusions de l'avocat général, M. de Raynal, cité par Buchère dans son *Traité des valeurs mobilières*, n° 446.)

(2) Cassation (chambre civile), 10 novembre 1851, Dalloz, 1851, 1, 94 (rejet); — Cassation (chambre criminelle), 14 janvier 1876, cité précédemment (rejet). — Voir, en sens contaire, Villey, note dans Sirey, 1876, 1,435. — M. Deloison invoque l'usage général; ce motif nous paraît insuffisant : l'usage, pour si étendu qu'il soit, ne peut pas suffire à abroger la loi. Dalloz (supplément, V° *Sociétés*) se fonde sur ce que, dans ce genre d'émissions, la part d'aléa est trop faible pour motiver l'application de la loi de 1836; cette raison ne donne pas non plus complète satisfaction.

contrepartie d'une perte subie par les autres ; enfin, c'est le sort qui classe les bénéficiaires, en attribuant à quelques-uns un bénéfice fort notable, à d'autres un avantage fort restreint.

Nous considérerions comme plus exact le raisonnement suivant : le taux de l'intérêt n'a rien d'invariable ; ce qui, aujourd'hui, peut être considéré comme une prime ne sera peut-être dans quelques années que le remboursement très normal du capital réel ; la valeur réalisable du titre augmente progressivement avec la proximité du remboursement, mais elle augmente bien plus rapidement encore avec l'abaissement du taux de l'intérêt, phénomène que l'on peut envisager comme une tendance économique constante ; il arrive même un moment où le remboursement au pair constitue en perte, et non en bénéfice, le porteur de l'obligation amortie, malgré la prime constituée à l'émission (1).

On en a eu l'expérience en ce qui concerne les obligations de chemins de fer. Emises au taux de 3 % et aux environs de 300 francs, lorsque le taux normal de l'intérêt était de 5 %, elles ont aujourd'hui, avec la baisse des revenus, atteint et souvent dépassé le pair de 500 francs, si bien que le capitaliste soucieux d'éviter une perte imprévue doit contracter une assurance contre les chances d'amortissement au pair. Depuis quelques années, le type des obligations à 2 1/2 % est entré dans la pratique ; on ne voit, à vrai dire, rien qui s'opposât à ce que le taux fût plus bas encore, à 2 % par exemple, bien qu'il offrît actuellement au porteur une marge de bénéfice très notable.

Mais nous ne pensons pas que l'on allât jusqu'à déclarer valable une émission d'obligations sans intérêt, ou dont l'intérêt serait fixé à 25 centimes % et qui néanmoins seraient remboursables au pair. Malgré les motifs invoqués et que nous avons résumés, il serait bien difficile de ne pas voir dans cette combinaison une attribution aux souscripteurs de bénéfices pécuniaires inégaux distribués par la voie du sort. Le titre ne constituerait plus une valeur de placement ; ce serait en réalité un billet

(1) « Peut on légitimement frapper ces titres d'interdit comme procurant un bénéfice dû aux chances d'un tirage au sort, alors qu'on ignore même si, le jour du remboursement, le porteur réalisera un bénéfice quelconque ; si, en d'autres termes, il n'a pas acquis le titre qu'il possède pour un prix égal et même supérieur au taux de remboursement ? » (Frèrejouan du Saint, n° 194).

Le projet de loi voté par le Sénat, en 1884, contient un article 75 ainsi conçu : « Les sociétés ne peuvent émettre d'obligations remboursables par voie de tirage au sort à un taux supérieur au taux d'émission qu'à la condition que ces obligations rapportent 3 % d'intérêt au moins et que toutes soient remboursables par la même somme, à peine de nullité ». Après la baisse récente du taux de l'intérêt, le taux de 3 % pourrait sans doute être modifié, mais cette disposition avait le mérite de bien différencier l'obligation à prime de l'obligation à lots. La loi belge contient une disposition analogue.

de loterie, pour lequel l'avantage résulterait de la proximité du remboursement à un chiffre élevé (1).

Nous devons conclure de cette analyse qu'il n'y a pas de règle précise pour déterminer le point où la prime de remboursement devra être considérée comme faisant dégénérer l'opération financière en loterie interdite et que, pour chaque espèce, la solution de la difficulté reste soumise à l'appréciation arbitraire des tribunaux. C'est là un fait intéressant et qui parait de nature à attirer l'attention du législateur.

Loteries indirectes. — De nombreuses émissions ont répandu dans le public des valeurs à lots en masses considérables. L'activité des spéculateurs ne pouvait manquer de s'en emparer pour en tirer profit; leurs combinaisons, pour si ingénieuses qu'elles fussent, se sont heurtées à la loi de 1836, mais les tribunaux ont dû déployer une grande fermeté pour empêcher de laisser rouvrir subrepticement la porte aux opérations de la nature de celles que cette loi a voulu interdire.

Le principe bien établi sur lequel repose cette jurisprudence est celui-ci : les lois d'autorisation ont rigoureusement déterminé les conditions auxquelles est subordonné le droit de créer ou de vendre les valeurs à lots et, notamment, l'importance du titre, le revenu qui y est attaché, le chiffre des lots, le nombre des tirages et le taux de remboursement. Toute modification à l'une ou à l'autre de ces conditions essentielles donne à l'opération le caractère de loterie non autorisée.

C'est ainsi qu'il est aujourd'hui admis :

1° que les chances de lots ne peuvent pas être séparées du titre et de son intérêt normal; le porteur ne peut donc pas attribuer à un tiers le bénéfice des lots, en se réservant à lui-même le titre en capital ou en intérêt fixe; il ne peut pas davantage céder le titre en se réservant à lui-même les chances des tirages (2).

2° Cette séparation est illégale, alors même qu'elle ne devrait durer que pendant un laps de temps restreint; ainsi l'acquéreur doit être mis en possession de suite du titre par lui acheté, ou tout ou moins le numéro doit lui en être indiqué, afin qu'il soit seul à profiter des chances heureuses; il en est ainsi notamment lorsque le titre est vendu “ à tempérament ”, c'est-à-dire moyennant un prix fractionné en un nombre

(1) Paris, 25 mars 1870, Dalloz, 1870, 2, 313; Lévy-Ulmann et Villey, Sirey, 1876, 4, 133 — *Contrà*, Lyon-Caen et Renault, II, 565. Pour ces auteurs, l'égalité des primes pour tous les obligataires, bien qu'il n'y ait pas d'intérêt stipulé, suffit à écarter l'application de la loi de 1836.

(2) Nombreux arrêts. Doctrine unanimement conforme.

plus ou moins grand d'échéances, modalité du contrat dont nous nous occuperons tout à l'heure.

3° Le vendeur n'a pas non plus le droit de modifier la valeur des titres, en les attribuant par fractions à diverses personnes, alors même que chacun des participants aurait une part proportionnelle de l'intérêt et des lots; on ne peut donc pas créer de " coupures ", autres que celles prévues par la loi d'autorisation, et appeler ainsi une couche différente d'acquéreurs à participer aux émissions autorisées.

4° La difficulté est bien plus sérieuse lorsque, d'une part, les parties ont respecté l'intégrité du titre et n'ont pas même temporairement séparé les chances aléatoires du revenu fixe, mais que, de l'autre, elles ont fait usage pour favoriser l'esprit de jeu, de certaines modalités dont l'emploi dans les contrats de ventes mobilières portant sur des titres autres que les valeurs à lots, a toujours été considéré comme licite.

Ainsi le titre peut être vendu moyennant des acomptes successifs et il peut être convenu qu'à défaut de paiement régulier, le vendeur n'aura pas d'action contre l'acheteur et pourra seulement faire procéder à la vente du titre.

Les cours de Limoges, de Paris et de Poitiers (1) ont décidé que cette clause ferait dégénérer le contrat en loterie interdite :

En donnant à l'acheteur, porte un de ces arrêts, la faculté de renoncer au contrat, s'il laissait deux échéances sans payer, et à la seule condition de perdre ce qu'il avait versé, le Comptoir se trouverait avoir remis simplement au souscripteur un billet de loterie; en effet, pour courir la chance du tirage, l'acheteur n'avait eu qu'à débourser une somme relativement minime et n'était pas obligé de payer l'intégralité d'une obligation qu'il n'avait pas sérieusement achetée et dont il n'était jamais devenu propriétaire (2).

5° A plus forte raison donnerait-on la même solution pour le cas où le titre est vendu, quelques jours avant le tirage, à un prix déterminé, le vendeur s'engageant à le reprendre, après le tirage, à un prix moindre. Il est évident que bien que cette convention ne présente en elle-même rien d'illicite, on ne peut y voir, lorsqu'elle porte sur une valeur à lot

---

(1) Cours de Limoges (1er mai 1884, Sirey, 1885, 2, 32; de Paris (26 octobre 1886, Sirey, 1887, 2,49) et de Poitiers (12 novembre 1886, Sirey 1887, 1,238, motifs, argument *a contrario*).

(2) Cette jurisprudence est approuvée par M. Labbé : « Il faut éviter de légitimer une opération dans laquelle l'acheteur, après avoir versé quelques francs, après avoir reçu l'indication d'un numéro, après avoir couru la chance de gagner une somme considérable, voire 100.000 francs, serait libre de se désister de l'opération en perdant ce qu'il a versé. Cet acheteur n'a pas acheté une obligation avec l'accessoire d'une chance, il a mis à la loterie avec faculté de devenir propriétaire d'un titre, d'une créance de placement, s'il lui plaisait de continuer des versements successifs. » (Sirey, 1883, 1.235.)

à la veille du tirage, que le désir chez les contractants de vendre et d'acquérir la simple chance de concourir au tirage.

6° Enfin l'opération a été présentée sous une autre forme : le titre est vendu à option ou à prime, par conséquent avec la faculté pour l'acquéreur de rester propriétaire du titre en payant le prix convenu, ou d'y renoncer en perdant la prime.

Ce qui encore en ce cas fait la difficulté, c'est que la vente d'un titre à prime est unanimement reconnue valable. Une opération valable en elle-même peut-elle jamais constituer un délit?

Il est certain qu'aucun doute ne s'élèverait s'il s'agissait d'une vente conclue en bourse, " non spécialisée ", c'est-à-dire portant sur des titres *in genere*, et non pas sur certains titres désignés par leurs numéros ; elle n'existe pas non plus lorsque, pendant la période de temps qui s'écoule entre la vente et la réalisation du marché, il n'y a pas de tirage. Alors, en effet, il s'agit d'une vente directe d'un titre déterminé, conclue sous des modalités légales, entre le vendeur qui possède réellement le titre et l'acheteur; le contrat serait donc valable, tout aussi bien que lorsqu'il s'agit de la vente d'une valeur à tempérament.

On a répondu qu'une opération, quoique habituellement licite d'après les principes généraux du droit, peut devenir illicite lorsqu'elle viole les dispositions d'une loi spéciale, dans l'espèce la loi de 1836. Il n'y a pas non plus d'obstacle légal à ce que le vendeur s'engage, le cas échéant, à reprendre l'objet vendu à un prix déterminé, fût-il inférieur au prix originaire ; cependant, lorsqu'il s'agit d'une valeur à lot, l'opération est considérée comme illicite, en ce qu'elle comporte une violation de la loi de 1836. Le raisonnement est le même lorsqu'il s'agit d'une vente à prime : valable également, toutes les fois qu'il n'en résulte pas, même éventuellement, pour l'acheteur la faculté d'acquérir, moyennant un faible prix (la prime), la faculté de concourir à un tirage, elle viole la loi, si elle permet ou si elle facilite un tel résultat (1).

La question a été portée tout récemment devant la cour de Paris, dont l'arrêt, en date du 24 janvier 1900, relève diverses circonstances d'espèce sur lesquelles nous n'avons pas à appeler l'attention, mais parait résoudre le point de droit lui-même dans les termes suivants :

Considérant que s'agissant de valeurs à lots, pour la négociation desquelles la

(1) Voir pour la prohibition de cette clause : R. Rousseau, Lochon, Frèrejouan du Saint, Aubry, *Pandectes françaises*, V° *Loterie* ; — *Contra*, Lévy-Ulmann, Badon-Pascal (*Droit financier*, 1899, page 289.)

Le tribunal supérieur allemand s'est prononcé dans le premier sens. (*Journal de droit international privé*, 1896, page, 820).

spéculation n'est pas libre; la vente avec spécialisation du titre n'est licite que si elle est ferme, obligatoire de part et d'autre, et non résoluble à la volonté de l'acheteur.

Le débat est actuellement pendant devant la Cour de cassation (1).

Nous n'avons pas à prendre parti dans ces discussions de détail; nous nous contenterons de formuler cette appréciation générale; si les tribunaux ont réprimé des faits auxquels, à coup sûr, les rédacteurs de la loi de 1836 n'avaient pas pensé, on ne peut contester qu'ils ne soient restés absolument fidèles à son esprit et ils ont cru y être autorisés par son texte si large qui prohibe et condamne « toutes opérations offertes au public pour faire naître l'espérance d'un gain qui serait acquis par la voie du sort. »

Vente à tempérament. — Les ventes à tempérament ont fait l'objet de nombreuses critiques. Jusqu'à ces derniers jours, il était universellement admis qu'elles ne pouvaient être accumulées, alors même qu'elles eussent été faites à un cours de beaucoup supérieur à celui coté en bourse. Mais une loi du 12 mars 1900 vient de les réglementer; c'est surtout des valeurs à lots qu'il s'agit. On l'a motivée sur de nombreux abus (2) et il faut bien que le parlement ait été convaincu de leur gravité pour s'être décidé à apporter d'aussi sérieuses modifications aux principes généraux du droit.

La loi dit « toutes cessions de valeurs ou parts de valeurs cotées à la bourse, moyennant un prix payable en totalité ou en partie » à l'exception seulement « des ordres de bourse » (art. 1 et 7). De plusieurs déclarations intervenues au cours de l'élaboration de la loi, on peut induire que ses rédacteurs n'ont entendu viser que les ventes à tempérament. Il faut toutefois reconnaître que son texte est plus compréhensif et qu'il s'appliquerait à toutes les ventes de valeurs cotées, si elles n'ont été effectuées en bourse (3).

La loi subordonne la validité de la cession aux conditions suivantes (art. 2 et 3) :

1° L'acte sera fait en double original et chacun des originaux en contiendra la mention;

2° Il indiquera « clairement, en toutes lettres et d'une façon appa-

(1) Voir *Cote de la bourse et de la banque*, 16, 19 janvier, 9 février 1900.

(2) Voir le rapport et le discours de M. Cordelet au Sénat (*Documents parlementaires*, 1893, n° 322), *Débats parlementaires*, 16 décembre 1893).

(3) Nous ne croyons pas qu'il faille faire une distinction entre les valeurs admises à la cote officielle et celles qui ne sont cotées qu'en banque; rien ne nous paraîtrait la justifier ni dans le texte de la loi, ni dans les travaux préparatoires.

rente » : l'un des derniers cours cotés, — le numéro des titres, — le prix total de vente — y compris les frais de recouvrement; enfin le taux d'intérêt, les délais et conditions d'amortissement de la valeur;

3° Les paiements fractionnés ne peuvent être échelonnés sur plus de deux années, mais, contrairement à une précédente rédaction, l'égalité entre les versements n'est pas obligatoire.

La violation de ces dispositions entraînera la nullité au profit de l'acquéreur, nullité qui n'atteint pas seulement le contrat envisagé comme mode de preuve, mais la convention elle-même.

En outre, deux règles sont imposées, mais la sanction est la nullité de la clause illégale, et non pas de la convention entière : d'une part le vendeur est tenu de conserver le titre et de le représenter à toute réquisition; de l'autre il ne peut pas stipuler de dérogations aux règles de la compétence.

Il n'est pas besoin de faire remarquer que le législateur a, en cette occasion, abandonné le principe de la liberté des conventions; à ce point de vue son œuvre pourrait être qualifiée d'excessive et cependant nous avons de la peine à croire qu'elle soit arrivée à rendre impossible dans l'avenir le renouvellement, au moins partiel, des abus qu'elle a eu l'intention de prévenir.

II. — REMBOURSEMENT ANTICIPÉ DES VALEURS A PRIMES OU A LOTS.

La question de savoir si les obligations à primes ou à lots peuvent faire l'objet d'un remboursement par anticipation au gré du débiteur est une question fort grave dont l'importance est manifeste, eu égard au nombre toujours croissant des valeurs de cette nature circulant en France. Nous devons l'étudier à un point de vue purement théorique, sans chercher à la résoudre spécialement pour chaque valeur, ce qui nous entraînerait à une étude minutieuse des conditions dans lesquelles les divers emprunts ont été émis. Notre mission nous a donc paru se borner à dégager et à préciser les principes généraux applicables à tous les cas de ce genre.

Valeurs à prime. — Il n'est pas contestable que, pour ces valeurs, si elles sont appelées à un remboursement anticipé, il doit se faire au chiffre fixé pour les amortissements successifs, c'est-à-dire avec prime entière; ainsi, pour des obligations émises à 300 francs, remboursables en 99 ans à 500 francs, s'il est procédé à un remboursement anticipé, il ne peut se faire qu'à 500 francs, quoique le laps de temps prévu soit loin d'être écoulé. Même sous cette réserve qui n'a jamais fait doute, la faculté de remboursement anticipé est loin d'être généralement admise : le siège de la difficulté est dans l'article 1187 du Code civil, d'après lequel le terme est présumé avoir été stipulé dans l'intérêt du débiteur, mais peut l'avoir été dans celui du créancier ou dans l'intérêt à la fois de l'un et de l'autre. Dans les deux derniers cas, il ne dépend pas du débiteur d'anticiper sa libération et de forcer le créancier à recevoir le remboursement de sa créance avant l'échéance du terme, c'est-à-dire en dehors des conditions de tirages conformes au tableau d'amortissement. Il y a donc à résoudre une question d'interprétation du contrat d'emprunt, suivant ses termes et en tenant compte des circonstances extérieures ; la décision n'est pas sans présenter parfois de sérieuses difficultés (1).

(1) D'après l'article 1187 du Code civil, le terme est, en général, stipulé en faveur du débiteur ; mais il peut aussi l'être en faveur du créancier et le point de savoir s'il en est ainsi rentre dans l'appréciation souveraine des juges du fond. Cassation (chambre civile) rejet, 29 juillet 1879, Dalloz, 1880, 1,39 et surtout rejet, 21 avril 1896 (chambre des requêtes), Dalloz, 1896, 1,481, rapport de M. le conseiller Voisin (ibid) et la note de M. Chavegrin, Sirey, 1896, 1,481. Voici le considérant essentiel de ce second arrêt : « Attendu que l'arrêt attaqué, appréciant les stipulations de contrats de prêts passés entre la compagnie des chemins de fer de l'Est et ses obligataires pendant les années 1852-56 et les circonstances dans lesquelles ces contrats ont été conclus, a déclaré que, d'après la commune intention des parties, les termes successifs de l'amortissement des titres, tels qu'ils avaient été déterminés dans ledit contrat, excluaient le droit de remboursement anticipé facultatif revendiqué par la compagnie et qu'ils avaient été fixés aussi bien dans l'intérêt des obligataires que dans celui de la compagnie débitrice. Attendu que cette déclaration est fondée sur une interprétation de la convention intervenue entre les parties qui n'en a ni dénaturé les termes, ni méconnu le caractère juridique... ».

En France, la cour de Bordeaux a reconnu à un département le droit de se libérer par anticipation (21 août 1897) ; la cour de Nancy a refusé cette faculté à une société commerciale (10 juillet 1882, Dalloz, 1883, 2, 165).

A l'étranger, la cour de Bruxelles a décidé le 18 février 1888 (chemin de fer du Luxembourg) que, pour apprécier l'intention des parties, il fallait se placer au moment de l'émission ; que, si les obligations avaient été émises avec une prime sérieuse de remboursement, les prêteurs ayant un intérêt évident à être remboursés le plus tôt possible, le terme devait être censé stipulé dans l'intérêt du débiteur seul (art. 1187) et que l'on ne devait pas prendre en considération le fait qu'à une date plus ou moins éloignée de l'émission, le pair avait été dépassé, de sorte que l'intérêt du porteur actuel était, au contraire, de se refuser au remboursement anticipé ; mais, par un autre arrêt, la même cour a refusé aux chemins de fer entre Sambre-et-Meuse le droit de se libérer par anticipation (Bruxelles, 26 avril 1893, Sirey, 1896, 4, 14).

D'un autre côté, par deux décisions successives, le tribunal fédéral suisse a refusé à l'Etat du Valais la faculté de se libérer par anticipation tant vis-à-vis des obligataires de chemins de fer que vis-à-vis des porteurs de titres d'Etat (l'article 1070 du code valaisien est identiquement semblable à l'article 1187 de notre code civil) ; le tribunal a considéré le terme comme stipulé dans l'intérêt du créancier (1er mars 1890, Dalloz, 1892, 2, 169. Voir la note de M. Planiol, 13 novembre 1895-1896, 4, 15).

Les codes autrichien, prussien et espagnol attribuent simultanément le bénéfice du terme aux deux parties contractantes.

De grands doutes existent lorsque le débiteur d'obligations à primes tombe en faillite. La rigueur des principes semblerait devoir faire admettre le créancier à produire pour la totalité de l'engagement à terme dont il est titulaire; il n'y aurait pas lieu de lui faire supporter un *escompte*, pas plus qu'on ne le fait pour le porteur d'un billet à terme, non productif d'intérêts. La jurisprudence s'est refusée à cette solution; elle paraît s'être basée sur ce que la prime serait constituée par une fraction des intérêts mise en réserve à ces fins, et cette appréciation est la même que celle qui a fait échapper les émissions d'obligations à prime aux règles limitatives du taux de l'intérêt. C'est ainsi que la Cour de cassation a décidé qu'en pareil cas « les obligations ont droit au prix d'émission des obligations ou capitaux prêtés, accru de la somme ou fraction d'intérêts réservés qui ont couru jusqu'au jour de la déclaration de faillite et d'une indemnité représentative de l'accroissement proportionnel de valeur des obligations, en raison des chances de remboursement dans la première partie de la période d'amortissement » (1).

Il subsiste sur ce point certaines obscurités et des difficultés de détail dans lesquelles nous ne pourrions entrer sans dépasser les bornes que nous avons dû nous imposer (2).

Valeurs à lots. — Pour ces valeurs, la difficulté est encore bien plus grande; pour essayer de la résoudre complètement, il faut examiner séparément les diverses hypothèses qui peuvent se présenter.

1° Il n'a pas été fait de convention spéciale relative au remboursement anticipé. Dans ce cas, il paraît hors de doute qu'une telle opération est impossible. Il est de toute évidence que le prêt a été consenti par le créancier en vue de tirages annuels qui doivent se continuer pendant un nombre d'années déterminé; dès lors, on ne peut considérer le terme autrement que comme établi dans l'intérêt principal du créancier; il ne peut en être privé sans son consentement;

2° Le contrat d'émission stipule la faculté pour le débiteur de se libérer par anticipation, avec cette précision que, dans ce cas, à partir

(1) Cassation, 10 août 1863, Dalloz 1863, 1, 349, add.; — Cassation, 18 avril 1883, Sirey 1883, 1, 61.

En tous cas, on ne saurait approuver la décision qui applique des principes analogues au cas où une compagnie de chemins de fer se met en liquidation par suite du rachat de sa concession. Dans ce cas, la compagnie reste *in bonis* et il n'y a aucune raison de lui reconnaître le droit de rompre le marché et de procéder à un remboursement anticipé, ainsi que d'enlever aux créanciers le droit d'exiger le maintien du contrat et de les réduire au droit de demander seulement, suivant les circonstances, la déchéance du terme ou la résolution du contrat avec dommages-intérêts. (Cassation, 2 février 1887, Dalloz 1886, 1, 97.)

(2) Voir Lévy-Ullmann, *loc. cit.*

du remboursement, il cessera d'être procédé aux tirages annuels de lots. Cette convention, claire, précise, qui ne présente rien d'illégal, fait la loi des parties et le créancier n'a pas à se plaindre d'être privé du bénéfice des tirages ultérieurs, puisqu'il a accepté cette clause en souscrivant des obligations ainsi libellées ou en les achetant;

3° Le contrat réserve au profit du débiteur la faculté de se libérer par anticipation, mais sans préciser dans quelles conditions s'effectuera le remboursement, et quelles en seront les conséquences. On se demande alors ce qui doit advenir des tirages de lots qui auraient dû s'effectuer annuellement jusqu'à la date prévue pour l'amortissement complet de toutes ces obligations. En cette hypothèse la difficulté est sérieuse et plusieurs systèmes ont été mis en avant.

a) On a proposé d'effectuer le remboursement du capital au taux fixé, de supprimer par suite tout service d'intérêts à partir du remboursement, mais de laisser subsister, au profit de l'obligation ainsi mutilée, le droit de participer aux tirages, auxquels il continuerait à être procédé conformément aux règles établies.

Cette solution est inadmissible, d'abord par la raison que, si le remboursement anticipé est possible, encore faut-il qu'il soit intégral (Code civil, art. 1244); or, l'obligation comporte deux droits indivisibles: celui de percevoir les intérêts et celui de participer aux tirages; le remboursement, tel que nous venons de le décrire, serait un remboursement partiel contraire aux dispositions de loi. La seconde raison est encore bien plus impérieuse : l'obligation partiellement remboursée et ne produisant plus d'intérêts cesserait d'être une valeur de placement pour devenir un simple billet de loterie; ce ne serait plus l'opération prévue par la loi spéciale d'autorisation, car cette loi permettait l'émission de valeurs pour lesquelles le service de l'intérêt était le principal, les droits au tirage n'étant qu'un accessoire. La loi de 1836 s'oppose évidemment à cette transformation.

b) On a proposé aussi d'effectuer le remboursement après avoir procédé immédiatement à tous les tirages qui devaient s'effectuer jusqu'à l'expiration de la période d'amortissement, mais l'on s'est demandé si, le paiement des lots devait être effectué immédiatement après le tirage, s'il pouvait être différé jusqu'à l'époque originairement prévue pour cette opération, ou si enfin les lots pouvaient être payés immédiatement, mais sous la déduction d'un escompte à un taux convenu.

Nous ne voyons dans la législation civile aucune disposition obligeant l'établissement émetteur à payer les lots de suite après le tirage anticipé. Il faut remarquer qu'il ne s'agit pas de lots indépendants du capital de l'obligation et venant s'ajouter à ce dernier; les obligations sont remboursables, ou au pair, ou à un chiffre plus élevé pour celles d'entre elles qui sont favorisées par le sort; il n'y a donc pas là un remboursement partiel que le créancier pourrait refuser (art. 1244); il sera remboursé en totalité à l'époque prévue par le contrat; jusque-là, d'ailleurs, il devra continuer à toucher l'intérêt stipulé; enfin, il n'est pas lésé dans ses intérêts parce que les autres obligations sont remboursées par anticipation. Le tirage au sort aura donc pour effet de fixer définitivement la situation de tous les obligataires; les uns seront remboursés au pair immédiatement, les autres le seront de leurs lots à la date primitivement fixée pour le tirage qui les a favorisés (1).

Mais si ces derniers ne peuvent pas exiger le paiement anticipé du lot, l'établissement émetteur ne peut pas non plus le leur imposer à charge d'un escompte; c'est là une modification au contrat qui exigerait le consentement des deux parties. En effet, si l'escompte est une opération habituelle en matière commerciale, elle n'a pas trouvé place dans la loi civile, d'après laquelle l'intérêt lui-même n'est dû que s'il y a convention ou disposition expresse de la loi; lorsqu'une dette à terme a été contractée, non productive d'intérêt, le débiteur peut sans doute se libérer par anticipation, mais à la charge de remboursement intégral, sans déduction d'un escompte; le taux en serait d'ailleurs arbitraire, la loi du 3 septembre 1807 étant sûrement étrangère à ce cas.

c) Il reste enfin la troisième hypothèse : remboursement au pair et suppression de tout tirage à partir de ce remboursement. Cette solution est fort simple, mais il convient de voir si elle ne sacrifie pas les intérêts du créancier à ceux du débiteur.

Ceux qui l'ont soutenue se sont fondés sur cette considération : on doit envisager les lots distribués dans les tirages d'une année comme

---

(1) Il est évident, sans qu'il soit nécessaire d'y insister, que chaque tirage de numéros gagnants doit être précédé d'un tirage préalable pour ramener le nombre de numéros laissés dans la roue à celui prévu pour ce tirage d'après les tableaux d'amortissement. Même sous ces réserves, M. Dumont n'admet pas que le remboursement anticipé avec tirage immédiat de tous les lots soit possible, alors même que la réserve en ait été faite par le cahier des charges, parce que, dit-il, cette réserve serait contraire à la loi d'autorisation. Il nous paraît évident que l'intervention du législateur, nécessaire pour créer une dérogation à la loi de 1836, ne l'est nullement lorsqu'il s'agit de rentrer dans les conditions normales, en faisant disparaître de la circulation des valeurs à lots précédemment émises.

Le même auteur estime que l'anticipation du remboursement ferait toujours subir une perte au porteur, en le privant de la plus-value successive qu'il est en droit d'espérer. Une telle espérance, quelque justifiée qu'elle soit, ne nous paraît pas constituer un droit et, d'ailleurs, le porteur ne peut pas se refuser à l'exécution d'une réserve à laquelle il a donné son consentement en souscrivant ou en achetant une obligation.

M. Villey (Loi du 1er juin 1891) combat le tirage anticipé des lots en faisant remarquer qu'en matière de communauté entre époux et dans quelques autres cas, l'anticipation du tirage exclurait un bénéficiaire pour en avantager un autre.

un accessoire de l'intérêt servi aux titres; lorsque le titre est appelé au remboursement, il perd à la fois tout droit aux lots aussi bien qu'à l'intérêt; il en est de même lorsqu'il est remboursé par anticipation; ayant touché le capital, il n'a plus droit ni à l'intérêt, ni à la partie de cet intérêt qui était distribuée à quelques privilégiés du sort sous forme de lots d'importance diverse (1).

Cette appréciation, trop simpliste, nous paraît méconnaître la portée de la convention intervenue entre l'émetteur et le porteur de titres. Sans doute, dans une appréciation d'ensemble, il peut être exact de considérer les lots comme une partie de l'intérêt mise en réserve pour être distribué dans des conditions spéciales, par la voie du sort, mais le vice de raisonnement consiste à considérer l'opération divisément, année par année. On raisonne comme si le montant des lots décroissait annuellement, au fur et à mesure qu'un certain nombre d'obligations est amorti, pour rester toujours proportionnel au nombre des obligations subsistantes. Alors, en effet, la conséquence serait logique, et le remboursement anticipé de toutes les obligations devrait mettre fin à tous les tirages. Il n'en est pas ainsi, et, si l'on considérait, vis-à-vis des porteurs, le montant des lots annuels comme simple accessoire de l'intérêt, il faudrait en conclure que l'intérêt grossit annuellement et que, dans les dernières années de la période d'amortissement, il arriverait à un taux extrêmement élevé : l'accessoire serait devenu le principal.

A nos yeux, le remboursement anticipé serait une opération entraînant pour l'établissement débiteur, au préjudice des porteurs, un bénéfice injuste. Il est facile de s'en convaincre; nous l'établirons d'abord pour l'ensemble des obligations émises.

Personne ne contestera que le prix d'émission d'une obligation à lots ne soit supérieur à celui qu'atteindrait une obligation de tous points similaire, mais qui ne participerait pas aux tirages. La différence de prix dépasse même très sensiblement la valeur mathématiquement calculée de la participation aux lots; le fait n'est pas non plus douteux, puisqu'il est la justification de l'avantage qu'ont eu les émetteurs à obtenir l'autorisation de créer des valeurs à lots. Néanmoins, ne retenons que pour mémoire cette seconde cause de plus-value, parce qu'elle est difficile à chiffrer, et ne poursuivons notre raisonnement que sur la première.

Le capital réalisé par l'émission doit donc être considéré comme comprenant deux parties : l'une représente la valeur des obligations émises, calculée d'après le revenu fixe et le taux de remboursement, l'autre représente, pour l'ensemble des obligataires, la valeur *actuelle*

(1) Frèrejouan-du-Saint, *loc. cit.*

des sommes qui devront être distribuées en lots pendant n années (1). Si les tirages, d'après le système discuté, ne sont opérés que pendant n' années, l'établissement émetteur aura gardé *sans cause* la partie du prix d'émission équivalent à la valeur actuelle des lots promis, pour une période de n-n' années. C'est là un bénéfice illégitime qu'il ne peut équitablement s'attribuer.

Envisagé au point de vue d'un porteur isolé, le prix du titre qu'il a souscrit ou acheté, peut également se subdiviser en deux parties : l'une doit être calculée d'après le revenu et le taux de remboursement, l'autre constitue un billet de loterie. Ce n'est pas, il est vrai, un billet devant concourir à tous les tirages qui auront lieu pendant les n années prévues au contrat d'émission, parce que, avant leur expiration, le porteur peut être appelé au remboursement au pair; il a sûrement le droit de concourir à tous les tirages prévus, jusqu'au moment où l'obligation sera appelée par la voie du sort, conformément aux tableaux d'amortissement. Par un remboursement anticipé, on abrégerait la période pendant laquelle le billet de loterie aurait conservé son utilité; on priverait le porteur de l'avantage de participer à un certain nombre de tirages; c'est là un sacrifice que l'on n'a aucun droit de lui imposer.

Nous n'avons pas besoin d'insister. Nous avons démontré que le remboursement par anticipation attribuait à l'établissement émetteur un avantage injuste; que, par contre, il privait le porteur d'une partie des droits que lui conférait le contrat; on ne peut pas considérer comme légale une opération qui enrichit indûment l'une des parties au préjudice de l'autre (2).

---

(1) Nous entendons par *valeur actuelle* la somme qu'il conviendrait de placer pour que, jointe aux intérêts qu'elle produira, elle suffise à faire face à tous les tirages de lots prévus par le contrat d'émission.

(2) La situation du Crédit foncier de France mérite une mention spéciale. D'après les statuts de cet établissement, le nombre des obligations en circulation doit toujours être maintenu en rapport avec le chiffre des prêts ; s'il devient excessif, il doit être procédé à des remboursements par tirages ; les obligations ainsi remboursées ne sont pas annulées, elles continuent à figurer dans les tirages de lots et elles peuvent être remises en circulation, suivant l'accroissement des prêts nouveaux.

Ces dispositions ont entraîné des difficultés. Des obligataires, ayant jugé excessifs certains tirages supplémentaires (36.378 et 31.026 obligations de l'émission de 1853 au lieu d'un chiffre prévu de 5 à 6.000 obligations) se sont plaints d'être, par là, privés arbitrairement de leurs chances de lots. Leur prétention a été rejetée par jugement du tribunal de la Seine du 15 février 1893 (Dalloz, supplément, V° *sociétés*, n° 945), dont voici les passages importants: « Attendu qu'il est manifeste que l'extinction de ces obligations emporte avec soi l'extinction des lots y attachés, que le lot ne saurait subsister après l'obligation régulièrement amortie dont il n'est que l'accessoire et dont il suit le sort; que l'obligation disparaissant par le remboursement stipulé, il disparaît avec elle; que vainement les demandeurs soutiendraient que les lots étant constitués par les prélèvements effectués sur les intérêts servis aux obligataires, ceux-

Nous devons toutefois ajouter que la clause par laquelle l'établissement émetteur se réserve de rembourser par anticipation peut être matière à interprétation ; elle serait dévolue souverainement aux tribunaux et aux cours d'appel.

La conclusion que nous tirons de cette discussion, qu'à raison de son importance pratique nous n'avons pas voulu trop restreindre, est celle-ci : lorsque l'établissement émetteur s'est simplement réservé la faculté de rembourser par anticipation, sans que rien dans les termes du contrat ou dans les circonstances dont les tribunaux ont l'appréciation permette de faire rentrer le cas dans la seconde des hypothèses que nous avons envisagées, le remboursement ne peut être opéré qu'à la condition de procéder de suite à tous les tirages prévus lors du contrat d'émission et d'acquitter chaque lot à la même date que si les tirages n'eussent pas été anticipés (1).

III. — MODIFICATIONS LÉGISLATIVES

Il n'entre pas dans notre sujet de discuter, dans sa partie générale, la loi de 1836 interdisant la loterie. Quelques personnes peuvent en demander l'abrogation au nom de la liberté individuelle ; leur désir trouverait peu d'écho, alors surtout que cette prohibition a été ratifiée par une longue habitude. D'autres, au contraire, voudraient en renforcer l'action ; on arriverait ainsi sans, nul doute, à lever les scrupules juridiques de ceux aux yeux desquels la jurisprudence des tribunaux constitue en quelque sorte un " édit du préteur " intervenu pour combler les

---

ci n'ont consenti à une diminution d'intérêt qu'en vue du nombre intégral des tirages fixé par le règlement de l'émission ; que le lot, à la vérité, représente une partie des intérêts, mais que l'obligation remboursée ne produisant pas d'intérêts, elle ne peut plus produire de lots ; qu'à cet aspect il convient de ne pas confondre les obligations amorties..... » — « Qu'elle (la société du Crédit foncier) n'a pas procédé en les effectuant (les tirages) à des conversions arbitraires par des amortissements en bloc, mais bien à des amortissements statutaires, par la voie du sort et par concordance entre le chiffre des obligations et celui des prêts. »

Nous sommes d'avis que l'on commettrait une erreur en considérant les principes énoncés par le tribunal comme applicables à tous les cas, alors qu'ils ne trouvent leur justification que dans les dispositions spéciales qui régissent les émissions du Crédit foncier.

(1) Dalloz, n° 946, admet, comme nous, l'impossibilité pour une société *integri status* de priver les obligataires, par le fait d'un remboursement anticipatif, des chances de lots en vue desquelles ils ont souscrit, sauf le cas de clause expresse.

Le procédé le plus usité pour réaliser le remboursement immédiat, en respectant les chances des porteurs, employé, il y a quelques années par les villes d'Anvers et de Bruxelles, consiste à effectuer immédiatement tous les tirages, sauf à ne payer aux bénéficiaires le montant des lots qu'aux époques où le tirage aurait eu lieu sans le remboursement anticipé. (*L'Économiste français* du 30 octobre 1886 ; — *Contrà*, Lyon-Caen et Renault, II, n° 580.)

lacunes de la loi ; en pratique, la chose serait peu importante ; à quoi bon forger de nouvelles armes pour les juges, alors qu'ils ne se déclarent pas désarmés par la législation actuelle ?

Quant aux valeurs à lots, beaucoup d'économistes ne les voient pas d'un œil favorable. Ainsi M. Cauwès est d'avis que " la recherche de la fortune par une autre voie que le travail est une excitation malsaine" (1). M. Labbé, de son côté, dit que " les valeurs à lots développent des désirs immodérés et font entrevoir des espérances qui ne sont le plus souvent que des déceptions " (2) et M. Lévy-Ullmann conclut : " L'esprit d'entreprise paraît, chez les peuples, développé en raison inverse de la part que la législation fait à la loterie. (3) "

Cette répulsion n'est pas partagée par tous ; beaucoup admettent que les valeurs à lots présentent certains avantages. Par l'attrait du lot, elles deviennent un sérieux stimulant de l'épargne ; si la loterie proprement dite détruit les économies sans rien laisser après elle, il n'en est pas de même lorsque l'élément aléatoire est uni à un placement sérieux. Parmi les épargnes qui se sont placées en obligations de la ville de Paris ou du Crédit foncier, il en est sans doute qui se fussent reportées sur d'autres valeurs, mais beaucoup se seraient laissé entraîner par le torrent des dépenses journalières. Aussi M. Leroy-Beaulieu a-t-il pu dire avec quelque vraisemblance : " L'obligation à lots a été pour les populations des villes ce que le lopin de terre est pour le paysan, l'épargne rendue attrayante et idéale, faisant appel non seulement à la raison, mais à l'imagination (4) ".

Quel que soit le sentiment que l'on adopte à cet égard, on sera d'accord, pensons-nous, pour proscrire les bons à lots ; le moraliste, l'économiste, le financier seront unanimes pour condamner tout appel fait sous cette forme aux capitaux du pays. Il en existe un nombre excessif sur le marché, surtout par le fait que les obligations du Panama, autorisées une première fois par le législateur comme valeurs de placement, sont tombées au simple rang de billets de loterie. Sans doute, grâce à ce mode d'émission, on a pu doter d'intéressantes entreprises ; mais si une œuvre présente à un degré suffisant le caractère d'intérêt général, c'est par d'autres moyens qu'il convient de la réaliser qu'en fournissant un aliment à la funeste et stérile passion du jeu.

Quant aux valeurs sérieuses, qui comprennent néanmoins un élément

(1) Cours d'économie politique.

(2) Sirey, 1883, 1, 223.

(3) *Valeurs à lots*, n° 194.

(4) *Traité de la science des finances.*

aléatoire, trois alternatives sont en présence : maintien du régime actuel et de l'autorisation législative préalable (1) ; — liberté de principe, mais réglementée ; — interdiction absolue. Les partisans des deux premières solutions paraissent d'accord pour que, soit par une loi générale, soit par la loi spéciale d'autorisation, les émissions soient assujetties à des règles précises, et d'éminents économistes les ont même précisées de la manière suivante : 1° minimum d'intérêt ; 2° la somme distribuée ne doit être qu'une faible fraction de l'intérêt annuel ; 3° le délai d'amortissement total de l'emprunt ne doit pas être trop éloigné ; 4° les coupons ne doivent pas être trop faibles, les tirages trop nombreux, ni les lots excessifs (2).

Le système de l'interdiction complète présenterait l'avantage un peu platonique de donner satisfaction à une objection souvent reproduite : une loi d'ordre public et fondée sur des considérations de l'ordre moral ne devrait pas souffrir d'exceptions consenties dans un intérêt purement privé ; la loi ne doit viser que les intérêts généraux et non ceux d'une personne physique ou morale quelconque.

A nos yeux, cette question a perdu, par suite de faits déjà acquis, la plus grande partie de son importance. En moins d'un demi-siècle, il a été émis en France (non compris les obligations à prime et les bons à lots) des valeurs à lots à concurrence d'un chiffre de plus de sept milliards ; il en reste encore en circulation, à l'heure actuelle, la plus grande partie. En outre, par suite de l'abus qui a été fait de ce mode d'appel au public, l'intérêt qu'ont eu à certains moments les diverses institutions publiques ou privées à émettre des emprunts sous cette forme a aujourd'hui à peu près complètement disparu. Dans tous les cas, malgré les amortissements pratiqués annuellement, il y en a pour bien longtemps avant que le nombre circulant de valeurs de cette nature soit insuffisant pour faire face aux demandes de l'épargne attirée par l'attrait du lot ; il sera trop élevé pour ne pas permettre à la passion du jeu de s'exercer librement ; enfin le privilège d'émettre de semblables emprunts ne paraît plus assez enviable pour qu'il y ait un intérêt public à le transformer en droit commun (3).

---

(1) M. Leroy-Beaulieu a soutenu ce système : « Il faut que l'émission de valeurs à lots ne soit ni libre, ni fréquente, qu'elle constitue un privilège dont il soit fait un usage discret. »

(2) Michel Chevalier, rapport au Sénat. — Leroy-Beaulieu, *loc. cit.*

(3) Lévy-Ullmann, *Valeurs à lots.*

IV. — LÉGISLATION COMPARÉE (1)

Il est facile de comprendre que les règles de droit en cette matière, surtout en ce qui concerne les valeurs à lots, sont sous la dépendance étroite de celles qui ont été édictées vis-à-vis des loteries ; mais il importe de remarquer que l'interdiction de la loterie repose, suivant les nations, tantôt sur des considérations de moralité et d'ordre public, tantôt sur l'intérêt jalousement protégé d'une institution monopolisée par l'État.

En ce qui concerne les valeurs à prime, les différences viennent surtout de la manière dont elles sont envisagées. Si, en France, on représente souvent la prime comme la légitime compensation d'une fraction de l'intérêt mise en réserve, dans beaucoup d'autres nations, on ne tient compte que du capital nominal de l'obligation ; le prix d'émission n'est alors que le prix de vente, librement consenti, d'une créance à terme éloigné, ou bien, suivant une formule différente, c'est le capital nominal, diminué par un escompte consenti en faveur du souscripteur.

La Belgique, l'Italie, le Portugal ont suivi le point de vue de la législation française ; au contraire, l'Allemagne, l'Autriche, l'Angleterre, les États-Unis, ont suivi le second. Nulle part, nous ne connaissons d'interdiction, si ce n'est au Japon (art. 584 du code de commerce) ; partout ailleurs, les valeurs à prime sont entrées dans les habitudes de la pratique. Ajoutons qu'en Belgique la loi du 18 mai 1873 (art. 68) n'autorise de telles émissions qu'à la condition que l'intérêt soit au moins de 3 % et que l'annuité, comprenant l'intérêt et l'amortissement, soit fixe.

Quant aux obligations à lots, la sévérité, comme on le comprend, est bien plus grande. Elles sont complètement interdites en Angleterre, en Norwège, aux États-Unis, au Japon, au Chili ; l'émission en est réservée à l'État ou pour les besoins de l'État en Allemagne (loi du 8 juin 1871), en Autriche (loi du 9 mars 1889), en Hongrie (loi du 21 avril 1889), ainsi qu'au Portugal. Une loi d'autorisation est nécessaire en Belgique, en Grèce, en Italie, en Roumanie ; il suffit d'une autorisation gouvernementale en Russie, en Suède, en Turquie et dans plusieurs cantons suisses ; c'est en Espagne et dans les Pays-Bas que ce genre d'émission paraît soumis aux moindres restrictions.

En ce qui concerne les démembrements de ces valeurs, tendant à en

(1) Voir, sur ces divers points, le mémoire n° 49, détails statistiques sur les valeurs à lots en France.

séparer les chances aléatoires, ils paraissent interdits, comme ils le sont dans la législation française, en Belgique, en Italie, en Suède; ils sont, au contraire, tolérés et très fréquents en Allemagne, Autriche, Hongrie, Pays-Bas et Turquie. Toutefois plusieurs législations, notamment celles de l'Allemagne, de l'Autriche, de la Hongrie et de la Suisse, ont complètement interdit ou sévèrement réglementé le mode de vente dit à tempérament.

Eugène Lacombe,
Ancien sénateur.

LE RÉGIME FISCAL

DES

VALEURS MOBILIÈRES A L'ÉTRANGER

I. — EXPOSÉ SOMMAIRE DES LÉGISLATIONS ÉTRANGÈRES

Les droits de timbre (6 centimes %, décimes compris) et de transmission (20 centimes %) et la taxe sur le revenu (4 %), auxquels sont assujettis annuellement les titres des sociétés françaises et ceux des sociétés étrangères abonnées, n'ont pas à proprement parler d'équivalent dans la législation fiscale des principaux Etats d'Europe.

L'impôt du timbre existe, en tant que droit au comptant, en Angleterre (Loi du 25 mars 1891), en Allemagne (L. 27 avril 1894), en Autriche (L. 18 septembre 1892), en Belgique (L. 25 mars 1891), en Espagne (L. 15 septembre 1892), en Hollande (L. 1er juin 1886), en Italie (L. 13 septembre 1894), en Portugal (L. 21 juillet 1893), en Russie (Oukase 19 février 1888) et en Turquie (Iradé 8-20 mars 1894).

Sans entrer ici dans le détail de chaque législation, qui fera l'objet d'une monographie spéciale, au fur et à mesure des renseignements recueillis, il est intéressant de noter la différence du traitement fait par la loi allemande aux titres des sociétés indigènes et à ceux des sociétés étrangères; le droit de timbre est de 1 % de la valeur nominale pour les premiers, de 1 1/2 % pour les seconds.

L'impôt de transmission est perçu, dans la plupart des Etats, soit sous forme de droit de mutation, soit au moyen d'une taxe sur les opérations de bourse analogue à celle qui fait l'objet de notre loi du 28 avril 1893. On trouve cependant, dans la législation italienne, l'équivalent de notre taxe annuelle dans l'impôt de 1.80 ‰ que supportent les titres industriels sur le taux moyen de l'année écoulée.

Quant à l'impôt sur le revenu, il affecte des modalités diverses selon l'état politique, moral, économique de chaque pays; il est conforme au génie de chaque nation. A la différence des impôts " réels ", assis sur les biens mêmes, ou sur certaines catégories de biens, sans qu'on se préoccupe des conditions dans lesquelles ils sont détenus, les impôts qui pèsent sur les contribuables dont on taxe la situation de fortune prise dans son ensemble, sont " personnels " et reçoivent le nom d'impôts sur le revenu. Si l'on écarte le système français, auquel se rattachent la législation russe et l'impôt sur les coupons actuellement en vigueur en Espagne et en Portugal, qui frappe exclusivement les titres des sociétés et compagnies, — abstraction faite des pays comme la Belgique et la Turquie où il n'existe aucun impôt de ce genre, — on se trouve en présence de deux systèmes. Le système anglais (income tax), également adopté par l'Italie et les Etats-Unis (1), qui comporte des taxes en quelque sorte fragmentées dont les unes sont basées sur la théorie des présomptions légales, les autres sur la déclaration. Le système allemand (einkommensteuer) impliquant la déclaration ou taxation globale, tel qu'il fonctionne en Allemagne, en Suisse, en Suède, dans les Pays-Bas même, où l'on a soudé l'un à l'autre un impôt sur le revenu et un impôt sur le capital. Dans l'un et l'autre système, dans le second principalement, les valeurs mobilières proprement dites ne constituent pas une matière imposable distincte, soumise à une contribution spéciale d'après des règles de perception déterminées ; elles entrent pour leur quote-part dans la composition d'une masse dont les éléments divers sont uniformément taxés dans leur ensemble. Nous devons donc nous borner à rappeler sommairement ici le régime sous lequel les valeurs mobilières se trouvent placées, quant au produit intrinsèque du titre lui-même (revenu, dividende, intérêt, coupons), dans les pays pour lesquels des monographies auront pu être fournies (2).

La plupart des législations étrangères n'établissent, d'ailleurs, aucune distinction entre les titres des sociétés et ceux du gouvernement lui-même, soit au point de vue du droit de timbre, soit en matière d'impôt sur le revenu. Il est à noter cependant qu'en Allemagne le droit de timbre impérial est de 6 ‰ pour les créances et titres de rente étrangers et de 4 ‰ pour les fonds de l'empire.

L'income tax (8 pence par livre sterling pour 1899) est dû aussi bien par le porteur étranger de consolidés que par le sujet anglais, l'affidavit n'étant admis que pour les coupons de valeurs étrangères. Le remboursement de l'impôt peut, d'ailleurs, être obtenu en justifiant que le revenu de provenance anglaise n'est pas supérieur à 160 livres sterling; on obtient la déduction de cette somme, si le revenu est inférieur à 400 livres sterling,

(1) Un projet analogue a été soumis aux Cortès par le gouvernement espagnol ; il frappe les revenus du travail et du capital sous toutes ses formes (banques : 15 % des bénéfices liquides ; sociétés par actions autres que les sociétés minières : 12 % ; compagnies de chemins de chemins de fer : 7 % ; compagnies d'assurances : 2 % des primes, etc.).

(2) Rapport fait au nom de la 1re sous-commission de l'impôt sur le revenu, résumant les documents soumis à la commission de l'impôt sur le revenu, par M. Caillaux, député. (Chambre, *Documents parlementaires*, 1899, n° 803.)

et de 100 livres sterling, si le revenu n'est pas supérieur à 500 livres sterling (formules remises par le Trésor anglais).

De même que les bons du Trésor, la rente italienne 3 % et 5 % supporte l'impôt sur la richesse mobilière ; les rentes 4 % et 4 1/2 % sont exemptes de tout impôt. L'affidavit existe en ce qui concerne les paiements de coupons à l'étranger.

L'article 5 de la loi du 17 mai 1898, après avoir autorisé le gouvernement espagnol à convertir la dette intérieure en extérieure, ajoutait que des mesures seraient prises pour que, à partir du trimestre d'octobre inclusivement, on ne paie à l'étranger que les coupons de titres qui soient réellement et effectivement la propriété de porteurs étrangers. Ces mesures constituent à proprement parler l'affidavit (1).

II. — MONOGRAPHIES

I. — ALLEMAGNE (2)

§ 1er. — *Droits d'estampille*

Les droits de l'estampille à apposer aux titres traités dans ce pays depuis le 1er mai 1894 (*Effektenstempel*), sont établis ainsi qu'il suit :

1° 1 %, sans fraction au-dessous de 1 mark pour les actions et parts (titres définitifs ou provisoires) de sociétés allemandes et 1 1/2 %, sans fraction au-dessous de 1 m. 50, pour celles des sociétés étrangères (vente, achat, mise en gage, versements appelés etc...). Sont exemptes les actions des sociétés exclusivement créées dans un but d'intérêt public et dont le rendement ne dépasse pas 4 %. Les actions de jouissance des sociétés allemandes supportent un droit de 3 marks par titre et celles des sociétés étrangères de 5 marks ; celles qui sont émises à la place d'actions amorties sont soumises au droit de 50 pfennigs par titre. Sont exemptes d'impôt les actions de jouissance émises avant le 1er mai 1894.

2° 4/10 % pour les titres, provisoires ou définitifs, de rentes et obli-

(1) D'après une récente statistique, sur les 1.938.535.000 pesetas de rente extérieure, il existait à l'étranger, au 31 décembre 1899, 1.043.817.400 pesetas en titres estampillés, se répartissant ainsi :

	pesetas.		pesetas.
Paris	675.901.500	*Report*	991.333.300
Londres	140.514.300	Amsterdam	34 815.000
Berlin	53.778.800	Lisbonne	17.494.100
Bruxelles	121.138.700	Divers	175 000
A reporter	991.333.300	TOTAL	1.043.817.400

(2) Ces monographies seraient utilement précisées et complétées, au point de vue pratique principalement, par une étude, dans le pays même, du mécanisme et des conditions d'application de chaque impôt.

gations allemandes (sans fraction au-dessous de 40 pfennigs), à l'exception de celles spécifiées sous le numéro ci-après, et 6/10 %, sans fraction au-dessous de 60 pfennigs, pour les rentes et obligations étrangères. Sont exempts les emprunts de l'Empire et des États fédérés allemands, ainsi que les obligations à lots timbrées en vertu de la loi du 8 juin 1871.

3° 1/10 % (sans fraction au-dessous de 10 pfennigs) pour les titres définitifs ou provisoires des rentes et obligations allemandes au porteur, émises avec l'autorisation de l'Etat, des communes et associations communales (emprunts de villes), et 2/10 % (sans fraction au-dessous de 20 pfennigs) pour les titres de corporations foncières, rurales ou autres, de sociétés de transports (chemins de fer par exemple), à l'exception des sociétés de transports maritimes et compagnies de tramways.

Si un seul titre comprend plusieurs actions ou obligations, les droits de l'estampille sont calculés sur l'unité et multipliés par le nombre inscrit. Dans le cas où la valeur nominale d'un titre étranger n'est pas indiquée en marks, mais en plusieurs monnaies étrangères, on liquide les droits en prenant pour base celle qui donnera l'impôt le plus élevé. S'il n'y a pas de valeur nominale mentionnée, on l'établit en multipliant la rente du titre par 25. Les transferts d'actions nominatives en titres au porteur ou inversement, sont de nouveau passibles des droits de l'estampille; en sont, par contre, exemptées les modifications apportées aux actions ou obligations à la suite de réduction du capital ou du taux d'intérêt, de cessation des droits de préférence, etc...

Produit de l'impôt pour les cinq derniers exercices :

	marks.
1er avril 1894 au 31 mars 1895	9.038.000
— 1895 — 1896	15.522.500
— 1896 — 1897	15.089.700
— 1897 — 1898	14.968.700
— 1898 — 1899	15.479.705

§ 2. — *Droits de circulation*

Le tarif des droits de circulation de titres et de marchandises cotées en bourse (Umsatzsteuer) est établi ainsi qu'il suit :

1° 2/10 ‰ de la valeur effective au cours du jour sans intérêt pour tout achat et vente de titres dépassant la valeur effective de 600 marks, ainsi que les transactions à terme en billets de banque ou monnaies ;

2° 4/10 ‰ pour tout achat et vente de marchandises cotées en bourse, soit en Allemagne, soit à l'étranger, à moins que cette marchandise ne soit produite dans le pays même par l'un des contractants, ou que la valeur effective de la transaction ne soit inférieure à 680 marks.

3° 10 % de la valeur nominale des bons à lots, s'ils sont allemands; 50 pfennigs par chaque fraction de 5 marks de leur valeur nominale, s'ils sont étrangers.

L'échelle des droits appliqués pour les titres et marchandises compris sous les n°s 1 et 2 ci-dessous est ainsi graduée :

MONTANT DES VALEURS	TIMBRE POUR Titres	TIMBRE POUR Marchandises
	marks.	marks.
Au-dessous de 600 marks	0.20	»
De 601 marks à 1.000 —	0.20	0.40
De 1.001 — 2.000 —	0.40	0.80
De 2.001 — 3.000 —	0.60	1.20

et ainsi de suite à raison de 20 pfennigs pour les titres et 40 pfennigs pour les marchandises par 1.000 marks.

Pour les affaires d'arbitrage, les droits de circulation sont fixés à 3/20 ‰, si la vente et l'achat des mêmes titres ont lieu à l'étranger, à la même bourse ou le lendemain, soit directement, soit pour compte social.

L'impôt de circulation n'est calculé que sur leur valeur nominale, sans tenir compte de leur valeur effective au cours du jour, à moins que ladite valeur nominale ne dépasse 5.000 marks, pour les titres d'emprunts de l'Empire et des États allemands, ainsi que pour les rentes et obligations allemandes au porteur émises avec l'autorisation de l'État (emprunts de villes, corporations foncières et rurales, compagnies de chemins de fer, etc.).

Produit de l'impôt pour les cinq derniers exercices :

	marks.
1er avril 1894 au 31 mars 1895	16.406.900
— 1895 — 1896	19.888.600
— 1896 — 1897	13.226.300
— 1897 — 1898	13.728.800
— 1898 — 1899	13.547.892

§ 3. *Loteries.* — L'impôt de 10 % sur la valeur des billets de loterie vendus dans les divers États de l'Allemagne produit 18 millions environ.

II. — Angleterre

Les titres des sociétés émis en Angleterre sont soumis, lors de leur émission, au timbre proportionnel de 2 shillings par 100 livres sterling ou fraction de 100 livres sterling du capital nominal.

Il est fait, aux titres au porteur, un traitement différent et qui varie suivant la date de leur émission.

1° Les titres au porteur émis en Angleterre, ou dont les coupons y sont payables, datés ou émis avant le 3 juin 1862, sont exempts de tout droit;

2° Ceux datés ou émis après le 3 juin 1862, mais avant le 6 août 1885, sont frappés d'un droit de 1/8 % qui se calcule à partir de 50 livres sterling de valeur nominale par fractions de 50 livres sterling jusqu'à 300; puis par fractions de 100 livres sterling au-dessus de 300 livres sterling;

3° Ceux émis après le 6 août 1885 sont frappés d'un droit de timbre de 1/2 % (soit 1 shilling par 10 livres sterling.

Le timbre est calculé comme suit :

Pour une valeur nominale ne dépassant pas :

	£.	S.	D.
10 livres sterling	0.	1.	0
20 —	0.	2.	0
50 —	0.	5.	0
100 —	0.	10.	0
150 —	0.	15.	0
200 —	1.	0.	0
250 —	1.	5.	0
300 —	1.	10.	0

Au-dessus de 300 livres sterling de valeur nominale et par chaque 100 livres sterling, le droit additionnel est de 10 shillings.

	livres sterling
Exemple : 500 livres sterling	2.10
650 —	3.10 (comme 700)

Les titres au porteur qui ont acquitté ce droit ne sont plus soumis aux autres timbres postérieurement établis, tels que le timbre de transmission.

Tout titre au porteur, qui a un marché à Londres ou en Angleterre, et qui n'a pas acquitté le droit de 1/2 % (1885) est soumis, en vertu de la loi de 1888, au droit de 1 shilling pour 100 livres sterling, quels que soient sa date, le pays où il a été créé ou émis, la place où ses dividendes sont payables.

Ce droit se calcule comme suit :

	£.	S.	D.
Pour un montant nominal ne dépassant pas 25 livres sterling	0.	0.	3
Au-dessus de 25 livres sterling et ne dépassant pas 50 livres sterling	0.	0.	6
Au-dessus de 50 livres sterling et ne dépassant pas 100 livres sterling	0.	1.	0

Puis, par chaque 50 livres sterling ou fraction de 50 livres sterling, le droit est de 6 deniers.

Ce droit n'est pas avantageux pour les coupures inférieures à 50 livres sterling; les titres de 1 livre sterling, par exemple, sont taxés ainsi à 12 1/2 ‰, ou 1.25 %.

Le timbre en question est mobile; c'est le " Transfer duty stamp " ou plus communément le " Goschen stamp ".

Ce timbre est indépendant des droits existant déjà sur les titres et payables au moment de leur émission ou lorsqu'ils sont mis en circulation en Angleterre.

N'y sont pas soumis :

Les titres ayant acquitté le droit de 1/2 % (1885);

Les titres émis par le gouvernement anglais ou par le gouvernement des Indes.

Le droit est payable, dit la loi de 1888, au moment de la première livraison ou transfert des titres en Angleterre après le 1er janvier de chaque année suivante.

Ceci ne signifie pas que les titres doivent être timbrés chaque année, mais qu'ils doivent porter le timbre de l'année pendant laquelle ils ont été livrés. En effet, lorsque les titres ont été revêtus du timbre pour l'année courante, ils peuvent circuler ensuite pendant le restant de l'année sans avoir à acquitter de droit à nouveau.

Droits de transfert. — Timbre de 6 pence par 5 livres sterling, soit pour 25 livres sterling = 2/6.

2 shillings 6 pence par 25 livres sterling jusqu'à 300 livres sterling, soit pour 300 livres sterling = 1.10.

Au delà de 300 livres sterling, 5 shillings par 50 livres sterling ou fraction de 50 livres sterling.

Plus 2 shillings par feuille de transfert (sauf dispositions spéciales pour les actions de certaines compagnies, par 100 et 500 actions; *Sheba*, 1 penny par action et 2/6 par feuille).

Les droits perçus sur les constitutions de sociétés en Angleterre sont de trois sortes : 1° droit d'apport (Conveyance duty); 2° droit de timbre (Deed Stamp); 3° droit d'enregistrement (Registration).

Droit d'apport. — Le droit d'apport se perçoit sur le montant déclaré de tout apport ou de toute vente faite à la société, quel que soit le mode de paiement convenu de cet apport ou de cette vente, en espèces ou en actions de la compagnie. On calcule ce droit de la manière suivante :

	L.	S.	D.
Au-dessous de 5 livres sterling............	0.	0.	6
De 5 à 10 —	0.	1.	0
De 10 à 15 —	0.	1.	6

et ainsi de suite, par fractions de 5 livres sterling jusqu'à 25 livres et par fractions de 25 livres sterling jusqu'à 300 livres sterling.

Au-dessous de 300 livres sterling, le calcul se fait par fractions de 50 livres sterling à raison de 0. 5. 0 shillings par fraction de 50 livres sterling.

En tenant compte des fractionnements indiqués, on remarque que le droit appliqué correspond à 1/2 %.

Droit de timbre. — Le droit de timbre se compose de deux éléments : le droit fixe (Deed Stamp) et le droit proportionnel (Capital Fee).

1° Le droit fixe frappe l'acte de constitution de la compagnie (Memorand dum of articles of association) au moment de l'enregistrement à l'office des Joint stock Companies.

Il est de 10 shillings.

Ce droit fixe réapparaît lors de l'augmentation du capital de la compagnie ; il frappe alors les actes (deeds) relatifs à cette augmentation, qui sont soumis à un timbre additionnel de 5 shillings.

Le droit fixe de 5 shillings est dû également pour l'enregistrement des documents quelconques concourant à l'ensemble des pièces nécessaires soit pour la formation, soit pour l'augmentation du capital de la compagnie.

2° Le droit proportionnel est de 2 shillings par chaque 100 livres ou fractions de 100 livres sterling du capital nominal.

En observant pour le calcul le fractionnement par 100 livres sterling on remarque que ce droit correspond à 1 ‰ (un pour mille).

Droit d'enregistrement. — Ce droit se calcule sur des fractionnements de 1.000 livres sterling jusqu'à 5.000 livres sterling de capital, savoir :

CAPITAL TAXÉ — livres sterling.	DROIT À PERCEVOIR — livres sterling.
2.000	2
3.000	3
4.000	4
5.000	5

De 5.000 livres sterling à 10.000 livres sterling, le droit se calcule par une augmentation de 5 shilling par fractions de 1.000 livres sterling de capital.

CAPITAL TAXÉ — livres sterling.	DROIT À PERCEVOIR L.	S.	D.
6.000	5.	5.	0
7.000	5.	10	
8.000	5.	15	
9.000	6		

Au-dessus de 10.000 livres sterling, le droit n'est plus que de 1 shilling par fractions de 1.000 livres sterling.

En cas d'augmentation du capital, le droit se calcule, non pas sur l'augmentation elle-même, mais sur le montant total du capital ainsi augmenté, comme si le capital nouveau faisait partie du capital primitif.

Exemple : Une compagnie au capital de 100.000 livres sterling qui porte son capital à 120.000 livres sterling, paiera un supplément calculé comme suit :

	livres sterling.
Capital jusqu'à 100.000 livres sterling, le droit est de...	28.15
20 fractions de 1.000 livres sterling à 1 shilling par fraction 1/2 livre sterling, le droit est de..............	1 »
	29.15

Le nombre des sociétés constituées en Angleterre est passé de 3.892 en 1895, à 4.735 en 1896. Il a été de 8.494, en France, en 1896, contre 9.054 en 1894.

III. — Autriche

Lorsqu'une émission est faite par une société indigène, le droit s'élève, pour un montant nominal (ou si le prix d'émission est plus élevé que ce dernier) pour un prix d'émission de :

florins.	PAR TITRE
100	63 kr.
100 à 200	1 fl. 25
200 à 400	3 fl. 50
400 à 600	3 fl. 75

et ainsi de suite, c'est-à-dire 1 florin 25 en plus par montant de 200 florins ou fraction de 200 florins.

Moyennant le versement de ce droit, une fois payé, les titres indigènes ne portent pas de timbre.

Le paiement du droit pour les titres étrangers est réglé d'une façon spéciale.

Ces titres, entrant en Autriche, doivent, avant d'y être l'objet d'un achat, d'un gage ou d'une autre transaction commerciale, être munis d'un timbre dont le montant est fixé d'après le tarif ci-dessus, alors même que les sociétés, Etats et corporations auraient acquitté le droit ci-après.

Les sociétés anonymes étrangères qui désirent faire des affaires en Autriche ont à payer en espèces, aux guichets de l'Etat, pour la part de leur capital-actions ou obligations qu'elles ont l'intention d'investir dans ce pays, un droit ainsi établi :

CAPITAL NOMINAL — florins.	DROIT PAR TITRE — florins.
100	0.32
100 à 209	0.63
200 à 300	0.94
300 à 400	1.25
400 à 800	2.50
800 à 1200	3.75

et ainsi de suite, à raison de 1 florin 25 en plus par 400 florins ou fraction de 400 florins.

Le même droit est dû par les sociétés anonymes, Etats, corporations, etc., voulant faire coter leurs titres à une bourse autrichienne, pour telle part de leur capital-actions ou obligations qu'ils désirent mettre en circulation en Autriche, sauf, en ce qui concerne les sociétés anonymes, le cas où elles auraient déjà acquitté ce droit.

Les affaires (achats effectifs, reports, opérations à primes, échanges, etc.) faites sur les titres indigènes aussi bien qu'étrangers sont soumises à un impôt spécial. Cet impôt s'élève, par opération, pour les actions à 50 kreuzers par 25 titres, ou 5.000 florins de capital nominal selon le cas, c'est-à-dire si elles se traitent par titres ou par capital nominal, et à 20 kreutzers pour les obligations par 5.000 florins de capital nominal.

Si une transaction comprend moins de 25 titres ou 5.000 florins de capital nominal, l'impôt est toujours de 0 fl. 50 ou 0 fl. 20 minimum.

Un titre indigène de 200 florins est donc soumis à un droit de 1 fl. 25 une fois payé au moment de l'émission, et, lors de chaque vente, à un impôt de 0 fl. 50 (s'il s'agit d'une action), et de 0 fl. 20 (s'il s'agit d'une obligation ou d'un titre de rente).

Le propriétaire d'une obligation hypothécaire indigène ou d'un titre étranger quelconque paie annuellement 2 % d'impôt sur le revenu du titre, soit 0 fl. 24 si le dividende d'un action de 200 florins a été de 12 fl. Il y a en outre les impôts supplémentaires à payer à la province (département) et à la commune.

Toute société anonyme indigène doit payer pour son dividende, à la caisse de l'Etat, un droit qui s'élève à 5/16 % du montant des coupons.

Les transactions effectives se sont élevées à la bourse de Vienne, pendant les dernières années, aux chiffres suivants :

	florins.		florins.
	—		—
1888......	2.635.275.166 88	1893......	3.331.338.562 46
1889......	2.398.598.540 34	1894......	4.388.356.952 86
1890......	3.409.687.385 40	1895......	5.164.664.390 86
1891......	2.962.275.258 68	1896......	2.268.817.957 99
1892......	2.722.238.481 50	1897......	2.359.948.099 65

IV. — Belgique

Il ne paraît pas douteux, même en faisant la part de certaines exagérations, que la place de Bruxelles a bénéficié dans une certaine mesure de nos lois de 1893, 1895 et 1898. Il y a lieu de remarquer, en effet, qu'indépendamment de la faculté de négocier les actions d'apport sans restriction ni réserve, il n'existe, à proprement parler, en Belgique, d'autre impôt sur les valeurs mobilières que le droit de timbre édicté par les articles 12 à 15 de la loi fondamentale du 25 mars 1891.

Pour les actions de sociétés et les obligations au porteur dont la durée n'excède pas cinq ans à partir de leur émission, le droit est ainsi fixé :

CAPITAL TAXÉ	DROIT PERÇU
—	—
francs.	francs.
200 et au-dessous...........................	0.10
200 à 500	0.25
500 à 1.000...........................	0.50
1.000 à 2.000...........................	1.00

et ainsi de suite, à raison de 0.50 pour 1.000 francs sans fraction.

Pour les actions et obligations ou tous autres effets d'une durée de plus de cinq ans à partir de leur émission, le droit est de 50 centimes pour 500 francs et au-dessous, 1 franc de 500 francs à 1.000 francs, 2 francs de 1.000 à 2.000 francs, et ainsi de suite, à raison de 1 franc par 1.000 francs sans fraction.

Le droit est dû sur le capital nominal, ou sur le taux d'émission s'il est supérieur. A défaut d'une de ces bases, le droit est dû sur la valeur réelle à déclarer, sous le contrôle de l'administration.

Sont également assujettis au droit de timbre proportionnel, selon les distinctions établies par les articles 12 et 14 ci-dessus, les actions et obligations au porteur et les effets publics venant de l'étranger, " lorsqu'il en est fait usage par un acte passé en Belgique ".

La taxe de 3 % sur le revenu, proposée par M. Graux, ministre des finances, le 30 mai 1883, a été repoussée par la Chambre belge. Cet impôt est remplacé dans une certaine mesure par le droit de patente des sociétés anonymes, fixé par la loi du 5 juillet 1871 à 2 % des bénéfices annuels. La loi du 24 mars 1873 assujettit au même droit les assureurs belges et les assureurs étrangers opérant en Belgique, sur les bénéfices nets réalisés pendant l'année antérieure. Les sociétés en commandite par actions ont été assimilées aux sociétés anonymes par la loi du 18 mars 1874 (art. 1er).

Le produit du timbre extraordinaire sur les actions des sociétés, etc., a été de 933.829 francs en 1896, contre 941.451 francs en 1895.

Pour répondre à une question souvent posée, nous ajouterons que les formalités de publication en France des sociétés belges ne sont point obligatoires d'après la jurisprudence actuelle. C'est ce qui résulte d'un jugement du tribunal de commerce de la Seine, du 13 mars 1894, dont le sommaire est ainsi conçu : « La loi du 30 mai 1857 exige uniquement des sociétés anonymes belges, pour qu'elles soient recevables à ester en justice en France, qu'elles justifient d'une existence légale en Belgique ; c'est d'ailleurs la reproduction, par voie de réciprocité, des termes de la loi belge du 14 mars 1855 » (1).

On ne saurait, en conséquence, faire grief à une société anonyme belge de la non publicité et de l'absence de dépôt en France de ses actes constitutifs, alors que ses statuts ont été publiés en Belgique, conformément à la loi belge (société d'assurances le *Lloyd belge*, d'Anvers) (2).

La publicité est donc facultative ; mais si on la fait, comme elle comporte le dépôt des actes constitutifs au greffe du tribunal de commerce et à celui de la justice de paix, cette formalité entraîne nécessairement l'enregistrement des actes et la perception des droits. Les dispositions de la loi du 30 mai 1857 ne dispensent en aucune façon du paiement des droits qui peuvent devenir exigibles dans les cas prévus par les lois spéciales sur la matière.

Maurice Jobit,
Sous-inspecteur de l'enregistrement à Paris, chargé du service des sociétés étrangères, à la Direction de la Seine.

(1) *Voir* le rapport qui a précédé la loi du 30 mai 1857.

(2) Il en est de même sans doute pour les sociétés des autres pays. Il semble, par outre, que les prescriptions de la loi du 24 juillet 1867, relatives à l'indication de la dénomination de la société et du capital social, sont applicables sans distinction de nationalité.

L'IMPOT SUR LES OPÉRATIONS DE BOURSE
EN ALLEMAGNE

L'impôt allemand sur les transactions (*Umsatzsteuer*) correspond à l'impôt français sur les opérations de bourse; mais, à la différence de celui-ci, il s'applique à la fois aux opérations sur titres et aux opérations sur marchandises.

L'impôt sur les transactions est un impôt d'empire. Il a été établi en Allemagne par la loi du 11 juin 1885, qui est entrée en vigueur dans tout l'Empire allemand le 1er octobre de la même année; il est perçu au moyen du timbrage des bordereaux (*Schluss noten*). C'est là, d'ailleurs, le mode de perception adopté dans les États allemands pour un grand nombre de taxations.

La loi de 1885 avait fixé la quotité de l'impôt à 20 pfennigs par 1,000 marks, pour les opérations sur titres, et à 40 pfennigs par 1,000 marks, pour les opérations sur marchandises. Ces droits ont été portés au double par la loi du 27 avril 1894, qui a repris et complété les dispositions de la loi de 1885.

C'est la législation résultant de la loi de 1894 dont nous nous proposons d'examiner l'économie et de constater le rendement.

I. — Objet de l'impôt

La loi du 27 avril 1894 est entrée en vigueur le 1er mai de la même année (1). Aux termes de cette loi, l'impôt sur les transactions est exigible sur toutes les opérations de bourse conclues en Allemagne.

Conclues à l'étranger, ces opérations n'y sont assujetties que si les deux contractants sont domiciliés en Allemagne; le demi-droit est seulement exigible dans le cas où un seul des contractants s'y trouve domicilié.

En ce qui concerne les maisons de commerce, le domicile est déterminé par le siège de l'établissement commercial qui a conclu l'opération.

---

(1) Les dispositions réglementaires prises pour l'exécution de la loi émanent du Conseil fédéral de l'empire, auquel appartient le pouvoir réglementaire lorsqu'il s'agit de prescriptions qui doivent avoir leur effet dans les États confédérés.

Les opérations réalisées au moyen d'une correspondance, par lettres ou par télégrammes, entre une localité allemande et une localité étrangère, sont considérées comme conclues à l'étranger.

Les opérations conditionnelles sont réputées non conditionnelles au regard de l'impôt. Si un droit d'option ou la faculté de déterminer dans certaines limites l'étendue de la livraison a été accordé à un contractant, l'impôt doit être liquidé sur la valeur la plus élevée des titres faisant l'objet de l'opération.

Toute convention reportant à un terme ultérieur l'exécution de l'opération, soit avec modification aux clauses primitives du contrat, soit sous les mêmes conditions moyennant une rémunération, est considérée comme une nouvelle opération imposable.

Si la transaction est conclue par un commissionnaire (art. 360 du Code de commerce), l'impôt est également exigible pour l'opération passée entre le commissionnaire et le donneur d'ordre, à moins qu'il ne s'agisse d'un commissionnaire étranger.

Les opérations conclues sous réserve de désignation (*an aufgabe*) ultérieure de la contre-partie sont assujetties à l'impôt. Faite au plus tard le jour ouvrable qui suit la conclusion de l'affaire, la désignation de la contre-partie définitive est exempte de taxation ; faite postérieurement, elle est considérée comme une opération nouvelle et, partant, imposable.

II. — Opérations exemptes de l'impôt

Les opérations d'échange portant sur des titres de même nature à différents termes d'intérêt, et réalisées sans contreprestation de la part de l'un des coéchangistes, sont exemptes de toute taxation.

Les opérations de " prêt irrégulier ", c'est-à-dire celles où l'emprunteur a la faculté de restituer, au lieu des valeurs reçues, d'autres titres de même nature, sont également exemptes d'impôt à la double condition qu'elles soient conclues sans prix, rémunération, intérêt ou prestation au profit d'un des contractants, et que le délai fixé pour la restitution des titres ne dépasse pas une semaine. Les bordereaux rédigés pour ces opérations doivent contenir l'indication de ce délai et porter la mention " opération de prêt irrégulier ".

Les actes soumis à l'impôt dans les conditions prévues par la loi de 1894, ou qui bénéficient des exemptions qui y sont spécifiées, ainsi que les écrits afférents à ces actes, ne sont soumis dans les États particuliers, à aucun droit de timbre (taxes, sportules, etc.). Toutefois, lorsque ces écrits sont reçus en dépôt par la justice ou par notaire, ou qu'ils sont légalisés, le droit de timbre (taxes, sportules, etc.), dû dans chaque État particulier pour ces dépôts ou la légalisation, est applicable, sans préjudice de l'impôt sur les transactions.

III. — Tarif et base de liquidation de l'impôt

La loi de 1894 frappe d'un droit de 2/10 ‰ les opérations d'acquisition de toute nature portant sur les valeurs ci-après :

1° Billets de banque, papiers-monnaie étrangers et monnaies étrangères ;

2° Actions et certificats de parts d'actions allemandes, y compris les certificats provisoires ; — actions et certificats de parts d'actions étrangères, y compris les certificats provisoires ; — rentes et obligations, ou parts d'obligations négociables allemandes; — rentes et obligations d'États, corporations, sociétés anonymes et entreprises industrielles étrangères et autres rentes et obligations négociables étrangères.

Le droit est liquidé sur le montant de l'opération, à raison de 20 pfennigs par chaque somme de 1,000 marks ou fraction de 1,000 marks.

La valeur est déterminée par le montant de la négociation ou, à défaut, par le cours moyen en bourse au jour de la conclusion de l'affaire. Les coupons d'intérêt attachés aux titres ou les dividendes dus au porteur de ces titres n'entrent pas en compte pour la liquidation de l'impôt.

Sont assimilées à des opérations d'acquisition: la répartition d'actions effectuée, en vertu d'une souscription antérieure, lors de la constitution d'une société anonyme ou d'une société en commandite par actions; la prise des actions par les fondateurs lors de la constitution d'une société anonyme et la délivrance de titres aux premiers acquéreurs.

Réduction. — Lorsque, dans une opération d'arbitrage, le contractant justifie qu'il a acheté en Allemagne et vendu ou négocié à l'étranger — ou acheté dans une bourse étrangère et vendu dans une autre — les titres visés par la loi, le droit est réduit au profit de ce contractant à 1/20 ‰, à la double condition que le montant des valeurs soit exactement le même et que les deux opérations successives soient conclues à des cours fermes le même jour, ou à deux jours de bourse se suivant immédiatement. Il n'y a pas à rechercher, pour l'application du droit réduit, si le contractant a conclu l'affaire à l'étranger lui-même ou par intermédiaire.

La même réduction est applicable, sous les mêmes conditions, aux opérations d'achat ou de vente, au comptant ou au change, de billets de banque ou de papiers-monnaie étrangers.

Le bénéfice de ces dispositions n'est acquis qu'à une seule prolongation, pour quinze jours au plus, d'opérations de cette nature.

Les opérations auxquelles le tarif réduit est applicable, doivent néanmoins subir le droit plein, d'après leur montant total. La restitution du droit perçu en trop est ultérieurement effectuée au vu des justifications prescrites.

Exemptions. — L'impôt n'est pas exigible lorsque le montant de l'opération n'excède pas 600 marks.

Si plusieurs opérations ayant pour objet des valeurs de même nature et dont le montant global est supérieur à 600 marks, sont conclues entre les mêmes contractants, le même jour et aux mêmes conditions, sans intermédiaires ou par le même intermédiaire, l'exemption n'est pas acquise à chacune de ces opérations, alors même que leur importance respective n'excède pas 600 marks.

La délivrance des obligations au porteur, émises par les établissements de crédit foncier et les banques hypothécaires, représentatives des prêts aux propriétaires fonciers, ne donne pas lieu à la perception de l'impôt.

Les opérations, dites au comptant, sur billets de banque, papiers-monnaie étrangers et monnaies étrangères, ayant pour objet de l'or et de l'argent monnayé, ne sont pas davantage taxées; sont réputées traitées au comptant, les opérations qui, d'après les termes du contrat, doivent être exécutées le jour même de leur conclusion.

Les assurances de valeurs mobilières contre les risques de tirage ne supportent pas l'impôt des transactions, mais celui-ci demeure exigible sur les opérations d'acquisition de toute nature, effectuées postérieurement au tirage.

IV. — Paiement de l'impôt
Obligations corrélatives des intermédiaires et des parties

Est tenu au paiement de l'impôt :

1° L'intermédiaire qui réside en Allemagne, quand l'affaire est conclue par l'entremise d'un intermédiaire ;

2° La partie contractante qui réside en Allemagne, quand sur les deux parties engagées, une seule y réside ;

3° La partie contractante obligée de tenir des livres de commerce, aux termes de l'article 28 du code de commerce, quand les deux parties engagées résident en Allemagne ;

4° Le commissionnaire, quand il s'agit d'une liquidation entre le commissionnaire et le commettant ;

5° Le vendeur, dans tous les autres cas.

Les intermédiaires et les parties contractantes qui résident en Allemagne, sont conjointement responsables pour le paiement de la totalité du droit; toutefois, pour les affaires ne donnant lieu qu'à la perception du demi-droit, la partie contractante demeurant à l'étranger n'est pas responsable pour l'acquittement de l'impôt.

Les intermédiaires sont autorisés à réclamer le remboursement du droit dû par chacune des parties contractantes responsables du paiement de l'impôt.

Celui qui est tenu, en premier lieu, d'acquitter l'impôt, doit établir, pour chaque opération imposable, un bordereau (*Schluss noten*), indiquant le nom et la demeure de l'intermédiaire et de chacune des parties contractantes; l'objet et les conditions de l'opération et, spécialement, le prix et l'époque de la livraison. Celui qui établit cette pièce n'est pas tenu de la signer.

Le bordereau doit être établi en double, sur une formule timbrée à l'avance ou sur laquelle on apposera le timbre mobile qui convient. Chacune des parties contractantes reçoit la moitié de cette formule.

Lorsqu'il est fait emploi de timbres mobiles, ces timbres doivent être apposés conformément aux prescriptions réglementaires. Le bordereau serait, sans cela, considéré comme non timbré.

Dans un délai de trois jours au plus tard, à dater de la conclusion de l'opération, celui qui a établi le double bordereau doit en faire parvenir la moitié à l'autre partie; quand cette pièce a été établie par un intermédiaire, c'est à cet intermédiaire qu'il appartient de faire parvenir les deux moitiés à chacun des deux intéressés.

Les intermédiaires sont tenus de mentionner, sur leurs livres de commerce, la remise des bordereaux ainsi que le montant des timbres apposés sur ces documents.

Il est interdit à toute personne responsable en premier lieu du paiement de l'impôt, d'établir et de délivrer des bordereaux non timbrés relativement aux opérations qui y sont soumises.

Lorsqu'une des parties contractantes, tenue au paiement de l'impôt, a délivré un bordereau insuffisamment timbré, elle peut, dans les quatorze jours de la conclusion de l'affaire, apposer sur ce bordereau des timbres représentant le complément de droit exigible. Si une partie contractante responsable n'a pas reçu de bordereau timbré, elle est tenue de se conformer, dans les délais fixés, aux prescriptions contenues dans la loi.

Toutes les fois qu'à l'occasion d'une opération conclue par l'entremise d'un intermédiaire, il y a deux parties contractantes responsables, celles-ci paient par moitié les droits complémentaires exigibles. Au cas de non réception du bordereau, la partie, qui doit alors en établir un, appose sur ce document des timbres représentant, d'après le tarif en vigueur, un demi-droit seulement.

Le droit ainsi acquitté par le contractant auquel il n'a pas été remis de bordereau est restitué s'il est prouvé ultérieurement que la personne obligée directement avait, en fait, rempli en temps utile les obligations qui lui étaient imposées à cet égard.

Plusieurs opérations soumises au même taux d'impôt, peuvent être inscrites sur un même bordereau, à la condition que ces opérations soient conclues le même jour entre les mêmes parties contractantes, intervenues en une seule et même qualité. L'impôt est, dans ce cas, liquidé sur le montant global des négociations.

Toutes les fois qu'une affaire de commission pour le compte d'un commettant résidant hors d'Allemagne et agissant lui-même en qualité de commissionnaire, donne lieu à la livraison d'un bordereau revêtu de la mention "en commission", la liquidation qui intervient entre ce commissionnaire et son commettant est affranchie de l'impôt à la condition que le bordereau mentionne que celui qui l'a établi a en mains un bordereau régulièrement timbré, revêtu d'un numéro d'ordre qui doit être indiqué, ledit bordereau ayant pour objet la même opération, en valeur ou quantité de titres, et pour le même prix.

Si le bordereau constate, à la fois, une opération d'achat et une opération de revente réalisable à terme, portant, pour la même somme ou la même quantité, sur des titres de même nature (opérations de prolongation, de report, de déport), l'impôt n'est dû que pour celle de ces deux opérations qui se chiffre par le prix le plus élevé.

Les bordereaux, numérotés par ordre de dates, doivent être conservés pendant cinq ans par les sociétés, établissements et personnes qui, par profession, effectuent les opérations visées par la loi ; pendant un an, par toutes autres personnes.

Ces différentes prescriptions ne sont pas applicables aux parties contractantes qui ne sont pas obligées à tenir des livres de commerce en vertu de l'article 28 du code de commerce.

Lorsqu'une opération imposable a donné lieu, entre deux contractants de cette catégorie, à la rédaction d'un acte signé, cet acte doit être présenté par les intéressés au bureau fiscal compétent, pour le timbrer dans les quatorze jours de la conclusion de l'affaire.

Dans les opérations passibles seulement du demi-droit, cette obligation n'atteint pas le contractant qui ne réside pas en Allemagne.

Des délais particuliers sont prévus par les règlements en ce qui a trait aux opérations pour lesquelles la liquidation de l'impôt n'est pas possible dans le délai ordinaire et pour lesquelles la perception de l'impôt demeure en suspens. Il en est de même pour les opérations réalisées à l'étranger.

V. — Droits d'investigation des autorités fiscales. Obligations corrélatives des assujettis

Les autorités et fonctionnaires chargés de la surveillance du timbre dans chaque Etat confédéré ont, en ce qui concerne l'impôt sur les opérations de bourse, les mêmes devoirs et les mêmes droits que ceux que leur attribue, pour le recouvrement de l'impôt du timbre, la législation de chaque Etat.

Les gouvernements des Etats désignent les agents supérieurs chargés d'effectuer périodiquement, au point de vue de l'acquittement de l'impôt, les vérifications nécessaires auxquelles sont soumis les sociétés anonymes, les sociétés en commandite par actions, les corporations inscrites, les sociétés à responsabilité limité, qui effectuent ou négocient par profession, les opérations de bourse, et aussi les établissements créés à l'effet de faciliter la liquidation des marchés à terme (bureaux de liquidation, etc.).

Tous documents et même les livres de commerce, doivent être communiqués aux agents vérificateurs.

La direction de l'autorité fiscale peut exiger, enfin, de personnes autres que celles que nous venons d'énumérer, la production des pièces concernant une opération déterminée (1).

De plus, les fonctionnaires de l'Empire, les autorités et fonctionnaires des Etats confédérés et des communes, les commissions d'experts instituées par les comités de commerce, ainsi que les notaires, sont tenus de vérifier l'application de l'impôt sur les actes qui leur sont présentés et de donner avis aux fonctionnaires compétents des contraventions ainsi parvenues à leur connaissance.

Les comités de commerce ont qualité pour édicter des règlements conformes aux us et coutumes de leurs circonscriptions, à l'effet d'assurer l'exécution de la loi. Ces règlements doivent être approuvés par les gouvernements locaux.

(1) Les droits d'investigation accordés à l'administration fiscale en Allemagne sont, on le voit, singulièrement plus étendus qu'en France.

VI. — Pénalités

Le défaut de rédaction, pour les opérations imposables, d'un bordereau contenant les indications prescrites par la loi, entraîne l'exigibilité d'un droit en sus égal à 50 fois le montant du droit exigible, au minimum de 20 marks.

La même pénalité atteint :

Le rédacteur du bordereau qui n'en a pas effectué la remise dans le délai fixé ;

Le contractant qui, ayant reçu un bordereau insuffisamment timbré, ne l'a pas régularisé dans les quatorze jours de l'opération, ou qui, n'en ayant pas reçu, ne s'est pas lui-même conformé à la loi ;

Le contractant, non obligé à tenir des livres de commerce, qui n'a pas présenté à l'autorité fiscale, dans le délai imparti, l'acte constatant la transaction, pour être timbré ;

Le rédacteur du bordereau qui a faussement inscrit sur ce document une mention d'opération " en commission " ou de " prêt irrégulier " ;

Celui qui, par des justifications inexactes, a indûment obtenu une réduction des droits.

Dans ce dernier cas, l'amende est calculée sur le montant de la somme qui n'a pas supporté l'impôt.

Si l'importance du droit fraudé ne peut être exactement établie, une amende de 20 à 5,000 marks remplace le droit en sus qui aurait été exigible.

Les contrevenants encourent, en outre, une amende administrative qui peut s'élever jusqu'à 150 marks, alors même qu'on pourrait prouver qu'il n'y avait pas fraude consommée ou qu'on n'avait pas l'intention de l'accomplir.

Dans le cas de récidive, une amende de 150 à 5,000 marks est exigée sans préjudice de la pénalité qu'entraîne la contravention elle-même.

Quant aux contraventions à la loi auxquelles celle-ci n'attache pas une pénalité particulière, et aux dispositions réglementaires prises pour son exécution, elles entraînent l'exigibilité de l'amende administrative précitée, qui peut aller jusqu'à 150 marks.

L'amende de récidive est applicable sans qu'il y ait à distinguer si la contravention antérieure a été punie dans le même Etat ou dans un autre Etat confédéré. Elle est encourue même si la pénalité qu'a entraîné le premier manquement, n'a été acquittée que partiellement ou a fait l'objet d'une remise totale ou partielle.

Toutefois, cette peine n'est pas applicable s'il s'est écoulé cinq années entre la date du paiement ou de la remise de l'amende due pour la première contravention et celle de la seconde.

Enfin, une amende de 3 à 5,000 marks est infligée aux intermédiaires qui n'ont pas mentionné sur leurs livres de commerce la remise aux contractants des bordereaux constatant les transactions, ainsi que le montant des timbres apposés sur ces documents. Cette pénalité est également encourue à défaut de conservation des bordereaux pendant le délai prescrit.

Les pénalités sont prononcées contre les membres du conseil d'administration dans les corporations et les sociétés anonymes; contre les associés personnellement responsables dans les sociétés en commandite; contre les associés en nom collectif, passibles d'une seule et même amende, mais personnellement et conjointement responsables pour le paiement de la totalité. Il est procédé de même dans tous les autres cas où plusieurs personnes agissent soit en qualité de mandataire d'une seule et même partie contractante, soit en qualité de coassociés. — Ces dispositions ne s'étendent pas à l'application des peines de récidive.

La loi spécifie, en termes exprès, que la conversion d'une amende que le débiteur est dans l'impossibilité de payer, en une peine privative de la liberté, n'est pas autorisée.

VII. — Juridiction et procédure

Les tribunaux ordinaires sont compétents pour tout ce qui concerne l'obligation de payer l'impôt. Le recours s'éteint six mois après le recouvrement, ou la consignation du paiement effectué; ce délai est calculé conformément au droit commun. Les tribunaux provinciaux sont compétents, quelle que soit l'importance du litige qui est porté devant la chambre chargée de statuer sur les affaires commerciales, si le tribunal en comporte une. Les jugements peuvent être déférés au tribunal de l'Empire.

La procédure d'exécution, employée le cas échéant, est celle applicable en matière de droits locaux.

Quant à la procédure pénale administrative, elle est réglée par la législation de 1869 sur le timbre des lettres de change.

VIII. — Produits de l'impôt

Nous groupons dans le tableau suivant les produits mensuels et annuels de l'impôt sur les transactions. [Tableau].

PRODUIT DE L'IMPOT SUR LES TRANSACTIONS DEPUIS LA MISE EN VIGUEUR DE LA LOI DU 27 AVRIL 1894 (1er MAI 1894)

ANNÉES FISCALES (1)	RÉSULTATS MENSUELS												RÉSULTATS ANNUELS
	AVRIL	MAI	JUIN	JUILLET	AOUT	SEPTEMBRE	OCTOBRE	NOVEMBRE	DÉCEMBRE	JANVIER	FÉVRIER	MARS	
1	2	3	4	5	6	7	8	9	10	11	12	13	14
	marks.	marks.	marks.	marks.	marks.	marks.	marks.	marks.	marks.	marks.	marks.	marks.	marks (2).
1894-1895	760.000	1.145.000	1.003.000	947.000	1.230.000	1.622.000	1.592.000	1.599.000	1.298.000	1.785.000	1.525.000	1.909.000	16.498.000
1895-1896	1.721.000	1.887.000	1.530.000	1.654.000	1.609.000	1.866.000	2.288.000	2.070.000	1.171.000	1.439.000	1.462.000	1.194.000	19.841.000
1896-1897	1.248.000	1.182.000	1.107.000	1.089.000	987.000	1.179.000	1.044.000	846.000	986.000	1.309.000	1.278.000	1.052.000	13.257.000
1897-1898	949.000	1.166.000	1.137.000	1.179.000	1.003.000	1.807.000	1.599.000	904.000	992.000	1.343.000	1.148.000	1.141.000	14.263.000
1898-1899	1.139.000	1.278.000	1.026.000	912.000	950.000	985.000	952.000	939.000	995.000	1.519.000	1.584.000	1.269.000	13.549.000
1899-1900	1.657.000	1.721.000	1.592.000	1.143.000	918.000	985.000	1.022.000	1.018.000	878.000	1.163.000	?	?	10.980.000 (3)

(1) L'année fiscale commence le 1er avril et se termine le 31 mars. La mise en vigueur de la loi du 27 avril 1894 se trouve concorder à peu près avec l'ouverture de l'année fiscale 1894-1895.

(2) Le mark vaut au pair, en monnaie française, 1 fr. 235.
(3) 10 mois.

NOTA. — Il convient de ne pas perdre de vue, dans l'appréciation des résultats inscrits dans ce tableau, qu'ils ne sont pas exactement comparables avec les produits de l'impôt sur les opérations de bourse en France.

D'une part, l'impôt sur les transactions s'applique à la fois aux opérations sur marchandises et aux opérations sur titres, alors que ces dernières seules supportent, en France, l'impôt sur les opérations de bourse.

D'autre part, les opérations sur marchandises sont taxées à 40 pfennigs par 1,000 marks, tandis que les opérations sur titres supportent seulement un droit de 20 pfennigs.

Enfin, les opérations qui n'excèdent pas 800 marks sont exemptes de l'impôt.

Ainsi que nous l'avons dit, l'impôt sur les transactions est un impôt d'empire. Chaque État confédéré a droit à une attribution de 2 % sur les recettes annuelles recouvrées sur son territoire et provenant, soit de la vente des formules ou des timbres, soit du paiement de l'impôt au comptant.

L'impôt est versé dans les caisses de l'Empire, après déduction tant des remises et restitutions prévues par la loi ou par des prescriptions administratives générales, que des frais d'administration et de perception. Il est réparti entre les États confédérés proportionnellement à la population pour laquelle chacun d'eux figure sur les contributions matriculaires.

Quant au produit des pénalités, il demeure acquis à l'État qui en a effectué la perception.

IX. — Projet de modifications au régime actuel

Le Reichstag est actuellement saisi (mai 1900), d'un projet de loi de M. Müller, député du centre, tendant à augmenter la quotité de l'impôt, qui serait élevée de 20 à 40 pfennigs. — Le timbre d'émission serait en même temps relevé à 2 1/2 % pour les valeurs allemandes et à 2 1/2 % pour les valeurs étrangères.

Cette proposition est fortement combattue. Les Anciens du commerce berlinois recherchent les mesures à prendre pour faire écarter cette proposition, et ils viennent de décider l'envoi d'une pétition au chancelier de l'Empire pour protester contre toute augmentation de l'impôt.

Léon Salefranque.

LA TAXATION DES OPÉRATIONS DE BOURSE

DANS QUELQUES PAYS

ESPAGNE — GRANDE-BRETAGNE — ITALIE — RUSSIE — SUISSE

Nous avons consacré des monographies particulières à l'impôt sur les opérations de bourse en Allemagne, en Autriche et en France. Nous nous proposons de grouper ici, pour compléter la série des renseignements relatifs à la taxation des opérations de bourse, quelques note sur les perceptions fiscales qui, dans les autres pays, atteignent indirectement les négociations des valeurs mobilières en frappant de droits de timbre tous les bordereaux qui les constatent.

I. — Espagne

Les dispositions qui régissent les droits de timbre, en Espagne, font l'objet d'un décret-loi du 15 septembre 1892, rendu en conformité de la " loi des bases " du 30 juin précédent.

Par ce décret, le gouvernement espagnol a codifié toute la législation sur la matière ; il a, en même temps, revisé les tarifs dans les limites que lui avait fixées le législateur.

Les principales particularités à signaler, en ce qui touche les bordereaux d'opérations de bourse, visés par les articles 21 et suivants du décret, sont, d'une part, la distinction établie entre les opérations au comptant, assujetties au droit proportionnel, et les opérations à terme, soumises à un droit fixe, et, d'un autre côté, la taxation à un taux fixe particulier des opérations effectuées sans le concours d'un agent de change ou d'un courtier.

Aux termes de l'article 21 de la loi du 15 septembre 1892, les bordereaux d'opérations au comptant ou à terme sur les valeurs publiques, industrielles ou commerciales et ceux d'emprunts sur ces mêmes valeurs doivent être uniquement rédigés sur le papier timbré vendu dans les bureaux de l'Etat. Toutefois, il est fait exception pour les reconnaissances données par les monts-de-piété, les banques et les sociétés légalement constituées qui peuvent, sur une demande adressée au bureau compétent du ministère des finances, se servir de papier fourni par eux et timbré par l'atelier national.

Pour régler l'emploi du timbre sur les opérations au comptant sur les bordereaux dont il s'agit, on prend pour base l'échelle suivante :

VALEURS PORTÉES DANS LES BORDEREAUX	TIMBRE	
	CLASSES	PRIX
—	—	—
		pesetas
Jusqu'à 12.500 pesetas.....................	11	0.10
De 12.500 p. 01 à 25.000 pesetas.....	10	0.30
De 25.000 p. 01 à 50.000 —	9	0.75
De 50.000 p. 01 à 100.000 —	8	1.50
De 100.000 p. 01 à 200.000 —	7	3.00
De 200.000 p. 01 à 300.000 —	6	5.00
De 300.000 p. 01 à 400.000 —	5	7.00
De 400.000 p. 01 à 500.000 —	4	9.00
De 500.000 p. 01 à 1.000.000 —	3	15.00
De 1.000.000 p. 01 à 2.000.000 —	2	30.00
De 2.000.000 p. 01 et au delà..............	1	60.00

L'article 22 fixe à cinq pesetas le droit de timbre auquel sont assujettis les bordereaux relatifs aux opérations à terme, quelle que soit la dénomination que leur donnent les usages de la bourse. Ces bordereaux doivent être rédigés sur le papier timbré du type correspondant de cinq pesetas.

La loi spécifie expressément, au point de vue des effets du timbre, que c'est le bordereau frappé de l'empreinte qui doit être remis à l'acheteur; les autres bordereaux, destinés tant au vendeur qu'aux agents qui ont concouru à l'opération, sont rédigés sur papier ordinaire régularisé avec un timbre mobile de dix centimes.

Ces prescriptions trouvent leur sanction dans les dispositions de l'article 23, qui refuse toute valeur devant les tribunaux et la chambre syndicale aux contrats visés dans l'article 22 et non rédigés sur le papier timbré proportionnel ou correspondant à celui qui est vendu par l'Etat pour cette catégorie d'opérations. Le timbre doit être payé par l'acheteur ou l'emprunteur. S'il est prouvé qu'on a consommé l'opération et remis les fonds sans qu'un bordereau ait été établi, l'agent ou le courtier est subsidiairement responsable du montant des droits.

Enfin les " vendis " relatifs aux opérations de bourse soit au comptant, soit à terme, effectuées sans l'intervention d'un agent ou courtier, doivent, conformément aux prescriptions de l'article 74 du code de commerce, être rédigés sur un timbre fixe de 20 pesetas, quel que soit le montant des valeurs négociées.

Les dispositions générales de la loi qui règlent, en matière de timbre, les communications à faire aux agents du Trésor, les pénalités, la procédure, sont applicables au timbre des bordereaux d'opérations de bourse (1).

I. — Grande-Bretagne

Aux termes de la loi de finances de 1888, les bordereaux constatant la négociation des valeurs de bourse, qui étaient alors soumis à un droit de timbre de 1 penny, aux termes des règlements en vigueur et notamment de la loi de 1878 sur le revenu intérieur, supportent un droit de 6 pence toutes les fois que le bordereau a pour objet la vente ou l'achat d'un titre ou d'une valeur négociable de 100 livres sterling et au-dessus.

Le paiement de l'impôt est constaté par l'apposition sur le bordereau de un ou plusieurs timbres mobiles, que doit oblitérer la personne qui délivre et signe le bordereau.

Il a été créé, en conséquence, des timbres spéciaux de 6 pence, 1 shilling, 1 shilling 6 pence. Ces timbres sont mis à la disposition du public dans les principaux bureaux de timbre.

Le montant du droit de timbre, perçu sur le bordereau conformément à la loi, s'ajoute d'office aux frais de courtage et de commission.

L'expression " bordereau " s'applique à tout écrit ou note transmis par un courtier ou un agent de change, à la personne qui a donné l'ordre d'achat ou de vente, pour l'informer de l'achat ou de la vente de titres ou de valeurs négociables ; sont exceptés les écrits ou notes remis à un agent de change ou à un courtier agissant pour le compte d'autrui. Toute personne qui effectue un achat ou une vente de ces titres ou va-

(1) Les remaniements d'impôts actuellement étudiés en Espagne, visent notamment les droits de timbre sur les bordereaux qui constatent les opérations de bourse. Les droifs actuels seraient sérieusement majorés.

leurs est tenue de rédiger et signer sur-le-champ un bordereau et de le transmettre à son commettant, à peine d'une amende de 20 livres sterling.

Tout bordereau constatant la vente ou l'achat de plusieurs sortes de titres ou de valeurs négociables est considéré comme constituant autant de bordereaux distincts qu'il y a de titres ou de valeurs, de nature différente, vendus ou achetés.

L'article 69 de la loi de 1870 sur le timbre est applicable aux bordereaux constatant la négociation de valeurs de bourse.

Cet article punit d'une amende de 20 livres sterling toute personne qui délivre un bordereau assujetti au timbre et non timbré.

Il y est, en outre, statué que ni courtier, ni agent de change, ni toute autre personne, n'auront d'action pour le recouvrement des frais de courtage, de commission ou d'intermédiaire dus à raison de la vente ou de l'achat d'un titre ou d'une valeur négociable de 5 livres ou au-dessus, si l'opération n'a pas donné lieu à la délivrance d'un bordereau régulièrement timbré.

III. — Italie

Les dispositions qui, en Italie, régissent les contrats de bourse sont contenues dans la loi du 13 septembre 1876, modifiée, quant au tarif de l'impôt seulement, par celle du 14 juillet 1887.

L'article premier de la loi pose le principe de la taxation : elle assujettit nommément au timbre les contrats qui constatent la négociation de titres de la dette de l'État, des provinces, des communes et de tous autres établissements possédant la personnalité civile, les actions et les obligations des sociétés, et, en général, tous titres de même nature, soit nationaux, soit indigènes.

Les opérations au comptant ou à terme, à prime ou de report, et aussi toutes autres négociations conformes aux usages du commerce, sont atteintes par la loi. Toutefois, les opérations de change sont exceptées.

Les contrats doivent être rédigés sur des formules timbrées spéciales, débitées par l'administration des finances. Ces formules comprennent deux parties.

Le tarif établi par l'article 2 de la loi de 1876 a été doublé par l'article 19 de la loi de 1887 relative à divers droits d'enregistrement et de timbre.

Voici les quotités du tarif de 1887 :

DÉSIGNATION des CONTRATS		MONTANT des DROITS (décimes compris)
		lires
Contrats directs entre parties.	Au comptant....	1.20
	A terme........	4.80
Contrats réalisés par l'intermédiaire d'un officier public.	Au comptant....	0.60
	A terme........	2.40

En réalité, il n'y a que deux taxations : l'une de 1 lire 20 pour les opérations au comptant; l'autre, de 4 lires 80 pour les opérations à terme.

En effet, pour les contrats directs entre parties, une seule formule suffit pour la rédaction du contrat. L'acheteur et le vendeur conservent, chacun, une des deux parties de la formule.

Pour les contrats réalisés par l'intermédiaire d'un officier public, celui-ci établit deux formules, l'une pour l'achat, l'autre pour la vente; il remet respectivement, à l'acheteur et au vendeur, la partie de la formule qui concerne son opération et il conserve l'autre.

Les opérations supportent, dans l'un et l'autre cas, soit le droit de 1 lire 20, soit celui de 4 lires 80, selon leur nature.

Les infractions à la loi sont punies d'amendes fixées à 200 lires, lorsque la contravention est commise par les parties, et à 500 lires lorsqu'elle est le fait d'un officier public. De plus, en cas de récidive, celui-ci peut être suspendu pendant trois à six mois, et, la seconde fois, privé de son office (1). Le produit annuel de l'impôt est d'environ 150.000 lires.

IV. — Russie

Les bordereaux constatant des opérations de bourse supportent un droit de 15 kopeks (60 centimes). Ce droit est perçu par l'apposition d'un timbre sur les bordereaux, qu'ils soient délivrés par des courtiers jurés ou par des courtiers libres.

(1) Il convient de ne pas perdre de vue que la loi de 1876 contient à la fois les dispositions de droit fiscal et celles de droit civil se rapportant aux contrats de bourse. Il est vraisemblable que les pénalités sont, en fait, appliquées d'après la gravité des contraventions. On ne comprendrait guère la privation d'office prononcée contre un officier public parce qu'il aurait, même pour la troisième fois, délivré un bordereau non timbré à 1 l. 20 ou à 4 l. 80.

V. — Suisse

Ce sont également des droits de timbre qui atteignent, en Suisse, les opérations de bourse, en frappant les bordereaux qui constatent les négociations; mais les droits ne sont pas les mêmes dans les différents cantons où ces droits sont perçus. Nous noterons les tarifs en vigueur dans les principaux marchés : Genève et Bâle.

§ 1. *Genève.*

Voici quelle est, à Genève, l'échelle des droits :

MONTANT des OPÉRATIONS — francs.	DROIT de TIMBRE — francs.
1 à 1.000	0.10
1.001 à 2.500	0.25
2.501 à 5.000	0.50
5.001 à 10.000	0.75
10.001 à 20.000	1.25
20.001 à 30.000	1.75
30.001 à 40.000	2.25
40.001 à 50.000	2.75

et ainsi de suite en augmentant toujours de 50 centimes pour chaque somme de 10.000 francs ou fraction de 10.000 francs.

§ 2. *Bâle.*

A Bâle, le tarif est un peu moins élevé pour les opérations au comptant, mais il est fixé, pour les opérations à terme et à prime, à des quotités doubles de celles appliquées aux opérations au comptant.

Nous inscrirons successivement l'une et l'autre série de droits :

1° Opérations au comptant :

MONTANT des OPÉRATIONS — francs.	MONTANT du DROIT DE TIMBRE — francs.
1.100 et au-dessous	0.10
1.100 à 5 500	0.20
5.500 à 11.000	0.50
Pour chaque 10.000 francs en sus	0.50

2° Opérations à terme et à prime :

MONTANT des OPÉRATIONS — francs.	MONTANT du DROIT DE TIMBRE — francs.
1.100 et au-dessous	0.20
1.100 à 5.500	0.40
5.500 à 11.000	1.00
Pour chaque 10.000 francs en sus	1.00

Léon SALEFRANQUE.

LES IMPOTS SUR LES VALEURS MOBILIÈRES

EN FRANCE ET A L'ÉTRANGER

(2e ARTICLE)

I. — Impôt sur les coupons

Danemark. — Il n'existe pas, en Danemark, d'impôt sur les coupons.

Espagne. — Toutes les rentes sur l'État supportent un impôt de 20 %.

Les douanes ont une bonification de 23 %.

L'amortissable a une bonification de 13 %.

Les Cubas ont un impôt de 20 %.

Pour les Filipinas, l'impôt est de 15 %.

Sur le net produit de chacune d'elles, 20 % comme toutes les autres rentes.

Grèce. — Les coupons des titres nominatifs ou au porteur supportent, au moment de l'échéance, d'une part un impôt de 5 %; d'autre part, un droit de timbre de 2 %.

Exceptionnellement, l'impôt sur les coupons de la Banque nationale de Grèce est de 3 %.

Portugal. — Un impôt de 10 % sur le montant des coupons des obligations est déduit aux échéances.

Roumanie. — Les coupons d'actions au porteur ou nominatives supportent à leur échéance un impôt de timbre de 1 ‰.

Suède. — Pas d'impôt sur les coupons.

Turquie. — Pas d'impôt sur les coupons.

II. — Impôts sur le revenu et sur le capital

Pays-Bas (Modifications à la législation antérieure). — Les dispositions de la législation fiscale que nous avons précédemment notées viennent d'être modifiées. Depuis le 1er mai 1900, une loi nouvelle sur le timbre des fonds publics est entrée en vigueur. Nous en relaterons les dispositions principales.

Les droits, calculés sur le capital nominal, sont ainsi établis :

a) Pour les obligations à prime, 1 %;

b) Pour les actions de sociétés étrangères, 3 ‰;

c) Pour les lettres de gage des banques hypothécaires de l'intérieur, 1 ‰;

d) Pour toute autre catégorie de fonds publics, 2 ‰.

Le droit est de 5 cents au minimum; il s'augmente chaque fois de 5 cents jusqu'à 25 cents; — de 25 cents à partir de 25 cents jusqu'à 5 florins; — et de 50 cents à partir de 5 florins.

Les parts de fondateur, les actions de jouissance, les reliquats et pareils titres sont soumis à un timbre de dimension d'au moins 22 1/2 cents.

Ne tombent pas sous l'application de la loi nouvelle les titres déjà munis du timbre hollandais avant sa mise en vigueur.

Danemark. — Il n'existe pas d'impôt ni sur le revenu ni sur le capital.

Espagne. — Il n'existe d'impôt ni sur le revenu ni sur le capital autre que l'impôt sur les coupons.

Grèce. — Il n'existe d'impôt ni sur le revenu ni sur le capital en dehors de celui perçu sur les coupons.

Portugal. — Impôt sur le revenu, 10 %. Il n'y a pas, en Portugal, d'impôt sur le capital.

Roumanie. — Aucun impôt spécial sur le revenu global ni sur le capital n'est établi en Roumanie.

Suède. — La Suède ne perçoit pas d'impôt sur le capital; l'impôt sur le revenu est de 1 %.

Turquie. — Aucun impôt ni sur le revenu ni sur le capital mobilier.

III. — Impôt sur les opérations de bourse

Nous avons précédemment indiqué que l'impôt sur les opérations de bourse n'était pas établi en Belgique, dans les Pays-Bas, ni en Russie.

Cet impôt n'est pas non plus en vigueur dans les pays ci-après : Danemark, Espagne, Grèce, Portugal, Roumanie, Suède et Turquie.

IV. — Droits de transmission

Danemark. — La majeure partie des titres d'actions et obligations danoises sont transférables sans acquitter d'impôts ; il n'y a qu'une certaine catégorie d'obligations (comme celles émises par des entreprises privées) qui soit assujettie à des droits qui s'élèvent à 16 °/₀ pour chaque mutation et sont perçus au moyen de l'apposition de timbres.

Espagne. — Les transferts et conversions de titres ne donnent lieu à la perception d'aucun impôt au profit du Trésor espagnol.

Grèce. — Les droits de mutation pour transférer un titre du nominatif au porteur, et vice versa, comprennent un timbre de 1 °/₀₀ avec minimum d'une demi-drachme.

Les sociétés perçoivent de leur côté une demi-drachme par titre.

Portugal. — Les droits de transmission sont ainsi fixés :

Capital nominal.	reis
10.000 reis et au-dessous	0.30
De 10.000 à 50.000	0.75
— 50.000 à 100.000	1.50
— 100.000 à 200.000	3.00

Et ainsi de suite, en augmentant de 150 reis par chaque 100.000 reis ou fraction de 100.000 reis de capital nominal.

Roumanie. — Il n'y a aucun droit sur les transferts.

Suède. — Suivant la jurisprudence pratiquée dans ce pays, les transactions de cette nature ne peuvent pas être effectuées.

Turquie. — Les titres nominatifs n'existent pas.

Paul Dubois,
Administrateur du Crédit foncier colonial.

III. — Influence des opérations de bourse.

Nous avons précédemment indiqué quelle était l'influence des opérations de bourse [illegible] en Belgique, dans les Pays-Bas et en Russie.

Cette influence n'est pas non plus négligeable dans les pays d'Europe : Danemark, Espagne, Grèce, Portugal, Roumanie, Suède et Turquie.

IV. — [illegible]

[illegible]

LES VALEURS MOBILIERES ET LA TERRE

DEVANT L'IMPOT

CHARGES FISCALES COMPARÉES

Il faut être fort pour être respecté. — Lorsque des erreurs ont pris racine dans certains milieux, lorsqu'elles y ont été répandues avec un esprit de parti pris évident, c'est-à-dire dans un but purement politique, il est bien difficile de les faire disparaître radicalement. Il n'y a peut-être qu'un moyen pour y réussir : c'est de se servir des procédés qui ont été employés pour les propager, c'est d'opposer la politique à la politique, le syndicat au syndicat, c'est de grouper les intérêts lésés en une association puissante qui, elle aussi, demande justice au parlement, sous la sanction du bulletin de vote.

L'expérience nous montre qu'en dehors de ce moyen pratique, il n'y a guère de salut.

Pourquoi la propriété agricole a-t-elle aujourd'hui toutes les faveurs? C'est que ses syndicats ont su en faire une force politique.

Pourquoi la propriété mobilière est-elle non seulement négligée, mais désignée sans cesse à l'oppression fiscale? C'est que les représentants de cette portion de la fortune de la France, livrés à eux-mêmes, c'est-à-dire sans force de résistance et sans cohésion, n'ont, aux yeux des pouvoirs publics, aucune valeur politique.

Ne cherchons pas ailleurs la cause de la différence des traitements auxquels sont soumises ces deux représentations du patrimoine français.

Car si nous examinons les choses en elles-mêmes, nous verrons bien vite que les prétendus privilèges dont jouiraient les valeurs mobilières à l'égard de la propriété agricole, résultent d'erreurs certaines.

Éléments de la fortune d'un pays. — La fortune matérielle d'un pays est constituée par deux éléments: le " capital immobilier " et le " capital mobilier ".

Le premier se manifeste par la propriété non bâtie (la terre) et par la propriété bâtie (les maisons).

Le second englobe le commerce, l'industrie, l'exploitation agricole, les professions diverses basées sur l'association du capital et du travail.

Mais, dans cet ensemble de capitaux, nous ne voulons examiner la situation respective que de ceux qui sont généralement opposés les uns aux autres et qui sont comparables; nous laisserons même de côté la propriété bâtie et nous nous attacherons à l'étude des charges de la propriété agricole et de la propriété mobilière représentée par les valeurs mobilières.

C'est bien, en effet, entre ces deux représentations de la richesse acquise que se concentre aujourd'hui la lutte fiscale.

Et maintenant, si nous considérons que les valeurs mobilières donnent à leurs possesseurs un revenu sans leur participation personnelle au travail qu'elles représentent, nous devons, d'autre part, envisager la propriété de la terre à l'exclusion de celui qui l'exploite. Car, si nous considérions l'exploitant agricole, nous devrions mettre en regard les travailleurs du commerce et de l'industrie. Encore une fois, on ne peut comparer que les choses de même ordre et les êtres de même catégorie. Le capitaliste, en tant que porteur de valeurs mobilières, est un rentier au même titre que le propriétaire terrien. Ni l'un ni l'autre ne prend part au travail qui constitue le revenu dont il jouit. Il court seulement les risques de voir ce revenu augmenter ou diminuer et même disparaître.

Ce sont donc les charges de ces deux rentiers qu'il convient de comparer.

I. — ÉVALUATION DE LA FORTUNE PRIVÉE

Évaluation de la propriété terrienne en capital. — La valeur de l'ensemble de la production agricole de la France se chiffre à.. 100.129.000.000 fr.

Le capital foncier entre dans ce total pour.... 91.584.000.000

Le capital d'exploitation : animaux de ferme, matériel et mobilier agricoles, semences, fumier, pour.. 8.545.000.000

Total égal (1)............ 100.129.000.000 fr.

(1) Nous empruntons nos chiffres au *Bulletin du ministère de l'agriculture*, fascicule d'août 1889.

Le capital foncier nous intéressant seul en ce moment, nous ne retiendrons que le chiffre de 91.584.000.000 de francs.

Évaluation des valeurs mobilières en capital. — Nous puisons à trois sources différentes l'évaluation du capital français employé en valeurs mobilières.

En 1895, M. Coste, dans son rapport général à la commission extra-parlementaire de l'impôt sur les revenus, a dressé le tableau suivant :

NATURE DES VALEURS	CAPITAL CORRESPONDANT (approximativement) — milliards de francs.
Valeurs françaises taxées	34
Valeurs étrangères taxées	3
Rentes françaises non taxées	26
Rentes étrangères non taxées	12
Valeurs étrangères imposables, mais échappant à l'impôt	5
Total	80

M. Alfred Neymarck a fait de son côté, dans la *Revue politique et parlementaire* de juillet 1896, un relevé détaillé des éléments de ce capital :

NATURE DES VALEURS	CAPITAL CORRESPONDANT — milliards de francs.
Rentes françaises	27
Actions et obligations de chemins de fer	20
Titres de la Banque de France, du Crédit foncier et de la Ville de Paris	5
Fonds et valeurs étrangères	20
Valeurs industrielles et diverses	10
Total	82

M. Neymarck ajoutait qu'il évaluait à deux millions le nombre des porteurs de rentes seulement et à cinq ou six millions, en France, celui des porteurs de titres mobiliers de toute nature.

Enfin plus récemment, en 1897, M. Théry établit une statistique complète des valeurs mobilières dans notre pays.

Se basant sur les cours de clôture du 1er juillet 1897, il évaluait ainsi le capital français placé en valeurs mobilières :

NATURE DES VALEURS	CAPITAL — millions de francs.
Fonds et valeurs français appartenant à des Français...	60.961.0
Fonds et valeurs étrangers appartenant à des Français..	26.200.0
Total..............	87.161.0

Le capital des valeurs mobilières atteint donc aujourd'hui, en France, un chiffre presque égal à celui de la terre et il est probable que, dans quelques années, il le dépassera. Cette portion de la fortune de la France n'est pas, on le voit, une quantité négligeable.

Si l'on se reporte aux chiffres des valeurs successorales pendant une période d'années assez longue, on constate la marche progressive de la propriété mobilière par rapport à la propriété immobilière, qui comprend forcément ici la propriété bâtie :

ANNÉES	VALEURS SUCCESSORALES	
	VALEURS mobilières	VALEURS immobilières
1	2	3
	millions de francs.	millions de francs.
1826	457.0	880.0
1849	736.0	1.154.0
1868	1.602.0	1.853.0
1892	3.275.0	3.129.0
1894	2.863.0	2.886.0
1895	2.933.0	3.042.0
1896	2.798 0	2.708.0
1898	3.531.1 (1)	3.090.2

(1) Bien que cette annuité contienne d'autres biens-meubles que des titres mobiliers, la progression constatée est due au développement de ces valeurs.

L'accroissement de la propriété mobilière par rapport à l'immobilière est considérable ; il apparaîtrait plus important encore, si la fraude très probable ne diminuait le chiffre réel des valeurs mobilières déclarées.

Revenu de la propriété agricole. — Maintenant, quel est le revenu global approximatif de ces deux fortunes ? Nous trouvons, dans la discussion qui a eu lieu au Sénat le 10 mars dernier, des indications assez confuses et très contradictoires à ce sujet.

Les défenseurs les plus actifs et les plus autorisés de la propriété agricole sont loin d'être d'accord eux-mêmes sur le revenu de cette propriété et sur la proportion des charges qui la grèvent.

De l'enquête faite en 1893 par l'administration des contributions directes, il résulterait que ce revenu est de 2.645 millions et demi.

En 1895, le ministre de l'agriculture l'évaluait à peu près au même chiffre (2.625 millions). M. Monestier, rapporteur au Sénat de la nouvelle loi d'évaluation du revenu des propriétés non bâties, s'est arrêté tout d'abord à la somme de 2.600 millions; puis il a estimé que cette somme est trop forte; il l'a ramenée à 2 milliards. Cependant, M. Denoix, sénateur, constata au cours de la discussion que les statistiques du ministère de l'agriculture élèvent cette évaluation à 5 milliards. Peut-être a-t-il joint au revenu des propriétés non bâties, celui de l'exploitation agricole dont on doit dresser un compte séparé pour le comparer avec celui des revenus commerciaux et industriels ?

Quoi qu'il en soit, pour nous arrêter à un chiffre vraisemblable, nous prendrons l'évaluation faite, en 1881, par l'administration des contributions directes et qui a été confirmée par l'enquête de 1893 :

ÉVALUATION DU REVENU NET IMPOSABLE DES PROPRIÉTÉS NON BATIES FAITE, EN 1881, PAR L'ADMINISTRATION DES CONTRIBUTIONS DIRECTES

NATURE DES BIENS	REVENU NET	RAPPORT avec le principal de L'IMPÔT
1	2	3
	millions de francs.	Taux %
Terrains de qualité supérieure	115.6	4.30
Terres labourables	1.485.1	4.64
Prés et herbages	483.2	4.69
Vignes	301.5	2.95
Bois	188.9	5.26
Landes et autres terres incultes	41.3	5.12
Cultures diverses	29.9	4.73
TOTAL et MOYENNE	2.645.5	4.49

Revenu des valeurs mobilières. — Pour le revenu des valeurs mobilières, nous puisons à deux sources de renseignements : le rapport de M. Coste, à la commission extra-parlementaire de l'impôt sur les revenus, et la statistique de M. Théry.

M. Coste évalue très approximativement et sans entrer dans le détail, à 3.488 millions le revenu des valeurs mobilières, dont il a évalué le capital à 80 milliards.

M. Théry justifie son évaluation par le tableau suivant :

DÉSIGNATION DES VALEURS FRANÇAISES		REVENU NET TOTAL	RAPPORT du REVENU au capital
1		2	3
Valeurs françaises :		millions de francs.	%
Fonds d'Etat		813.8	2.97
Emprunts de villes et de départements		66.9	3.06
Obligations	Crédit foncier (foncières et communales)	117.1	2.91
	Chemins de fer	466.2	2.78
	Sociétés industrielles	51.1	3.81
Actions	Chemins de fer	146.9	2.95
	Sociétés financières	66.7	3.42
	— industrielles	121.5	3.56
	Compagnies d'assurances	25.9	3.32
Valeurs non cotées à Paris		180.0	4.50
TOTAL et MOYENNE		2.056.1	3.03
A déduire :			
10 % de valeurs françaises appartenant à des étrangers		205.2	3.03
RESTE pour le portefeuille français		1.850.9	3.03
A ajouter :			
Valeurs et fonds d'Etat étrangers		1.121.3	4.28
REVENU du portefeuille français		2.972 2	4.41

Ce chiffre paraît se rapprocher beaucoup plus de la vérité que celui du rapporteur de la commission extra-parlementaire. Pour s'en convaincre, il suffit de multiplier les capitaux mis en regard de chaque catégorie de valeurs figurant dans les tableaux de MM. Neymarck, Coste et Théry par le taux de capitalisation généralement admis pour chacune de ces catégories, pour obtenir un résultat qui se rapproche très sensiblement de celui de M. Théry.

Résumé. — Résumons ces différentes données :

	millions de francs.
Capital foncier des propriétés non bâties	91.584
Revenu net de ce capital	2.645
Taux du revenu net	2.89 %

		milliards de francs.
Capital des valeurs mobilières	d'après M. Coste....................	80
	— M. Neymark................	82
	— M. Théry..................	87
	Moyenne............	83
Revenu net de ce capital, en millions de francs....		2.972.2
Taux du revenu net........................		3.58 %

II. — SÉCURITÉ ET CARACTÈRES DIFFÉRENTS DE CHACUNE DE CES DEUX PROPRIÉTÉS ET DE LEUR REVENU

On voit que le rendement des valeurs mobilières est un peu supérieur, dans son ensemble, à celui de la propriété agricole; mais ce dernier est compensé par des sécurités que n'ont pas les porteurs de valeurs mobilières.

D'ailleurs, si l'on considère, dans les valeurs mobilières françaises seulement, les titres à revenu fixe ou garantis par l'État (rentes, emprunts de villes, du Crédit foncier, actions et obligations de chemins de fer), qui à eux seuls, dans le chiffre global de 83 milliards, figurent pour plus de 56 milliards, on constate que le taux du revenu de ce capital n'atteint pas 3 % dans son ensemble.

Aussi, l'écart de rendement entre les deux placements immobilier ou mobilier ne parait-il pas insuffisant, étant donnée la différence de sécurité que ces deux placements offrent respectivement?

Est-il préférable de posséder 100 hectares de bonne terre, à 3.000 fr. l'hectare, qu'un capital de 300.000 francs représenté par de la rente française? Sans doute, le rentier sera généralement assuré de moins nombreuses interruptions que le propriétaire terrien, dans la perception de son revenu; mais, au point de vue du fonds, du capital, la sécurité du premier est loin d'égaler celle du second. Le rentier n'a entre les mains, en représentation du capital qu'il a versé au Trésor, qu'une feuille de papier portant l'engagement de l'État de lui verser annuellement un revenu de...; il ne peut recouvrer son capital que par la négociation de ce papier.

Mais que l'État suspende le payement total ou partiel de ce revenu, que restera-t-il entre les mains du rentier? Un papier déprécié ou même sans valeur. Il est donc rationnel que le revenu foncier agricole soit moins élevé que le revenu mobilier.

A ce propos, nous nous permettons de recommander la lecture d'un rapport distribué en 1857 au Corps législatif, rapport fait au nom de la commission chargée d'examiner le projet de budget de 1858.

Il s'agissait aussi, à cette époque, de l'établissement d'un impôt sur les valeurs mobilières et la commission se préoccupait de l'antagonisme qui se manifestait déjà entre les deux propriétés immobilière et mobilière.

La fortune mobilière, écrivait en substance le rapporteur, a des éléments qui lui sont propres; ses succès sont éclatants et bien faits, il faut le dire, pour tenter les ambitions et séduire les esprits. Bénéfices considérables, facilité indéfinie de transmission, absence complète d'embarras et de gestion, réalisation immédiate et toujours sous la main, emprunts faciles, augmentation visible et chaque jour constatée: tels sont les principaux avantages des valeurs mobilières.

Il faut pourtant ne pas oublier, dans un coin de ce tableau si brillant, l'incertitude, cette compagne aussi de l'espérance, les revirements subits, les écroulements rapides de cette prospérité souvent trompeuse, ou plus impressionnable que toute autre au choc des événements publics, les crises périodiques et cette facilité même de réalisation qui se retourne alors contre les détenteurs.

Les capitaux mobiliers, ajoutait le rapporteur, sont indispensables à un grand pays comme le nôtre. Ils sont une des sources les plus fécondes de notre prospérité, la vie et le mouvement de nos industries; leurs victoires sont aussi les nôtres; leurs revers nous atteignent tous, directement ou indirectement. La fertilisation de notre sol ne peut se passer d'eux; la guerre a besoin de leur puissant concours.

C'est par eux que l'Angleterre, si petite comme sol, est si grande comme puissance; c'est avec eux que nous pouvons acquérir et conserver une richesse et une force sans égales, nous à qui la terre ne manque pas.

La terre, disait M. Leroux, tel est l'élément solide sur lequel repose la propriété foncière. Cette solidité fait son avantage en même temps que son inconvénient. En effet, c'est à elle que l'on s'adresse dès que les temps deviennent difficiles; toujours à portée, toujours saisissable, elle supporte le poids des crises, des guerres et des révolutions.

Et cependant, si on la considère de plus près, on s'aperçoit de ses avantages.

La propriété foncière n'est pas, comme l'autre, une part temporaire d'une industrie toujours militante, c'est une possession certaine, indéfinie; c'est, pour ainsi dire, et sauf les lois générales de la société, un petit État dans l'État. Si l'accroissement de capital est lent, il est, on peut le dire, immanquable et soustrait à ces alternatives toujours si dangereuses des valeurs mobilières.

Enfin, à côté de ses revenus modestes, suite d'ailleurs naturelle du haut prix qui s'attache à son achat, ne faut-il pas placer cette sécurité complète, cette somme d'influence légitime, d'économie et cependant de vie plus large dont la terre donne la jouissance? Ne faut-il pas ajouter ce qu'on pourrait appeler ses avantages moraux : cet exercice patient de la persévérance, cette poursuite de l'amélioration lente mais certaine, cette chaîne de souvenirs et d'espérances qui relie la famille ancienne à la famille à venir? Il faut bien que ces considérations soient dans les esprits pour que nous voyions les grandes fortunes conquises dans les affaires chercher la stabilité et et comme un abri dans la propriété du sol, et les petites épargnes lui rester fidèles ainsi que le témoigne le morcellement incessant qui, pour quelques-unes, est une préoccupation.

Disons-le donc en terminant, ajoutait le rapporteur de 1857, les deux propriétés foncière et mobilière ne sont pas des rivales, mais des sœurs différemment dotées et qui se doivent et se prêtent un mutuel appui. Leur lutte serait fatale ; leur union, hâtée par le temps et par nous, sera l'échange d'un bienfait réciproque.

Ces paroles devraient être méditées par nos législateurs d'aujourd'hui. Ils ont le devoir de se défendre contre les iniquités qu'on voudrait leur faire commettre en vertu de cette idée fausse que la propriété mobilière est moins chargée d'impôts que la propriété immobilière.

III. — CHARGES COMPARÉES DES DEUX PROPRIÉTÉS

Si nous passons maintenant à l'évaluation des charges comparées du revenu des propriétés non bâties et des valeurs mobilières, nous avons à notre disposition deux méthodes de calcul : une méthode de généralisation et une méthode de specialisation.

Avec la première, nous essaierons de totaliser les charges qui frappent respectivement, dans leur ensemble, les deux propriétés et nous établirons une proportion. Avec la seconde, nous prendrons des cas particuliers et nous considérerons directement chaque groupe de valeurs.

Charges du revenu de la terre. — Quels sont les impôts spéciaux qui frappent la propriété non bâtie? On n'attend pas, en effet, que nous fassions entrer dans nos calculs les impôts communs à la généralité des contribuables tels que la contribution personnelle-mobilière ou l'impôt des portes et fenêtres. De même que nous ne mettrons pas ces taxations au débit du compte des valeurs mobilières, de même nous ne les porterons pas à la charge de la propriété non bâtie.

Certes, nous ne serons pas suspect aux yeux de nos contradicteurs, si nous nous servons des chiffres mêmes que M. Méline a donnés à la

Chambre le 17 juillet 1896, lorsqu'il voulut établir la proportion des charges qui, d'après lui, atteignent l'agriculture (1) :

	millions de francs.
Impôt sur la propriété non bâtie (2)	171
Impôt sur la propriété bâtie	30
Impôt des prestations	58
Total	259 (3)

Ce tableau comporte quelques observations. Nous avons tenu compte d'une portion de l'impôt sur la propriété bâtie représentée par les bâtiments de ferme inséparables des terres de culture et nous ne posons même pas la question de savoir dans quelle proportion le chiffre de 30 millions comprend l'impôt applicable aux maisons d'habitation proprement dites qui ne sont pas nécessairement indispensables à l'exploitation de la ferme et qui, pour ce motif, restent occupées par les propriétaires.

Nous ferons encore une autre réserve.

En droit, le propriétaire terrien est comptable de l'impôt foncier vis-à-vis de l'État. Mais on sait que, dans la pratique, il met le plus souvent tous les impôts à la charge du fermier ou en tient compte dans le prix du fermage. En sorte qu'on pourrait prétendre, d'une façon générale, que la propriété non bâtie agricole ne supporte aucun impôt.

Enfin, avant de faire le calcul de proportion qui nous fera connaître approximativement dans quelle mesure cette propriété est frappée par l'impôt, constatons que le revenu net imposable est loin d'être comparable, comme exactitude, au revenu des valeurs mobilières.

Le revenu des propriétés non bâties est un revenu cadastral et non un revenu réel, actuel. Il a été évalué de 1808 à 1845 par des commissions de propriétaires assistés d'un contrôleur. Quelle exactitude actuelle attendre d'un travail qui date de si loin et dont les progrès de la science appliquée à l'agriculture ont forcément modifié les résultats?

---

(1) M. Méline a déclaré qu'il s'était fondé sur un travail du ministère de l'agriculture.

(2) Nous avons diminué le chiffre donné par M. Méline du dégrèvement de 25 millions accordé par la loi du 21 juillet 1897.

(3) Nous ne comprenons pas, dans ce total, les frais de mutation qui ne constituent pas un impôt sur le revenu de la propriété agricole, mais seulement une charge éventuelle très lourde, il est vrai, en cas de vente. Par voie de réciprocité, dans l'énumération des taxes qui atteignent le revenu des titres mobiliers nous ne tiendrons pas compte de l'impôt sur les opérations de bourse qui ne se perçoit qu'en cas de négociation et qui, entre parenthèses, fait double emploi avec la taxe de transmission perçue sur les titres eux-mêmes.

On peut donc admettre que cette évaluation ne répond plus, dans la plupart des cas, à la réalité des faits. Il n'en est pas de même du revenu des valeurs mobilières. Ce revenu est connu par la déclaration de dividendes facilement contrôlables, ou est imprimé sur les coupons mêmes de chaque valeur, s'il s'agit d'intérêts fixes. Il est ainsi suivi pas à pas dans ses variations et ses progrès par le fisc.

Quoi qu'il en soit, d'après les chiffres que nous avons reproduits plus haut, voici dans quelle proportion serait grevé dans son ensemble le revenu de la propriété agricole.

	millions de francs.
Revenu net imposable	2.645.5
Charge globale de l'impôt	259.0
Proportion des charges au revenu	9.80 %

Charges du revenu des valeurs mobilières. — Voici maintenant les charges fiscales s'appliquant à la généralité des valeurs mobilières, les rentes françaises non comprises :

IMPÔTS DIVERS PAYÉS EN 1899 PAR LES VALEURS MOBILIÈRES DE TOUTE NATURE A L'EXCEPTION DES RENTES FRANÇAISES (1)

Taxe sur le revenu	74.291.000 fr.
Droits de timbre	32.072.500 (2)
Droits de transmission	48.798.000
	155.161.000 (3)

Le revenu brut du portefeuille français, non compris les arrérages des rentes françaises, étant de 2.321.441.300 francs, ce revenu global a été frappé en 1899 à raison de 6 fr. 70 %. En 1898, il avait été atteint dans la proportion de 7 %.

Mais avant de pousser plus loin notre démonstration, nous tenons à rappeler que si les évaluations du revenu et des charges des valeurs mobilières sont basées sur des faits certains, les évaluations du revenu

(1) *Bulletin de statistique et de législation comparée du ministère des finances* (février 1900).

(2) L'année 1898 qui avait donné une recette de 46,335,000 francs avait bénéficié de perceptions anormales par suite du timbrage, au tarif de 1895, d'une quantité exceptionnelle de rentes et effets publics des gouvernements étrangers, présentés à la formalité en vue d'éviter l'application du nouveau tarif, porté de 50 centimes % à 1 % sur les valeurs de l'espèce à dater du 1er janvier 1899.

(3) Nous ne tenons pas compte de l'impôt sur les opérations de bourse, puisque nous n'avons pas fait entrer dans le compte de la propriété agricole les droits de mutation.

de la propriété agricole sont à ce point incertaines que le Sénat a cru devoir voter, dans sa séance du 10 mars 1899, une loi relative à une nouvelle évaluation de ce revenu.

Les conversions des rentes sont une charge pour les revenus des rentiers. — Mais lorsque nous serrerons la discussion de plus près, nous n'aurons même pas besoin de faire cette double réserve, pour montrer que les valeurs mobilières françaises paient généralement plus d'impôts que la propriété agricole.

On a vu que notre dernier tableau exclut les rentes françaises. Nous avons voulu, en effet, n'y faire figurer tout d'abord que les fonds et valeurs qui subissent une retenue fiscale.

Est-ce à dire cependant que le revenu des rentes françaises, dans leur ensemble, n'a pas été diminué annuellement au profit du Trésor, c'est-à-dire de la masse des contribuables, au même titre, quoique sous une forme différente, que les autres valeurs mobilières ? Ce serait une grave erreur que de le prétendre.

La conversion, telle qu'elle a été pratiquée en France depuis 1875, n'a constitué, en somme, que des retranchements successifs de revenu au détriment des rentiers. Si les propriétaires agricoles avaient vu leur revenu diminuer au profit de la communauté des contribuables par une mesure d'ordre légal ayant le même effet que l'impôt, ils mettraient cette diminution, n'en doutons pas, au compte des charges qui les atteignent.

Les rentiers qui, pendant vingt ans, ont perçu un revenu de 5 % n'ont-ils pas le droit de se trouver lésés, quoique légalement, quand ce revenu est ramené successivement à 4 % puis à 3 % ?

Voici, en effet, les impôts qu'ils paient, depuis 1875, sous forme de conversions :

ÉCONOMIES PROVENANT DES CONVERSIONS DE 1875 A 1899

NATURE DES RENTES CONVERTIES	ÉCONOMIES
1	2
	millions de francs.
Emprunt Morgan — 1875	0.4
4 ½ et 4 % — 1887	9.5
5 % — 1883	34.0
4 ½ % — 1894	17.9
TOTAL	111.8

Si nous nous reportions à une époque antérieure à celle des grands emprunts de liquidation, si nous remontions à l'année 1852, époque de la conversion Bineau, nous additionnerions une série d'économies du fait des conversions dont le total annuel s'élève encore à près de 23 millions.

Nous allons donc joindre à notre premier tableau des impôts supportés par les valeurs mobilières, l'économie annuelle que fait aujourd'hui le Trésor sur le service de la dette de l'État, pour avoir la totalité des charges pesant sur l'ensemble des valeurs mobilières, y compris la rente.

Les résultats sont les suivants :

	millions de francs.
Taxe sur le revenu	74.3
Droits de timbre et de transmission	80.9
Économie des conversions	111.8
Total des impôts et économies	267.0

Ainsi, le revenu brut du portefeuille français y compris, les arrérages des rentes françaises, avant les différentes conversions signalées plus haut, étant de 3.246 millions, ce revenu se trouve diminué annuellement aujourd'hui dans son ensemble, soit par l'impôt, soit par les conversions, de 8 fr. 30 %.

Ce n'est pas tout. En effet, pour nous rapprocher le plus possible de la vérité, il convient maintenant de sortir des généralités et de spécialiser les charges de chaque catégorie de valeurs mobilières.

Il est entendu que les porteurs de rente française 3 % n'ont pas encore payé d'impôt sous forme de conversions. Mais, lorsque le taux de l'argent reprendra son mouvement de dépréciation, ce qui arrivera le jour où le capitaliste, lassé des entreprises à revenu variable, reviendra aux placements à revenu fixe, les porteurs de rente 3 % n'auront rien perdu pour avoir attendu ; leur revenu sera ramené successivement à 2 ½ puis peut-être à 2 %.

Charges des valeurs mobilières étrangères. — Les porteurs de fonds d'État et ceux de valeurs étrangères non abonnées au fisc français sont évidemment privilégiés par rapport aux valeurs françaises. Toutefois, n'oublions pas qu'en deux années, leur capital vient d'être frappé successivement de droits de timbre très élevés (1).

Charges de la rente française. — Quant aux porteurs de rentes françaises 5 % dont le capital nominal est de 6.920 millions et qui représentent ainsi une proportion de 8 1/2 % environ par rapport à l'ensemble du capital des valeurs mobilières, qui niera qu'ils aient perdu, depuis 1894, 30 % de leur revenu?

Revenu originaire du 5 %	340.500.000 fr.
Économie annuelle des deux conversions de 1883 et de 1894	101.916.070
Revenu actuel, environ	248.584.930
Écart entre le taux de 5 % et celui de 3 ½	30 %

Nous ne rappelons que pour mémoire les pertes d'importance sensiblement égale subies, depuis 1887, par les porteurs des anciennes rentes 4 1/2 et 4 %.

Charges des obligations des sociétés anonymes. — Nous abordons maintenant la catégorie des valeurs françaises et étrangères taxées et qui ne portent pas sur un capital moindre de 37 à 38 milliards.

Parmi ces valeurs, les unes sont des obligations, les autres des actions. Au point de vue de l'impôt, la séparation de ces deux natures

(1) Depuis 1896, les valeurs et fonds étrangers ont supporté de lourdes charges. En effet, le droit de timbre des valeurs mobilières, qui figurait dans le budget de 1895 pour 6.200.000 francs, a progressé depuis dans la proportion suivante :

	millions de francs.
1896	16.8
1897	12.4
1898	28.9
1899 (chiffre provisoire)	13.1

Ainsi, en trois ans, les charges de timbre sur les valeurs étrangères avaient presque quintuplé. Mais la progression acquise en 1898 n'a pu se maintenir. Les encaissements de 1898 ont été tout à fait exceptionnels ; ils ne se reproduiront pas. Nous voyons en effet que, pour l'exercice 1899, l'encaissement du droit de timbre des valeurs mobilières étrangères a été en diminution non seulement sur les évaluations, mais sur les recettes de 1898.

On a commis une faute en mettant en regard d'un dégrèvement fixe annuel de 26 millions accordé à l'agriculture, une recette exceptionnelle à prélever pour la majeure partie, une fois pour toutes, sur le capital des valeurs étrangères. Ce ne sont pas, en effet, les recettes à provenir des émissions nouvelles de titres qui pouvaient contribuer à maintenir ultérieurement les encaissements de 1898.

de titres s'impose. Car si les obligations ne supportent que les impôts déjà très élevés qui frappent le titre mobilier, les actions, comme nous le démontrerons plus loin, sont grevées, en plus des impôts applicables aux sociétés, de tous les impôts afférents aux biens des particuliers.

Un grand nombre d'agrariens de notre parlement, préoccupés avant tout de faire leur cour aux électeurs agricoles, ont successivement affirmé, malgré les réfutations les plus autorisées qui leur ont été opposées, que les valeurs mobilières françaises ne payent qu'un impôt de 4 °/₀ sur leur revenu.

Récemment encore, le 10 mars 1899, à l'occasion de la discussion de la loi nouvelle sur l'évaluation du revenu de la propriété non bâtie, un sénateur que nous jugeons inutile de nommer n'a pas reculé devant cette affirmation.

Nous l'invitons seulement à se présenter aux guichets de l'une des grandes compagnies de chemins de fer, avec un coupon semestriel de 7 fr. 50 d'une de leurs obligations.

Voici — à n'en pas douter — le dialogue qui s'engagera entre l'honorable sénateur et le caissier de la compagnie :

— Monsieur, voici un coupon de 7 fr. 50 de votre compagnie. J'ai dit au Sénat, dans sa séance du 10 mars 1899 : « Tout le monde sait que les valeurs mobilières sont imposées au taux de 4 °/₀. » Voulez-vous me payer 7 fr. 50 moins 4 °/₀ ou 30 centimes, soit 7 fr. 20. Voici mon acquit.

— Pardon, monsieur le sénateur, vous faites erreur, ce n'est pas la seule retenue que je me vois dans la nécessité d'opérer sur votre coupon ; je dois vous retenir en plus 15 centimes de droit de timbre.

— Comment, puisque j'ai dit au Sénat : « Tout le monde sait »......

— Je sais parfaitement, monsieur le sénateur, ce que vous avez dit ; mais, ce que je sais aussi et ce que vous paraissez avoir oublié, c'est que vous ou vos anciens vous avez voté en 1850 et en 1871 deux lois frappant d'un droit de timbre notamment toutes les obligations des compagnies. Or,.....

— J'avais, en effet, oublié ce détail. Eh bien, soit ; je vais vous donner mon acquit pour la somme de 7 fr. 05.

— Je suis vraiment confus, monsieur le sénateur, de mon insistance désobligeante ; mais, laissez-moi vous dire que nous sommes encore bien loin de compte.

— Quoi ! encore une retenue !

— Hélas, monsieur le sénateur, les lois de 1857 et de 1872, que vous paraissez avoir complètement perdues de vue, m'obligent à vous retenir encore sur votre coupon de 7 fr. 50 la somme rondelette de 45 centimes.

— 45 centimes ! Mais avec 30 centimes et 15 centimes, ce nouveau prélèvement fait un déchet total de 90 centimes. Mon coupon de 7 fr. 50 ne vaut plus que 6 fr. 60 ; c'est 12 °/₀, monsieur, que vous retenez sur mon revenu ; mais, c'est une ruine !

— Je ne vous l'ai pas fait dire, monsieur le sénateur, c'est une ruine en effet, et nous voilà bien loin de ce que vous disiez au Sénat : « Tout le monde sait que les valeurs mobilières.....

— Taisez-vous, monsieur! Que dirai-je dans ma circonscription! Aussi, c'est la faute aux chefs du parti agricole qui nous ont toujours bercés de la douce illusion que l'immunité scandaleuse des valeurs mobilières nous autorisait à réclamer une faveur égale pour la propriété agricole

Opinion de différents hommes politiques sur ces charges. — Et maintenant, pour montrer aux adversaires des valeurs mobilières que ce dialogue n'est fantaisiste que dans la forme, nous nous permettrons de leur mettre sous les yeux ce que disait M. Krantz dans son rapport général sur le projet de budget de 1897 :

Les valeurs mobilières sont déjà très lourdement taxées et si l'on veut bien faire le compte de toutes les charges diverses qui atteignent leurs coupons, impôt sur le revenu, droits de timbre et de transmission, on reconnaitra que le fisc prélève sur leur revenu annuel, une part qui varie de 10.58 à 13.20 % (1).

M. Paul Doumer, ministre des finances, disait à son tour dans la séance de la Chambre du 7 novembre 1895 :

Vous savez quelles sont les taxes qui frappent les valeurs mobilières dans notre pays; il y en a trois : la première est un droit de timbre de 1.20 % payé comptant et une fois pour toutes, ou un droit de 6 centimes payé annuellement et par abonnement ;

C'est ensuite un droit de transmission qui est, pour ne parler que des titres au porteur, de 20 centimes % ;

Il y a enfin une taxe de 3 % autrefois, 4 % maintenant, sur le revenu de toutes les valeurs mobilières.

Voilà ce qu'on appelle la triple taxe, que doivent acquitter les titres français et étrangers.

Voilà bien la preuve que l'impôt sur le revenu des valeurs mobilières à revenu fixe s'élève à 12 % au minimum. Elle émane de trois sources différentes : 1° des textes de loi ; 2° des déclarations d'un radical, ministre

---

(1) Actuellement pour une obligation de 500 francs au porteur, les droits payés annuellement au Trésor sont les suivants :

		OBLIGATIONS	
	4 %	3 %	2 1/2 %
	fr. c.	fr. c.	fr. c.
Revenu brut	20.00	15.00	12.50
Impôts : Droit de timbre	0.30	0.30	0.30
Impôts : Droit de transmission	1.00	0.90	0.85
Impôts : Taxe sur le revenu	0.80	0.60	0.50
Total	2.10	1.80	1.65
Soit pour 100 francs de revenu	10.50	12.00	13.20

Pour le calcul du droit de transmission, nous avons supposé l'obligation 4 % se négociant au pair, l'obligation 3 % à 450 francs et l'obligation 2 ½ à 425 francs.

des finances, et d'un modéré, rapporteur général du budget; 3° de l'acquittement d'un bordereau de coupons aux guichets d'une compagnie de chemin de fer.

Que faut-il de plus?

Cependant, nous ferions volontiers le pari qu'il se trouvera encore un jour, au Sénat ou à la Chambre, un parlementaire pour dire : « Tout le monde sait que les valeurs mobilières sont imposées au taux de 4 %, tandis que l'agriculture, etc... »

Alors, on en conviendra, ce ne sera plus une erreur, ce sera de la mauvaise foi!

Charges des actions des sociétés anonymes. — Et maintenant, en ce qui concerne les impôts payés par les actionnaires des sociétés anonymes, nous ne saurions mieux faire que de rééditer, après avoir fait contrôler nos chiffres par les sociétés elles-mêmes, ce que nous avons déjà publié il y a quelques années.

Nous considérerons une action de compagnie d'assurances, une action de compagnie industrielle, une action de banque, une action de chemin de fer, une action de compagnie de transports par voiture, une action de société immobilière. Nous aurons ainsi effectué nos prises d'analyse à peu près dans toutes les catégories de placements mobiliers. Pour l'uniformité de nos calculs, nous supposons que tous les titres de ces sociétés sont au porteur.

Société générale. — Bénéfice réalisé en 1898 par chaque action de

		fr. c.
500 francs dont moitié versée.........		17.85
A déduire :	fr. c.	
Impôts payés par la société pour le compte des actionnaires.....................	5.35	
Droit de transmission sur ces titres (1)....	0.50	
Taxe sur le revenu.........................	0.50	
	6.35	6.35
Revenu net.....		11.50

(1) L'action de la Société générale est un titre nominatif et paye le droit de transfert à chaque négociation (50 centimes par 100 francs, déduction faite des versements restant à faire). Mais, comme la plupart des titres des sociétés sont aujourd'hui des titres au porteur, et que nous envisageons une situation générale, nous raisonnons comme si l'action de la Société générale était au porteur et nous calculons le droit annuel que paie cette catégorie de titres.

Au lieu de toucher un dividende de 17 fr. 85 qu'il avait légitimement gagné — il n'y a qu'à consulter le compte de profits et pertes de la Société générale pour s'en convaincre — l'actionnaire de cet établissement, par suite de la part d'impôts versée à l'État, n'aurait reçu, avec un titre au porteur, que 11 fr. 50 ; il a reçu 12 francs étant détenteur d'un titre nominatif.

L'actionnaire a donc payé ici à l'État 31 % d'impôt sur son revenu.

Compagnie parisienne du gaz. — En 1898, l'actionnaire de cette compagnie a payé à la ville de Paris et à l'État 8.089.005 francs de charges, sans compter la part de bénéfices prélevée par la Ville.

	PAR ACTION — fr.
Cette somme d'impôts correspond à....................	24.07
A ajouter les impôts sur les titres....................	4.79
Le dividende distribué et réservé a été, net, de	57.71
Total..................	86.57

Cette somme de 86 fr. 57 constitue le bénéfice réalisé en réalité par chaque action. Les impôts payés sur ce revenu représentent une proportion de 33.33 %.

Chemin de fer du Nord. — Les impôts payés à l'État par la compagnie

des chemins de fer du Nord se sont élevés pour l'année 1898 à........................	21.143.099 fr.
Les transports gratuits ou à prix réduits (calculés sur les bases adoptées en 1894) ont donné un bénéfice de.........................	7.585.935
Total.........	28.729.034 fr.
Le dividende et l'intérêt payés aux actionnaires ont demandé............................	35.263.384
Ensemble....	63.992.418 fr.

Telle est la somme qui aurait été répartie aux actionnaires de la compagnie du chemin de fer du Nord, s'ils n'avaient pas eu à faire face aux impôts chiffrés ci-dessus.

Ils auraient pu toucher un dividende de 121 francs. A cause des impôts, ce dividende a été réduit à 67 francs. La proportion des impôts payés par eux sur leur revenu a donc été d'environ 45 %.

Si nous ne faisons pas entrer dans nos calculs les charges provenant des transports gratuits ou à prix réduits au bénéfice de l'État, la proportion d'impôt est encore d'environ 37 °/₀ du revenu.

Si les chiffres de 1898 paraissent inférieurs à ceux de 1894, c'est que l'État a demandé que les calculs fussent faits, depuis cette année, d'une façon différente. Mais si nous rétablissions les chiffres de 1898 sur les bases de 1894, nous obtiendrions pour l'année 1898 en chiffres arrondis :

Impôts payés à l'État........................	22.070.000 fr.
Transports gratuits ou à prix réduits.........	16.442.000
Total.........	38.512.000 fr.
Dividendes et intérêts payés aux actionnaires..	35.263.000
Ensemble....	73.775.000 fr.

Les actionnaires auraient pu toucher un dividende de 140 francs au lieu de 67 francs ; la proportion de l'impôt payé par les actionnaires est ici d'environ 52 °/₀.

En ne tenant compte que de l'impôt payé, la proportion d'impôt est encore d'environ 38 °/₀.

Rente foncière. — L'ensemble des impôts acquittés par cette société en 1898, y compris les taxes dues sur les titres,

fait ressortir une charge de................	478.447 fr.
En ajoutant le dividente net de 1898..........	660.000
Nous avons un total de.............	1.138.447 fr.

qui aurait été le bénéfice distribué aux actionnaires, s'il n'y avait pas eu d'impôts à payer. La proportion de ces impôts par rapport au revenu, est de 72 °/₀ (1).

Compagnie des omnibus à Paris. — En 1898, l'actionnaire de la Compagnie des omnibus a payé à la ville de Paris et à l'État 5.241.100 francs d'impôts de toute nature; ce

	fr.	c.
qui fait par chaque action...	154	15
A ajouter les impôts sur les titres..................	5	96
Le dividende net distribué...........................	59	04
Total...............	219	15

(1) Cette proportion pourrait être augmentée encore très sensiblement, si la société éperdait finalement le procès engagé depuis douze ans avec l'administration de l'enregistrement qui lui réclame le paiement de la taxe de 1 °/₀ sur les prêts qui lui ont été consentis par le Crédit foncier à l'aide de son capital ou des réserves.

Voilà la somme que la compagnie aurait pu répartir à chacune de ses actions, si elle n'avait pas eu d'impôts à payer. La Ville a touché 112 fr. 19 par action, l'État 41 fr. 96 et l'actionnaire 59 fr. 04.

La proportion des impôts par rapport au revenu des actionnaires est de 72 % (1).

Les associations de petits capitaux sont sacrifiées aux détenteurs particuliers de gros capitaux.—Ainsi, il est incontestable que les impôts payés par les actionnaires des sociétés sur leurs titres constituent un double emploi avec les impôts qui frappent les particuliers commerçants, industriels, propriétaires d'immeubles et que la société paie pour le compte de ses actionnaires. Un banquier travaillant avec ses propres capitaux paie moins d'impôts pour la même industrie, que l'actionnaire d'une société de crédit; un propriétaire d'immeubles est moins grevé que le porteur d'une action d'une société immobilière; un industriel, seul maître de son entreprise, a des charges fiscales moins lourdes que l'actionnaire d'une société industrielle quelconque, etc. Pourtant, de quel côté est le gros capitaliste? Le fait de réunir des épargnes en une association destinée à exercer l'industrie d'un capitaliste individuel tombe sous les rigueurs du fisc. Le principe de l'association des capitaux est condamné ou tout au moins entravé dans son application, par les charges qui pèsent sur les signes représentatifs de cette association, circonstance étrange, absolument contraire au progrès. L'association des capitaux pour l'exploitation d'une industrie n'est qu'une forme de mise en œuvre de ces capitaux. Ce que l'impôt doit frapper c'est le fonds, c'est-à-dire la représentation matérielle des capitaux, l'actif et le revenu. Quant à la manière dont ces capitaux sont réunis et apportés, quant à la forme sous laquelle ils se présentent, peu importe! Ce n'est pas cette forme qui est directement productrice du revenu imposable : un million fourni par plusieurs capitalistes réunis en société et un million appartenant à un capitaliste particulier produiront le même revenu et encore le million de la société anonyme ne sera-t-il pas grevé de plus de frais généraux? — Ce revenu sera frappé des mêmes impôts. Pourquoi venir surcharger de trois impôts

(1) Il serait intéressant de compléter ce travail par une étude comparative des charges qui pèsent à l'étranger sur les titres mobiliers indigènes et étrangers. Dans son *Traité pratique des règles de perception des impôts en matière de titres et de biens des sociétés étrangeres en France et des fonds d'État étrangers*, M. Maurice Jobit, sous-inspecteur de l'enregistrement à Paris (service des sociétés étrangères), nous promet cette étude. Personne ne pourrait apporter plus de précision dans une enquête fiscale de cette nature. La commission permanente constituée le 1er juin 1898, auprès du ministre des finances, à l'effet d'étudier les systèmes fiscaux à l'étranger, serait également sans doute en mesure de fournir sur ce point spécial des renseignements précieux.

différents la forme sous laquelle sont mis en valeur les capitaux de l'association? Pourquoi faire aux petits capitalistes, parce qu'ils réunissent entre eux leurs épargnes, et parce que cette réunion de capitaux a généralement pour objet et pour conséquence de doter le pays d'industries utiles à tous, pourquoi leur faire une situation moins bonne qu'aux détenteurs individuels de gros capitaux?

Il s'est constitué récemment une société anonyme pour l'exploitation de l'industrie de la peinture en bâtiments, dénommée " le Travail ". Cette société est une coopération des capitaux, du travail et du talent. Les pouvoirs publics lui ont fait un accueil des plus sympathiques. Des hommes politiques de tous les partis ont tenu à lui accorder ouvertement leur appui. Cette association du capital et des ouvriers n'est-elle pas un commencement de pacification dans les rapports entre les employeurs et les employés? N'est-elle pas comme une promesse que les grèves si ruineuses pour tous pourront un jour être évitées?

Voilà donc une association qui mériterait sinon des faveurs, du moins un traitement d'égalité devant l'impôt. Cependant, sous le régime fiscal absurde que nous nous sommes donné, de braves gens, réunis en association dans un but de progrès social, continueront à payer plus d'impôts que le patron qui cherchera à résister au mouvement émancipateur et dont l'intérêt est de décourager l'association naissante.

Encore une fois, les impôts sur les valeurs mobilières sont des impôts de superposition qui devraient disparaître dans une refonte de notre régime fiscal.

Ces considérations ne sont pas nouvelles, elles n'ont pas été imaginées spécialement aujourd'hui pour la défense des valeurs mobilières.

Le propre de la vérité est d'exister. On ne la crée pas, on la trouve ou on la retrouve; la vérité est éternelle.

Les hasards de la lecture nous ont mis, en effet, en présence d'un article publié en 1857, dans la *Revue des Deux-Mondes*, par M. de Chasseloup-Laubat, sur la question de l'impôt des valeurs mobilières, et dont nous détachons le passage suivant qui est bien d'actualité :

Au premier aspect, rien ne paraît plus juste et plus simple que d'imposer des valeurs mobilières, et l'on entend souvent répéter cette phrase : Pourquoi un homme qui place 100.000 francs en valeurs mobilières et en retire un revenu assez considérable, ne paye-t-il aucun impôt, tandis que celui qui place une somme semblable en propriété immobilière, dont il n'obtient qu'un produit net assez minime, est-il obligé de supporter des impôts de plusieurs sortes?

Mais, lorsqu'on examine avec soin cette prétendue anomalie, on est amené à reconnaître qu'elle est bien moins réelle qu'on ne l'avait imaginé, et que l'imposition nouvelle à laquelle on voudrait soumettre les valeurs mobilières est moins juste et beaucoup moins simple à établir qu'on ne l'avait cru d'abord.

En effet, si l'on y regarde de près, on voit que, sauf quelques exceptions, les valeurs qu'on appelle mobilières ne sont, si nous pouvons nous exprimer ainsi, que de petites coupures d'actes de propriété, qui, comme toutes les autres, payent leur part d'impôt, et qui ne sont même pas toutes industrielles.

Ainsi, pour prendre un exemple qui rende notre pensée plus saisissable, qu'est-ce qu'une action d'une société organisée pour l'exploitation d'une mine?

Evidemment, c'est un titre qui constitue le porteur de cette action propriétaire d'une part aliquote de la propriété individuelle de la mine.

Or, ces mines, qu'elles soient exploitées par des sociétés ou par de grands propriétaires, sont soumises, par la loi du 21 avril 1810, à deux sortes d'impôts : une redevance fixe et une redevance proportionnelle au produit de la mine. Si donc on établit un impôt quelconque sur le dividende de l'action, c'est-à-dire sur le produit net, c'est un troisième impôt qu'on fait peser sur la mine de la société, et dont ne sera pas chargée la mine d'un propriétaire particulier, qui, dans le même bassin, quelquefois en concurrence, possédera à lui seul une concession; de sorte que ce troisième impôt sera établi contre ce qui doit être le plus encouragé, contre ce qui seul, avec la division de nos fortunes, a produit les grands progrès de notre industrie, contre l'association des petits capitaux, tandis que la grande propriété s'en trouvera affranchie !

Ce que nous disons d'une société formée pour l'exploitation d'une mine n'est pas moins vrai pour les sociétés de dessèchement des marais, d'exploitation de certains immeubles, de forges, de manufactures, d'entreprises maritimes, enfin pour toutes les sociétés industrielles.

Ce que M. de Chasseloup-Laubat disait, il y a quarante ans, est devenu plus saisissant encore aujourd'hui.

Non seulement la répartition des titres mobiliers entre les titulaires de la petite épargne s'est étendue dans des proportions considérables depuis 1857; mais, par suite de cette circonstance qu'on a toujours voulu faire le silence sur les impôts qui affectent en dedans les sociétés, les charges fiscales qui les frappent en dehors, c'est-à-dire qui atteignent leurs titres, n'ont cessé depuis vingt-cinq ans, d'être augmentées, alors qu'on diminuait celles qui pèsent sur la propriété foncière.

Résumé des évaluations précédentes. — Il est temps de nous arrêter un moment dans notre discussion et de récapituler les chiffres que nous venons d'établir :

PROPORTION DES CHARGES QUI PÈSENT SUR LE REVENU RESPECTIF DE LA PROPRIÉTÉ AGRICOLE ET DE QUELQUES-UNES DES VALEURS MOBILIÈRES

	TAUX POUR CENT
	fr. c.
Propriété agricole	9.80
Rente française (ancien 5 %)	30.00
Obligations des sociétés	12.00
Actions des sociétés, de	31 à 72

(1) Nous répétons que généralement, dans la pratique, les impôts payés au fisc par le propriétaire sont mis à la charge du fermier ou de l'exploitant, de sorte que le revenu du propriétaire foncier est net d'impôt.

IV. — DIMINUTION DES REVENUS DE LA PROPRIÉTÉ AGRICOLE ET DES VALEURS MOBILIÈRES

Nous craindrions d'être accusé de négliger un côté de la question que nous étudions, si nous ne parlions pas des plaintes des propriétaires agricoles au sujet de la diminution de leur revenu. C'est ainsi qu'il a été dit au Sénat, lors de la discussion de la loi sur la nouvelle évaluation du revenu de la propriété non bâtie (séance du 10 mars 1899), que ce revenu a diminué depuis 1879 "dans une proportion que les pessimistes évaluent à un quart, mais que des personnes mieux renseignées semblent évaluer à un cinquième environ; de sorte qu'on ne s'éloigne guère de la vérité en fixant à deux milliards le revenu des terres de France".

Cette assertion elle-même nous paraît très incertaine et nous verrons, d'après les résultats de la nouvelle enquête (s'ils ne se font pas trop attendre), dans quelle mesure elle était fondée. Quoi qu'il en soit, les propriétaires terriens se plaignent d'un phénomène économique dont ils ne sont pas les seules victimes et dont les porteurs de valeurs mobilières souffrent plus que tous autres. N'est-il pas généralement reconnu que, depuis ving-cinq ans, le taux de l'argent a progressivement diminué et que, par conséquent, les revenus des placements mobiliers ont fléchi dans une proportion bien plus considérable que les revenus fonciers?

D'après le rapporteur de la nouvelle loi d'évaluation du revenu de la propriété bâtie, la diminution de ce revenu serait d'un cinquième depuis 1879, c'est-à-dire que le propriétaire qui touchait avant cette année 5 % (taux supposé) ne percevrait plus aujourd'hui que 4 %. Mais alors que dira-t-on du porteur de rente 5 % qui, jusqu'en 1883, touchait 5 % en supposant les achats au pair et qui ne reçoit plus actuellement que 3 ½ %, tout en ayant le risque, à partir de 1902, de ne même plus toucher ce revenu? Que dire de tous les porteurs de valeurs à revenu fixe qui, depuis une douzaine d'années, subissent le dommage de conversions successives?

Elles sont rares aujourd'hui, à la cote de la bourse, les obligations rapportant 5 %; ce taux a été remplacé successivement par les taux de 4, puis de 3 ½, 3, 2 ½. La ville de Paris a même inauguré celui de 2 %!

Nous voudrions avoir conservé la trace de toutes les conversions qui se sont effectuées depuis seulement une dizaine d'années. Malheureusement ce n'est que depuis six ou sept ans que les journaux spéciaux qui relèvent la statistique des émissions, établissent une division entre les appels de capitaux nouveaux et les conversions de titres.

Le *Moniteur des intérêts matériels*, qui recueille régulièrement les éléments de ces statistiques, a publié quelques chiffres intéressants à ce sujet. Nous les compléterons par des indications de même nature empruntées à la " Semaine financière " du *Temps*.

ANNÉES	CONVERSIONS DE VALEURS FRANÇAISES	ANNÉES	CONVERSIONS DE VALEURS FRANÇAISES
	millions de francs.		millions de francs.
1892	493.2	1896	187.9
1893	178.0 (1)	1897	427.5
1894	7.546.1	1898	815.7
1895	240.5	1899	Néant.
Total			9.888.9

Ainsi, en sept années, le revenu de près de 10 milliards de capitaux mobiliers a été atteint par des conversions ! Encore faut-il noter qu'à l'exception de la conversion unique de l'année 1893, qui porte sur un emprunt russe, il n'est pas fait mention, dans ce relevé, des conversions de titres étrangers que cependant les capitalistes français qui les ont en portefeuille ont dû subir. Si, par exemple, nous avions tenu compte, en 1894, des conversions en France de titres étrangers, le total de l'année, au lieu d'être de 7.546.116.000 francs aurait été de 10.670.933.600 francs.

Une autre preuve indiscutable de la diminution du revenu global des valeurs mobilières, en tenant compte de l'augmentation de leur nombre, est donnée par le relevé, depuis un certain nombre d'années, des recettes provenant de la taxe de 4 % sur le revenu de ces valeurs.

De 1872 à 1892, le taux de cette taxe a été de 3 %. En 1890, dernière année de l'application de ce taux, les encaissements de ce chef, par le Trésor, ont été de 50.800.000 francs. En 1891, la recette de 70.392.000 fr. n'est due qu'à l'élévation de la taxe de 3 à 4 %. Or, depuis cette dernière année et malgré la progression incontestable du nombre des valeurs mobilières, la recette du Trésor reste en diminution jusqu'en 1896. Ce n'est qu'à partir de 1898 que les recettes de cette origine commencent à se relever.

ANNÉES	PRODUITS	ANNÉES	PRODUITS
	millions de francs.		millions de francs.
1891	70.4	1896	62.9
1892	70.0	1897	68.5
1893	67.0	1898	70.2
1894	65.2	1899	74.3
1895	66.6		

(1) Cette conversion se rapporte à un emprunt russe.

Risques des valeurs mobilières ajoutés à la diminution de leur revenu. — Ainsi, le revenu relatif des valeurs mobilières est en diminution sensible jusqu'en 1898 et cette diminution devient très considérable, si nous ajoutons le déchet qui ne peut ressortir de ce tableau, puisqu'il est constitué par les conversions de rentes, non assujetties à la taxe sur le revenu.

Les propriétaires agricoles se plaignent de la diminution de leur revenu ; ne conviendront-ils pas que les plaintes des porteurs de valeurs mobilières sont mieux fondées encore?

N'ont-ils pas du moins sur eux l'avantage de la sécurité ? Un fermage peut faire défaut, la terre ne périt pas. Il n'en est pas de même des placements mobiliers qui ne laissent bien souvent, entre les mains de leurs porteurs, qu'un papier illustré.

Si nous relevons à Paris, seulement depuis cinq années, les liquidations judiciaires et les faillites comprenant indifféremment les défaillances individuelles ou collectives, nous nous trouvons en présence des résultats suivants :

ANNÉES	LIQUIDATIONS JUDICIAIRES ET FAILLITES
	Nombre.
1895	1.727
1896	1.701
1897	1.600
1898	1.766
1899	1.540
Total	8.334

Ainsi la propriété mobilière comporte des risques auxquels échappe la propriété agricole.

Nécessité d'abaisser les frais de mutation de la propriété foncière. — Le seul avantage de la valeur mobilière sur la terre et c'est ce qui explique la faveur grandissante dont elle jouit, malgré ses inconvénients et ses risques, c'est sa réalisation rendue facile par l'absence de formalités et par la modicité des frais de mutation représentés par les courtages des agents de change et l'impôt sur les opérations de bourse.

Nous avons déjà fait ressortir ces avantages de la valeur mobilière et nous ne saurions trop y insister encore une fois, quand il s'agit d'améliorations à apporter à la situation du propriétaire agricole.

Si l'agriculture, disions-nous, trouve encore enviable la situation du porteur de titres, qu'elle lui emprunte ce qui constitue son seul avantage, c'est-à-dire ses facilités de mobilisation. Que le législateur réduise les frais de mutation qui empêchent actuellement toutes transactions fréquentes.

Les moyens de circulation, de transmission, de négociation ont fait, avec les exigences de bien-être, des progrès considérables dont on s'accorde généralement à reconnaître les bienfaits.

Seule, la terre se transmet avec les lenteurs et les usages d'un autre siècle. Ici, le progrès s'est heurté à une routine invétérée.

Pourquoi la terre est-elle si peu recherchée et pourquoi son exploitation est-elle restée étrangère à la masse des capitalistes ?

C'est qu'on redoute en elle l'immobilisation des fortunes. Sur la cote mobilière même, ne fait-on pas une distinction bien marquée entre les titres de négociation facile et ceux qui sont d'une défaite plus laborieuse ? Ceci ne prouve-t-il pas combien on attache d'importance à la mobilisation des capitaux ? Mais que, demain, il soit possible de vendre la terre comme on vend un titre mobilier, sans beaucoup plus de peine ni de frais, la propriété immobilière reprendra alors une grande valeur, car, en réalité, elle offre plus de sécurité que le titre mobilier. On s'engagera plus facilement dans une exploitation agricole, sachant qu'on peut s'en charger et la transmettre sans beaucoup de dépenses ; les crédits en agriculture seront également plus faciles à obtenir, la terre devenant un gage plus aisé à réaliser.

Mobilisation rendue facile par un dégrèvement considérable des droits de mutation, voilà surtout ce qu'il faut à la terre comme compensation à ses charges.

Supposons qu'on impose la transmission des valeurs mobilières d'un droit de 10 % ; en même temps qu'on décréterait ainsi leur immobilisation, on leur infligerait une moins-value considérable.

Par contre, qu'on dégrève la terre des mêmes charges de 10 % qu'elle paye à peu près aujourd'hui sur tout le territoire français, pourquoi ne bénéficierait-elle pas, par analogie, d'une plus-value importante ?

Les impôts sur la circulation des personnes et des biens sont des impôts rétrogrades et antidémocratiques qu'il faut tendre à remplacer peu à peu par d'autres. Que nos législateurs nous rendent le service d'étudier la question. Nous croyons qu'elle en vaut la peine.

*

Nous ajouterons qu'au lieu du dégrèvement de 26 millions sur les petites cotes foncières qui a été voté en décembre 1898 et qui n'a apporté aucun soulagement réel à l'agriculture, un dégrèvement de même imporlance sur les droits de mutation aurait été accueilli bien plus favorablement par les intéressés. C'eût été pour eux une indication des tendances du législateur à libérer la terre des entraves qui l'immobilisent (1).

Dégrèvements successifs de la propriété agricole. — L'agriculture se plaint toujours; certes elle a souvent des raisons de le faire; la nature lui inflige parfois de rudes épreuves; mais la nature est généreuse, elle répare parfois largement aussi le mal qu'elle a fait. L'agriculture en convient-elle jamais? A entendre l'agriculteur, il n'y aurait pour lui que de mauvaises années. Triste destinée, en effet, s'il disait la vérité!

Quoi qu'il en soit, ces plaintes perpétuelles ont produit pour lui d'heureuses compensations fiscales par rapport au porteur de valeurs mobilières dont les protestations jusqu'ici n'ont servi qu'à aggraver la situation.

On va voir, en effet, par la lecture des deux tableaux comparatifs que nous avons dressés ci-après, que depuis cinquante ans, la propriété mobilière n'a cessé de faire les frais des dégrèvements votés en faveur de l'agriculture.

ANNÉES	DÉGRÈVEMENTS (2)	ANNÉES	DÉGRÈVEMENTS
	millions de francs.		millions de francs.
1797	22.9	1821	13.5
1798	10.9	1851	27.0
1799	17.7	1891	16.0
1801 à 1805	17.4	1891	6.0 (3)
1819	4.6	1898	25.8
		Total	161.8

Et nous ne rappelons que pour mémoire les mesures fiscales votées depuis quelques années en faveur de l'agriculture: droit de douane sur les blés, le 28 février 1894; — sur les mélasses étrangères, le 18 novem-

(1) M. Burdeau soumit aux Chambres, le 8 février 1894, un projet de réduction des droits de mutation sur les ventes d'immeubles afin de favoriser le rapprochement du capital et de la terre, condition primordiale à ses yeux de la renaissance de notre agriculture.

(2) Chiffres empruntés à l'exposé des motifs de la proposition de loi relative au dégrèvement de l'impôt foncier sur les propriétés non bâties présentée par M. Arthur Legrand et divers députés (1890).

(3) Dégrèvement exceptionnel de l'impôt foncier pour les champs ensemencés en blé au printemps de 1891.

bre 1894; — sur les raisins, le 15 novembre 1894; — exemptions d'impôt foncier dans les départements phylloxérés qui se sont élevés à près de 20 millions; — lois de crédit, lois d'encouragements, etc. Oubliera-t-on aussi les 40 millions que la Banque de France s'est obligée à avancer à l'agriculture, sans intérêt, lors du renouvellement de son privilège?

Progression des charges appliquées aux valeurs mobilières. — Quant à la valeur mobilière, voici les lois et décrets successifs qui l'ont frappée depuis une cinquantaine d'années :

Loi du 5 juin 1850 relative au timbre des effets de commerce, des bordereaux de commerce, des actions dans les sociétés, des obligations négociables des départements, communes, établissements publics et compagnies et des polices d'assurances, assujettissant à un timbre proportionnel de 50 centimes % les actions des sociétés dont la durée ne dépasse pas dix années et à 1 % les actions des sociétés dont la durée est supérieure à dix années et les obligations sans distinction de durée.

Décret du 14-20 mars 1851, assujettissant à ce droit les titres de sociétés étrangères circulant en France.

Loi du 23 juin 1857 assujettissant à un droit de transmission par cent francs de la valeur négociée, toute cession de titres de sociétés.

Ce droit a été plusieurs fois modifié :

	DROITS SUR LES TRANSFERTS	TAXE ANNUELLE DE TRANSMISSION
	—	—
23 juin 1857	20 cent. %	12 cent. %
16 septembre 1871	50 —	15 —
30 mars 1872	50 —	25 —
29 juin 1872	50 —	20 —

Décret du 22 mai 1858 assujettissant aux droits ci-dessus les titres émis par les compagnies étrangères et négociés aux bourses françaises.

Loi du 8 juin 1864 portant de 50 centimes % à 1 % le droit de timbre établi par la loi du 13 mai 1863 sur les rentes, emprunts et effets publics des gouvernements étrangers.

Loi du 23 août 1871 ajoutant deux décimes au principal du droit de timbre des titres ainsi porté à 60 centimes et 1.20 %.

Loi du 25 mai 1872 fixant le droit de timbre à 1.50 ‰, pour les titres des gouvernements étrangers.

Loi du 29 juin 1872 relative à l'impôt sur le revenu des valeurs mobilières et fixant le taux de cet impôt à 3 %.

Loi du 21 juin 1875 étendant aux lots et primes de titres mobiliers l'impôt de 3 % sur le revenu établi par la loi du 29 juin 1872.

Loi du 26 décembre 1890 élevant de 3 à 4 % la quotité du même impôt.

Loi de finances du 28 décembre 1895 élevant le droit de timbre au comptant des titres des sociétés étrangères non abonnées à 2 % sans décimes, celui des fonds d'État étrangers de 1.50 ‰ à 50 centimes %.

Loi de finances du 13 avril 1898 portant à 1 %, à partir du 1er janvier 1899, le droit de timbre au comptant des fonds d'État étrangers.

Nécessité de la péréquation de l'impôt foncier. — Ainsi depuis un siècle, l'agriculture n'a cessé d'être dégrevée et encouragée par les pouvoirs publics, ce dont nous ne ferions pas un grief au législateur si ce n'était au détriment du titre mobilier lequel, depuis une cinquantaine d'années, a vu ses charges s'accroître proportionnellement à la faveur dont il était l'objet de la part du public.

Comment expliquer cependant que l'agriculture continue à se plaindre? Et pourquoi ne trouve-t-on rien de mieux pour la soulager, que de pressurer la propriété mobilière?

L'explication a sa source dans la différence des traitements fiscaux auxquels sont soumises les parcelles de la propriété non bâtie. Certaines de ces parcelles sont tout à fait épargnées par l'impôt, alors que d'autres sont, en effet, frappées d'une façon absolument abusive. Or, les propriétaires des premières gardent un silence prudent, tandis que les propriétaires des secondes gémissent. Et l'on dit : « Voyez, toute l'agriculture réclame des dégrèvements et ces dégrèvements sont justifiés. »

Voici, un exemple de cette inégalité de traitement au 1er janvier 1890, d'après les chiffres publiés par l'administration des contributions directes :

Situation des départements, arrondissements cantons et communes au point de vue du taux de l'impôt en principal au 1er janvier 1890.

DÉPARTEMENTS	ARRONDISSEMENTS	CANTONS	COMMUNES
	TAUX MAXIMUM		
Htes-Alpes : 7.20 %	Jonzac... : 9.45 %	Archiac.. : 14.70 %	Floirac... : 26.70 %
	TAUX MINIMUM		
Corse.... : 0.94 %	Ajaccio.. : 0.71 %	Bastia.... : 0.37 %	Coti-Chiavari : 0.19 %

Ainsi, le département de la Corse, ses arrondissements, ses cantons et ses communes ne se plaignent pas de la modicité de l'impôt en principal que payent leurs propriétaires agricoles sur le revenu foncier; quant au département des Hautes-Alpes, à l'arrondissement de Jonzac, au canton d'Archiac et à la commune de Floirac, ils auraient bien tort de ne pas se révolter sous le poids de l'impôt; ils sont, en effet, victimes d'un traitement fiscal absolument inégal et injuste. Mais la réforme qu'ils sont en droit de réclamer, doit s'effectuer dans les limites de l'impôt foncier lui-même, la péréquation depuis si longtemps réclamée doit être faite. Ce n'est pas entre la propriété foncière non bâtie et la propriété mobilière représentée par les titres mobiliers, qu'il convient d'établir l'égalité des charges — nous venons de démontrer les erreurs et les abus de cette politique fiscale — c'est entre contribuables de même catégorie, entre les propriétaires agricoles eux-mêmes, qu'une répartition plus équitable des charges doit s'opérer. Les porteurs de valeurs mobilières n'ont pas à subir le dommage que cause à certains détenteurs de la propriété non bâtie la situation privilégiée faite aux autres. Est-ce que, lorsque certaines branches du commerce se plaignent de patentes trop lourdes, l'agriculture en est rendue responsable. La rendrait-on comptable du déchet produit par un dégrèvement de patente?

Activité comparée des capitaux en France, en Allemagne, en Angleterre et en Belgique. — Quoi qu'il en soit et quelque réforme qu'on nous promette pour l'avenir, l'examen du passé et l'exemple du présent nous montrent le peu d'intérêt que les pouvoirs publics témoignent aux carrières productives hormis l'agriculture : l'initiative découragée, la défiance des associations de capitaux, le délaissement ou le retard de toutes les branches industrielles par rapport à nos voisins, le peu d'enthousiasme qui accompagne la mise en valeur de colonies si chèrement conquises, tels sont les résultats les plus certains de la politique de dénigrement ou d'indifférence à l'égard des affaires mobilières, pratiquée systématiquement par les Chambres et les ministères qui se sont succédé au pouvoir pendant ces cinq ou six dernières années.

Mais nous ne voulons pas nous en tenir à de simples énonciations. Comme toujours, nous ferons parler les chiffres et nous aurons recours au témoignage de documents non préparés, pour donner plus de force à notre thèse.

Veut-on savoir, par exemple, quelle a été l'activité comparée des capitaux en Allemagne, en Angleterre, en France et en Belgique pendant les quatre dernières années (1896, 1897, 1898 et 1899) ?

Nous n'avons qu'à jeter un coup d'œil sur le tableau suivant qui donne l'importance des appels aux capitaux, dans ces différents pays, depuis quatre ans :

ANNÉES	IMPORTANCE GLOBALE DES ÉMISSIONS (1)			
	ALLEMAGNE	ANGLETERRE	FRANCE	BELGIQUE
1	2	3	4	5
	millions de francs.	millions de francs.	millions de francs.	millions de francs.
1896	7.725.2	3.082.8	965.8	99.8
1897	2.373.4	3.398.8	823.1	193.2
1898	2.296.7	2.728.0	1.134.3	171.3
1899	2.534.8	2.702.4	1.484.3	466.2
TOTAUX	15.560.1	11.912.0	4.407.5	930.5

(1) Chiffres empruntés au *Moniteur des intérêts matériels.*

Si nous faisons la division entre les émissions de fonds d'État et les conversions d'une part, et les émissions de titres correspondant à la manifestation de l'activité commerciale et industrielle d'autre part, nous nous trouvons en présence des résultats suivants :

ANNÉES	ÉMISSIONS DE TITRES DE SOCIÉTÉS DE CRÉDIT DE CHEMINS DE FER ET DE SOCIÉTÉS INDUSTRIELLES			
	ALLEMAGNE	ANGLETERRE	FRANCE	BELGIQUE
1	2	3	4	5
	millions de francs.	millions de francs.	millions de francs.	millions de francs.
1896	1.239.4	2.786.9	448.2	26.6
1897	1.898.8	2.855.0	380.3	71.7
1898	2.499.2	2.254.2	310.2	146.1
1899	1.789.2	2.358.1	1.225.7	463.1
TOTAUX	7.426.6	10.254.2	2.364.4	707.5

Ainsi, la France est restée bien en arrière de l'Allemagne et de l'Angleterre du moins jusqu'en 1899, et par rapport à la Belgique, son infériorité relative est très visible, surtout en 1898 ; car, lorsque nous observons pour la Belgique une progression considérable du chiffre des capitaux consacrés annuellement aux affaires productives, ce chiffre chez nous avait décru dans des proportions inquiétantes jusqu'en 1898. Jusqu'à cette époque, toute notre activité s'était concentrée dans des opérations de conversions de titres. Pendant les années 1896, 1897 et 1898, nous nous sommes attachés plutôt à diminuer qu'à augmenter le revenu de nos rentiers et nous y sommes parvenus. Ce n'est qu'à partir de 1899 que notre activité industrielle s'est réveillée; mais nous sommes encore assez loin des résultats réalisés par l'Allemagne et l'Angleterre.

Nous devons même faire une rectification en faveur de la Belgique. Les chiffres contenus dans les tableaux que nous venons de publier se rapportent pour chaque pays aux affaires de ce pays seul, c'est-à-dire qu'ils ne comprennent pas les émissions de titres de sociétés étrangères qui cependant y ont été faites. Ainsi, on sait qu'en Belgique les capitalistes ont constitué la plupart des affaires russes et congolaises. Or, le chiffre de ces affaires est porté au compte de la Russie et du Congo, dans les tableaux suivants :

ANNÉES	RUSSIE — millions de francs.	CONGO — millions de francs.
1896.........	131.4	15.0
1897.........	629.1	1.8
1898.........	628.3	4.3
1899.........	386.2	9.7
Totaux...	1.775.0	30.8

La majeure partie de ces affaires pourrait être ajoutée à celles inscrites directement au compte de la Belgique, de sorte que l'activité de ce petit pays — que nos capitaux y aient contribué indirectement ou non — aurait été plus grande que celle déployée en France, pendant le même laps de temps.

Statistique et opinion du tribunal de commerce de Paris sur le mouvement des affaires. — Notre démonstration serait incomplète, si nous ne tirions pas de l'exposé général des affaires réalisées en France la statistique des sociétés constituées à Paris depuis cinq années, et si nous ne la faisions pas suivre d'un commentaire intéressant emprunté au discours de l'honorable M. Goy, le président sortant, en 1899, du tribunal de commerce.

Nombre de sociétés anonymes et en commandite par actions constituées à Paris. — 1895 : 234 ; — 1896 : 260 ; — 1897 : 297 ; — 1898 : 381 ; — 1899 : 468.

Apports sociaux des sociétés constituées à Paris. — En bloc, pour toutes les sociétés : 1895 : 510 millions 5 ; — 1896 : 446 millions 7 ; — 1897 : 558 millions 6 ; — 1898 : 803 millions 5 ; — 1899 : 898 millions 9.

Ce n'est qu'à partir de 1897 que la division est faite entre les apports des sociétés en commandite par actions ou anonymes et les apports des autres sociétés.

Voici les chiffres : 1897 : 237 millions 1 ; — 1898 : 444 millions 7 ; — 1899 : 623 millions 2.

Il faut noter que dans ces chiffres, il n'y a pas que des apports de sociétés nouvelles ; il y a beaucoup de transformations d'entreprises particulières en sociétés anonymes. C'est ainsi que dans le chiffre des apports des sociétés anonymes pour 1898, par exemple, figuraient 105.500.000 francs de transformations de cette nature.

D'après M. Goy lui-même, ces chiffres ne donnent pas entière satisfaction à ceux qui voudraient voir nos carrières productives débarrassées des entraves dont on se plait à les entourer et la prospérité renaître dans notre pays.

La loi sur les accidents de fabriques, dit M. Goy dans son discours du 18 janvier 1899, a introduit dans le louage d'industrie un facteur nouveau, d'une importance considérable, dont notre industrie nationale aura désormais à tenir compte. Nous n'entendons en critiquer ni l'esprit, ni les dispositions, et nous ne connaissons pas encore, d'ailleurs, le règlement d'administration publique qui en fixera l'application. Mais, il nous est permis de constater, dès à présent, que cette loi qui rend le capital responsable de tous les aléas professionnels de la main-d'œuvre, qui garantit l'ouvrier contre les conséquences de sa propre imprudence, imposera incontestablement à l'industrie de nouveaux sacrifices qui s'ajouteront à des charges déjà bien lourdes.

Toute loi protectrice du travail est bonne en soi et il convient d'applaudir, *à priori*, à toute disposition nouvelle qui tend à solidariser davantage le travail et le capital. Mais en resserrant le lien qui réunit ces deux éléments nécessaires de la production nationale, il faut se garder de rompre l'équilibre qui doit exister entre eux.

On ne saurait méconnaître que la richesse publique n'existe que par la constitution de l'épargne, dont le commerce, l'industrie et l'agriculture sont les plus puissants, sinon les seuls générateurs ; qu'il ne peut être pourvu aux dépenses que si cette épargne, sans cesse entamée, est nécessairement reconstituée par l'effet interrompu des échanges et des transactions s'opérant dans des conditions normales.

Aucune époque n'a vu s'accomplir, en si peu de temps, d'aussi profondes modifications économiques, industrielles et sociales. Il ne saurait être surprenant que ces modifications aient déconcerté tous ces systèmes.

A toute heure, des questions se posent, dont la solution peut être décisive pour l'avenir de nos industries, questions qui pour être résolues sans péril, demanderaient autant de justesse dans les vues, de prudence dans les moyens, que de fermeté dans l'exécution.

Il appartient aux pouvoirs publics, gardiens de la richesse nationale, témoins de l'énergique effort du commerce et de l'industrie, de n'en point affaiblir la puissance.

n° 66

***

Influence de l'atonie des affaires sur les recettes du budget. — Devant ces exhortations si modérées dans la forme, mais au fond si fermes et si sérieuses de la part d'un homme ayant représenté en quelque sorte la communauté des intérêts matériels de la nation, que penseront les pouvoirs publics? Absorbés par le souci des petites choses de leur métier, auront-ils la liberté d'esprit et le désintéressement nécessaires pour s'inspirer des besoins généraux du pays? La situation du budget de l'Etat les préoccupera peut-être davantage ; car ils comprendront qu'ils pourront d'autant plus le grossir au profit de leurs circonscriptions ou de leurs convenances personnelles, que ce budget sera plus florissant.

Or, nous voulons leur prouver, par des chiffres encore, qu'ils ont tout avantage à encourager les affaires, ou même seulement à ne rien faire contre elles.

On a remarqué tout à l'heure notre infériorité vis-à-vis de l'Allemagne en matière de constitution d'entreprises productives. Ainsi, en quatre ans, de 1896 à 1899 inclusivement, l'Allemagne a employé pour 5.062.244.000 francs de capitaux de plus que la France en constitutions de sociétés commerciales et industrielles.

Quel aurait été l'effet de l'émission de ces capitaux en France, sur notre budget? On sait que le droit payé au fisc sur les apports sociaux est en moyenne de 25 centimes par cent francs. Ainsi, 5 milliards de capitaux constitués auraient produit une recette de 12.500.000 francs. Mais ce n'est pas tout. Si le budget français a perdu cette somme une fois versée, son manque à recevoir annuellement est à déplorer bien plus encore.

En effet, ces 5 milliards étaient susceptibles de fournir un revenu moyen de 4 % par an, soit 200 millions ; et comme le revenu des capitaux mobiliers est frappé en France à raison de 12 % au moins quand il s'agit d'*obligations*, mais dans une proportion bien plus considérable, ainsi que nous l'avons démontré, lorsqu'il s'agit d'*actions*, c'est ainsi une recette annuelle de 24 millions au *grand minimum* que manque d'encaisser, chaque année, le Trésor français.

Quand nos parlementaires songeront aux dépenses plus ou moins justifiées sur lesquelles il eût été loisible de ne plus lésiner, leurs regrets seront sans doute bien amers et ils comprendront peut-être enfin ce que les économistes appellent les incidences des lois, sur lesquelles ils s'évertuent à appeler leur attention. Ainsi, encourager les affaires, voter des lois qui leur soient favorables, c'est du même coup augmenter les recettes du budget et, par voie de conséquence, se donner des facilités de dépenses?

Retiendra-t-on jamais dans les milieux politiques cette leçon d'économie élémentaire ?

V. — CONCLUSION.

Il est temps de conclure.

Nous espérons avoir suffisamment démontré que les excès de fiscalité commis depuis quelques années à l'égard des valeurs mobilières ont ralenti dans une certaine mesure, le mouvement d'expansion des associations de capitaux, et qu'ils ont été comme l'expression du peu de sympathie qu'ont en général les pouvoirs publics pour les capitaux mobiliers. Nous ne saurions donner à notre étude une conclusion mieux appropriée et en même temps plus autorisée que celle que nous trouvons dans les lignes rédigées par un ancien ministre du commerce, l'honorable M. Paul Delombre, pour servir de préface au *Traité pratique des lois d'impôt sur les valeurs étrangères* de M. Maurice Jobit, que nous avons déjà eu l'occasion de citer :

Il serait prématuré, assurément, de chercher à dégager les traits caractéristiques du siècle qui va finir. Pour que son indéniable grandeur puisse être appréciée comme il convient, un certain recul sera nécessaire. Cependant, on semble d'ores et déjà en droit de dire qu'il se distinguera entre tous, par les facilités nouvelles que de merveilleuses découvertes scientifiques ont ménagées aux échanges, à la libre circulation des hommes et des choses, au groupement et à la mobilisation des épargnes, à la concurrence des capitaux — c'est-à-dire, en dernière analyse, à la commodité des transactions, à l'ampleur des marchés, à l'affranchissement des consommateurs. Mais, en même temps que cette révolution se produisait, un trouble profond était jeté dans les situations acquises. Menacées de toutes parts, elles se sont défendues de leur mieux. L'histoire du XIXe siècle sera surtout, au point de vue économique et social, celle de la lutte engagée entre les créations incessantes de l'esprit humain pour l'expansion de la richesse et du bien-être et les mesures de résistance multipliées, à dessein ou non, pour en paralyser, ou tout au moins en retarder les effets.

Au premier rang des forces émancipatrices qui ont le plus contribué aux progrès accomplis dans cette période, il n'est que juste de placer les valeurs mobilières. Elles n'ont pas seulement rendu aisées, au profit des masses laborieuses, les entreprises les plus formidables, précisément à une époque où, au contraire, en raison de la division des fortunes, toute œuvre exigeant de grands capitaux semblait vouée à d'insurmontables obstacles; elles ont permis ces entreprises, sans que leurs participants eussent rien à abdiquer de leur indépendance personnelle. Les fonds réunis grâce aux valeurs mobilières restent groupés ; mais, quant à elles, elles passent de main en main, chacun les prend ou les quitte à sa guise. Nul n'est attaché par elles à la glèbe, et, pourtant, ce qu'elles ont édifié, demeure.

Il n'est point pour elles de frontières. Elles ont fait apparaître, à un degré, à peine pressenti jusqu'alors, la mutualité universelle. L'épargne ayant pu désormais aller, sans difficulté, de n'importe quelle région vers les contrées les plus lointaines, partout où des appels la sollicitaient, il s'est établi une solidarité d'intérêts que la multiplication des valeurs mobilières rend chaque jour plus étroite, les moindres changements dans leur taux de capitalisation se répercutant de proche en proche. Les nations, en prospérant, s'enrichissent les unes les autres. Un peuple vient-il, en revanche, à s'appauvrir, une crise financière éclate-t-elle sur un point du globe, tous les autres sont plus ou moins lésés. D'incessants arbitrages mettent en évidence cette solidarité. Tour à tour ils en escomptent et ils en tempèrent les conséquences, agents infatigables du contrôle international des cours et de l'unification des marchés.

Dans chaque État, des réserves se sont constituées en valeurs mobilières des autres Etats. On estime, par exemple, à plus de 20 milliards (quelques-uns disent 25 milliards) le montant des titres étrangers que possèdent les capitalistes français. Les rentrées annuelles que ces placements procurent au pays lui apportent, dans des conditions particulièrement rémunératrices, d'abondantes ressources pour renouveler son outillage, accroître son capital, ou bien parer à des mécomptes commerciaux. Les valeurs mobilières forment elles-mêmes une marchandise de premier ordre pour les paiements à l'étranger. Un État amplement pourvu de cette sorte de monnaie jouit d'une stabilité de change dont l'heureuse influence s'étend à tout l'ensemble de ses affaires.

Pour les particuliers, pour les contribuables, les valeurs étrangères auraient chance de devenir un refuge et une sauvegarde, si le législateur, au lieu de s'appliquer à rassurer les capitaux, avait l'imprudence de pousser à leur émigration. Les portefeuilles se détourneraient des titres français. Ils s'ingénieraient à échapper au fisc, et celui-ci n'aurait vraisemblablement pas le dernier mot. Il n'a pas intérêt à leur déclarer la guerre. Il peut se refuser à instituer en leur faveur un régime de privilège ; il doit veiller à ne pas les chasser du marché français. Plus il aura souci de la puissance nationale, plus il le leur rendra hospitalier.

On ne saurait mieux dire, mieux définir, signaler d'une manière plus claire, la nécessité de n'apporter aucune entrave, ni dans le pays ni, autant que possible de pays à pays, au développement normal et continu des valeurs mobilières et de leur donner sécurité et confiance.

Georges Manchez,

Publiciste,

Rédacteur au " Temps "

LES SOCIÉTÉS DE CRÉDIT DEVANT L'IMPOT

Les sociétés de crédit supportent, en dehors des impôts ordinaires, tels que la contribution foncière et celle des portes et fenêtres, par exemple, qui les atteignent au même titre que tous les autres contribuables et par application des mêmes tarifs, des impôts spéciaux que nous allons énumérer en indiquant leur assiette et leur quotité.

I. — Droits d'enregistrement.

Constitution de la société. — Originairement, les actes de formation de société qui ne contiennent ni obligation, ni libération, ni transmission de biens meubles ou immeubles entre associés ou autres personnes, étaient passibles du droit fixe de 5 francs en principal (1). (Lois des 22 frimaire, an VII, et 28 avril 1816).

La loi du 28 février 1872 avait assujetti ces actes à un droit gradué d'enregistrement de 5 francs pour les sommes et valeurs de 5.000 francs et au-dessous, 10 francs jusqu'à 10,000 francs, 20 francs jusqu'à 20.000 francs, et ainsi de suite, à raison de 20 francs par chaque somme de 20.000 francs ou fraction de 20.000 francs.

Ce droit gradué a été converti en un droit proportionnel de 20 centimes par cent francs, par l'article 19 de la loi de finances du 28 avril 1893, soit, avec les décimes, 25 centimes par cent francs.

Autrement dit, en vertu de la loi de 1816, une société, quel que fût son capital, payait pour l'enregistrement de son acte de constitution un droit fixe, décime compris, de........................ 5 fr. 50

Sous le régime de la loi de 1872, une société au capital de 1 million de francs, par exemple, payait.......... 1.250 fr. »

Depuis la loi de 1893, elle doit verser.................... 2.500 fr. »

II. — Droits de timbre et de transmission. — Taxe sur le revenu.

Ces trois taxations distinctes frappent les actions et les obligations des sociétés.

(1) Les décimes ont varié avec les époques. Au décime unique de l'an VII se sont ajoutés de 1859 à 1871 tantôt un demi-décime, tantôt un second décime. Depuis le 1er janvier 1874, les droits d'enregistrement sont surtaxés, d'une manière générale, de deux décimes et demi

Droit de timbre. — Etabli par la loi du 5 juin 1850 le droit de timbre au comptant est dû sur le capital nominal des titres ; il est perçu, au moment de l'émission, à raison de 50 centimes °/₀ pour les actions dont la durée n'excède pas dix ans et de 1 °/₀ pour les actions d'une durée supérieure, ainsi que pour les obligations de toute catégorie.

Ce droit peut ainsi être payé en une seule fois, mais il est loisible aux intéressés de contracter un abonnement dont la quotité, avec le double décime établi par la loi du 23 août 1871, est actuellement de 6 centimes °/₀, soit 30 centimes pour une action ou une obligation dont la valeur nominale est de 500 francs.

Droits de transmission. — Ce droit est destiné à atteindre la circulation des titres, tandis que le droit de timbre est dû à raison de leur émission.

Son mode de perception varie suivant que les titres sont nominatifs ou au porteur.

Il est de 50 centimes par cent francs de la valeur négociée pour les titres nominatifs ; il est perçu lors de chaque transfert ou conversion.— Aucun décime ne s'ajoute à la quotité inscrite dans la loi.

Pour les titres au porteur, le droit est converti en une taxe annuelle et obligatoire de 20 centimes par cent francs de la valeur du titre fixée d'après le cours moyen de l'année précédente.

Taxe sur le revenu. — Etabli par la loi du 29 juin 1872, cet impôt frappe le revenu des titres. Fixé à l'origine à 3 °/₀, sans décime, il est aujourd'hui de 4 °/₀ (Loi de finances de 26 décembre 1890).

Son assiette est beaucoup plus large que celle du droit de timbre et du droit de transmission. Tandis que ces deux impôts n'atteignent que les actions et les obligations, la taxe sur le revenu est perçue sur les intérêts des bons à échéance et généralement sur tous emprunts des sociétés.

L'exigibilité n'en est pas subordonnée à l'existence des titres négociables; elle atteint des droits sociaux ou des créances reposant uniquement sur des contrats ordinaires.

III. — Contribution des patentes.

La charge la plus lourde pour les sociétés par actions est certainement la contribution des patentes (Loi du 15 juillet 1880).

Elle se compose :

1° D'un droit fixe qui comprend deux éléments :

A. — La taxe déterminée par la profession ;

B. — La taxe par personne employée, en sus du nombre de cinq, aux écritures, aux caisses, etc. ;

2° D'un droit proportionnel.

Le droit fixe est réglé conformément aux tableaux A, B, C, annexés à la loi de 1880.

Le droit proportionnel est établi sur la valeur locative de tous les locaux quelconques servant à l'exercice de la profession imposable.

Les droits fixe et proportionnel sont dus pour tous les établissements distincts où le patentable exerce sa profession et leur quotité varie suivant la population de la commune où ils fonctionnent.

Ces principes posés, voici comment un établissement de crédit, ayant en dehors de son siège à Paris, des bureaux de quartier dans la ville et des agences en province, est taxé en vertu de la loi de 1880.

Cet établissement est classé sous la profession de banquier et comme tel paie à Paris (à son siège) :

A. — *Droit fixe et taxe déterminée.*

Pour principal de la taxe déterminée.................. ..	2 000 fr.
Pour demi-droit en sus appliqué aux banquiers dont les opérations comprennent l'émission des titres d'Etats étrangers, de sociétés ou de villes étrangères, et le paiement des dividendes et des coupons de ces divers titres pour le compte de ces mêmes Etats, sociétés ou villes..	1.000
Pour chacun des bureaux de quartier qui fonctionnent à Paris (il n'y a pas pour ces bureaux, pas plus que pour les agences en France, de demi-droit en sus)...	2.000
Pour les agences établies dans les villes de 100.000 âmes.	1.000
Pour celles établies dans les villes de 50.000 à 100.000 âmes...	500
Pour celles établies dans les villes de 30.001 à 50.000 âmes et dans celles de 15.001 à 30.000 âmes qui ont un entrepôt réel	400
Pour celles établies dans les villes de 15.001 à 30.000 âmes et dans celles d'une population de 15.000 et au-dessous qui ont un entrepôt réel.....................	300
Enfin dans toutes les autres communes................	200

B. — *Taxe par personne employée, en sus du nombre de cinq, aux écritures et aux caisses.*

1. — A Paris, au siège, 50 francs par tête imposable avec rehaussement de moitié, soit.......................... 25 fr.

En raison de ses opérations d'émission de titres étrangers et de paiement de leurs coupons.

Dans les bureaux de quartier, le demi-droit de rehaussement n'existe pas, de même que dans toutes les agences en France.

2. — Dans les villes de 100.000 âmes et au-dessus, par tête imposable.......................... 40

3. — Dans celles de 50.001 à 100.000 âmes, par tête imposable.......................... 25

4. — Dans les villes de 30.001 à 50.000 âmes et dans celles de 15.001 à 30.000 qui ont un entrepôt réel, par tête imposable.......................... 20

5. — Dans les villes de 15.001 à 30.000 âmes et dans celles d'une population de 15.000 âmes et au-dessous qui ont un entrepôt réel, par tête imposable.......................... 15

6. — Dans toutes les autres communes, par tête imposable.......................... 10

De plus, en vertu des dispositions de l'article 2 de la loi du 17 juillet 1889, connu sous le nom d'amendement Charonnat, les taxes par employé en sus de cinq sont doublées, lorsque le nombre des employés dépasse 200, triplées lorsqu'il dépasse 1.000.

C. — *Droit proportionnel.*

Pour la profession de banquier, le droit proportionnel est du dixième de la valeur locative de tous les locaux où il exerce son industrie, soit à son siège, soit dans des agences à Paris ou en province, sans qu'il y ait à tenir compte du chiffre de la population des localités où sont établies les succursales.

Enfin, des centimes additionnels de toute nature viennent s'ajouter au principal de la taxe déterminée par la profession, de la taxe par tête d'employé et du droit proportionnel.

Dans ces conditions, une société de crédit dont le siège est à Paris et dont le personnel atteint 1.000 employés en sus des cinq qui n'entrent pas en compte pour asseoir la taxe, et dont la valeur locative des locaux occupés est, par exemple, de 200.000 francs, le chiffre de la patente s'établit comme suit :

A — Taxe déterminée	2.000 fr.
B — Moitié en sus de la taxe pour émissions étrangères.	1.000
C — 1.000 employés à 50 francs par tête	50.000
D — Moitié en sus de la taxe pour émissions étrangères.	25.000
E — Triplement des taxations C et D en vertu de l'amendement Charonnat	150.000
F — Droit proportionnel du dixième sur une valeur locative de 200.000 francs	20.000
Total principal	248.000
A ajouter les centimes additionnels pour 1900, fixés, pour Paris, au chiffre de 1 fr. 019 du principal, soit	252.711
Total général	500.711 fr.

On voit que c'est au siège, où se trouvent centralisés tous les services généraux qui comportent un nombreux personnel, que la contribution des patentes est particulièrement lourde.

Le décompte de la patente s'établit d'après les indications données plus haut pour chacune des agences de quartier de Paris, en tenant compte de la valeur locative de son loyer et du chiffre de son personnel comme suit, par exemple :

A — Taxe déterminée par la profession	2.000 fr.
B — 3 employés en sus de 5	150
C — Droit proportionnel du dixième sur un loyer de 5.000 francs	500
Principal	2.650
Centimes additionnels (1.019)	2.700
Total général	5.350 fr.

De même, pour les agences en France, en tenant compte, pour la taxe déterminée et pour la taxe par employé au-dessus de 5, du chiffre de la population, le droit proportionnel du dixième ne variant pas.

Quant aux centimes additionnels, ils sont plus ou moins élevés suivant les villes. En voici quelques exemples (chiffres de 1899) : 0 fr. 88 à Dijon ; — 0 fr. 93 à Beaune ; — 1 fr. 01 à Bordeaux ; — 1 fr. 019 à Paris ; — 1 fr. 08 à Angoulême ; — 1 fr. 15 au Havre ; — 1 fr. 21 à Ruffec ; —

1 fr. 22 à Marseille; — 1 fr. 39 à Caen; — 1 fr. 44 à Avignon; — 1 fr. 60 à Nantes.

Chaque année, le chiffre de ces centimes varie dans chaque ville avec tendance générale à l'augmentation.

IV. — Chambres et bourses de commerce.

Cette taxe, établie par les lois des 23 juillet 1820 (art. 11 à 16), 15 juillet 1880 (art. 438) et 9 avril 1898 (art. 21), n'est pas passible de centimes additionnels. Le montant de l'imposition est fixé chaque année par un décret pour chaque chambre. La répartition entre les patentables a lieu au prorata des droits en principal auxquels ils sont assujettis, soit dans la ville où est établie la bourse en ce qui concerne l'imposition affectée aux frais de cet établissement, soit dans les communes comprises dans la circonscription de la chambre de commerce, s'il s'agit de la contribution spéciale autorisée au profit de cet établissement.

A Paris, les patentables ont été imposés de ce chef, pour l'exercice 1899, de 37 centimes °/₀ du principal des patentes.

V. — Taxe des biens de mainmorte.

Cette taxe est établie sur les biens immeubles, passibles de la contribution foncière et appartenant aux départements, communes, hospices, séminaires, fabriques, congrégations religieuses, consistoires, bureaux de bienfaisance, *sociétés anonymes* et tous établissements publics légalement autorisés.

Le taux de la taxe est fixé à 70 centimes par franc du principal de la contribution foncière; il s'y ajoute, en outre, les mêmes décimes qu'aux droits d'enregistrement — dont cette taxe est la représentation dans l'espèce — ce qui porte la quotité totale de cette contribution à 87 centimes 1/2.

Ainsi, par exemple, le Comptoir national qui paie, pour son hôtel de la rue Bergère, une contribution foncière de 5.975 fr. 68 en principal, est passible, pour la taxe de mainmorte, de

	fr.	c.
5.975 fr. 68 × 0 fr. 70...............	4.182	70
plus 2 décimes 1/2.................	1.045	75
Total............	5.228	72

VI. — Résumé.

Si nous résumons l'énumération qui précède, nous trouvons que les sociétés de crédit ayant un siège central, des bureaux de quartier et des agences en France, ont à faire face aux impôts suivants :

1° A la création de l'établissement, de même qu'aux époques de modifications sociales en cours d'existence :

Droit d'enregistrement;
Droit de timbre.

2° Annuellement :

a. Taxes sur les valeurs mobilières;
Timbre des actions, 6 cent. °/₀;
Droits de transmission, 20 cent. °/₀;
Taxe sur le revenu, 4 °/₀;
Droits de transfert ou de conversion sur les titres nominatifs, 50 cent. °/₀.

b. Contribution des patentes;

Siège central :

Taxe fixe suivant loyer et personnel;
» sur employés;
» 10 °/₀ sur valeurs locatives;
» centimes additionnels.

Bureaux de quartier :

Taxe fixe suivant loyer et personnel;
» sur employés;
» 10 °/₀ sur valeurs locatives;
» centimes additionnels;

Agences en France :

Taxe fixe, taxe sur employés, suivant le chiffre de la population de la ville;
» 10 °/₀ sur valeurs locatives;
» centimes additionnels variables suivant les villes;

c. Autres taxes :

Contribution foncière; — contribution des portes et fenêtres; — imposition spéciale des chambres de commerce, taxes qui sont supportées par tous les contribuables ;

Taxe des biens de mainmorte;

Petites taxes diverses, telles que balayage, poids et mesures, taxes locales.

En dehors de ces sommes, encaissées par l'Etat du fait de l'existence et des opérations des sociétés de crédit, ces établissements procurent au fisc la rentrée de divers impôts subis par leur clientèle ou par eux-mêmes :

1° Impôt sur les opérations de bourse effectuées tant au comptant qu'à terme;

2° Timbres mobiles de toute nature : sur chèques; — sur quittances ; — sur effets et sur lettres de change (timbre proportionnel); — papier timbré employé pour la rédaction de contrats et actes divers;

3° Timbres-poste.

Il serait difficile de donner ici des chiffres s'appliquant à chacune de ces sources d'impôts, les sommes payées variant suivant l'importance des sociétés.

Nous pouvons les indiquer *in globo* pour le Comptoir national d'escompte qui a déboursé pendant l'exercice 1899, pour tous les chapitres récapitulés ci-dessus, plus de 2.180.000 francs.

Les frais d'enregistrement et de timbre, tant à sa fondation qu'aux trois modifications de capital qui se sont effectuées de 1890 à 1895, pour passer de 30 millions à 100 millions de francs de capital, ont atteint le chiffre de 213.806 fr. 25.

Nous ajouterons, simplement pour mémoire, que du fait de ses agences à l'étranger, savoir : en Grande-Bretagne : Londres, Liverpool, Manchester; — en Australie : Melbourne et Sydney; — aux Indes : Bombay et Calcutta; — en Amérique : La Nouvelle-Orléans et San-Francisco; — en Afrique : Tunis, Gabès, Sfax, Sousse, Tanger, Tananarive, Tamatave et Majunga, le Comptoir national d'escompte acquitte une somme d'impôts qui dépasse 70.000 francs.

Indirectement et par répercussion, le fisc français en recueille sa part, en raison du développement qui résulte de ces installations d'agences en dehors de la Métropole.

Emile Mercet,

Vice-président du Comptoir national d'escompte de Paris.

LES DROITS DE COURTAGE EN FRANCE

BOURSES DE PARIS ET DES DÉPARTEMENTS

Les droits de courtage sont établis dans chaque bourse, par la Chambre syndicale, en conformité de l'article 38 du décret du 7 octobre 1890 ainsi conçu :

Les négociations sont effectuées par les agents de change moyennant un courtage dont le taux est déterminé, pour chaque place, par la chambre syndicale ou, s'il n'y a pas de chambre syndicale, par le tribunal de commerce, dans les limites d'un tarif maximum fixé, sur la proposition de la Chambre syndicale et après avis de la chambre et du tribunal de commerce, par un décret rendu dans la forme des règlements d'administration publique et contresigné, suivant la distinction spécifiée à l'article 2 par le ministre des finances ou par le ministre du commerce et de l'industrie.

Le taux de courtage ainsi déterminé est obligatoire pour les agents de change.

En ce qui concerne spécialement la bourse de Paris, le tarif maximum à percevoir par les agents de change a été fixé par le décret du 29 juin 1898.

I. — BOURSE DE PARIS

§ 1er. *Tarif des courtages.*

Négociations à terme et reports effectués sur les rentes françaises : 12 fr. 50 par 1.500 francs de rente perpétuelle ou amortissable et par 1.750 francs de rente 3 1/2 %.

Négociations faites en vertu de pièces contentieuses : 1/4 %.

Négociations au comptant sur toutes valeurs y compris les rentes françaises : 10 centimes % avec minimum de 50 centimes par bordereau.

Négociations à terme sur toutes valeurs à l'exception des rentes françaises : 10 centimes °/₀ sur toutes valeurs et sur les fonds d'État étrangers.

A titre exceptionnel, sur les fonds d'État étrangers dont le cours est supérieur à 50 francs, le minimum du courtage est de 25 francs pour la plus petite coupure négociable à terme.

Opérations de reports sur toutes valeurs à l'exception des rentes françaises : 1/20 °/₀ pour les valeurs soumises à la double liquidation; 1/12 °/₀ pour les valeurs à liquidation mensuelle.

A titre exceptionnel, sur les fonds d'État étrangers dont le cours est supérieur à 60 francs, le minimum du courtage est de 15 francs pour la plus petite coupure négociable à terme.

§ 2. *Dispositions spéciales.*

Les tarifs ci-dessus sont applicables à toutes les certifications de signatures données par les agents de change lorsqu'elles ne se rapportent directement, ni à un achat, ni à une vente.

Pour les valeurs non entièrement libérées, les droits indiqués ci-dessus ne sont calculés que sur le montant net de la négociation déduction faite de la partie non versée.

Lorsque deux opérations en sens contraire ont été effectuées en vertu du même ordre et dans la même bourse, les droits ci-dessus ne sont calculés que sur l'opération représentant le capital le plus élevé.

En vertu d'une décision de la Chambre syndicale, la disposition qui précède est applicable à tous les donneurs d'ordre.

II. — BOURSE DE LYON

§ 1er. *Opérations au comptant.*

Un courtage de 1/4 °/₀ est perçu :

1° Sur les actions des valeurs ne se négociant pas à terme, avec minimum de 50 centimes par actions.

2° Sur tous les effets publics ou particuliers dont la négociation est faite en vertu de pièces contentieuses.

Les valeurs nominatives paient 1/4 au comptant, alors même qu'elles peuvent se négocier à terme avec le courtage de 1/8.

Un courtage de 1/8 $^{0}/_{0}$ est perçu :

1° Sur les actions des valeurs se négociant à terme ;

2° Sur les obligations ;

3° Sur les fonds d'État français et étrangers : .

Le courtage ne peut être moindre de 25 centimes par obligation, de 50 centimes par action et de 5 centimes par unité de rente nominale.

2. *Opérations à terme.*

Fonds d'Etat français. — 3 $^{0}/_{0}$ français, à terme, ferme ou à prime, 20 francs par 1.500 francs de rente.

3 1/2 $^{0}/_{0}$ français, à terme, ferme ou à prime, 25 francs par 1.750 fr. de rentes.

Toutes les coupures en dessous de l'unité du terme (faites à échéance), 1/8 $^{0}/_{0}$.

Fonds d'Etat étrangers. — Les rentes étrangères négociées à terme, ferme ou à prime, par unité de terme, 25 francs.

(Exemple : 2.500 Italien, 1.920 Extérieure, 2.000 Turc, 2.000 Russe consolidé, etc...).

Toutes les coupures en dessous de l'unité du terme (faites à échéance), 1/8 $^{0}/_{0}$.

Le minimum du courtage à terme est de 5 centimes par chaque unité de rente nominale.

Valeurs autres que les fonds d'État. — Sur toutes les valeurs qui se traitent de quinzaine en quinzaine ou de mois en mois, 1/8 $^{0}/_{0}$.

Les titres nominatifs ne se traitent à terme que par 25 actions et les multiples.

Le minimum du courtage est de 50 centimes par action ou obligation.

§ 3. *Observations générales.*

Chaque opération donne droit à un courtage.

Sur les opérations en contre-partie à terme d'achats et de ventes faites à la même bourse, sur une ou plusieurs valeurs et sur une ou deux liquidations, le courtage est perçu sur l'opération qui donne le courtage le plus élevé et il n'est pris qu'un demi-courtage sur la contre-partie.

Les affaires liées, au comptant, donnent droit à deux courtages.

Pour toute négociation, le minimum du courtage est de 1 franc.

III. — BOURSE DE MARSEILLE

§ 1er. *Opérations au comptant.*

Pour les rentes françaises et les bons du Trésor le droit est de 1/8 %.

Le droit de 1/8 est dû, en outre, pour toutes certifications de signatures données par les agents de change, pour conversion de titres, lorsqu'elles ne se rapportent directement ni à un achat ni à une vente.

Sur toutes les valeurs françaises et étrangères, autres que les rentes françaises et les bons du Trésor, 1/4 %.

Le droit de 1/4 % doit aussi être perçu sur toutes les négociations de rentes françaises faites en vertu de pièces contentieuses, d'un jugement, d'une délibération de conseil de famille ou d'un acte authentique prescrivant un remploi.

Par dérogation à ce qui précède, les obligations 3 % de chemins de fer français ou étrangers remboursables à 500 francs et toutes autres obligations du même type, sont soumises à un courtage fixe de 62 centimes 1/2.

Le courtage de 1/4 % ne peut être moindre de 50 centimes par action ou obligation française et de 75 centimes par action ou obligation étrangère autre que les obligations 3 % ci-dessus spécifiées, quel qu'en soit le prix.

Le courtage ne peut être moindre de 75 centimes par 20 francs de rente turque.

Aucune opération ne peut donner lieu à un courtage inférieur à un franc.

§ 2. *Opérations à terme.*

Le courtage est de 5 francs par 300 francs de rente française 3 %; — 450 francs de rente française 4 1/2 %; — 500 francs de rente italienne 5 %; — 400 francs de rente turque 4 %; — 400 francs de rente extérieure espagnole 4 %.

Le courtage est de 1/8 % sur toutes les actions et obligations sans que ce courtage puisse être moindre de 50 centimes par titre.

IV. — BOURSE DE BORDEAUX

Négociations de tous effets publics ou particuliers faites en vertu de pièces contentieuses, d'un jugement, d'une délibération de conseil de famille, ou d'un acte authentique prescrivant un remploi : 1/4 %.

Rentes françaises (au comptant); — bons du Trésor; — fonds publics étrangers (au comptant); — emprunts des départements, villes ou établissements publics; — actions et obligations des compagnies de chemins de fer français (au comptant et à terme) et étrangers (au comptant); — et généralement toutes les actions et obligations dont la négociation à la bourse est autorisée : 1/8 %.

Le droit de 1/8 % est dû, en outre, pour toute certifications de signatures données par les agents de change, lorsqu'elles ne se rapportent directement ni à un achat ni à une vente.

Pour l'achat et la vente des titres d'une valeur inférieure à 200 francs, le droit est de 25 centimes par titre.

Minimum du courtage à terme. — Pour les opérations à terme sur les rentes : 5 francs par 300 francs de rente 3 %, 500 francs de rente 5 %, 450 francs de rente 4 1/2 % successivement dans la même proportion.

Pour toute valeur négociée à terme, qu'elle se liquide une ou deux fois par mois, le minimum du courtage est de 50 centimes par action ou obligation.

Minimum de chaque négociation. — Pour toute négociation, sur laquelle le courtage serait inférieur à un franc, le minimum du courtage est d'un franc.

V. — BOURSE DE LILLE

Le courtage est de 1/4 % sur les actions et obligations de toutes les sociétés industrielles ou commerciales, exception étant faite seulement pour les actions du Crédit du nord soumises au courtage de 1/8 %.

En dehors de cette exception, les rentes françaises, les obligations des villes et des départements, sont seules admises à bénéficier du courtage de 1/8.

VI. — BOURSE DE NANTES

1/8 % sur toutes les valeurs négociées au comptant ou à terme, avec minimum de 50 centimes pour les actions négociées à terme.

Un supplément de 1/8 % est perçu sur tous les effets publics ou particuliers dont la négociation est faite en vertu de pièces contentieuses autres qu'une simple procuration, acte de notoriété ou contrat de mariage.

Pour toute négociation, le courtage minimum est d'un franc.

La négociation pour effets de commerce donne lieu à un courtage de 1/4 % de la part du donneur, et 1/8 de la part du preneur, pour une échéance supérieure à six mois.

Au-dessous de six mois, le courtage est de 1/8 % de la part de l'un et de l'autre. Le droit de 1/8 % est dû, en outre, pour toutes certifications de signatures données par les agents de change, lorsqu'elles ne se rapportent directement ni à un achat ni à une vente.

Les comptes de retour donnent droit à 1/2 % de courtage.

VII. — BOURSE DE TOULOUSE

§ 1er. *Opérations au comptant.*

Négociations de toutes les valeurs se négociant exclusivement sur le marché de Toulouse : 1/4 %

Négociations de tous effets publics ou particuliers faites en vertu de pièces contentieuses : 1/4 %.

Négociations de rentes françaises ; — bons du Trésor ; — fonds publics étrangers ; — emprunts des départements, villes ou établissements publics ; — actions et obligations des chemins de fer français et étrangers ; — et généralement toutes les actions ou obligations dont la négociation à la bourse est autorisée : 1/8 %.

Le droit de 1/8 % est dû en outre pour toutes certifications de signatures données par les agents de change, lorsqu'elles ne se rapportent directement ni à un achat ni à une vente ; les recherches et l'établissement d'un bordereau ; le retrait de titres de la Banque de France ou d'autres établissements ; les emprunts faits pour le compte d'un client.

Négociations de toutes obligations cotées entre 150 et 400 francs, qu'elle soient ou non cotées exclusivement sur le parquet de Toulouse : 50 centimes.

Négociations de toutes obligations cotées 150 francs et au-dessous, qu'elles soient ou non cotées exclusivement sur le parquet de Toulouse : 25 centimes.

Pour toute négociation sur laquelle le courtage serait inférieur à un franc, le minimum du courtage est d'un franc.

Le courtage sur les titres non entièrement libérés est perçu comme s'il y avait eu libération.

§ 2. *Opérations à terme.*

Rentes françaises : 20 francs par 1.500 francs de rente 3 % et de rente 3 % amortissable ; — 25 francs par 1.750 francs de rente 3 1/2 %.

Rentes étrangères : 25 francs par 2.000 livres sterling de capital 3 % portugais ; — 800 florins de rente 4 % autrichienne et hongroise ; — 2.000 pesetas de rente 4 % extérieure d'Espagne ; — 2.000 francs de rente 4 % turque ; — 2.500 francs de rente 5 % italienne ; — 1.500 francs de rente 3 % russe ; — 1.750 francs de rente 3 1/2 russe ; — 2.000 francs de rente 4 0/0 russe.

Toute opération à terme sur les valeurs soumises à une seule liquidation mensuelle : 1/8 %.

Toute opération à terme sur les valeurs soumises à une double liquidation mensuelle : 1/10 %.

Pour toute valeur négociée à terme, qu'elle se liquide une ou deux fois par mois, le minimum du courtage est de 50 centimes par action ou obligation.

DECOUDU,

Chef du service de la cote,
Chambre syndicale des agents de change

LES DROITS DE COURTAGES

SUR LES

OPÉRATIONS DE BOURSE EN FRANCE ET A L'ÉTRANGER

(2e ARTICLE)

Danemark. — La bourse de Copenhague est gouvernée par la chambre de commerce, sous le contrôle du ministre de l'intérieur.

D'après des règlements très anciens, les agents de change ne jouissent pas d'un privilège exclusif; les banquiers ont également le droit de négocier à la cote officielle.

Le courtage est débattu entre le donneur d'ordre et l'intermédiaire; il s'élève en général à 1 %.

Toutes les opérations de la bourse se font au comptant et non pas à terme.

Les bordereaux sont soumis à des droits de timbre qui varient suivant le cas de 5 à 10 ores (1).

Espagne. — Le marché est réglementé, mais le nombre des agents de change n'est pas limité.

Les droits de courtage prélevés sur les opérations de bourse au comptant et à terme sont de 1 %, sur le montant de la négociation.

Il n'y a pas de droit de timbre à ajouter à ceux de courtage. Les polices d'achat seules ont un timbre suivant le tableau ci-après :

				pesetas
	1.000 pesetas et au dessous			0.10
De	1.000,01	à	2.500	0.25
—	2.500,01	à	5.000	0.50
—	5.000,01	à	10.000	1.00
—	10.000,01	à	20.000	2.00
—	20.000,01	à	30.000	3.00
—	30.000,01	à	40.000	3.00
—	40.000,01	à	50.000	5.00

(1) 1 couronne d'or = 100 ores = 1 fr. 40.

				pesetas
De	50.000,01	à	70.000..................	7.00
—	70.000,01	à	100.000......	10.00
—	100.000,01	à	250.000..................	25.00
—	250.000,01	à	500.000..................	50.00
—	500.000,01	à	750.000..................	75.00
—	750.000,01	à	1.000.000..................	100.00
—	1.000.000.01	à	1.250.000..................	125.00
—	1.250.000,01	à	1.500.000..................	150.00
—	1.500.000,01	à	1.750.000..................	175.00
—	1.750.000,01	à	2.000.000..................	200.00
—	2.000.000,01	et au-dessus	....	250.00

Grèce. — Le marché est réglementé, mais le nombre des agents n'est pas limité. Ceux-ci sont seulement tenus d'obtenir l'autorisation du gouvernement et à déposer à la caisse de la bourse un cautionnement de 5.000 drachmes.

Le bureau de la bourse est composé d'un comité de cinq membres élus chaque année par les boursiers, d'un secrétaire élu par le comité et d'un commissaire du gouvernement.

Les droits de courtage prélevés sur les opérations de bourse sont :

0 dr. 25 par titre jusqu'à 250 drachmes de capital nominal ; — 0 dr. 50 par titre jusqu'à 500 drachmes ; — 5 drachmes par titre sur les actions de la Banque nationale de Grèce.

Il n'y a pas de droit de timbre à ajouter au courtage.

Portugal. — Le marché est réglementé par la loi du 8 octobre 1889.

Les titres étrangers ne sont admis à la cote que sur l'autorisation du gouvernement.

Pour les opérations au comptant, le courtage est de 1 °/₀ ; il est payé par le vendeur.

Pour les opérations à terme, il est de 2 °/₀₀, dont 1 °/₀₀ payé par le vendeur et 1 °/₀₀ par l'acheteur.

Les opérations d'achat et de vente — sans mutations — ne sont soumises à aucun droit de timbre.

Roumanie. — La bourse est réglementée d'après le système de Paris; toutefois les opérations tant en fonds publics qu'en autres valeurs s'effectuent librement sur le marché officiel et sur le marché libre, mais toujours sous la surveillance des agents qui enregistrent les opérations sur leurs carnets et par suite sur la cote officielle.

Le courtage sur les fonds publics est de 1/2 °/₀₀ et pour les actions de 50 centimes par action sauf celles de la Banque nationale qui paient 2 francs.

Aux droits de courtage il faut ajouter le timbre de la bourse qui est de 1/2 $^{0}/_{000}$.

Suède. — Le marché est libre.

Le nombre des courtiers est illimité; ils sont nommés, sur leur propre demande, par le magistrat de ville.

D'ordinaire, les courtiers débitent d'une commission de 1/8 $^{0}/_{0}$.

Turquie. — La bourse est réglementée et placée sous l'autorité directe du ministre des finances.

Le gouvernement nomme un commissaire auprès de la bourse.

La Bourse est administrée par un comité de vingt membres, choisis exclusivement parmi les agents de change et nommés par les membres de la bourse, au scrutin secret et à la majorité des voix. L'élection des membres du Comité de la bourse, dont le nombre est illimité, se fait sous la surveillance du commissaire du gouvernement.

Les membres de la bourse se divisent en trois catégories : 1° les agents de change; 2° les remisiers; 3° les revendeurs en bourse, qui sont de véritables coulissiers.

Voici quels sont les courtages des agents de change arrêtés par le conseil de la bourse :

Dette générale, consolidés. — Piastres or	25	pour chaque	1.000 liv. sterl.	à l'achat.
— — — —	25	—	—	à la vente.
— — — —	12 1/2	—	—	en liquidation.
Osmanié 1890 —	5	—	100 liv. sterl.	à l'achat.
— — —	5	—	—	à la vente.
— — —	5	—	—	en liquidation.
Actions des Banques et Tabacs turcs —	25	—	10 liv. sterl.	à l'achat.
— — — —	25	—	—	à la vente.
— — — —	12 1/2	—	—	en liquidation.
Lots turcs —	25	cent. pour chaque titre		à l'achat.
— —	25	—		à la vente.
— —	25	—		en liquidation.

Aucun droit de timbre, excepté le timbre de 20 paras appliqué sur le bordereau du courtier.

Paul Dubois,

Administrateur du Crédit foncier colonial.

DE LA DÉFENSE DES PORTEURS

DE

TITRES DE FONDS D'ÉTAT ÉTRANGERS (1).

§ 1er. *Exposé de la question.*

Tout a été dit sur les avantages et les inconvénients que présentent, dans l'ordre économique, les placements faits par les nationaux d'un pays en titres d'Etat étrangers. Mais il est un point qu'il est utile de rappeler, s'il est superflu d'en apporter une démonstration, c'est que les uns seraient hors de proportion avec les autres, s'il était possible de faire disparaître, ou tout au moins d'atténuer le principal reproche encouru par cet ordre de placements, celui de l'insécurité.

La question est trop importante pour avoir échappé aux investigations. Nous aurons dans le cours de ce mémoire à parler fréquemment des études et des travaux parfois fort remarquables dont elle a été l'objet (2). Les pouvoirs publics eux-mêmes n'ont pas été sans s'en préoccuper.

En France, la Chambre des députés, saisie en 1877 d'une proposition de M. Pascal Duprat, adopta, sur le rapport de M. Dréolle et malgré l'opposition de M. Lockroy qui prétendait que le projet n'avait rien de pratique, une résolution aux termes de laquelle une commission parlementaire serait chargée « de faire une enquête sur les emprunts d'Etats étrangers négociés en France depuis le commencement de l'Empire, sur les pertes que ces emprunts ont fait subir aux capitaux français et sur les mesures qui pourraient être prises pour sauvegarder l'épargne nationale, sans porter atteinte à la liberté du marché » (3). Les événements politiques

(1) Nous ne traiterons ici que des emprunts d'État ; quant aux engagements des sociétés ou compagnies étrangères, nous en ferons l'objet d'un mémoire particulier, relatif aux droits des obligataires et aux mesures ayant pour but de les sauvegarder.

(2) Voir notamment Becker, Galié, Politis, Lewandowski, Jozon.

(3) Séance du 23 janvier 1877.

entraînèrent la dissolution de la Chambre et la caducité de la résolution qu'elle avait votée.

En Angleterre, c'est par deux fois que la Chambre des communes s'est occupée de cette question; deux fois elle en a fait l'objet d'une de ces études auxquelles les habitudes anglaises sont de procéder par voie d'enquête (1).

Le rapport d'une de ces commissions à la date du 29 juillet 1875, après mention des diverses mesures restrictives proposées et écartées, aboutit aux conclusions suivantes :

La commission a été d'avis que le meilleur remède contre le retour de pareils maux consistait non pas tant dans les mesures législatives, que dans celles destinées à éclairer exactement le public. La commission exprime l'espoir que la publication des rapports rendra les prêteurs plus circonspects à l'avenir et mettra un frein aux actes peu scrupuleux des négociations d'emprunts étrangers.

Quelques années plus tard, la résolution proposée par cette première commission ayant paru par trop anodine, il en fut nommé une nouvelle, mais le résultat ne fut pas sensiblement différent. La commission exprima la conviction que « la meilleure garantie contre le retour du mal signalé se trouvait moins dans l'action du législateur que dans les lumières du public ».

Il est difficile de ne pas voir dans ces conclusions un aveu d'impuissance du législateur.

Heureusement, cette conviction purement négative n'a pas pénétré tous les esprits. L'Institut international de statistique a depuis quelques années déjà inscrit sur son programme les recherches suivantes :

Quels sont les Etats, les municipalités, les provinces, qui ont manqué à leurs engagements, quels sont ceux qui ont spolié leurs créanciers et qui échappent à tout recours de la part de ceux qui leur ont confié leurs capitaux ?

A quel chiffre s'élèvent les pertes subies par les capitaux prêteurs, soit comme capital, soit comme intérêts, du fait des défaillances de ces Etats, qui empruntent aux capitalistes et aux rentiers des autres Etats?

Quelles mesures peut-on employer et recommander pour empêcher de semblables manquements aux engagements contractés?

A un autre point de vue, n'est-il pas nécessaire d'établir un droit public financier international? N'y a-t-il pas toute une législation internationale à créer sur la question de la fortune mobilière ?

Nous ferons observer que les deux premières questions ont pour but

---

(1) Voir l'*Annuaire de législation étrangère*, 1876, page 13 ; — 1877, page 8 ; — 1879, page 99.

de projeter, sur ce sujet, au sein du congrès, la lumière réclamée par les résolutions de la Chambre des députés et de la Chambre des communes, c'est à la section de statistique qu'il appartiendra de les approfondir; quant aux deux dernières, elles sont destinées à réagir contre la doctrine pessimiste du laisser-faire.

La réunion du congrès international des valeurs mobilières est une occasion exceptionnelle pour favoriser l'étude de ces questions. Nous avons eu la témérité d'entreprendre un travail préparatoire, non certes que nous nous soyons fait illusion sur les difficultés presque invincibles qu'elles présentent, mais nous avons espéré qu'il pourrait tout au moins y avoir quelque avantage à bien préciser les données du problème et à rechercher dans quelle voie il pourrait être opportun de continuer les études et de poursuivre des solutions pratiques.

§ 2. *Nature des emprunts d'Etat. Caractères différentiels des dettes intérieures et extérieures.*

Tous les auteurs paraissent d'accord pour établir une distinction entre les dettes intérieures et extérieures des Etats et pour reconnaître que des règles différentes peuvent être appliquées aux unes et aux autres (1).

La dette intérieure est celle qui résulte d'une émission exclusivement faite au sein du pays emprunteur. Il n'y a pas à tenir compte de la nationalité des souscripteurs ou des porteurs ultérieurs; l'État émetteur n'empêche pas les étrangers de souscrire à ses emprunts intérieurs, il se borne à ne pas les y inviter d'une manière expresse.

La dette extérieure est celle qui provient d'une émission faite, en totalité ou en partie, sur les places étrangères. Cette émission peut d'ailleurs être faite directement par l'État emprunteur; elle l'est plus communément par l'intermédiaire de banques ou de maisons de crédit qui ont été constituées ses mandataires pour l'émission, ou qui se sont chargées d'en opérer le placement. Malgré l'intervention d'intermédiaires, l'État emprunteur est loin de rester étranger à la désignation des marchés sur lesquels se fera l'émission; c'est toujours là un point convenu et réglé par le traité intervenu entre lui et les banquiers émetteurs. Tout emprunt émis dans ces conditions doit être qualifié d'exté-

---

(1) Nous devons toutefois faire une exception pour M. Politis. L'opinion de cet auteur se relie à sa manière d'envisager les emprunts d'Etat qui, d'après lui, n'engendreraient pas de lien de droit et ne constitueraient que des engagements d'honneur, aussi bien quand ils ont été pris envers des étrangers qu'envers des regnicoles.

rieur par cela seul que, du consentement exprès ou tacite de l'État emprunteur, l'émission n'aura pas été strictement limitée aux frontières de la nation pour les besoins de laquelle l'emprunt a été contracté.

Les emprunts intérieurs ne contiennent généralement pas de stipulation quant à la monnaie dans laquelle ils sont payables : la monnaie légale du pays est évidemment libératoire, quelle qu'elle soit au moment du paiement des coupons et au remboursement du capital, et alors même qu'elle eût subi certaines modifications par suite d'un changement intérieur dans la législation propre du pays. De même, les emprunts intérieurs sont bien rarement garantis par une disposition formelle contre la crainte d'être frappés ultérieurement d'un impôt.

Au contraire, les emprunts extérieurs entrainent généralement la désignation des places sur lesquelles les intérêts seront payés et de la monnaie dans laquelle devront être effectués les paiements; pour le plus grand nombre, ils sont stipulés payables en monnaie internationale, c'est-à-dire en or, ou moyennant un change fixe.

L'admission d'un emprunt à la cote des bourses étrangères n'est pas toujours un critérium infaillible de l'extériorité de la dette. Cette mesure peut, en effet, avoir été prise sans aucune participation de l'État débiteur; mais si, au contraire, elle a été sollicitée par lui, on doit y voir la preuve qu'il a fait appel au concours des capitaux étrangers et, dès lors, il serait mal venu à contester que son emprunt n'ait eu à l'origine ou n'ait acquis plus tard, le caractère de dette extérieure. Les sujets de l'État débiteur peuvent, aussi bien que les étrangers, être titulaires de rentes extérieures. Toutefois cet État peut opérer une distinction entre les porteurs, afin d'assujettir ses nationaux à une loi intérieure qui ne pourrait pas, sans violation du contrat originaire, être étendue aux porteurs étrangers. Dans ce cas, il prescrit des formalités qui ont pour but de préciser la nationalité des porteurs, par exemple l'affidavit. La distinction peut se répéter à époques indéterminées, ou à toute échéance des coupons; elle peut aussi être faite une fois pour toutes; en ce cas les titres de rentes qui, à un moment précis, sont légitimement possédés par des étrangers reçoivent une marque distinctive, un estampillage, qui donne à l'extériorité du titre un caractère réel. Le titre estampillé est dette extérieure, le titre non estampillé dette intérieure, sans qu'il y ait lieu désormais de tenir compte de la nationalité de celui qui en est porteur. On sait que l'Italie a suivi la première voie, l'Espagne la seconde.

Bien que la distinction théorique entre les dettes extérieures et intérieures soit rationnelle et claire, des difficultés peuvent quelquefois être soulevées sur le caractère qu'il convient d'attribuer à tel ou tel emprunt.

C'est ainsi que, tout récemment, le gouvernement espagnol a contesté aux bons hypothécaires de Cuba le caractère de dette extérieure (1). Bien que les intérêts fussent stipulés payables en or, il ne les paie, à partir du 1er juillet 1898, qu'en pesetas; il les a soumis à l'impôt de 20 %, comme la dette intérieure, et il leur a même fait subir une réduction préalable de 20 % pour rapprocher leur taux d'intérêt de celui de la dette extérieure. Ces mesures, qui ont été prises malgré les protestations des créanciers, sont fort critiquables.

§ 3. *Dettes intérieures.*

Il est de principe que les gouvernements sont libres de réglementer législativement leurs dettes intérieures à leur gré. Que les titres appartiennent à des nationaux ou à des étrangers, peu importe; ces derniers, en se rendant acquéreurs de valeurs de cette nature, se soumettent implicitement, en ce qui les concerne, à la législation édictée ou à édicter dans le pays débiteur. Il en est d'eux comme de ceux qui acquièrent un immeuble dans un pays étranger; ils ne peuvent se plaindre des mesures législatives de tout ordre qui seront prises dans ce pays vis-à-vis des propriétaires fonciers.

Il n'y a qu'une seule réserve à faire à cet égard : le gouvernement débiteur, même par une loi régulièrement votée, ne peut pas, sans violer les principes du droit international, assujettir les étrangers et ses nationaux à un traitement différent. Les traités et conventions diplomatiques stipulent souvent pour les nationaux respectifs l'égalité de traitement le plus favorisé. Dans ce cas toute mesure différentielle serait la violation des traités. Même en dehors de ce cas, la méconnaissance du principe d'égalité pourrait entraîner, par voie de réciprocité, des mesures

(1) Le caractère de dette extérieure pour les emprunts contractés par l'Espagne sous la forme de billets hypothécaires de Cuba résulte spécialement : 1° des conditions dans lesquelles ont été faites les émissions et souscriptions publiques, non seulement en Espagne mais à l'étranger et notamment en France ; — 2° de ce que, d'après les décrets réglant les détails de l'émission (10 mai 1886, art. 2, et 27 octobre 1890, art. 2.), le paiement des intérêts et des titres amortis devait s'effectuer à la Havane, Madrid, Barcelone et telles autres villes du royaume ou de l'étranger qu'il conviendrait au ministre d'outre-mer de désigner après entente avec la banque hispano-coloniale ; — 3° de ce qu'il était réglé que les paiements seraient faits sur la base d'un change fixe d'une peseta par franc, en France, et de 25 pesetas par livre sterling, en Angleterre (mêmes décrets); — 4° de ce que les titres de ces emprunts étaient expressément déclarés affranchis de *tout impôt ordinaire et extraordinaire*. On peut encore ajouter que le gouvernement espagnol a fait diverses demandes auprès de la Chambre syndicale pour obtenir l'admission de ces titres à la cote officielle et pour résoudre les difficultés que cette mesure avait rencontrées.

de représailles qui mettraient les deux nations dans un état d'hostilité, tout au moins sur le terrain des relations économiques et financières. Une telle législation serait donc aussi dangereuse que blâmable (1).

§ 4. *Dettes extérieures.*

Lorsqu'un État émet un emprunt dans l'étendue de son propre territoire, il peut s'adresser directement au public, sans intermédiaire: c'est ainsi, par exemple, qu'ont été contractés depuis fort longtemps tous les emprunts français.

Lorsqu'au contraire il emprunte à l'étranger, il doit recourir à d'autres moyens : il s'adresse à des intermédiaires, banques ou établissements de crédit, et le premier acte de l'emprunt consiste en une convention qui intervient entre ces derniers et l'État emprunteur. Parfois les intermédiaires sont simplement mandataires ou commissionnaires autorisés à recevoir à leur guichet les souscriptions et les fonds, et chargés de les transmettre à l'État emprunteur, moyennant une rémunération convenue; d'autres fois, les maisons de banque ont traité avec lui à forfait, lui ont promis ou avancé des fonds et se sont chargées de placer les titres dans le public à leurs risques et périls, en se réservant entre le prix d'achat et le prix de revente une différence qui constitue leur bénéfice. Enfin, fréquemment, les émetteurs prennent ferme une partie de l'emprunt et se réservent une option facultative pour le surplus, d'où peut résulter une série d'émissions échelonnées.

Quelle est la nature de l'engagement qui lie l'État emprunteur aux futurs souscripteurs ou porteurs de titres d'emprunt? C'est là une question obscure et controversée. M. Politis lui refuse le caractère de contrat proprement dit; d'après lui on ne pourrait pas le qualifier d'obligation civile; ce ne serait pas non plus une obligation naturelle, il faudrait y voir une dette *sui generis*, une *dette d'honneur*. Cette opinion, que nous

---

(1) On peut signaler comme donnant prise à cette critique, la législation portugaise de 1893, avec cette circonstance aggravante que la situation différentielle créée par elle est meilleure pour les nationaux, porteurs de rente intérieure, que pour les étrangers créanciers au titre extérieur.

En effet, aux termes du décret du 13 juin 1892 et de la loi du 20 mai 1893, les coupons de la rente extérieure ne sont plus payés qu'à raison de 33 % de leur chiffre, tandis que ceux de la rente intérieure le sont à concurrence de 70 %; les uns, il est vrai, étaient payables en or, les autres en papier, mais la différence établie entre les deux dettes est bien supérieure à ce qu'elle aurait dû être d'après le principe d'égalité de traitement, étant donné le cours des changes à cette époque. Cette différence peut sans doute être atténuée, mais pour l'avenir seulement, en vertu des dispositions de l'article 1er §§ 1, 2 et 5, de la loi précitée.

croyons être restée isolée, nous paraît méconnaître le caractère obligatoire de semblables conventions : les sanctions peuvent ne pas être celles du droit civil, elles peuvent être moins efficaces, le lien de droit n'en existe pas moins ; la méconnaissance n'en est pas seulement un déshonneur pour le gouvernement qui en assume la responsabilité, c'est un acte d'injustice formelle commis au préjudice des porteurs. La souveraineté du débiteur en aggrave encore le caractère en en faisant une véritable spoliation.

A un point de vue diamétralement opposé, certains auteurs, parmi lesquels nous citerons MM. Lewandowski et Béchaux, estiment que l'emprunt d'Etat est un contrat purement civil.

> Lorsqu'un Etat, dit ce dernier, achète des marchandises à l'étranger ou sollicite des capitaux, il n'agit pas en souverain faisant un acte politique ; mais, comme toute personne étrangère, il opère sur le terrain des intérêts matériels et, dans l'espèce, s'adresse à des capitalistes qui ne relèvent en rien de son pouvoir.
>
> L'emprunt est donc non un acte de souveraineté, mais un acte privé...

Le plus grand nombre, sans procéder à une analyse rigoureuse, paraissent considérer l'emprunt d'Etat comme ayant un caractère mixte et comme participant à la fois du droit civil et des attributs de la souveraineté.

Pour nous, nous croyons que ces divergences viennent principalement de ce que l'on n'a pas établi nettement la distinction entre le lien de droit civil et la sanction. Pour le premier, nous le rattacherions sans hésiter au droit civil. Nous savons qu'il est souvent bien délicat de déterminer dans quelles occasions une personnalité morale souveraine a, en quelque sorte, abdiqué cette souveraineté pour contracter à l'égal d'un particulier : mais il nous semble que le doute n'est guère possible en matière d'emprunt, car, comme le dit un savant professeur belge, « l'État n'agit pas de la même manière quand il poursuit le recouvrement d'une taxe et quand il s'adresse à la bonne volonté des prêteurs. Dans le premier cas il procède par voie d'autorité ; il exige le paiement d'une redevance ; il décerne au besoin une contrainte ; il s'empare, s'il le faut, des biens du contribuable ; il ne cesse pas d'user, dans tout le cours de ces opérations, de ses droits de souveraineté. Dans le second cas, au contraire, il se considère comme l'égal de ceux dont il sollicite la confiance ; il contracte avec eux ; il devient leur débiteur ; il consent à subir la loi qui régit les actes d'un particulier (1). »

(1) Vauthier, *Etude sur les personnes morales*, page 317.

S'il en est ainsi et si, réellement, du chef d'un emprunt contracté, c'est un lien de droit civil qui existe entre un État et ses créanciers, comme les deux intéressés ne jouissent pas de la même nationalité, ce sont les règles du droit international privé qui doivent être appliquées pour la définition, l'interprétation et les suites du contrat intervenu entre eux.

Quant à la sanction et à l'exécution, il peut en être différemment, car elles peuvent mettre directement en question les prérogatives et les devoirs de la souveraineté. Alors même qu'une dette civile est pleinement reconnue et constatée par un titre revêtu de la force exécutoire, les moyens d'exécution ne peuvent pas être les mêmes vis-à-vis d'un État que vis-à-vis d'un particulier. Les règles du droit public font, par exemple, obstacle à ce que certains immeubles, certains objets matériels, puissent tomber sous le coup d'une exécution forcée. Les biens dépendant du domaine public ne peuvent faire l'objet d'une appropriation individuelle et être détournés de leur destination. S'il en est ainsi dans les limites mêmes d'un État, on doit également l'admettre dans les relations entre deux États, et aussi entre un État et ses créanciers extérieurs.

L'intérêt principal de la discussion repose dans la réglementation de la compétence. La question est bien connue et donne lieu à de vives controverses. On peut la poser ainsi : les tribunaux d'un État peuvent-ils statuer dans les litiges entre les nationaux et un État étranger?

Dans la législation française, l'article 14 du Code civil paraît à première vue résoudre la question en autorisant le Français à porter devant les tribunaux nationaux les demandes formulées contre toute personne étrangère, sans distinction entre les individus et les personnes morales. Mais on invoque l'opinion de Portalis lors de l'élaboration de cet article: « Nous ne parlons pas des ambassadeurs, ce qui les concerne est réglé par le droit des gens. S'il s'agit non pas seulement des ambassadeurs ou ministres d'un État étranger, mais de cet État lui-même, c'est à plus forte raison que le droit des gens est seul applicable. »

La doctrine est profondément divisée sur cette question (1). Mais la Cour de cassation a par deux fois consacré la thèse de l'incompétence des tribunaux français :

Attendu que l'indépendance réciproque des États est l'un des principes les plus universellement reconnus du droit des gens ; que, de ce principe, il résulte qu'un gouvernement ne peut être soumis, pour les engagements qu'il contracte, à la juridiction d'un État étranger ; qu'en effet le droit de juridiction qui appartient à chaque gouver-

(1) Pour la compétence : Massé, Demangeat sur Fœlix, Vergé, Martens, Wattel, Klubert et, sous quelques réserves, Laurent, Bonfils et Trochon. — Contre, Dalloz.

nement pour juger les différends nés à l'occasion des actes émanés de lui, est un droit inhérent à son autorité souveraine qu'un autre gouvernement ne saurait s'attribuer sans s'exposer à altérer leurs rapports respectifs... (1)

Cette question est fort intéressante ; elle mériterait un examen approfondi ; nous n'y insisterons pas cependant, étant donné le point de vue spécial auquel nous nous sommes placé. En effet, l'intervention des tribunaux, si l'on admet leur compétence, ne peut pas avoir d'effet utile pour garantir aux prêteurs l'exécution des engagements qu'un État étranger a contractés envers eux. Il y a à cela une double raison : d'abord c'est que les jugements rendus par les tribunaux d'une nation n'ont aucune autorité réelle en dehors de cette nation ; il faudrait, pour qu'ils puissent être ramenés à exécution dans l'État débiteur, qu'ils reçussent au préalable l'exequatur dans cet État ; autant vaut saisir directement les tribunaux étrangers ; d'autre part, les cas où une exécution peut être utilement suivie dans la nation dont les tribunaux ont rendu le jugement en question sont tout à fait exceptionnels ; il faut que l'on trouve dans le territoire de leur juridiction des choses saisissables ; le cas est tellement rare qu'on peut le négliger et l'importance des objets sur lesquels porterait cette exécution serait tellement minime qu'elle ne donnerait aucune satisfaction aux créanciers impayés.

§ 5. *Concessions de garanties spéciales. Leur efficacité.*

En vue d'accroître leur crédit, les États obérés confèrent parfois à leurs prêteurs des garanties particulières, sous le nom d'engagement, d'affectation, de gage, d'assignation, d'hypothèque ou autres semblables. On s'est demandé quelle est la valeur de clauses de cette nature.

Sur un premier point, tout le monde paraît d'accord. Cette affectation, si elle n'est expressément spécialisée, ne doit être considérée que

---

(1) Cassation, 22 janvier 1849, Dalloz, 1849, 1, 5. — Dans le même sens, Chambre civile, rejet, 5 mai 1855, Dalloz, 1885, 1, 341.

Les Cours d'appel se sont conformées à cette jurisprudence ; notamment Nancy, 31 août 1871 ; Paris, 15 mars 1872 ; Paris, 28 février 1880 : Dalloz, 1871, 2, 207 ; 1873, 2, 24 ; 1886, 1, 393 et diverses autres décisions rapportées également dans Dalloz, 1849, 1, 8.

Le premier de ces arrêts contient un considérant dont le bien fondé nous inspire des doutes sérieux :

« Attendu d'ailleurs qu'avec quelque personne qu'un État traite, cette personne, par le seul fait de l'engagement qu'elle contracte, se soumet aux lois, au mode de comptabilité et à la juridiction administrative ou judiciaire de cet État. »

C'est la négation d'un principe fort souvent appliqué en droit international, l'autorité de la *lex contractui*.

comme l'énonciation du droit de gage général et commun sur toutes les facultés de l'État débiteur.

Mais, quand l'affectation porte sur une ou plusieurs branches de revenus déterminées et qu'elle a reçu la qualification très précise de gage ou d'hypothèque, les avis sont partagés. M. Politis en révoque en doute la validité, parce que le bien affecté à la créance n'est pas en la possession du créancier ou de son mandataire et que d'un autre côté l'hypothèque « n'aurait pas une assiette déterminée, elle ne porterait pas en effet sur un droit réel ». On invoque en ce sens certains motifs d'un arrêt rendu par la Cour de Paris le 25 janvier 1897, disant notamment « que le caractère mobilier des choses offertes en garantie est exclusif de tout droit d'hypothèque et que, quant au droit de gage, il n'a pas été lui-même régulièrement constitué, à défaut d'une mise en possession effective des créanciers, soit par eux-mêmes, soit par représntants (1). »

Nous sommes d'avis que la solution ne doit pas être cherchée dans les règles spéciales de notre législation française, d'après lesquelles l'hypothèque ne peut porter que sur les droits réels et le gage exige le dessaisissement du débiteur. En effet la législation de l'Etat emprunteur peut être différente et, n'en fût-il pas ainsi, il a pu y être dérogé par une loi spéciale; c'est là le cas à prévoir, puisque presque toujours il intervient une loi pour autoriser l'emprunt, ainsi que la constitution d'une hypothèque ou d'un gage au profit des souscripteurs. S'il en est ainsi en droit international privé, à plus forte raison doit-on l'admettre en droit international public, auquel ne sont sûrement pas applicables toutes les règles édictées pour les conventions entre particuliers. Mais ce qu'il est vrai de dire, c'est que les engagements de cette nature contractés par un État, comme toutes ses autres obligations, ne peuvent pas trouver de sanction ailleurs que dans les règles du droit international public. Sous cette réserve, on doit reconnaitre que la publicité reçue par la loi d'emprunt est une large compensation des formalités généralement assignées à la constitution des hypothèques et des nantissements, d'où suit que la réglementation spéciale du droit civil ne doit pas logiquement être étendue à ce cas. Toutefois il nous semble que, pour éviter tout doute au sujet de la validité du gage et de l'intention des parties, il convient que les créanciers soient mis en possession des sûretés qui leur ont été affectées; c'est ce qui arrive, par exemple, lorsque les revenus

(1) Sirey, 1878.1.435.

La Cour de cassation, saisie du pourvoi contre cet arrêt, s'est retranchée derrière les constatations du fait, souverainement faites par l'arrêt attaqué. Chambre civile, rej., 14 août 1878, et conclusions de M. de Raynal; Dalloz, 1879, 1.57.

gagés doivent être versés entre les mains d'une banque ou d'une institution similaire, pour être par elles affectés au service de l'emprunt.

En fait, les constitutions de sûretés spéciales au profit de certains emprunts n'ont pas paru toujours dénuées d'efficacité. C'est ainsi que les emprunts turcs gagés par le tribut d'Egypte ont échappé à la banqueroute de 1881 et l'emprunt portugais, dit des tabacs, à celle de 1893; mais on pourrait citer beaucoup de cas dans lesquels les gouvernements emprunteurs n'ont pas plus tenu compte d'engagements de cette nature que de tous les autres (1).

Les États emprunteurs font parfois une déclaration expresse que les titres à émettre seront affranchis de tout impôt actuel ou futur. Cette déclaration solennelle devient un obstacle assez sérieux aux mesures préjudiciables aux créanciers qui, sans elle, ne feraient pas hésiter les gouvernements débiteurs. C'est ainsi qu'à l'heure présente l'Espagne, qui avait contracté un engagement de ce genre en 1862 envers le council of foreign bondholders, a formellement reconnu qu'elle ne pouvait pas grever la rente extérieure d'un impôt sans le consentement des porteurs et qu'elle a introduit avec eux des négociations sur ce point (2). Mais, comme le droit international nous en fournit maint exemple, à défaut d'une sanction effective plusieurs États ont, dans bien des occasions, violé leurs engagements les plus solennels et manqué aux promesses les plus positives.

Notre conclusion pour le cas de concessions de sûretés spéciales est donc la même que pour tout autre engagement pris par un État vis-à-vis de ses créanciers extérieurs : son obligation existe sans aucun doute au point de vue du droit civil ; mais, pour ce qui est de la sanction, elle échappe tant aux règles du droit civil qu'à celles du droit international privé.

§ 6. *Sanction du droit international public.*

Nous avons reconnu dans le paragraphe précédent que les emprunts d'État engendraient une obligation formelle, mais que le droit civil et

(1) L'Espagne, dans les emprunts cubains, avait constitué une hypothèque sur les douanes de Cuba. Les États-Unis, dans le traité de Paris, ont refusé d'en tenir compte, bien que les principes du droit international, établis sur de nombreux précédents, ne paraissent pas laisser de doutes sur le droit des créanciers.

(2) On doit regretter profondément que l'Espagne ne se soit pas maintenue dans une égale fidélité à ses engagements pour le règlement des emprunts cubains qui, eux aussi, avaient été contractés sur la promesse formelle d'exemption de tout impôt actuel ou futur.

même le droit international privé étaient impuissants à assurer à cette obligation une sanction efficace. Est-elle, dès lors, tout à fait dépourvue de sanction? Si la réponse n'est pas affirmative, il est évident qu'il n'en faut chercher une que dans les règles du droit international proprement dit.

Tout le monde sait que, dans cette matière, on se trouve toujours en face de deux difficultés : l'une est que les règles du droit international n'ont jamais été codifiées ; l'autre que ce droit, réglant les relations respectives de nations indépendantes et souveraines, n'a pas d'autre sanction que la force brutale, *ultima ratio*. Mais l'on sait aussi que l'absence de codification n'a pas empêché une sorte de droit coutumier de s'établir et que le désir d'éviter les complications, les brouilles, les guerres, a mis en honneur divers modes de résoudre pacifiquement les conflits avant qu'ils aient revêtu un caractère trop aigu. Ce sont là les principes qui doivent nous guider dans la recherche à laquelle nous nous livrons.

Il faut commencer à se poser cette question : le débat sera-t-il jamais d'ordre international? A son origine il n'existe qu'entre un État et un ou plusieurs particuliers appartenant à une autre nation, se transformera-t-il jamais en débat entre deux nations, seul cas où les règles du droit international soient applicables?

La question peut se poser en termes plus simples : Si un État, après avoir contracté un emprunt, laisse ses engagements en souffrance, l'État qui comprend parmi ses nationaux des porteurs impayés *doit-il* et *peut-il* prendre fait et cause en leur faveur? Est-ce là un motif réel d'une intervention diplomatique et de toutes ses suites? Cette intervention est-elle obligatoire? Est-elle justifiée par les règles du droit international?

En ce qui touche le caractère obligatoire d'une intervention, la réponse n'est pas douteuse et l'hésitation n'est même pas permise. La raison est bien facile à donner : si l'État doit aide et protection à chacun de ses nationaux, il a, au degré éminent, la mission de ne pas compromettre à la légère les intérêts généraux dont il a la garde; devant l'importance supérieure de ces derniers, tous les intérêts particuliers doivent s'incliner; ils n'ont droit à une protection que dans la mesure où elle est compatible avec la sécurité et la prospérité générale de la nation. Ces principes sont d'une telle évidence que nous ne pensons pas qu'ils aient été jamais méconnus; et, ainsi qu'on l'a dit fort justement, « l'individu n'a pas le droit de demander à la collectivité de transformer en incident d'ordre public, avec toutes ses conséquences dangereuses, le fait d'un tort causé à sa bourse. »

Une dépêche de lord Palmerston (janvier 1848) a précisé clairement le caractère facultatif de l'intervention :

> Il ne peut exister pour le gouvernement anglais aucune obligation juridique de défendre les intérêts et les droits des sujets de la reine à l'égard d'un Etat en banqueroute. Ceci est remis entièrement à la discrétion du gouvernement anglais, qui est libre de faire des démarches diplomatiques au profit des sujets anglais lésés dans leurs intérêts par la faillite ou les opérations financières de l'Etat étranger débiteur. Le gouvernement se laissera guider dans le cas, exclusivement par des considérations de convenance et de politique intérieure (1).

Il est à remarquer que cette dépêche, si elle est contraire à l'intervention obligatoire, admet au contraire pleinement le droit à intervention du gouvernement dont les sujets sont lésés, même pour le cas où le préjudice résulterait moins de la mauvaise foi que de l'insolvabilité.

Dans une autre phrase, lord Palmerston traite, du reste, assez mal les porteurs de fonds d'États étrangers :

> Confier ses capitaux à des gouvernements étrangers, c'est faire acte de spéculation; souscrire à un emprunt ouvert par un gouvernement étranger, acheter à la bourse des obligations étrangères, c'est une opération commerciale ou financière ; le risque qui se joint à toutes les opérations de ce genre est également inséparable des souscriptions aux emprunts d'Etat; les créanciers ne devraient pas perdre de vue l'éventualité de la banqueroute et ne doivent s'en prendre qu'à eux-mêmes s'ils perdent leur argent.

Cette appréciation, dans l'état actuel de nos mœurs, paraîtra sans doute d'une sévérité outrée.

La seconde question, celle de savoir si une intervention diplomatique est justifiée en ce cas par les règles du droit international, a une très grande importance et mérite une étude attentive. C'est à peu près en vain que l'on en cherchera la solution dans les traités généraux; la plupart d'entre eux se sont mis en présence d'une simple inexécution de fait des engagements contractés envers les prêteurs, inexécution dont la cause serait, non dans la mauvaise foi de l'Etat emprunteur, mais dans l'impossibilité où il se trouverait de faire face à toutes ses dettes.

C'est donc dans les règles générales du droit des gens qu'il faut chercher les éléments d'une décision.

Nous croyons qu'elles peuvent être formulées de la manière suivante :

---

(1) Voici le texte de la phrase essentielle : « It is therefore simply a question of discretion « with the British government wheter this matter thould or should not be taken up by « diplomatic negociations and the decision of that question of discretion turns entirely upon « Bristish and domestic consideration. »

l'étranger, lésé par le fait d'un Etat, n'a pas en principe d'autre recours que celui qu'il peut former devant les juridictions régulières établies dans cet Etat; les décisions qui en sont émanées ont pour elles une forte présomption de justice ou d'équité. Mais lorsqu'il est clairement établi que l'étranger a été victime d'un passe-droit, d'un déni de justice, d'un abus d'autorité, surtout si la responsabilité de ces faits remonte au gouvernement lui-même, soit parce que les mesures iniques émanent de lui, soit parce qu'il n'a pas fait ce qui était en son pouvoir pour y porter remède, alors l'Etat dont l'étranger est le sujet, peut prendre fait et cause pour lui; à une difficulté originairement d'ordre privé, vient se substituer une question d'ordre international (1), car ainsi que le dit Bluntschil : « les Etats sont, il est vrai, les seules personnes du droit international, mais les citoyens aussi sont, par l'intermédiaire des Etats, placés sous la protection de ce droit ».

Il y a évidemment là une nuance fort délicate et pour laquelle il ne saurait être question de règles précises d'application.

L'Etat, comme le dit M. de Martens, a le devoir de défendre ses sujets et leurs intérêts légitimes contre les empiétements des gouvernements étrangers... Les lois ne précisent pas d'ordinaire les circonstances et les limites dans lesquelles cette protection doit être exercée. Sous ce rapport chaque gouvernement doit se conduire d'après le sentiment de sa dignité et du devoir général qui lui incombe de représenter ses sujets dans les relations internationales.

Aussi reconnaissons-nous pleinement avec les auteurs que le seul fait de l'insolvabilité de l'Etat débiteur est insuffisant pour justifier une intervention, si elle n'est pas accompagnée de déni de justice ou de mauvaise foi.

Si, laissant de côté les opinions des juristes, nous voulions rechercher les traditions du droit international dans les faits historiques, nous aurions les mains pleines d'exemples. Depuis les temps les plus reculés jusqu'à la date la plus récente, l'histoire nous montre des gouvernements prenant en mains la cause de leurs sujets injustement lésés et obtenant pour eux, parfois à l'aide d'énergiques moyens de pression, des satisfactions équitables.

Déjà, au XVIIIe siècle, le jurisconsulte hollandais Byrkershoeck et son traducteur Barbeyrac en citaient de nombreux exemples; dans l'histoire contemporaine, nous avons vû la France intervenir à Saint-Domingue pour appuyer les réclamations de ses nationaux et elle a dû, tout récem-

(1) *Sic* Villey. — Loi du 2 juin 1893.

ment, procéder de la même manière à raison de nouveaux griefs; c'est ainsi également qu'en 1869 elle a adressé un ultimatum au bey de Tunis pour le contraindre à payer ses créanciers français, porteurs de titres d'un emprunt tunisien. L'Angleterre de son côté força la Turquie à instituer une commission mixte internationale chargée de statuer souverainement sur la réclamation des Ioniens au sujet des titres de l'emprunt, dit Hazné Fahvilis, que le gouvernement turc voulait dénaturer. De même en 1850, à défaut par le juif anglais Pacifico d'obtenir satisfaction, elle adressa un ultimatum au gouvernement grec, fit le blocus du Pirée et procéda à la saisie de plusieurs vaisseaux grecs (1).

Ce n'est que par des raisons analogues que l'intervention franco-anglaise en Egypte a pu être justifiée et le contrôle des grandes puissances européennes imposé à la Turquie et à la Grèce, car les puissances réunies n'ont pas plus de droit qu'une seule d'entre elles à imposer leur volonté à un souverain indépendant.

Ajoutons un dernier exemple : dans l'affaire des chemins de fer portugais, à la suite d'une pétition rapportée par M. Trarieux, les déclarations très fermes que le gouvernement français apporta à la tribune par la bouche de M. Casimir-Périer, reçurent l'approbation unanime du Sénat, qui vota un ordre du jour ainsi motivé « approuvant les conclusions du rapport et confiant dans la volonté du gouvernement de défendre avec énergie les intérêts des nationaux ».

Nous avons cherché à établir la légitimité du droit d'intervention; nous n'avons pas à aller au delà. C'est aux traités de droit international qu'il appartient d'en montrer les gradations : représentations amicales, pression diplomatique, rupture des relations, etc. Mais nous tenons à ajouter que cette intervention pourra souvent et fort utilement avoir pour but d'amener l'État débiteur à accepter des moyens amiables en vue de faciliter la solution des questions litigieuses.

§ 7. *Arbitrage international.*

Dans ces dernières années, il s'est produit une poussée très vive de l'opinion dans le sens de la conciliation entre les nations dont les intérêts sont en conflit, spécialement en faveur de leur solution par la voie de l'arbitrage. L'idée de faire intervenir l'arbitrage en ce qui

(1) L'affaire fut réglée par voie de médiation et Pacifico obtint une indemnité de 150 livres sterling, alors qu'il en avait réclamé 21.295.

(2) Sénat, *Débats parlementaires*, 10 mars 1894.

touche les relations entre les États débiteurs et leurs créanciers a été émise par M. Garié : une proposition dans ce sens, accompagnée d'un mémoire fort étudié, a été soumise par lui au congrès international de la paix qui siégea à Berne en août 1892. C'est donc là une question importante dont nous ne devons pas négliger l'examen.

Dans les relations internationales, la procédure de l'arbitrage paraît plus indiquée que partout ailleurs. Entre particuliers l'arbitrage est une bonne chose, mais à défaut d'arbitres, il y a des tribunaux ; entre nations indépendantes et souveraines, il n'y a que l'arbitrage, puisqu'en dehors de lui, il n'y a pas de juge, il n'y a ni sentence, ni exécution ; il ne reste que l'intervention de la force.

En outre, quand il ne s'agit que de relations financières, l'arbitrage est plus facile qu'en toute autre matière, parce qu'elles ne mettent en jeu que des discussions d'ordre matériel. Les intérêts vitaux du pays, les sentiments de jalouse indépendance et de fierté nationale, ne risquent pas d'être compromis ou froissés, parce qu'un procès civil aura été perdu devant des arbitres.

On ne peut d'ailleurs pas méconnaitre que les idées de conciliation gagnent tous les jours du terrain. Que de questions délicates n'avons-nous pas vu, dans ces dernières années, réglées par des arbitrages, alors qu'elles paraissaient à la veille de se transformer en causes de conflit aigu ? Sans connaitre dans leurs détails les travaux de la diplomatie européenne réunie dans une pensée généreuse à La Haye, il est impossible de ne pas y trouver une très imposante manifestation en faveur des idées de pacification et de concorde.

Sans doute l'idée de faire dans le monde actuel une large part à l'arbitrage, aux dépens de celle jusqu'ici réservée à la guerre, paraît de l'ordre platonique ; on peut ne lui concéder que de bien faibles chances de réalisation. Nous sommes prêt à en convenir. Nous en trouvons la raison principale, d'une part dans la difficulté de constituer une cour permanente d'arbitrage, de l'autre dans la nature inconnue, fort diverse, des questions qui dans l'avenir lui seraient soumises. Quant à constituer un tribunal arbitral lorsque le litige est déjà né, les chances de succès sont bien affaiblies, parce que les esprits sont aigris, les amours-propres surexcités, les susceptibilités accrues. Lorsque, au contraire, il s'agit d'appliquer l'arbitrage aux emprunts d'Etats, ces difficultés sont loin de revêtir la même importance ; l'étendue du débat est très circonscrite et l'État, qui désire contracter un emprunt, qui le plus souvent en éprouve un pressant besoin, se trouve dans les conditions les plus favorables pour accepter la clause compromissoire que les États prêteurs lui imposeraient.

Quelle serait la nature de l'arbitrage en pareille matière? Il y a quelques points sur lesquels tout le monde serait d'accord.

L'arbitrage réglerait les difficultés, s'il s'en élève, sur l'interprétation du contrat d'emprunt, sur le mode de paiement des arrérages, les villes dans lesquelles il aura lieu, la monnaie avec laquelle il se fera, et sur tous ces points qui n'ont pas été explicitement réglés lors de l'émission.

Une mission plus large pourrait même être réservée aux arbitres, celle d'apporter des modifications au contrat lorsque les circonstances les rendent indispensables : par exemple, substitution de nouveaux gages à ceux qui avaient été originairement conférés aux créanciers, conversion et modification de dettes, moratorium et même concordat à accorder à un débiteur dont les ressources ne suffiraient plus à faire face à ses charges (1).

Mais le point où les divergences se produiront sûrement, c'est au sujet du rôle réservé au tribunal arbitral, lorsqu'il constate l'inexécution ou la violation des règles du contrat et que ses efforts n'ont pu arriver à obtenir le respect des conventions. On est allé jusqu'à proposer en ce cas de donner aux arbitres un pouvoir des plus étendus, tel que celui d'ordonner « la fermeture générale des marchés, la radiation de la cote de la bourse, la suspension des traités de commerce et, par suite, l'isolement absolu de l'Etat qui résisterait : ce serait une sorte de quarantaine, un interdit international » (2). Nous ne pensons pas qu'on puisse aller jusque-là ; on trouverait un réel danger à confier à des arbitres des pouvoirs aussi redoutables. Les Etats créanciers eux-mêmes ne consentiraient pas à leur remettre le droit de suspendre des traités internationaux, dont l'importance, au point de vue des échanges respectifs, pourrait dépasser de beaucoup l'intérêt même des créanciers. Pour nous, l'arbitrage prend fin par la déclaration des arbitres qu'ils n'ont pu obtenir la satisfaction qu'ils ont jugée équitable et c'est à d'autres qu'eux qu'il appartient de prendre les mesures d'exécution et de répression contre l'Etat qui persiste à violer ses engagements solennels; c'est le droit international qui seul peut alors entrer en jeu, mais dépouillé de toute

(1) On pourrait éprouver des doutes sur la validité de la stipulation d'après laquelle toute difficulté non encore soulevée sera réglée par la voie de l'arbitrage, et à laquelle on a donné le nom de clause compromissoire ; ils reposeraient sur ce que diverses législations l'ont déclaré sans valeur, notamment la législation française par l'article 1.008 du code de procédure civile. Ainsi que nous l'avons déjà dit, il ne faut pas appliquer en droit international les règles strictes des législations civiles : elles ont le plus souvent un but de protection vis-à-vis des tiers, afin d'éviter qu'ils ne soient été induits en erreur et qu'ils ne donnent leur consentement à la légère. Aucune crainte de ce genre ne peut exister lorsqu'il s'agit d'un gouvernement indépendant et souverain ; par suite, les règles du droit des gens doivent être et sont ne réalité beaucoup plus larges que celles du droit civil.

(2) Lewandousky, page 67. — Garié, communication au congrès de Berne.

appréciation arbitraire, et reposant sur un document dont l'autorité ne peut pas être mise en contestation.

§ 8. *Législation internationale.*

Beaucoup de bons esprits ont pensé que la matière des emprunts d'Etat était tellement vaste, qu'elle avait une telle importance, qu'il serait essentiel de voir s'établir une législation internationale du même genre que celle qui est intervenue sur des points spéciaux (1).

Sans doute, il serait désirable que le droit international, tant public que privé, soit quelque peu codifié de manière à ce que tout au moins les principes généraux soient bien précisés, acceptés comme règle uniforme par toutes les nations civilisées et qu'on n'ait pas ainsi à s'en rapporter uniquement aux appréciations individuelles, parfois contradictoires, de divers auteurs, ou bien à une sorte de droit traditionnel, qui ne peut trouver de base que dans des faits historiques offrant une ressemblance plus ou moins éloignée avec ceux qui se présentent chaque jour. Il est également certain qu'une codification de ce genre devrait préciser les principes à appliquer en matière d'émission des emprunts d'Etat. Ainsi que les mesures possibles en cas d'inexécution ou de violation du contrat, ainsi entendue, elle présenterait les plus grands et les plus pratiques avantages.

Nous nous demandons même si c'est bien une législation internationale étendue qui serait nécessaire. Sans doute, il serait plus satisfaisant d'avoir obtenu le concours des États emprunteurs à un ensemble de mesures délimitant leurs droits et leurs obligations ; mais, lorsque l'on examine les choses de près, on est bien vite convaincu que le nombre de nations qui prêtent de l'argent aux États obérés est jusqu'ici bien réduit, on peut en mentionner quatre : la France, l'Angleterre, l'Allemagne, la Belgique. Une émission qui n'aurait de points d'appui ni sur la place de Paris, ni sur celle de Londres, ni sur les places allemandes, ni à Bruxelles, ne trouverait guère de souscripteurs en dehors de son pays d'origine.

Il suffirait donc d'une entente entre ces quatre nations pour que tous les États emprunteurs fussent obligés de souscrire aux conditions qui leur seraient posées. Une telle entente doit-elle être considérée comme impossible ? Malgré la répugnance bien connue de la Grande-Bretagne à

(1) Union postale. — Garantie des droits des inventeurs (Convention de Berne). — Droits des neutres, Croix rouge (Convention de Genève), etc.

entrer dans cette voie, il nous paraîtrait téméraire de l'affirmer *a priori*. Le résultat, en tout cas, est assez important pour qu'il vaille la peine de tenter cet effort.

Il est évident que plus on restreindra le but à réaliser et plus facilement on parviendra à l'atteindre. Il conviendrait donc de réduire la convention internationale aux points essentiels. Nous proposerions de les formuler ainsi :

a) Aucune émission d'un emprunt étranger ne sera permise dans les pays contractants et aucune valeur étrangère ne sera admise à la cote dans les bourses de ces pays, si l'État emprunteur n'a pas donné son adhésion aux conditions suivantes :

b) Toute émission sera précédée d'un prospectus, faisant connaître d'une manière précise : 1° le montant total de l'emprunt à contracter, le lieu et le mode de souscription ; — 2° le chiffre des intérêts, les places sur lesquelles ils seront payés, les institutions chargées de ces paiements, la monnaie dans laquelle ils seront effectués ; — 3° le cas échéant, le gage spécial concédé aux souscripteurs et la manière dont ces derniers seront mis en possession effective de ce gage ; — 4° enfin le mode et la quotité de l'amortissement.

c) L'Etat emprunteur s'interdira formellement d'apporter aux conditions indiquées par le prospectus d'émission aucune modification de nature à préjudicier aux droits des créanciers, à leurs intérêts et aux sûretés qui leur ont été données. Dans le cas où une modification de cette nature serait impérieusement motivée par des circonstances exceptionnelles, elle ne pourra être réalisée qu'après accord avec les représentants des créanciers, ou en vertu de la décision arbitrale prévue ci-après.

d) Toute difficulté au sujet de l'emprunt à contracter, qui pourrait se présenter entre l'Etat emprunteur et les porteurs ou leurs représentants, sera soumise à l'arbitrage. Le tribunal arbitral sera composé de membres nommés, un tiers par l'Etat débiteur, un tiers par les créanciers ou leurs représentants ; les arbitres ainsi nommés désigneront le dernier tiers avant de commencer leurs opérations. En cas de désaccord, le choix sera remis à une personnalité étrangère au différend (1). Les pouvoirs les plus absolus seront conférés aux arbitres, dont la décision, rendue sans formalités, ne donnera lieu à aucun recours et devra être exécutée complètement et de bonne foi.

(1) Le Président de la République helvétique paraîtrait convenir à cette mission, à cause de la neutralité de la nation suisse garantie par des traités solennels. L'indication du mode de nomination du tiers en cas de discordance offre un intérêt essentiel ; sans elle, un moyen facile serait offert à une partie malintentionnée pour se dérober à l'obligation de l'arbitrage.

e) Aucun emprunt ne sera admis dans les pays contractants de la part de tout État qui, à la suite d'une émission précédente, aurait manqué à ses engagements, se serait dérobé à l'arbitrage, ou se serait refusé à l'exécution d'une décision arbitrale.

§ 9. *Mesures à prendre en attendant l'élaboration d'une législation internationale et pour la suppléer au besoin.*

Sans doute, l'acceptation de prescriptions semblables par toutes les nations civilisées ou tout au moins par les nations les plus directement intéressées, celles au crédit desquelles il est le plus souvent fait appel, constituerait la solution la plus complète, la plus durable et la plus satisfaisante de la question qui fait l'objet de cette étude. Mais il ne faut pas se dissimuler les obstacles à franchir avant qu'un accord puisse être ainsi réalisé; dans tous les cas, on ne peut disconvenir qu'un laps de temps d'une durée indéterminée nous sépare encore du résultat désiré. N'y a-t-il rien à faire d'ici là et même ne pourrait-on pas, en quelque mesure, assurer la protection des intérêts en jeu en dehors d'une telle législation? Il nous paraît certain que chacune des nations intéressées pourrait diminuer les dangers de ses nationaux par une législation propre, en dehors de toute entente internationale. Le marché financier ne serait ouvert chez elle qu'aux États qui consentiraient à se soumettre aux règles établies.

En France, l'admission des emprunts des États étrangers à la cote officielle est simplement autorisée par une ordonnance du 12 novembre 1823, mais aucune règle fixe n'est établie; ce n'est même que de lettres ministérielles des 12 novembre 1825 et 12 août 1875 que résulte la nécessité pour la Chambre syndicale des agents de change de demander, préalablement à l'admission, l'agrément du gouvernement. Les décrets du 12 mai 1858 et du 6 février 1880 relatifs à la négociation et à la cote des valeurs de sociétés étrangères n'ont pas visé les emprunts d'État, mais il est digne de remarque qu'ils imposent diverses conditions aux sociétés demanderesses (1). Rien n'empêcherait le gouvernement français de prendre une mesure analogue vis-à-vis des emprunts d'État et de préciser à quelles conditions ils pourront être admis à la cote.

Il faut, il est vrai, tenir compte de ce que parfois les gouvernements désirent ardemment voir émettre chez eux certains emprunts, en vue

---

(1) Notamment celle d'avoir fait agréer par le ministère des finances un représentant responsable pour l'acquit des droits fiscaux.

de retirer de ces émissions un accroissement de leur influence politique: il en a été ainsi pour de récents emprunts chinois et l'on vient d'en voir un nouvel exemple dans l'emprunt persan dont la Russie a tenu à se charger. Dans ces cas, heureusement assez rares, il n'y a pas accord entre les intérêts politiques de la nation et le désir de la sécurité financière de ses placements; nous devons les laisser en dehors de notre étude qui s'appliquerait toujours à ceux, de beaucoup les plus nombreux, où une simple question d'affaires se débat entre l'État emprunteur et les États prêteurs.

On peut même se demander s'il ne suffirait pas, pour arriver au résultat désiré, d'un règlement intérieur de la Chambre syndicale. Celle-ci, en effet, est reconnue maîtresse de la cote, sous la réserve de l'autorisation ministérielle pour les emprunts d'Etat et de sa non-opposition en ce qui touche les autres valeurs. Il ne dépendrait guère que d'elle de refuser systématiquement la cote à ceux de ces emprunts qui ne seraient pas accompagnés de déclarations assez explicites des gouvernements émetteurs.

En allant plus avant dans cette voie, nous exprimerons le vœu d'une entente, qui ne nous paraît nullement impossible, pour que l'admission à la cote fût régie, à ce point de vue, à Paris, à Londres, à Berlin, à Bruxelles, par des règles identiques. Sans doute, il faut tenir compte de l'organisation particulière de chacun de ces marchés. Si, à Paris, la Chambre syndicale est maîtresse de la cote sous le contrôle ministériel, on sait qu'à Londres le Stock-Exchange, corporation privée, est libre de toute attache gouvernementale ; il a cependant non seulement ses traditions, mais ses lois (1) et une d'elles mérite d'être mise en lumière à raison de l'étroite relation qu'elle présente avec notre sujet. Il y est dit en effet ceci:

> Le comité de la bourse n'admettra pas à la cote et à la négociation les titres d'un nouvel emprunt, émis par un gouvernement étranger qui aurait violé les conditions d'un emprunt précédent « négocié en Angleterre », sauf si l'on prouve qu'un arrangement des dettes en souffrance est intervenu et accepté par la majorité des porteurs d'anciennes obligations.

Il y aurait, on le voit, bien peu à faire pour que cette disposition devînt une mesure suffisante de protection des capitaux et une sanction fort effective des obligations résultant du contrat d'émission.

En Allemagne, les demandes d'admission à la cote sont soumises à la commission des valeurs et à l'homologation du conseil supérieur de

(1) Rules and regulations of the Stock-Exchange, Londres, 1890.

la bourse; l'une et l'autre sont des corps élus par la corporation des commerçants et banquiers. Ils ne se préoccupent pas seulement des conditions matérielles de l'emprunt, mais aussi de la solvabilité des États emprunteurs, car il doit être produit le dernier budget, ainsi qu'un état de la dette publique « sauf pour les États dont les finances sont connues en Allemagne ». Rien n'empêcherait d'introduire dans ce règlement les conditions que nous désirerions voir universellement acceptées (1).

Enfin, en Belgique, l'État n'intervient nullement dans les admissions à la cote qui sont souverainement prononcées par un comité de bourse, institution essentiellement privée qui fixe librement les conditions auxquelles les demandeurs doivent satisfaire.

Un résultat pratique d'une sérieuse importance serait donc obtenu si, par suite d'une entente qui ne paraît présenter aucune impossibilité, la chambre syndicale des agents de change de Paris, le conseil supérieur des bourses de Berlin et de Francfort, le comité du Stock-Exchange, et enfin le comité de la bourse de Bruxelles adoptaient des règles uniformes et les imposaient ainsi à tous les autres États émetteurs d'emprunts (2).

§ 10. *Groupement et representation des créanciers.*

Dans le cours de ce travail, nous avons parlé bien souvent du consentement des créanciers ou de leurs représentants. Nous devons maintenant aborder une question des plus importantes et qui n'est pas des plus faciles à résoudre : comment les créanciers manifesteront-ils leur consentement? Comment se choisiront-ils des représentants et comment ceux-ci pourront-ils justifier de leur qualité et de leurs pouvoirs? La minorité peut-elle être liée par le vote d'une majorité et à quelles conditions?

Nous déclarons hautement que la solution de ces diverses questions est pratiquement impossible si l'on s'en tient aux formules rigoureuses du droit civil. Mais nous devons rappeler, encore une fois, que l'on ne peut pas, en droit international, raisonner avec la même rigueur. Les obligations contractées par les Etats emprunteurs n'ont, comme nous l'avons dit, de sanction qu'en droit international public; les moyens

---

(1) A noter toutefois que le gouvernement allemand s'est réservé le droit d'accorder des autorisations exceptionnelles d'admission à la cote. (Voir Haupt, *Arbitrage et parité*, Paris 1894.)

(2) Sauf pour les marchés français et allemand, l'agrément de leurs gouvernements respectifs, s'il est jugé nécessaire.

divers de coercition que nous avons indiqués : intervention diplomatique, législation internationale étendue ou restreinte, unification des règlements de bourse, ne présupposent pas l'application stricte des règles du droit civil; parmi les créanciers, il y aura toujours des inconnus, des incapables, il se produira en outre des minorités d'intransigeants; le sort des engagements internationaux et les nécessités qui président à la vie des nations ne peuvent pas être placés sous la dépendance de faits si étroits. Il y a donc impossibilité matérielle et pratique à tenir compte en cette matière des capacités et des volontés individuelles; tout ce que l'on peut raisonnablement exiger, c'est le consentement de la masse des créanciers, prise dans son ensemble. Ce point de vue, d'ailleurs, n'est nullement étranger aux législations civiles elles-mêmes, bien que l'on conçoive qu'il y ait été plus sévèrement maintenu dans d'étroites limites et plus rigoureusement organisé, tel est, par exemple, le sort des créanciers d'une faillite (1).

La difficulté vient de ce que, en réalité, les créanciers sont isolés, qu'ils ne se connaissent même pas réciproquement, qu'il ne leur a été donné aucun moyen légal de se rapprocher les uns des autres pour arriver à constituer en quelque sorte une entité morale au sein de laquelle les incapacités ou les abstentions personnelles, les minorités même, doivent disparaître dans une unité d'action et de volonté.

En France, l'initiative privée a cherché à la résoudre; dans plusieurs des cas où une valeur étrangère s'est trouvée en péril, les porteurs ont été invités à se grouper en comités de défense. C'est un fait en tout analogue à celui qui s'est produit pour les obligataires de sociétés commerciales et industrielles; nous n'avons pas à nous occuper ici de ces dernières; un mémoire spécial sur ce point doit être présenté au congrès. Mais ce que nous ferons remarquer, c'est que, si, lorsqu'il s'est agi de sociétés, la constitution de semblables comités a pu produire des résultats utiles, il n'en est malheureusement pas de même lorsqu'il s'agit de fonds d'État. La raison en est d'ailleurs facile à saisir: un comité d'obligataires vise un résultat pratique et l'on perçoit distinctement la manière dont il arrivera à son but : le recours aux tribunaux lui est ouvert et, si l'instance à engager aboutit à un résultat heureux, une sanction effective ne fera pas défaut au jugement ainsi obtenu. Toute autre est la situation des comités groupant les porteurs de valeurs d'États étrangers : pas de tribunaux pour accueillir leurs réclamations, pas de

(1) Cette nécessité pratique n'a pas toujours été méconnue par le législateur; c'est celle qui a présidé au vote de la loi du 1er juillet 1893 relative à la représentation des obligations de Panama.

sanctions, nous l'avons démontré, en dehors de celles que peuvent justifier les règles du droit international public et il n'appartient pas aux intérêts particuliers de les mettre en jeu.

Nous n'avons le souvenir que de deux comités de ce genre ayant fonctionné au cours de ces dernières années : l'un, le comité de porteurs de fonds helléniques, a eu la bonne fortune d'être soutenu dans son action, d'une part par le council of foreign bondholder, de l'autre par un groupement similaire de porteurs allemands, et encore ne faut-il pas attribuer pour une bien grande partie, les résultats auxquels il a pu parvenir, à l'action prépondérante des puissances alliées qui, après avoir mis fin à la guerre turco-hellénique,ont voulu assurer à la Grèce un moyen de relèvement? L'autre, le comité de porteurs de fonds portugais, malgré un semblable concours trouvé en Angleterre et en Allemagne, se débat depuis plusieurs années dans des négociations qui ne paraissent pas faire de progrès sérieux vers une solution satisfaisante.

On s'explique d'ailleurs assez aisément que des comités ainsi formés au jour le jour soient dénués d'autorité. Les personnes qui en ont pris l'initiative manquent souvent de notoriété ; il n'apparaît pas clairement aux yeux de tous que leurs mobiles soient sûrement désintéressés ; il est, au contraire, difficile de mettre en doute l'insuffisance de leur préparation et de leurs moyens d'action ; on se demande pour quelles raisons ils pourraient échapper à un sentiment d'instinctive défiance, quel est le crédit dont ils pourraient jouir vis-à-vis des États débiteurs, quelles sont les raisons d'espérer qu'ils arriveront à mettre en branle les pouvoirs publics qui, seuls, dans la région du droit international, peuvent aborder les questions litigieuses et en faciliter la solution. C'est probablement en vue d'échapper à la difficulté d'organiser la représentation des porteurs que M. Garié a formulé, au congrès international de Berne en 1892, une proposition tendant à ce « que le ministre des affaires étrangères fût chargé du soin de représenter officiellement les porteurs de titres et, par suite, d'intervenir en leur nom, de faire toutes les réclamations et, s'il y a lieu, de demander l'arbitrage ». Cette proposition ne paraît pas en harmonie avec la conception la plus générale des fonctions gouvernementales ; elle serait de nature à faire redouter que l'action ministérielle prévue ne constituât un réel danger pour les relations extérieures de l'État et, enfin, en donnant aux intéressés un représentant d'office, non responsable, elle ne nous paraît pas leur conférer une bien grande sécurité.

§ 11. *Institutions destinées à favoriser le groupement des intéressés.*

A l'étranger, on a eu recours à des procédés auxquels on ne peut dénier une plus grande efficacité. Ainsi, en Allemagne, les grands établissements de banque ont été admis à représenter ceux de leurs clients qui sont engagés sur tel ou tel fonds d'État; sans avoir besoin de provoquer des adhésions individuelles, ils constituent une sorte de *consortium* que l'on tient pour équivaloir à une représentation régulière des intérêts individuels (1).

C'est une solution à laquelle on ne peut se refuser de reconnaître un caractère pratique, mais qui n'est peut-être pas absolument rationnelle. En tout cas, elle est bien loin de nos mœurs françaises, d'après lesquelles les banques d'émission ne tardent guère à se désintéresser des suites des opérations auxquelles elles ont prêté un concours essentiellement temporaire et limité. L'intervention des établissements de crédit ne paraîtrait pas devoir dispenser d'un appel aux intéressés directs, bien qu'elle soit de nature à faciliter beaucoup l'action des comités que formeraient les porteurs et à donner à leurs efforts une bien plus grande efficacité.

Dans la Grande-Bretagne, grâce à l'esprit d'initiative individuelle et collective si largement répandu, on a cherché la solution dans une autre voie. Il s'est formé une association libre qui s'est donné la mission de veiller aux intérêts des porteurs de fonds étrangers. C'est le council, aujourd'hui corporation of foreign bondholders. Cette institution a été créée sous la forme d'une société commerciale, mais de celles qui, n'ayant pas pour but de réaliser des bénéfices et de les répartir entre leurs membres, sont " incorporées " par une charte législative spéciale;

---

(1) C'est ainsi qu'en 1899 s'est fondé à Berlin un comité de porteurs allemands de fonds espagnols (Schutzvereinigung der Deutschen besitzer Spanischer Staatspapiere), comprenant des représentants de la Deutsche Bank, de la Nationalbank, de la Deutschen effecten und Weschsel Bank, du Berliner Makler-Verein et de plusieurs grandes maisons de banque.

A peu près à la même époque, il s'est aussi formé en Allemagne un comité de porteurs allemands de valeurs minières du Transwaal « Schutzvereinigung der betziter von Aktien und debentures von Goldminen und anderen industriellen Unternehmungen am Witwatersrand » (syndicat de défense des propriétaires d'actions et d'obligations des compagnies de mines d'or et d'autres entreprises industrielles du Witwatersrand). Dans cette organisation ont également trouvé place des représentants de la Deutsche Bank, de la Berliner Handels-Gesselschaft, de la Disconto-Gesselschaft, de la Nationalbank fur Deutschland, de la Norddeutsche bank in Hamburg, de la Wittembergische Vereinsbank, etc., et de diverses maisons de banques privées.

elle a été récemment réorganisée, sans qu'il résulte des nouveaux statuts de modifications sérieuses en ce qui touche son fonctionnement (1).

Le conseil de direction est permanent et comprend 21 membres rééligibles par tiers; sur les 7 à nommer annuellement, 2 sont désignés par l'Association centrale des banquiers de Londres, 2 par le Board of trade (ministère du commerce), 3 par l'assemblée de l'ancien council. Les 21 élus peuvent s'adjoindre des collègues au nombre de 9. Le président et le vice-président reçoivent un traitement, tandis que les membres du conseil n'ont droit qu'à des jetons de présence. Les réserves et les bénéfices ne peuvent faire l'objet d'aucune distribution; en cas de dissolution ou de liquidation, ils doivent recevoir une affectation analogue et la délibération réglant ce point est soumise à l'approbation du Board of trade.

Lorsque le conseil a décidé de s'intéresser à une valeur en souffrance, il provoque à ces fins la formation d'une commission ou d'un comité particulier, en adjoignant aux membres de son bureau un certain nombre de porteurs intéressés dans ces valeurs.

L'histoire du council of foreign bondholders présenterait bien des pages intéressantes; on ne peut y suppléer qu'en parcourant la série de ses rapports annuels. Il a rendu à l'épargne anglaise de très grands services; appuyé souvent, il est vrai, par un puissant concours du gouvernement et de ses agents à l'étranger, il a liquidé un grand nombre d'affaires et conclu avec des États obérés nombre de conventions dont il ne paraît pas qu'une seule soit restée inexécutée; pour ne parler que des plus importantes, nous pouvons citer le règlement des affaires ottomane, égyptienne, grecque et nombre d'autres dans l'Amérique du Sud.

En Belgique, le même résultat a été cherché de deux côtés différents : deux associations se sont formées à Bruxelles et à Anvers; la première paraît se rapprocher davantage du mode allemand, la seconde du mode anglais un peu modifié. Pour ne parler que de cette dernière, qui seule publie annuellement le compte rendu de ses travaux, voici quelle est son organisation. Les porteurs de toute valeur en souffrance sont invités à nommer un comité; les membres des bureaux de comités constituent le comité central de l'Association, dans lequel ils continuent à siéger même après que les travaux de leur comité spécial ont pris fin. On pourrait donc qualifier cette organisation de "fédération" des comités particuliers et il est juste de reconnaître qu'elle laisse aux porteurs de valeurs

(1) Art. 61 et 62 Victoria, session 1898. C'est la forme anglaise de nos établissements reconnus d'utilité publique.

éprouvées une plus grande somme d'initiative et une individualité plus marquée (1).

En France, une association analogue est d'institution toute récente et ne compte guère plus d'une année de fonctionnement. Il ne nous appartient pas de parler ici de ses travaux; le rapport sur les opérations de l'année 1899 sera d'ailleurs prochainement publié et pourra être présenté au congrès. Nous devons nous borner à faire connaître les traits principaux de son organisation.

Il avait souvent été question de fonder une institution de cette nature. En 1869, un grand remueur d'idées, M. Emile de Girardin, rédacteur en chef de la *Liberté* l'avait tenté. Mais, comme il arrive souvent, l'initiative individuelle s'est montrée insuffisante; la période de début n'aurait peut-être pas été franchie sans les concours puissants qui ont aidé à l'œuvre ; l'honneur du succès revient pour une large part au président même du Congrès international qui, ayant, en qualité de ministre des finances, à procéder à la réorganisation du marché financier, convint avec la Chambre syndicale des agents de change que celle-ci constituerait une association de défense et ferait face aux frais de premier établissement.

L'*Association nationale pour la défense des porteurs de valeurs étrangères* est constituée comme établissement d'utilité publique, bien qu'elle n'ait pas encore été déclarée tel par le Conseil d'État; son intervention en faveur des porteurs est gratuite et désintéressée; les membres de l'Association ont renoncé à tous avantages, même à tout droit sur la réserve qui, au cas de dissolution, doit être employée au profit de toute autre institution créée dans un but d'intérêt général.

Quand une valeur d'État est en souffrance, l'association délibère sur le point de savoir si son intervention est motivée par les circonstances. Si elle décide affirmativement cette question, elle convoque, par la voie de la presse, non seulement ceux de ses adhérents qui sont intéressés dans cette valeur, mais aussi tous autres porteurs, et elle les invite à désigner les membres d'un comité spécial à cette affaire; elle se fait représenter elle-même par un ou deux de ses membres dans ce comité, afin d'empêcher toute déviation au but désintéressé qu'elle poursuit; dès lors elle laisse aux comités spéciaux ainsi composés la complète indépendance de leur action, en se bornant à mettre à leur disposition ses archives, ses moyens d'information, ses bureaux et son concours auprès des pouvoirs publics.

(1) Aujourd'hui l'association anversoise se compose de neuf comités : fonds turcs, argentins, uruguayens, dominicains, vénézuéliens, fonds portugais, brésiliens, du Paraguay et enfin fonds espagnols et cubains.

Il a paru que cette organisation aurait pour effet de réunir les avantages d'une centralisation d'études et d'influence et ceux qui doivent résulter de l'initiative individuelle des intéressés et de leur participation effective à une œuvre de défense collective ; c'est celle qui a paru le plus en rapport avec la répartition des titres extérieurs en nombreuses mains, telle qu'elle existe en France.

L'exemple donné en Angleterre par la constitution de la corporation of foreign bondholders, en Belgique par la double association que nous avons mentionnée, en France par la création de l'association nationale des porteurs français de valeurs étrangères, ne tardera pas, paraît-il, à trouver des imitateurs en Allemagne, à en juger du moins par les appréciations à peu près unanimes de la presse de ce pays (1).

A propos de plusieurs des difficultés qui préoccupent actuellement les centres financiers, une correspondance active et une unité d'action paraît avoir pu être concertée entre les institutions analogues créées dans les pays créanciers; il ne paraît pas douteux que leur action simultanée dans un sens déterminé ne puisse produire des résultats avantageux, ne fût-ce que celui de réunir les porteurs intéressés à une même valeur dans une délibération internationale et dans une action commune.

Nous ne prétendons pas qu'une telle organisation suffise à prendre la place des grandes résolutions que nous avons successivement étudiées ; nous nous bornons à croire qu'elle sera susceptible de rendre quelques services, en attendant le jour où une législation internationale apportera aux porteurs de fonds étrangers la sécurité à laquelle ils ont droit.

Eugène Lacombe,

ancien sénateur,
vice-président de l' " Association nationale des porteurs français de valeurs étrangères ".

(1) Notamment la *Gazette de Francfort*, la *Boersen Zeitung*, le *Berliner Tagblatt*, etc.

TABLE DES MATIÈRES

DU

DEUXIÈME FASCICULE

TABLE DES AUTEURS

DES

MÉMOIRES, NOTES ET MONOGRAPHIES

CONTENUS

DANS LE DEUXIÈME FASCICULE

	Références aux Questionnaires.	Numéros d'ordre d'insertion dans les fascicules.
Manchez (Georges). — Les valeurs mobilières et la terre devant l'impôt	Législation, n° 15 *bis*.	n° 66.
Mercet (Emile). — Les sociétés de crédit devant l'impôt.	Législation, n° 16.	n° 67.
Neymarck (Alfred). — La dette publique de l'Allemagne.	Statistique, § III, n° 1.	n° 45.
— La statistique internationale des valeurs mobilières	Statistique, § Ier n°s 1 à 9.	n° 41.
Oudin et Vidal. — L'organisation du marché libre à la bourse de Paris	Economie politique, n° 3.	n° 52.
Raffalovich (Arthur). — Les méthodes employées par les États au XIXe siècle pour revenir à la bonne monnaie.	Economie politique, n° 6.	n° 58.
Salefranque (Léon). — L'impôt sur les opérations de bourse en Allemagne.	Législation, n°s 12 et 13.	n° 63.
— La taxation des opérations de bourse dans quelques pays : (Espagne, Grande-Bretagne, Italie, Russie, Suisse).	Législation, n°s 12 et 13.	n° 64.
Sayous (André). — La bourse d'Amsterdam. .	Economie politique, n° 3.	n° 51.
Théry (Edmond). — Le change et les valeurs mobilières.	Economie politique n° 6.	n° 59.
— Les valeurs mobilières en France	Statistique, § Ier, n°s 1 à 5.	n° 42.
Union coloniale française. — Les dettes locales dans la Grande-Bretagne.	Statistique, § Ier, n° 5.	n° 43.
Vidal (Emmanuel). — Le stellage	Economie politique, n° 4 *bis*	n° 56.
Vidal (Emmanuel) et Oudin. — L'organisation du marché libre à la bourse de Paris.	Economie politique, n° 3.	n° 52.

Paris.-Imp. Paul Dupont (Cl.) 59.4.1900

www.ingramcontent.com/pod-product-compliance
Lightning Source LLC
LaVergne TN
LVHW010114230826
846091LV00001BA/39

* 9 7 8 2 0 1 3 0 8 2 6 2 4 *